高等学校测绘工程专业核心教材

地图学
Cartography
（第二版）

何宗宜　宋鹰　李连营　编著

武汉大学出版社

图书在版编目(CIP)数据

地图学/何宗宜,宋鹰,李连营编著.—2版—武汉:武汉大学出版社,2023.9(2024.8重印)
高等学校测绘工程专业核心教材
ISBN 978-7-307-23855-8

Ⅰ.地… Ⅱ.①何… ②宋… ③李… Ⅲ.地图学—高等学校—教材 Ⅳ.P28

中国国家版本馆 CIP 数据核字(2023)第 117401 号

审图号:GS(2023)3176 号

责任编辑:鲍 玲　　责任校对:汪欣怡　　版式设计:马 佳

出版发行:**武汉大学出版社**　(430072　武昌　珞珈山)
(电子邮箱:cbs22@whu.edu.cn 网址:www.wdp.com.cn)
印刷:武汉科源印刷设计有限公司
开本:787×1092　1/16　印张:32.75　字数:777 千字
版次:2016 年 7 月第 1 版　　2023 年 9 月第 2 版
　　2024 年 8 月第 2 版第 2 次印刷
ISBN 978-7-307-23855-8　　定价:79.00 元

版权所有,不得翻印;凡购买我社的图书,如有质量问题,请与当地图书销售部门联系调换。

前　言

近几十年来，地图学实现了跨越式的发展，延续几千年的手工地图制图被全数字地图制图技术替代，与之相随的是地图学新理论——地图空间认知理论、地图信息论、地图信息传输论、地图感受论、地图模型论、地图符号学等的发展，地图学进入了一个新时代。地图学同遥感、全球导航卫星系统、数字地球、智慧城市等有着越来越密切的联系，在地图数据库基础上发展而来的地理信息科学，更是同地图学相互促进，并对其发展起到了巨大的推动作用。

在要求本科生专业面拓宽的背景下，全国测绘专业教学指导委员会将地图学确定为测绘工程专业的基本课程之一。本教材作为高等学校测绘工程专业核心教材，是根据测绘工程专业的教学大纲并结合地图学自身的科学体系的需要编写的。何宗宜教授负责拟定全书的编写大纲，并编写第一章、第二章、第五章、第六章、第八章、第十章、第十一章。宋鹰副教授编写第四章、第七章；李连营副教授编写第三章、第九章。全书由何宗宜教授统稿，并进行了全面校订。

本书力图将传统的地图学理论同现代地图学理论与技术相结合，既要满足数字环境下地图设计、制作和应用的研究、教学和生产实践的需要，又不能陷入对地图学中过于专业化问题的讨论。它适合测绘专业及地理信息工程相关专业的读者使用。

本书是教材的第二版，修订内容包括：对《第七章　地图设计》章节内容进行了调整，增加了"第三节　地图数据的量表方法"。对《第九章　数字地图制图的技术与方法》的章节内容作了较大调整，在"第二节　地图数据源"中增加了激光测量数据和无人机测绘数据内容；对"第六节　电子地图"的内容进行了调整；对"第七节　数字地图新类型"中的网络地图、电子导航地图的内容进行修改增补，并增加了三维实景地图、室内地图和高精地图等内容，同时更新了一些插图和参考文献。

本书中的插图由范晶晶、李淑瑶等绘制。书中还引用了许多参考资料，未能在参考文献中一一列出，在此一并致谢。

由于作者水平所限，书中疏漏之处敬请读者批评指正。

编著者
2023 年 6 月于珞珈山

目 录

第一章　地图的基础知识 ······································· 1
 第一节　地图定义和基本特性 ································· 1
 第二节　地图的基本内容 ····································· 3
 第三节　地图的分类 ··· 5
 第四节　地图的功能 ··· 8
 第五节　地图的用途 ·· 11
 第六节　地图的分幅和编号 ·································· 12
 第七节　地图简史 ·· 30

第二章　地图学 ··· 38
 第一节　地图学的定义和学科体系 ····························· 38
 第二节　地图学中各主要学科的研究内容 ······················· 48
 第三节　地图学同其他学科的联系 ····························· 56
 第四节　地图学的发展趋势 ·································· 59

第三章　地图的数学基础 ····································· 63
 第一节　地球的形状 ·· 63
 第二节　地图的空间基准 ···································· 65
 第三节　地图投影的基础知识 ································ 71
 第四节　高斯-克吕格投影及其应用 ···························· 75
 第五节　正等角圆锥投影及其应用 ····························· 83
 第六节　地图投影选择 ······································ 86
 第七节　地图坐标变换 ······································ 92
 第八节　地图的定向 ·· 98
 第九节　地图比例尺 ······································· 103

第四章　地图语言 ·· 107
 第一节　地图符号 ··· 107
 第二节　地图色彩 ··· 120
 第三节　地图注记 ··· 139

目 录

第五章 地图内容的表示方法 152
- 第一节 普通地图自然地理要素的表示 152
- 第二节 普通地图社会经济要素的表示 175
- 第三节 专题地图的基本表示方法 187
- 第四节 专题地图的其他表示方法 202
- 第五节 专题地图表示方法的分析比较 207

第六章 地图制图综合 213
- 第一节 制图综合的基本概念 213
- 第二节 影响制图综合的基本因素 214
- 第三节 制图综合的基本方法 218
- 第四节 制图综合的基本规律 223
- 第五节 普通地图自然地理要素的制图综合 230
- 第六节 普通地图社会经济要素的制图综合 255
- 第七节 专题制图数据的制图综合 282
- 第八节 地图自动综合 299

第七章 地图设计 318
- 第一节 地图编辑工作概述 318
- 第二节 地图的总体设计 320
- 第三节 地图数据的量表方法 340
- 第四节 居民地圈形符号设计 343
- 第五节 地貌高度表的设计 344
- 第六节 地图的总体设计书 348

第八章 地图集编制 357
- 第一节 地图集的特点 357
- 第二节 地图集的分类 359
- 第三节 地图集的设计 363
- 第四节 地图集的编绘 370
- 第五节 地图集编制中的统一协调工作 371

第九章 数字地图制图的技术与方法 377
- 第一节 数字地图制图概述 377
- 第二节 地图数据源 379
- 第三节 数字地图制图的技术方法 384
- 第四节 数字地图制作 401
- 第五节 遥感制图方法 410

第六节 电子地图 416
第七节 数字地图新类型 424

第十章 地图数字出版 446
第一节 地图数字出版技术特点 446
第二节 地图数字出版系统的软件构成 448
第三节 地图数字出版技术流程 449
第四节 地图数码打样 450
第五节 地图数字制版 458
第六节 地图印刷 461
第七节 地图数字印刷 466

第十一章 地图分析应用与评价 472
第一节 地图分析 472
第二节 地图应用 501
第三节 地图评价 507

主要参考文献 516

第一章　地图的基础知识

第一节　地图定义和基本特性

地图是先于文字形成的用图解语言表达事物的工具。在古代人类的生存斗争中，伴随着渔猎、耕作的实践活动，积累了相当丰富的地理知识。为了记载生活资料的产地，人类将它用图形模仿的方法记载下来，作为以后活动的指导。最初，人们并没有完整的地图概念，他们在记载各种事物的过程中，应用了最直接、形象的绘图方法，用各种图形表现各种事物和现象。其中，用于描绘地理环境的图画由于它描绘地面的独特的优越性终于发展成为地图。由于地图是在人们的实践活动中产生的，原始地图大多服务于某一项专门的生产操作，所以最早的地图是"专门"地图，后来在很多"专门"地图中找到了一些共同的地形因素，才出现了以表示地势河川、居民地和道路为主的"普通"地图。

地图是在人们不断认识的基础上发展起来的，它是人们认识周围客观环境和事物的结果，然而在认识世界的每一次深化过程中，又常常以地图作为依据，所以地图又是人们认识周围环境和事物的工具。

过去，人们把地图看成是"地球表面(或局部)在平面上的缩写"。这种说法从"地图是以符号缩小地表示客观世界"这个角度来说是正确的，但它又是不充分的，因为它没有说出同样是表达地球表面状态的产品如遥感影像、地面摄影像片、风景图画等同地图之间的区别。

为了给地图下一个科学的定义，我们首先研究地图具有哪些基本特性。

一、可量测性

制作地图要使用特殊的数学法则，它包含地图投影、地图比例尺和地图定向这三个方面。

地球的自然表面是一个极不规则的曲面，不可能用数学公式来表达，也无法进行计算。所以，必须寻找一个形状和大小都很接近于地球的数学表面。大地水准面是假想大洋表面向大陆延伸而包围整个地球所形成的曲面，它虽然比地球的自然表面要规则得多，但还不能用数学公式表达，这是因为受地球内部质量分布不均匀的影响，大地水准面产生微小的起伏，它的形状仍是一个复杂的表面。为了便于测绘成果的计算，选择一个大小和形状同大地水准面极为相近的旋转椭球面来代替。旋转椭球面虽是一个纯数学表面，但仍然是一个不可展的曲面。地图投影是用解析方法找出旋转椭球面点经纬度(φ, λ)同平面直角坐标(x, y)之间的关系，地图投影的任务就是将椭球面上的经纬度坐标(φ, λ)变成平面上的直角坐标(x, y)。正是由于实现了这种点位的转换,才有可能将地面的各种物体和现象正确地描绘到平面上,才能保证地图图形具有可量度性,人们才能依据地图研究制图物体(现象)的形状和分布,进行各种量测。投影的结果存在误差是难免的,地图投影方法可以精确地确定每个点上产生的误差的性质和大小。

地图比例尺是地面上微小线段在地图上缩小的倍数。它是地图上某线段l与实地上的相应线段L的水平长度之比,表示为:

$$l : L = 1 : M \tag{1-1}$$

式中,M为地图比例尺分母。

由于地球表面是曲面,因此必须限定在一个较小的范围内才会有"水平长度"。

地图定向是确定地图图形的地理方向。没有确定的地理方向,就无法确定地理事物的方位。地图的数学法则中一定要包含地图的定向法则。

使用了特殊的数学法则,地图就具有了可量测性,人们可以在地图上量测两点间的距离、区域面积、确定地物的方向,并可根据地图图形量测高差,计算出体积、地面坡度、河流曲率、树林覆盖率和道路网密度等。

二、直观性

地图上表示各种复杂的自然和人文事物都是通过地图语言来实现的。地图语言包括地图符号、色彩和注记。采用地图语言表示各种复杂的自然和社会现象,使地图比影像等更具直观性。与影像相比地图有如下特点:

①实地上形体小却有重要意义的物体,如三角点、水准点等,在影像上不易辨认或完全没有影像,而地图上则可以根据需要,即使在较小的比例尺地图上也可以用符号清晰地表示出来。

②许多事物虽有其形,但其质量和数量特征是无法在影像上识别的,如湖水的性质、温度和深度,河流的流速,土壤的性质,道路的路面材料,房屋的坚固程度,地势起伏的绝对和相对高度等,而在地图上则可以通过符号或注记表达出来。

③地面上一些受遮盖的物体,在影像上无法显示,而在地图上却能使用符号将其表现出来。例如,地铁、隧道、涵洞、地下管道等地下建筑物也能在地图上清晰显示等。

④许多自然和社会现象,如行政区划界线、磁力线、经纬线、降雨量、产量、产值、地下径流、太阳辐射和日照等,都是无形的现象,在影像上根本不可能显示,只有在地图上通过使用符号或注记才能表达出来。

这样,地图上不仅能表示大的物体,还可以表示小而重要的物体;不仅能表示物体质的特征,还可以表示量的大小;不仅能表示看得见的物体,还可以表示被遮盖的或无形体的现象。同时,读地图只要读图例,就可直观读出事物的名称、性质等,而无需像读航空像片那样去判读。

三、一览性

地图作者在制图过程中进行思维加工,科学地抽取事物内在的本质特征和规律,使制作的地图具有明显的一览性。

随着编图时地图比例尺的缩小，地图面积在迅速缩小，可能表达在地图上的物体(如河流、居民地、道路等)的数量也必须相应地减少，这就势必还要去掉一些次要的而选取主要的物体，同类物体也要求进一步减少它们按质量、数量区分的等级，简化其轮廓图形，概括地表示地图内容。

这种制图综合的过程，是地图作者进行思维加工，抽取事物内在的本质特征与联系表现于地图的过程，通过制图综合使用图者更易于理解事物内在的本质和规律。由于实施了制图综合，不论多大的制图区域，都可以按照制图目的，一览无余地呈现在读者面前，这就是地图的一览性。

基于以上地图的特有属性，形成了现阶段较广泛的地图定义，即"地图是根据一定的数学法则，将地球(或其他星体)上各种自然现象和社会现象，使用地图语言，通过制图综合，缩小表示在平面上，反映各种空间分布、组合、联系、数量和质量特征及其在时间中的变化和发展"。

当前，随着科学技术的进步，地图及定义也在不断发展。数字地图、电子地图、网络地图、导航地图和真三维地图的出现都会引起地图学家对地图定义的讨论。

第二节 地图的基本内容

凡具有空间分布的物体或现象，不论是自然要素，还是人文要素都可以用地图的形式来予以表现，地图是以表示地面自然形态和人类活动的结果中的目标为对象的。地图上所表示的内容可分为三个部分：数学要素、地理要素、图廓外辅助要素。

一、数学要素

数学要素指数学基础在地图上的表现。数学要素包括地图投影及与之有联系的地图的坐标网、控制点、比例尺和地图定向等内容。

坐标网是制作地图时绘制地图内容图形的控制网，利用地图时可以根据它确定地面点的位置和进行各种量算。由于地图投影的不同，坐标网常表现为不同的系统和形状。地图的坐标网，有地理坐标网和直角坐标网之分，它们都是地图投影的具体表现形式。由于地图的要求不同，有些地图要同时表现两种形式的坐标网，另外一些地图则只要表示其中一种坐标网即可。

控制点是测图和制图的控制基础，它保证地图上的地理要素对坐标网具有正确位置。控制点的位置和高程是用精密仪器测量得来的，现在可以依赖全球卫星导航系统(GNSS)利用 GNSS 接收机直接测得，具有很高的精度。控制点分为平面控制点和高程控制点。平面控制点又分为天文点、三角点和埋石点，其中三角点和埋石点是测图和编图的控制点，三角点是国家等级的平面控制点，埋石点是精度低于国家等级的平面控制点，天文点是用天文测量方法测得天文经、纬度的控制点。高程控制点是指水准点。控制点只在大比例尺地形图上才选用，起补充坐标网的作用。

地图的比例尺是表示地图对实地的缩小程度，是图上线段与该线段在实地长度之比。

地图的定向则是确定地图上图形的方向。一般地图图形均以北方定向。

二、地理要素

地图的主题内容是地理要素现象。根据地理现象的性质，大致可以区分为自然要素、社会要素和其他标志等。

自然要素包括海洋要素、陆地水系、地貌、土质、植被、地质、气候、水文、土壤等。海洋要素包括海岸线、沿海地带、后滨、潮浸地带、干出滩、沿海地带、前滨。陆地水系包括河流、湖泊、水库、沟渠及池塘。地貌要素包括陆地地貌和海底地貌，反映地表形态的外部特征、类型、形成发展及其地理分布。陆地地貌是指陆地部分地面高低起伏变化和形态变化的特点。海底地貌是指海洋部分海底高低起伏的变化、形态特点和海底底质。土质主要是指沼泽地、沙砾地、戈壁滩、石块地、小草丘地、残丘地、盐碱地、龟裂地等。植被是地表植物覆盖层的简称，地图上表示的植被要素可以分为天然的和人工的两大类，显示地表植被的类型及其地理分布。地质要素显示地表各种岩层的分布，并反映它们的内部结构及其形成和发展。地球物理要素显示磁差、磁力异常、火山、地震等各种地球物理现象的分布及其规律。气象气候要素反映地表气象、气候情况，包括太阳辐射、地面热力平衡、气团、气旋、锋面、气温、降水、气压、风、云雾、日照、霜、雪、湿度、蒸发以及气候区划等。水文要素显示海洋水文和陆地水文现象，包括潮汐、洋流、海水温度、海水密度、海水盐分、湖泊水文、水文网的分布及密度、径流深度、径流系数等。土壤要素反映地表土壤的外部特征、类型及其地理分布。动物地理要素显示各种动物的分布，如兽类、鸟类、鱼类、昆虫类等的分布。

社会要素包括居民地、交通网、境界、行政中心、人口、经济、社会事业、历史等。居民地是人类居住和进行各种活动的中心场所；地图上应表示居民地的类型、形状、行政意义和人口数、交通状况和居民地内部建筑物的性质等，以反映出居民地所处的政治经济地位、军事价值和历史文化意义。交通运输是来往通达的各种运输事业的总称；地图上表示的交通运输网包括陆上交通、水路交通、空中交通和管线运输。陆上交通包括铁路、公路和其他道路；水路交通分为内河航线和海洋航线；管线运输包括高压输电线、石油及天然气管道等。地图上表示的境界分为政区境界和其他境界两类；其他境界主要是指一些专门的界线，如停火线、禁区界、旅游和园林界等；政区境界用以反映国与国之间的政治关系和国内行政区划。行政中心是与政治区划和行政区划相对应的，例如，我国的行政中心有首都、省(自治区、直辖市)府、省辖市(自治州、盟)府、县(自治县、旗、市)府等。人口要素包括人口分布、人口密度、民族分布、居民的自然变动、居民迁移以及居民的其他组成等内容。经济要素包括自然资源(动力资源、矿产资源)、工业部门、农业部门、林业、交通运输(铁路、公路、航运、货物运输等)、通信联系(电信、邮政等)、商业、财政联系、综合经济等内容。社会事业以文化教育、科学技术、卫生体育、文化娱乐、广播电视、新闻及出版等方面的分布和机构设施为主要内容。历史要素表示人类社会的历史现象，如古代各个国家或民族的分布，各国的文化、经济、民族运动、商贸路线、政治斗争和军事事件，等等。

其他的标志包括方位物，革命和历史性纪念标志，磁力异常标志，经济标志，科学、文化、卫生等方面的标志等。并不是每种比例尺地图上都要表示这些标志的，例如，大比例尺地图上着重表示的方位物,在小比例尺地图上则不需要表示;又如,磁力异常标志通常只在小比例尺地图上表达。其他的独立物体,虽然各种比例尺地图上都有,但表示的详细程度也有明显的差别。

三、图廓外辅助要素

图廓外辅助要素是指为阅读和使用地图时提供的具有一定参考意义的说明性内容或工具性内容。普通地图的图廓外,布置有图名、图号、接图表、图例、图廓、分度带、图解比例尺、坡度尺、三北方向图、图幅接合表、行政区划略图、各种附图,以及编图时使用的资料、资料略图、坐标系统、编图单位、编图时间及成图说明等读图工具和参考资料,它们是地图上不可缺少的一类要素。

第三节 地图的分类

随着地图应用领域的扩展及科学技术的进步,编制和应用地图也越来越普遍,地图的选题范围也越来越广,因此,地图的品种和数量也在日益增多。为使编图更有针对性,以及便于使用和管理地图,需要对地图进行分类。

地图的科学分类,有利于研究各类地图的性质和特点,发展地图的新品种;有利于有针对性地组织与合理安排地图的生产;有利于地图编目及其存储,便于地图的管理和使用;地图分类对于处理和检索地图资料具有重要的现实意义。

地图分类的标志很多,主要有地图的内容、比例尺、制图区域范围、用途、使用方式和其他标志等。

一、地图按其内容分类

地图按其内容可分为普通地图和专题地图两大类。

普通地图是以相对平衡的详细程度表示地球表面的水系、地貌、土质植被、居民地、交通网、境界等自然现象和社会现象的地图。它比较全面地反映了制图区域的自然人文环境、地理条件和人类改造自然的一般状况,反映出自然、社会经济等方面的相互联系和影响的基本规律。随着地图比例尺的不同,所表达的内容的详简程度也有很大的差别。普通地图按内容的概括程度、区域及图幅的划分状况等分为地形图和普通地理图(简称地理图)。

专题地图是根据专业方面的需要,突出反映一种或几种主题要素或现象的地图,其中作为主题的要素表示得很详细,而其他要素则视反映主题的需要,作为地理基础概略表示。主题的专题内容,可以是普通地图上所固有的要素,例如,行政区划图的主题是居民地的行政等级及境界,它们都是普通地图上固有的内容。但更多的是属于专业部门特殊需要的内容,例如,气候地图表示的各种气候因素的空间分布、地质图上表达的各种地质现象、环境地图中表示的诸如污染与保护、土壤图表示的土壤种类。专题地图按其内容性质再分为自然现象地图(自然地理图)和社会现象地图(社会经济地图)。

二、地图按比例尺分类

地图按比例尺分类是一种习惯上的分类方法。它的意义在于地图比例尺影响着地图内容的详细程度和使用特点。由于比例尺并不能直接体现地图的内容和特点，且比例尺的大小又有其相对性，它不能单独作为地图分类的标志，往往作为二级分类标志与地图按内容分类联系起来使用。在普通地图中，我国地图按比例尺可分为：

大比例尺地图：1∶10万及更大比例尺的地图；
中比例尺地图：1∶10万和1∶100万比例尺之间的地图；
小比例尺地图：1∶100万及更小比例尺的地图。

但这种划分也是相对的，不同的国家、国内不同的地图生产部门的分法都不一定相同。例如：苏联将地图分为地形图（大于1∶20万）、地形一览图（1∶20万~1∶100万）、一览图（小于1∶100万）三种；而法国则分为更大比例尺（大于1∶1 000）、大比例尺（1∶1 000~1∶2.5万）、中比例尺（1∶2.5万~1∶10万）、小比例尺（1∶10万~1∶50万）、更小比例尺（小于1∶100万）五种。例如，国内城市规划及其他工程设计部门将地图按比例尺分为：

大比例尺地图：1∶2 000及更大比例尺的地图；
中比例尺地图：1∶5 000和1∶10 000比例尺之间的地图；
小比例尺地图：1∶25 000及更小比例尺的地图。

我国把1∶5 000、1∶1万、1∶2.5万、1∶5万、1∶10万、1∶25万、1∶50万、1∶100万这8种比例尺的地形图规定为国家基本比例尺地形图，它们是按国家统一测图编图规范和图式进行测制或编制的地形图。

三、地图按制图区域分类

地图按制图区域分类，就是按地图所包括的空间加以区别。地图制图区域分类可按自然区和行政区来细分。

按自然区可分为：世界地图、东半球图、西半球图、大洲地图（如亚洲地图、欧洲地图等）、南极地图、北极地图、大洋地图（如太平洋地图、大西洋地图等）、自然区域地图（如青藏高原地图、长江流域地图等）。

按行政区可分为：国家地图、省（区）地图、市（县）地图和乡镇地图等。

还可以按经济区划或其他的区划标志分类。

随着空间技术的发展，出现了一种其他行星的地图，如月球图、火星图等，亦可以列入按制图区域分类之中。

四、地图按用途分类

地图按其用途分类，就是按供一定范围的读者使用。地图按用途可分为通用地图与专用地图两种。

通用地图：为广大读者提供科学参考或一般参考，例如，中华人民共和国挂图、世界挂图等即是。

专用地图：为各种专门用途而制作的，例如，为航空飞行用的航空图，为中小学生用的教学挂图等。

亦可以按其用途分为民用地图和军用地图两种。民用地图可以进一步分为国民经济建设与管理地图（如自然条件和资源调查与评价图、行政区划图、土地利用地图和规划地图等），教育、科学与文化地图（如教学地图、科学参考图、文化教育图、交通旅游地图）。军用地图可以进一步划分为战术图、战役图、战略图，或者分为军用地形图、协同图，以及各种军事专用地图（如航空图、航海图等）。

五、地图按使用方式分类

地图按其使用方式可分为：

①桌面用图：放在桌面上使用，能在明视距离阅读的地图，如地形图、地图集等。

②挂图：挂在墙上使用的地图，其中，挂图又有近距离阅读的一般挂图和远距离阅读的教学挂图。

③袖珍地图：通常包括小的图册或便于折叠的丝绸质地图及折叠得很小巧的旅游地图等。

④野外用图：经常在野外使用，防雨水、耐折叠的地图，如丝绸地图及其他在特殊纸张上印刷的地图。

⑤电子地图：是以计算机或手机屏幕显示的地图，如多媒体电子地图、网络地图和真三维地图等。

六、地图按维数分类

地图按维数可分为：

①二维地图：一般的平面地图。

②二点五维地图：一般的立体地图，如立体模型地图、塑料压膜立体地图、光栅立体地图、互补色立体地图等。

③三维地图：是真正的三维立体显示，能任意方向和角度显示三维图像。在三维地图基础上利用虚拟现实技术，形成"可进入"地图，使用者有亲临其境的感觉。

④四维地图：是除三维立体以外，再增加一维属性值（一般是时间维）。利用四维地图可分析并预报水灾、暴风雨、地震等。

七、地图按其他标志分类

地图按其感受方式，可分为视觉地图和触觉（盲文）地图。

地图按其结构，可分为单幅图、系列图和地图集等。

地图按其语言，可分为汉语地图、各少数民族语言地图和外文地图等。

地图按瞬时状态，可分为静态地图和动态地图。

地图按存储介质，可分为纸质地图、丝绸地图、数字地图和电子地图等。

第四节　地图的功能

随着科学技术的发展，计算机、信息化和数字化技术的引进，认知论、信息论、模型论的应用，以及各门学科的相互渗透，促使地理信息科学飞速进步，地图的功能也有了新的发展。地图的基本功能有模拟功能、信息载负功能、信息传输功能和认知功能等。

一、地图的模拟功能

地图是一种经过简化和抽象的，以符号、颜色和文字注记描述地理环境的某些特征和内在联系的空间模型。各种比例尺地形图就是对客观世界的模拟，用等高线表示地貌形态时，等高线不是地面存在的客观实体，而是实际地形的模拟。

地图具有严密的数学基础，采用直观的符号系统和经过抽象概括来表示客观实际。它不仅表现物体或现象的空间分布、组合、联系，还可以反映其随时间方面的变化和发展，这是由于地图具有很强的模拟功能所致。地图作为形象符号模型和图形-数学模型与其他形式模型（如数学模型、物理模型、表格图表、文字描述、航空与卫星图像等）相比具有更多的优点。地图模型具有其他形状的模型所不完全具备的直观性、一览性、抽象性、合成性、几何相似性、地理对应性和可量测性等特点。因此，地图模型在当代信息社会中得到极其广泛的应用。

如果把地图上或准备表示到地图上的所有要素转换成点的直角坐标 x、y 和特征值 z 的数值，就可以把这种由数值组成的地图空间模型称为地图数字模型。地图数字模型可以通过形象-符号模型反映出来，或者经过计算机处理变为一种特殊的地图——数字地图。目前，地图数字模型，即数字地图已得到广泛应用。

由于制图对象多种多样，包括具体的和抽象的、历史的和现实的、看得见的和看不见的，等等，可以根据需要建立各种地图模型。如反映现状的土地利用地图模型，反映气候的气温地图模型，反映各种分布特征的地图模型，表示现象立体分布的地图模型等。需要特别指出的是，地图模型还可以表示现象的发生、发展过程，即现象的空间迁移变化和时间上的发生发展，如反映人口迁移的地图模型。

二、地图的信息载负功能

地图是地理空间信息的载体，这就明确地表明了地图具有信息载负功能。

地图信息量是由直接信息和间接信息（隐含信息）两部分所组成。直接信息是地图上图形符号所直接表示的信息，人们通过读图很容易获得；间接信息是指要经过分析解译才能获得的信息，往往需要利用思维活动，通过分析综合才能获得。

地图能容纳和储存的信息量是非常大的。一幅普通地图能容纳和储存一至几亿个信息单元的信息量。这里所说的信息量是指直接信息量，间接信息量就更无法估算。因此，由多幅地图汇编的地图集就有"地图信息库"和"地理大百科全书"之称。地图存储这样大量丰富的信息，人们需要时可以随时阅读分析，从中提取所需要的各种信息。

地图作为信息的载体，有不同的载负手段，最常见的形式是载于纸平面上（或其他介质平面上，如丝绸）。随着科学技术的进步，已发展到地图信息载于磁带、磁盘、光盘、DVD、硬盘、闪存，目前最流行的存储介质是基于闪存（Nand flash）的，如 U 盘、CF 卡、SD 卡、SDHC 卡、MMC 卡、SM 卡、记忆棒、XD 卡等。这种存储方式的改变，使人们从直接感受读取信息，发展到由计算机读取地图信息，由互联网上读取地图信息。当今的信息时代，地图作为空间信息载体的功能会得到更充分的发挥。

三、地图的信息传输功能

地图的信息载负功能为信息的传输准备了充分的条件。

近年来，信息论被引入地图学，形成了以研究地图图形获取、传递、转换、储存和分析利用的地图信息论。地图即是空间信息的图形传递形式，它已成为信息传输的工具。

地图信息的传输与一般信息的传输过程大体是相似的。捷克地图学家柯拉斯尼（Kolacny）于 1969 年提出了地图信息传输模型（图 1-1），用以描述地图信息的传输特征，阐明了作为一个完整过程的地图制作与地图使用两者之间的联系，揭示了地图信息的产生、含义和使用效果的传递系统，开拓了从信息论的角度来研究地图的新领域。

在图 1-1 中，地图信息传输过程是地图制图者（信息发送者）把对客观世界（制图对象）的认识进行选择、分类、简化等信息加工，经过符号化（编码）制成地图；通过地图（信息通道）将信息传输给用图者（信息接收者），用图者经过符号识别（译码），同时通过对地图的分析和解译，形成对客观世界（制图对象）的认识。

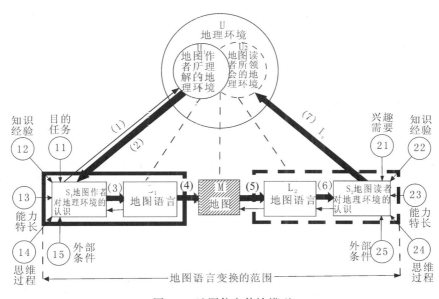

图 1-1　地图信息传输模型

在信息论中认为输出的信息量通常等于或小于输入的信息量，但在地图信息的传输中却有所不同。在地图传递过来的信息中，某一部分信息可能在阅读地图的过程中损失了，另外的一些信息却增加了，而且用图者读图分析所获得的信息可以超过地图制图人员在编制地图时所利用的信息。这是因为用图者在读图分析时，由于他的科学知识宽广，可以获得比制图者更多的信息，有些信息还是制图者都没有理解的信息。例如，地貌研究人员不仅能从地形图上分析出水系和地形的形态特征与分布规律（地图编绘人员在编图时形成并反映到地图上的认识），而且还能分析出这些形态特征与分布规律形成的原因，划分出不同的地貌成因或形态成因类型，分析解译出更深层次的规律。显然，用图者所受的训练、读图经验和知识水平的不同，从地图上获得的信息的多少也不同的。

为了发挥地图信息传输功能，编图者需要深刻认识制图对象，充分利用原始信息，考虑用图者的需求，将地理环境信息加工处理，运用地图语言，通过地图这个信息通道，把信息准确快速地传递给用图者，地图语言尽量简单明了、通俗易懂和形象直观。而用图者必须熟悉地图语言，运用自己的知识和读图经验，深入阅读分析地图信息，正确接受编图者通过地图传递的信息，并进一步分析、解译，挖掘地图隐含信息，形成对制图区域对象的更完整而深刻的认识，甚至发现新的知识和新的规律。在目前的信息时代，可以考虑在中小学开设地图科学科普课程，提高全民的读图水平，充分发挥地图信息传输功能，提高地理信息服务水平，使地图更好地为国民经济建设、改善民生服务。

四、地图的认知功能

空间认知是研究人们怎样认识自己赖以生存的环境，包括其中的诸事物、现象的相关位置、空间分布、依存关系，以及它们的变化和规律的能力。空间认知能力的结构包括形状、大小、方向、位置、维数、时间和相互关系等。因此，地图是空间认知的重要工具和手段。地图，不仅可以反映客观世界，而且能够认知客观世界。认知作为地图的基本功能，主要是它的空间认知与图形认知两方面的功能。空间认知是帮助建立对事物和现象空间概念，即空间的定位、范围、空间格局、相互关系、时空变化（随时间的空间变化）等。图形认知是帮助运用图形思维和地图语言，形成对事物和现象质量与数量特征直观形象的分布规律与区域差异的认识。地图能作为空间认知的最重要的手段，是因为：

①地图为建立各层次的整体概念和心象提供空间框架保障；
②地图可以提供空间分布的物体在数量方面的正确视觉估计和印象；
③地图可以给人们提供关于各地理要素或现象之间的相关性概念；
④地图具有严格的空间关系原理，便于把统计信息与空间分布结合起来，特别是大数据时代的信息可视化；
⑤地图可以为我们建立多维、多时相的环境信息，提供一条连接数量与质量、空间与时间的桥梁；
⑥地图可以帮助读者建立正确的空间关系心象和纠正错误的心象。

地图不仅能直观地表示任何范围制图对象的质量特征、数量差异和动态变化，而且能反映各现象分布规律及其相互联系，所以，地图不仅是区域性学科调查研究成果的很好的表达形式，而且也是科学研究的重要手段，尤其是地学、地理学研究所不可缺少的手段，因此有"地理学第二语言"之称。此外，还有用图者的经验，并根据经验进行分析，对认知的现象进行联想与引申。通过利用地图建立各种剖面、断面、断块图、过程线等图表，可以获得制图对象的空间立体分布或时间过程变化的具体概念。例如，地质剖面与断块图,反映地层变化;土壤、植被剖面,反映土壤与植被的垂直分布。通过对地图上所表示的对象的图解与图形分析,并结合地图量算,可以获得制图对象的准确位置及长度和面积的数据。通过形态量测,可以得到地面坡度、地表切割密度与深度、河网密度、海岸线曲率、道路网密度、居民点密度、森林覆盖率等具体数量指标。运用数学方法对制图对象进行分析,可以获得各种变量及其变化规律,如梯度变化、离散度、相关性、或然率、异常变化等。通过地图上各要素或各相关地图的对比分析,可确定各要素和现象之间的相互关系;通过同一地区不同时期的地图对比,可以确定历史时期自然或社会现象的具体变迁的轨迹与变化幅度。通过地图归纳法和地图演绎法可对制图对象进行分析合成和抽象概括,或将综合性地图演绎派生成单要素地图,即在分析基础上的综合,在综合指导下的分析,可以更深入地认识制图对象的总规律。通过空间信息可视化分析,可更好地揭示各要素和现象的时空变化规律。近年来运用地图所具有的认知功能,把地图作为科学研究的重要手段,愈来愈被人们重视。

总之,发挥地图的认知功能,就有可能认识规律,从而能进行综合评价,作区划规划、预测预报、决策对策和科学管理等。

第五节 地图的用途

人们必须借助工具来研究复杂的地理现象,这种工具就是被称为地理学的第二语言的地图。地图可以使人们拓展正常的视野范围,用于记录、计算、显示、分析地理事物的空间关系,将读者感兴趣的广大区域收入视野。由于地图具有多方面的功能,地图在经济建设、国防军事、科学研究、文化教育等得到广泛的应用,地图已在许多学科和部门的规划设计、分析评价、预测预报、决策管理、宣传教育中发挥了重要作用。

一、在国民经济建设方面的应用

(1)土地、森林、矿产、水利、油气、地热、海洋和草场等资源的调查、勘察、规划、开发和利用。

(2)工矿、交通、水利等工程建设的选址、选线、勘察、设计和施工。

(3)国土整治规划、环境监测、预警与治理。

(4)各级政府和管理部门将地图作为规划和管理的工具。

(5)农业、工业、交通运输、行政、旅游、地貌、气候、水文、土壤、植物、动物地理等区划中的应用。

(6)城市建设、规划与管理,土地利用,地籍管理,房屋管理。

(7)交通运输的规划、设计与管理。

(8)导航定位、远洋航行、航空运输、水利、工业、农业、林业等其他领域的应用。

(9)各种灾害的预报,抗震、防洪、救灾等应急救援的应用。

二、在国防建设方面的应用

(1)地图是"指挥员的眼睛",各级指挥员在组织计划和指挥作战时,都要用地图研究敌我态势、地形条件、河流与交通状况、居民情况等，确定进攻、包围、追击的路线，选择阵地、构筑工事、部署兵力、配备火力等。

（2）国防工程的规划、设计和施工。

（3）巡航导弹专门配有以数字地形模型为基础的数字地图，自动确定飞行方向、路线和打击目标。

（4）炮兵和导弹火箭部队要利用精确地图量算方位、距离和高差，准备射击诸元；空军和海军也要利用地图计划航线、领航和寻找目标。

三、在科学研究方面的应用

（1）地学、生物学等学科可以通过地图分析自然要素和自然现象的分布规律、动态变化以及相互联系，从而得出科学结论和建立假说，或作出综合评价与进行预测预报。可以是研究一种要素（如地貌、植被等）和现象（如温度、降水、地磁、地震等）分布的一般规律和区域差异，也可以是一种要素的某种类型的分布规律和特点（如地貌要素中岩溶地貌的分布规律），还可以是自然综合体或区域经济综合体各种现象和要素总的分布规律和特点。例如，我国地质学家根据地质主要构造带图，分析确定石油地层的分布，从而找到油田。

（2）地震工作者根据地质构造图、地震分布图等作出地震预报。

（3）土壤工作者根据气候图、地质图、地貌图、植被图研究土壤的形成。

（4）地貌工作者根据降雨量图、地质图、地貌图研究冲积平原与三角洲的动态变化。

（5）地质和地理学家利用地图开展区域调查和研究工作。

四、在其他方面的应用

（1）旅游地图和交通地图是人们旅行不可缺少的工具。

（2）国家疆域版图的主要依据。

（3）利用地图进行教学、宣传，传播信息。

（4）利用地图进行航空、航海、宇宙导航。

（5）利用地图分析地方病与流行病，制订防治计划。

（6）利用天气图，结合卫星云图，根据大气过程在某一时刻的空间定位和对这些过程发展规律的认识，做出天气预报。

第六节　地图的分幅和编号

对于一个确定的制图区域来说。如果要求内容比较概略，就可以采用比较小的比例尺，有可能将全区绘于一张图纸上；如果要求内容表达详细，就要采用较大的比例尺，这时就不可能将整个制图区域绘制在一张图纸上。尤其是地形图，更不可能将辽阔的区域测绘或编制在一张图上。为了不重测（编）、漏测（编），就需要将地面按一定的规律分成若干块，这就是地图的分幅。另外，若不分幅，地图幅面过大，一般印刷设备难以满足地图印刷的要求。为了科学地反映各种比例尺地形图之间的关系和相同比例尺地图之间的拼接关系，并能快速检索查找到所需要的某种地区某种比例尺的地图，同时还为了便于地图发放、保管和使用，需要将地形图按一定规律进行编号。总之，为了便于编图、测图、印刷、保管和使用地图的需要，必须对地图进行分幅和编号。

一、地图的分幅

地图有两种分幅方法，即矩形分幅和经纬线分幅。

1. 矩形分幅

每幅地图的图廓都是一个矩形，因此相邻图幅是以直线划分的。矩形的大小多根据纸张和印刷机的规格（全开、对开、四开、八开等）而定。

矩形分幅可以分为拼接的和不拼接的两种。拼接使用的矩形分幅是指相邻图幅有共同的图廓线（图1-2），使用地图时可以按其共用边拼接起来。大型挂图多采用这种分幅形式，新中国成立前的1∶5万地形图也曾用过这种方法分幅，现在世界上还有一些国家的地形图仍采用这种矩形分幅方式。不拼接的矩形分幅指图幅之间没有共用边，常常是每个图幅专指一个制图主区，图幅之间不能拼接，地图集中的分区地图通常都是这样分幅的，它们之间常有一定的重叠，而且有时还可以根据主区的大小变更地图的比例尺（图1-3）。

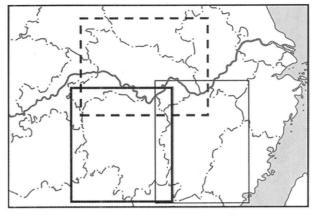

图1-2 拼接的矩形分幅　　　　图1-3 不拼接的矩形分幅

矩形分幅的主要优点是：图幅之间接合紧密，便于拼接使用；各图幅的印刷面积可以相对平衡，有利于充分利用纸张和印刷机的版面；可以使分幅线有意识地避开重要地物，以保持其图像在图面上的完整。它的缺点是图廓线没有明确的地理坐标，因此使图幅缺少准确的地理位置概念，而且整个制图区域只能一次投影，变形较大。

2. 经纬线分幅

地图的图廓由经纬线组成（即以经线和纬线来分割图幅）称为经纬线分幅。它是当前世界上各国地形图和大区域的小比例尺分幅地图所采用的主要分幅形式。

我国的八种基本比例尺地形图就是按经纬线分幅的，它们是以1∶100万地图为基础，按规定的经差和纬差划分图幅，使相邻比例尺地图的数量成简单的倍数关系（表1-1）。

经纬线分幅的主要优点是：每个图幅都有明确的地理位置概念，因此适用于很大区域范围（全国、大洲、全世界）的地图分幅，可分多次投影，变形较小。它的缺点包括：第一，当经纬线是曲线时（许多投影把纬线投影成曲线，有一些投影也把经线投影成曲线），图幅拼接不方便，如果使用横向分带投影，如圆锥投影，同一条纬线在不同投影带中，其曲率不相等，拼接起来就更加困难（图1-4）；第二，随着纬度的升高，相同的经、纬差所包围的面积不断缩小，因而实际图幅不断变小，这就不利于有效地利用纸张和印刷机的版面，为了克服这个缺点，在高纬度地区不得不采用合幅的方式，这样就破坏了分幅的系统性。此外，经纬线分幅还经常会破坏重要物体（如大城市）的完整性。

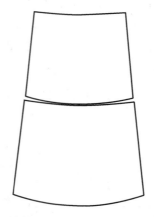

图1-4　两幅图在不同投影带中同一纬线投影成不同曲率的圆弧

二、地图的编号

多幅地图中的每一幅图用一个特定的号码来标志，就叫做地图的编号。地图的编号应具有系统性、逻辑性和唯一性等特点，常见的编号方法有下面五种。

1. 行列式编号

将制图区域划分为若干行和列，并相应地按序数或字母顺序编上号码。列的编号可以是自左向右，也可以自右向左；行的编号可以自上而下，也可以自下而上。图幅的编号则取"行号-列号"或"列号-行号"的形式标记。图1-5中行号用阿拉伯数字从左向右排列，行的号码用罗马字母标记，自上而下排列，采用"行号-列号"的形式编号。因该区（大洋洲的澳大利亚等国家）在南半球，图号前冠以"S"。大区域的分幅地图常用此编号法。例如，国际百万分之一地图就是用行列式编号的。目前，世界上许多国家的地形图都采用行列式的方法编号。

2. 自然序数编号法

将分幅地图按自然序数顺序编号，一般是从左到右，自上而下，也可以用别的排列方法，例如，自上而下，从右到左；顺时针；逆时针等。小区域的分幅地图常用自然序数编号法。

3. 经纬度编号法

经纬度编号法只适用于按经纬度分幅的地图。它的编号方法是：以图幅右图廓的经度除以该图幅的经差得行号，上图廓的纬度除以该图幅的纬差得列号，然后用行数在前、列数在后的顺序编在一起，即为该图幅的图号。

这种方法编号的图号可以准确地还原出图幅的经纬度范围，具有定位意义。图 1-6 中 1∶5 万比例尺地图的编号 289 097 是这样计算的：

$$行号 = \frac{72°15'}{15'} = 289$$

$$列号 = \frac{16°10'}{10'} = 097$$

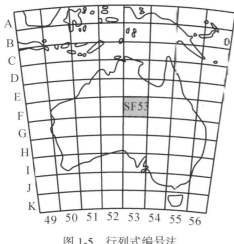

图 1-5 行列式编号法

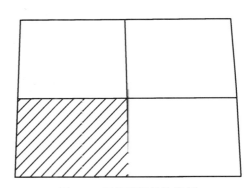

图 1-6 经纬度编号法举例

所计算的数字不足三位时，在前面用 0 补足。这样，行号和列号结合起来即为 289 097。图 1-6 中有晕线的部分为 1∶2 5 万比例尺地图，它的图号可以用同样的方法算得为 577 193。

4. 行列-自然序数编号法

行列-自然序数编号法是行列式和自然序数式相结合的编号方法。即在行列编号的基础上，用自然序数或字母代表详细划分的较大比例尺图的代码，两者结合构成分幅图的编号。世界各国的地形图多采用这种方式编号。

5. 图廓点坐标公里数编号法

图幅编号一般按西南角图廓点坐标公里数编号，按其纵坐标 x 在前，横坐标 y 在后，以短线相连，即 "x-y" 的顺序编号。

这种编号方法主要用于工程用图等大比例尺地形图。

三、我国基本比例尺地图的分幅与编号

我国的地形图是按照国家统一制定的编制规范和图式图例，由国家统一组织测制的，提供各部门、各地区使用,所以称为国家基本比例尺地形图。

国家基本比例尺地形图的比例尺系列:1∶5 000、1∶1万、1∶2.5万、1∶5万、1∶10万、1∶25万、1∶50万、1∶100万等八种比例尺。

1991年我国制定了《国家基本比例尺地形图的分幅和编号》的国家标准。1991年以后制作的地形图,按此标准进行分幅和编号。

我国基本比例尺地图的分幅和编号系统,是以1∶100万地图为基础(图1-7)。1∶100万地形图采用行列式编号,其他比例尺地形图也是采用行列加行列编号。

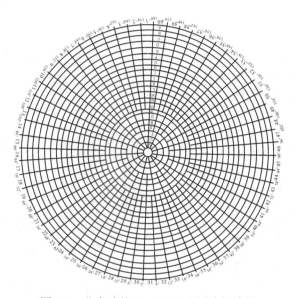

图1-7 北半球的1∶100万地图分幅编号

1. 1∶100万地形图的分幅编号

1891年在瑞士的第五届国际地理学会议上提出了编制百万分之一世界地图的建议,1909年和1913年相继在伦敦和巴黎举行了两次国际百万分之一地图会议,就该图的类型、规格、投影、表示方法、内容选择等作了一系列的规定。此后,百万分之一地图逐渐成了国际性的地图。

国际1∶100万地图的标准分幅是经差6°,纬差4°;由于随纬度增高地图面积迅速缩小,所以规定在纬度60°至76°之间双幅合并,即每幅图包括经差12°,纬差4°;在纬度76°至88°之间由四幅合并,即每幅图包括经差24°,纬差4°。纬度88°以上单独为一幅。我国1∶100万地图的分幅、编号均按照国际1∶100万地图的标准进行,其他各种比例尺地形图的分幅编号均建立在1∶100万地图的基础上。我国处于纬度60°以下,所以没有合幅。

每幅1∶100万地图所包含的范围为经差6°、纬差4°。从赤道算起,每4°为一行,至南、北纬88°,各为22行,北半球的图幅在列号前面冠以N,南半球的图幅冠以S,我国地处北半球,图号前的N全省略;依次用英文字母A,B,C,…,V表示其相应的行号;

从180°经线算起，自西向东每6°为一列，全球分为60列，依次用阿拉伯数字1，2，3，…，60表示。这样，由经线和纬线围成的每一个图幅就有一个行号和一个列号，把它们结合在一起表示为"行号列号"的形式，即该图幅的编号。如北京所在的1：100万地图的编号为NJ50，一般记为J50。高纬度的双幅、四幅合并时，图号照写，如NP33、34，NT25、26、27、28。

我国领域内的1：100万地图分幅和编号如图1-8所示。

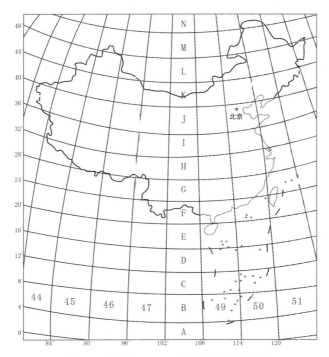

图1-8 我国1：100万地图分幅和编号

2. 1：5 000~1：50万比例尺地形图的分幅

每幅1：100万地形图划分为2行2列，共4幅1：50万地形图，每幅1：50万地形图的分幅为经差3°、纬差2°(图1-9)。

每幅1：100万地形图划分为4行4列，共16幅1：25万地形图，每幅1：25万地形图的分幅为经差1°30′、纬差1°(图1-9)。

每幅1：100万地形图划分为12行12列，共144幅1：10万地形图，每幅1：10万地形图的分幅为经差30′、纬差20′(图1-9)。

每幅1：100万地形图划分为24行24列，共576幅1：5万地形图，每幅1：5万地形图的分幅为经差15′、纬差10′(图1-9)。

每幅1：100万地形图划分为48行48列，共2 304幅1：2.5万地形图，每幅1：2.5万地形图的分幅为经差7′30″、纬差5′(图1-9)。

每幅1：100万地形图划分为96行96列，共9 216幅1：1万地形图，每幅1：1万地

17

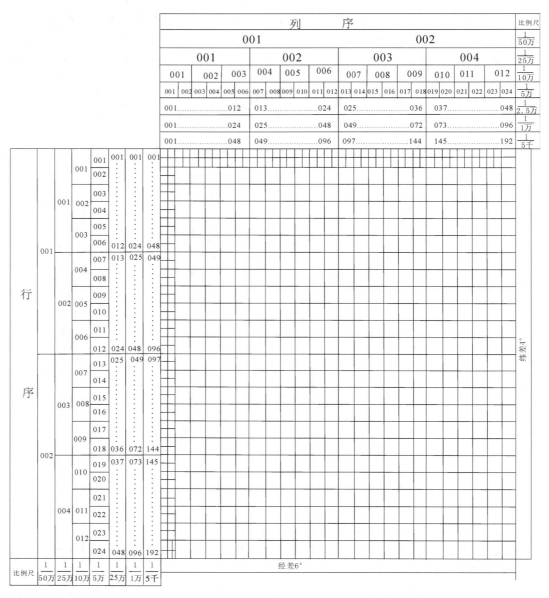

图 1-9　1∶5 000~1∶50 万比例尺地图的行、列划分和编号

形图的分幅为经差 3′45″、纬差 2′30″(图 1-9)。

每幅 1∶100 万地形图划分为 192 行 192 列，共 36 864 幅 1∶5 000 地形图，每幅 1∶5 000 地形图的分幅为经差 1′52.5″、纬差 1′15″(图 1-9)。

各比例尺地形图的经纬差、行列数和图幅数成简单的倍数关系，见表 1-1。

3. 1∶5 000~1∶50 万比例尺地形图的编号

这七种比例尺地图的编号都是在 1∶100 万地图的基础上进行的，它们的编号都由 10

位代码组成,其中前三位是所在的 1∶100 万地图的行号(1 位)和列号(2 位),第四位是比例尺代码,见表 1-2,每种比例尺有一个自己的代码。后六位分为两段,前三位是图幅的行号数字码,后三位是图幅的列号数字码。行号和列号的数字码编码方法是一致的,行号从上而下,列号从左到右顺序编排,不足三位时前面加"0"。图号的构成如图 1-10 所示。

表 1-1　　　　　　　　　　地形图的图幅大小及其图幅间的数量关系

比例尺		1∶100 万	1∶50 万	1∶25 万	1∶10 万	1∶5 万	1∶2.5 万	1∶1 万	1∶5 000
图幅范围	经差	6°	3°	1°30′	30′	15′	7′30″	3′45″	1′52.5″
	纬差	4°	2°	1°	20′	10′	5′	2′30″	1′15″
图幅间数量关系		1	4	16	144	576	2 304	9 216	36 864
			1	4	36	144	576	2304	9216
				1	9	36	144	576	2304
					1	4	16	64	256
						1	4	16	64
							1	4	16
								1	4

表 1-2　　　　　　　　　　　　　比例尺代码

比例尺	1∶50 万	1∶25 万	1∶10 万	1∶5 万	1∶2.5 万	1∶1 万	1∶5 000
代码	B	C	D	E	F	G	H

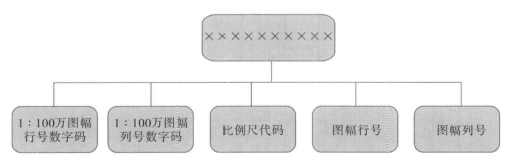

图 1-10　1∶5 000～1∶50 万地形图图号的构成

例 1:1∶50 万地形图的编号(图 1-11)。
晕线所示图号为 J 50 B 001002。

例 2:1∶25 万地形图的编号(图 1-12)。
晕线所示图号为 J 50 C 003003。

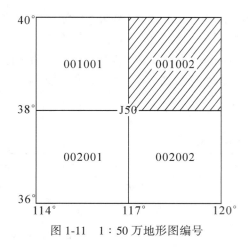
图 1-11　1∶50 万地形图编号

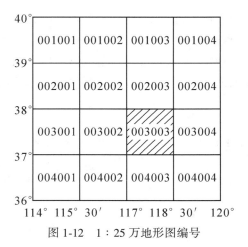
图 1-12　1∶25 万地形图编号

例 3：1∶10 万地形图的编号（图 1-13）。
45°晕线所示图号为 J 50 D 010010。

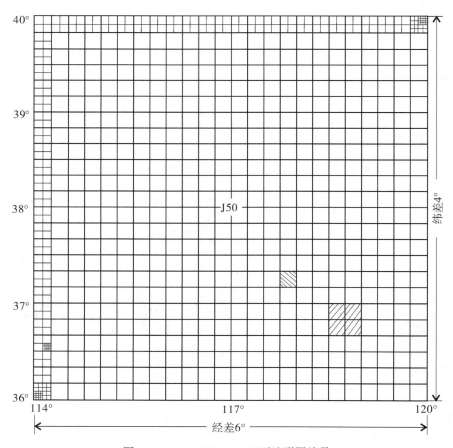
图 1-13　1∶5 000～1∶10 万地形图编号

例 4：1∶5 万地形图的编号(图 1-13)。
135°晕线所示图号为 J 50 E 017016。
例 5：1∶2.5 万地形图的编号(图 1-13)。
交叉晕线所示图号为 J 50 F 042002。
例 6：1∶1 万地形图的编号(图 1-13)。
黑块所示图号为 J 50 G 093004。
例 7：1∶5 000 地形图的编号(图 1-13)。
100 万图幅最东南角的 1∶5 000 比例尺地形图图号为 J 50 H 192192。

四、20 世纪 70 至 80 年代我国基本比例尺地图的分幅与编号

20 世纪 70 至 80 年代，我国基本比例尺地图的分幅和编号系统，是以 1∶100 万地图为基础，延伸出 1∶50 万、1∶25 万、1∶10 万三种比例尺；在 1∶10 万以后又分为 1∶5 万~1∶2.5 万一支，及 1∶1 万的一支(图 1-14)。1∶100 万地形图采用行列式编号，其他比例尺地形图都是采用行列-自然序数编号。

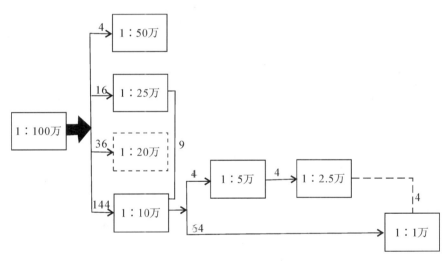

图 1-14 20 世纪 70 至 80 年代我国基本比例尺地图的分幅编号系统

1. 1∶100 万地形图采用的分幅编号

1∶100 万地形图的编号与现行的 1∶100 万地图的编号没有实质性的区别，只是由"行列"式变为"行-列"式，中间用连接号。例如，北京所在的 1∶100 万地图的图号"J50"变换为"J-50"。

2. 1∶50 万、1∶25 万和 1∶10 万地形图的分幅编号

这三种地形图编号都是在 1∶100 万地图图号上加上自己的代号而成(图 1-15)。

每一幅 1∶100 万地图分为 2 行 2 列，共 4 幅 1∶50 万地形图，分别以 A、B、C、D 表示，如 J-50-B。

每一幅 1∶100 万地图分为 4 行 4 列，共 16 幅 1∶25 万地形图，分别以［1］,

[2],…,[16]表示,如 J-50-[6]。

每一幅 1∶100 万地图分为 12 行 12 列,共 144 幅 1∶10 万地形图,分别以 1,2,…,144 表示,如 J-50-8。

每幅 1∶50 万地形图包括 4 幅 1∶25 万地形图,36 幅 1∶10 万地形图;每幅 1∶25 万地形图包括 9 幅 1∶10 万地形图;但是它们的图号间都没有直接的联系。

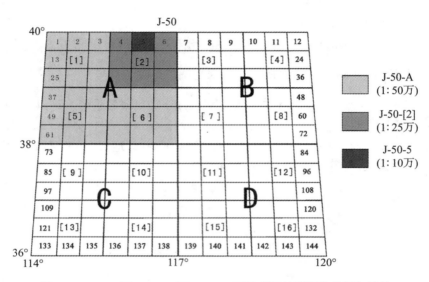

图 1-15 1∶50 万、1∶25 万、1∶10 万比例尺地形图的分幅与编号

3. 1∶5 万和 1∶2.5 万地形图的分幅编号

这两种地图编号都是在 1∶10 万地图图号的基础上延伸出来的(图 1-16)。

每一幅 1∶10 万地图分为 2 行 2 列,共 4 幅 1∶5 万地形图,分别以 A、B、C、D 表示,如 J-50-5-B。

每一幅 1∶5 万地图分为 2 行 2 列,共 4 幅 1∶2.5 万地形图,分别以 1、2、3、4 表示,如 J-50-5-B-3。

4. 1∶1 万和 1∶5 000 地形图的分幅编号

每一幅 1∶10 万地图分为 18 行 18 列,共 64 幅 1∶1 万地形图,分别以(1),(2),…,(64)表示,如 J-50-5-(18)(图 1-16)。

每一幅 1∶1 万地图分为 2 行 2 列,共 4 幅 1∶5 000 地形图,分别以 A、B、C、D 表示,如 J-50-5-(31)-c(图 1-16)。

从图 1-16 中还可以看出这几种比例尺地形图之间的相互关系。

我国基本比例尺地图的分幅、编号有过几次变化,而且有的至今还在混杂使用。为了使用地图方便,现将变化情况列于表 1-3。

1∶20 万地形图虽为 1∶25 万地形图 20 世纪 80 年代所取代,这里也一并列出图号的变更情况,以供用图之需。

第六节 地图的分幅和编号

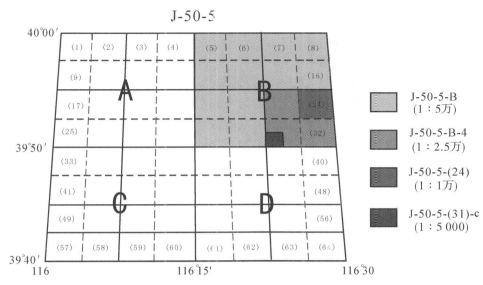

图 1-16 1:5 万、1:2.5 万、1:1 万、1:5 000 比例尺地形图的分幅与编号

表 1-3 **我国基本比例尺地图的分幅编号变化**

比例尺	类别	20 世纪 70 至 80 年代的编号系统	20 世纪 70 年代前曾采用过的编号系统	
1:100 万	行号	A,B,C,…,V	A,B,C,…,V	1,2,3,…,22
	例	H-48	H-48	8-48
1:50 万	代号	A,B,C,D	А,Б,В,Г	甲,乙,丙,丁
	例	H-48-D	H-48-Г	8-48-丁
1:25 万	例	H-48-[2]		
1:20 万	代号	(1),(2),(3),…,(36)	Ⅰ,Ⅱ,Ⅲ,…,ⅩⅩⅩⅥ	(1),(2),(3),…,(36)
	例	H-48-(16)	H-48-ⅩⅥ	8-48-(16)
1:10 万	例	H-48-126	H-48-126	8-48-126
1:5 万	代号	A,B,C,D	А,Б,В,Г	甲,乙,丙,丁
	例	H-48-79-B	H-48-79-Б	H-48-79-乙
1:2.5 万	代号	1,2,3,4	а,б,в,г	1,2,3,4
	例	H-48-79-B-4	H-48-79-Б-г	8-48-79-乙-4
1:1 万	代号	(1),(2),(3),…,(64)	1,2,3,4	
	例	H-48-79-(1)	H-48-79-A-a-1	

五、大比例尺地形图的特点及分幅与编号

1. 大比例尺地形图的特点

①没有严格统一规定的大地坐标系统和高程系统。

有些工程用的小区域大比例尺地形图,是按照国家统一规定的坐标系统和高程系统测绘的;有的则是采用某个城市坐标系统、施工坐标系统、假定坐标系统及假定高程系统。

②没有严格统一的地形图比例尺系列和分幅编号系统。

有的地形图是按照国家基本比例尺地形图系列选样比例尺;有的则是根据具体工程需要选择适当比例尺。

③可以结合工程规划、施工的特殊要求,对国家测绘部门的测图规范和图示作一些补充规定。

2. 大比例尺地形图的分幅与编号

为了适应各种工程设计和施工的需要,对于大比例尺地形图,大多按纵横坐标格网线进行等间距分幅,即采用正方形分幅与编号方法。图幅大小见表1-4。

表1-4　　　　　　　　正方形分幅的图幅规格与面积大小

地形图比例尺	图幅大小(cm)	实际面积(km^2)	1∶5 000 图幅包含数
1∶5 000	40×40	4	1
1∶2 000	50×50	1	4
1∶1 000	50×50	0.25	16
1∶500	50×50	0.062 5	64

图幅的编号一般采用坐标编号法。由图幅西南角纵坐标 x 和横坐标 y 组成编号,1∶5 000坐标值取至 km,1∶2 000、1∶1 000取至 0.1km,1∶500 取至 0.01km。例如,某幅1∶1 000地形图的西南角坐标为 $x=6 230$km,$y=10$km,则其编号为 6230.0~10.0。

也可以采用基本图号法编号,即以 1∶5 000 地形图作为基础,较大比例尺图幅的编号是在它的编号后面加上罗马数字。

例如,一幅 1∶5 000 地形图的编号为 20~60,则其他图的编号如图 1-17 所示。

若为独立地区测图,其编号也可自行规定,如以某一工程名称或代号(电厂、863)编号,如图 1-18 所示。

六、几种外国系列地图的分幅编号

随着测绘地理信息事业的发展,地图与地理信息服务范围不断扩大,接触国外资料的情况日益增多。为此,在这里简单介绍几个比较有代表性的国家的系列地图分幅与编号的方法。

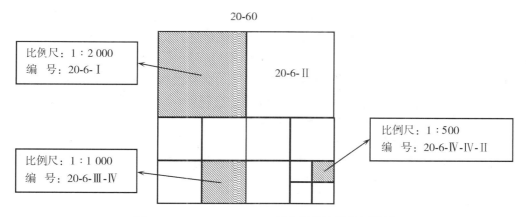

图 1-17　1：500~1：5 000 基本图号法的分幅编号

××电厂

电-1	电-2	电-3	电-4	电-5
电-6	……			
电-11	……			
电-16	……			
电-20	……			电-25

图 1-18　某电厂 1：2 000 地形图分幅总图及编号

1. 美国

美国地形图是按经纬线分幅的，其分幅范围见表 1-5。

表 1-5　　**美国地形图的分幅方法**

地图比例尺		经差	纬差
1：100 万(国际标准分幅)		6°	4°
1：25 万	纬度 60°以上	3°	1°
	纬度 60°以上	2°	1°
1：10 万，1：12.5 万		30′	30′
1：5 万，1：625 005，1：63 360		15′	15′
1：2.4 万，1：2.5 万，1：31 680		7.5′	7.5′

早期的美国地形图没有统一的编号方法，1948 年以后才改用现在的编号方法，即按 1：100万和 1：10 万两个系统编号。

(1) 1：100万和1：25万比例尺地形图的分幅与编号

美国的1：100万地图是按照国际标准分幅和编号的。图1-19包括的范围为Nφ44°~48°，Wλ90°~96°，这是编号为NL15的一幅1：100万地图及其所包含的1：25万地图的分幅略图。其中N代表北半球(不省略)，L为行号，15为列号。

1：25万地形图是在1：100万地图的基础上进行分幅、编号的。在纬度60°以下的地区，每幅1：100万地图分为12幅1：25万地图，每幅的经差2°、纬差1°，按自然序数1~12自左向右、自上而下编号；在纬度60°以上的地区，由于1：100万地图是双幅合并，所以在此范围内每幅1：100万地图划分为16幅1：25地图，每幅的经差3°、纬差1°，按自然序数1~16，以同样的顺序编号。1：25万地图的编号是在1：100万地图编号的后面加上1：25万的顺序代号，如NLl5-11。

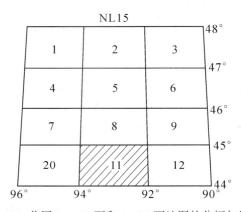

图1-19 美国1：100万和1：25万地图的分幅与编号

(2) 1：10万、1：5万、1：2.5万地形图的分幅与编号

美国的大于1：10万比例尺的地形图，其分幅编号自成系统，与1：100万地图没有直接联系。

1：10万地形图采用独立的行列式编号，按经差、纬差各30′划分图幅。在Wλ129°30′~105°的范围内，每30′为一列，自左向右用01~49表示列号；在Wλ105°~66°的范围内，每30′为一列，自左向右用00~77表示行号，Nφ8°30′向北，每30′为一行，由下向上从01起编号递增。图1-20是美国1：10万地形图的行列号码的一部分，图中有晕线部分的编号为3857，其中前两位数为列号，后两位数为行号。

1：5万和1：2.5万比例尺地图是在1：10万地图的基础上分幅和编号的(图1-21)，每幅1：10万地图分为4幅1：5万地图，用罗马数字从右上角开始，按顺时针方向编号，图中有斜晕线部分的图幅编号为3857Ⅱ。每幅1：5万地图又分为4幅1：2.5万地图，用N、S、E、W(N、S、E、W分别为英语North北、South南、East东、West西的缩写)组合成NE、SE、SW、NW四个代码作为它们的代号，图中有网线部分的图幅编号为3857ⅡSE。

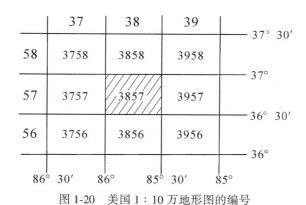

图 1-20 美国 1∶10 万地形图的编号

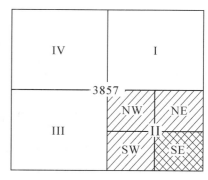

图 1-21 美国 1∶5 万、1∶2.5 万地图的编号

2. 日本

日本地图有两种分幅方式,一种是比例尺小于 1∶1 万地图按经纬线分幅;另一种是 1∶5 000 和 1∶2 500 地形图,按直角坐标分幅,称为"国家基本地图"。

(1) 经纬线分幅地图的分幅与编号

日本经纬线分幅地图的分幅与编号方法与我国大致相同,其分幅系统见表 1-6。

这个系列的地图有两套编号方法,即原来有一套编号方法,现在改变为全部由 1∶100 万地图编号续加各自代号的编号方法。

原来使用的编号方法如下:1∶100 万地图按国际标准分幅编号,例如 NI-54,它代表北半球第 I 行(Nφ32°~36°)、第 54 列(Eλ138°~144°)。

表 1-6　　　　　　　　　　　日本地图经纬线分幅系统

比例尺	1∶100万	1∶20万	1∶5万	1∶2.5万	1∶1万
地图名称	国际地图	地势图	地形图	地形图	地形图
经差	6°	1°	15′	7′5″	3′
纬差	4°	40′	10′	5′	2′
图幅数量关系	1	36			
		1	16		
			1	4	
					25

图 1-22 是日本 1∶20 万、1∶5 万、1∶2.5 万和 1∶1 万地图的分幅编号举例。

图 1-22 中,1∶20 万有晕线的图幅编号为"东京 26 号横须贺",其中"东京"是该图所在的 1∶100 万地图的图名,"26 号"表示 1∶20 万地图在 1∶100 万地图范围内的编号,其代号都是采用自右向左、从上至下的排列,以自然序数编号法编号。而"横须贺"则是 1∶20 万地图的图名。

1∶5 万有晕线的图幅编号为"五万分之一地形图横须贺 6 号三崎",其中前一部分为比例尺,称为地图种类,"横须贺"为该图所在的 1∶20 万地图的图名,"6 号"指的是

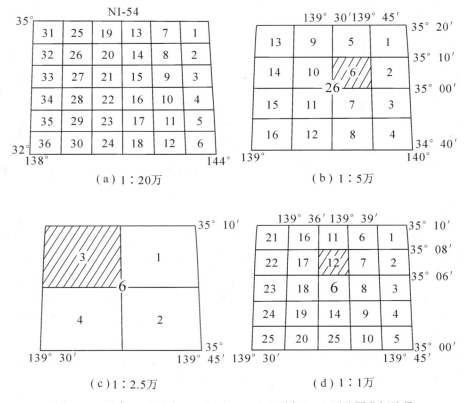

图1-22　日本1:20万、1:5万、1:2.5万和1:1万地图分幅编号

1:5万地图在1:20万地图范围内的位置,而"三崎"则是1:5万地图的图名。

1:2.5万有晕线的图幅编号为"二万五千分之一地形图横须贺6号三崎之3三浦三崎"。

1:1万有晕线的图幅编号为"一万分之一地形图横须贺6号三崎之12城个岛"。

上述方法的特点是,1:5万、1:2.5万和1:1万地形图的编号都是从1:20万地图出发的,只有1:20万地图的编号才同1:100万地图的编号相联系。

现在的编号方法有些改变,使得各种比例尺地图都和1:100万国际地图联系起来,在1:100万地图按国际标准分幅编号的基础上,逐次接加其余地图各自代号而成。上例中:

　　　　1:20万地图的编号为:　　　　NI-54-26;
　　　　1:5万地图的编号为:　　　　 NI-54-26-6;
　　　　1:2.5万地图的编号为:　　　 NI-54-26-6-3;
　　　　1:1万地图的编号为:　　　　 NI-54-26-6-12。

(2)日本国家基本地图的分幅和编号

日本国家基本地图包括1:5 000和1:2 500两种比例尺地图。日本国家基本地图用直角坐标线分幅,其方法如下:

全国分为 17 个坐标系,用罗马数字Ⅰ~ⅩⅦ编号,每个坐标系包括 600 千米×320 千米的面积,图 1-23 为第ⅩⅠ坐标系。

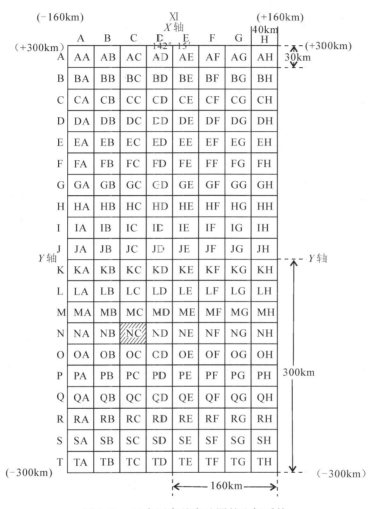

图 1-23 日本国家基本地图的坐标系统

通过原点作纵、横坐标轴。纵轴为 X 轴,横轴为 Y 轴。从坐标原点向左、右各 160 千米,上、下各 300 千米围成该坐标系的范围。

在一个坐标系中,从西向东分成八列,每列 40 千米,用罗马字母 A~H 编号;从上到下分为 20 行,每行 30 千米,用罗马字母 A~T 编号,然后按行(前)列(后)表示该方格的代号。

坐标系中每个格子各边 10 等份,形成 4×3 千米的格子,即为 1∶5 000 地图的图廓。图 1-24(a)是 1∶5 000 地图在一个坐标格中的分幅编号方法,从右上角开始,行列均以 0~9 编号,按行前列后的顺序组成该图的代号。图中有晕线的图幅编号为"ⅩⅠ-NC-41"。

1∶2 500 地图是把 1∶5 000 地图又分成 4 幅,每幅边长为 2×1.5 千米,用阿拉伯数字1~4编号。图1-24(b)中有晕线的图幅编号为"XI-NC41-4"。

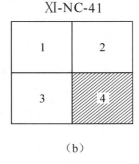

图1-24 日本国家基本地图的分幅编号

第七节 地图简史

地图起源于上古代，几乎和世界最早的文化同样悠久。在史前时代，古人就知道用符号来记载或说明自己生活的环境、走过的路线等。现在人们能找到的最早的地图实物是在古巴比伦北面320km的加苏古城发掘出来的古巴比伦地图（图1-25），这是一块手掌大小的陶片，据考证这是4500多年前的古巴比伦城及其周围环境的地图。底格里斯河和幼发拉底河发源于北方的山地，流过南方的沼泽，中央是古老的巴比伦城。

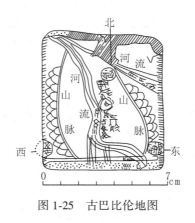

图1-25 古巴比伦地图

留存至今的古地图还有公元前1500年绘制的《尼普尔城邑图》，它存于由美国宾州大学于19世纪末在尼普尔遗址（今伊拉克的尼法尔）发掘出土的泥片中（图1-26）。图的中心是用苏美尔文标注的尼普尔城的名称，西南部有幼发拉底河，西北为嫩比尔杜渠，城中渠将尼普尔分成东西两部分，三面都有城墙，东面由于泥板缺损不可知。城墙上都绘有城门并有名称注记，城墙外北面和南面均有护城壕沟并有名称标注，西面有幼发拉底河作为屏障。城中绘有神庙、公园，但对居住区没有表示。该图比例尺大约为 1∶12 万。

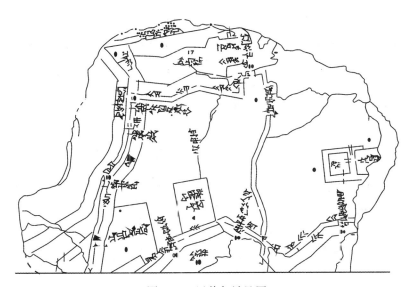

图 1-26　尼普尔城邑图

古埃及人用芦苇草当纸张书写文字和绘制地图，不过现今保留下来的这种地图很少，其中有一幅埃及东部沙漠地区的金矿山图，是公元前 1330—前 1317 年绘制的古地图。

我国关于地图的记载和传说可以追溯到 4 000 年前，《左传》上就记载有夏代的《九鼎图》，该地图是由"贡金九牧"而铸鼎，且鼎上铸有山川形势、奇物怪兽。后来在《山海经》中，也有绘着山、水、动植物及矿物的原始地图。十几年前河南安阳花园村出土的《田猎图》是青铜器时代刻在甲骨上的地图，匣上有打猎路线、山川和沼泽。在云南沧浪县发现了巨幅崖画《村圩图》，距今已有 3 500 年历史。在古经《周易》有"河图"的记载，还有"洛书图"，表明我国地图之起源。传世文献《周礼》中有 17 处关于图的记载，图又与周官中 14 种官职相关联，如"天官冢宰·司书""掌邦中之版，土地之图""地官司徒·大司徒""掌建邦之土地之图，与其人民之数以佐王安抚邦国。以天下土地之图，周知九州之地域，广轮之数，辨其山林川泽丘陵坟衍原隰之名物，而辨其邦国都鄙之数，制其畿疆而沟封之……""地官司徒·小司徒""凡民讼，以地比正之，地讼，以图正之"；"地官司徒·土训""掌通地图，以诏地事"；"春官宗伯·冢人""掌公墓之地，辨其兆域而为之图"；"夏官司马·司险""掌九州之图，以周知其山林川泽之阻，而达其道路"；"夏官司马·职方氏""掌天下之图，以掌天下之地，辨其邦国都鄙，四夷八蛮、七闽八貉、五戎六狄之人民，与其财用，九谷六畜之数要"。管子《地图篇》对当时地图的内容和地图在战争中的作用都进行了较详细的论述。在《孙子兵法》和《孙膑兵法》中都附有数卷地图。1954 年 6 月，我国考古工作者发现江苏丹徒县烟墩山出土的西周初青铜器"宜侯夨"底内刻铸的 120

字铭文有两处谈到地图，即"武王、成王伐商图"和"东国图"。该文记载了周康王根据这两幅地图到了宜地，举行纳土封侯的册命仪式。曰："唯四月辰在丁未，王省武王遂省、成王伐商图，遂省东或（国）图。王立（位）于宜，内（纳）土，南乡（向）。王令虞侯曰："繇，侯于宜。"据考证，该图成于公元前1027年或稍晚。这些记载足以说明，我国西周时期已有土地图、军事图、政区图等多种地图，并在战争、行管、交通、税赋、工程等多方面得到应用。这些地图显然已经脱离了原始地图的阶段，具有了确切的科学概念。只可惜我国至今还没有见到过这些地图实物，有待于考古的进一步发现。

一、中国古代和近代的地图

我国存留的地图中，年代最早的当属20世纪80年代在天水放马滩墓中发现的战国时期秦国（公元前239年）绘制于木板上的《邽县地图》。该图上绘有河流、道路、界域、关隘、山脉、沟谷、森林及树种，有80多处注记，有方位，比例尺约为1∶30万，应当是代表了当时地图的最高水平。

1973年在湖南长沙马王堆三号汉墓出土的三幅地图，为我们提供了研究汉代地图的珍贵实物史料。三幅图均绘于帛上，为公元前168年以前的地图作品。图1-27是其中的地形图。该图为98cm边长的正方形彩色普通地图，描述的是西汉初年的长沙国南部，今湘江上游第一大支流潇水流域、南岭、九嶷山及其附近地区，其范围为东经111°~112°30′、北纬23°~26°，相当于目前湖南、广东、广西三省区交接地带。地图内容很丰富，包括山脉、河流、聚落、道路等，用渐变单线表示河流，用闭合曲线表示山体轮廓，以高低不等的9根柱状符号表示九嶷山的9座不同高度的山峰。有80多个居民点，20多条道路，30多条河流。另外两幅是表示在地理基础上的9支驻军的布防位置及其名称的《驻军图》和表示城垣、城门、城楼、城区街道、宫殿建筑等内容的《城邑图》。马王堆汉墓出土的这三幅地图制图时间之早、内容之丰富、精确度之高、制图水平和使用价值之高令人惊叹，堪称极品。

魏晋时期的裴秀（公元223—271年），任过司空、地官，管理国家的户籍、土地、税收，后任宰相，曾绘制过《禹贡地域图》，并将当时流传的《天下大图》缩为《方丈图》。他总结了制图经验，创立了世界上最早的完整制图理论"制图六体"，即分率、准望、道里、高下、方邪、迂直。分率即比例尺，准望即方位，道里即距离，高下即相对高度，方邪即地面坡度起伏，迂直即实地起伏距离同平面上相应距离的换算。裴秀阐述了"六体"之间相互制约关系及其在制图中的重要性，他认为，"制图六体"在绘制地图时是缺一不可的。"制图六体"，不仅开我国地图编制理论之先河，而且在世界地图制图学史上也是一个重大贡献。裴秀的制图理论对以后的几个朝代有明显的影响。

唐代贾耽（公元730—805年）通过对流传地图的对比分析和访问、勘察，编制了《关中陇右及山南九州图》，树立了边疆险要地图的旗帜，形成我国古地图发展的一个重要分支。该图内容取材广泛丰富，有新旧城镇，诸山诸水之源流，重要的军事要塞，道路的里数等。他的另一杰作为《海内华夷图》，是魏晋以来的第一大图，"广三丈，纵三丈三尺"，面积约为十方丈；在制图方法上学习了裴秀制图理论的优点，讲究"分率"（一寸折成百里）；图上古郡县用黑墨注记，当代郡县用朱红色标明，进一步确定了这种传统的历史沿

图 1-27 长沙马王堆汉墓出土的地形图

革地图的表示方法，对后世有深远影响。

宋朝是我国地图历史上辉煌的年代。北宋统一不久就根据全国各地所贡的 400 余幅地图编制成全国总图《淳化天下图》。在西安碑林中，有一块南宋绍兴七年(公元 1137 年)刻的石碑，碑的两面分别刻有《华夷图》和《禹迹图》。根据图名、绘法以及图上的说明，《华夷图》可能是因袭唐代贾耽的《海内华夷图》制成的(制图时间在公元 1068—1085 年)。《禹迹图》上刻有方格，是目前看到的最早的"计里画方"的地图作品，地图图形更为准确，图上所绘水系，特别是黄河、长江的形状很接近现代地图。图 1-28 是《禹迹图》的一部分。

宋朝的沈括(公元 1031—1095 年)，做过大规模水准测量，发现了磁偏角的存在，使用 24 方位改装了指南针。他编绘的《守令图》是一部包括 20 幅地图的天下州县地图集，其中最大的一幅高一丈二尺，宽一丈，估计是全国总图。他还著有地理学著作《梦溪笔谈》。

第一章　地图的基础知识

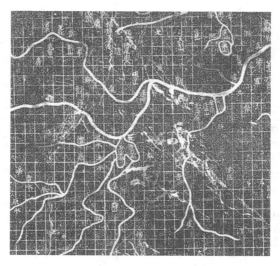

图 1-28　《禹迹图》(局部)

　　元代朱思本(公元 1273—1333 年①)，十分重视地理考察，曾经游历过整个中原地区。他对地理知识的求索并不局限于泛游名山大河，而是考察历史沿革，核实地理情况，发现先人的图籍"殊多乖谬"，于是"思构为图证之"。经过 10 年的努力，编制成《舆地图》两卷。后曾被多次摹绘，"刊石于上清之三华院"。可惜摹绘和刻石的《舆地图》如今都不存在。朱思本绘制《舆地图》之前注重实地资料的调查，旁征博引，参阅古今图书，取舍材料，慎重求实，先绘各地小幅地图，最后把小区域的地图拼贴描绘，合成一幅大图，地图以中国为主，外国作衬映，数学基础使用我国传统的计里画方之法，侧重河流、山川要素的绘制，并注重其精度。同以前所绘地图相比，《舆地图》有很大进步。

　　明代罗洪先(公元 1504—1564 年)分析历代地图的优劣，以计里画方网格分幅编制成《广舆图》数十幅。他通过"考图观史"发现"天下图籍，虽极详尽，其疏密失准，远近错误，百篇而一，莫之能易也"。在调查的过程中，他偶得元人朱思本地图，决定把该图作为绘制新图的蓝本，扬长避短。他认为该图"长广七尺，不便卷舒"。于是，按计里画方的网格法加以分幅转绘，并把收集到的地理资料补入新图，积十年之寒暑而后成。因把朱图广其数十幅，故取名为《广舆图》，发展成为我国最早的综合性地图集。《广舆图》继承了《舆地图》的许多优点，克服了不足，从而把地图发展到一个新的高度。这主要表现在：按照一定的分幅办法改制成地图集的形式，除 16 幅分省图，11 幅九边图和 5 幅其他诸边图是根据朱图改绘外，其余的图均为罗洪先所增；创立地图符号 24 种，很多符号已抽象化、近代化，它对增强地图的科学性，对地图内容表达起到重要作用。正因为如此，《广舆图》成为明代有较大影响的地图之一，前后约翻刻了六次，自明嘉靖直到清初的 250 多年间流传甚广，是我国现存最早的刻本地图集。

　　明末的陈祖绶曾编制《皇明职方地图》三卷。他对朱思本地图和历史上遗留下来的旧

---

① 《中国大百科全书　地理学》。

图做了详细的研究，又有自己的绘制原则，因此他绘制的《皇明职方地图》是一幅继承朱、罗二图之长，避其短处，重视军事要素的地图；地名一律按万历以后的地名沿革进行注记，绘制严整美观，镌刻也比较精细。

郑和（公元 1371—1435 年）七下西洋，航行在南洋和印度洋上，历时 20 余年（1405—1431 年）；经历了 30 多个国家，远到非洲东海岸的木骨都束（今马里共和国的首都）和阿拉伯海、红海一带。他的同行者留下四部重要的地理著作，制成了《郑和航海地图集》。该图集有地图 20 页，过洋牵星图 2 页。全图包括亚、非两洲，地名 500 多个，其中本国地名约占 200 个，其余亚非诸国约占 300 个。《郑和航海地图集》不仅是我国著名的古海图，也是 15 世纪以前最详细的亚洲地图。

意大利传教士利玛窦在 1584—1608 年间，曾先后 12 次编制世界地图。他将世界地图《山海舆地全图》首次介绍到中国。通过利玛窦的世界地图，给中国介绍了一些新的地理概念，如经纬度、南北极和赤道，以及将西方和东方的已知世界汇编在同一幅世界地图上，把新发现不久的南非、南北美洲，及太平洋、大西洋、印度洋等区域概念，以及地中海、罗马、古巴、加拿大等地理译名介绍给中国读者。

清代康熙年间，清政府聘请了大量的外籍人士，采用天文和大地测量方法在全国测算了 630 个点的经纬度并测绘大面积的地图，历时 10 年（公元 1708—1718 年）制成《皇舆全览图》，实为按省分幅的 32 幅地图，该图采用伪圆柱投影，边疆和内地的注记有所不同（内地各省地名注记用汉文，而边疆用满文）。李约瑟著《中国科学技术史》一书中介绍该图"不仅是亚洲当时所有地图中最好的，而且比当时的所有欧洲地图都好、更精确"。乾隆年间，在此基础上，增加了新疆、西藏新的测绘资料，编制成《乾隆内府地图》（公元 1759 年）。在数学基础上，《乾隆内府地图》与《皇舆全览图》基本相同，在各要素的绘制上，《乾隆内府地图》要详细一些，在地图表示范围上，对康熙年间所测地图有所扩充，西至西经 90°，北至北纬 80°，是当时世界上最完整的亚洲大陆全图。清代完成了我国地图从计里画方法到经纬度制图方法的转变，是我国地图制作历史上一次大的进步。

清末魏源（公元 1794—1859 年）采用经纬度制图方法编制了一本地图集《海国图志》。该图集有 74 幅地图，这些地图在绘制方法上，完全脱离了中国传统的计里画方法，采用经纬度控制法，统一起始经纬度；在地图投影的选择上，根据地图所包括面积及所处地理位置，比较灵活地选用所需投影（如圆锥投影、彭纳投影、散逊正弦曲线投影、墨卡托投影等）；各图幅根据制图区域大小采用了不同的比例尺，地物符号的设计与现今的世界地图有类似之处，但大部分符号仍保持古地图的特征。该图集篇幅巨大、内容丰富、有图有文，是我国地图史上地图集方面开创性的著作。杨守敬（公元 1839—1915 年）编制的《历年舆地沿革险要图》共 70 幅，是我国历史沿革地图史上的旷世之作。该图大体以水经注为依据，对郡县与山川相对位置进行了许多分析考证工作，上溯春秋，下讫明末，按朝分卷，以《乾隆内府地图》作为底图。所有地图都采用经纬度制图法，对古今要素采用唐代贾耽的朱墨两色表示法，木版套印。该图集为后续研究郡县变化、水道迁移等方面的科学问题提供了非常有用的参考资料，后来成为中华人民共和国大地图集中历史地图集的基本资料。

辛亥革命后，南京政府于 1912 年设陆地测量总局，开展地形图测图和制图业务。到 1928 年，全国新测 1∶2.5 万比例尺地形图 400 多幅，1∶5 万比例尺地形图 3 595 幅，在清代全国舆地图的基础上调查补充，完成1：10万和1：20万比例尺地形图3 883幅，并于1923—1924年编绘完成全国1：100万比例尺地形图96幅。除了军事部门以外，水利、铁道、地政等部门的测绘业务也有所发展，测制了一些地图。到1948年止，全国共测制1：5万比例尺地形图8 000幅，又于1930—1938年、1943—1948年先后两次重编了1：100万比例尺地图。在地图集编制方面，1934年由上海申报馆出版的《中华民国新地图》，该图集为八开本，包括全国性的序图10幅、省区图22幅、61个城市地图，地图采用圆锥投影，采用等高线加分层设色表示地貌，铜凹版印刷，在我国地图集的历史上有划时代的意义。另外，还有《中国土地利用图集》《中国地质图》《中国土壤概图》《中国气候区划图》《中国气候地图集》《经济地图集》等地图作品。在长期革命斗争过程中，人民子弟兵军队也十分重视地图保障。在第二次国内革命战争时期，红军总部就设有地图科，随军搜集地图资料并作一些简易测图和标图。长征前夕，地图科为主力红军制作了江西南部1：10万比例尺地形图；过雪山、草地时绘制了"1：1万宿营路线图"。解放战争时期，地图使用已十分广泛，各野战军都设有制图科，随军做了大量的地图保障工作。如1948年平津战役前夕，编制了北平西部航摄像片图和天津、保定驻军城防工事图，为解放战争胜利作出了贡献。

新中国成立后，地图制图事业得到了迅速发展。在完成覆盖全国的1：5万和1：10万地形图的基础上，1：5万地形图已更新3次，1：10万地形图也已更新2次。完成了全国1：20万、1：25万、1：50万和1：100万地形图的编绘工作，并已建成了1：5万、1：25万和1：100万地图数据库。其中，1：5万地图数据库（现势性达到2010年）是覆盖全国范围的精度最高，内容最丰富的基础测绘成果，是用途最广，使用频率最多的品种；是国民经济建设、国防建设、国土整治、资源开发、环境保护、防灾减灾、文化教育等基础性、战略性信息资源，是促进经济社会可持续发展的基础工具和重要保障；居于国际同类基础地理信息产品先进之列；该地图数据库现在每年在进行增量更新数据，极大地提高了我国地图和基础地理信息服务水平。

1953年总参测绘局组织编制了1：150万的全国挂图《中华人民共和国全图》，由32个对开拼成。1956年出版了1：400万《东南亚形势图》。20世纪50年代后期，中国地图出版社先后三次编制出版了1：250万《中华人民共和国全图》，以后又多次修改、重编出版，2005年中国地图出版社和武汉大学地图科学与地理信息工程系合作，采用全数字地图制图技术制作新版1：250万《中华人民共和国全图》。该图内容丰富，色彩协调，层次清晰，较好地反映了中国的三级地势和中国大陆架的面貌，成为我国全国挂图中稳定的品种。20世纪70年代，各省(市、自治区)测绘部门分别完成了省(市、自治区)挂图和大量的县市地图的编制工作。

在地图集的编制方面，首推国家大地图集的编制。1958年7月，由原国家测绘局和中国科学院发起，吸收30多个单位的专家，组成国家大地图集编委会，确定国家大地图集由普通地图集、自然地图集、经济地图集、历史地图集四卷组成，后来又将农业地图集和能源地图集列入选题。现在已经先后出版了《自然地图集》《经济地图集》《农业地图集》《普通地图集》《历史地图集》。这些地图集在规模、制图水平及印刷和装帧等多方面都达到了国际先进水平。在国家大地图集的带动下，各省、市相关部门都编制出版了各种类型的地图集，其中不乏高质量的地图。由原武汉测绘科技大学编制的《深圳市地图集》于1999年第一次为我国的地图作品拿到了国际地图学协会评出的地图集类"杰出作品奖"。

二、国外的地图历史

公元前2世纪，埃拉托斯芬（公元前276—前195年）算出了地球的子午线弧长为39 700km，并以此推算出了地球大小，并第一个编制了把地球作为球体的地图。托勒密（公元90—168年）所写的《地理学指南》对当时已知的地球作了详细的描述，包括各国居民地、河流、山脉一览表并列举了注明经纬度的8 000个点，并附有27幅地图，其中有一幅是世界地图。他提出许多编制地图的方法，创立了球面投影和普通圆锥投影。他用普通圆锥投影编制的世界地图具有划时代的意义，一直使用到16世纪。

15世纪以后，欧洲各国资本主义开始萌芽，历史进入文艺复兴、工业革命和地理大发现时期。航海家哥伦布进行三次航海探险，发现了通往亚洲和南美洲大陆的新航路和许多岛屿。麦哲伦第一次完成了环球航行，从而证实了地球是球体。这些航行和探险使人们对地球各大陆与海洋有了新的认知，为新的世界地图编制奠定了基础。

公元16世纪，荷兰制图学家墨卡托（公元1512—1594年）创立了等角正轴圆柱投影（后被命名为墨卡托投影），并于1568年用这种投影编制了世界地图，代替了托勒密的普通圆锥投影世界地图。他用等角正轴圆柱投影编制的世界地图，不仅收集并改正了所有天文点成果，把当时对世界的认识表示到地图上，而且等角航线被表示成直线，对航海最合适，为航海提供了极大的帮助。迄今世界各国都采用墨卡托投影编制海图。

18世纪实测地形图的出现，使地图内容更加丰富和精确。平板仪及其他测量仪器的发明，使测绘精度大为提高，三角测量成为大地测量的基本方法，很多国家进行了大规模的全国性三角测量，为大比例尺地形测图奠定了基础。由于采用平板仪测绘地图，使地图内容更加丰富，表示地面物体的方法由原来的透视写景符号改为平面图形，地貌由原来用透视写景表示改为用晕渲法，进而改为用等高线法，编绘地图的方法得到了改进，地图印刷由原来的铜版雕刻改用平版印刷。很多国家开始系统地测制军用大比例尺地形图。

19世纪资本主义各国出于对外寻找市场的需要，产生了编制全球统一规格的详细地图的要求。1891年在瑞士伯尔尼举行的第五次国际地理学大会上，讨论并通过了编制国际百万分一地图的决议，随后于1909年在伦敦召开的国际地图会议上，制定了编制百万分一地图的基本章程，1913年又在巴黎召开了第二次讨论百万分一地图编制方法和基本规格的专门会议，这对国际百万分一地图的编制起到了积极的作用。与此同时，出现了大量的专题地图，比较有代表性的有德国的《自然地图集》《气候地图集》，俄国的北半球土壤图与俄国欧洲部分土壤图等。

20世纪摄影测量的产生和发展，对地图制作产生了极大的影响，出现了大批具有世界影响的地图作品。其中较有影响的有以前苏联为首的7个东欧社会主义国家编制的《1∶250万世界地图》，英国的《泰晤士地图集》，意大利的《旅行家俱乐部地图集》，前德意志民主共和国的《哈克世界大地图集》，美国的《新国际地图集》《哈蒙德世界地图集》《美国国家地图集》，日本的《世界大地图集》《加拿大国家地图集》《芬兰地图集》。特别值得提出的是，苏联的《世界大地图集》和《海洋地图集》，这些图集都是旷世之作。

第二章 地 图 学

第一节 地图学的定义和学科体系

伴随着地图的完善，出现了不断改进的制图方法和关于制作地图的理论，这就是地图学的基础。

在古代，地图记载的是地理考察的结果，地图的制作者都是地理学家，地图总是和地理学紧密连在一起的，还不能成为独立的学科。18世纪实测地形图的出现，为地图制图提供了丰富精确的资料，尤其是1796年德国人发明了石印术，1900年发明了胶印机，使地图的高质量复制成为可能，促成了地图学同测量学的紧密联系并成为一门独立的学科。

一、地图学的定义

地图学的发展可以明显地区分为两个阶段，前一阶段是研究制作地图的，又称为"地图制图学"。20世纪70年代以后，明确提出了地图应用是地图学的组成部分，形成了完整的地图学概念。

关于地图学的定义，有各种各样的说法：英国皇家学会的制图技术术语词汇表中，将地图学定义为"制作地图的艺术、科学和工艺学"；苏联从20世纪初就开始了正规的制图高等教学，当时把制图学理解为技术学科，"它研究地图编绘与制印的科学技术方法和过程"；瑞士地图学家英霍夫（E. Imhof）在他的《理论地图学的任务和方法》中强调"地图制图学是一门带有强烈艺术倾向的技术科学"，他的这个认识在德语系国家中有着重要影响，他们强调地图制图学的艺术成分，把图形表示法的共同规律当作地图制图学的核心，把地图制图学看成探求图形特征的显示科学。作为地理学者的前苏联地图学家萨里谢夫，特别强调"地图制图学是建立在正确的地理认识基础上的地图图形显示的技术科学"，这种显示在于"描写、研究自然和社会现象的空间分布、联系以及随时间的变化"。

20世纪70年代以后，地图应用被纳入地图学的范畴，普遍认为地图学是"研究地图及其制作理论、工艺技术和应用的科学"。随着地图制作技术的发展，制图理论也在不断创新和完善。传输的观点逐渐被接受，"地图学的任务是通过地图的利用来传输地理信息"。从传输的观点看，地图的制作和应用被同等看待。人们通过测量、调查、统计、遥感等多种方式将客观环境的一部分转换成被认识的地理信息，再通过制图的方法制成地图（客观世界的模型），读者通过阅读、分析、解译获得对客观世界的认识，这显然是一个地理信息的传递过程，其中又涉及符号理论、感受和认知理论等。地图学不仅要研究地图制作理论和技术方法，还要研究地图基础理论、地图应用理论及其技术和方法。不仅研究地图本身，还要研究地图制作者、地图使用者、地图应用环境等各种与地图制作和使用相关的任何人、物、环境、设备等特点，从而提高地图的制图质量和使用价值。在这个背景下，人们对地图学下了各种定义，具有代表性有："地图学是空间信息图形传递的科学"（美国地图学家莫里逊 J. L. Morrison，1985）；"地图学是用特殊的形象符号模型来表示和研究自然及社会现象空间分布、组合、相互联系及其在时间中变化的科学"（苏联地图学家萨里谢夫）。"地图学是以地理信息传输为中心的，探讨地图的理论实质、制作技术和使用方法的综合性科学"（我国地图学家高俊，1986）；"地图学是建立在实际被认为是地理现实多要素模型这样一个空间数据库基础上的信息转换过程。这样的数据库成为接收输入数据和分配各种信息产品这一完整制图系列过程的核心"（加拿大地图学家泰勒 D. R. F. Taylor，1986），"地图学是研究地图理论、编制技术与应用方法的科学，是一门研究以地图图形反映与揭示各种自然和社会现象空间分布、相互联系及动态变化的科学、技术与艺术相结合的科学"（我国地图学家廖克，2003），"地图学是研究地理信息的表达、处理和传输的理论和方法，以地理信息可视化为核心，探讨地图的制作技术和使用方法"（我国地图学家祝国瑞，2004）。"地图学是一门研究利用地图图形或数字化方式科学地、抽象概括地反映自然界和人类社会各种现象的空间分布、相互联系、空间关系及其动态变化，并对地理环境空间信息进行数据获取、智能抽象、存储、管理、分析、处理和可视化，以图形或数字化方式传输地理空间环境信息的科学与技术"（我国地图学家王家耀，2006）。

二、以制图为中心的传统的地图(制图)学

传统的地图(制图)学以手工描绘地图图形为基础。这时，地图(制图)学研究制作地图的理论、技术和工艺。制作地图采用各种手持工具，从毛笔（西方采用羽管笔）、雕刻刀到小钢笔、针管笔、各种刻图工具等。在印刷术发明以前，提供给用户的地图都是手工绘制的，其用户面极其有限。19 世纪照相术的发明以及照相术同印刷术的结合，使地图得以用比较廉价的方法大规模地复制，地图用户数量急剧增加。到 20 世纪中期，世界上已出现了许多地图的营业机构，地图成为一个引人注目的行业，这就大大地促进了地图学的发展。

传统地图学的形成与建立在三角测量基础上的近代地图测绘是紧密联系的。一方面，由于与地图学有关的地理学、测量学、印刷学相继为比较完整的理论学科和技术学科，为地图学的形成与发展提供了外部条件；另一方面，由于地图学本身在漫长的地图生产过程中积累了丰富的经验，经过不同时期各国地图制图学家的总结和概括，形成了系统而完整的关于地图制作的技术、方法、工艺和理论，作为地图学分支学科的地图投影、地图编制、地图整饰和地图印刷等已趋于稳定。这个时期的地图学研究的对象是地图制作的理论、技术和工艺。在地图制图的理论方面，地图投影、地图综合、地图内容表示法和符号系统等是研究的核心；在地图制作技术方面，主要围绕地图生产过程研究编绘原图制作技术、出版原图制作技术和地图制版印刷技术；在地图制作的工艺方面，主要研究地图生产特别是地图印刷工艺。

传统的地图学有以下三个基本特征：

(1) 个人技术对地图质量有显著的影响；

(2)实践经验积累是获取知识的主要渠道；

(3)传统的师徒传授技艺起主导作用。

所以，严格来讲，直到20世纪中期，地图(制图)学仍然停留在传统的手工艺阶段，不能称为现代意义上的科学。

三、现代地图学的产生

20世纪50年代，信息论、控制论、系统论三大科学理论的出现，以及电子计算机相继问世，改变了地图制图技术和方法，而且从根本上改变了制图工艺，与之相适应产生了新的制图理论。同时，地图用户和地图应用也逐步纳入地图学研究范畴，使制图和用图成为一个整体，传统地图学逐步发展为现代地图学。

在形成现代地图学的过程中，以下事实有着重大的影响：

以苏联地图学家萨里谢夫和苏霍夫为首的一批学者在第二次世界大战中及以后，创造了一整套的制图综合理论，并在地图和地图集的设计方面取得了很大进展。

法国人贝尔廷1961年提出的一整套视觉变量理论，美国人莫里斯在哲学理论的基础上提出的形式语言学，共同形成了地图符号学的核心。

波兰地图学家拉多依斯基运用信息论的观点研究地图信息的传递特点后，提出了地图学的结构模式。

英国学者博德提出了地图模型论。

捷克地图学家克拉斯尼根据信息论中信息传输的概念提出了信息传输模型。

德国学者在图形心理学方面的理论研究(格式塔理论)，在地图阅读规律的研究方面有指导意义。

20世纪60年代中期以后，电子计算机、遥感遥测技术引进地图学，引起地图制图技术上的革命。地图生产开始由传统手工方式向数字化方式转变。遥感影像技术在地图制作、环境监测等方面发挥越来越重要的作用。同时，各学科的相互渗透，尤其是信息论、传输论、认知理论以及数学方法的引进，使地图学的理论有了很大发展。这个时期，有的地图学者开始提出把地图学分为"理论地图学"和"实用地图学"两部分。强调"理论地图学"应是联系技术和艺术、技术和有关地表现象研究的不同学科之间的桥梁；实用地图学包括地图设计、地图编绘和地图制印。

20世纪70年代以后，随着计算机软硬件水平的提高，信息网络技术的兴起，地理信息系统的应用，以及地图制图新技术的发展和各学科的相互渗透，地图学出现了一些新兴学科和许多分支学科。这个时期产生了一些新的地图学理论，如地图信息论、地图传输论、地图模型论、地图感受论和地图符号学理论等现代地图学理论，提出了地图学学科体系，现代地图学的概念由此产生。现代地图学首次将地图学划分为理论地图学、地图制图学和应用地图学。这三个部分互相联系，体现从编图到用图的地图传输的完整过程。

20世纪90年代后期以来，随着计算机技术、遥感技术、网络技术、移动通信技术、地理信息系统技术、虚拟现实技术等信息技术的进一步发展，地图学出现了信息化、知识化和智能化的特征。这一时期的地图学被称为信息时代的地图学。网络地图、手机地图以及各种专题地图和地图App的出现扩大了地图学的研究领域和应用领域；地理信息系统的深入发展和广泛应用拓展和延伸了地图学的理论、方法与功能；空间信息可视化与虚拟现实技术的使用改变了现代地图的使用方法和表现形式，成为地图学新的生长点。太空摄影、卫星定位、移动电话、搜索引擎、宽带网络技术的发展催生了新的地图产品，以位置为基础的地图服务越来越普及，地图作品变得生动、活泼和个性化，并出现了智能化的特征。地图学要解决的问题基本上是思维科学问题，物联网与互联网的智能融合即传感网的接入（网络），能实现对地理世界的更透彻的感知、更全面的互联互通、更深入的智能化，解决智能地图学的实时动态数据源问题。云计算技术是一种新的计算能力的服务模式，解决海量数据的智能处理问题，实现多源异构数据的智能融合、智能地图制图、智能分析、智能数据挖掘与知识发现等。

从20世纪50年代开始的计算机制图技术发展到可以投入大规模生产的阶段，技术变革和理论上的拓展构成了现代地图学的基础。在众多的地图学工作者不断实践、创新、充实、完善的基础上，从近代地图测绘与传统地图学的形成，进而到地图学的现代革命与信息时代的地图学，在20世纪90年代以后逐渐形成了现代地图学。现代地图学是以地球系统科学为依据，融合控制论、系统论、信息论等学科为一体的跨学科的开放体系。

四、地图学的学科体系

1. 学科名称的变化

20世纪，地图学的学科名称几经变更，标志着该学科内容的不断变化，我们可以从学科名称的变化中去体验学科重点转移的轨迹。

地图学一直是在两个一级学科——测绘科学与技术、地理学中并行发展的。

在地理学领域，地图学一直是其中的一个二级学科。由于地图是地理学研究的出发点和成果的表达形式，对地图使用的研究始终是比较重视的，该学科在20世纪70年代以前一直都被称为"地图学"。20世纪80年代，地理信息系统（GIS）技术逐渐成熟，在地理学研究中作为模拟地理机理、研究过程和预测的工具，起到了越来越大的作用，又由于它同地图学的天然联系，随即将"地图学"改称为"地图学与地理信息系统"。从使用的角度看，完善的地理信息系统可以替代地图部分功能且更加方便和实用，所以又于20世纪90年代该学科的本科专业名称被改为"地理信息系统"，硕士和博士专业需要在地图、地理信息可视化、地理信息系统建设和使用方面作更深入的研究，仍保留"地图学与地理信息系统"的名称。地理信息系统实际是信息系统一种，作为专业名称是不合适的，近几年本科专业名称"地理信息系统"又被改为"地理信息科学"，侧重于利用地图与地理信息系统研究地理学规律。

在测绘学（20世纪90年代改称测绘科学与技术）中，认为地图是测绘成果的重要表现形式，强调的是地图制作与生产的方法、技术，该学科起初名为"制图学"，为避免同机械行业的制图相混淆，20世纪60年代将该学科改称"地图制图学"，在20世纪70年代国际地图学协会倡导将地图使用纳入学科领域以后，我国于20世纪80年代将该学科改称"地图学"（其实国际上一直使用Cartography这个词）。随着地理信息系统和地理环境仿真与虚拟现实技术的发展和日趋成熟，以及应用领域的不断扩大和应用效果的日趋显著，原来的学科名称"地图制图学"已包含不了已经大大扩展和延伸了的内容。20世纪90年代，测绘科学与技术中的二级学科的本科专业全部归并为"测绘工程",培养地图制图人才的本科专业称为"测绘工程(地图制图学与地理信息工程)",而硕士和博士专业仍然单独保留"地图制图学与地理信息工程"的名称。显然,其学科对象仍然偏重于在数字技术条件下的地图制作和地理信息系统软件开发、系统构建及应用工程等诸方面,强调工程科学技术研究、软件研发和工程实践。

2. 地图学的学科体系

传统的地图(制图)学的结构较为简单,主要包含地图绘制、地图概论、地图投影、普通地图编制、专题地图编制、地图整饰、地图设计、地图制印等内容。传统地图制图学体系结构的研究对象是地图制作的理论和技术。在地图制图的理论方面,地图投影、制图综合、地图内容表示法和符号系统等是研究的核心;在地图制作技术方面,围绕地图生产过程研究编绘原图制作、出版原图制作和地图制版印刷等技术。

现代地图学由于众多新概念和新理论的出现,在国内外都有学者对学科体系的研究发表不同的见解。

英霍夫在20世纪50年代末最早提出把地图学分为理论地图学和实用地图学的主张,苏联的地图学家也曾有类似的看法。英国和法国的地图学家则主张将地图学分为地图理论和制图技术两部分。

20世纪70年代以后,人们对地图学体系的认识发生了重要的变化。波兰地图学家拉多依斯基(L. Ratajski)以地图传输作为地图学的核心并建立了地图学的体系,提出一个较为详细的地图学结构模式(图2-1),把地图学分为理论地图学和应用地图学两个部分。

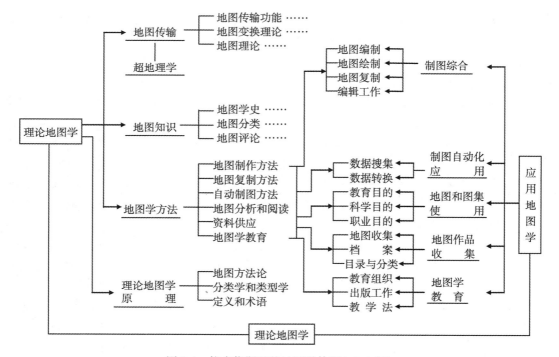

图2-1 拉多依斯基的地图学体系(1973年)

理论地图学有三个主要方向：第一个是关于理论方面的，以地图信息传递理论为基础，研究地图信息传递功能、地图信息变换、地图图形理论（符号学）和地图内容的制图综合理论等；第二个是关于地图评价方面的，以地图知识为理论基础，包括地图学历史，地图的分类和评价标准，地图功能、表示方法等问题；第三个是关于应用方面的，以制图方法论为基础，包括制图方法（含地图制图自动化方法）、地图复制方法和地图分析解译方法；第三个方向被认为是理论和实际的结合。应用地图学则包括地图生产（地图编制、绘制、复制和编辑加工）、机助制图的应用（数据采集和变换）、地图和地图集（在教学、科研、生产活动中）的应用，地图作品收集及地图教育这五个方面。并把其他学科如地理学、测量学等作为地图学的基础学科，而把数学、计算机技术、符号学、心理学、美学、印刷技术作为地图学的方法论基础。

瑞士地图学家克列茨切米尔（I. Kretschmer）认为"每一门科学不仅具有自己的特点和知识集合，同时也是它本身的研究工作的活动过程"，如果"很多研究工作仍然受其他一些学科（如地理学、心理学等）的影响，这些是对于地图学作为学科存在的一个重大隐忧，因为这正好可以否定它作为科学的存在"。克列茨切米尔的地图学体系结构模式（见图2-2），实际上主张紧缩地图学的阵地，保持传统的地图生产方式，这显然包含不了近几十年来地图学已经扩展了的内容。

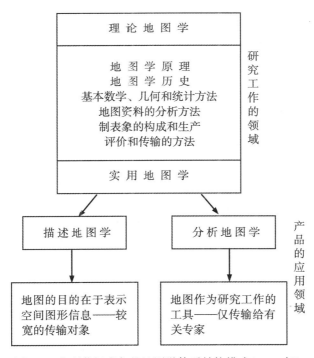

图 2-2　克列茨切米尔的地图学体系结构模式（1978 年）

德国地图学家费赖塔格（U. Freitag）用地图信息传递论和符号理论相结合的观点，于1980 年在拉多依斯基模式的基础上研究了地图学的结构问题，提出地图学应当分为三个分支：地图学理论、地图学方法论和地图学实践(见图 2-3)。地图学理论(地图术语和表述系统)包括格式塔理论(图形心理学)，图形语义(表示、空间拓扑关系、语义综合及地图模型)理论，图形效果理论和地图信息传递理论；地图学方法论(制图规则系统)包括符号识别规则、地图系统分析方法、地图设计与标准化方法、地图分类和使用方法、地图制作及信息传递的评价、优化方法等；地图学实践(国际活动系统)包含地图生产组织及流通方面的内容，如地图组织机构、地图编辑、地图生产、地图发行、地图使用及地图学训练等。以上体系他称之为"普通地图学"。除此之外，他还分出两个辅助系统，即"比较地图学"(研究地图学的理论、方法和实践等各方面的比较)和"历史地图学"(研究地图学的理论、方法和实践的发展历史)。

```
普通地图
  地图学理论
    1. 图形格式塔理论
    2. 图形语义理论
    3. 图形效果理论
    4. 地图传输理论
  地图学方法
    1. 信号识别—语法信息测量—图像构成—图像联合—简
       化—图像复制—分类
    2. 制图系统分析—制图编码方法—缩小—投影—地物典
       型化—分组—分层—级数选择
    3. 地图学训练—实用制图与地图设计—制图标准化—制
       图综合—地图使用—地图分类
    4. 地图管理
  地图学实践
    1. 制图组织
    2. 制图编辑—地图生产准备—地图计划—地图绘制
    3. 制图生产—生产组织—原图生产—地图复制—地图出版
       准备
    4. 地图发放—地图分配—地图储存—地图使用
    5. 地图学的附加业务
    6. 地图学的训练
```

图 2-3　费赖塔格的地图学体系(1980 年)

　　荷兰地图学家博斯用一个类似于物质的分子和原子结构的功能模型来解释地图学各个领域及其同其他边缘学科的关系(见图 2-4)。

　　该功能模型的核心是地图设计，围绕这个核心的是五个分支学科：地图内容、地图生产计划、地图配置、符号设计和制图综合。在其周围是与其有联系的其他边缘学科，如空间数据、地图感受、图形艺术、制图条件和制图技术等，它们又各自为次级核心再联系其他分支。该模型形象地描述了地图学的核心问题及其与各分支学科的联系。

　　我国地图学家高俊根据现代地图学发展的特点和趋势，特别是我国的学科现状，认为"地图科学"应具有三个层次的体系结构(见图 2-5)。第一个层次地图传输理论，它是地图

第一节 地图学的定义和学科体系

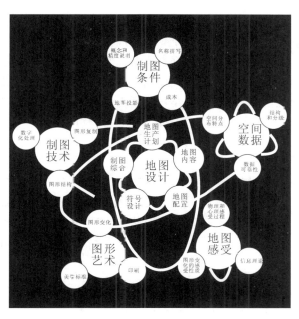

图 2-4 地图学功能模型(S. 博斯)

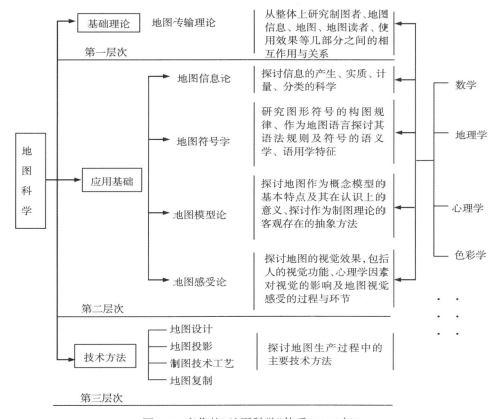

图 2-5 高俊的"地图科学"体系(1986 年)

学的理论基础;第二个层次,涉及信息科学、符号论、模型论、感受论等,可以称之为"应用基础"(或技术科学);第三个层次,直接为地图生产服务的技术方法,在地图科学中是最实用的一部分。这一体系层次清晰,基本上反映了地图学的现代特征。

我国地图学家王家耀认为地图学的现代科学结构框架应由理论地图学、地图(地理)信息工程学和地图(地理信息工程)应用学三个部分组成(见图2-6)。同时提出,地图学的科学体系与更高层次的科学之间有着密切的联系,它有两个外层:第一个外层是认知科

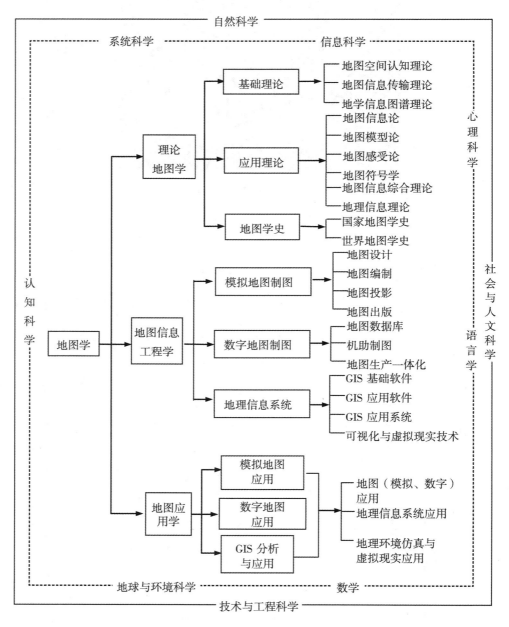

图2-6 王家耀的地图学的现代科学结构框架(2001年)

学、地球与环境科学、数学、语言学、心理科学、信息科学及系统科学；第二个外层是自然科学、技术与工程科学、社会与人文科学。

我国地图学家廖克考虑到当代地图学的发展，1982年提出由理论地图学、地图制图学、应用地图学三大部分(或称三个主要分支学科)构成现代地图学体系。他认为：第一，从现在发展来看，理论地图学已经能够构成一个独立的分支学科；第二，地图编制学早已成为地图学的分支学科，不过现在称为地图制图学，含义更广，反映了现代地图制图学的发展；第三，随着地图的大量生产和广泛应用，尤其是随着数学方法和新技术的引进，地图学在科学研究和解决实际问题方面有很大发展，因此，把应用地图学作为地图学的一个独立的分支学科也是完全必要的。2003年又在理论地图学中增加了地学信息图谱理论，在地图制图学中增加了多媒体电子地图与网络地图设计与制作，在应用地图学中增加了数字地图应用(见图2-7)。

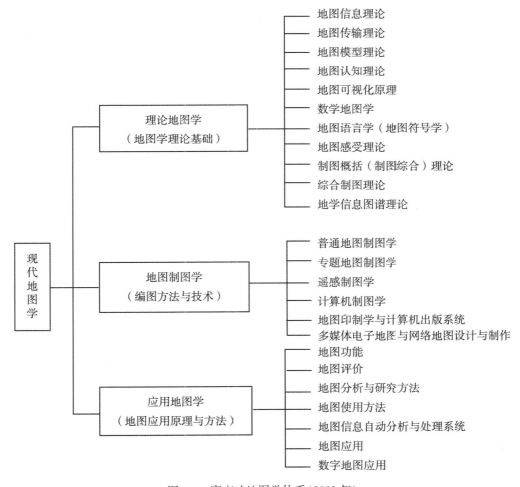

图2-7 廖克的地图学体系(2003年)

现代地图学体系的研究适应了当代地图科学技术的发展，也展示了地图学的广阔领域和发展前景，更重要的是使我们拓展视野，在边缘、交叉学科领域寻找地图学新的生长点。

第二节 地图学中各主要学科的研究内容

关于地图学中包括多少分支学科众说纷纭，我们只对认识比较统一的主要分支加以介绍。

一、理论地图学

理论地图学主要研究现代地图学中的一些理论问题。

1. 地图空间认知理论

认知科学是智能的科学、思维的科学以及应用的科学，研究内容包括知觉、注意、记忆、动作、语言、推理、思考、意识乃至情感动机在内的各个层面的认知活动等。认知科学是由计算机科学、哲学、心理学、语言学、人类学、神经科学交叉于20世纪70年代末才形成的关于心智、智能、思维、知识的描述和应用的学科，研究智能和认知行为的原理和对认知的理解，探索心智的表达和计算能力及其在人脑中的结构、功能和表示，说明和解释人在完成认知活动时是如何进行信息加工的。

人类的空间认知模型分为四个方面：

(1) 感知系统：人类的感知系统包括视觉、听觉、触觉、嗅觉、味觉等，依靠这些感知器官将感知对象接收并传入大脑，经过识别、分析、组合后进入记忆系统。

(2) 记忆系统：人类的记忆分为长时记忆和工作记忆。长时记忆是一个巨大的信息库，存储着诸如概念、知识、技能、语义信息、经验、加工程序等各种信息，当有物理刺激（感知信号）输入时，长时记忆中的相关信息被激活，并参与当前的识别、分析、推理的工作活动（粗加工），然后进入工作记忆中接受更精细的加工。工作记忆是当前认知活动的工作场所。

(3) 控制系统：是整个认知过程的中枢处理器，它决定系统怎样发挥作用，并处理认知目标和达到目标的计划，这要靠一个加工系统控制运行。加工系统从考查目标是否达到开始，如果系统回答"是"，表明目标已经完成，如果系统回答"否"，则需要重新进行加工，直到达到目标。

(4) 反应系统：控制认知过程的结果输出，包括形成概念，得出结论及其描述和表达。

空间认知是研究人们怎样认识自己赖以生存的环境，包括其中的诸事务、现象的相关位置、空间分布、依存关系，以及它们的变化和规律。空间认知能力的结构包括形状、大小、位置、维数、时间和相互关系等的认知能力的核心。

认知科学应用于地图学，有助于研究地图工作者在设计和制作地图过程中所运用的知识和思维加工过程，从而促进地图学理论，尤其是地图信息表达和地图信息感知的深入研究。认知科学同地图学的结合，产生了心象地图或认知地图，并由此引出了认知地图学的新概念(高俊，1991)。认知地图学研究的主要任务是探索地图设计制作的思维过程并用信息加工机制描述、认识地图信息加工处理的本质。

心象地图，它是人们通过感知途径获取空间环境信息后，在头脑中经过抽象思维和加工处理所形成的关于认知环境的抽象替代物，是表征空间环境的一种心智形式。这种将空间环境现象的空间位置、相互关系和性质特征等方面的信息进行感知、记忆、抽象思维、符号化加工的一系列变换过程，被称为心象制图。

为使用地图而进行的地图空间认知比较容易理解。地图用户通过阅读地图，在大脑中形成由形象思维产生的心象环境，这就是对地图认知的结果，从这里出发才能实现需要根据地图实现的目标。

地图为建立各层次的整体概念和心象提供空间框架保障，可以提供空间分布的物体在数量方面的正确视觉估计和印象，可以给人们提供关于各地理要素或现象之间的相关性概念，可以帮助读图者建立正确的空间关系心象和纠正错误的心象。地图具有严格的空间关系原理，便于把统计信息与空间分布结合起来。地图集可以采用"嵌套"的方法，用系列比例尺地图和系列专题地图表示空间信息，可以为我们建立多维、多时相的环境信息，提供一条连接数量与质量、空间与时间的桥梁。所以，地图(集)是空间认知的重要工具和手段。

认知制图是一个抽象概念，包括使我们能够收集、组织、存储、回忆和利用有关空间环境信息的那些认知能力或思维能力。认知制图是人们将通过各种空间认知手段获得的空间对象的位置和空间结构的信息组织成有序的心象地图，存储记忆，从存储记忆中提取所需空间信息，用于指导行为。

地图空间认知的表象是在地图知觉的基础上产生的，它是通过回忆、联想使在知觉基础上产生的映像再现出来。从认识论的角度讲，表象和感知觉都属于感性认识，都是生动的直观。但是，表象与感觉、知觉不同，它是在过去对同一事物或同类事物多次感知的基础上形成的，具有一定的间接性和概括性。

地图空间认知的思维构成了地图空间认知的高级阶段。地图空间认知的思维提供关于现实世界客观事物的本质特性和空间关系的知识，在地图空间认知过程中实现着"从现象到本质"的转化，它是对现实世界的非直接的、经过复杂中介——心象地图的反映，是在心象地图及其存储记忆的基础上进行的。地图空间认知的思维的最显著的特性是概括性和间接性。

在地图设计和编制过程中，地图编辑首先根据各种资料来认识地理环境，再根据地图的用途和要求，构思表示方法、地图内容、制图工艺等，形成新编地图在作者头脑中的构图，即心象地图。经过比较、试验、修改的过程，形成地图的设计方案。地图制图的目标，就是制作出能够提供与客观实际较为接近的心象地图的地图。

地图空间认知理论描述了地图设计者在使用地图和设计地图时的思维过程，为地理信息的形式化和知识化表达提供了理论基础。对地图设计者来说，有良好的空间认知能力，才有可能设计出最符合人们认识环境的规律、读图效果最好的地图。地图设计者要提供一种便利，使地图使用者的空间认知能力充分发挥出来。对地图使用者来说，必须具备良好的空间认知能力，才能把平面地图上的空间信息转化为三维地理空间。

由于现有的人工智能理论还不足以精确描述大脑的思维过程，关于地图制图专家系统的研究很难获得突破。地图制图专家系统是一种以地图制图专家的知识和经验为中心的知识获取、知识表示和知识运用的系统，其中知识表示是核心，广泛涉及空间认知的理论与方法。地图认知理论的研究必将为计算机地图制图系统，特别是地图制图专家系统的智能化提供帮助。

地图空间认知理论的指导意义在于，它可以帮助我们理解人类怎样利用地图描述空间信息，以及地图设计制作的思维过程。有了认知科学的指导，信息向知识的转变才能由盲目走向自觉、由经验走向科学，利用计算机自动化设计制作地图的梦想才有可能实现。

地图为人们认知环境提供了一个良好的形式，然而随着技术的发展，地图的形式、载体和传播方式都发生了较大的变化，特别是传输媒介的改变对地图空间认知产生了重大影响。计算机、手机、PDA等多种智能媒介的应用，视觉已经不再是唯一的感觉通道，听觉、触觉、运动感觉甚至嗅觉都成为地图空间认知的手段。地图的认知过程不仅仅依赖于某一个认知主体，还涉及其他认知个体、认知对象、认知工具及认知情境。

2. 地图信息论

地图信息论研究环境地理信息的表达、变换、传递、存储和利用的理论问题。

地图信息包括地图符号和地图图形所具有的地理含义，它们不仅仅是符号所代表的内容，还包含这些符号所构成的空间实体在时空中的演化规律。地图信息表达的是现实地理世界的各种物体和现象的存在方式和时空变化规律，是现实地理世界以图形或数字形式的映射。地图信息具有严格的空间定位特性，科学地反映现实地理世界诸要素的空间分布规律，用图者才有可能看到地理要素的空间分布和变化规律，以及各要素间的相互联系，提供定位、定量的时空概念。地图信息是制图对象和时间、空间的组合信息，它具有定量、定位和可测度的特性。

地图信息是指地球和其他天体的空间信息，运用特定的符号、载体和技术方法，在按特殊的数学法则确定的平面上表示的可感知的时空化了的地域信息及其所蕴含的地理规律。

地图信息可以是模拟图的图解形式，也可以是离散的数字形式。地图信息具有双重性，它既表示与客观实体对应的含义，更重要的是由于它们获得了地图的表现形式，可以让读者看到该要素的空间分布和变化规律，以及与其他要素的联系，给人以定量、定位的时空概念。

在数字环境下，地图信息的利用效率取决于与计算机自动识别和处理相联系的表示方法。要设计一种既能为机器可靠识别、又能方便转换为目视阅读的地图符号系统的标准化的地图语言。目前提出的符合标准化地图的地理信息表示方法主要有晕线离散法和光学图形编码法。晕线离散法是用不同参数的同方向的晕线系统进行离散的解译，这些参数是地图内容在数量或质量方面的图形标志，用于表达一个封闭区域的多种物体的数量或质量特征，用它制作分析性的专题地图有很大优势。光学编码法是应用发光物质来制作符合视觉阅读条件的地图图形，它必须使用专门研制的具有发光物质的油墨和专门的纸张，将发光物质转换成编码的光信号，再用专门的设备在地图上自动读取地理信息。

地图信息不只是指地图上的符号，更重要的是这些符号组合成的地图表象，即在地图上要同时感受大量符号和这些符号的空间组合,地图信息是对符号及符号的空间组合理解的结果。从信息阅读的特性出发,地图信息分为直接信息和间接信息。直接信息是通过图形和符号,可以直接在地图上读取的信息,分为语义信息、注记信息、位置信息和色彩信息四个部分。间接信息也称为隐含信息,是通过地图上的要素分布、相互联系以及所处的地理环境,通过分析获得的新的知识,空间数据挖掘的地图信息主要是指这一类信息。

从信息的语言学特性出发,地图信息分为语义信息、语法信息和语用信息。语义信息指地图符号的含义所包含的信息,即符号同实际物体间的关系;语法信息是由符号与符号的配合使用及其分布、联系所派生的地理规律所产生的信息;语用信息指读者所领悟的信息,它不仅同地图的质量有关,同时与读者本身的知识素养也有极大的关系。

地图各要素所包含的信息量是可以量测的。通过对地图信息量的量测,可以评价地图的质量。同时,对不同地图设计方案的信息量比较,又是改进地图设计的有效途径。

3. 地图信息传输论

地图信息传输论是研究地图信息传输过程和方法的理论。地图信息传输模型是从地图制图到用图过程的概括。

地图信息传输的过程是:客观事物(制图对象)通过制图者的认识,形成概念,使用地图符号(地图语言)变成地图,地图的使用者通过对地图符号和图形的解译和分析,形成对客观事物认识的概念。这同通讯中的编码和译码的模式是相同的。根据这个模式,捷克地图学家柯拉斯尼(A. Kolacny)提出了一个被广泛接受的地图信息传输结构模型(见图1-1)。

从图1-1中可看出,当编码信息得到辨认和解译时,地图信息的传输就完成了。地图作为传输通道,将地图作者和读者连接起来。制图者采用图形和文字相结合的方法将环境信息转换为地图信息,用图者又将地图信息转变为环境信息。正是这种转换,将地理环境、制图者、地图和用图者组成一个相互联系的完整系统。

认识是地图信息传输的基本条件,专业知识素养会对地图信息传递产生较大的影响。地图信息传输论导致人们对传统的地图学的认识产生了很大的变化,从而引起了对地图学的内容和地图作用的新探讨。这个问题的社会意义在于:引导人们用地图信息传输论来研究地图的本质、制图和用图的规律。对此,地图学家们用信息论的方法对地图信息的特性和度量方法进行研究;传输模型强调地图使用者的作用,传输效果是制图者应当十分关心的问题,地图设计和编制应把注意力放在地图信息接受者的部分,使用者的要求决定地图的内容和形式,这促进了地图品种的增加、表示方法的创新;为了提高地图信息的传递效率,人们不再仅仅从技术的范畴研究地图,因此引出了一些新的课题,如地图感受论、地图符号论、图形自动识别等,大大丰富了地图学理论的内容。

地图信息传输理论不仅概括了现代地图学研究的各个领域,重要的是为地图学的进一步研究开拓了广阔的前景,地图信息传输理论最有力地揭示了地图具有交叉科学特征。在地图信息传输系统贯穿下,在同地图学有关的自然与社会科学相互交叉的地带寻找地图学新的生长点,开拓新的研究领域。例如,计算机科学和地图学结合形成了计算机地图制图学,遥感技术和地图学的结合形成了遥感制图学,信息科学、地理学、遥感技术等和地图学的结合形成了地理信息科学,等等。

4. 地图感受论

把地图感受论从地图使用者对地图图形的视觉感受特点出发，通过生理学、心理学和心理物理学的方法对地图怎样进行设计才能为地图读者所接受的问题进行实验研究，目的在于改进地图的设计方法，最大限度地提高地图信息的传输效率，研究什么样的地图图形和色彩能更好地发挥地图内容的各种功能和作用。为地图设计与地图符号设计提供了科学依据。

地图感受是从心理学和生理学原理出发探讨读图过程。地图感受论应该是对地图制图实践最具有直接指导作用的一个研究领域，因为人类所获取的地理空间信息主要是靠人的视觉感受完成的。读者通过视觉系统将图形信息传送到大脑，在一些心理因素的作用下对其作出判别。

对图形、符号的感受中，研究符号的图形特征上的各种变化，形成视觉变量。法国地图学家兼图表信息传输专家贝尔廷(J. Bertin)在其专著《图形符号学》中提出了形状、尺寸、方向、色彩、亮度和密度这六个视觉变量。

地图感受论研究视觉阅读地图的感受过程、视觉变量及视觉感受等方面的问题。地图的视觉感受是一个十分复杂的过程，受多方面因素的影响，涉及许多方面的问题。不论是哪种类型地图的使用，在认识过程中都离不开察觉、辨别、识别和解译这四个阶段。

(1)察觉指地图读者用眼睛在地图上搜索目标，发现目标的存在。

(2)辨别是指阅读地图时辨认出两个符号间的差别，视觉差异是实现辨别的最起码条件，设计地图符号时必须使两个符号之间在形状、尺寸、亮度和色彩等方面具有足够的差别。

(3)地图读者在经过辨别后，根据地图图例和自己头脑中储存的信息去领会地图符号的含义，这就是识别。

(4)解译就是对地图内容的理解，解译的结果就是从识别了的地图图像中获得地理现象的结论，除了认识地图符号之外，还可以判读出由于地图比例尺、投影、定向和制图综合诸因素所引起的地图图形的差别，并准确地知道所表示的制图对象的名称和地理特点。

因此，对地图视觉感受的心理因素、心物学感受规律、地图符号的视觉变量与感受效果等方面的研究，将提高地图设计水平，促进地图学发展。

不同的视觉变量具有不同的感受效果，如形状、色彩易于产生整体感和质量感，而亮度、尺寸易于产生等级感，尺寸最容易引发数量感，某些视觉变量有规则的排列会产生动态感。将尺寸、亮度等视觉变量按照透视规则排列则可以形成立体感。运用视觉变量引起的视觉感受上的变化，可以形成图形的不同感受效果，达到更有效地传输地图信息的目的。

除了生理因素外，地图感受中的心理因素也不能忽视。心理因素对地图感受有重要影响，如轮廓与主观轮廓、背景与目标、视觉恒常性和视错觉，等等，这些在设计时都应当考虑。电子地图特别是网络地图和虚拟地理环境形成了一些特殊的心理因素。

屏幕的应用改变了纸质地图的视觉感受和心理感受。虽然感受的主体仍然是人，由于显示媒介的变化，地图的外观、色彩和带给人的感觉都不一样。各种动态视觉变量的运用带给用户全新的视觉体验和心理冲击，丰富的色彩表现力增强了地图的亲和力，多种交互工具的应用拉近了人与地图的距离。不同的交互方式带给用户的心理感受也不同。在电子地图中，鼠标、键盘的操作方式与虚拟地理环境中的自然式交互方式有很大差别，带给用户的心理感受也不相同。采用手势、语音、姿势的自然交互方式更容易让普通用户接受。例如，使用网络地图或处于虚拟地理环境中，用户不仅仅依靠眼睛进行感受，还包括各种交互工具，如鼠标、键盘、按键等。如果交互工具设计不合理，会使用户陷入心理危机。

网络地图利用计算机技术将视觉、听觉、触觉、运动觉甚至嗅觉集成于一体，为用户构建了更为自然的多感觉通道，使信息传递的过程更为自然、隐蔽、有力。通常，多感觉通道有助于提高信息传输效率。

5. 地图模型论

用模型方法去研究系统，可大大减少认识系统所花费的代价。地图模型论就是将地图作为客观世界的空间模型，用模型方法研究地图，对深刻认识地图的功能及其在地理学科中的作用有重要意义。

地图既是客观世界的物质模型，又是概念模型。作为物质模型，人们可以在模型上进行地面的模拟实验工作，例如，量测长度和面积、进行区域规划设计等。作为概念模型，它不仅是客观物体的描写，还包括对客观世界认识的结果。在概念(思想)模型中又可分为形象模型和符号模型，前者是运用思维能力对客观世界进行简化和概括，后者借助专门的符号和图形，按一定的形式组合起来去描述客观世界。地图具有这两个方面的特点，所以是形象符号模型。

把地图作为符号模型，是因为地图可借助专门的符号和图形来描述客观存在。将各种物体和现象用地图符号表达出来，这本身就是一种概括和抽象的过程，也就是模型化的过程。在这个过程中，运用一定的"尺度"来绘制一些符号和图形，以便在模型上来反映客观事物的特点。这种"尺度"称为"地图的量表方法"。常用的地图量表有定名量表、顺序量表、距离量表和比率量表。

地图模型论的实践意义在于：现实世界十分复杂、庞大，直接研究现实世界有困难，有时无法进行，利用地图这个现实世界模型进行研究，人们可以认识地理环境的组成和结构，代替实地的量测和观察，图上的预测作业可以代替实地的模拟实验。地图作为现实世界抽象化、概括化的模型，具有揭示客观地理世界的结构、分布特征和相关关系的功能。地图反映了作者对客观世界的认识，反映了制图物体和现象的分布、联系和演化规律，并以形象化的手段将这些抽象思维的结果提供给读者，让更多的人去分析研究。根据模型理论，建立描述各要素分布特征、联系规律及发展演化进程的数学模型，是对地图信息进行计算机处理的基本依据，以数字方式存储的地面数字模型，正是计算机制图和地理信息系统的基础。在地学研究中，地图是确定实地考察地点和路线的必不可少的工具，地理学家的工作往往是从研究地图开始，又以用地图反映其研究结果而结束。

6. 地图符号学

地图符号学又称为地图语言学，是 20 世纪末才提出的地图学新理论。它是在 20 世纪 60 年代提出的地图符号系统(苏联)和视觉变量(法国)理论的基础上，结合形式语言学逐步形成的。

地图符号学研究作为地图语言的地图符号系统及其视觉特征的理论，探讨地图符号和图形的构图规律、地图符号及其系统结构。地图符号论研究的基本内容包括：

(1)地图符号语法(关系)学：主要研究地图符号的类型、构成及其形成系统的规律和特性。地图符号的语法就是地图上符号的分布和空间关系。在地图语言中，地图符号的语法关系仅仅确定于用这些地图符号所表示的制图物体的相互配置关系。

(2)地图符号语义学：研究地图符号与所表示的制图对象之间的对应关系，即实地要素及其特征用相应的地图符号表示。地图符号与其所表示的现实世界的物体有一一对应关系，地图制作者在地图信息传输过程中把注意力放在地图符号的具体方面，如地图符号的形状、大小和色彩上。可以对相同的制图对象设计不同的地图符号，或对相同的空间地理环境设计不同的地图，因而，不能从视觉感受的联系来客观地形成地图符号与客观事物的语义关系。

(3)地图符号语用学：研究地图符号与用图者之间的相互关系，即什么样的符号才能便于读者识别和记忆。地图语言的语用就是语言的实用性，地图符号语用学的研究目的是保证地图语言具有快速阅读、牢固记忆，并为最广泛的地图读者所理解、所掌握。

在多媒体技术条件下，地图符号论应得到相应的扩充。除了研究地图符号的相关问题以外，将转向对动画、视频、声音等媒体的制作、转换、组合、演播、编辑以及多种媒体的协调和可操作性的研究，所以把地图符号论改称为地图语言学将更加确切。

现代的地图语言学分为两种类型，即地图符号(包含注记)和语言媒体符号。

地图符号的研究内容仍然是视觉变量及其应用。地图符号又可分为静态符号和动态符号两种。对于传统的纸质地图，地图语言主要是静态的地图符号和地图注记，研究视觉变量在设计点、线、面符号时的作用及实际效果。在多媒体地图中，还有动画、视频等动态地图符号及文本、声音(如内容介绍和背景音乐)等语言类符号。

对于动态符号，除传统的静态视觉变量外，还具有动态视觉变量。动态视觉变量是同时间相联系的变量概念，它是用一系列前后相关的图形和图像符号来表示某种空间现象的动态变化过程、方式、路径、持续时间、变化速率等，从而再现客观现实中事物的演化过程和现实状态。在动画、视频和动态符号中，我们最关心的是持续时间、变化速率和显示次序。这三个变量通常称为动态视觉变量。

语言媒体符号也有两种基本形式：文本符号和语言符号。在文本符号中又分为静态说明文本和动态功能文本。静态说明文本指介绍、说明之类的普通文本；动态功能文本指文本媒体中的热字，通过预定义的热字，可以查阅与之相关的多媒体信息。语言符号包括声音解说和背景音乐，其基本变量是持续时间和语言频率，由于语言属听觉类，我们称之为多媒体地图中的听觉变量。

综上所述，地图符号论(地图语言学)的结构可以用图 2-8 来表达。

二、地图制图学

地图制图学是包含实际制作地图的理论和技术方法的学科。

1. 地图投影

研究如何用数学方法将地球椭球面上的点投影到平面上的方法。主要内容包括：地图投影的一般原理，探求地图投影的各种方法，地图投影的变换，地图投影的设计，地图投

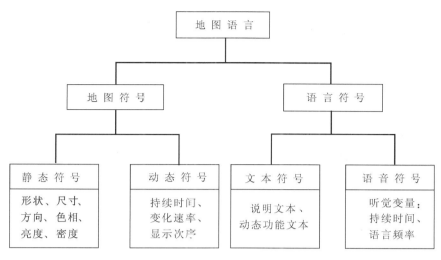

图 2-8 地图语言结构

影的选择,地图投影的判别,在地图数据处理中探求在不同的地图数据源之间地图投影变换方法。

2. 普通地图制图学

以普通地图制图为对象的学科,研究根据地图资料数据制作普通地图的理论和技术,研究普通地图的内容和表示方法、地图符号、色彩和注记设计、编图技术方法、各要素的制图综合(数据处理)、地图编辑和设计、普通地图的制图工艺等。

3. 专题地图制图学

以专题地图制图为对象的学科,研究根据地图资料数据制作专题地图的理论和技术,研究专题地图的内容和表示方法,专题地图上主题要素的资料数据收集和处理,各种类型专题地图的编制,专题地图符号、色彩和注记设计,专题地图的制图工艺和编辑、设计等。

4. 遥感制图学

以遥感数据为数据源制作地图或修正地图的学科,研究以遥感数据为主要的地图资料数据制作影像地图的理论和技术,主要内容包括遥感图像的成像原理、图像性质、图像判读、图像增强,数字图像特征及数字图像处理、增强、变换,遥感数据与地图矢量数据融合技术、遥感图像的制图应用、编图技术方法和遥感制图精度分析等。

5. 计算机制图学

以计算机为主导的电子设备为地图制图工具,研究以地图各种资料数据源制作地图理论和技术方法的学科。它仅仅是制图技术方法的变化,地图本身并没有太大的变化,严格说来并不是一个完整的学科。由于以计算机为工具是地图制图技术革命的重要标志,人们在一定阶段会特别强调它的地位,产生了这门以研究制图电子设备的性能、使用方法,地图数据获取、输入、存储,地图制图软件、地图数据库、地图数据处理和输出方法,多媒体电子地图设计与制作和网络地图设计与制作为主要内容的学科。

6. 地图制印学

研究大量复制地图和地图数据输出的学科。传统的地图制印学包括对复照、翻版、分涂、制版、打样、印刷等工序的研究。数字地图制图技术的发展使地图制印产生了根本的变化，编印一体化技术可在数据处理过程中区分不同颜色，并经打样检查后按预定比例输出四张(C 蓝、M 红、Y 黄、K 黑)胶片，直接去印刷厂制版印刷。近年来，已省掉出分色胶片，直接将数据输入数字制版机制版，然后进行印刷。将来发展是将地图数据直接输入数字印刷机进行印刷。

三、应用地图学

应用地图学研究地图应用的原理和方法。在应用地图学体系中，实际建立的学科有地图分析和应用、地图解释和应用。

1. 地图分析和应用

以分析地图的方法为主体，包括分析目的、分析方法、分析结果和分析精度四个部分。分析目的是确定在地图上分析研究的方向和可能的用途，这包括根据地图获得数量特征，研究结构和差异，揭示联系和从属性，分析动态，预测预报和质量评价。分析方法包括描述法、图解法、图解解析法(地图量测和形态量测)和解析法(各种数学模型方法)。通过这些分析方法将获得不同形式的结果供实际应用。作为应用的依据，还要分析这些结果可能达到的精度。研究通过地图量测、计算和分析，为管理、预测、规划和设计提供科学依据，常常要用到一些数学方法，如相关分析、回归分析及各种统计分析。直接利用数字地图数据进行计算和分析，具有精度高、速度快等特点，用于解决各种科学、工程及军事应用问题，特别是现代化武器系统(如巡航导弹地形匹配制导系统)中必不可少的。

2. 地图解释和应用

地图解释和应用的主体是各行业的专家，他们根据使用地图的目的选择合适的方法，对分析结果加以应用。在国民经济建设方面，如经济规划与决策、资源调查与利用、城市规划与管理、道路设计与施工、土地调查与地籍管理、地质调查与管理、生态调查与环境保护、灾害预测与救援、水利工程与建设、交通管理与智能交通、农业现代化与精细农业等；在国防建设方面，如作战指挥自动化、数字化战场等。

第三节 地图学同其他学科的联系

地图学的任务是用图解语言表现客观世界，这就注定了它与有关描述对象、描述方法等众多学科有着密切的联系。在科学技术不断进步的过程中，这种联系在不断加强。在解决共同的复杂问题时，促进了学科之间的交叉渗透，产生了许多新的边缘学科。

现代地图学的重要特征之一，就是打破了学科的界线，学科之间的界线变得越来越模糊，学科前沿不断向前推进。地图学是诸学科门类知识之间的交叉和相互作用所形成的学科，它的各分支或研究方向几乎与各个学科门类都有着密切关系。

一、科学技术哲学

为了正确地研究和反映客观实际，用辩证唯物主义的思想方法去认识和揭示自然界、人类社会和思维的一般规律是十分重要的。离开了科学技术哲学，就不可能正确解释地理事物的发展规律，不能理解制图综合中的诸多概念，不能对制图经验和地图学中的许多理论问题作出正确分析。地图符号数量的增加（细分）和减少（概括），地图表示方法的"立体—平面—立体"，地图的分析与综合，电子地图和网络地图的二维与三维、静态与动态等，都遵循着矛盾的运动、对立统一和否定之否定的规律。当今，我们要利用科学技术哲学的理论和方法，来研究地图学的过去、现在和将来，只有这样，我们才能把握地图学未来的发展。

二、地理学

地图学是人文地理和自然地理的研究方法，地图是自然地理、人文地理研究结果的可视化表达。地理环境是地图表示的对象，一方面，地理学以自然和人文地理规律的知识武装制图人员头脑，另一方面，地理学又利用地图作为研究的工具。现代条件下随着计算机地图制图、卫星遥感制图技术的发展，专题地图的品种增多，时效性更高，可揭示的地学规律更丰富。地图学与地理学交叉形成许多新的边缘学科，如地貌制图学、土壤制图学等。

三、地理信息系统

地理信息系统（GIS）脱胎于地图（陈述彭，1999），是地图（制图）学中一个重要部分在信息时代的新发展（王之卓，1999），地图和地理信息系统都是信息载体，都具有存储、分析、显示的功能。地图是 GIS 重要的数据源和输出形式。GIS 是以地图数据库为基础，最重要产品之一是地图。但地图注重数据分布、符号化和可视化，GIS 则侧重于地理空间分析。地图学强调图形信息传输，GIS 强调空间数据处理与分析。

四、测量学

地图学与测量学的关系主要表现在：用现代大地测量方法确定地球的形状和大小、坐标系统、高程系统和大地控制网等，是地图学特别是地图制图学所必需的地图（空间）数据基础框架；测量学研究测制大比例尺地形图的方法，为制作地图提供精确的制图资料，制图中的许多数据处理模型和方法都来自测量学；反过来，合理布设大地控制网也需要借助于地图，大比例尺测图过程中又要使用地图的符号系统、综合原则和地图数据库技术等。数字地图（电子地图）与全球卫星导航系统（GNSS）集成，构成汽车、轮船、飞机等移动目标的导航定位系统，以及地图数据更新系统。

五、摄影测量与遥感

地图学和摄影测量与遥感的关系是非常密切的。地图学的第一个难题是数据源，遥感信息是地图制图的重要数据源之一；全数字摄影测量是获得大比例数字地图的主要方法，卫星遥感技术获得的遥感影像信息可满足各种比例尺地图制图和地图数据更新的需要，遥感影像制图是专题地图制图的主要方法。实际上从生产地图的角度讲，摄影测量与遥感也是一种地图制图方法，采用矢量数字地图数据与数字正射影像数据配准叠置的方法更新地图数据。网络地图采用部分矢量数字地图数据与遥感影像数据叠置来更加直观地显示地图信息。

六、艺术

欧洲长时间把地图制图看做"制图的艺术、科学和工艺"。著名地图学家英霍夫认为"地图制图学是带有强烈艺术倾向的技术科学",他认为制作一幅艺术品肯定不是地图学家的任务,但要制作一幅优秀的地图,没有艺术素养是不行的。英国皇家学会在《地图学技术术语词汇表》(1966年)中称地图制图学是"制作地图的艺术、科学、技术";国际地图学协会(ICA)1973年也指出,"地图学,制作地图的艺术、科学和技术,以及把地图作为科学文件和艺术作品的研究"。艺术是用艺术形象反映客观世界,地图制图则是在科学分类和概括的基础上借助被抽象的艺术手段反映客观世界,不能简单地认为地图就是艺术作品,但艺术对于提高地图(包括电子地图和网络地图)的可视化效果肯定是非常有效的。

七、数学

地图学与数学科学的关系越来越密切。构成地图数学基础的数学法则——地图投影,就是数学科学在地图学中应用的范例,正是运用数学方法才解决了地球曲面与地图平面之间的转换以及不同地图投影之间的相互转换。地图制图数学模型涉及数学的许多分支学科,特别是应用数学,现在任何一门新兴的应用数学(灰色系统模型、数学形态学、分形分维理论、小波理论、神经网络理论)都会很快被引用来研究地图要素的规律、地图制图综合、地图分析应用等领域。地图分析需要利用数学方法来建立各种分析模型;用检测视觉感受效果的方法来提高地图的设计水平时,对专题制图数据进行分类、分析和趋势预测时,都需要使用数学方法;地图自动制图综合的实现要以人工智能为基础,但更多的还是采用现代数学方法建立各种模型和算法。可以这样说,如同数学是自然科学、社会与人文科学、技术与工程科学的方法和基础那样,数学已经成为地图学的方法和基础,这标志着地图学的理论化。

八、信息科学

地图学属于信息科学的范畴,所以地图学与信息科学关系密切。作为信息科学两大支柱的计算机科学和通信网络技术,将使地图学更加快速发展。计算机科学与技术的应用,使地图制图实现了由手工方式向全数字化方式的跨越式发展。计算机的软件和硬件的快速发展,实现了全数字地图制图。速度更快、集成度更高、存储容量更大、体积更小、多功能的新一代计算机,使海量地图空间数据的存储、管理和处理成为可能。通信网络技术的发展,为网络地图制图的发展提供强有力的基础平台,使数字地图在网上分发成为可能,基于网格(grid)技术、物联网和云计算发展地图空间信息数据将在真正意义上实现信息共享和远程互操作,充分地发挥地图信息服务功能。

地图学与其他学科的联系的增强,是科学技术进步的必然结果。物理学、化学、电子学的新成就对于改善地图制作技术及地图复制都是非常重要的。信息论、系统论、控制论不但为地图制作提供认识事物的观点和思想方法,它们的许多原理和方法也在计算机地图制图中得到了直接应用。

第四节　地图学的发展趋势

国民经济、国防军事、科学研究和文化活动对地图需求的不断增加，促进了地图学内容的繁荣。地图制图工作者必须不断扩大地图的选题范围，增加品种，提高地图的精度、详细性、现势性、艺术性和可视性，改进地图制图方法，提高地图生产效率，改善地图使用方法并拓宽使用领域，改进地图信息服务方式。这些探索和研究无疑会促进地图学的发展。

随着空间技术、通信网络技术、空间数据处理技术、物联网和云计算等的迅速发展，地图学也面临着许多挑战，同时也带来了实现进一步发展的机遇。在实现地图学跨越式发展的基础上，了解地图学的现代特征，分析地图学面临的挑战，探索地图学的发展趋势，无疑会促进信息时代地图学的进一步发展。

一、地图学的现代特征

1. 跨学科特征

现代地图学的重要特征之一，就是打破了学科的界线，学科之间的界线变得越来越模糊。地图学是诸学科门类知识之间的交叉和相互作用所形成的一门交叉学科。现代科学有自然科学、社会科学、数学科学、系统科学、思维科学和人体科学这六大部门，地图学同它们都有密切的联系。例如，地图设计、制作与生产，是技术与工程科学的一部分，而地图集的编制又与系统科学密切相关；专题地图制图以自然现象作为地图的主题内容时，涉及的是自然科学的问题，而当它的主题是社会经济现象时，则遇到地图制图的问题又属于社会与人文科学的范畴；地图投影与数学密切相关，在某种意义上可以说就是应用数学的一个分支；地图制图综合，涉及脑科学、数学；地图信息传输理论，涉及系统科学、信息科学与数学；地图视觉感受理论，包含着生理因素、心理因素和心理物理学因素，这些都属于不同科学领域的问题；地图空间认知理论同认知科学、脑科学、心理科学的关系尤为密切。地图学的这一特征，使我们有可能探寻更新的生长点。

2. 信息传输特征

信息论、系统论和控制论的诞生，作为科学研究的工具在许多学科中都得到了广泛应用，我们将其称为横断科学。这些方法理论立即受到了国内外地图制图工作者的重视，捷克地图学家柯拉斯尼提出了地图信息传输的观点和传输模式（图1-1），在国际地图学界引起了强烈的反响。信息科学影响到几乎所有科学技术领域的观察手段和研究方式，地图学也不例外。信息是符号化的知识。信息化以知识为内涵，又成为知识创新、知识传播和知识的创造性多样化应用的基础。电子技术和信息时代已经把作为"制作地图的艺术、科学和技术的地图学"转变为地图信息传输的过程，这是现代地图学的一个重要特征。基于这样一个特征，地图学是一门传输地理空间信息的地理信息科学技术，从地图设计、生产到地图使用，构成了地理空间信息传输的完整过程。

3. 模型化特征

地图学过去一直被认为是一门"经验科学"，只把它当做一种工艺。但这些年来数学方法在地图学中的广泛应用，逐渐改变了地图学中以定性描述为主的特点。从前，数学主要在地图投影中得到应用；而现在，用地图分析某种自然、社会现象并探讨它们的规律时，用检测视觉感受效果的方法来提高地图的设计水平时，对专题制图数据进行分类、分析和趋势预测时，都使用了数学方法。地图自动制图综合的实现要以人工智能为基础，但更多的还是采用现代数学方法建立各种模型和算法。在数字地图制图、电子地图、网络地图和地图数据库建立和应用中，数学建模更是一切工作的前提。模型化已成为地图学和数学的"接口"，可以预计这将是地图学领域极为重要的内容，它已不是传统的工程数学所能胜任的了，必须引入许多现代数学方法，如拓扑学、图论、模糊数学、灰色系统理论、多元统计分析、数学形态学，分形与分维、小波理论和方法，等等。数学已经成为地图学的方法和基础，这标志着地图学的理论化。

4. 高技术特征

计算机技术被引进地图学以后，促进了学科建设和发展，使地图生产发生了革命性变化。从最初的计算机辅助地图绘制，发展到现在的全数字地图制图，地图生产方式由手工方式向数字化式方式转变。用数字地图制图技术制作地图，增加了地图的科学技术含量，缩短了地图生产周期，提高了地图质量，丰富了地图设计者的创作手法，增加了地图品种；扩展了地图的功能，尤其是在地图信息的计算机实时显示、对比和预测等方面成效显著。网络环境下，更强调政府、企业、志愿者三种主流制图并存，形成多源制图数据获取、处理（生产）、应用的一体化；物联网、云计算、网格计算等新技术的支撑与推动，智能化地图制图技术是发展趋势。有了这些高技术支持，地图才能适应国民经济建设、国防军事、社会发展和人类文明进步的需求。

二、地图学面临的挑战

1. 地图数据源的变化对地图学的挑战

曾经以探险考察、实地测绘、实地观测（气象、水位等）、经济统计、航空摄影测量作为获取地理空间信息的手段，在不同历史阶段都推动了地图学的发展。尽管在20世纪60年代遥感技术就已经成为空间对地信息获取的主要技术手段之一，但时至今日，地图数据库不少数据源还是来自于地图数字化。一方面，是地图空间信息源"堆积如山"；另一方面，地图空间数据还有来源于已出版的陈旧地图。其结果是影响地图信息的时效性。

必须以现有的地图数据库为更新底图数据，进行地图信息变化发现，仅采集更新变化区域的各类要素，并通过内业资料整合与外业重点巡查相结合的方法提取增量数据，从而完成对地图数据库的动态更新。地图信息变化发现方法包括多元现势资料与网络相结合的变化发现，专业部门资料的评估与变化发现，基于影像的变化发现，基于网络地图的变化发现。提取增量数据方法包括基于资料与影像的内业整合增量提取，通过外业重点巡查的增量提取。基于地图要素级增量更新，保持地图信息现势性，满足国家经济建设和社会发展的需要，进一步提高测绘地图信息的服务能力。

抓紧研究以地图数据库、社会统计数据、实地观测数据、野外测量数据、数字摄影测量数据、GNSS数据、遥感数据、GIS数据、网络上获取的数据（自愿者）等为数据源的多种数据源全数字地图制图理论和技术方法。

2. 信息科学技术的发展对地图学的挑战

信息科学技术是当今社会活动的基础，信息的获取、传输、存储、处理和应用的技术手段已成为人类活动的重要方式。网络技术的出现和快速发展，改变了地图制图和地图应用的方式，导致网络地图制图、网络地图服务的兴起和发展。

物联网、云计算、网络计算是新兴信息技术支柱。

物联网技术是物物相连的技术，物联网与互联网的智能融合，能实现更透彻的感知、更全面的互联互通、更深入的智能化，对全面解决智能地图学的实时动态数据源问题，将起到关键作用。

云计算是一种新的计算能力的服务模式，解决海量数据的智能处理问题，实现多源异构地理空间数据的智能融合、智能地图制图。形象地说，"云"就像是一个"发电厂"，只不过它提供的不是电力，而是计算机的计算、应用和管理能力的服务。所以，云计算对解决智能地图学海量传感网数据的存储、处理和分类，将起到核心作用。

网格是构建在互联网上的一种新技术，其本质是要利用高速互联网把分布在不同地理位置的计算机组织成一台"虚拟超级计算机"，实现所有网格节点上的所有资源的全面共享和协同工作，即将网格上的所有资源动态集成起来，形成一个有机整体，在动态变化的多个组织(虚拟组织，VO)之间共享资源和协同解决问题。它强调的是"共享"与"协同"，在此架构上建立的地图制图系统，将为地图学提供一种崭新的模式。

以物联网、云计算和网格计算等新兴信息技术为支撑，全面实现地图制图信息获取、处理与服务一体化信息流或流水线的智能优化，以提供基于网格的地图制图信息资源共享。

基于网格环境的地图制图数据获取、处理和应用一体化信息流或流水线整体流程的智能优化与改进；基于网格的地图制图过程各个环节的智能化，如各类智能传感网数据的接入、增量数据存储与管理，多源异构地图制图数据的智能化集成、融合与同化，智能化地图设计，地图制图综合的智能化(全要素、全过程自动制图综合控制与综合质量评估)，地图语言学与多比例尺地图符号的自适应匹配；基于物联网的地理空间数据实时动态更新等。地图学必须面对信息科学发展提出这些挑战。

三、地图学的发展趋势

目前，地图学的理论创新正在深化和扩展；地图制图技术发生了革命性变化，数字地图制图已成为地图生产的主要技术和手段；国家1∶5万、1∶25万和1∶100万地图数据库基本建成，空间数据的多尺度表达与自动地图制图综合研究有了突破性进展；空间信息可视化与虚拟现实技术取得了实用性成果，电子地图、导航地图和网络地图技术已十分成熟，并被广泛应用。在这样的基础上，随着科学技术进步的加快和社会需求的增强，地图学今后将向以下几个方面发展。

1. 地图学理论体系将逐步形成

理论是技术的先导，没有先进理论指导的技术是盲目的技术。随着地图制图技术的迅速发展，对地图学理论研究的要求将越来越高。20世纪80年代以来，地图制图技术的跨越式发展，从根本上说，首先是得益于 20 世纪 50 至 60 年代信息论、系统论和控制论三大理论及电子计算机技术及其同地图学的结合，为地图学的发展开拓了新的思路。在信息化时代，构建地图学的整体理论框架与体系趋势是：多模式时空认知贯穿地图信息传输的全过程，地图感受论是进行多模式时空综合认知的基础，地图模型论是进行多模式时空综合认知的方法论，地图符号学从地图语言学的角度，地图信息论从信息处理的角度支撑多模式时空综合认知。所以，要想实现地图学的进一步发展，必须抓紧地图学理论体系的创新研究，实现地图学的理论在新的条件下的深化和提升，以及信息科学技术背景阵的地图空间认知、地图信息传输、地图视觉感受、地图模型、空间信息语言学等新理论在地图学理论体系中的地位和作用、相互联系、内容的深层次研究，逐步形成以多模式时空综合认知为核心的地图学的理论体系。

2. **地图学技术体系将进一步提升**

地图制图技术已经实现了由手工地图制图到数字地图制图的跨越式发展，空间信息可视化作为地图学的一个新的生长点已取得明显进展。在这个基础上进行创新性研究，并建立起新的地图学技术体系是必然的趋势。新的地图学技术体系应包括以地图数据库、地图色彩库、地图符号库、自动制图综合模型和算法作支撑条件的全数字地图制图系统；以空间数据仓库和数据挖掘为支撑的地图空间决策支持系统；以模型库、数据库和纹理库为基础的地理环境仿真与虚拟现实系统；以网络环境下，政府部门、企业、志愿者多源地图数据共享、互操作和集成、融合与同化地图制图技术体系；基于传感网的网络地图制图机理，基础数字地图模型和各类专题地图模型通过网络传给无数个客户终端，网络地图、网络多媒体电子地图、移动导航电子地图、混搭地图、增量地图等地图制图技术体系；以物联网、云计算和网格计算等新兴信息技术为支撑，全面实现地图制图信息获取、处理与服务一体化信息流或流水线的智能优化，以提供基于网格的地图制图信息资源共享和协同地图制图为主要方式的地图制图技术体系，等等。

3. **地图学应用服务体系将进一步完善**

地图信息服务，始终是地图学赖以生存的基础，特别是在信息化时代，社会发展与人类生活都对地图信息服务提出了更新、更高的要求。

随着电子计算机技术、多媒体技术和网络技术的发展，地图信息服务已成为决策支持的重要基础，已经并将继续出现一些新的变化，服务的形式更加多样化，服务的技术手段更加现代化，服务的质量更加高效化。地图应用服务体系应包括常规地图应用服务、数字地图的分布式存储与网上分发、导航电子地图和网络电子地图服务等，地图品种将更加多样化，如三维、实时动态、地理环境仿真和虚拟现实，等等。地图学为智慧城市基础数据库建设提供理论和技术支撑，人口、土地、经济、社区、环境、文化、教育、医疗卫生、交通、灾害、安全等管理数据以地图空间数据库作为空间定位基础；为建立电子政务、电子商务与现代物流、数字企业、数字社区等各种应用系统提供数字地图数据和技术保障。智慧城市建设是一个长期的战略目标，地图学包括其创新的理论、技术和服务体系在智慧城市建设中也将长期发挥作用。通过智慧城市建设，地图信息服务将更加实时、快速和高效，也能推动地图学理论与技术的发展。

第三章　地图的数学基础

地图的数学基础是地图上确定地理要素分布位置和几何精度的数学基础。主要包括地图投影、控制点、比例尺和地图定向等，这些数学基础要素使得地图上各种地理要素与相应的地面景物之间保持一定的对应关系，保证了地图的基本特性——可量测性。为了解地图上这些数学要素是怎么建立起来的，首先必须知道地球的形状。

第一节　地球的形状

"天圆如穹顶，地方若棋局"，是古代人类对地球最朴素的认识。随着人类文明的发展，人们逐渐认识到：地球表面是一个高低不平、极其复杂的自然表面。高耸于世界屋脊上的珠穆朗玛峰与太平洋海底深邃的马里亚纳海沟之间的高低之差竟有近20km之多。现代测绘技术的发展，以及多年的人造地球卫星的观测结果表明，地球是一个极半径略短、赤道半径略长，北极略突出、南极略扁平，近于梨形的椭球体。这里所谓的近于"梨形"，其实是一种形象化的夸张，因为地球南北半球的极半径之差仅在几十米范围之内，这与地球固体地表的起伏，或地球极半径与赤道半径之差都在20km左右相比，是十分微小的，因此，从太空中看到的地球外形如图3-1所示。

图 3-1　地球的形状

测绘工作的对象就是地球表面，由于地球自然表面凸凹不平，形态极为复杂，显然不能作为测量与制图的基准面。为了处理测量成果和测绘地(形)图,必须有一个统一的依据面来代替自然表面。因此,应该寻求一种与地球自然表面非常接近的规则曲面,来代替这种不规则的曲面。这种理想的规则曲面,是一个与静止海平面相重合的水准面,这个海平面应该是无波浪、无潮汐、无水流、无大气压变化,处于流体平衡状态的平面。假想以这个水准面作为基准面向大陆延伸,并穿过陆地、岛屿,最终形成了一个封闭曲面,这就是大地水准面,它包围的形体称为大地体。大地体是一种逼近于地球本身形状的一种形体,可以称大地体是对地球形体的一级逼近。大地水准面接近于地球的自然表面,测绘工作都是以它作为依据的。测量时仪器的"整平"就是使仪器的水平轴平行于过该点的大地水准面,所有的测量成果都是沿仪器的铅垂方向将地面点首先投影到大地水准面上。

当海平面静止时,自由水面必须与该面上各点的重力线方向相正交,由于地球内部质量的不均一,造成重力场的不规则分布,因而重力线方向并非恒指向地心,导致处处与重力线方向相正交的大地水准面也不是一个规则的曲面。它不能用数学模型定义和表达,测量成果也就不可能在大地水准面上进行计算。

为满足测量成果的计算和制图工作的需要,选用一个同大地体相近似的,可以用数学方法表达的旋转椭球代替大地体。旋转椭球体是由长、短半径组成的椭圆沿其短轴旋转而成的。地球椭球体表面是个可以用数学模型定义和表达的曲面,地球椭球体表面可以称为对地球形体的二级逼近。

图 3-2 表明在局部地段上地球的自然表面、大地水准面和地球椭球面的位置关系,图中箭头所指的方向即重力方向。

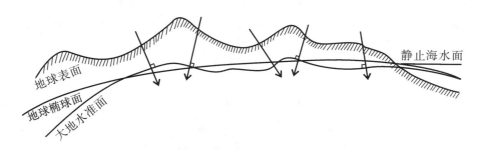

图 3-2　局部地段上自然表面、大地水准面和地球椭球面

地球椭球体有长轴和短轴之分。长轴即赤道半径,短轴即极半径。长轴与短轴之差除以长轴称为地球的扁率。地球椭球体的长轴、短轴测定是大地测量工作的一项重要内容。由于实际测量工作是在大地水准面上进行的,而大地水准面相对于地球椭球表面又有一定的起伏,并且重力又随纬度变化而变化,因此必须对大地水准面的实际重力进行多地、多次的大地测量,再通过统计平均来消除偏差,即可求得表达大地水准面平均状态的地球椭球体的要素值。

经过长期的观测、分析和计算,各国学者算出的地球椭球长短半径的数值有一定的差异。我国不同时期采用了不同的椭球体参数(见表 3-1)。

表 3-1　　我国不同时期采用的椭球体参数

椭球体名称	年代	长轴(m)	扁率	采用时期	说明
海福特	1910 年	6 378 388	1：297.0	1952 年以前	1942 年国际第一个推荐值
克拉索夫斯基	1940 年	6 378 245	1：298.3	1953 年以后	苏联
1975 年大地坐标系	1975 年	6 378 140	1：298.257	1980 年以后	1975 年国际第三个推荐值
2000 国家大地坐标系	2008 年	6 378 137	1：298.257	2008 年以后	—

第二节　地图的空间基准

为了在地球椭球面上确定点位，必须先将椭球与大地体间的相对位置确定下来。这个过程，称为地球椭球的定位。地球椭球定位是这样进行的：首先选择一个对一个国家比较适中的大地测量原点 P，过 P 点作大地水准面的垂线交水准面于 P'，设想地球椭球在 P' 点与大地体相切，这时，过 P' 点椭球面的法线与水准面的垂线重合(见图 3-3)。用天文测量的方法求得 P 点的天文坐标，并测出 P 点对另一点的方位角，作为 P' 点的大地坐标和大地方位角，这样两个面的相对关系位置就被确立了。

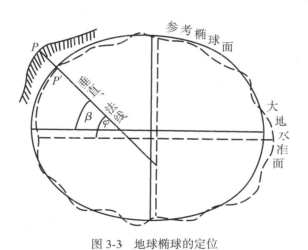

图 3-3　地球椭球的定位

定位了的椭球称为参考椭球。定位点称为大地原点，地面上其他点的大地坐标，都是根据原点用大地测量的方法测算的。

一、大地坐标基准

我国于 1954 年起选定北京的某点作为坐标原点，其他点的大地坐标均由北京原点作为起始点测算，这种平面坐标系统称为 1954 年北京坐标系。这一坐标系是按苏联克拉索夫斯基椭球体参数建立的。经过较长时期测绘实践证明，该椭球体参数，自西向东有较大系统性倾斜，大地水准面差距最大达 768m，这对我国东部沿海地区的计算纠正造成了困难，并且其长轴比 1975 年国际大地测量协会推荐的地球椭球体参数大 105m。因此，我国从 1980 年起选用了 1975 年国际大地测量协会推荐的椭球体参数，并将大地坐标原点设在中国西安附近的泾阳县境内，由于大地原点在我国居中位置，因此可以减少坐标传递误差的积累，从此称为 1980 年坐标系。随着空间和信息技术的迅猛发展和广泛普及，从 2008 年 7 月 1 日起正式启用 2000 国家大地坐标系作为我国新一代的平面基准。

1. 地理坐标系

地球表面上任一点的坐标，实质上就是对原点而言的空间方向，通常通过纬度和经度两个角度来确定。地理坐标就是用经纬度表示地面点位的球面坐标。旋转椭球是一个椭圆绕其短轴旋转而成的，如图 3-4 所示。

过旋转轴的平面与椭球面的截线叫经线。通过英国格林尼治天文台的经线为 0°经线，即本初子午线。因此，M 点的经度为经线面与 0°经线面交角，用 λ 表示。规定由 0°经线起，向东为正，称"东经"，由 0°至+180°；向西为负，称"西经"，由 0°至-180°。

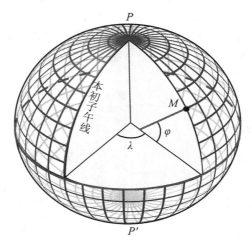

图 3-4　地理坐标系

垂直于地轴（PP'）并通过地心的平面叫赤道平面，它与椭球面相交的交线，称为赤道。过 M 点作平行于赤道面与椭球面的截线，叫纬线。过 M 点的法线与赤道面的交角，称为地理纬度，用 φ 表示。地理纬度从赤道起算向北为正，从 0°到北极为+90°，称为北纬；向南从 0°到南极为-90°，称为南纬。

这样，地面上任意一点 M 的位置，可记成 $M(\lambda, \varphi)$。

确定地面点的位置主要采用天文测量与大地测量的方法。天文测量是通过观测星体计算出地面点的经纬度坐标。大地测量是以大地原点为起始点，通过三角测量方法获得经纬度坐标。前者称为天文坐标，后者称为大地坐标。天文坐标一般没有大地坐标的精度高。这是因为：天文坐标以铅垂线为依据线，而铅垂线的变化又是不规则的。地面同一个点的法线和铅垂线的方向是不一致的（二者的夹角称为垂线偏差），它们投影到各自的依据面上，就产生了点位上的不一致。如果垂线偏差为 2″~3″，地面点的投影差就可能达数十米。这对大、中比例尺地图来说误差就太大了，所以地图上一定要用大地坐标。因此，只有在缺少大地控制网的地区才使用独立的天文坐标，一般测图和编图均采用大地坐标。近年来，新发展的人造卫星大地测量方法，利用全球卫星导航系统（Global Navigation Satellite System，GNSS）和连续运行参考站网络（Continuously Operating Reference Stations，CORS）技术，不仅能测定地球形状、大地水准面与椭球面的差距，还可测定地面点的坐标，建立人造卫星大地测量控制网。

为了保证测量成果既在精度上符合统一要求，又能互相衔接，首先必须在全国范围内选取若干有控制意义的点，并且精确测定其平面位置的平面控制网。平面控制网是通过建立全国性一、二、三、四等三角网并用精密仪器测算出各控制点（三角点）的大地坐标。其中一等三角网是由一等三角锁及各段的三角形构成，锁段长 200 千米，锁段内三角形边长为 20~30 千米，以此全国形成骨干大地平面控制网。然后以一等锁为控制基础，依次扩展为二、三、四等三角网。二等三角网的三角形平均边长为 13 千米；三、四等三角网的三角形平均边长分别为 8 千米和 4 千米。可以分别满足从 1∶10 万至 1∶1 万比例尺测图控制点的需要（各种比例尺地形图每幅地图不少于 3 个控制点）。我国目前利用 GPS 和 CORS 能完成平面控制网建设的工作。

世界各国差不多都有自己的坐标系，我国在不同时期的坐标系也不一样。由于原点的位置和定位精度等方面的差别，地面上的同一点在不同的坐标系中会有不同的经纬度坐标，不同坐标系的地图数据的拼接或使用不同坐标系的数据制作地图时都会受到这方面的影响。

2. 平面直角坐标系

将椭球面上的点通过地图投影的方法投影到平面上时，通常使用平面直角坐标系。平面直角坐标系是按直角坐标原理确定一点的平面位置的，该坐标系是由原点 O 及过原点的两个垂直相交轴组成。点坐标为该点至两轴的垂直距离。测绘中所使用的直角坐标系与数学中不同，X 和 Y 轴互换（见图 3-5），以便角度从 X 轴按顺时针方向计量。

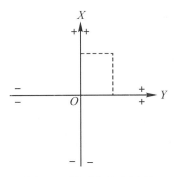

图 3-5 平面直角坐标系

在实际测绘作业中，用平面直角坐标系来建立地图的数学基础，通过地图投影，将地面控制点和某些特殊点的地理坐标换算成平面直角坐标，进行展绘，制作地图。

3. 我国的大地坐标系统

(1) 1954 北京坐标系

1954 年,我国采用前苏联克拉索夫斯基椭球元素建立的坐标系,联测并经平差计算引申到了我国,以北京为全国的大地坐标原点,确定了过渡性的大地坐标系,称 1954 年北京坐标系。其缺点是椭球体面与我国大地水准面不能很好地符合,产生的误差较大,加上 1954 年北京坐标系的大地控制点坐标多为局部平差逐次获得的,不能联成一个统一的整体,这对于我国测绘地理信息和空间技术的发展都是不利的。

(2) 1980 国家大地坐标系统

我国在 30 年测绘资料的基础上,采用 1975 年第十六届国际大地测量及地球物理联合会(IUGU/IAG)推荐的新的椭球体参数,以陕西省西安市以北泾阳县永乐镇某点为国家大地坐标原点,进行定位和测量工作,通过全国天文大地网整体平差计算,建立了全国统一的大地坐标系,即 1980 年国家大地坐标系。其主要优点在于:椭球体参数精度高;定位采用的椭球体面与我国大地水准面符合好;天文大地坐标网传算误差和天文重力水准路线传算误差都不太大,而且天文大地坐标网坐标经过了全国性整体平差,坐标统一,精度优良,可以满足 1:5000 甚至更大比例尺测图的要求等。

随着卫星定位导航技术在我国的广泛使用,我国目前提供的"西安 80 系"这一大地坐标系统成果与当前用户的需求和今后国家和社会的发展存在矛盾:①坐标维的矛盾,目前提供的二维坐标不能满足需要三维坐标和大量使用卫星定位和导航技术的广大用户的需求,也不适应现代的三维定位技术。②精度矛盾,利用卫星定位技术可以达到 $10^{-7} \sim 10^{-8}$ 的点位相对精度,而西安 80 系的精度只能保证 3×10^{-6}。③坐标系统(框架)的矛盾。由于空间技术、地球科学、资源、环境管理等事业的发展,用户需要提供与全球总体适配的地信坐标系统,而不是局部定义的坐标系统。

改善和更新我国现有的大地坐标系统,必须消除上述各方面的矛盾。

(3) CGCS2000 国家大地坐标系统

随着社会的进步,国民经济建设、国防建设和社会发展、科学研究等对国家大地坐标系提出了新的要求,迫切需要采用原点位于地球质量中心的坐标系统(以下简称地心坐标系)作为国家大地坐标系。采用地心坐标系,有利于采用现代空间技术对坐标系进行维护和快速更新,测定高精度大地控制点三维坐标,并提高测图工作效率。

2008 年 3 月,由原国土资源部正式上报国务院《关于中国采用 2000 国家大地坐标系的请示》,并于 2008 年 4 月获得国务院批准。自 2008 年 7 月 1 日起,中国全面启用 2000 国家大地坐标系,原国家测绘局授权组织实施。

2000 国家大地坐标系,是我国当前最新的国家大地坐标系,英文名称为 China Geodetic Coordinate System 2000,英文缩写为 CGCS2000。CGCS2000 是全球地心坐标系在我国的具体体现,其原点为包括海洋和大气的整个地球的质量中心。Z 轴指向 BIH1984.0 定义的协议极地方向(BIH 国际时间局),X 轴指向 BIH1984.0 定义的零子午面与协议赤道的交点,Y 轴按右手坐标系确定,如图 3-6 所示。

CGCS2000 国家大地坐标系采用的地球椭球参数如下:

长半轴:$a = 6\ 378\ 137\text{m}$

扁率：$f = 1/298.257\ 222\ 101$

地心引力常数：$GM = 3.986\ 004\ 418 \times 10^{14} \mathrm{m}^3\mathrm{s}^{-2}$

自转角速度：$\omega = 7.292\ 115 \times 10^{-5} \mathrm{rad\ s}^{-1}$

CGCS2000 由 2000 国家 GPS 大地网在历元 2000.0 的点位坐标和速度具体实现，实现的实质是使 CGCS2000 框架与 ITRF97 在 2000.0 参考历元相一致，因此已建立的 GPS 控制点可以采用以 ITRF97(2000.0)为参考框架重新解算得到与 CGCS2000 相一致的坐标成果。

现有各类测绘成果，在过渡期内可沿用现行国家大地坐标系；2008 年 7 月 1 日后新生产的各类测绘成果应采用 CGCS2000 国家大地坐标系。

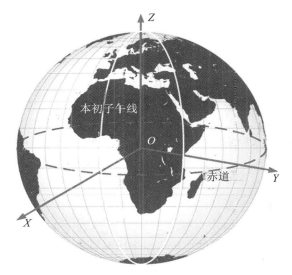

图 3-6　CGCS2000 系统坐标轴定义

(4) WGS-84 坐标系

WGS-84 坐标系是一种国际上采用的地心坐标系。原点是地球的质心，空间直角坐标系的 Z 轴指向 BIH(1984.0)定义的地极(CTP)方向，即国际协议原点 CIO，它由 IAU 和 IUGG 共同推荐。Z 轴指向 BIH1984.0 定义的协定地球极(CTP)方向，X 轴指向 BIH1984.0 的零度子午面和 CTP 赤道的交点，Y 轴和 Z 轴、X 轴构成右手坐标系。如图 3-6 所示，它是一个地固坐标系。

WGS-84 椭球采用国际大地测量与地球物理联合会第 17 届大会测量常数推荐值，采用的两个常用基本几何参数。WGS-84 地心坐标系可以与 1954 年北京坐标系或 1980 年西安坐标系等参心坐标系相互转换，其方法之一是：在测区内，利用至少 3 个以上公共点的两套坐标列出坐标转换方程，采用最小二乘原理解算出 7 个转换参数就可以得到转换方程。其中 7 个转换参数是指 3 个平移参数、3 个旋转参数和 1 个尺度参数。

WGS-84 坐标系和 CGCS2000 坐标系的参数区别见表 3-2。

表 3-2　　　　　　　　　　　**WGS-84 坐标系和 CGCS2000 的参数区别**

地球椭球参数	CGCS2000	WGS-84
长半轴 a/m	6 378 137	6 378 137
地心引力常数 GM/(m^3/s^2)	3.986 004 418×10^{14}	3.986 004 418×10^{14}
自转角速度 ω/(rad/s)	7.292 115×10^{-5}	7.292 115×10^{-5}
扁率 f	1/298.257 222 101	1/298.257 223 563

二、高程基准

经纬度只能确定点的平面位置，点的高度还要由高程系来确定。高程是指高程基准面起算的地面点高度。高程基准面是根据验潮站所确定的多年平均海水面而确定的。

地面上所有点的高度都是以某点的大地水准面为基准计算的。大地水准面指的是平均海水面。以海边某一验潮站多年来的观测结果为依据，计算出该点平均海水面的位置，作为高程起算的零点，并常以该点的位置来命名高程系。由于不同的时间和地点算出的海平面平均高程不一致，所以高程系的名称通常应包括时间和地点两个因素。

我国曾使用过多个高程系，新中国成立前，我国测绘工作没有统一的高程起算点，各省测图大多以本省选定的点并以假定高程数作为原点计算。因此省与省之间的地图在高程系统上普遍不能接合。新中国成立后为使我国的高程系统达到统一，决定以青岛验潮站1950—1956 年测定的黄海平均海水面作为全国统一高程基准面。任何点与零点高程之差就称为它的海拔高程，这就是我国的"1956 年黄海高程系"。以后各省依据 1956 年黄海高程系进行了联测，使用旧图时应根据联测结果对高程进行改算。

由于观测数据的积累，黄海平均海水面发生了变化，1985 年国家改用"1985 年国家高程基准"。"1985 年国家高程基准"比"1956 年黄海高程系"高 29mm。

这两个高程基准的换算关系为：

$$H_{85} = H_{56} - 0.029 \text{m}$$

同样，为了保证高程测量成果既在精度上符合统一要求，又能互相衔接，必须在全国范围内选取若干有控制意义的点，并且精确测定其高程的高程控制网。我国布设了一、二、三、四等水准网，作为全国高程控制网，以此作为全国各地实施高程测量的控制基础。全国高程控制网水准路线的布设：一等水准路线是国家高程控制骨干，一般沿地质基础稳定、交通不甚繁忙、路面坡度平缓的交通路线布设，并构成网状；二等水准路线，沿公路、铁路、河流布设，同样也构成网状，是高程控制的全面基础；三、四等水准路线，直接提供地形测量的高程控制点。我国目前利用大地水准面精化、GNSS 和 CORS 技术能完成高程控制网建设的工作。

三、深度基准

海洋测量中常采用深度基准面。深度基准面是海洋测量中的深度起算面。高程基准与深度基准并不统一，这种不统一主要源于海道测量服务于航行安全这一实用目的。从海道测量担负着提供精确的海洋地形、地貌基础地理信息的角度看，建立与独立高程基准相统一和协调的海洋垂直基准无疑是必要的，这就需要建立深度基准与当地平均海面的关系模型，及当地平均海面相对于高程基准的关系模型，它涉及深度基准值空间模型和海面地形模型的建立与表示。

测量和绘制海图的目的主要为航海服务，因此，海图深度基准面确定的原则是：既要考虑到舰船航行安全，又要照顾到航道利用率。海图深度基准面基本可描述为：定义在当地稳定平均海平面之下，使得瞬时海平面可以但很少低于该面。在具体求定时，需考虑当地的潮差变化。深度基准面是相对于当地稳定（或长期）平均海平面定义的。

为了使得确定的深度基准面满足于上述两条原则，下面给出深度基准面保证率的定义：深度基准面保证率是在一定时间内，高于深度基准面的低潮次数与总次数之比的百分数。

我国航海图采用的深度基准面为理论最低潮面，其保证率为95%左右。海洋部分的水深则是根据"深度基准面"自上而下计算的。深度基准面是根据长期验潮的数据所求得的理论上可能最低的潮面，也称"理论深度基准面"。地图上标明的水深，就是由深度基准面到海底的深度。

不同的国家和地区及不同的用途采用不同的深度基准面。

第三节　地图投影的基础知识

一、地图投影的基本概念

将地球椭球面上的点投影到平面上的方法称为地图投影。按照一定的数学法则，使地面点的地理坐标(λ, φ)与地图上相对应的点的平面直角坐标(x, y)建立函数关系为：

$$\begin{cases} x = f_1(\lambda, \varphi) \\ y = f_2(\lambda, \varphi) \end{cases} \tag{3-1}$$

当给定不同的具体条件时，就可得到不同种类的投影公式，根据公式将一系列的经纬线交点(λ, φ)计算成平面直角坐标(x, y)，并展绘于平面上，即可建立经纬线平面表象，构成地图的数学基础。

二、地图投影变形

由于地球椭球面是一个不可展的曲面，将它投影到平面上，必然会产生变形。这种变形表现在形状和大小两方面。从实质上讲，是由长度变形、方向变形（角度）引起的。

1. 长度变形

长度变形是长度比与1的差值，即

$$v_\mu = \mu - 1$$

长度比

$$\mu = \frac{\mathrm{d}s'}{\mathrm{d}s}$$

式中，ds'是投影后微分线段长，ds是固有长度。

2. **方向（角度）变形**

方向（角度）变形是指实际角度 α 和投影后角度 α' 差值，即

$$\alpha - \alpha'$$

3. **面积变形**

面积变形是面积比与 1 的差值，即

$$v_p = p - 1$$

面积比为：

$$p = \frac{dF'}{dF}$$

式中，dF'是投影后地球表面上微分面积，dF是其固有面积。

可见，长度变形与面积变形都是一种相对变形，而且，以上两表达式按数学意义而言，它们表示的仅为数量的相对变化。然而，量变可导致质变，从而引起形状的变异，故 v_μ 与 v_p 被赋予"变形"的名称。

显然，$v_\mu = 0$ 即为没有长度变形，而 $v_p = 0$ 则为没有面积变形。亦即投影前后相应的微分线段或微分面积大小保持相等。如变形为负值，则表示投影后长度缩短或面积缩小；反之，变形为正值时，表示投影后长度增加或面积增大。在应用时，v_μ 与 v_p 也常用百分比数表示。如 $v_\mu = -0.01$ 可表示为 $v_\mu = -1\%$，即投影后该线段缩短百分之一。

在同一投影条件下，不同位置上的点的长度、面积和角度变形值不同，为了衡量其点上的变形性质和大小，可以使用变形椭圆和等变形线进行表示。

4. **衡量变形的方法**

变形椭圆：为了阐明作为投影变形结果各点上产生的角度和面积变形的概念，法国数学家底索（Tissort）采用了一种图解方法，即通过变形椭圆来论述和显示投影在各方向上的变形。变形椭圆的意思是，地面上一点处的一个无穷小圆——微分圆（也称单位圆），在投影后一般地成为一个微分椭圆，利用这个微分椭圆能较恰当地、直观地显示变形的特征。如图 3-7 所示，其中，(a)和(b)没有角度变形，是等角投影；(c)和(d)椭圆面积和微分圆面积相等，是等面积投影；(e)的椭圆短半轴和微分圆的半径相等，是等距离投影；(f)在角度、长度和面积上都存在变形，是任意投影。

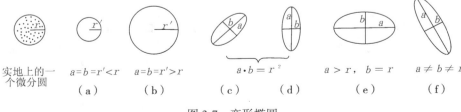

图 3-7 变形椭圆

等变形线：等变形线是投影中各种变形相等的点的轨迹线。在变形分布较复杂的投影

中，难以绘出许多变形椭圆，或列出一系列变形值来描述图幅内不同位置的变形变化状况。于是便计算出一定数量的经纬线交点上的变形值，再利用插值的方法描绘出一定数量的等变形线以显示此种投影变形的分布及变化规律。这是在制图区域较大而且变形分布亦较复杂时经常采用的一种方法。图3-8表示中国斜轴等面积投影方案，其投影中心取$\varphi_0=+30°$，$\lambda_0=105°E$，其中同心圆表示的等变形线显示了角度变形的分布情况。

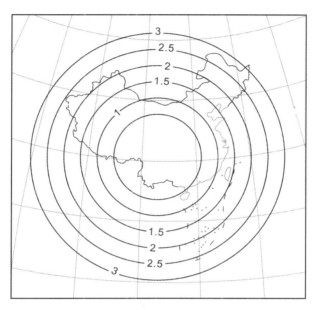

图 3-8 等变形线示意图

数值法：随着数字地图技术的发展，地图投影中变形的计算也可以通过程序计算获得，例如，Matlab的Mapping toolbox中就提供了distortcalc计算某一点的变形值。计算的方法如下：

[areascale, angdef] = distortcalc(Lat, Long)，计算某经纬度点的面积比和角度变形。

三、地图投影分类

地图投影的种类繁多，通常是根据投影性质和构成方法分类。

1. 地图投影按变形性质分类

按变形性质地图投影可分为等角投影、等面积投影和任意投影。

①等角投影：在这种投影地图是，地面上的微分线段组成的角度投影保持不变。因此适用于交通图、洋流图和风向图等。

②等面积投影：是保持投影平面上的地物轮廓图形面积与实地相等的投影。因此，适用于对面积精度要求较高的自然社会经济地图。

③任意投影：是指投影地图上既有长度变形，又有面积变形，且角度变形小于等面积投影，面积变形小于等角投影。在任意投影中，有一种常见投影，即等距离投影。该投影

只在某些特定方向上没有变形,一般沿经线方向保持不变形。任意投影适用于一般参考图和中小学教学用图。

2. 地图投影按构成方法分类

按构成方法地图投影可分为几何投影和非几何投影。

1）几何投影

以几何特征为依据,将地球椭球面上的经纬网投影到平面上、圆锥表面和圆柱表面等几何面上,从而构成方位投影、圆锥投影和圆柱投影。

(1) 方位投影：是以平面作为投影面,将平面与地球心相切或相割,将经纬线投影到平面上而成。同时,又有正方位、横方位和斜方位几种不同的投影(图 3-9)。在方位投影中,也有等角、等积和等距离几类投影。正方位投影的经线表现为辐射直线,纬线为同心圆(图 3-12(a))。

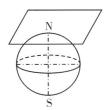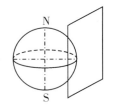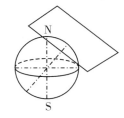

图 3-9　正、横、斜方位投影

(2) 圆锥投影：是以圆锥面作为投影面,将圆锥面与地球心相切或相割,将经纬线投影到圆锥面上,然后把圆锥面展开平面而成。同样,有正圆锥、横圆锥和斜圆锥几种不同的投影(图 3-10)。在圆锥投影中,也有等角、等面积和等距离几类投影。正圆锥投影的经线表现为相交于一点的直线,纬线为同心圆弧(图 3-12(c))。制图中广泛采用正圆锥投影。

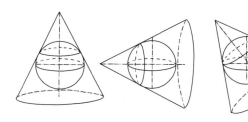

图 3-10　正、横、斜圆锥投影

(3) 圆柱投影：是以圆柱面作为投影面,将圆柱面与地球心相切或相割,将经纬线投影到圆柱面上,然后把圆柱面展开平面而成。同样,有正圆柱、横圆柱和斜圆柱几种不同的投影(图 3-11)。在圆柱投影中,也有等角、等面积和等距离几类投影。正圆柱投影的经线表现为等间隔的平行直线,纬线为垂直于经线的平行直线(图 3-12(b))。

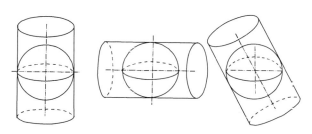

图 3-11 三、横、斜圆柱投影

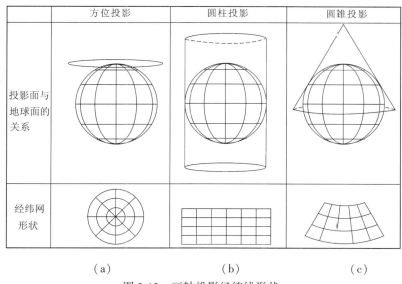

图 3-12 三轴投影经纬线形状

2)非几何投影

根据制图的某些特定要求，选用合适的投影条件，用数学解析方法，确定平面与球面点与点间的函数关系。按经纬线形状，可分为伪方位投影、伪圆锥投影、伪圆柱投影和多圆锥投影。

第四节 高斯-克吕格投影及其应用

我国现行的大于等于 1∶50 万的各种比例尺地形图，都是采用高斯-克吕格投影。

一、高斯-克吕格投影的基本概念

从地图投影性质来说，高斯-克吕格投影是等角投影。从几何概念来分析，高斯-克吕格投影是一种横切椭圆柱投影。假设一个椭圆柱横套在地球椭球体是，使其与某一条经线相切，用解析法将椭球面上的经纬线投影到椭圆柱面上，然后将椭圆柱展开成平面，既获得投影后的图形，其中的经纬线相互垂直。在平面直角坐标系中，是以相切的经线(中央经线)为 X 轴，以赤道为 Y 轴(图 3-13)。

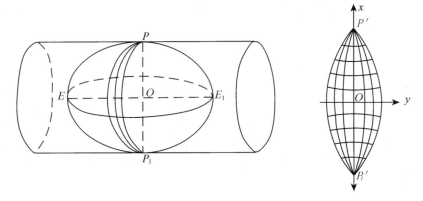

图 3-13 高斯-克吕格投影示意图

高斯-克吕格投影的基本条件为：
(1)中央经线(椭圆柱和地球椭球体的切线)的投影为直线，而且是投影的对称轴；
(2)投影后没有角度变形；
(3)中央经线上没有长度变形。

根据上述条件，可建立地理坐标(λ, φ)与平面直角坐标(x, y)的函数关系。其数学关系为：

$$\begin{cases} x = s + \dfrac{\lambda^2 N}{2}\sin\varphi\cos\varphi + \dfrac{\lambda^4 N}{24}\sin\varphi\cos^2\varphi(5 - \tan^2\varphi + 9\eta^2 + 4\eta^4) + \cdots \\ y = \lambda N\cos\varphi + \dfrac{\lambda^3 N}{6}\cos^3\varphi(1 - \tan^2\varphi + \eta^2) + \dfrac{\lambda^5 N}{120}\cos^5\varphi \times (5 - 18\tan^2\varphi + \tan^4\varphi) + \cdots \end{cases}$$

(3-2)

式中：φ、λ 是椭球面上地理坐标，纬度自赤道起算，经度自中央经线起算；s 是赤道至纬度 φ 的经线弧长；N 是椭球面上卯酉圈曲率半径；$\eta = e'\cos\varphi$，其中 e' 为地球的第二偏心率。

二、高斯-克吕格投影的变形分析

高斯-克吕格投影没有角度变形，面积变形是通过长度变形来表达的。其长度比公式为：

$$\mu = 1 + \frac{1}{2}\cos^2\varphi(1 + \eta^2)\lambda^2 + \frac{1}{6}\cos^4\varphi(2 - \tan^2\varphi)\lambda^4 - \frac{1}{8}\cos^4\varphi\lambda^4 \quad (3-3)$$

其长度变形的规律(见表 3-3)是：
(1)中央经线上没有长度变形；
(2)沿纬线方向，离中央经线越远变形越大；
(3)沿经线方向，纬度越低变形越大。

从表 3-3 中可以看出，整个投影变形最大的部位在赤道和最外一条经线的交点上(纬度为0°经差为±3°时,长度变形为1.38‰)。当投影带增大时,该项误差还会继续增加。这就是高斯-克吕格投影采取分带投影的原因。

另外,也可以看出,该投影在低纬度和中纬度地区,误差显得大了一些,比较适用于纬度较高的国家和地区。

目前,世界上大部分在低纬度和中纬度的国家的基本地形图都使用与高斯-克吕格投影近似的通用横轴墨卡托(Universal Transverse Mercatar Projection, UTM)投影。UTM 投影,几何上理解为横轴等角割圆柱投影,投影后两条割线上没有变形,中央经线上长度比将小于1(0.9996)。UTM 投影与高斯-克吕格投影之间没有实质性的差别,其投影条件与高斯-克吕格投影相比,除中央经线长度比为 0.9996 以外,其他条件相同。所以,UTM 投影的坐标、长度比均是高斯-克吕格投影坐标、长度比的 0.9996 倍,该投影改善了高斯-克吕格投影在低纬度和中纬度地区的变形。UTM 投影与高斯-克吕格投影具有相似关系。

表3-3　　　　　　　　　　　　　高斯-克吕格投影长度变形分布

纬度	变形值			
	0°	1°	2°	3°
90°	1.000 00	1.000 00	1.000 00	1.000 00
80°	1.000 00	1.000 00	1.000 02	1.000 04
70°	1.000 00	1.000 02	1.000 07	1.000 16
60°	1.000 00	1.000 04	1.000 15	1.000 34
50°	1.000 00	1.000 06	1.000 25	1.000 57
40°	1.000 00	1.000 09	1.000 36	1.000 81
30°	1.000 00	1.000 12	1.000 46	1.001 03
20°	1.000 00	1.000 13	1.000 54	1.001 21
10°	1.000 00	1.000 14	1.000 59	1.001 34
0°	1.000 00	1.000 15	1.000 61	1.001 38

三、高斯-克吕格投影的子午线收敛角

子午线收敛角是 X 轴正向与过已知点所引经线与切线间的夹角。由于高斯-克吕格投影的经线收敛于两极,在以该投影绘制的地形图上,除中央经线外各经线都与坐标纵线构成夹角,即子午线收敛角或称坐标纵线偏角(图 3-14)。

图中设 A' 为地球椭球面上 A 点在平面上的投影,相交于 A' 点的 $N\lambda$ 和 $F\varphi$ 分别为经线和纬线的投影。过 A' 点作 X 轴平行线 $A'B$ 和 Y 轴平行线 $A'C$,则有

$$\angle BA'N = \angle DA'F = \gamma$$

但子午线收敛角在北半球和中央经线以东为逆时针方向计算,故

$$\tan\gamma = -\frac{dy}{dx} \tag{3-4}$$

第三章　地图的数学基础

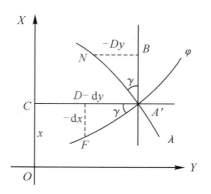

图 3-14　高斯-克吕格投影的子午线收敛角

由此可推导出高斯-克吕格投影子午线收敛角公式为：

$$\gamma = \lambda\sin\varphi + \frac{\lambda^3}{3}\sin\varphi\cos^2\varphi(1+3\eta^2) + \cdots \tag{3-5}$$

子午线收敛角随经差的增大而增大，随纬度的增高而增大，其值有正有负，即中央经线以东为正，称东偏；以西为负，称西偏。

四、高斯-克吕格投影分带的规定

高斯-克吕格投影的最大变形在赤道上，并随经差的增大而增大，影响变形的主要因素是经差，故限制了投影的精度范围就能将变形大小控制在所需要的范围内，以保证地形图所需精度的要求，就要限制经差，即限制高斯-克吕格投影的东西宽度。因此，高斯-克吕格投影采用分带的方法，将全球分为若干条带进行投影，每个条带单独按高斯-克吕格投影进行计算。为了控制变形，我国的 1∶2.5 万至 1∶50 万地形图均采用 6° 分带投影；考虑到 1∶1 万和更大比例尺地形图对制图精度有更高的要求，均采用 3° 分带投影，以保证地形图有必要的精度。

1. 6° 分带法

从格林尼治 0° 经线起，每 6° 为一个投影带，全球共分 60 个投影带。东半球的 30 个投影带，从 0° 起算往东划分，用 1~30 予以标记。西半球的 30 个投影带，从 180° 起算，回到 0°，用 31~60 予以标记。凡是 6° 的整数倍的经线皆为分带子午线，如图 3-15 所示。每带的中央经线度 L_0 和代号 n 用式(3-6)求出。

$$L_0 = 6° \times n - 3°$$
$$n = \left[\frac{L}{6°}\right] + 1 \tag{3-6}$$

式中，[ ] 表示商取整，L 为某地点的经度。

我国领土位于东经 72° 至 136° 之间，共含 11 个 6° 投影带，即 13 至 23 带。各带的中央经线的经度分别为 75°，81°，87°，…，135°。

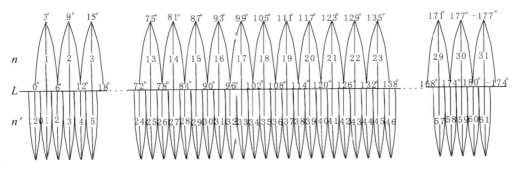

图 3-15　高斯-克吕格投影分带

2. 3°分带法

从东经 1°30′起算，每 3°为一带，全球共分为 120 个投影带。这样分带使 6°带的中央经线均为 3°带的中央经线（见图 3-15）。从 3°转换成 6°带时，有半数带不需任何计算。带号 n 与相应的中央子午线经度 L_0 可用式(3-7)求出。

$$L_0 = 3° \times n$$
$$n = \left[\frac{L + 1°30′}{3°}\right] \tag{3-7}$$

式中，[ ]表示商取整，L 为某地点的经度。

我国领土共含 22 个 3°投影带，即 24 至 45 带。

由于高斯-克吕格投影每一个投影带的坐标都是对本带坐标原点的相对值，所以各带的坐标完全相同。只需要计算各自的 1/4 各带各经纬线交点的坐标值，通过坐标值变负和冠以相应的带号，就可以得到全球每个投影带的经纬网坐标值。

五、坐标网

为了在地形图上迅速而准确地确定方向、距离、面积等，即为了制作地形图和使用地形图的方便，在地形图上都绘有一种或两种坐标网，即经纬线网（地理坐标网）和方里网（直角坐标网）。

1. 经纬线网

由经线和纬线所构成的坐标网，又称地理坐标网。

经纬线网在制作地形图时不仅起到控制作用，确定地球表面上各点和整个地形的实际位置，而且还是计算和分析投影变形所必需的，也是确定比例尺、量测距离、角度和面积所不可缺少的。

在我国的 1∶5 000~1∶10 万的地形图上，经纬线以图廓的形式直接表示出来，为了在用图时加密成网，在内外图廓间还绘有加密经纬网的加密分划短线（图 3-16(a)）。1∶25 万地形图上，除内图廓上绘有经纬网的分划外，图内还有加密用的十字线。1∶50万~1∶100 万地形图，在图面是直接绘出经纬线网，在内图廓间已绘有加密经纬网的加密分划短线（图 3-16(b)）。

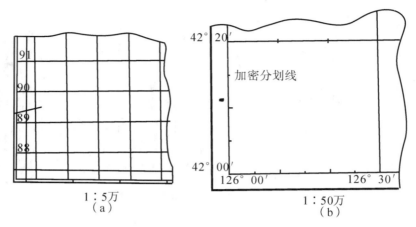

图 3-16 地形图的经纬线网

2. 方里网

方里网是由平行于投影坐标轴的两组平行线构成的方格网。因为平行线的间隔是整公里，所以称为方里网，也叫公里网。由于平行线同时又是直角坐标轴的坐标网线，故又称直角坐标网。

高斯-克吕格投影是以中央经线的投影为纵轴 x，赤道投影为横轴 y，其交点为原点而建立平面直角坐标系的。因此，x 坐标在赤道以北为正，以南为负。

y 坐标在中央经线以东为正，以西为负。我国位于北半球，故 x 坐标恒为正，但 y 坐标有正有负。为了使用坐标的方便，避免 y 坐标出现负值，规定将投影带的坐标纵轴西移 500km（半个投影带的最大宽度小于 500km）（图 3-17）。

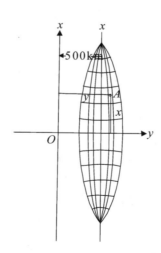

图 3-17 纵坐标轴向西平移

由于是按经差 6°进行分带投影，各带内具有相同纬度和经差的点，其投影的坐标值 x、y 完全相同，这样对于一组 (x, y) 值，能找到 60 个对应点。为区别某点所属的投影带,规定在已加500km的 y 值前面再冠以投影带号,构成通用坐标。

为了便于在图上指示目标、量测距离和方位,我国规定在1∶5 000、1∶1万、1∶2.5万、1∶5万、1∶10万和1∶25万比例尺地形图上,按一定的整公里数绘出方里网(表3-4)。

表3-4　　　　　　　　　各种比例尺地形图的方里网间隔

地形图比例尺	方里网图上间隔/cm	相应实地距离/km
1∶5 000	10	0.5
1∶1万	10	1
1∶2.5万	4	1
1∶5万	2	1
1∶10万	2	2
1∶25万	4	10

3. 邻带方里网

由于高斯-克吕格投影应用于地形图中采用分带投影方法,各带具有独立的系,相邻图幅方里网是互不联系的。又由于高斯-克吕格投影的经线是向投影带的中央经线收敛的,它和坐标纵线有一定的夹角(图3-18),当处于相邻两带的相邻图幅拼接时,图面上绘出的直角坐标网就不能统一,形成一个折角,这就给拼接使用地图带来很大困难,例如,欲量算位于不同图幅上 A、B 两点的距离和方向,在坐标网不一致时,其量测精度和速度都会受到影响。

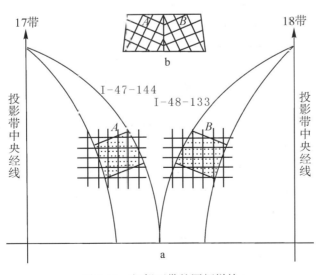

图3-18　相邻两带的图幅拼接

为了解决相邻带图幅拼接使用的困难，规定在一定的范围内把邻带的坐标延伸到本带的图幅上，这就使某些图幅上有两个方里网，一个是本带的，另一个是邻带的。为了区别，图面上都以本带方里网为主，邻带方里网系统只在图廓线以外绘出一小段，需使用时才连绘出来。

根据《地形图图式》规定，每个投影带西边最外一幅1：10万地形图的范围（即经差30′范围内）内所包含的1：10万、1：5万、1：2.5万地形图均需加绘西部邻带的方里网；每个投影带东边最外的一幅1：5万地形图（经差15′范围内）和一幅1：2.5万地形图（经差7.5′）的图面上也需加绘东部邻带的方里网（图3-19）。这样，每两个投影带的相接部分（共45′或37.5′的范围内）都应该有一行1：10万，三行1：5万，五行1：2.5万地形图的图面上需绘出邻带方里网。

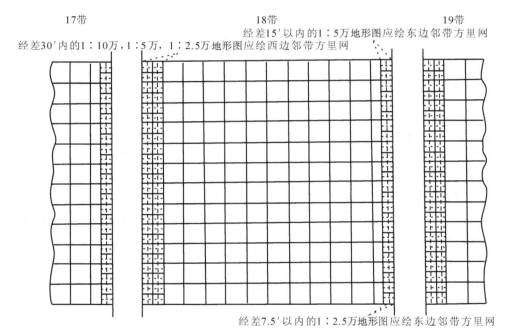

图 3-19　加绘邻带方里网的图幅范围

邻带图幅拼接使用时，可将邻带方里网连绘出来，就相当于把邻带的坐标系统延伸到本带来，使相邻两幅图具有统一的直角坐标系统（图3-20）。

绘有邻带方里网的区域范围是沿经线带状分布的，称为投影的重叠带。重叠带的实质就是将投影带的范围扩大，即西带向东带延伸30′投影，东带向西带延伸15′（7.5′）投影。这样，每个投影带计算的范围不是6°，而是6°45′。这时，东带中最西边的30′范围内的图幅，既有东带的坐标，又有西带的坐标（图3-21）。在制作地形图的坐标网时，这一个范围内的图幅，除了按东带坐标制作图廓和方里网之外，还需要按西带坐标制作出邻带方里网。同样，东带向西带的延伸也是如此。

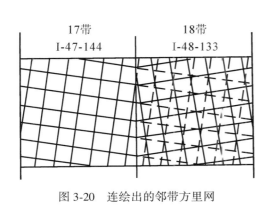

图 3-20 连绘出的邻带方里网

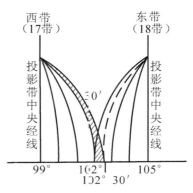

图 3-21 两带坐标的相互延伸

第五节 正等角圆锥投影及其应用

我国 1∶100 万地形图采用双标准纬线正等角圆锥投影。

一、投影的基本概念

假设圆锥轴和地球椭球体旋转轴重合，圆锥面与地球椭球面相割，将经纬网投影于圆锥面上，然后沿着某一条母线(经线)将圆锥面切开展成平面而成。其经线表现为辐射的直线束，纬线投影成同心圆弧(图3-22)。

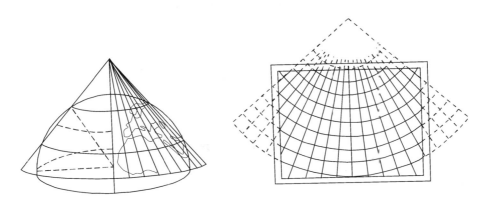

图 3-22 双标准纬线正等角圆锥投影及其经纬线图形

圆锥面与椭球面相割的两条纬线圈，称为标准纬线(φ_1, φ_2)。采用双标准纬线的相割比采用单标准纬线的相切，其投影变小而均匀。

我国采用等角圆锥投影作为 1∶100 万地形图的数学基础，其分幅与国际百万分之一地图分幅完全相同。从赤道起算，纬差每 4°一幅作为一个投影带(高纬度地区除外)，等角圆锥投影常数、由边纬与中纬长度变形绝对值相等的条件求得。该投影为等角割圆锥投影，投影变形很小，在每个投影带内，长度变形最大值为±0.3‰，面积变形最大值为

±0.6‰。每个投影带的两条标准纬线近似位于边纬线内 35′处，即

$$\begin{cases} \varphi_1 = \varphi_S + 35' \\ \varphi_2 = \varphi_N - 35' \end{cases} \tag{3-8}$$

式中：φ_S，φ_N 为图幅南、北边的纬度值。

处于同一投影带中的各图幅的坐标成果完全相同，因此，每投影带只需计算其中一幅图(纬差 4°，经差 6°)的投影成果即可。

二、投影的变形分析

投影变形的分布规律是：

(1)角度没有变形，即投影前后对应的微分面积保持图形相似，故亦可称为正形投影。

(2)等变形线和纬线一致，同一条纬线上的变形处处相等。

(3)两条标准纬线上没有任何变形。

(4)在同一经线上，两标准纬线外侧为正变形(长度比大于1)，而两标准纬线之间为负变形(长度比小于1)，因此，变形比较均匀，绝对值也较小。

(5)同一条纬线上等经差的线段长度相等，两条纬线间的经线线段长度处处相等。

图 3-23 是用微分圆表示的双标准纬线正等角圆锥投影的变形分布情况。

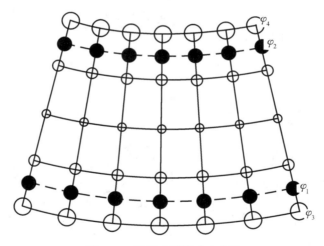

图 3-23 投影变形的分布规律

由于 1∶100 万地图采用的等角圆锥投影是对每幅图单独进行投影，因此同纬度的相邻图幅在同一个投影带内，所以，东西相邻图幅拼接无裂隙。但上下相邻图幅拼接时会有裂隙，裂隙大小随纬度的增加而减小。其裂隙角(α)和裂隙距(Δ)可由下式计算。

$$\begin{cases} \alpha = \lambda \sin 2° \cos\varphi \\ \Delta = L \sin\alpha \end{cases} \tag{3-9}$$

式中：λ——图幅经差；L——图廓边长。

当上下两幅拼接时(如 J 区和 K 区两图幅),接点在中间(图 3-24),$\varphi = 40°$,$\lambda = 3°$,$L = 256$mm,按式(3-9)算出:$\alpha = 4.82'$,$\Delta = 0.36$mm。这个值会随着纬度的降低而增加,最大可达 0.6mm 左右。

当四幅图拼接时,例如,J 区和 K 区各两幅拼接(图 3-25),$\varphi = 40°$,$\lambda = 6°$,$L = 512$mm,按式(3-9)算出:$\alpha = 9.625'$,$\Delta = 1.43$mm。

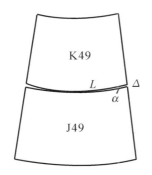
图 3-24　上下两幅图拼接的裂隙

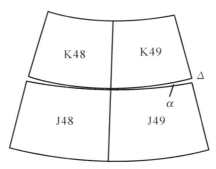
图 3-25　四幅图拼接的裂隙

三、投影的应用

1962 年联合国在前联邦德国波恩举行的世界百万分之一国际地图技术会议上,建议用等角圆锥投影替代改良多圆锥投影作为百万分之一地图的数学基础。百万分之一地图具有一定的国际性,在同一时期内各国编制出版的百万分之一地图,采用相同的规格,即地图投影、分幅编号、图式规范等基本上一致,可促使该比例尺地图得到较广泛的国际应用和交往。

对于全球而言,百万分之一地图采用两种投影,即在 80°S 至 84°N 之间采用等角圆锥投影。极区附近,即由 80°S 至南极、84°N 至北极,采用极球面投影(正等角方位投影的一种),地图分幅见表 3-5。

自 1978 年以来,我国决定采用等角圆锥投影作为 1:100 万地形图的数学基础,其分幅与国际百万分之一地图分幅完全相同。我国处于北纬 60°以下的北半球内,因此国内的地形图都采用双标准纬线正等角圆锥投影。

表 3-5　　　　　　　　　　　　　　百万分之一地图分幅

纬度范围	纬差	经差
0°~60°	4°	6°
6°~76°	4°	12°
76°~84°	4°	24°
84°~88°	4°	36°
88°以上	一幅	

在地形图方面，还有诸如德国、比利时、西班牙、智利、印度以及北非和中东等国家和地区的地形图现在正用或曾用过等角圆锥投影作为地形图的数学基础。

在航空图方面，各国1∶100万、1∶200万、1∶400万的航空图都采用该投影作为数学基础。我国也用该投影来编制1∶100万和1∶200万航空图。在区域图方面，圆锥投影适宜于作沿纬线延伸地区的区域图。等角圆锥投影广泛用作编制省（区）图的数学基础。例如，《中华人民共和国普通地图集》《自然地图集》中的省（区）图，都采用等角圆锥投影。

第六节　地图投影选择

在编制任何性质的地图或地图集时，选择或探求一个保障地图能适合于将完成任务的地图投影都具有重要意义。这是因为，一个适当的地图投影，不但能保证最适合于地图用途的要求，而且可以根据需要，选定其变形性质并限定变形的大小，保证地图的精度和地图的实用性。

一、选择地图投影的影响因素

地图上的经纬线网是构成地图数学基础的主要数学要素，而地图投影的就是研究如何将椭球面（或球面）上的点投影到平面上，建立经纬线平面表象的理论和方法。所以，制作地图的首要任务是选择好地图投影。地图投影的确定是地图编制工作中的一个重要环节，它不仅直接影响地图的精度，而且对地图的使用有重大影响。随着现代地图投影理论与方法的迅速发展，投影的种类和方案极其多样，这就为某一具体地图选择和设计最适宜的投影方案提供了极为有利的条件，但也增加了投影确定工作的复杂性。确定地图投影是一项创造性的工作，没有现成的公式、方案或规范，而要在熟悉各类地图投影的性质、变形分布、经纬线形状及所编地图的具体要求的前提下，经过对比来确定。地图投影的确定受相互制约的多种因素的影响。

1. 制图区域的空间特征

制图区域的空间特征，是指它的形状、大小和在地球椭球体上的位置。依制图区域的形状和位置选择投影，大多按经纬线形状的分类来决定采用哪一类投影，使投影的等变形线基本上符合制图区域的轮廓，以减少图上的变形。如区域形状接近圆形的区域，在两极地区宜采用正轴方位投影，东、西半球地图常采用横轴方位投影，在中纬度地区宜选用正轴圆锥投影，在低纬度地区多采用正轴圆柱投影，因为它们的等变形线形状与纬线一致，东西任意延伸变形也不会增大；沿经线南北向延伸的竖长形地区，一般可采用横轴圆柱投影；沿任意斜方向延伸的长形地区，多采用斜轴圆柱投影或斜圆锥投影，这样亦可使投影变形较小且分布比较均匀。

制图区域愈大，投影选择愈复杂，需要考虑的投影种类愈多，并且需联系其他方面的要求，综合考虑方能作出决定，对于一个面积很大的地区（如区域的纬差超过22.5°或半径超过2 200km），不同的投影其误差就可能有较大的差别，像世界地图、半球地图、各大洲与各大洋地图等，其区域范围很大，投影所产生的变形亦很大，需要考虑的投影方案有很多，使之投影确定较为复杂；制图区愈小，确定投影就只考虑它的几何因素了，此时选择何种投影方案，其变形都是很小的。所以，投影确定问题，实际上是设计编制大区域小比例尺地图的任务。

制图区域的空间特征对选择地图投影的影响，是就主区范围而言的，不同的主区范围其形状、大小和位置有所不同，投影选择也就有所差别。例如，设计中国全图时，若南海诸岛作为附图，可选择等角正圆锥投影；若南海诸岛不作附图，这样主区范围变了，则应改为选择等角斜方位投影、伪方位投影、等面积伪圆锥投影(彭纳投影)等。若制图区域的某局部区域因用途需要，形成重要性的差别(由于政治、经济、国防等方面的原因)，选择投影时通常把变形最小的部位，尽可能放在图幅的最重要的部分。例如，编制世界地图时，中国应处于变形最小的位置；编制城市交通旅游地图时，对各主城区繁华地图应尽量放大，可考虑采用多焦点的变比例尺投影。

2. 地图的用途和使用方法

地图用途决定着需选用何种性质的投影，不同用途的地图，对地图投影性质有不同的要求，也就是说，一定的用途常限制使用某些特定的投影。例如，政区地图，各局部区域的面积大小对比处于突出地位，常使用等面积投影；用作定向的地图则适于采用等角投影；军用地图，要求方位距离准确，在一定区域内点与点之间的关系没有角度变形，保持图形与实地相似，通常采用等角投影；教学用地图，为了给学生以同等重要的要素和完整的地理概念，常采用各种变形都不大的任意性质投影；要求方位正确的地形图使用等角投影；要求距离较精确的地图(如交通图)常使用任意投影中的等距离投影。有些地图已形成固定的模式，如海洋地图、宇航地图都用墨卡托(等角圆柱投影)投影，航空基地图都用等距离方位投影，各国的地形图大多数都用等角横切(割)圆柱投影。世界时区图，为了便于划分时区，习惯用经纬线投影后互相成垂直平行直线的等角正轴圆柱投影等。

地图用途制约着选择的投影应达到的精度。用于精密量测的地图，其长度和面积变形应小于±0.5%，角度变形小于0.5°；中等精度量测的地图，要求投影的长度和面积变形在±3%以内，角度变形小于3°；近似量测或目估测定的地图，投影的长度变形和面积变形在±5%、角度变形在5°以内；不作量测用的地图，只需保持视觉上的相对正确即可。

地图的使用方式对地图投影的确定有一定的影响。根据使用方法，地图可以分为桌面用图、挂图、单张使用、拼接使用、系列图和地图集中的地图等。它们对投影有不同的要求。桌面用图侧重于较高的精度，而对区域的整体性要求不高，不追求区域总的轮廓形状的视觉效果，为了节约图面常可使用斜方位定向；挂图则着重在视觉上的相对正确和整体性方面，强调区域形状视觉上的整体效果，一般不提倡斜方位定向；单张使用的地图只考虑本图的制图区域来选择投影，而拼接使用的地图选择投影时要考虑到图幅之间的拼接；系列地图和地图集中的地图常常着眼于它们之间的相互比较和相互协调来选择近似的或一致的投影。

3. 地图对投影的特殊要求

设计的地图中，有些地图对投影有特殊要求，它会使投影选择限制在某些投影的范围内。例如，在经纬线形状方面，教学地图中的世界全图或半球地图，一般要求经纬线对称于赤道，极地投影呈点状，表现出球状概念，这可从正轴（横轴）方位投影或伪圆柱投影方案中去选择；编制世界时区图时，为了清楚地表达时间的地带性，就选择投影后经纬线网成正交平行直线的等角圆柱投影。当要求在地图上的大圆弧表示为直线时可采用球心（日晷）投影方案，而这种投影中的长度、角度和面积变形都是很大的。

地图配置方法对投影选择和设计的影响有时也是很明显的。例如，在编制我国适用的世界地图时常要求投影中我国位于图幅中央，形状比较正确，在地图上我国的面积和其他相近似的国家不得相对地缩小，要求经纬网形状对称于赤道和中央经线，采用了正切差分纬线多圆锥投影（1976年方案）。

某些专用地图的特殊需要，使得现有的投影都不能满足要求，必须重新设计和探求能满足特殊要求的地图投影。例如，为解决卫星图像投影问题，开辟了空间投影领域；为满足专用地图在一个投影平面上，投影比例尺发生显著变化的要求，设计了变比例尺地图投影和多焦点地图投影；为在图上突出重点地区，而以其周围地区作为陪衬，设计出组合方位投影；若要在图上保持两个定点到任何点的方位角和距离正确，则设计双方位投影和双等距离投影，可以解决军事上测向、测距定位及导航等方面的问题。

4. 地图的内容

一般来说，所编地图内容对选择投影的变形性质有很大的影响。例如，经济地图，为了表示出经济要素的面积分布和面积的正确对比，常常要采用等面积性质的投影；航海地图、航空地图、气候地图等，为了比较正确的表示航向、风向和海流的流向，以及为了使一定面积的几何图形相似，一般多采用等角性质的投影；有时为表示沿纬线分布的地图内容要素，则常采用纬线表示为直线的圆柱投影或伪圆柱投影方案，等等。

5. 地图的出版方式

出版方式，是指地图是以单幅形式出版的，还是以图集系列图和图组形式出版的。如果地图是以单独一幅出版的，则在投影选择上有较大的活动余地，可以从许多方案中选取比较合适的投影。如果地图是以图集、系列图和图组的形式出版，那么在选择投影时除了要考虑本幅具体地图的情况外，还应考虑到各幅地图投影之间的内在联系和统一协调，应使各组地图尽可能采用同一类型同一性质的投影系统，使之具有系统性，便于比较。

6. 地图投影本身的特征

1）变形性质

不同性质的地图投影适合于不同用途的地图。航海地图、导航地图一定要用等角地图投影。

2）变形大小和分布

变形分布的有利方向应当同制图区域形状相匹配，变形大小要能满足地图精度要求。正圆柱、正圆锥投影，变形同经度无关，随纬度的增宽而增大，它们适用于东西延伸的地区；方位投影的等变形线分布同心圆，离中心愈远则变形愈大，适用于面积不大的圆形区域；投影面和地面相切的投影只有正变形，边缘地区的变形就可能比较大；投影面和地面相割的投影变形有正有负，分布比较均匀。另外，受变形性质的影响，对于等角投影，面积将有较大的变形；而对于等面积投影，角度会有较大的变形。任意投影时，长度、面积、角度都有变形，但大小比较适中。

3) 经纬线形状

不同的投影会构成不同的经纬线形状，为了使地图具有良好的视觉效果，通常要求经纬线网格具有正交或近似于正交、等分或近似等分的图形；曲线形状的经纬线有利于表示出地面的球体概念，而直线则有利于表示出地理事物分布的地带性规律。例如，横轴方位投影、若干多圆锥投影都有利于表示出世界的球形感。

4) 地球极点的表象

极点被投影成点（或接近于点），视觉上比较好，但整个制图区域的局部地区会有很大变形；极点投影成线，虽然极地的投影变形较大，却可以换来区域内较均匀的变形分布。

5) 特殊线段的形状

地图上的某些特殊线段投影后的形状，也常成为确定投影的因素之一。墨卡托投影中等角航线成直线，这就是航海图采用该投影的理由。在球心投影上，地球表面两点间距离最近的大圆航线成直线，它是地面上距离最近的线，表达港口和基地、机场之间联系的地图可以考虑采用这种投影。例如，航空图上，要求把地面上距离最近的大圆航线投影成直线，以方便空中领航，就要选择改良多圆锥投影或等角正圆锥投影等。

具体确定投影时，要综合考虑上述因素，对于同一个要求可能有几种投影都可以适应，从中选出适应面最宽的投影。

二、我国编制地图常用的地图投影

我国编制的各类地图，经过认真的分析研究，习惯上常使用的地图投影分述如下。

我国分省（区）的地图宜采用下列两种类型投影：正轴等角割圆锥投影（必要时也可采用等面积和等距离圆锥投影）和宽带高斯-克吕格投影（经差可达9°）。

我国的南海海域单独成图时，可使用正轴圆柱投影。

关于投影的具体选择，各省（区）在编制单幅地图或分省（区）地图集时，可以根据制图区域情况，单独选择和计算一种投影，这样各个省（区）可获得一组完整的地图投影数据（如割圆锥投影在制图区域中具有两条标准纬线），变形也比分带投影的变形值小一些。我国目前各省（区）按制图区域单幅地图选择圆锥投影时，所采用的两条标准纬线见表3-6。

三、中国地图常用投影

1. 中国分幅地（形）图的投影

中国分幅地（形）图的投影包括：多面体投影（北洋军阀时期）、等角割圆锥投影（兰勃特投影）（中华人民共和国成立以前）、高斯-克吕格投影（中华人民共和国成立以后）。

表 3-6　　　　　　　　　　　　中国分省(区)地图常用投影

省(区)名称	区域范围				标准纬线	
	φ_S	φ_N	λ_W	λ_E	φ_1	φ_2
河北省	36°00′	42°40′	113°30′	120°00′	37°30′	41°00′
内蒙古自治区	37°30′	53°30′	97°00′	127°00′	40°00′	51°00′
山西省	34°33′	40°45′	110°00′	114°40′	36°00′	39°30′
辽宁省	38°40′	43°30′	118°00′	126°00′	40°00′	42°00′
吉林省	40°50′	46°15′	121°55′	131°30′	42°00′	45°00′
黑龙江省	43°00′	54°00′	120°00′	136°00′	46°00′	51°00′
江苏省	30°40′	35°20′	116°00′	122°30′	31°30′	34°00′
浙江省	27°00′	31°30′	118°00′	123°30′	28°00′	30°30′
安徽省	29°20′	34°40′	114°40′	119°50′	30°30′	33°30′
江西省	24°30′	30°30′	113°30′	118°30′	26°00′	29°00′
福建省	23°20′	28°40′	115°40′	120°50′	24°00′	27°30′
山东省	34°10′	38°40′	114°20′	123°40′	35°00′	37°00′
广东省	20°10′	25°30′	108°40′	117°30′	21°30′	24°30′
广西壮族自治区	20°50′	26°30′	104°30′	112°00′	22°30′	25°30′
湖北省	29°00′	33°20′	108°30′	116°20′	30°30′	32°30′
湖南省	24°30′	30°10′	108°40′	114°20′	26°00′	29°00′
河南省	31°20′	36°00′	110°20′	116°40′	32°30′	35°00′
四川省	26°00′	34°00′	97°20′	110°10′	27°30′	33°00′
云南省	21°30′	29°30′	97°20′	106°30′	22°30′	28°30′
贵州省	24°30′	29°30′	103°30′	109°30′	25°20′	28°30′
西藏自治区	26°30′	36°30′	78°00′	99°00′	28°00′	35°00′
陕西省	31°40′	39°40′	105°40′	111°00′	33°00′	38°00′
甘肃省	32°30′	42°50′	92°10′	108°50′	34°00′	41°00′
青海省	31°30′	39°30′	89°30′	103°10′	33°30′	38°00′
新疆维吾尔自治区	34°00′	49°10′	70°00′	96°00′	36°30′	48°00′
宁夏回族自治区	35°10′	39°30′	104°10′	107°40′	36°00′	39°00′
海南省(不含南海诸岛)	18°00′	20°10′	108°30′	111°10′	18°20′	19°50′
台湾省	21°50′	25°30′	119°30′	122°30′	22°30′	25°00′

注：①北京市、上海市、天津市、重庆市、香港特别行政区、澳门特别行政区由于面积较小，任意选择两条标准纬线，其最大长度变形都不会超过0.1%；②各省区范围均为概略值。

上述投影的长度变形最大的可达0.5%(新疆)，一般都在0.2%以内。

2. 中国全图

中国全图常用投影包括：

(1) 斜轴等面积方位投影：$\varphi_0=27°30'$，$\lambda_0=+105°$；或 $\varphi_0=30°00'$，$\lambda_0=+105°$；或 $\varphi_0=35°00'$，$\lambda_0=+105°$。

(2) 斜轴等角方位投影(中心点位置同上)。

(3) 彭纳投影(投影中心同上)。

(4) 伪方位投影(投影中心同上)。

3. 中国全图(南海诸岛作附图)

中国全图(南海诸岛作附图)常用投影包括：

(1) 正轴等面积割圆锥投影：

两条标准纬线曾采用：$\varphi_1=24°00'$，$\varphi_2=48°00'$；或 $\varphi_1=25°00'$，$\varphi_2=45°00'$；或 $\varphi_1=23°30'$，$\varphi_2=48°30'$。

目前两条标准纬线采用：$\varphi_1=25°00'$，$\varphi_2=47°00'$。

(2) 正轴等角割圆锥投影：

标准纬线同上。

四、各大洲地图常用投影

1. 亚洲地图的投影

(1) 斜轴等面积方位投影：$\varphi_0=+40°$，$\lambda_0=+90°$；或 $\varphi_0=+40°$，$\lambda_0=+85°$。

(2) 彭纳投影：标准纬线 $\varphi_0=+40°$，中央经线 $\lambda_0=+80°$；或标准纬线 $\varphi_0=+30°$，中央经线 $\lambda_0=+80°$。

2. 欧洲地图的投影

(1) 斜轴等面积方位投影：$\varphi_0=52°30'$，$\lambda_0=+20°$。

(2) 正轴等角圆锥投影：两条标准纬线 $\varphi_1=40°30'$，$\varphi_2=65°30'$。

3. 北美洲地图的投影

(1) 斜轴等面积方位投影：$\varphi_0=+45°$，$\lambda_0=-100°$。

(2) 彭纳投影：标准纬线 $\varphi_0=+45°$；中央经线 $\lambda_0=-100°$。

4. 南美洲地图的投影

(1) 斜轴等面积方位投影：$\varphi_0=0°$，$\lambda_0=-60°$。

(2) 桑逊投影：中央经线 $\lambda_0=-60°$。

5. 澳洲地图的投影

(1) 斜轴等面积方位投影：$\varphi_0=-25°$，$\lambda_0=+135°$。

(2) 正轴等角圆锥投影：标准纬线 $\varphi_1=-34°30'$，$\varphi_2=-15°20'$。

6. 拉丁美洲地图的投影

斜轴等面积方位投影：$\varphi_0=-10°$，$\lambda_0=-60°$。

五、世界地图的投影

(1) 等差分纬线多圆锥投影；

(2) 正切差分纬线多圆锥投影(1976年方案);
(3) 任意伪圆柱投影：$\alpha = 0.87740$，当 $\varphi = 65°$ 时，$P = 1.20$。
(4) 正轴等角割圆柱投影。

六、半球地图的投影

1. 东半球地图的投影
(1) 横轴等面积方位投影：$\varphi_0 = 0°$，$\lambda_0 = +70°$。
(2) 横轴等角方位投影：$\varphi_0 = 0°$，$\lambda_0 = +70°$。
2. 西半球地图的投影
①横轴等面积方位投影：$\varphi_0 = 0°$，$\lambda_0 = -110°$。
②横轴等角方位投影：$\varphi_0 = 0°$，$\lambda_0 = -110°$。
3. 南、北半球地图的投影
①正轴等距离方位投影；
②正轴等角方位投影；
③正轴等面积方位投影。

七、南极、北极地图的常用投影

南极、北极地图多采用正轴等角方位投影。

第七节 地图坐标变换

地图坐标转换是空间实体的位置描述，是从一种坐标系统变换到另一种坐标系统的过程。通过建立两个坐标系统之间一一对应关系来实现。是各种比例尺地图测量和编绘中建立地图数学基础必不可少的步骤。

在地理信息系统中，有两种意义的坐标转换：一个是地图投影变换，即从一种地图投影转换到另一种地图投影，地图上各点坐标均发生变化；另一个是量测系统坐标转换，即从大地坐标系到地图坐标系、数字化仪坐标系、绘图仪坐标系或显示器坐标系之间的坐标转换。

地图投影变换可广义地理解为研究空间数据处理、变换及应用的理论和方法，它可表述为：$\{x_i', y_i'\} \Leftrightarrow \{\varphi_i, \lambda_i\} \Leftrightarrow \{x_i, y_i\} \Leftrightarrow \{X_i, Y_i\}$。

地图投影变换可狭义地理解为建立两平面场之间点的一一对应的函数关系式。设一平面场点位坐标为 (x, y)，另一平面场点位坐标为 (X, Y)，则地图投影变换方程式为：

$$X = F_1(x, y), \quad Y = F_2(x, y) \tag{3-10}$$

实现由一种地图投影点的坐标变换为另一种地图投影点的坐标，目前通常有解析变换法、数值变换法、数值解析变换法三种。

一、解析变换法

这类方法是找出两投影间坐标变换的解析计算公式。按采用的计算方法不同又可分为以下三种：

1. 反解变换法（或称间接变换法）

这种方法是通过中间过渡的方法，反解出原地图投影点的地理坐标(φ,λ)，代入新投影中求得其坐标，即

$$\{x,y\}\rightarrow\{\varphi,\lambda\}\rightarrow\{X,Y\}$$

对于投影方程为极坐标形式的投影，例如，圆锥投影、伪圆锥投影、多圆锥投影、方位投影和伪方位投影等，需将原投影点的平面直角坐标(x,y)转换为平面极坐标(ρ,δ)，求出其地理坐标(φ,λ)，再代入新的投影方程式中，即

$$\{x,y\}\rightarrow(\rho,\delta)\rightarrow(\varphi,\lambda)\rightarrow(X,Y)$$

对于斜轴投影来说，还需将极坐标(ρ,δ)转换为球面极坐标(Z,a)，再转换为球面地理坐标(φ',λ')，然后过渡到椭球面地理坐标(φ,λ)，最后再代入新投影方程式中，即

$$\{x,y\}\rightarrow\{\rho,\delta\}\rightarrow\{Z,c\}\rightarrow\{\varphi',\lambda'\}\rightarrow\{\varphi,\lambda\}\rightarrow\{X,Y\}$$

2. 正解变换法（或称直接变换法）

这种方法不要求反解出原地图投影点的地理坐标(φ,λ)，而直接引出两种投影点的直角坐标关系式。例如，由复变函数理论知道，两等角投影间的坐标变换关系式为：

$$X+iY=f(x+iy)$$

即

$$\{x,y\}\rightarrow\{X,Y\}$$

3. 综合变换法

这是将反解变换方法与正解变换方法结合在一起的一种变换方法。

通常是根据原投影点的坐标x反解出纬度φ，然后根据φ,y而求得新投影点的坐标(X,Y)，即

$$\{x\rightarrow\varphi,y\}\rightarrow\{X,Y\}$$

解析变换法是一种发展较早的变换方法，一些著名的投影，如高斯-克吕格投影、兰勃特投影以及球面投影等在设计正解公式时，同样也推导出反算的公式。因此，从理论上讲，这些投影可以通过解析变换法进行投影变换。但是，实际中并不容易获得资料图具体投影方程，而且地图资料图纸存在着变形，有些资料图投影虽已知，但投影常数难以判别，这样使得解析变换法在实用上受到了一定的限制。当用解析变换法实施变换有困难时，可采用数值变换法或数值解析变换法。

二、数值变换法

在资料图投影方程式未知时（包括投影常数难以判别时），或不易求得资料图和新编图两投影间解析关系式的情况下，可以采用多项式来建立它们之间的联系，即利用两投影间的若干离散点（纬线、经线的交点等），用数值逼近的理论和方法来建立两投影间的关系。它是地图投影变换在理论上和实践中的一种较通用的方法。

数值变换时，由于任何地图投影函数（三角函数、初等函数和反三角函数）都可以用收敛的幂级数来表达，用数值方法建立的逼近多项式对上述级数的逼近过程也是收敛的。由数值方法构成的逼近多项式组成的近似变换与原来变换一样，是一个拓扑变换。

数值变换一般的数学模型为：

$$F = \sum_{i,j=0}^{n} a_{ij} x^i y^j \tag{3-11}$$

式中：F 为 X，Y（或 φ，λ）；n 为 1，2，3，$\cdots$，K 等正整数；a_{ij} 为待定系数。

例如，二元三次幂多项式为：

$$\begin{cases} X = a_{00} + a_{10}x + a_{01}y + a_{20}x^2 + a_{11}xy + a_{02}y^2 + a_{30}x^3 + a_{21}x^2y + a_{12}xy^2 + a_{03}y^3 \\ Y = b_{00} + b_{10}x + b_{01}y + b_{20}x^2 + b_{11}xy + b_{02}y^2 + b_{30}x^3 + b_{21}x^2y + b_{12}xy^2 + b_{03}y^3 \end{cases} \tag{3-12}$$

在两投影之间选定 10 个共同点的平面直角坐标 (x_i, y_i) 和 (X_i, Y_i)，分别组成线性方程组，即可求得系数 a_{ij}，b_{ij} 值。这种方法属直接求解多项式的正解变换法。

为了使两投影间在变换区域的点上有最佳平方逼近，应选择 10 个以上的点，根据最小二乘法原理，新投影的实际变换值与真坐标值之差的平方和，即

$$\varepsilon = \sum_{i=1}^{n} (X_i - X_i')^2, \quad \varepsilon' = \sum_{i=1}^{n} (Y_i - Y_i')^2 \tag{3-13}$$

应为最小。

根据求极值原理，应分别令 ε 对 a_{ij}，ε' 对 b_{ij} 的一阶偏导数为 0，由此便分别得到两个线性方程组，即可求得 a_{ij}，b_{ij} 值。这种方法属按最小二乘法逼近确定多项式的正解变换法。

地图投影数值变换法虽然取得了一定进展，但在逼近函数构成、多项式逼近的稳定性和精度等一系列问题上仍需进一步研究和探讨。

三、解析-数值变换法

当新编图投影已知，而资料图投影方程式（或常数等）未知时，则不宜采用解析变换法。这时利用数字化仪（或直角坐标展点仪）量取资料图上各经纬线交点的直角坐标值，代入式（3-11）的多项式，这时 F 为 φ，λ，按照数值变换方法求得资料图投影点的地理坐标（φ，λ），即反解数值变换，然后代入已知的新编图投影方程式中进行计算，便可实现两投影间的变换。

四、七参数变换

对于既有旋转、缩放，又有平移的两个空间直角坐标系的坐标换算，存在着 3 个平移参数和 3 个旋转参数以及 1 个尺度变化参数，共计有 7 个参数。相应的坐标变换公式为：

$$\begin{bmatrix} X_2 \\ Y_2 \\ Z_2 \end{bmatrix} = (1 + m) \begin{bmatrix} 1 & \varepsilon_Z & -\varepsilon_Y \\ -\varepsilon_Z & 1 & \varepsilon_X \\ \varepsilon_Y & -\varepsilon_X & 1 \end{bmatrix} \begin{bmatrix} X_1 \\ Y_1 \\ Z_1 \end{bmatrix} + \begin{bmatrix} \Delta X_0 \\ \Delta Y_0 \\ \Delta Z_0 \end{bmatrix} \tag{3-14}$$

式中：ΔX_0，ΔY_0，ΔZ_0 为 3 个平移参数；ε_X，ε_Y，ε_Z 为 3 个旋转参数，m 为尺度变化参数。为了求得这 7 个转换参数，至少需要 3 个公共点，当多于 3 个公共点时，再按照最小二乘法求得 7 个参数的最或然值。

由于公共点的坐标存在误差，求得的转换参数将受其影响，公共点坐标误差对转换参数的影响与点的几何分布及点数的多少有关，因而为了求得较好的转换参数，应选择一定

数量公共点。

如果上述变换中旋转为零，就是常说的四参数变换法。如果上述变换中旋转为零，尺度缩放为一，就是常说的三参数变换法。

五、ArcGIS 下的坐标变换

1. ArcGIS 中定义坐标系

ArcGIS 中所有地理数据集均需要用于显示、测量和转换地理数据的坐标系，该坐标系在 ArcGIS 中使用。如果某一数据集的坐标系未知或不正确，可以使用定义坐标系统的工具来指定正确的坐标系，使用此工具前，必须已获知该数据集的正确坐标系。

该工具为包含未定义或未知坐标系的要素类或数据集定义坐标系，位于"ArcToolbox"→"数据管理工具"→"投影转换"→"定义投影"，如图 3-26 所示。

输入要素集：要定义投影的数据集或要素类。

坐标系统：为数据集定义的坐标系统。

图 3-26 定义投影

2. 基于 ArcGIS 的投影转换

在数据的操作中，我们经常需要将不同坐标系统的数据转换到统一坐标系下，以方便对数据进行处理与分析，软件中坐标系转换常用以下两种方式：

1）直接采用已定义参数实现投影转换

ArcGIS 软件中已经定义了坐标转换参数时，可直接调用坐标系转换工具，直接选择转换参数即可。工具位于"ArcToolbox"→"数据管理工具箱"→"投影变换"→"要素"→"投影"（栅格数据投影转换工具：栅格→投影栅格），在工具界面中输入以下参数：

输入数据集或要素类：要投影的要素类、要素图层或要素数据集。

输出数据集或要素类：已在输出坐标系参数中指定坐标系的新要素数据集或要素类。

输出坐标系：已知要素类将转换到的新坐标系。

界面效果如图 3-27 所示。

地理（坐标）变换是指在两个地理坐标系或基准面之间实现变换的方法。

当输入和输出坐标系的基准面相同时，地理（坐标）变换为可选参数。如果输入和输出基准面不同，则必须指定地理（坐标）变换。

例如，将北京 1954 年坐标系，转换为 WGS84 坐标系，就需要填写"地理（坐标）变换"，并选择合适的方法。以 GCS_Beijing_1954 转为 GCS_WGS_1984 为例，各转换参数含义如下：

图 3-27 投影变换

（1）Beijing_1954_To_WGS_1984_1 鄂尔多斯盆地：

内蒙古自治区，陕西省，山西省，宁夏回族自治区，甘肃省，四川省，重庆市

（2）Beijing_1954_To_WGS_1984_2 黄海海域：

黑龙江省，吉林省，辽宁省，北京市，天津市，河北省，河南省，山东省，江苏省，安徽省，上海市

（3）Beijing_1954_To_WGS_1984_3 南海海域-珠江口：

浙江省，福建省，江西省，湖北省，湖南省，广东省，广西壮族自治区，海南省，贵州省，云南省，香港和澳门特别行政区，台湾省

（4）Beijing_1954_To_WGS_1984_4 塔里木盆地：

青海省，新疆维吾尔自治区，西藏自治区

（5）Beijing_1954_To_WGS_1984_5 15935 北部湾：

Beijing_1954_To_WGS_1984_6 15936 鄂尔多斯盆地

2）自定义三参数或七参数转换

如果知道转换的数据区域，可以使用 ArcGIS 中已经定义好的转换方法，直接进行转换输出。否则，需要自定义七参数或三参数实现投影转换。一般而言，比较严密的是用七参数法，即 3 个平移因子（X 平移，Y 平移，Z 平移），3 个旋转因子（X 旋转，Y 旋转，Z 旋转），一个比例因子（也叫尺度变化 K）。

在 ArcToolbox 中选择"创建自定义地理（坐标）变换"工具，在弹出的窗口中，输入一个转换的名字。在定义地理转换方法下面，在"方法"中选择合适的转换方法，如 Coordinate Frame，然后输入七参数，即平移参数（单位为米）、旋转角度（单位为秒）和比例因子（采用百万分率）。这些参数可以通过国内的测绘部门获取，另外，也可以通过计算已知点来获得。在工作区内找三个以上的已知点，利用已知点的北京 1954 年坐标和所测 WGS84 坐标，通过一定的数学模型，求解七参数。若多选几个已知点，通过平差的方法可以获得较好的精度。创建新的地图投影界面如图 3-28 所示。

图 3-28　创建新的地图投影

其中，在"自定义地理(坐标)变换"中，有很多方法，如图 3-29 所示，其中 7 参数变换方法，一般采用 Coordinate Frame 方法。

Position Vector 也是七参数转换模型，与 Coordinate Frame 的区别在于：

坐标框架旋转变换(coordinate frame)，美国和澳大利亚的定义，逆时针旋转为正；

位置矢量变换(position vector)，欧洲的定义，逆时针旋转为负。

打开工具箱下的"投影转换"→"要素"→"投影"，在弹出的窗口中输入要转换的数据以及"输出地理坐标系"，然后输入第一步自定义的地理坐标系，开始投影变换，如图3-30所示。

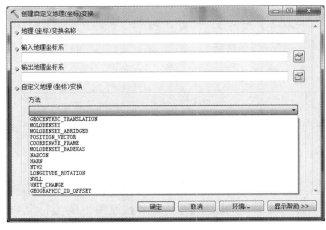

图 3-29　自定义地理(坐标)变换方法　　　　图 3-30　投影变换

点击"确定",完成坐标转换。

第八节 地图的定向

确定地图上图形的方向叫地图的定向。人们总是把地图的正上方看成北方。但是,当进一步地阅读分析地图时,问题就不那么简单了。地形图上表示的并非只有一个"北"方,通常有"真北"、"坐标北"和"磁北"之分。

通过某点沿经线向上的方向,简称经线方向或真北,它是地图定向的基础。计算地面点投影后的平面直角坐标的纵坐标轴所指的方向称为坐标北,大多数地图投影的坐标北和真北方向是不完全一致的。例如,高斯-克吕格投影的真北和坐标北除了在中央经线上一致之外,其他点上都是不一致的。另外,由于磁极和地极的不一致,又出现一个磁北,即磁子午线指的北方。上述三个"北"方向合起来称为三北方向。

一、地形图定向

我国地形图都是以北方定向,地图的正上方就是北方。为了地图使用的需要,规定在大于1:10万的各种比例尺地形图上绘出三北方向和三个偏角的图形(见图3-31)。它们不仅便于确定图形在图纸上的方位,同时还用于在实地使用罗盘定地图的方位。

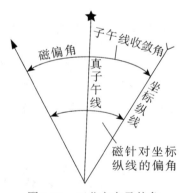

图3-31 三北方向及偏角

1. 三北方向线

1)真北方向线

过地面上任意一点,指向北极的方向叫真北。对一幅图而言,通常把图幅的中央经线的北方向作为该图幅的真北方向。

2)坐标北方向线

图上方里网的纵方向线称坐标纵线,它们平行于投影带的中央经线(投影带的平面直角坐标系的纵坐标轴),纵坐标值递增的方向称为坐标北方向。大多数地图上的坐标北方向与真北方向不完全一致。

3)磁北方向线

实地上磁北针所指的方向叫磁北方向。磁偏角相等的各点连线就是磁子午线，它们收敛于地球的磁极。实地上每个点的磁北方向也是不一致的(同一条磁子午线上的点除外)，地图上表示的磁北方向是本图幅范围内实地上若干点测量结果的平均值。地形图上用南北图廓上的"磁南"(P)和"磁北"(P')点的连线表示该图的磁子午线，其上方即该图幅的磁北方向(见图3-32)。

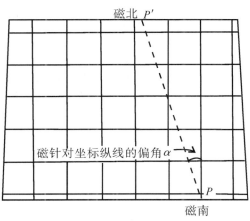

图3-32 地形图上的磁子午线

2. 三个偏角

1) 子午线收敛角

在高斯-克吕格投影中，除中央经线投影成直线以外，其他所有的经线都投影成向极点收敛的弧线。因此，除中央经线之外，其他所有经线的投影同坐标纵线都有一个夹角(即过某点的经线弧的切线与坐标纵线的夹角)，这个夹角即子午线收敛角(见图3-33)。

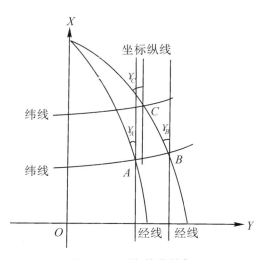

图3-33 子午线收敛角

由于习惯上常把子午线的北方当成真北，所以子午线收敛角又称坐标纵线偏角。它的正负是根据坐标纵线与真子午线的相对位置来区分的。若坐标纵线在真子午线的东边，即图幅位于投影带的中央经线以东，称为东偏，角值为正；若坐标纵线在真子午线的西边，即图幅位于投影带的中央经线以西，称为西偏，角值为负。

子午线收敛角，在同一条经线上随纬度的增高而增大；在同一条纬线上随着对投影带中央经线的经差增大而增大。在中央经线和赤道上都没有子午线收敛角。采用6°分带投影时子午线收敛角的最大值为±3°。表3-7列举了投影带东半边子午线收敛角的分布；投影带的西部角值对应相等，符号相反。

表3-7　　　　　　　　高斯-克吕格投影带东半边子午线收敛角的分布

纬度	经差			
	0°	1°	2°	3°
90°	0	1°00′00″	2°00′00″	3°00′00″
80°	0	1°00′00″	1°58′02″	2°57′03″
70°	0	0°56′04″	1°52′08″	2°49′01″
60°	0	0°52′00″	1°43′09″	2°35′09″
50°	0	0°46′00″	1°39′09″	2°17′09″
40°	0	0°38′05″	1°17′01″	1°55′07″
30°	0	0°30′00″	1°00′00″	1°30′00″
20°	0	0°20′05″	0°41′00″	1°01′06″
10°	0	0°10′04″	0°20′08″	0°31′02″
0°	0	0°00′00″	0°00′00″	0°00′00″

2）磁偏角

地球上有北极和南极，同时还有磁北极和磁南极。地极和磁极是不一致的，而且磁极的位置是有规律地不断移动的。

过某点的磁子午线与真子午线之间的夹角称为磁偏角。它的正负以其同真子午线的相对位置来区分，磁子午线在真子午线以东，称为东偏，角值为正；在真子午线以西，称为西偏，角值为负。

在我国范围内，正常情况下磁偏角都是西偏，只有某些发生磁力异常的区域才会表现为东偏。

磁偏角的值是会发生变化的，地形图上标出的磁偏角的数值是测图时的情况。但是，由于磁偏角的变动比较小，而且变动很有规律，一般用图时即可使用图上标定的磁偏角值，需精密量算时，则应根据年变率和标定值推算用图时的磁偏角值。

3）磁针对坐标纵线的偏角

过某点的磁子午线与坐标纵线之间的夹角称为磁针对坐标纵线的偏角。磁子午线在坐标纵线以东为东偏，角值为正；以西为西偏，角值为负。

3. 三北方向组成的偏角图

真子午线、坐标纵线和磁子午线的三个北方各不相同，三者之间的关系可以构成以下几种形式（图3-34）。图中 C_1 表示子午线收敛角，C_2 表示磁偏角，C_3 表示磁针对坐标纵线的偏角。

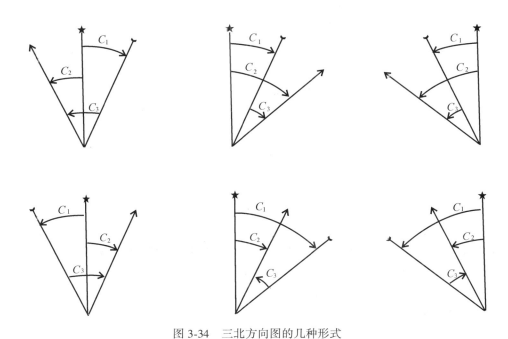

图 3-34 三北方向图的几种形式

有时也会出现磁子午线同真子午线或坐标纵线重合的情况，这时三北方向图可能变成图 3-35 中的情况。

三个偏角的关系可以用下式表示：

$$C_3 = C_2 - C_1 \tag{3-15}$$

图幅的子午线收敛角可以从"高斯-克吕格投影坐标表"中查取。磁偏角是测图时实地测定的，在图幅的相应位置标示出来，根据式（3-15）即可求出磁针对坐标纵线的偏角。

根据本图幅在投影带中的位置及磁子午线对真子午线、坐标纵线的关系选定偏角关系图附在南图廓外。图形只表示三北方向的位置关系，其张角不是按角度的真值绘出的，角度的实际值用注记标明（图3-35）。

4. 偏角的密位制表示法

三个偏角除了用度、分、秒制标注外，为了军事上的目的，还要加注密位制的数字。密位也是表示角度大小的一种度量单位，将圆周分为6 000份，称为6 000密位制，它们的每一个单位称为一密位。

6 000密位制与度分秒制的换算关系如下列各式：

$$1° = \frac{6\ 000}{360} = 16.67(密位) \tag{3-16}$$

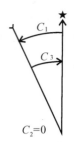 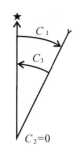 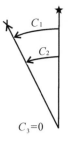 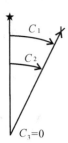

图 3-35　三北方向图的几种特例

$$1' = \frac{6\,000}{21\,600} = 0.28(密位) \tag{3-17}$$

$$1\,密位 = \frac{21\,600}{6\,000} = 3.6' \tag{3-18}$$

上述换算关系可以从专门的制图用表中查取。

地形图的三北方向图中密位数字的标注方法如图 3-36 所示，上面的数字为度分秒制，括号内的数字为相应的密位数。为了读数方便，标注密位数时将密位数字分成两组，即个位和十位为一组，百位和千位为一组，两组之间用短线隔开。角度注记的精度：度分秒制精确到"分"，密位制精确到 1 个"密位"。

5. 磁子午线的制作

在实地使用地形图时，通常要借助磁针根据磁偏角或磁子午线方向来确定地图的方位。为此，规定比例尺大于 1∶10 万的地形图上都要绘出磁子午线。

绘制磁子午线是在图幅右侧选定一条适中的纵方里线，它与南图廓的交点定为磁南点（P），在北图廓线上根据磁针对坐标纵线的偏角找出磁北点（P'），用时两点的连线即为该图的磁子午线（图 3-37）。

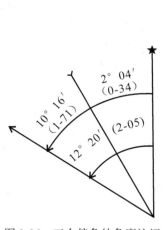

图 3-36　三个偏角的角度注记

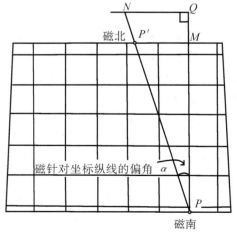

图 3-37　磁子午线的绘制

图中 MP 是选定的一条纵方里线，它与南图廓的交点 P 即定为磁南点；延长 PM 线至 Q，并使其为一整数（例如，PQ = 40 厘米），过 Q 点作 PQ 的垂线，这时应根据磁针对坐标纵线偏角的正或负决定磁子午线在坐标纵线的哪一边，本例为匪偏，所以向西作垂线；然后据磁针对坐标纵线的偏角值按下式算出 QN 的长度：

$$QN = PQ \times \tan\alpha \tag{3-19}$$

式中，α 为磁针对坐标纵线的偏角。

求得 N 点以后，连接 NP，它与北图廓的交点 P' 即为该图幅的磁北点，PP' 即为该图幅的磁子午线。

二、一般普通地图定向

在一般情况下，小比例尺普通地图也尽可能地采用北方定向（图 3-38），即使图幅的中央经线同南北图廓垂直。但是，有时可以根据具体情况变更北方在图上的方位。例如，制图区域的形状比较特殊（例如我国的甘肃省），用北方向不利于有效利用标准纸张，也可以采用斜方位定向（图 3-39）。个别情况下，为了更有利于表示地图的内容，也可以采用南方定向，例如，用鸟瞰图的方法表达坡向面北的制图区域。

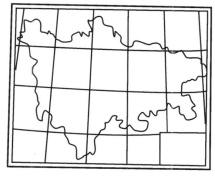

图 3-38　北方定向

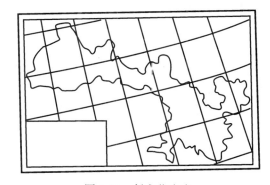

图 3-39　斜方位定向

第九节　地图比例尺

地图比例尺是图上线段与该线段在椭球面上的平面投影的长度之比。由于地图投影必然会产生变形，所以严格地说，地图上各点的比例尺（称为局部比例尺）都不相同，同一点的不同方向的比例尺也不一样（等角投影地图上，各点的比例尺不同，但同一点不同方向的比例尺相同）。只是在平面图（地球表面有限地区的大比例尺地图）上的比例尺可以视为固定不变的，因为此时可以不考虑地球的曲率。在地图上，通常注出统一的比例尺数值，这就是主比例尺或一般比例尺，实际上是投影到平面上的地球椭球模型的比例尺。它是运用地图投影方法绘制经纬线网时，首先把地球椭球体按规定比例尺缩小，如制 1：100 万地图，首先将地球缩小 100 万倍，而后将其投影到平面上，那么 1：100 万就是地图的主比例尺。由于投影后有变形，所以主比例尺仅能保留在投影后没有变形的点或线上，而其他地方不是比主比例尺大，就是比主比例尺小。所以大于或小于主比例尺的叫局部比例尺。

在地图投影中，切点、切线和割线上是没有任何变形的，这些地方的比例尺皆是主比例尺。切线或割线长度与球面上相应直线距离水平投影长度的比值即为地面实际缩小的倍数。因此，通常以切点、切线和割线缩小的倍数表示地面缩小的程度；在各种地图上通常所标注的都是此种比例尺，故又称普通比例尺。主比例尺主要用于分析或确定地面实际缩小的程度。

对于实际上投影变形很小的地形图及长度变形很小的小比例尺地图来说，注明地图的主比例尺就够了。而对于包括大区域及主比例尺与局部比例尺差别甚大的地图，最好能指出保持主比例尺的一些经纬线网格点或线。这一般是在地图图廓外的辅助要素中给出。

当制图区域较小、景物缩小的比率也比较小时，由于采用了各方面变形都较小的地图投影，因此图面上各处长度缩小的比例都可以看成是相等的。在该情况下，地图比例尺的含义是指地图上某线段的长度与实地的水平长度之比，即

$$\frac{1}{M} = \frac{l}{L} \tag{3-20}$$

式中，M 是比例尺分母，l 是图上线段长度，L 是实地的水平长度。

一、地图比例尺形式

地图比例尺通常有数字式、文字式和图解式等形式。

1. 数字式

数字式即用阿拉伯数字表示。可以用比的形式，如 1∶50 000，1∶5 万，也可以用分数式，如1/50 000、1/100 000等。

2. 文字式

文字式即用文字注释的方法表示。例如：十万分之一，图上 1cm 相当于实地 1km。表达比例尺长度单位，在地图上通常以 cm 计，在实地以 m 和 km 计，涉及航海方面的地图，实地距离常常以 n mile(海里)计。

3. 图解式

图解式即用图形加注记的形式表示，最常用的是直线比例尺(见图 3-40)，尤其是在电子地图、网络地图上。小比例尺地图上，由于投影变形比较复杂，往往根据不同经纬度的不同变形，绘制复式比例尺，又称经纬线比例尺，用于不同地区的长度量算。

复式比例尺由主比例尺的尺线与若干条局部比例尺的尺线构成，分经线比例尺和纬线比例尺两种。以经线长度比计算基本尺段相应实地长度所做出的复式比例尺，称经线比例尺，用于量测沿经线或近似经线方向某线段的长度；以纬线长度比计算基本尺段相应实地长度所做出的复式比例尺，称纬线比例尺，用于量测沿纬线或近似纬线方向某线段的长度。

图 3-41 是变形随纬度不同而变化的纬线比例尺。绘制地图必须用地图投影来建立数学基础，但每种投影都存在着变形，在大比例尺地图上，投影变形非常微小，故可用同一

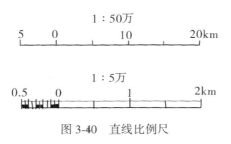

图 3-40　直线比例尺

个比例尺——主比例尺表示或进行量测；但在广大地区的更小比例尺地图上，不同的部位则有明显的变形，因而不能用同一比例尺表示和量测。为了消除投影变形对图上量测的影响，根据投影变形和地图主比例尺绘制成复式比例尺，以备量测使用。

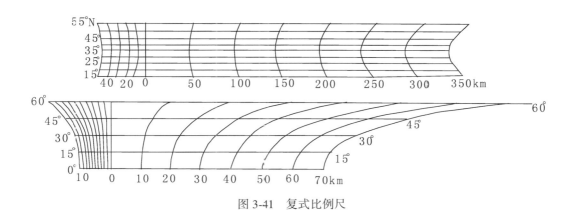

图 3-41　复式比例尺

当量标准线上某线段长度，则用主比例尺尺线；量其他部位某线段长度，则应据此线段所在的经度或纬度来确定使用哪一条局部比例尺尺线。

地图上通常采用几种形式配合表示比例尺的概念，常见的是数字式和图解式的配合使用（图 3-40）。

数字地图、电子地图和网络地图出现后，传统的比例尺概念发生新变化。在以纸质为信息载体的地图上，地图内容的选取、概括程度、数据精度等都与比例尺密切相关，而在计算机生成的屏幕地图上，比例尺主要表明地图数据的精度。屏幕上比例尺的变化，并不影响上述内容涉及的地图本身比例尺的特征。

地图比例尺除上述表现形式外，还有一种特殊的表示，即变比例尺。当制图的主区分散且间隔的距离较远时，为了突出主区和节省图面，可将主区以外部分的距离按适当的比例相应压缩，而主区仍按原规定的比例表示。例如，城市交通旅游图，主城区以外比例尺可以稍微小些；旅游景区比较分散旅游图，或街区有飞地的城市交通图等都可以使用变比例尺。

二、地图比例尺系统

每个国家的地图比例尺系统是不同的。我国采用十进制的米制长度单位。规定8种比例尺为国家基本地图的比例尺系列(表3-8)。

许多国家过去不采用十进位的米制,而采用英制,比例尺系统也不尽相同,按米制换算起来比较麻烦,表3-9列举了几个国家地图的比例尺系统。近年来,这些国家趋向采用米制,也编制了一些米制比例尺系统的地形图,例如,1∶2.5万、1∶5万、1∶10万、1∶25万和1∶50万比例尺的地图等。

表3-8　　　　　　　　　　国家基本地图的比例尺系列

数字比例尺	文字比例尺(地图名称)	图上1cm相当于实地的1km数	实地1km相当图上1cm数
1∶5 000	五千分之一	0.05	20
1∶10 000	一万分之一	0.1	10
1∶25 000	二万五千分之一	0.25	4
1∶50 000	五万分之一	0.5	2
1∶100 000	十万分之一	1	1
1∶250 000	二十五万分之一	2.5	0.4
1∶500 000	五十万分之一	5	0.2
1∶1 000 000	百万分之一	10	0.1

表3-9　　　　　　　　　　几个国家地图的比例尺系统

英 国		美国	法国	加拿大
比例尺	图上1英寸相当实地			
1∶10 560	1/6英里	1∶24 000	1∶20 000	1∶63 360
1∶31 680	1/2英里	1∶31 680	1∶50 000	1∶126 720
1∶63 360	1英里	1∶62 500	1∶80 000	1∶190 080
1∶126 720	2英里	1∶125 000	1∶200 000	1∶253 440
1∶253 440	4英里	1∶250 000	1∶320 000	1∶360 160
1∶633 600	10英里	1∶500 000	1∶500 000	1∶506 880
1∶1 000 000	15.7英里	1∶1 000 000	1∶1 000 000	1∶1 000 000

小比例尺普通地图没有固定的比例尺系统。根据地图的用途、制图区域的大小和形状、纸张和印刷机的规格等条件,在设计地图时确定其比例尺。但在长期的制图实践中,小比例尺地图也逐渐形成约定的比例尺系列,如1∶100万、1∶150万、1∶200万、1∶250万、1∶300万、1∶400万、1∶500万、1∶600万、1∶750万、1∶1 000万等。

第四章　地图语言

地图内容都是通过地图语言来表达的。地图语言主要由地图符号、注记和色彩构成。由于使用了地图语言，实地上复杂的地物均可用清晰的图形表示其数量、质量特征及其空间分布规律。地图语言是地图内容表达的基本元素。

第一节　地图符号

地图是一种以符号传达信息为主要方式的图形通信形式。使用专门的图形符号表现地理事物是地图的基本特征之一。地图是由符号构建的"大厦"，没有符号就没有地图，正像没有单词就无所谓语言一样。符号是地图的图形语言，对符号的研究和设计是地图学的基本问题之一。

一、地图符号的概念

地图符号属于表象性符号，它以其视觉形象指代抽象的概念。它们明确直观、形象生动，很容易被人们理解。客观世界的事物错综复杂，人们根据需要对它们进行归纳（分类、分级）和抽象，用比较简单的符号形象表现它们，不仅解决了描述真实世界的困难，而且能反映出事物的本质和规律。因此，地图符号的形成实质上是一种科学抽象的过程，是对制图对象的第一次综合。

人们用符号表现客观世界，又把地图符号作为直接认识对象而从中获取信息、认识世界，表现出具有"写"和"读"的两重功能。现在，很多地图学文献中常常把地图符号称为"地图语言"，这表明对地图符号本质认识的深化。人们不仅仅看重地图符号个体的直接语义信息价值，而且也十分重视地图符号相互联系的语法价值。这对于探索地图符号的性质、规律和深化地图信息功能具有重要的意义。当我们说"地图语言"的时候，就是强调这样一种观点：地图不是各个孤立符号的简单罗列，而是各种符号按照某种规律组织起来的有机的信息综合体，是一个可以深刻表现客观世界的符号——形象模型。

当然，我们最终还是应该把地图语言还原为符号，因为符号的概念比语言更本质化。地图符号与语言符号虽有本质上的共性，但地图符号有自己的特点，无论在符号形式上，还是在语法规律上以及表现信息的特点上都与语言符号不同。

二、地图符号的特征

地图符号是用来传递地图内容信息的，因此，地图符号除了具有符号固有的图形特征外，还具有地图符号设计过程的约定特征，反映地图内容的系统性特征，符号随比例尺的变化特征及符号阅读的通俗性特征。

1. 约定特征

地图符号是以约定关系为基础的。地图符号的设计过程，就是一种代指过程。它是由地图设计者将错综复杂的地理空间对象进行分类、分级，抽象出这些对象的主要特征，并用专门的符号表示它们。

2. 系统性特征

地图上的符号都不是孤立存在的。每一幅地图的符号都可以构成或大或小的符号系统，这些符号系统与地理空间要素的分类体系是协调一致的。

3. 图形特征

地图符号是地理客观世界的图形表达，因而地图符号具有形状、尺寸等基本图形特征，除此之外，还可具有颜色、方向、亮度、密度和结构等扩展特征。地图符号正是通过这些图形特征来表达地理要素的分类分级、数量特征和质量特征，进而反映客观事物的本质和规律。

4. 变化特征

地图符号的图形特征是相对的，它们随着地图比例尺的变化而变化。如一栋建筑在较大比例尺地图上可以明确表示其形状和大小，但在较小比例尺地图上已无法表示其图形特征，只能以约定的方式用其他符号代指表达。

5. 通俗性特征

地图的设计和制作的最终目的是供人阅读，因而地图符号设计的一个基本要求是通俗、易懂。如何将复杂的客观事物及其关系简化并清晰地表达，这是地图学研究的核心内容。

三、地图符号的分类

每一幅地图的符号都是一个或大、或小的符号系统。由于地图的种类众多，地图符号的类别也很多。现代地图符号可以从不同的角度进行分类。

1. 按符号的几何特征分类

按地图符号的几何特征可将符号分为点状符号、线状符号和面状符号。

这里的点、线、面的概念是指符号本身的视觉特征。点状符号是指符号具有点的视觉特征，符号的尺寸大小与实际地物的大小无关。线状符号是指它们在一个延伸方向上具有定位意义，符号的长度通常与实际地物的长度具有比例关系，而符号的宽度是示意性的，与实际地物的宽度无关。面状符号具有实际的二维特征，它们以面定位，其面积形状与其所代表对象的实际面积形状一致或相似，这取决于地图投影的性质。

表示地物的符号，其点、线、面特征不是一成不变的，它们随着比例尺的变化而变化。如河流在大比例尺地图上可以依比例尺表现为面，当比例尺逐渐缩小后，河流的宽度已不能够依比例尺表示，这时河流只能以线状符号表示；城市在大比例尺地图上表现为面，而在小比例尺地图上只能用点状符号表示。另外，由于地图上要素表达的需要，面状要素也可以用点状或线状符号表示。如用点状符号表示全区域的性质特征（分区统计图表、点值符号、定位图表）；用等值线来表现面状对象等。

2. 按符号与地图比例尺的关系分类

按符号与地图比例尺的关系可将符号分为依比例符号、不依比例符号和半依比例符号三种。

1) 依比例符号

实地面积较大的物体依比例尺缩小后，仍然可以用与实地形状相似的图形表示，这一类符号就称为依比例符号。如较大比例尺地图上居民地的平面图形，海、湖、大河、森林和沼泽等轮廓图形等。

2) 不依比例符号

随着地图比例尺的缩小，实地上较小的物体就不可能依比例尺表现其平面图形，只能用夸张的符号表示它们的存在，但不能表示其实际大小，这些符号就称为依比例符号。例如，地图上表示的三角点、宝塔等符号，都是不依比例的符号，或叫非比例符号。

3) 半依比例符号

随着地图比例尺的缩小，实地上的线状和狭长物体的长度仍可以依比例尺表示，而宽度不能依比例绘出，这种符号的宽度是示意性的，这类符号称为半依比例符号。例如，道路、部分河流等。这些符号在图上只能量测其长度，不能量算宽度。

制图对象是否能依比例表达，取决于制图对象本身的面积大小和地图比例尺大小。只有在一定比例尺的条件下，制图对象的宽度或面积仍可保持在图解清晰度允许的范围内时，才可能使用依比例符号。依比例符号主要是面状符号；不依比例符号则主要是点状符号；而半依比例符号是指线状符号。

同一类物体，在地图上表示时可能同时存在依比例尺、半依比例尺和不依比例尺等三种情况，如用平面图形表示的街区、狭长街区和独立房屋符号的并存等。但是随着地图比例尺的缩小，这种关系常常发生变化，依比例符号逐渐转化为半依比例符号或不依比例的符号。即随着地图比例尺的缩小，不依比例尺表示的符号相对地增多，而依比例尺表示的符号则相对地减少。

除了按符号的几何特征和按符号与地图比例尺的关系两种主要分类外，地图符号还可按符号的形状和构成内容分类。按符号的形状和构成内容可将符号分为几何符号、艺术符号、图表符号、文字符号、图片符号等。这是依据不同的符号形象对符号的分类，强调符号的形象特点。

四、地图符号的视觉变量

表象性符号之所以能形成众多类型和形式，是各种基本图形元素变化与组合的结果，这种能引起视觉差别的图形和色彩变化因素称为"视觉变量"或"图形变量"。有了这些变量系统，地图符号就具有了描述各种事物性质、特征的功能。

最早研究视觉变量的是法国人贝尔廷(J. Bertin)。他所领导的巴黎大学图形实验室经过多年的研究，总结出一套图形符号的变化规律，提出了包括颜色、形状、尺寸、方向、明度和密度的视觉变量。各国地图学家在此基础上也进行了多方面的研究，提出了地图符号的种种视觉变量。

第四章 地图语言

1. 基本的视觉变量

从传统的纸质地图角度来看，视觉变量包括形状、尺寸、方向、明度、密度、结构、颜色和位置，如图4-1所示。

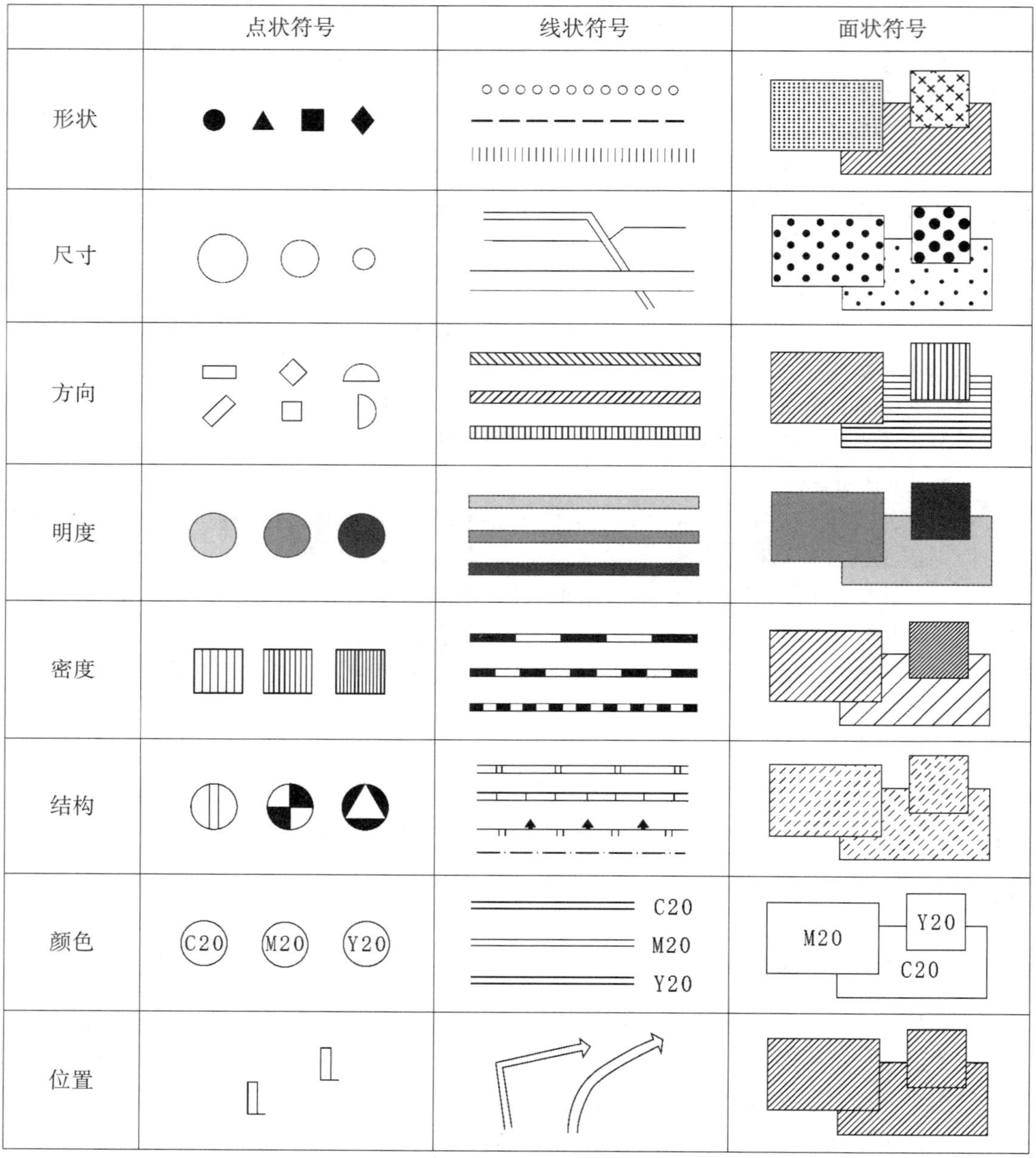

	点状符号	线状符号	面状符号
形状			
尺寸			
方向			
明度			
密度			
结构			
颜色			
位置			

图4-1 地图符号的视觉变量

1）形状

形状是最主要的视觉变量之一。对于点状符号来说，形状就是符号的外形，可以是规则图形(如几何图形),也可以是不规则图形(如艺术符号);对于线状符号,形状是指构成线的那些点(即像元)的形状,而不是线的外部轮廓。面状符号的形状是指构成各种面状所用的图案小标志的组成,它们可以是一棵树、一个点或一条线。

2) 尺寸

点状符号的尺寸是指符号整体的大小,即符号的直径、宽、高和面积大小。尺寸变量通常是用来显示所代表数据的大小。如果用一个圆圈来表示城市,圆圈的大小可根据城市的人口数变化。对于线状符号,构成它的点的尺寸变了,线宽的尺寸自然也改变了。线的测量标准(线宽)表示相对重要或实际的数量。尺寸与面积符号范围轮廓无关。

3) 方向

符号的方向指点状符号或线状符号的构成元素的方向,面状符号本身没有方向变化,但它的内部填充符号可能是点或线,也有方向。方向变量受图形特点的限制较大,如三角形、方形有方向区别,而圆形就无方向之分(除非借助其他结构因素)。

4) 明度

明度是指符号色彩调子的相对明暗程度。明度差别不仅限于消失色(白、灰、黑),也是彩色的基本特征之一。需要注意的是,明度不改变符号内部像素的形状、尺寸、组织,不论视觉能否分辨像素,都以整个表面的明度平均值为标志。明度变量在面积符号中具有很好的可感知性,在较小的点、线符号中明度变化范围就比较小。

5) 密度

密度是指单位面积或单位长度内构成点、线、面符号基本元素的面积或数量,用百分比表示。对点状符号和面状符号而言,密度是点或面状符号单位面积内构成元素的面积或数量;线状符号的密度是单位长度内构成元素的面积或数量。密度的高低显示符号视觉上的明暗程度,与明度变量产生的视觉效果相似。

6) 结构

结构变量指符号内部像素组织方式的变化。与密度的不同在于它反映符号内部的形式结构,即一种形状的像素的排列方式(如整列、散列)或多种形状、尺寸像素的交替组合和排列方式。结构虽然是指符号内部基本图解成分的组织方式,需要借助其他变量来完成,但仅依靠其他变量无法给出这种差别,因而也应列入基本的视觉变量之中。

7) 颜色

颜色作为一种变量除同时具有明度属性外,还包括两种视觉变化,即色相和饱和度变化,它们可以分别变化以产生不同的感受效果。色相变化可以形成鲜明的差异,饱和度变化则相对比较含蓄平和。通常情况下,色相应该用来表示种类的不同,也就是不同的分类,而不是数量上的不同。可以用饱和度和亮度的差异来进行等级或数量上差异的符号化。如用浅色调表示少量,深色调表示大量。

8) 位置

在大多数情况下,位置是由制图对象的地理排序和坐标所规定的,是一种被动因素,因而往往不被列入视觉变量。但实际上位置并非没有制图意义,在地图上仍然存在一些可以在一定范围内移动位置的成分。如某些定位于区域的符号、图表或注记的位置效果;某些制图成分的位置远近对整体感的影响等。所以从理论上讲,位置仍然是视觉变量之一。

以上视觉变量是对所有符号视觉差异的抽象，它依附于这些符号的基本图形属性，其中大多数变量并不具有直接构图的能力，因为它们只相当于构词的基本成分(词素)，但每一种视觉变量都可以产生一定的感受效果。想要构成地图符号间的差别，不仅可以根据需要选择某一种变量，为了加强阅读的效果，往往同时使用两个或更多的视觉变量，即多种视觉变量的联合应用。

2. 视觉变量的扩展

上述视觉变量是传统的纸介质地图上构成图形(图像)符号的基本参量。现在电子地图已成为地图大家族中的新品种，与传统地图相比，屏显电子地图在视觉表达形式上有了新的发展，这主要反映在对过程(动态)信息的描述方面。为描述对象的动态特征，电子地图上的动态符号还可采用发生时长、变化速率、变化次序和节奏等变量。这些变量需要借助符号的上述静态变量来描述，属于复合变量(见图4-2)。

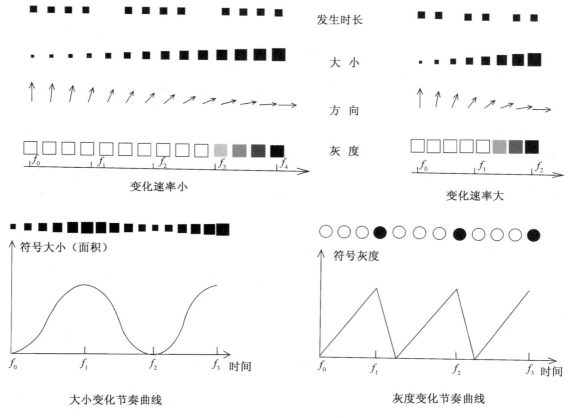

图 4-2 电子地图符号的动态视觉变量

1) 发生时长

发生时长是指符号形象在屏幕上从出现到消失所经历的时间。发生时长以划分为很小的时间单位计算，通常与多媒体技术中"帧"的概念相对应。在地图设计中，发生时长主要用于表现动态现象的延续过程。

2) 变化速率

变化速率也要借助于符号的其他参量来表现，描述符号状态改变的速度，可以反映同一图像在方向、明度、颜色等方面的变化速度，也可以反映图像在尺寸、形状或空间位置上的变化速度。由于变化着的现象对人的视觉有强烈的吸引力，因而成为电子地图的一种重要的图形变化手段。

3) 变化次序

时间是有序的，以类似于二维空间中的前后、邻接关系的方式建立时间段之间的先后、相邻拓扑关系。把符号状态变化过程中各帧状态按出现的时间顺序，离散化处理成各帧状态值，使之依次出现。它可用于任何有序量的可视化表达。

4) 节奏

节奏是对符号周期性变化规律的描述，它是由发生时长、变化速率等变量融合到一起而形成的复合变量，但它又表现出独立的视觉意义。符号的节奏变化可以用周期性函数表示。节奏变量主要用于描述周期性变化现象的重复性特征。

3. 地图视觉感受效果

视觉变量提供了符号辨别的基础，同时由于各种视觉引起的心理反应不同，又产生了不同的感受效果，这正是表现制图对象各种特征所需要的知觉差异。

感受效果可归纳为整体感、差异感、等级感、数量感、质量感、动态感、立体感。

1) 整体感和差异感

"整体感"也称为"联合感受"，"差异感"也称为"选择性感受"，这是矛盾的两个方面。"整体感"是指当我们观察由一些像素或符号组成的图形时，它们在感觉中是一个独立于另外一些图形的整体。整体感可以是一种图形环境、一种要素，也可以是一个物体。每一个符号的构图也需要整体感。整体感是通过控制视觉变量之间的差异和构图完整性来实现的。换句话说，就是各符号使用的视觉变量差别较小，其感受强度、图形特征都较接近，那么在知觉中就具有归属同一类或同一个对象的倾向。形状、方向、颜色、密度、结构、明度、尺寸和位置等变量都可用于形成整体感(见图 4-3)，效果如何主要取决于差别的大小和环境的影响。如形状变量(圆、方、三角形等简单几何图形)组合，整体感较强，而其他复杂图形组合则整体感较弱。

位置变量对整体感也有影响。图形越集中、排列越有秩序，越容易看成是相互联系的整体。

当各部分差异很大，某些图形似乎从整体中突出出来，各有不同的感受特征时，就表现出"差异感"。当某些要素需要突出表现时，就要加大它们与其他符号的视觉差别。

整体感和差异感这一对矛盾的同时性关系对制图设计具有重大的意义。地图设计者必须根据地图主题、用途，处理好整体感和差异感的关系，在两者之间寻求适当的平衡，使地图取得最佳视觉效果。只注意统一而忽视差异，就难以表现分类和分级的层次感，缺乏对比，没有生气；反之，片面强调差异而无必要的统一，其结果会破坏地图内容的有机联系，不能反映规律性。差异感可以表现为各种形式，以下几种感知效果实际上都属于差异感。

2) 等级感

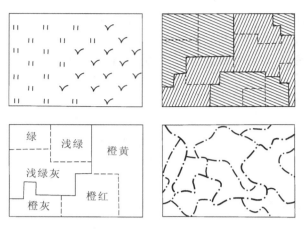

图 4-3 整体感的形成

等级感是指观察对象可以凭直觉迅速而明确地被分为几个等级的感受效果。这是一种有序的感受，没有明确的数量概念，由于人们心理因素的参与和视觉变量的有序变化，就形成了这种等级感。如居民地符号的大小、注记字号、道路符号宽窄等所产生的大与小，重要与次要，一级、二级、三级……的差别（见图 4-4）。

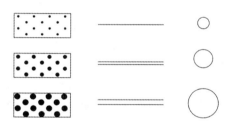

图 4-4 等级感的主要形式

在视觉变量中，尺寸和明度是形成等级感的主要因素。例如，用不同尺寸的分级符号、由白到黑的明度色阶表现等级效果是地图上最常用的方法之一。形状、方向没有表现等级的功能；颜色、结构和密度可以在一定条件下产生等级感，但它们一般都要在包含明度因素时才有较好的效果。

3）数量感

数量感是从图形的对比中获得具体差值的感受效果。等级感只凭直觉就可产生，而数量感需要经过对图形的仔细辨别、比较和思考等过程，它受心理因素的影响较大，也与读者的知识和实践经验有关。

尺寸大小是产生数量感的最有效变量（见图 4-5）。由于数量感具有基于图形的可量度性，所以简单的几何图形如方形、圆形、三角形等效果较好。形状越复杂，数量判别的准确性越差。以一个向量表现数量的柱形，数量估读性最好；以面积表现数量的方、圆等图形次之；体积图形的估读难度就更大一些。不规则的艺术符号一般不宜用来表现数量特征。

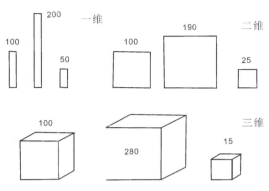

图 4-5　数量感的形成主要在于尺寸比较

4）质量感

"质量感"即质量差异感，就是观察对象被知觉区分为不同类别的感知效果，它使人产生"性质不同"的印象。形状、颜色（主要是色相）和结构是产生质量差异感的最好变量；密度和方向也可以在一定程度上形成质量感，但变化很有限，单独使用效果不很明显；尺寸、明度很难表现质量差别。

5）动态感

传统的地图图形是一种静态图形，但在一定的条件下某些图形却可以给读者一种运动的视觉效果，即动态感，也称为"自动效应"。图形符号的动态感依赖于构图上的规律性。一些视觉变量有规律地排列和变化可以引导视线的顺序运动，从而产生运动感觉（图 4-6）。运动感有方向性，因而都与形状有关。在一定形状的图形中，利用尺寸、明度、方向、密度等变量的渐变都可以形成一定的运动感。箭头是表现动向的一种习惯性用法。

图 4-6　尺寸和明度渐变产生运动感

6）立体感

"立体感"是指在平面上采用适当的构图手段使图形产生三维空间的视觉效果。视觉立体感的产生主要有两种途径：一种主要由双眼视差构成，称为"双眼线索"，如戴上红绿眼镜观看补色地图，在立体镜下观察立体像对等；另一种是根据空间透视规律组织图形，只要用一只眼睛观看就能感受，称为"单眼线索"或经验线索。由各种视觉变量有规律地变化组合，在平面地图上形成立体感属于后者。这种透视规律包括线性透视、结构级差、光影变化、遮挡以及色彩空间透视等（图 4-7）。

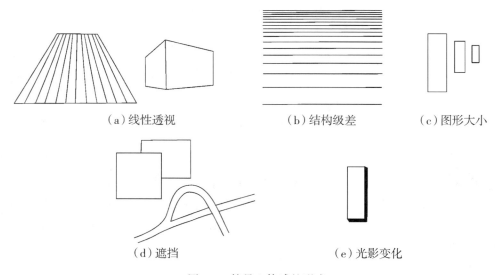

(a) 线性透视　　　　(b) 结构级差　　　　(c) 图形大小

(d) 遮挡　　　　(e) 光影变化

图 4-7　符号立体感的形成

尺寸的大小变化，密度和结构的变化，明度、饱和度以及位置等都可以作为形成立体感的因素，如地图上的地理坐标网的结构渐变、地貌素描写景、透视符号、块状透视图等都是具有立体效果的实例。以明度变化为主的光影方法和以色彩饱和度及冷暖变化的方法常用于表现地貌立体感，如单色或多色地貌晕渲、地貌分层设色等。

五、地图符号设计

地理要素的符号化是一个复杂的过程。在这一过程中，地图设计者必须解决两个符号化问题：地图内容表示方法的设计和符号的设计。表示方法的设计过程即根据地理现象的制图特征确定最佳的表示方法。符号设计的过程包括根据现象的特征、符号的视觉变量创建最佳的地理数据定性或定量的表达形式。

1. 表示方法的设计

选择定性的点状符号、线状符号，还是定量的分级统计图、等值线，或者面状符号，这取决于现象的本质、数据的形态、合适的视觉变量以及使用的工具。这些因素在表 4-1 中进行了总结。

表 4-1　　　　　　　　　　　　要素特征与表示方法

要素特征	数据特点	表示方法	视觉变量
点状	定性的	定点符号法	形状、颜色、位置
线状	定性的	线状符号法	形状、颜色、结构、位置
面状	定性的	质底法或范围法	结构、颜色、方向
点	定量的，总量	定点符号法	形状、颜色、位置
点	定量的，总量	点数法	位置、密度
点，面	总量、间隔或比率	分级统计图法	颜色、亮度
点，面	总量、间隔或比率	分区统计图表法	形状、颜色、结构、尺寸
点，体	总量、间隔或比率	定位图表法	形状、颜色、结构、尺寸、位置
体	实际的点或衍生的点	等值线	颜色
体	实际的点或衍生的点	等值线+分层设色法	颜色、亮度
点，线，面	定性的，定量的	运动线法	形状、颜色、尺寸、方向、位置

2. 符号设计要求

为了描述多种多样的制图对象，地图符号的图像特点有很大差别，但作为地图上的基本元素，承担载负和传递信息的功能，它们应具备一些共同的基本条件，满足作为符号的基本要求。

1) 图案化

"图案化"就是指对制图形象素材进行整理、夸张、变形，使之成为比较简单的规则化图形。地图上绝大部分图形符号都需要图案化。

制图对象有具象与非具象之分。对于前者，一般应从它们的具体形象出发构成图案化符号。其中线状、面状符号大多取材于对象的平面（俯视）形象，如道路、水系等；点状符号既可用平面图形，也可用侧视图形，如塔、亭、独立树以及房屋、控制点、小桥等；对于那些在实地没有具体形象的对象则采用会意性图案，如境界、气温、作物播种日期、噪声、工业效益等。

符号的图案化主要体现在两个方面：首先，要对形象素材进行高度概括，去其枝节成分，把最基本的特征表现出来，成为并非素描的简略图形；其次，图形应尽可能的规格化。地图符号作为一种科学语言的成分必须在构图上表现出规律性和规格化，才有可能正确表现对象的质量、数量特征以及它们相互间的关系特征。因而一般符号的构图都尽量由几何线条和几何图形组成，除为满足特殊需要而设计的柔美的艺术形象符号外，都应尽可能向几何图形趋近。有很多象形符号也由几何图形组合变形构成，这样的符号便于统一规格、区分等级和精确定位，也便于绘制和复制。

2) 象征性

符号与对象之间的"指代关系"可以通过图例说明显示这种指代关系，但从阅读感受的角度考虑，最佳的符号设计方案是能抓住对象的典型特征并图案化，使得读者看到符号时就能产生联想，进而对事物有正确的理解。因而在设计图案化符号时，一般都应尽可能地保留甚至夸张事物的形象特征，包括外形的相似、结构特点的相似、颜色的相似等。对于非具象的事物要尽量选择与其有密切联系的形象作为基本素材。凡象征性好的符号都比较容易理解。

3) 清晰性

符号清晰是地图易读的基本条件之一。每个符号都应具有良好的视觉个性，影响符号清晰易读的因素主要在于简单性、对比度和紧凑性三个方面（见图4-8）。

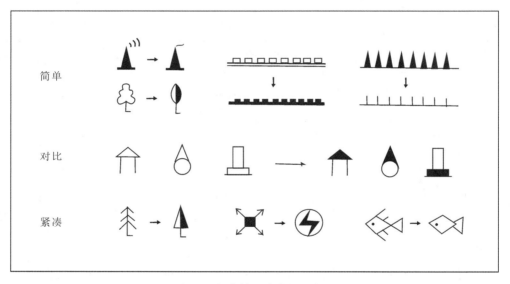

图 4-8 提高符号清晰性的方法

第一，符号要尽量简洁，复杂的符号需要较大的尺寸，会增加图面载负量，我们的制图原则是用尽量简单的图形表现尽量丰富的信息，即有较高的信息效率，符号设计也应遵循这一原则。第二，要有适当的对比度。细线条构成的符号对比弱，适于表现不需太突出的内容；具有较大对比度（包括内部对比和背景对比）的符号则适合表现需要突出的内容。符号之间的差别是正确辨别地图内容的条件，尽管不同层次的符号差别有大有小，但不应相互混淆、似是而非。第三，清晰性还与符号的紧凑性有关。紧凑性就是指构成符号的元素向其中心的聚焦程度和外围的完整性，这实际上是同一符号内部成分的整体感。结构松散的符号效果较差，而紧凑的符号则具有较强的感知效果。

4) 系统性

系统性是指符号群体内部的相互关系，主要是逻辑关系，这是符号能够相互配合使用的必要条件。在设计符号时要与其所指代对象的性质和地位相适应，从而在符号形式上表现出地图内容的分类、分级、主次、虚实等关系。也就是说，不能孤立地设计每一个符号，而要考虑它们与其他符号之间的关系。图4-9列举了处理符号逻辑关系的一些例子。

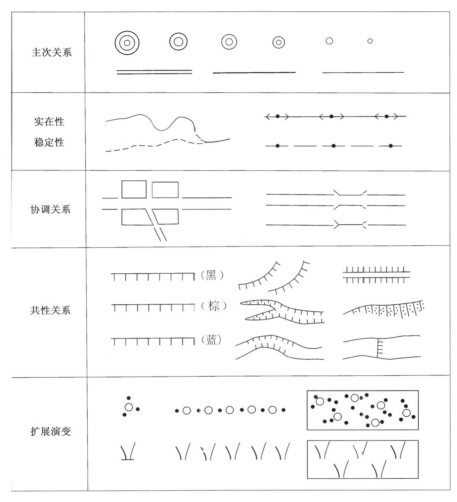

图 4-9 符号逻辑关系示例

5) 适应性

各种不同的地图类型和不同的读者对象对符号形式的要求有很大的不同，例如，旅游地图符号应尽可能地生动活泼、艺术性强；中小学教学用图符号也可以比较生动形象；科学技术性用图符号则应庄重、严肃，更多地使用抽象的几何符号。因此，某种地图上一组视觉效果好的符号未必适用于所有其他地图。

6) 生产可行性

设计符号要顾及在一定的制图生产条件下能够绘制和复制。这包括符号的尺寸和精细程度、符号用色是否可行以及经费成本。

3. 地图符号的系统设计

对于内容不太复杂的单幅地图来说，符号设计不太困难，但对内容复杂的地图或地图集符号来说，符号类型多、数量大，各有不同的要求，但又要表现出一定的统一性，从而构成系统，难度就大一些。

符号设计首先应从地图使用要求出发，对地图基本内容及其地图资料进行全面的分析研究，拟定分类分级原则；其次是确定各项内容在地图整体结构中的地位，并据以排定它们所应有的感受水平；然后选择适当的视觉变量及变量组合方案。进入具体设计阶段，要选择每个符号的形象素材，在这个素材的基础上，概括抽象形成具体的图案符号。初步设计往往不一定十分理想，因而常常需要经过局部的试验和分析评价，作为反馈信息重新对符号进行修改。在这个主要的设计过程中还要同时考虑上述各种有关的因素。图 4-10 是符号设计的步骤。掌握了符号设计的要求和步骤，剩下的就是设计的艺术构思和绘制技巧了。

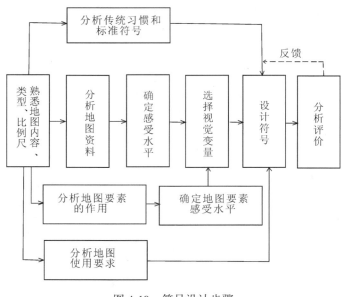

图 4-10　符号设计步骤

第二节　地　图　色　彩

图形和色彩是构成地图的基本要素。色彩作为一种能够强烈而迅速地诉诸感觉的因素，在地图中有着不可忽视的作用。色彩本身也是地图视觉变量中一个很活跃的变量。地图设计的好坏，无论在内容表达的科学性、清晰易读性，还是地图的艺术性方面，都与色彩的运用有关。

一、色彩的基本概念

色彩是所有颜色的总称，它包括两部分：无彩色系和有彩色系。"无彩色系"（消色）是指黑、白以及介于两者之间各种深浅不同的灰色。"有彩色系"（彩色）是指红、橙、黄、绿、青、蓝、紫等色。一切不属于消色的颜色都属于彩色。

1. 色彩的基本特征

无彩色系的颜色只有明度特征，没有色相和饱和度特征。有彩色系的颜色具有三个基本特征：色相、明度、饱和度，在色彩学上也称为色彩的三属性。熟悉和掌握色彩的三属性，对于认识色彩和表现色彩是极为重要的。三属性是色彩研究的基础。

1) 色彩的基本属性

色彩的基本属性是指人的视觉能够辨别的颜色的基本变量。

(1) 色相（色别、色种）：

色相即每种颜色固有的相貌。色相表示颜色之间"质"的区别，是色彩最本质的属性。色相在物理上是由光的波长所决定的。光谱中的红、橙、黄、绿、青、蓝、紫7种分光色是具有代表性的7种色相，它们按波长顺序排列，若将它们弯曲成环，红、紫两端不相连接，不形成闭合。在红与紫中间插入它们的过渡色：品红、紫红、红紫，就形成了一个色相连续渐变的完整色环。其中，品红、紫红等色为光谱中不存在的"谱外色"。

(2) 明度（亮度）：

明度是指色彩的明暗程度，也指色彩对光照的反射程度。对光源来说，光强者显示色彩明度大；反之，明度小。对于反射体来说，反射率高者，色彩的明度大；反之，明度小。

不同的颜色具有不同的视觉明度，如黄色、黄绿色相当明亮，而蓝色、紫色则很暗，大红、绿、青等色介于其间。同一颜色加白或黑两种颜料掺和以后，能产生各种不同的明暗层次。当颜料的光谱反射比相当高，在各种颜料中调入不同比例的白颜料，可以提高混合色的光谱反射比，即提高了明度；反之，黑颜料的光谱反射比极低，在各种颜料中调入不同比例的黑颜料，可以降低混合色的光谱反射比，即降低了明度。由此可以得到该色的明暗阶调系列。

(3) 饱和度（纯度、彩度、鲜艳度）：

饱和度是指色彩的纯净程度。当一个颜色的本身色素含量达到极限时，就显得十分鲜艳、纯净，特征明确，此时颜色就饱和。在自然界中，绝对纯净的颜色是极少的。在特定的实验条件下，可见光谱中的7种单色光由于其本身色素含量近似饱和状态，故认为是最为纯净的标准色。在色料的加工制作过程中，由于生产条件的限制，总是或多或少地混入一些杂质，不可能达到百分之百的纯净。

"饱和度"与"明度"是两个概念。"明度"是指该色反射各种色光的总量，而"饱和度"是指这种反射色光总量中某种色光所占比例的大小。"明度"是指明暗、强弱，而"饱和度"是指鲜灰、纯杂。黑白阶调效果可以表示出色彩明度的高低，却不能反映出纯度的高低。某种颜色的明度高，不一定就是纯度高，如果它掺杂着其他较浅的颜色，那么，它的明度是提高了，而纯度却是降低了。

色彩的三属性具有互相区别、各自独立的特性，但在实际色彩应用中，这三属性又总是互相依存、互相制约的。若一个属性发生变化，其他一个或两个属性也随之变化。例如，在高饱和度的颜色中混合白色，则明度提高；混入灰色或黑色，则明度降低。同时饱和度也发生变化，混入的白色或黑色的分量越多，饱和度越小，当饱和度减至极小时，则由量变引起质变——由彩色变为消色。

2) 色彩的感觉

色彩是客观存在的物质现象，但色彩在人的视觉感觉中却并非纯物理的。由于在自然界和社会中，色彩往往与某种物质现象、事件、时间存在联系，因而人对色彩的感觉是在长期生活实践中形成的，不仅带有自然遗传的共性，而且具有很强的心理和感情特征。

色彩的感觉主要表现在以下几个方面：

(1) 色彩的兴奋与沉静：

当我们观察色彩形象时，会有不同的情绪反应：有的能唤起人的情感，使人兴奋；而有的让人感到伤感，使人消沉。通常，前者称为兴奋色或积极色，后者称为沉静色或消极色。在影响人的感情的色彩属性中，最起作用的是色相，其次是饱和度，最后是明度。

在色相方面，最令人兴奋的色彩是红、橙、黄等暖色，而给人以沉静感的色彩是青、蓝、蓝紫、蓝绿等色。其中兴奋感最强的为红橙色；沉静感最强的为青色；紫色、绿色介于冷暖色之间，属于中性色，其特征为色泽柔和，有宁静平和感。

高饱和度的色彩比低饱和度的色彩给人的视觉冲击力更强，感觉积极、兴奋。随着饱和度的降低，色彩感觉逐渐变得沉静。

在明度方面，同饱和度不同明度的色彩，一般为明度高的色彩比明度低的色彩视觉冲击力强。低饱和度、低明度的色彩属于沉静色，而低明度的无彩色最为沉静。

(2) 色彩的冷暖感：

色彩之所以使人产生冷、暖感觉，主要是因为色彩与自然现象有着密切的联系。例如，当人们看到红色、橙色、黄色便会联想到太阳、火焰，从而感到温暖，故称红色、橙色等色为暖色；看到青色、蓝色便联想到海水、天空、冰雪、月夜、阴影，从而感到凉爽，故称青色、蓝色等色为冷色。

色彩的冷暖感是相对的，两种色彩的互比常常是决定其冷暖的主要依据。如与红色相比，紫色偏于冷色；与蓝色相比，紫色则偏于暖色。色彩的冷暖是互为条件、互相依存的，是统一体中的两个对立面。深刻理解色彩的冷暖变化对于调色和配色都是极为有用的。

(3) 色彩的进退和胀缩：

当观察同一平面上的同形状、同面积的不同色彩时，在相同的背景衬托之下，会感到红色、橙色、黄色似乎离眼睛近，有凸起来的感觉，同时显得大一些；而青色、蓝色、紫色似乎离眼睛远，有凹下去的感觉，同时显得小一些。因此，常将前者称为前进色、膨胀色，而将后者称为后退色、收缩色。色彩的这种进退特性又称为色彩的立体性。

进退或胀缩与色彩的饱和度有密切关系。高饱和度的鲜艳色彩给人以前进、膨胀的感觉，低饱和度的浑浊色给人以后退、收缩的感觉。

在地图设色时，常利用色彩的前进与后退的特性来形成立体感和空间感。例如，地貌分层设色法就是利用色彩的这一特性来塑造地貌的立体感。也常利用色彩的这一特性，突出图面中的主要事物，强调主体形象，帮助安排图面的视觉顺序，形成视觉层次。

(4) 色彩的轻重与软硬：

决定色彩轻重感的主要因素是明度，即明度高的色彩感觉轻，明度低的色彩感觉重。其次是饱和度，同一明度、同一色相的条件下，饱和度高的感觉轻，饱和度低的感觉重。从色彩的冷暖方面看，暖色如黄色、橙色、红色给人的感觉轻，冷色如蓝色、蓝绿色、蓝紫色给人的感觉重。

色彩的软硬与明度、饱和度有关，掺有白色、灰色的明浊色有柔软感，而纯色和掺有黑色的颜色则有坚硬感。白、黑属于硬色，灰色属于软色。

在地图设色中，进行图面各要素配置时，不仅要注意位置的安排与组合关系，更应注意各要素色彩的轻重感的运用，以使图面配置均衡。

(5) 色彩的华丽与朴素：

暖色系、明度大及饱和度高的色彩显得华丽；冷色系、明度小及饱和度低的色彩显得朴素。金色、银色华丽；黑色、白色、灰色朴素。

(6) 色彩的活泼与忧郁：

充满明亮阳光的房间有轻快活泼的气氛，光线较暗的房间有沉闷忧郁的气氛；观看以暖色为中心的纯色、明色感到活泼，看冷色和暗浊色感到忧郁。也就是说，色彩的活泼和忧郁是以亮度为主，伴随饱和度的高低、色相的冷暖而产生的感觉。消色则以亮度为主，白色感到活泼，而黑色感到忧郁，灰色是中性的。

3) 色彩的象征性

色彩的象征性是人类长期实践的产物，其形成有一个历史过程。由于地区、民族习惯等不同，在用色象征事物或现象时有不少差别。现将几种主要色彩的象征性概述如下：

(1) 红色：

红色能使人联想到自然界中红艳芳香的鲜花、丰硕甜美的果实形象。红色象征艳丽、青春、饱满、成熟和富有生命力；象征欢乐、喜庆、兴奋；象征胜利、兴旺发达；象征忠诚等。相反，也可用红色象征危险、灾害和恐怖等。

(2) 橙色：

橙色以成熟的果实色为名，因此可用以象征饱满、成熟和富有营养等；橙色又为霞光、某些灯光之色，因而又可象征明亮、华丽、向上、兴奋、温暖、愉快、辉煌等。

(3) 黄色：

黄色有如早晚的阳光和大量人造光源等辐射光的倾向色（黄），可用以象征光明、富贵、活泼、灿烂、轻快、丰硕、甜美、芳香等；与此同时，也可象征酸涩、颓废、病态等。

(4) 绿色：

绿色为生命之色，可作为农、林、牧业的象征色，还可象征旅游、疗养事业，象征和平等。草绿、嫩绿、淡绿等色象征春天、生命、青春、幼稚、活泼；艳绿、浓绿象征成熟、兴旺等。

(5) 蓝色：

蓝色容易使人联想到天空、海洋、湖泊、严寒等事物或现象。可用以象征崇高、深远、纯洁、冷静、沉思、智慧等。

（6）紫色：

人眼对紫色的知觉度最低。纯度最高的紫色同时也是明度很低的色。紫色象征高贵、优越、奢华，幽静、不安等；浅紫色象征清雅、含蓄、娇羞；紫灰色可作苦、毒、恐怖之象征色。

（7）白色：

白色为太阳、冰雪、白云之色，用以象征光明、纯洁、坚贞、爽快、寒冷、单薄等。在我国，由于白色与丧事之间的习惯性联系，故又用以象征哀伤、不祥等。

（8）黑色：

黑色的象征性可分为两种：其一，用以象征积极，如休息、安静、深思、考验、严肃、庄重和坚毅等；其二，用以象征消极，如恐怖、阴森、忧伤、悲痛和死亡等。

（9）灰色：

灰色是居于黑白之间的中等明度色，对眼睛的刺激适中，既不眩目也不暗淡，视觉不易感到疲劳。可用以象征平淡、乏味、消极、枯燥、单调、沉闷、抑制等；也可象征高雅、精致和含蓄等。

（10）光泽色：

光泽色为质地坚硬、表面光滑、反光能力强的物体色，如金、银、铜和玻璃等的颜色。光泽色可用以象征辉煌、华丽、活跃等。

用色象征事物或现象，必须注意色彩与形象互为存在条件。也就是说，色彩与具体形象相结合，其象征意义比较明确；脱离了有关的形象范围，色彩的象征意义就比较含糊。

2. 色彩的混合

两种或两种以上的颜色混合在一起会产生一种新的颜色，这就是色彩混合。在艺术和技术领域，为获得丰富的色彩而去制造每一种颜色是不可能的，因为色彩的数量是非常巨大的。因而必须从一些基本的颜色出发，研究它们相互混合的规律，以指导色彩的有效使用。

由于色彩包括色光和色料两大类，色彩的混合也区分为色光混合和色料混合两类。这两种混合方式既有共同的规律，又有区别。

1）加色法混合

加色法混合即色光的混合。用两台投影仪同时向白色屏幕上投射两束不同的单色光，这两束光重叠处会得到介于两种单色光之间的颜色。由于光的叠加，混合色光一定比原来的单色光更为明亮，这是两种光能量相加的结果。所以，色光的混合也被称做加色混合。在这种混合状态中，混合色光的亮度等于被混合的单色光亮度之和。

（1）色光三原色：

光的颜色很多，可以从太阳光中分解出来的单色光也不少，但作为"原色"的光只有三种：红色、绿色、蓝色。

在日光的色散实验中，充分展开的光谱可区分为红、橙、黄、绿、青、蓝、紫7个波带，但是当我们转动棱镜使色散由宽变窄地收缩时，有些颜色就相互合并，最后光谱上只剩下红、绿、蓝三个色区。实验证明，以红、绿、蓝三种色光为基本色，将它们混合可以得到几乎所有的其他色光，但它们自己却不能由其他色光混合得到。因此，将红、绿、蓝称为色光的三原色。在色彩视觉的研究中也发现，人眼中存在三种感色细胞，分别对红、绿、蓝三种色光敏感，而人能感觉到丰富多彩的颜色，都是由于三种感色细胞的不同兴奋状态组合形成的，所以也将红、绿、蓝三原色称为"生理色"。

为了统一三原色的标准，国际照明委员会经过精确研究，在1931年对三原色的波长做出了如下规定：红色光(R)700nm，色相为大红，略带橙色；绿色光(G)5461nm，色相为十分鲜亮的黄绿色；蓝色光(B)4358nm，色相为略偏红色的深蓝，也称蓝紫色。

(2) 色光的混合：

在光学实验中，白色的日光可以分解为红、绿、蓝三原色。反过来，将三原色光按某种比例混合时，又可以还原成白色光。所以在色光混合中，人们一般都把白色光看做由红、绿、蓝三原色组成的混合光。

用彩色合成仪把三种原色光投射到屏幕上进行叠加是一个典型的色光混合实验(见图4-11)。

由图4-11可见，每两种原色光叠加混合都得到了一种新的色：

$$红光+绿光=黄光(Y)$$
$$绿光+蓝光=青光(C)$$
$$蓝光+红光=品红光(M)$$

这种由每两种原色光混合得到的色，称为色光的三个间色。图4-11中，由三原色共同叠加混合的中心区，呈现出明亮的白色。进一步实验发现，每一种原色光与另外两种原色光混合生成的间色混合时也产生白色(图4-12)。人们能以某种比例混合获得白色光的两种色光称为互补色，或者其中一种色光是另一种色光的补色。

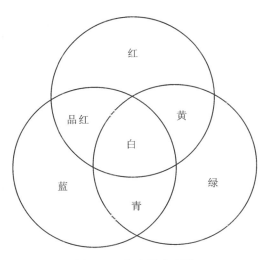

图4-11 色光混合实验

对于色光混合的主要规律，可以用以下色光混合定律加以总结：

图 4-12　三原色光与其补色光的混合

①中间色律——任何两种色光进行混合，都可以得到一种介于两者之间的中间色。当其中一种色光的量作连续变动时，混合的中间色也连续变化，即中间色的色相取决于两种色光的相对比例。

②补色律——每一种色光都有一种相应的补色，它们以适当比例混合可得到白色或灰色。

③替代律——在色光混合中，颜色(主要是色相)相似的色可以互相代替。不管其光谱成分是否相同，只要其面貌一样，在混合中就可得到相同的效果。

④亮度相加律——色光直接叠加时，其混合色亮度等于各色光亮度之和，叠加的色光越多，就越明亮。

色光混合的规律，可以用一个色彩混合方程表示：

$$C_{加} = \alpha \cdot R + \beta \cdot G + \gamma \cdot B \tag{4-1}$$

式中，α，β，γ 是三原色系数。

由混合方程可以看出，只要变动三原色的系数，就可以得到无数种颜色。当其中一个系数为 0 时，混合色只包含两种原色，混合结果都属于间色，而间色的色相取决于两原色系数之比。当三个系数都不为 0 时，混合色包含三种原色，所得色光就不饱和，颜色浅白；当三原色系数相等时，其混合结果是白色或灰色(消色)。

对于光源来说，标准的白色光应该是可见光谱上各波段辐射能量相等的混合光，这是理想的光，可称为等能光源。但在现实生活中，理想的光源几乎不存在，往往由于某些波段能量过弱或过强而偏色。例如，日光偏黄，是由于短波段蓝色光不足，又如白炽灯偏橙黄，日光灯偏蓝、钠灯偏橙。用于摄影等的光源对光谱成分和白度要求较高，人们正不断地研究制造出接近标准白光的新光源。

2) 减色法混合

利用色料混合或颜色透明层叠合的方法获得新的色彩，称为减色法混合。

色料和有色透明层呈现出一定的颜色，是由于这些物体对光谱中的各种色光实现了选择性吸收(即减去某些色光)和反射的结果。即人眼所见到的色料或者有色透明层的颜色，是白光中某些色光被选择性吸收以后剩余的色光。色光被吸收得越多，则剩余色越晦暗，其亮度也越小；若三原色光或互补色光部分或全部被吸收，则混合色呈深灰色或黑色。因此，色料的混合称为减色混合。

(1) 色料三原色：

色料三原色也称第一次色，是指品红、黄、青三种标准的颜色。自然界中的千万种颜色基本上可由这三原色混合而成，但是，三原色是任何颜色也混合不出来的。

色料三原色与色光三原色之间存在着十分密切的关系。从图 4-13 可知色料三原色的性质，每种原色能够减去白光中相应的一种原色，并同时透射出其余的两种原色光，其关系如下：

$$品红 = 白光 - 绿（减绿色）$$
$$黄 = 白光 - 蓝（减蓝色）$$
$$青 = 白光 - 红（减红色）$$

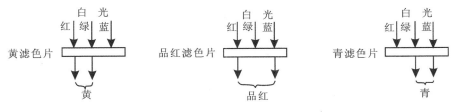

图 4-13　色料的三减原色

正因为色料三原色与色光三原色的对应互补关系，因而又将色料的三原色称为三减原色，即减绿、减蓝、减红。

根据色彩混合方程：$C_{减} = \alpha \cdot C + \beta \cdot M + \gamma \cdot Y$，色料三原色（青、品红、黄）以不同比例混合可以获得任何一种颜色。在理论上，减色法三原色的色相必须与色光三间色的色相一致，但由于制作方面的原因，色料三原色的色相不可能与色光三间色的色相完全一致，因此，用色料三原色混合出的颜色也就不够纯正，和光谱色相比有相当差距。虽然自然界极纯色很少，但是利用色彩运用的技巧以及印刷中黑色的使用，人们仍然可以使用这些减原色颜料、油墨创造出丰富的色彩效果。

（2）色料三间色：

由两种色料原色相混合而得到的色称为间色，又称为第二次色。色料三间色的形成规律如下：

$$品红 + 黄 = 橙（R）$$
$$黄 + 青 = 绿（G）$$
$$青 + 品红 = 紫（B）$$

若将原色分量稍加改变，还可以混合出多种不同的中间色，例如：

$$品红\ 3 + 黄\ 1 = 橙红$$
$$品红\ 2 + 黄\ 1 = 红橙$$
$$品红\ 1 + 黄\ 1 = 大红$$
$$品红\ 1 + 黄\ 2 = 黄橙$$
$$品红\ 1 + 黄\ 3 = 橙黄$$

其中的数字代表混合量。

（3）复色：

由两种间色或三原色不等量混合而得到的色称为复色，又称再间色或第三次色。

橙 + 绿 =（品红 + 黄）+（青 + 黄）=（品红 + 黄 + 青）+ 黄 = 黑 + 黄 = 黄灰（古铜色）

橙+紫=（品红+黄）+（青+品红）=（品红+黄+青）+品红=黑+品红=红灰
绿+紫=（青+黄）+（品红+青）=（青+黄+品红）+青=黑+青=青灰

凡是复色均包含有三原色成分。三原色等量相混合即呈中性灰色或黑色；三原色不等量相混合，可得到各种色调的复色。由于复色中均含有三原色成分，即也含有黑色，故饱和度、明度都大大降低，这是复色不及间色、原色那样鲜艳、明亮的原因。但正因为复色包含多种成分，故而也显得深沉、大方、耐看。

调复色常用的几种方法有：①三原色不等量相混；②两间色不等量相混；③原色或间色与黑色相混；④对比色不等量相混，如绿与红橙相混；⑤互补色不等量相混，如绿与品红相混；⑥常用颜料中的土黄、熟褐、赭石、深绿等颜色均为复色，可直接使用，也可根据需要适当调入其他颜色，便可得到各种复色。

(4) 互补色：

色料三原色中，任意两种原色相混而成的间色与第三种原色互为补色。如品红与绿、黄与紫、青与橙为三对标准互补色。其中品红、绿为色相对比最强的互补色；黄与紫为明度对比最强的互补色；青与橙为冷暖对比最强的互补色。

色料原色与补色等量相混合，实质上是色料三原色的混合。因此，混合结果均为黑色或灰色。例如：品红+绿=黑；黄+紫=黑；青+橙=黑。

图 4-14 是由色料构成的色环，其中青、品红、黄为三原色，每两个原色之间是一组间色。

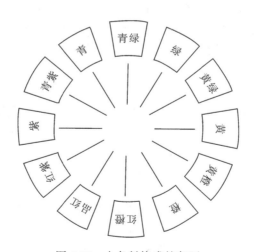

图 4-14　由色料构成的色环

色环上处于两原色之间的同类间色相混合仍然是间色，因为它们只包含两种原色成分。色环上位于同一个原色两侧的颜色混合得到复色，因为它们必然带有第三种原色的成分。

一般来说，色环上两个相距很近的色相混合，其饱和度比较高；两个颜色在色环上距离越大，其混合色饱和度越低。当两色距离最大（位于直径两端）时，它们就是互补色，其混合色极其灰暗，等量混合时就近似于黑色。

二、地图色彩的视觉感受

1. 地图色彩风格

单一色彩的美学价值是有限的，但当两种以上的色彩组合在一起时，会因为配合的不同而会产生华丽、朴素、强烈、柔和等不同的感受。能给读者带来不同感受的色彩就具备了不同的色彩风格。以 CCS 色彩体系为例，色彩明度、饱和度和色相的不同组合就构成了不同风格的色彩，如图 4-15 所示。

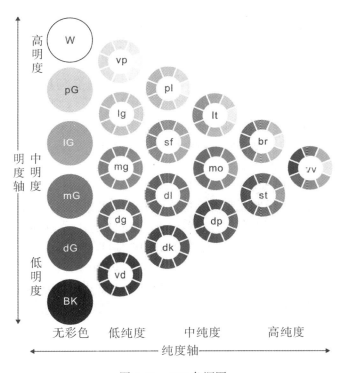

图 4-15　CCS 色调图

根据色彩的视觉感受，地图的色彩风格可以划分为清淡型、中庸清新型、中庸鲜亮型、对比强烈型、优雅型、古典型、个性化型等种类。

1）清淡型

清淡型风格的色彩视觉感受清淡、素雅，具有低纯度、高明度色彩特征，在 CCS 色调图上主要分布于 vp 色调处。

2）中庸清新型

中庸清新型风格的色彩视觉感受清新、明亮、愉快，具有中纯度、高明度色彩特征，在 CCS 色调图上主要分布于 pl 色调处。

3）中庸鲜亮型

中庸鲜亮型风格的色彩视觉感受鲜明、亮丽，具有中纯度、中高明度色彩特征，在 CCS 色调图上主要分布于 lt 色调处。

4）对比强烈型

对比强烈型风格的色彩视觉感受鲜明、亮丽，对比强烈，具有高纯度、中明度色彩特征，在 CCS 色调图上主要分布于 br、st、vv 等色调处。

5）优雅型

优雅型风格的色彩视觉感受优雅、浪漫、柔美，具有中纯度、中高明度色彩特征，在 CCS 色调图上主要分布于 pl、lg、lt、sf、mo 等色调处。

6）古典型

古典型风格的色彩视觉感受传统、古典、高贵、厚重，具有中纯度、中明度色彩特征，在 CCS 色调图上主要分布于 lg、mg、sf、dl、mo、dp 等色调处。

7）个性化型

个性化型风格的色彩视觉感受范围并不局限在某一处，任何具有新颖、创意的色彩配色方案都可划归为个性化型风格。

上述色彩风格中，前四种色彩风格在地图作品中出现得较多，尤其是中庸清新型和中庸鲜亮型是地图作品色彩的常见风格。随着印刷技术水平以及人们欣赏水平的不断提高，优雅型风格的出现频率有逐渐增加的趋势。

2. 地图色彩的均衡感与层次感

地图色彩的设计需要体现地理要素的特点。地图上表现的制图特征可以分为均质的和非均质的两大类。对于具有"均质"分布特征的制图对象，我们通常采用均匀一致的"平色"来表达。如行政区划图的政区，我们认为同一级别的行政区域是平等的，因而色彩的设计上也应该是均衡的，不应有主次、高低的差别。非均质的制图特征主要指制图对象地理空间分布上具有性质差异或数量差异的显示特征，我们又称之为层次感。层次感又可以区分为强调型和梯度型两种。强调型是指为了突出和强调某些指标的表达而采用对比的手法设计颜色，这是专题地图的常用手法。梯度型通常表达制图对象在地理空间上逐渐的数量变化，如等值线法、晕渲法、分级统计图法等。

3. 色彩的感染力

色彩作为一种视觉符号，一旦被组装到地图上时，就不是一种孤立的装饰物。不同的色彩组合会造成不同的心理感受，有的让人感到美，有的让人感到丑，有的给人以震撼，有的给人以平静，有的喜欢，有的厌恶。因此，在设计地图色彩时不能无章法地随意填充色彩，那样只是色彩的堆积，却不能起到深化地图主题的作用。一幅地图作品给观众什么样的感受，首先得确定整体的色彩风格。是清淡素雅的，还是充满生机活力的，整个色调是色彩关系的基调，是设计者给读者感受的重要因素。

例如，旅游地图，绿地的绿色与街区的橙色是常规搭配色。绿色与橙色是对比色，直接放在一起，对比强烈，特别是两种颜色的饱和度较高时。但如果大幅提高两种基本色的饱和度，同时辅以白色街道、黑与中性灰色分隔线将对比色分割，则两种基本色的对比状态就会缓和下来，图面色彩呈现出鲜亮、平衡、舒适、愉快的视觉感受，从而增强阅读者的旅游兴致。

三、地图色彩的应用

1. 地图色彩的特点

如前所述，地图在本质上是一种科学和技术的产品，而不是艺术品。地图色彩当然也必须服从地图科学和技术的要求。因此，地图色彩与一般艺术创作中的色彩具有不同的性质和特点。

地图色彩不同于自然色彩的写真和逼真，而是以客观事物色彩的某些特征为基础，从地图图面效果的需要出发，设计象征性和标记性颜色。从这一点看，地图色彩有些类似于装饰色彩。不过装饰艺术的唯一目标是色彩的形式美，而地图的色彩必须服从内容的表现和阅读的清晰性要求，因此，地图色彩还有它自己的特点。

1) 地图色彩大多以均匀色层为主

地图的设色与地图的表示方法有关。除地貌晕渲和某些符号的装饰性渐变色外，地图上大多数点状、线状和面状颜色都以均匀一致的"平色"为主，尤其是面状色彩。现代地图上主要采用垂直投影的方式绘制地物的平面轮廓范围，每一范围内的要素被认为是一致的、均匀分布的。如某种土壤或植物的分布范围，人们不可能再区分每一个范围内的局部差异，而将其看做是内部等质（某种指标的一致性）的区域，这是地图综合——科学抽象的必然。因而，使用均匀色层是最合适的。同时，地图上色彩大多不是单一层次，由于各要素的组合重叠，采用均匀色层才能保持较清晰的图面环境，有利于多种要素符号的表现。

2) 色彩使用的系统性

地图内容的科学性决定了其色彩使用的系统性，地图上的色彩使用表现出明显的秩序，这是地图用色与艺术用色的最大区别。

如前所述，地图上色彩的系统性主要表现为两个方面，即质量系统性与数量系统性。色彩质量系统性是指利用颜色的对比性区别，描述制图对象性质的基本差异，而在每一大类的范围内又以较近似的颜色反映下一层次对象的差异。

色彩的数量系统性主要是指运用色彩强弱与轻重感觉的不同，给人以一种有序的等级感。色彩的明度渐变是视觉排序的基本因素，例如，在降水量地图上用一组由浅到深的蓝色色阶表示降水量的多少，浅色表示降水少，深色表示降水多。在专题地图上这种用色方法十分普遍。

3) 地图色彩的制约性

在绘画艺术中，只要能创造出美的作品，一切由画家的主观意愿决定。画面上的景物、色彩及其位置、大小都可根据构图需要进行安排调动，称之为"空间调度"，现代派画家甚至撇开图形而纯粹表现色彩意境与情调。地图则不同，地图上的色彩受地图内容的制约大得多，地图符号、色斑位置和大小，一般不能随意移动，自由度很小。一般来说，色彩的设计总是在已经确定了的地图图形布局的基础上进行。

同时，由于地图上点、线、面要素的复杂组合，色彩的选配也受到很大限制，例如，除小型符号外，大多数面积颜色要保持一定的透明性，以便不影响其他要素的表现。

4) 色彩意义的明确性

在绘画作品中，色彩只服从于美的目标，而不必一定有什么意义，有些以色块构成的现代绘画，只是构成一种模糊的意境而不反映任何具体事物。地图是科学作品，其价值在于承载和传递空间信息，地图上的色彩作为一种形式因素担负着符号的功能。在地图上除少数衬托底色仅仅是为了地图的美观外，绝大多数颜色都赋予了具体的意义，而且作为一种符号或符号视觉变量的一部分，其含义都应该十分明确，不允许模棱两可、似是而非。

2. 色彩的对比与调和

色彩应用主要是处理好选色和不同色的配合问题。而不同颜色的配合（即配色）关键在于处理好颜色之间的对比与调和关系。对比即差别，只有差别而没有调和，配色没有亲和力，显得生硬或杂乱；调和即统一，只有统一而缺乏对比时，图面软弱、沉闷无力、不清晰。对比与调和是矛盾中的两个方面，具有对立统一关系。由于配色情况极其多样，色块大小、分布状况、代表内容等千差万别，一个图上适合的配色方案，放到另一个图上就未必适合。因而配色，即处理色的对比与调和，很难有一个简单的模式和规则。

1) 色彩的对比

在色彩设计时，不是只看一种颜色，而是在与周围色彩的对比中认识颜色。也就是说，我们经常在对比中看颜色。

当两种以上的颜色放在一起时，能清楚地发现其差别，这种现象称为色彩的对比。色彩对比可分为同时对比和连续对比。同时观看相邻色彩与单独看一种色的感觉不一样，会感到色相、明度、饱和度都在变化。这种发生在同一时间、同一空间内的色彩变化，称为"同时对比"。先后连续观看不同的颜色，色彩感觉也会发生变化，这是先后连续对比的结果。不论哪种对比方式，其色彩感觉的变化规律是相似的。利用视觉对比变化进行配色是个很重要的问题。

（1）明度对比：

把同一种颜色放在明度不同的底色上，会发现该色的明度异样：在浅底上的色块感到深了，而在深底上的色块感到浅了。这种由于对比作用产生明度异样的现象，称为"明度对比"，如图4-16所示。

明度对比有两种：一种是同种色之间的明度对比，如无彩色黑、白、灰之间的对比和深红与浅红之间的对比；另一种是不同色相之间的明度对比，如深蓝与浅黄之间的对比。对于前一种对比，都能理解，也容易感觉到；对于后一种明度对比，常常因色相差异比较明显，认为是色相对比，而忽视了明度对比，这是在色彩设计时要注意的方面。

（2）色相对比：

同一色相的色块放置在不同色相的环境中，会因对比而产生视觉上的色相变异，这种对比关系称为色相对比变化。色相对比的变化规律如下：

①同种色的对比：

将任一色相逐渐变化其明度或饱和度（加白或黑）构成若干个色阶的颜色系列，称为同种色。如淡蓝、蓝、中蓝、深蓝、暗蓝等为同种色。

同种色对比时，各色的明度将发生变化，暗者越暗，明者越明。如浅绿与深绿对比，浅绿显得更浅，更亮，深绿则显得更深暗。由于不存在色相差别，这种配合很容易调和统一。

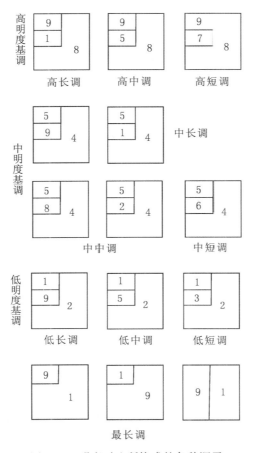

图 4-16 明度对比所构成的各种调子

② 类似色的对比：

在色环上，凡是 60°范围内的各色均为类似色，如红、红橙、橙等。类似色比同种色差别明显，但差别不大，因各色之间含有共同色素，故类似色又称同类色。

类似色对比时，各自倾向色环中外向邻接的色相，扩大了色相的间隔，色相差别增大。例如，品红与橙对比时，品红倾向于红紫，橙倾向于黄橙。

③ 对比色的对比：

在色环上，任意一色和与之相隔 90°以外，180°以内的各色之间的对比，属于对比色的对比，此种对比是色相的强对比。

对比色之间的差别要比类似色大，故对比色的色相感要比类似色鲜明、强烈、饱满、丰富，但又不像互补色那样强烈。对比色对比时，两色互相倾向于对方的补色。例如，黄与青对比时，黄倾向于橙色调（青的补色），而青倾向于紫色调（黄的补色）。

在配色时，要适当改变各个对比色的明度和饱和度，构成众多的、审美价值较高的色相对比。

④互补色的对比：

在色环上，凡相隔180°的两色之间的对比，称为互补色的对比。对比时，两色各增加其鲜明度，但色相不变。如品红与绿并列时，品红显得更红，绿显得更绿。互补色对比的特点是相互排斥、对比强烈、色彩跳跃、刺激性强。它是色相对比中最强的一种。

互补色配合得好，能使图面色彩醒目、生气勃勃、视觉冲击力极强；若运用不当，则会产生生硬、刺目、不雅致的弊病。

(3) 饱和度的对比：

任一饱和色与相同明度不等量的灰色相混合，可得到该色的饱和度系列。

任一饱和色与不同明度的灰色相混合，可得到该色不同明度的饱和系列，即以饱和度为主的颜色系列。

将不同饱和度的色彩相互搭配，根据饱和度之间的差别，可形成不同饱和度的对比关系，即饱和度的对比。例如，按孟塞尔色立体的标定，红的最高饱和度为14，而蓝绿的最高饱和度为8。为了说明问题，现将各色相的饱和度统分为12个等级（图4-17）。

图 4-17　饱和度轴

色彩间饱和度差别的大小决定饱和度对比的强弱。由于饱和度对比的视觉作用低于明度对比的视觉作用，3~4个等级的饱和度对比的清晰度才相当于一个明度等级对比的清晰度，所以如果将饱和度划分为12个等级，相差8个等级以上为饱和度的强对比，相差5个等级左右为饱和度的中等对比，相差4个等级以内为饱和度的弱对比。

由于饱和度对比程度的不同，各种调子给人的视觉感受也不尽相同。

高饱和度基调：积极、活泼、有生气、热闹、膨胀、冲动、刺激。

中饱和度基调：中庸、文雅、可靠。

低饱和度基调：平淡、无力、消极、陈旧、自然、简朴、超俗。

饱和度对比越强，鲜色一方的色相感越鲜明，因而使配色显得艳丽、生动、活泼。饱和度对比不足时，会使图面显得含混不清。

明度对比、色相对比、饱和度对比是最基本、最重要的色彩对比形式，在配色实践中，除消色的明度对比以及同一色同明度的饱和度对比属于单一对比外，其余色彩对比均包含有明度、色相、饱和度三种对比形式，不可能出现"单打一"的色彩对比。研究各种对比形式，实际上就是研究以哪种对比为主的问题。

(4) 冷暖对比：

利用色彩感觉的冷暖差别而形成的对比称为冷暖对比。

根据色彩的心理作用，可以把色彩分为冷色和暖色两类。以冷色为主可构成冷色基调，以暖色为主可构成暖色基调。冷暖对比时，最暖的色是橙色，最冷的色是青色，橙与青正好为一对互补色，故冷暖对比实为色相对比的又一种表现形式。

另外，黑白也有冷暖差别，一般认为黑色偏暖，白色偏冷，而同一色相中也有冷感和暖感的差别。冷色与暖色混以白色，明度增高，冷感增强；反之，混以黑色，明度降低，暖感增强。如属于暖色的朱红色，加白色冲淡时，变成粉红色就有冷感；加黑变成暗红色时就有暖感。

(5) 面积对比：

面积对比是色彩面积的大与小、多与少之间的对比，是一种比例对比。色彩的对比不仅与亮度、色相和饱和度紧密相关，而且与面积大小关系极大。例如，$1cm^2$ 的纯红色使人觉得鲜艳可爱，$1m^2$ 的纯红色使人感到兴奋、激动、无法安静，而当 $100m^2$ 的纯红色包围我们时，会感到刺激过强，使人疲倦和难以忍受。这说明随着面积的增减，对视觉的刺激与心理影响也随之增减。因此，在设计大面积色彩时，大多数应选择明度高、饱和度低、色差小、对比弱的配色，以求得明快、舒适、安详、持久、和谐的视觉效果。

在设计中等面积的色彩对比时，宜选择中等强度的对比，使人们既能持久感受，又能引起充分的视觉兴趣。

在设计小面积色彩对比时，灵活性相对大一些，不管对比是强是弱均能获得良好的视觉效果。一般小面积以用高饱和度、对比度强的色为宜。当图面是由各种面积色彩构成时，大面积宜选择高明度、低饱和度、弱对比的色彩，小面积宜选高饱和度、强对比的色彩。通过巧妙而合理的色彩搭配，使不太完美的面积对比变得完美协调。

2) 色彩的调和

色彩的调和是指有明显差异的、对比强烈的色彩经过调整之后，形成符合目的、和谐而统一的色彩关系。色彩对比是扩大色彩三属性诸要素的差异和对立，而色彩的调和则是缩小这些差异和对立，减少对立因素，增加统一性。

从美学观点而言，构成和谐色彩的基本法则是"变化统一"，即必须使各部分的色彩既要有节奏的变化，又要在变化中求得统一。

色彩调和的基本手法有以下几种：

(1) 同种色调和：

同种色调和是指通过同一色相(加黑或白)深、中、浅的配合，运用明度、饱和度的变化来表现层次、虚实。同种色调系统分明、朴素、雅致、整体感很强，但容易显得单调无力。配色时应注意调整色阶间隔，以获得明朗、协调的图面效果。

(2) 类似色调和：

类似色的调和是近似和邻近色彩的调和，这种调和比同种色调和更丰富且富有变化。根据图面设色需要适当调整各色之间的明度、饱和度、冷暖和面积大小，使之既有对比，又达到协调的效果。

(3) 增加共同色素调和：

在互相对比的色彩中调入黑、白或者其他颜色，增加其同一色素，使其调和；或在互相对比的色彩中进行一定程度的相互掺和，使其产生共性，从而达到调和。

(4) 用中性色分割调和：

使用黑、白极色，中性灰色或金、银色线划将对比色分割，缓和直接对立状态，增加统一因素，从而达到调和。

（5）面积调和：

在色彩设计中，面积调和的重要性不亚于色彩调和，任何配色都必须先研究色彩相互之间的面积比问题。色彩的面积决定了颜色应选择的明度、饱和度、色相。两色对比，当明度、饱和度、色相不可改变时，可适当改变对比色之间的面积，使之色感均衡，达到调和；若面积不可改变时，则改变颜色的明度、饱和度，使之色感均衡，从而达到调和。

（6）渐变调和：

将对比的色彩进行有秩序的组合，形成一种渐变的、等差的色彩序列，从而达到调和的效果。例如，红与绿两饱和色的对比是强烈的色相对比，极不调和，若两色均以柠檬黄混合，并将混合出的各色依次序排列，就得到红、朱红、橘红、橘黄、中黄、柠檬黄、绿黄、草绿、中绿、绿的色相序列，减弱了原来的对比效果，呈现出色相序列极强的调和感。

（7）弱化调和：

色彩对比过于强烈时，适当降低几个色或其中一色的饱和度，提高其明度（使颜色变得浅一些），往往可以达到调和的效果。

综上所述，配色的根本目的是求得不同色彩三属性之间的统一性与对比性的适当平衡，寻求统一中的变化美。

四、地图色彩的设计

1. 地图色彩设计的一般要求

1）地图色彩设计与地图的性质、用途相一致

地图有多种类型，各种类型的地图无论在内容上还是使用方式上都有不同，其色彩当然也不一样。色彩的设计要适应地图的特殊读者群体，要适应用图方法。例如，地形图作为一种通用性、技术性地图，色彩设计既要方便阅读，又要便于在图上进行标绘作业，因而色彩要清爽、明快；交通旅游地图用色要活泼、华丽，给人以兴奋感；教学挂图应符号粗大，用色浓重，以便在通常的读图距离内能清晰地阅读地图；一般参考图应清淡雅致，以便容纳较多的内容；而儿童地图则应活泼、艳丽，针对儿童的心理特点，激发其兴趣。

2）色彩与地图内容相适应

地图上内容往往相当复杂，各要素交织在一起。不同的内容要素应采用不同的色彩，这种色彩不仅要表现出对象的特征性，而且还应与各要素的图面地位相适应。在普通地图上，各要素既要能相互区分，又不要产生过于明显的主次差别。在专题地图上，内容有主次之分，用色就应反映它们之间的相互关系。主题内容用色饱和，对比强烈，轮廓清晰，使之突出，居于第一层面；次要内容用色较浅淡，对比平和，使之退居于第二层面；地理底图作为背景，应该用较弱的灰性色彩，使之沉着于下层平面。

又如，在某些地图上，专题内容的点状或线状符号，要用尺寸和色彩强调其个体的特征，使之较为明显，而表示面状现象的点（如范围法中的点状符号）和线（如等值线）则主要强调的是它们的总体面貌，而不需突出其符号个体。另外，某些地图要素，尤其是普通地图要素，已经形成了各种用色惯例，在大多数情况下应遵循惯例进行设色，没有特殊理

由而违反惯例，读者会产生疑问，从而影响地图的认知效果。

3）充分利用色彩的感觉与象征性

既然地图色彩主要是用来表现制图内容，设计地图符号的颜色时必须考虑如何提高符号的认知效果。

有明确色彩特征的对象，一般可用与之相似的颜色，如蓝色表示水系，棕色表示地貌与土质。又如黑色符号表示煤炭，黄色符号表示硫黄等。

没有明确色彩特征的可借助于色彩的象征性，如暖流、火山采用红色，寒流、雪山采用蓝色；高温区、热带采用暖色，低温区、寒带采用冷色；表现环境的污染则可用比较灰暗的复色等。

4）和谐美观、形成特色

地图的色彩设计，为了突出主题和区分不同要素，需要足够的对比，但同时又应使色彩达到恰当的调和。与此同时，地图虽然属于技术产品，但是地图色彩设计也不能千篇一律。一幅地图或一本地图集，制图者应力求形成色彩特色。例如，瑞士地形图的淡雅与精致，《荻克地图集》（德国）的浓郁、厚实，《海洋地图集》（苏联）的鲜艳、清新，《中国自然地图集》的清淡、秀丽等，这些优秀的地图作品的色彩设计都各具特色。

2. 地图色彩设计

地图色彩的设计看似不难，但是它却是制图者面临的一大挑战。颜色和字体设计一样，是一种经常容易受到读者批评的设计。读者往往对颜色的喜欢和讨厌非常明确。设计一幅彩色地图比设计黑白地图更为复杂，它必须考虑内容特点，用色习惯，颜色喜好，与地图其他颜色和其他元素的协调，如字体、画线和符号等。对于需要出版印刷的地图来说，颜色的设计是一个需要反复斟酌的问题。

1）地图色彩配色六要素

进行地图色彩设计时，需要考虑色彩设计的六要素：色相、明度、饱和度、色数、面积和位置。

（1）色相：色相即每种颜色固有的相貌。色相表示颜色之间"质"的区别，是色彩最本质的属性。地图色彩设计时，通常利用色相的差别反映地理要素"质"的区别，如用不同的颜色表示要素的类型等。

（2）明度：明度又称为亮度，是指色彩的明暗程度。不同的颜色具有不同的视觉明度，如黄色较为明亮，而紫色较暗，红、蓝、绿等色介于其间。

（3）饱和度：饱和度又称为纯度，它是指色彩的纯净程度。当一个颜色的本身色素含量达到极限时，就显得十分鲜艳、纯净，此时颜色就是饱和的。

纯度与明度的差别在于：明度是指该色反射各种色光的总量；纯度则是指这种反射色光总量中某种色光所占比例的大小。

（4）色数：色数是指地图上色彩的数量。色彩的应用可以提高地图的表现力，增大地图传输的信息量，但一幅地图上色彩的数量并非越多越好。色彩的数量太多，会让人眼花缭乱，有杂乱无章的感觉。因此，色彩的数量要简洁化。

（5）面积：面状色彩的面积大小也是影响配色的因素之一。因为研究发现，当色相、亮度、饱和度都相同时，着色面积大的区域其视觉上的色彩感受更浓重一些。为了取得视觉上的均衡，较大面积的面状色彩可以浅淡一些，而小面积的面状色彩则可以浓重一些。

（6）位置：色彩的位置对配色也有一定的影响。如评价地图色彩的均衡感时，不同色彩所处的位置对色彩的均衡感就起到举足轻重的作用。

2）地图色彩配色模式

色彩的配合是指各种颜色的搭配，包括白色和黑色。地图设色也是这样，以几种面状色彩、线状色彩、点状色彩及彩色注记相配合。不论色彩配合形式如何变化，其配色模式归纳起来不外乎以下几类：

（1）同种色配色：利用同一色相的不同明度、饱和度的变化来搭配组合，容易取得十分协调的色彩效果。

（2）类似色配色：在色环中，邻近的几个色相相互组合的配色（如红、红橙、橙的组合）会有很强的统一感。为避免单调，应注意调整色相的明度差。

（3）对比色配色：对比色相的组合能产生生动活泼的感觉，但不易调和，可变化其明度和纯度，从而产生调和感。

（4）互补色配色：互补色组合在一起时，会呈现强烈的相互辉映的视觉效果，能使图面产生强烈的视觉冲击力。如需减弱对比强度，可适当减小一色面积或降低一色饱和度，从而产生调和感。

（5）冷色系和暖色系配色：冷色系的配色产生冷感和沉静安定感；暖色系的配色产生暖感和刺激性。

3）地图色彩设计方法

色彩在地图上是附着于地图符号上使用的，可以分为点状符号色彩、线状符号色彩和面状符号色彩。

（1）点状符号色彩：由于点状符号属于非比例符号，多由线划构成图形，如不加重表示，很容易被背景色淹没，达不到制图的目的。所以，一般情况下点状符号的主要部分选用饱和度较高的颜色，用色时多利用色相变化表示物体的质和类的差异。

为了使读者在读图时能够产生联想，应使用与制图对象的固有色彩近似的（或在含义上有某种联系的）色彩。为了印刷方便，点状符号颜色尽量在单色或间色中选择。

（2）线状符号色彩：地图上的线状符号大多是由点、线段等基本单元组合构成，符号一般狭窄、细长，只有通过色彩的加重表示，才能将线状符号凸显出来。因此，进行线状符号设计时，线划部分应选择饱和度大的颜色。不同等级的线状符号设色，宜采用不同色相、不同明度和饱和度的色彩来表示。如高速公路、国道、省道和县乡道等不同等级的道路需用不同的颜色来区分。

（3）面状符号色彩：面积色由于区域较大，能够迅速抓住读者的视觉，影响读者的审美情趣，因此，色彩是面状符号最重要的变量，它可以使用色相、明度、饱和度的变化。色彩的对比和调和设计也主要运用于面状符号。

面状符号用色可以区分为以下四种类型：

（1）质别底色：用不同颜色填充在面状符号的边界范围内，区分区域的不同类型和质量差别，这种设色方式称为质别底色。地质图、土壤图、土地利用图等使用的面积色都是质别底色。对于质别底色必须设置图例。

(2)区域底色：用不同的颜色填充不同的区域范围，它的作用仅仅是区分出不同的区域范围，并不表示任何的数量或质量特征，视觉上不应造成某个区域特别明显和突出的感觉，但区域间又要保持适当的对比度。区域底色不必设置图例。

(3)色级底色：按色彩渐变（通常是明度不同）构成色阶表示与现象间的数量等级对应的设色形式称为色级底色。分级统计地图都使用色级底色，分层设色地图使用的也是色级底色。

色级底色选色时要遵从一定的深浅变化和冷暖变化的顺序和逻辑关系。一般来说，数量应与明度有相应关系，明度大表示数量少，明度小则表示数量大。当分级较多时，也可配合色相的变化。色级底色也必须有图例配合。

(4)衬托底色：衬托底色既不表示数量、质量特征，又不表示区域间对比，它只是为了衬托和强调图面上的其他要素，使图面形成不同层次，有助于读者对主要内容的阅读。这时底色的作用是辅助性的，是一种装饰色彩，如在主区内或主区外套印一个浅淡的、没有任何数量和质量意义的底色。衬托底色应是不饱和的原色或米黄、肉色、淡红、浅灰等，不能喧宾夺主，与点、线符号应保持较大的反差。

第三节 地图注记

地图注记是地图语言的重要组成部分。地图符号由图形语言构成，地图注记则由自然语言构成。地图注记对地图符号起补充作用，地图有了注记便具有了可阅读性和可翻译性，成为一种信息传输工具。

一、地图注记的作用

地图注记有标识各对象、指示对象的属性、表明对象间的关系及转译的功能。

1. 标识各对象

地图用符号表示物体或现象，用注记注明对象的名称。名称和符号相配合，可以准确地标识对象的位置和类型，例如，"武汉市"、"武当山"、"长江"等。

2. 指示对象的属性

文字或数字形式的说明注记标明地图上表示的对象的某种属性，如树种注记、梯田比高注记等。

3. 表明对象间的关系

经区划的区域名称往往表明影响区划的各重要因素间的关系，如"温暖型褐土及栗钙土草原"，表明气候、土壤、植被间的关系，"山地森林草原生态经济区"表明地貌、植被、经济等生态结构区划的划分。

4. 转译

为满足地图阅读的需要，地图注记可以采用任何国家或民族的语言，因此，地图注记就具有从一种文字转换为另一种文字的功能，地图符号也才能通过文字说明担负起信息的国际或民族间的传输功能。

二、地图注记的种类

地图注记分为名称注记和说明注记两大类。

1. 名称注记

名称注记指地理事物的名称。按照中国地名委员会制订的《中国地名信息系统规范》中确定的分类方案，地名分为 11 类，即行政区域名称，城乡居民地名称，具有地名意义的机关和企事业单位名称，交通要素名称，纪念地和名胜古迹名称，历史地名，社会经济区域名称，山名，陆地水域名称，海域地名，自然地域名。名称注记是地图上不可缺少的内容，并且占据了地图上相当大的载负量。

2. 说明注记

说明注记又分文字和数字两种，用于补充说明制图对象的质量或数量属性。表 4-2 是大比例尺地形图上说明注记所标注的内容。

表 4-2　　　　　　　　　　　大比例尺地形图说明注记

要素名称	文字说明注记	数字说明注记
独立地物	矿产性质，采挖地性质，场地性质，库房性质，井的性质，塔形建筑物性质	比高
管线	管线性质，输送物质	管径，电压
道路	铁路性质，公路路面性质	路面宽，铺面宽，里程碑，公里数及界碑，界桩编号，桥宽及载重等
水系	泉水、湖水性质，河底、海滩性质，渡口、桥梁性质等	河底、沟宽、水深、沟深、流速，水井地面高，井口至水面深，沼泽水深及软泥层深，时令河、湖水有水月份，泉的日出水量等
地貌	地貌性质（如黄土溶斗、冰陡崖）	高程、比高、冲沟深、山洞、溶洞的洞口直径及深度，山隘可越过月份等
植被	树种、林地及园地性质等	平均树高、树粗、防火线宽度等

三、地图注记要素

地图注记有众多的表现形式，它们都是各种基本注记元素变化与组合的结果，这种能引起视觉差别的注记变化因素称为"注记要素"。地图注记要素包括字体、字大、字色、字隔、字位、字向和字顺。

1. 字体

以不同的字体区别物体的类别。水系名称用左斜宋体，山脉名称用耸肩体，山名用长方体，居民地名称用等线体和宋体。地图上的字体应简洁、清晰，明显易读。根据这一要求，一些清晰工整的印刷字体比较适合应用在地图上，如宋体、黑体、楷体等。而有些字体则不太适宜在地图上使用，如篆书、行书、草书等。

不同的字体有笔画粗细之分，甚至同一尺寸的不同字体有的笔画粗细相差很大。字体笔画的粗细体现出不同的注记分量，如粗黑、黑体、宋体、仿宋、楷体的分量明显不同，要根据符号的分量合理搭配注记。粗重的符号要搭配粗壮的字体；轻细的符号要配置清秀的字体。

2. 字大

注记的大小在一定程度反映被注对象的重要性和数量等级。等级高的地物，重要的地物，应赋予其注记大而明显。符号的尺寸是决定注记尺寸的主要因素，注记的尺寸应随着符号尺寸的变化而变化。注记尺寸的等级感就是符号等级或重要性的具体体现。制图时首先要对制图对象进行分级，等级高的是较重要的，采用较大的字（配合较大黑度的字体）来表示。

3. 字色

注记颜色主要用于强化分类概念，例如，水系名称注记用蓝色，等高线高程注记用棕色。但为了注记醒目，其颜色可与被说明物体的颜色不同。注记色彩的配合对强化注记内容的秩序性和层次性有着十分重要的作用。一方面，注记色彩的运用有助于体现注记与符号之间的关系。在很多情况下注记的色彩与符号色彩相同或相近，以体现注记与符号的同类性或和谐性，如水系注记与水系符号的青色体系，地貌注记与地貌符号的棕色体系等。另一方面，色彩在表达注记的层次关系方面也发挥着重要作用，如色彩的饱和度对比和明度对比常常被应用在注记层次的表达方面，重要的、等级高的符号配置高饱和度注记，次要的、低等级符号配置低饱和度注记。

4. 字隔

注记字隔指在一条注记中字与字之间的间隔。最小的字隔通常为0.2mm，而最大字隔不应超过字大的5~6倍，否则读者将很难将其视为是同一条注记。

地图上点状物体的注记用最小间隔；线状物体的注记可以拉开字的间隔，当被注记的线状对象很长时，可以重复注记；面状物体的注记视其面积大小而定，面积较小（其范围内不能容纳其名称）时，注记用正常字隔，排在面状目标的周围适当位置；面积大时，则视具体情况可拉开间隔，注在面状物体内部。因此，地图注记的字隔隐含所注对象的分布特征。

5. 字位

注记字位指注记的位置。注记摆放的位置以接近并明确指示被注记的对象为原则，通常在注记对象的右方不压盖重要物体（尤其是同色的目标）的位置配置注记，当右边没有合适位置时，也可放在上方、下方、左方。

6. 字向

字向分直立与斜立两种。若横划与图廓底边垂直，字头向上，称为直立；否则为斜立。地图注记中应用的斜立字向，往往随被说明要素走向而异，如街道名称注记、河流注记等。等高线高程注记的字头，规定朝向高处。地图上应避免倒立字向。

7. 字顺

字顺是指同一注记中各字的排列顺序。地图上的注记采用从左至右和从上而下的字顺，具体排列方式见图4-18的矢线方向。

四、地图注记配置

1. 地图注记排列方式

注记的排列有四种方式：水平字列、垂直字列、雁行字列和屈曲字列，如图 4-18 所示。

（1）水平字列：这是一种字中心连线平行于南北图廓（在小比例尺地图上也常用平行于纬线）的排列方式。地图上的点状物体名称注记大多使用这种排列方式。

（2）垂直字列：这是一种字中心连线垂直于南北图廓的排列方式。少数用水平字列不好配置的点状物体的名称及南北向的线状、面状物体的名称，可用这种排列方式。

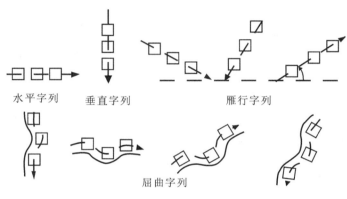

图 4-18　注记排列方式

（3）雁行字列：各字中心连线在一条直线上，字向直立或与中心连线呈一定夹角，通常应拉开间隔。字中心连线的方位角在±45°之间，字序从上往下排、否则就要从左向右排。平直的道路、湖泊大多使用这种排列方式，行政区划的表面注记也常采用这种排列方式。

（4）屈曲字列：各字中心连线是一条自然弯曲的曲线，该曲线同被注记的线状对象平行或垂直，字头朝向随物体走向而改变方向。河流和弯曲的道路常常采用这种排列方式。

总之，必须严格按照地物类型和相应的字列法则定位。地图注记布置方式能在一定程度上表现被注物体的分布特征。

2. 地图注记配置

地图注记的配置需要注意以下几点：

1）正确处理注记与被说明物体的关系

（1）注记的指向要明确。地图注记是对地图符号的说明与补充，注记应恰当地配置在被说明物体的周围或内部，指向需明确。

（2）间隔问题。注记与被说明物体的间隔不可太大，也不可太小，当字体大小在 2.0~6.0mm 之间时，间隔一般控制在 0.4~0.8mm。间隔过大，注记与被说明物体之间的关系过于松散，有可能造成注记的指向不明；间隔过小，则易造成粘连及阅读障碍等现象。当字体大于 6.0mm 时，间隔可适当放大。

（3）方位问题。注记配置在地物的什么方位取决于地物形态、阅读习惯及地物的周围环境。对点状符号而言，符号的右边是最佳位置，符号的上方、下方和左方是备选方位。线状符号的注记应沿着符号的延伸方向配置，一组注记应配置在符号的一侧。面状符号的注记一般配置在面状符号内部，当面状符号内部放不下时，移出至符号的旁边配置。

2）正确处理注记与其他内容的关系

当图面内容较多时，要正确处理注记与其他内容的关系，这包括注记与注记的关系、注记与其他符号的关系等。注意注记与注记之间不能压盖或粘连。注记与其它符号之间的关系视情况做相应处理，如注记与不依比例尺符号之间不能压盖或粘连；注记与同色的线状或面状符号之间不宜压盖或粘连，若需重叠表示，应对符号做相应处理，保证注记阅读的清晰性。

伴随着电子地图的出现，传统的地图注记已不再能满足地图设计者和用户的需求，产生了"地图标注"的概念。地图标注是地图注记自动化配置的一种表现形式，它通过地理要素属性表里的信息对地物进行自动标注，标注前通常对标注的位置进行批量设置。需要注意的是，批量设置的标注位置往往不能满足所有地物属性信息的表示，通常还需要对位置不合适的标注进行专门的修改和调整。

五、地图注记设计

地图注记的设计是地图设计的重要组成部分。要想使地图注记的设计达到理想的效果，首先要了解地图注记的特性。

1. 地图注记的特性

1）对象属性

地图注记是对地图符号的说明与补充，这显示了地图注记的对象属性。如居民地符号用于居民地的定位，其名称、行政等级则通过注记来体现。从形式上看，注记常常伴随着符号而存在，它们相辅相成，共同表达事物的不同属性。

2）分散性

地图上的文字不像报刊、书籍中的文字成段成篇，它们的一个显著特点就是分散性，这是注记的对象属性决定的。地物的纵横交错特征使得地图注记的设计比起文件形式的文字设计更复杂。地图注记设计的一个重要任务就是注记的排列组织，使得看起来似乎无序的注记变得有序。

3）层次性

从视觉的角度上来看，地图内容的表达是有层次的。内容重要程度的不同以及等级的高低都可以通过符号以及注记的层次感表达出来。如专题地图有专题要素和底图要素，通过符号、色彩和注记的层次设计使专题要素凸显出来，而使底图要素位于视觉的第二层面。

4）艺术性

地图语言的运用使地图内容的表达直观、形象，其中地图注记的作用功不可没，这些作用体现的是地图注记的艺术属性。地图注记的艺术属性主要通过注记的字体、字大和字色的设计表现出来。

2. 地图注记设计

地图注记设计主要体现在对注记固有特点(字体、字大和字色)的把握和地图注记的配置方面。

1) 注记字体的设计

我国使用的汉字字体繁多,地图上最常用的是宋体及其变形体(长宋、扁宋、斜宋),黑体及其变形体(长黑体、扁黑体、耸肩黑体),仿宋体,隶体,魏碑体及其他美术字体(见图4-19)。

字体		式样	用途
宋体	正宋	成都	居民地名称
	变体字	湖海 长江	水系名称
		山西 淮南	图名、区划名
		江苏 杭州	
黑体	粗中细	北京 开封 青州	居民地名称
	变体字	太行山脉	山脉名称
		珠穆朗玛峰	山峰名称
		北京市	区域名称
仿宋体		信阳县 周口镇	居民地名称
隶体		中国 建元	图名、区域名
魏碑体		浩陵旗	
美术体		台湾省	名称

图4-19 地图注记的字体

地图上用字体的不同来区分制图对象的类别,已形成习惯性的用法。

图名、区域名要求字体明显突出,故多用隶体、魏碑体或其他美术字体,有时也用粗黑体、宋体,或对各种字体加以艺术装饰或变形。

河流、湖泊、海域名称，通常使用左斜宋体。

山脉用右耸肩体，一般用中黑体。山峰、山隘等用长中黑体。

居民地名称的字体设计较为复杂，通常根据被注记的居民地的重要性分别采用不同字体，例如，城市用黑体，乡、镇、行政村用宋体，其他村庄用细黑体或仿宋体。当同时表示居民地的行政意义和人口数时，通常总是用注记的字体配合字大来表示其行政意义。

地图注记的字体设计应遵照明显性、差异性和习惯性的原则。明显性表示重要性的差别，差异性表示类（质）的差别，习惯性则主要考虑读者阅读的方便。

2) 注记字大的设计

地图用途和使用方式对字大设计有显著影响。对于最小一级的注记，桌面参考图可用 1.75～2.0mm，挂图则最少要用到 2.25～2.5mm。地图上最小一级注记的字大对地图的载负量和易读性均有重要影响，是设计的重点。最大一级注记在地图上数量较少，参考图上一般用到 4.25～5.75mm，挂图和野外用图上都可以适当加大一些。

为了便于读者清楚区分不同大小的注记，注记的级差之间至少要保持 0.5mm 以上。

过去的制图规范、图式、教材、参考书标注字大小都用级（k），字大 = $(k-1)\times 0.25$，单位为 mm。在计算机里，字大用"磅"（p）或"号"标记，每磅为 1/27 英寸，即 0.353mm。用号表示时通常分为 16 级，从大到小依次为初号及 1～8 号。其中初号及 1～6 号又分别分为两级，如初号、小初，六号、小六。一号字大为 8.5mm，到小六（2.0mm）每级以 0.5mm 的级差递减，七号字为 1.75mm，最小的八号字为 1.5mm，初号字为 6.5mm，小初为 11.5mm。

3) 注记字色的设计

字体的颜色起到增强分类概念和区分层次的作用。在普通地图上，通常水系注记用蓝色，地貌的说明注记用棕色，而地名注记通常都用黑色，特别重要的（区域表面注记或最重要的居民地）用红色。在专题地图上，注记的颜色明显地设计为两个层次，属于地理底图的内容注记常使用钢灰色（水系注记也可用蓝色）；需要重点表达的专题信息多采用高饱和度的彩色注记。

总之，地图的科学性、实用性和艺术性的体现离不开良好的注记设计。为使地图注记有良好的设计效果，设计者需要对地图注记的特性有充分的认识，在此基础上对地图注记诸要素进行全方位的把握。

六、地名的译写

地名译写指的是把地名从一种文字译为另一种文字的工作。在制图时经常遇到的情况是要把国外的或国内少数民族文字书写的地名译写成用汉字或汉语拼音字母书写的形式。

随着经济的发展和国际交往的增加，制图业务范围逐步扩大，地名方面的疑难问题也日益增多。因此，制图工作者必须认真地研究地名译写的问题。

地名译写既是一项科学任务，又有鲜明的政治性。地名常反映出地图作者的立场和观点。由于种种原因，国际上常对同一地名有多种不同的叫法，编图时采用哪一种是一个值得注意的问题。例如，世界最高峰"珠穆朗玛峰"，西方人都称为"埃弗勒斯峰"，但采用前一种符合中国政府的立场。因此，编图时如遇到这样的地名译写分歧，应认真查阅其背景资料，以便正确地选用和译写。

在地名译写时，经常出现的情况是一名多译。由于译写不准而造成混乱，其原因在于：

1) 没有统一的译写原则

过去我国没有专门的地名机构，引进外国地名的渠道很多，例如，新闻、出版、外交、外贸、邮电、文化交流等部门，他们根据自己工作的需要，经常引用和译写外国地名，但由于没有严密、统一的原则，有的音译，有的意译，有的音意混译，还有的节译，并没有约定什么条件下用何种译法，自然会造成混乱。

2) 汉语中的同音字过多

据统计，汉字的读音只有 1 299 个，声调归并后只有 417 个，而汉字则数以十万计，所以同音字很多。这就造成同一外语音节使用不同的近音字或同音不同义的字翻译，产生一名多译现象。例如，非洲有个地名叫 Cabinda，我国的不同部门就曾将其译成"喀奔达"、"卡宾达"、"卡奔达"等不同写法，就是同音字造成的。

这种情况在译写我国少数民族的地名时甚至更为严重。由于测绘人员对少数民族语的标准音不了解，当地居民讲的又不是标准音，译写更是五花八门。据统计，维吾尔语中的"小渠"在我国地形图中竟有 49 种译法，蒙古语中的"河"也有几十种译法。

3) 外国地名本身书写不统一

同一个地名在不同语种的外国地图上有各种不同写法。例如，瑞士的"日内瓦"，在外国地图上有 Geneve、Genf、Ginebra、Gineva 等多种写法，我国翻译地名时由于依据不同，也曾有过多种译法。

4) 用字不当

地名译写时，有的使用了含有贬义的字，编图时不能沿用，只好改用其他近音字，这也是造成不统一的原因之一。

为了译名的统一，在实践中逐渐形成了一些约定的原则，这些原则是：

1) "名从主人"

译写地名应以该地名所在国的官方语言所确定的一种标准书写形式为依据，不能依据别国赋予或转写的名称，例如，翻译意大利地名 Roma，不能采用英语或法语的 Rome，而应以意大利的正式写法为准进行译写。

对于使用多种语言的国家中的地名，译写时应以地名所在地区的语言或所在国家法定的语言为准。有两种官方语言的国家，其地名有两种不同语言称谓时，应以当地流行的称谓为正名，次要语言为副名。有的国家自己不生产地图，则应以该国通用的某一文种的地图为准来译写地名。

有领土争议的地区，双方有各自不同的地名时，根据我国政府的立场进行选译。我国政府没有明确立场时，可以正、副名的形式同时译出。

2) 专名以音译为主，意译为辅

一个地名可以含有专名、通名和附加形容词三部分。

专名指地名中为某地专有的部分，如北京市的"北京"为专名。通名指某类物体共有的部分，如"市"、"河"、"湖"、"山"等。附加形容词指附加的用以说明数量、质量、性质、颜色、方向等含义的部分，如"一"、"二"、"新"、"旧"、"黄"、"红"、"大"、"小"、"上"、"下"等。

音译是按原文的音找出具有相似读音的汉字组成地名。它的优点是读音相近，当地人容易听得懂。但由于世界上各种语言文字在发音上的复杂性，用汉字翻译外国地名在音准的程度上只能达到相近似，而且音译往往造成译名过长，不能准确表达词义。

意译是根据原文的含义翻译成汉字。它的优点是文字简短、能反映出词的含义。但由于世界上语种很多，地名的含义也不易搞清楚，因此意译也会给译写造成很多麻烦。

专名以音译为主，如"北京市"的专名译为"Beijing"；美国的"Rocky Mountain"中的专名译为"落基"。

具有历史意义的，国际上著名的、惯用的，以数字、日期或人名命名的，明显反映地理方位和特征的地名，有时也对专名进行意译，如"Great Bear Lake"译为"大熊湖"；"One Hundred and Two River"，译为"一〇二河"；"Rift Valley Province"译为"裂谷省"等。

3）通名以意译为主，音译为辅

通名同地图上的符号有对应关系，有明确的含义，如"市"、"河"等，一般都用意译。

有时通名也用音译，如俄语中的"град"，习惯上译为"格勒"，不译成"市"；蒙语中的"Gol"译为"郭勒"，不译成"河"。

用汉字译写少数民族语地名时，单纯音译往往使大部分读者不能领会其意，单纯意译又完全失去了原来的读音，当地人听不懂。所以，常用音意重译来补充，例如，"雅鲁藏布江"中的"藏布"是音译，"江"是意译。

4）地名中的附加形容词可以意译，也可以音译

附加形容词有的放在专名之前，有的放在通名之前。前者用来形容专名，多用意译，如"New Zealand"，译为"新西兰"；后者形容通名，多用音译，如"Great Island"，不译为"大岛"，而译为"格雷特岛"。

5）约定俗成地名的沿用

有些地名的译写明显不准确，但它们在社会上流传已久，影响较大，甚至在政府文件、公报中使用过。对于这些地名，如果没有政治方面的错误，可以沿用。如印度尼西亚的"Bandong"译为"万隆"，"MockBa"译为"莫斯科"，由于它们已为社会广泛接受，且又没有政治上的不妥，就没有改正的必要，可继续使用。

七、地名书写的标准化

地名标准化包括地名国际标准化和地名国家标准化两部分。

地名国际书写标准化是一项旨在通过地名国家标准化确定不同书写系统间相互转写的国际协议，使地球上的每个地名或太阳系其他星球上地点名称的书写形式获得最大限度的单一性。

据统计，世界上有2 000多种语言，如果加上方言、土语，种类更多。目前各国出版的，甚至同一语种不同版本的地图上，同一个地名的书写常不一致，更不用说不同语种了。

随着国际交往的增加，作为一种经常广泛使用的媒介，涉及的地名越来越多。由于缺

乏标准化，给工作带来很多不便。因此，地名标准化的工作在国内外都受到极大的重视。

1. 地名书写标准化的途径

为了解决地图上地名混乱的问题，我国各级政府的地名办公室、地名委员会和地名研究机构的专家做了大量工作，例如，制定外国地名汉字译写通则，编辑地名词典、地名手册、地名志甚至建立地名数据库。但这些工作常局限于某个区域或国内，没有得到世界公认。

地名书写标准化包括三个方面的内容：各国按自己的官方语言对国内地名确定一种标准的书写形式，使国内地名标准化；非罗马字母的国家提供一种本国地名的罗马字母拼写的标准形式，这称为单一罗马化；制定一部各国公认的转写法，以便将地名从一种语言文字译写成为另一种语言文字的形式。

我国是一个多民族的国家，各民族都有发展自己语言文字的自由，少数民族的地名都是有本民族的书写形式，但为了使地名书写达到标准化，首先要确定一种供译写的标准形式。汉语地名也要解决一地多名、一名多写、重名等许多问题，也要确定一种标准写法。

世界各国使用的文字各种各样，有的是拼音文字，有的是表意文字（如汉字），因此，很多国家的地名很难为不懂该国文字的人所认识，更谈不上正确的读音。为了共同使用地名，考虑到大多数国家都采用拼音文字，而且其中又以采用罗马字母的国家居多，联合国地名标准化会议决定采用罗马字母拼写作为国际标准。非罗马字母国家（像俄罗斯）也要提供一种罗马字母拼写地名的标准形式，称为单一罗马化。过去各国在译写外国地名时，都自行制定一套译写方法，各人各译，造成地名译写的不统一。为使地名译写达到标准化，就必须制订一套公认的、能为大家接受的译写方案。

2. 我国地名的国际译写标准化

1977 年联合国第二届地名标准化会议根据我国政府（代表团）的提议，通过了关于《用汉语拼音拼写中国地名作为罗马字母拼写法的国际标准》的决议。因此，我国地名只要达到只有一种标准的汉语拼音写法，各国在译写我国地名时以此为准，它也就成了一种国际标准化的书写形式。

中国地名分为汉语地名和少数民族语地名两类。汉语地名按照《中国地名汉语拼音字母拼写规则》拼写；蒙、维、藏等少数民族语地名按照《少数民族语地名汉语拼音字母音译转写法》拼写，其他习惯用汉语书写的少数民族语的地名按汉字书写形式及读音作为汉语地名拼写。

1）中国地名汉语拼音字母拼写规则

（1）分写和连写：

①由专名和通名构成的地名，原则上专名和通名分写。例如，太行/山（Tàiháng Shān），通/县（Tōng Xiàn）。

②专名或通名中的修饰、限定成分，单音节的与其相关部分连写，双音节或多音节的与其相关部分分写。例如，西辽/河（Xīliáo Hé），科尔沁/右翼/中旗（Kē'ěrqìn Yòuyì Zhōngqí）。

③自然村镇名称不区分专名和通名，各音节连写。例如，周口店（Zhōukǒudiàn），江镇（Jiāngzhèn）。

④通名已专门化的，按专名处理。例如，黑龙江/省(Hēilóngjiāng Shěng)，景德镇/市(Jǐngdézhèn Shì)。

⑤以人名命名的地名，人名中的姓和名连写。例如，左权/县(Zuǒquán Xiàn)，张之洞/路(Zhāngzhīdòng Lù)。

⑥地名中的数字一般用拼音书写。例如，五指/山(Wǔzhǐ Shān)，第二/松花/江(Dì'èr Sōnghuā Jiāng)。

⑦地名中的代码和街巷名称中的序数词用阿拉伯数字书写。例如，1203/高地(1203 Gāodì)，三环路(3 Huánlù)。

(2)语音的依据：

①汉语地名按普通话语音拼写。地名中的多音字和方言字根据普通话审音委员会审定的读音拼写。例如，十里堡(Shílǐ Pù)(北京)，大黄堡(Dàhuáng Bǎo)(天津)，吴堡(Wúbǔ)(陕西)。

②地名拼写按普通话语音标调。特殊情况下可不标调。

(3)大小写、隔音、儿化音的书写和移行：

①地名中的第一个字母大写，分段写的，每一段第一个字母大写，其余第一个字母小写。特殊情况可全部大写。例如，李庄(Lǐzhuāng)，珠江(Zhū Jiāng)，天宁寺西里一巷(Tiānníngsì Xīlǐ 1 Xiàng)。

②凡以 a、o、e 开头的非第一音节，在 a、o、e 前用隔音符号" ' "隔开。例如，西安(Xī'ān)，建欧(Jiàn'ōu)，天峨(Tiān'é)。

③地名汉字书写中有"儿"字的儿化音用"r"表示，没有"儿"字的不予表示，例如，盆儿胡同(Pénr Hútòng)。

④移行以音节为单位，上行末尾加短横线。例如，海南岛(Hǎi-nán Dǎo)。

(4)起地名作用的建筑物、游览地、纪念地、企事业单位名称的书写：

①能够区分专名、通名的，专名与通名分写。修饰、限定单音节通名的成分与其通名连写。例如，黄鹤/楼(Huánghè Lóu)，北京/工人/体育馆(Běijīng Gōngren Tǐyùguǎn)。

②不易区分专名、通名的一般连写。例如，501 矿区(501 Kuàngqū)，前进 4 厂(Qiánjìn 4 Chǎng)。

③含有行政区域名称的企事业单位名称，行政区域的专名和通名分写。例如，浙江/省/测绘局(Zhèjiāng Shěng Cèhuìjú)，北京/市/宣武/区/育才/学校(Běijīng Shì Xuānwǔ Qū Yùcái Xuéxiào)。

④起地名作用的建筑物、游览地、纪念地、企事业单位等名称的其他拼写要求，参照本规则相应条款。

(5)附则：

各业务部门根据本部门业务的特殊要求，地名的拼写形式在不违背本规则基本原则的基础上，可作适当的变通处理。

2)少数民族语地名的音译转写法

过去翻译少数民族地名时，通常采用先按民族语的语音翻译成汉字，再给汉字注音的方法。由于音译时对少数民族语听、读不准，加上有些音无对应的汉字表达，译出的地名

第四章 地图语言

很难同原音一样。再加上民族语中又有自己的方言土语，就更难确定其标准译音了。

在多年翻译实践的基础上，我国的地名工作者为少数民族语地名的翻译制订了一种"音译转写法"。转写是在拼音文字之间、经过科学的音素分析对比，采用音形兼顾的原则，由一种字母形式转变为另一种字母形式。把少数民族语地名不经过汉字，直接译写为汉语拼音的形式，大大改善了少数民族语地名的翻译工作。

我国少数民族语的文字多是拼音的，而汉字是表意的，但其注音是标准的罗马字母系列，在翻译时既可音译，也可转写。用汉字表达时只能音译，用汉语拼音表达时音译转写地名只是文字形式的转变，翻译时通常是"重形轻音"，即按字母形式对译而不去考虑其读音差别。在特殊情况下，例如，文字和口语明显有脱节时，也可以"从音舍形"。

有些少数民族在改革和创造文字时，已经是在汉语拼音的基础上设计字母。这样，从形的角度来看，转写就变得很容易。

还有些少数民族语地名的书写形式和口语是脱节的，如果按形转写就会脱离实际，这时就应舍形从音。例如蒙古语地名"乌兰诺尔"，按现行蒙文逐个字母转写应为"Ulagan Nagur"，这样与口语相去甚远，在转写时照顾到发音则译为"Ulaan Nur"或"Ulaan Nur"，这样同口语更接近。

使用音译转写法翻译少数民族地名比起用汉字注音至少有两个明显的优点，一是不会一名多译，二是原语读者可以辨意，异语读者会感到简洁易读。例如，维语地名中的"小渠"，在汉语注音时曾有过 92 种译法，转到汉字注音也有 30 多种，而用音译转写就只有一种写法"erik"。

我们用两个蒙语地名作比较，看看几种译写方式的结果，见表 4-3。

表 4-3　　　　　　　　　　几种译写方式

意译	沙的冬营地	后头岭的东(左)尖(顶)
音译转写	Elest Oblju	Qulut Dabayin Jun Gojgor
汉字译音	额勒沙图沃布勒卓	楚鲁特达巴音珠恩高吉格尔
汉字注音	Eleshatu Wobule Zhuo	Chulutedabayinzhu'engaojige'r

从表 4-3 中可以看到，采用音译转写法，第一个地名用 10 个字母，分为两段；第二个名用 21 个字母，分为 4 段，易认、易读、易记。采用汉字译音后再注音，第一个地名用 18 个字母，第二个地名用 27 个字母加两个隔音符号，连成一长串，既不易读，又难记。

采用音译转写的地名，少数民族可以辨意，读起来容易，叫起来亲切，很受少数民族欢迎。

3. 我国的地名标准化

地名工作是一项政治性、政策性、科学性很强，涉及面很广的工作。它关系到国家的领土主权和国际交往，关系到民族团结和人民群众的日常生活。过去的地名混乱给国家的内政、外交、国防、经济建设和人民生活带来许多不便。为了克服地名混乱现象，根据

1979 年我国第一次全国地名工作会议的要求，由各级政府的地名办公室主持，在全国范围内开展了地名普查工作，并在此基础上进行了地名标准化，编制了地名图、地名志等。

地名普查是按照统一计划、步骤和要求，对我国疆域内的各种地名进行社会性的调查和研究，根据普查结果建立表、卡、文、图等地名资料。

普查一般以县为单位，利用 1∶5 万地形图对地名逐个调查，对地名的标准名称、位置、地名来历、含义、历史沿革和地名与社会、经济、文化、自然地理等有关情况作一次全面彻底的调查。将历史上遗留下来的有损我国尊严和领土主权的地名，对妨碍民族团结的地名，对违背国家方针政策的地名，对有名无地、有地无名、重名、不规范、不标准的地名和少数民族语地名音译不准、用字不当的，经过调查分析，根据国务院关于《地名命名、更名的暂行规定》和中国地名委员会的相关要求，进行地名标准化处理。完成地名表、地名卡片的制作，必要时还要配上相应的文字说明。

（1）地名表：经过调查、审定的全部地名，按一定顺序排列成表、装订成册。表内包括汉字地名、汉语拼音和经纬度。对少数民族语地名要填写民族文字及其含义。

（2）地名卡片：填入卡片的内容有居民地的行政名称和自然名称，少数重要的自然村名和较重要的地理实体等，还应附有地名来历、演变等简要说明。

（3）文字资料：重要地名除了填写地名卡片以外，还要介绍地名概况，如乡以上的行政区域及中心，有名的水库、大型工程、重点保护文物和重要自然地理实体等的名称，都要有相应的文字说明资料。

在地名调查的基础上，编制地名图、地名录及地名词典。

（1）地名图：用地图的形式直观地表示已标准化的地名。

（2）地名录（志）：按一定体系和选取指标编辑的集中表示标准地名的工具书。其基本内容包括：地名的汉字名称，汉语拼音，民族语地名的民族语写法，地名类别，所属省、县，地名所在的地理位置。

（3）地名词典：地名词典阐释汉语地名、民族语地名、地名罗马字母拼写以及地名由来、含义、起源、演变及沿革等地名学所涉及的全部信息和简要叙述地名所代表的地理实体的主要特征。它是按名立条供查考的工具书。地名词典应完备、稳定和正确，地名规范、标准，释意简明扼要。

根据以上资料，在有条件的地方建立地名数据库。

第五章　地图内容的表示方法

第一节　普通地图自然地理要素的表示

这里的普通地图内容的自然地理要素主要指水系、地貌、土质植被等地理要素。

一、海洋要素的表示

近几十年来，由于科学技术的发展，加速了海洋资源的开发和利用，海洋方面的内容越来越受到人们的重视，许多沿海国家意识到海洋经济的重要性，纷纷起来保卫自己的领海权，扩大领海范围或划定专属经济区。海洋经济，又称蓝色经济，现代蓝色经济包括为开发海洋资源和依赖海洋空间而进行的生产活动，以及直接或间接为开发海洋资源及空间的相关服务性产业活动，这样一些产业活动而形成的经济集合均被视为现代蓝色经济范畴。因此，对地图上详细表示有关海洋方面内容的要求日益提高。所以，把海洋要素作为普通地图上的一项单独要素来讨论。

普通地图上表示的海洋要素，主要包括海岸和海底地形，有时还要表示海流及流速、潮流及流速、海底底质、冰界及有关海上航行方面的标志等。对于地理图，表示的重点是海岸线及海底地形。

1. 海岸的结构、分类及表示

1）海岸的结构

由于海水不停地升降，海水和陆地相互作用的具有一定宽度的海边狭长地带称为海岸。海岸系由沿岸地带、潮浸地带和沿海地带三部分组成（图5-1）。

（1）沿岸地带：亦称后滨，它是高潮线以上狭窄的陆上地带，是高潮波浪作用过的陆地部分，可根据海岸阶坡或海岸堆积区等标志来识别。依据地势的陡缓和潮汐的情况，这个地带的宽度可能相差很大。

（2）潮浸地带：是高潮线与低潮线之间的地带。高潮时淹没在水下，低潮时出露水面，地形图上称为干出滩。沿岸地带和潮浸地带的分界线即为海岸线，它是多年大潮的高潮位所形成的海陆分界线。

（3）沿海地带：又称前滨。它是低潮线以下直至波浪作用的下限的一个狭长的海底地带。

2）海岸的分类

根据形态结构、地壳运动和外力作用等各方面的综合标志，可将我国海岸分为三类，即

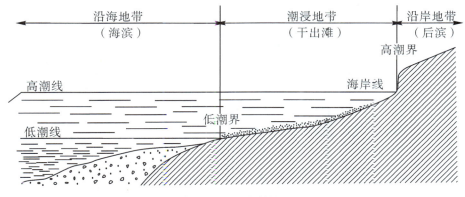

图 5-1 海岸结构

(1) 沙泥质海岸：

后滨低平的沙泥质堆积海岸，主要分布在我国东部大平原的前缘，在东南沿海和南海沿岸也有小段分布。

(2) 基岩海岸：

海岸由岩石组成，共同的特点是岸线曲折，有众多的岛屿和深入的海湾。浙、闽、粤、桂的绝大部分海岸，山东半岛、辽东半岛的部分岸段以及台湾东海岸等都属于基岩海岸。由于具体岸段的岩石组成、地形结构和动力条件的差异，又可分为基岩侵蚀海岸、基岩沙砾质堆积海岸、港湾式淤泥质海岸和断层海岸等。

(3) 生物海岸：

由于某种生物的作用所形成特殊的海岸形态。这种海岸主要包括珊瑚礁海岸和红树林海岸。

3) 海岸的表示

在地形图上显示海岸的主要内容及方法如下（图 5-2）：

表示海岸线要反映海岸的基本类型及特征，泥沙质海岸的岸线应以柔和的弯曲反映其岸线平缓、圆滑的图形特点；岩质海岸的岸线应用带棱角转折的曲线反映其岸线生硬、曲折的图形特点，通常都是以 0.15mm 蓝色实线来表示。低潮线一般用点线概略地绘出，其位置与干出滩的边缘大抵重合。

潮浸地带上各类干出滩是地形图上表示海岸的重点。它对说明海岸性质、通航情况和登陆条件等很有意义。地形图上都是在相应范围内填绘各种符号表示其分布范围和性质。

在海岸线以上的沿岸地带，主要通过等高线或地貌符号来显示，只有无滩陡岸才和海岸线一并表示。

至于沿海地带，主要表示沿岸岛屿、海滨沙嘴、岛礁、潟湖和海底地形等，注意反映泥沙质海岸的沙嘴、沙堤、沙坝的方向。

图 5-2 是海岸在地形图上的表示法，大致说明上述内容和所使用的符号等。

小比例尺地图上海岸的表示也大同小异。主要不同在于：为了使陆地与海部区分明显，常常将海岸线加粗到 0.2~0.25mm，但有时为了强调岸线的细部特征，又允许用变线

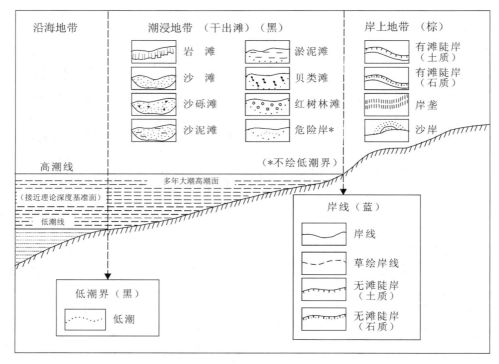

图 5-2 海岸在地形图上的表示

划的方法适当改变岸线符号的粗度，以便真实地描绘出沙嘴、小岛、潟湖等的形状；对于潮浸地带上的干出滩表示得较为概略，例如，只区分表示岩岸、沙岸、泥岸等几类，范围也更概略。

2. 海底地貌的表示

1）海水的深度基准面

在我国的普通地图和海图上，陆地部分统一采用 1985 年国家高程基准，即根据青岛验潮站的验潮资料计算出来的平均海水面作为起算自下而上计算，而海洋部分的水深则是根据"深度基准面"自上而下计算的。

深度基准面是根据长期验潮的数据所求得的理论上可能最低的潮面，也称"理论深度基准面"。

地图上标明的水深，就是由深度基准面到海底的深度。

海水的几个潮面及海陆高程起算之间的关系，可以用图 5-3 来说明。

理论深度基准面在平均海水面以下，它们的高差在海洋"潮信表"中"平均海面"一项下注明。例如，"平均海面为 1.5m"，即指深度基准面在平均海水面下 1.5m 处。

海面上的干出滩和干出礁的高度是从深度基准面向上计算的。涨潮时，一些小船在干出滩上也可以航行，此时的水深是潮高减去干出高度。海图上的灯塔、灯桩等沿海陆上发光标志的高度则是从平均高潮面起算的。因为舰船进出港或近岸航行，多选在涨高潮的时间。

从以上叙述可知，海岸线并不是 0m 等高线，0m 等高线应在海岸线以下的干出滩上

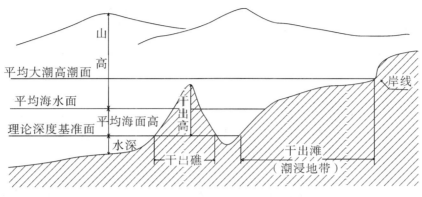

图 5-3 潮面及海、陆高程起算示意图

通过;海岸线亦不是 0m 等深线,0m 等深线大体上应该是干出滩的外围线(即低潮界符号),它在地图上是比海岸线更不易准确测定的一条线。实际上,只有在无滩陡岸地带,海岸线与 0m 等高线、0m 等深线才重合在一起。一般情况下,由于 0m 等高线同海岸线比较接近,地图上不把它单独绘出来,而用海岸线来代替。只有当海岸很平缓,有较宽的潮浸地带,且地图比例尺比较大时,才要绘出 0m 等高线,至于 0m 等深线,则一般都用低潮界来代替。

2)海底地貌的分类

在内外营力的长期作用下,海底地貌十分复杂多样。海底的平均深度为 3 800m,最深达 11km,比陆地的最高高程还要多 2 000 多米。根据地貌的基本轮廓,海底可以分成三个大区:大陆架、大陆坡和大洋底。图 5-4 是陆海地势示意图,图上并用柱状图表统计了各级陆地(高度)和海洋(深度)所占面积的百分比。

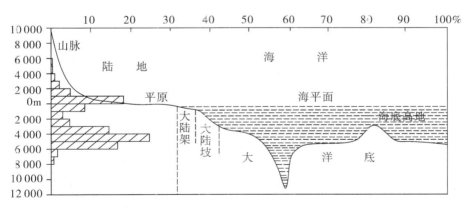

图 5-4 陆海地势示意图

(1)大陆架:

大陆架又称大陆棚、大陆台、大陆浅滩。它是自陆地边缘的低潮线向海洋延伸到坡度发生明显变化的地方的浅海区。一般深度在 0~200m,宽度不一,从几公里到几百公里。

大陆架约占海底总面积的8%，整个大陆架坡度平缓，但大陆架上的地形起伏却非常复杂，特别是沿海地带，海底地形多半是陆地地形在海中的延续，有一系列的沙洲、浅滩、礁石、小丘、垅岗、洼地、溺谷、扇形地和平行于海岸的阶状陡坎等。由于这一部分海水浅，成为目前海洋资源开发的重点。

(2) 大陆坡：

大陆坡又称大陆斜坡。它是由大陆架向大洋底的过渡地带，平均宽度约70公里，一般深度在200~2 500m，占海底总面积的12%。大陆斜坡坡度较大(平均坡度3°~5°，最大坡度达20°以上)，并被海底峡谷切割得较破碎。

(3) 大洋底：

大洋底又称大洋盆地，即指大陆坡以下的海底部分。这是海洋的主体，占海底总面积的80%。大洋底一般深度为2 500~6 000m。一般来说，地形起伏较小，但也有巨大的海底山脉、海沟等，海底山脉和海沟将大洋底分割成许多盆地。大洋底的地貌与大陆架上的地貌相比，规模要大得多，这些地貌多属内力作用的产物，其中包括海原、海底山脉、海沟、海盆、海岭、海山等。

3) 海底地貌的表示

海底地貌可以用水深注记、等深线、分层设色和晕渲等方法来表示。

(1) 水深注记：

水深注记是水深点深度注记的简称，水深是从深度基准面起算的，许多资料上还称水深。它类似于陆地的高程点。

海图上的水深注记有一定的规则，普通地图上也多引用。例如，水深点不标点位，而是用注记整数位的几何中心来代替；可靠的、新测的水深点用斜体字注出，不可靠的、旧资料的水深点用正体字注出；不足整米的小数位用较小的字注于整数后面偏下的位置，中间不用小数点。图5-5是海图上用水深注记表示海底地貌的示例，普通地图上也可参照这些原则用水深注记表示海底地貌。

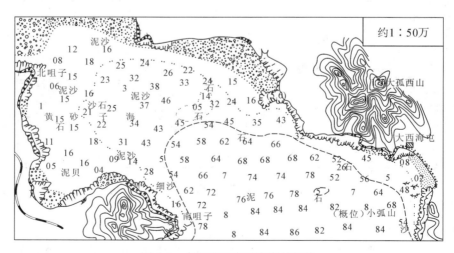

图5-5　水深注记表示海底的起伏

海图上水深注记的精度随海洋深度不同有不同的要求，表 5-1 是海图上深度注记的精度要求，可作为普通地图上表示水深注记的参考。

表 5-1　　　　　　　　　　海图上深度注记的精度要求

水深(m)	注记精度(m)	注记样式	数据处理精度要求
0~5	0.1	3₈	保留分米，不化整
5~20	0.2	16₈	向深度减少方向化为偶数分米
20~25	0.5	21₅	0.9~0.3 化为整米，0.4~0.8 化为 0.5m
>25	1.0	36	分米数只舍不进

过去的地图上，水深注记通常作为表示海底地形的一种独立方法出现，但是，它所表示的地形难以阅读，即使有相当专业素养的人要据此判断海底地形的起伏也十分困难。所以，等深线被采用之后，水深注记往往只是作为一种辅助的方法使用。

(2) 等深线：

等深线是从深度基准面起算的等深度点的连线。17 世纪末，法国人首先用于城市地图的河床的表示。

等深线的形式有两种：一种是类似于境界的点线符号，有称"花线"的，另一种是通常所见的细实线符号。

用点线符号表示等深线是世界上大部分国家及我国的海图所采用的形式。它是根据不同的深度而用不同的点线组合而成，图 5-6 即是我国海图上所用的等深线符号式样，其优点是直观，缺点是难以绘制。

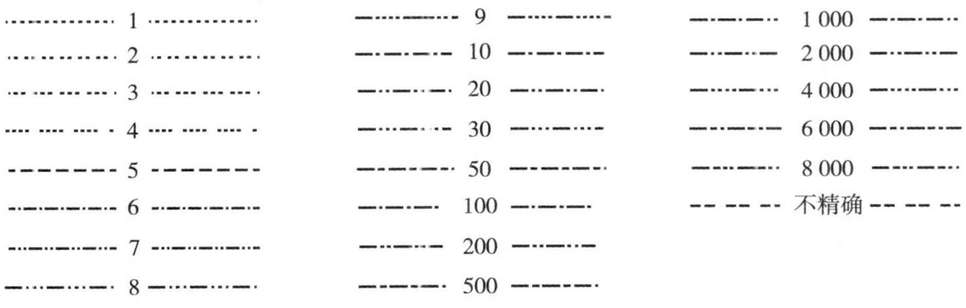

图 5-6　我国海图上的等深线符号

我国的普通地图上用细实线表示的等深线还往往配合水深注记显示海底地貌，水深注记注至整米，等深线需加注记，注记字头指向浅水处。我国过去的海图和一些别的国家的海图上采用此法。其优点是易绘并有利于详细表示海底地貌，缺点是要配合以等深线注记才能阅读。

也有一些国家的地图上同时采用两种类型的符号来描绘等深线，即用点线符号表示深度较浅海域的等深线，用实线符号表示较深海域的等深线。

(3) 分层设色：

分层设色是与等深线表示法相配合可以较好地表示海底地貌。分层设色是在等深线的基础上每相邻两根等深线(或几根等深线)之间加绘颜色来表示地貌的起伏。通常，都是用蓝色的不同深浅来区分各层的。有的地图上等深线不另印颜色，而依靠相邻两种不同蓝色的自然分界来显示。

(4) 晕渲：

海底地貌除配合分层设色采用晕渲法以外，有时(特别是较小比例尺地图)还单独使用晕渲法来表示。

海底地貌的分层设色和晕渲表示法，同陆地地貌的表示没有本质的差别，将在陆地地貌表示中作进一步介绍。

二、陆地水系的表示

陆地水系是指一定流域范围内，由地表大大小小的水体，如河流的干流、若干级支流及流域内的湖泊、水库、池塘、井泉等构成的脉络相适的系统，简称水系。

水系对自然环境及人类的社会经济活动有很大影响。

水系在国民经济中起着巨大的作用。它提供人们生活的水源，水又是农业灌溉和工业生产不可缺少的条件，而且还是一种动力资源，水运则是交通运输的重要组成部分。在军事上，水系物体的障碍作用尤为突出，水系物体通常可作为防守的屏障，进攻的障碍，也是空中和地面判定方位的重要目标。

水系对反映区域地理特征具有标志性作用，水系对地貌的发育、土壤的形成、植被的分布和气候的变化等都有不同程度的影响，对居民地、道路的分布，工农业生产的配置等也有极大的影响。因此，水系在地图上的显示具有很重要的意义。

在编图时，水系是重要的地性线之一，常被看做是地形的"骨架"，对其他要素有一定的制约作用。

水系包括以下四类物体：河流、运河及沟渠；湖泊、水库及池塘；井、泉及贮水池；水系的附属物等。

1. 河流、运河及沟渠的表示

1) 河流的分类

河流的分类方法有很多，从制图的角度来说，较多的采用水流的动力状况和河流的发育阶段两个标志。

河流按水流的动力状况分为：山地型河流、过渡型河流和平原型河流。

河流按其发育阶段分为：幼年河、壮年河和老年河。

实际上这两种分类是相互联系和相互补充的。

山地型河流：多为幼年河。这种河流水流急，落差大，河流纵剖面尚未形成光滑的曲线，多急流、险滩。河流以下切作用为主，河流的走向、弯曲与河谷一致，河道平直，少弯曲，特别是少小弯曲。

过渡型河流：多为壮年河。这种河流的水流较多地保持山地河流的特征，但河流的旁蚀作用有了很大的加强，河谷比较宽阔，河床仅占河谷的一部分，河流在谷地中摆动，河谷中出现了许多沉积物,河流弯曲与谷地弯曲不太一致,不过河流的弯曲仍多属简单弯曲,只少数地段开始发育汊流。

平原型河流:相当于壮年河和老年河。这种河流形成于平坦地区,河流纵坡面坡度极小,流水侵蚀作用减弱,堆积作用旺盛,在平坦的谷底,有宽阔的河漫滩,河曲、汊流、辫流、牛轭湖等形态大量出现,河漫滩往往被沼化。

一条大河往往上游具有山地型河流的特征,中间为过渡型河段,至下游成为平原型河流。但有的河流发源于高原,因而上游平缓多弯曲,呈现壮年或老年河的特征,中游流经山地却成为山地型河流。了解河流的这些特征,对于在地图上正确表达它们是很有意义的。

运河与沟渠皆为人工开挖的水道,前者可以通航,后者只用于农田水利。它们只有规模大小(长度和宽度)之别。

2)河流、运河及沟渠的表示

河流、运河及沟渠在地图上都是用线状符号来表示的。

(1)河流的表示:

地图上通常要求表示河流的大小(长度及宽度)、类型、形状和水流状况。

河流的岸线是指常水位(一年中大部分时间的平稳水位)所形成的岸线(制图上称水涯线)。当河流较宽或地图比例尺较大时,用水涯线符号(蓝色的细实线)正确地描绘河流的两条岸线,水域用浅蓝色表示,称为双线河。河流的岸线是指常水位(一年中大部分时间的平稳水位)所形成的岸线,如果雨季的高水位与常水位线相差很大,在大比例尺地图上还要求同时表示高水位岸线,用棕色虚线来表示。

时令河又称间歇河,系季节性有水或断续有水的河流,即雨季有水,旱季无水的河流,地图上用蓝色虚线表示。消失河段系河流流经沼泽、沙地或沙砾地时河床不明显或地表流水消失的河段。一般多见于山前洪积、冲积扇和沼泽地区,地图上用蓝色点线表示。雨后有水的河道叫干河床,属于一种地貌形态,用棕色虚线符号表示。

由于地图比例尺的关系,地图上大多数河流只能用单线来表示,这时,可以理解为河流的两条岸线合拢在一起,形成一个新的符号——单线河,从符号的宽度来说是不依比例的,而符号的长度仍然是依比例的。用单线表示河流时,符号由细自然地过渡到粗,可以反映出河流的流向,同时还能反映河流的长度和形状,区分出主支流,但其宽度无法直接反映出来。因此,地形图上必要时用加注说明注记的方法指明河宽。

根据一般印刷(打印)的可能性,地形图上单线河从上游到下游通常都绘成由细(0.08或0.1mm)到粗(0.4或0.5mm)的符号,而不管实地上这条河流的下游是否一定比上游要宽。单双线符号相应于实地的宽度可见表5-2。

表5-2　　　　　　　　单双线符号相应于实地的宽度表

图上宽	实 地 宽				
	1:5 000	1:10 000	1:25 000	1:50 000	1:100 000
0.1~0.5mm 单线	2.5m 以下	5m 以下			
0.1~0.4mm 单线			10m 以下	20m 以下	40m 以下
双　线	2.5m 以上	5m 以上	10m 以上	20m 以上	40m 以上

用说明注记和符号表示河宽、水深、流速、流向和河底性质等水文信息。用分数式表示河宽、水深，分子表示河宽，分母表示水深，并同时注出河底性质；流向用箭头符号表示，一般符号长 5~8mm，在箭头上加注流速注记。

0.4mm 的河宽，对于中小比例尺地形图来说，相应于实地河宽的数字已相当大了，例如，对于 1∶50 万地图，0.4mm 相当于实地 200m，这时，若仍然规定 200m 以上的河流才绘成双线，就可能使大多数河流只能用单线来表示，这样就降低了河流应有的明显性。在这种情况下，可以补充规定：实地宽 100m 以上的河流扩大绘成双线，即实地河宽 100~200m 的河段都绘成 0.4mm 的"不依比例尺表示的双线河"（又称记号性双线河）。其形式是双线河，但并不表示真实宽度和形状，符号意义和单线河相同（图 5-7），这时需要在图上加注河宽。

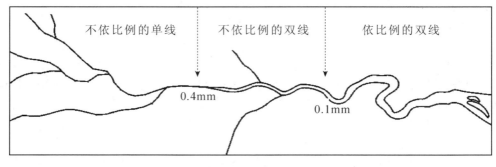

图 5-7　河流符号

在一些小比例尺地图上，为了在不过多地夸大河流宽度的情况下，使河流符号显得生动突出，并能真实地反映河床的收缩和扩大、河中汊道和河心岛，双线河符号一般多采用涂实深蓝色（与不依比例尺单线颜色相同）表示，称为真形单线符号（图 5-8）。

图 5-8　真形单线河段符号

在小比例尺地图上，河流有两种表示方法：一是不依比例尺单线符号配合不依比例尺双线和依比例尺的双线；二是不依比例尺的单线配合真形单线符号。

在不依比例尺单线配合不依比例尺双线和依比例尺双线符号系统中，不依比例尺单线符号，其宽度从河源向下游逐渐加粗，具体宽度根据地图的不同用途而异。表 5-3 是单线河粗度的参考数字。

表 5-3　　　　　　　　　　　　　　单线河粗度

地图类型	科学参考图	普通挂图
符号粗/mm	0.1~0.4(0.5)	0.15~0.6

不依比例尺的双线河符号在形式上是双线，但宽度不依实地宽度变化，而是根据地图表示的需要逐步过渡到依比例的双线符号。

小比例尺地图和地形图相比，河流表示的主要差别就在于不依比例尺表示的双线河段，它是从单线到依比例尺双线的过渡性质的符号。

在不依比例尺的单线配合真形单线的表示方法中，不依比例尺的单线直接过渡到真形单线。

单线真形符号也有依比例和不依比例之分。图上河流完全依实地缩小表示的即为依比例真形符号，多用在科学参考地图或地图集中；图上河流符号虽与实地相似但宽度是按比例有所放大的，称不依比例的单线真形符号，它是挂图（尤其是中、小学教学挂图）上常常采用的表示法。

单线真形符号不是示意性的、渐变的，而是根据实地河床的收缩和扩大来表示的，汊流中间的陆地或河心岛用空白表示。这种方法可以比较自然地处理过渡性河段，并使图形生动而真实感强。

（2）运河及沟渠的表示：

运河及沟渠是人工修筑的，供调水、航运、灌溉、引水和排水用，比较整齐、平直，转变处的转折明显。按比例尺表示的运河、沟渠，用蓝色平行双线表示，水域用浅蓝色。不按比例尺表示的，用等粗实线表示；运河在小比例尺地图上有时还用特有的线状符号表示。表 5-4 列举了地形图上运河及沟渠的分级表示法。

表 5-4　　　　　　　　　　　　运河及沟渠宽度分级表示

图上宽	实 地 宽				
	1∶5 000	1∶10 000	1∶25 000	1∶50 000	1∶100 000
0.15mm 单线			5m 以下	10m 以下	20m 以下
0.2mm 单线	1m 以下	3m 以下			
0.3mm 单线			5~10m	10~20m	20~40m
0.5mm 单线	1~3m	3~5m 以下			
双　线	3m 以上	5m 以上	10m 以上	20m 以上	40m 以上

运河和沟渠随地图比例尺缩小，表示得更概略了。在小比例尺地图上，最多只能用单线符号来表示。运河和沟渠不管是双线还是单线，都是用硬线条或直线来表示。南水北调工程用运河符号表示。

2. 湖泊、水库及池塘

1) 湖泊、水库及池塘的分类

湖泊的分类标志很多，通常有：湖泊与河流的联系，湖水的存贮情况，湖泊的成因，湖水的性质等。

根据湖泊与河流的联系，可将湖泊区分为死水湖、活水湖、进水湖和排水湖。

按湖水的存贮情况，可分为常年湖与时令湖。

按湖泊的成因，可分为构造湖、火山湖、河成湖、海成湖等。

按湖水的性质，可分为淡水湖、咸水湖及苦水湖。池塘如果要分类，可区分为自然的和人工的(如桑基鱼塘、蔗基鱼塘等)两类。

水库只有规模大小之分，通常根据贮水量等标志分为大、中、小型三类，类下还可分级。

2) 湖泊、水库及池塘的表示

湖泊、水库及池塘都属于面状分布的水系物体，不仅能反映环境的水资源及湿润状况，同时还能反映区域的景观特征及环境演变的进程和发展方向。水库是为饮水、灌溉、防洪、发电、航运等需要建造的人工湖泊。由于它是在山谷、河谷的适当位置，按一定高程筑坝截流而成的，因此在地图上表示时，一定要与地形的等高线形状相适应。

湖泊和池塘往往只是规模大小的差异，而没有实质性的区别；水库则因有堤坝以及同等高线相适应的特殊形状，很容易被区分出来。地图上皆用蓝色水涯线配合水部浅蓝色来区分陆地和水部；季节性有水的时令湖的岸线不固定，常用蓝色虚线配合水部浅蓝色来表示，湖泊和池塘的水质，可用注记(如"咸"、"盐")加以区分咸水和盐水，淡水不加注记。在水部印有颜色的多色地图上，湖水的性质往往是借助水部的颜色来区分。例如，一般用浅蓝色、浅紫色和深紫色分别表示淡水、咸水和盐水，也有用蓝色的不同深浅区分湖水的性质。图5-9是湖泊和池塘的表示示例。

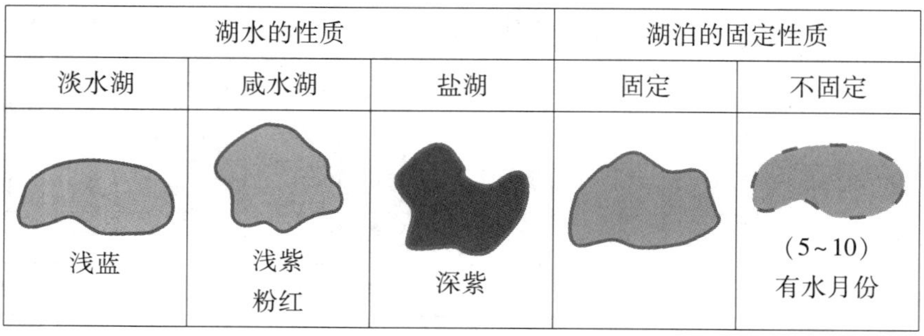

湖水的性质			湖泊的固定性质	
淡水湖	咸水湖	盐湖	固定	不固定
浅蓝	浅紫 粉红	深紫		（5~10） 有水月份

图 5-9 湖泊和池塘的表示

有些国家的地图，为了突出起见，也有用红色网点来显示盐水湖水部；用等深线表示湖泊、水库及池塘的水深。

在地图上,通常是根据水库大小设计不同的符号来表示。当水车能依比例表示时,用水涯线配合水坝符号显示;当不能依比例表示时,改用记号性水库符号表示(图5-10)。

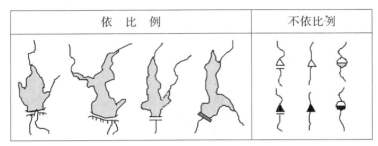

图 5-10　地图上常见的水库符号

3. 井、泉及贮水池

这些水系物体形态都很小,在地图上只能用蓝色记号性符号表示分布的位置,有的还加有关性质方面的说明注记等,如泉加注记:矿、温、间、毒、喷等说明泉水的性质。井、泉虽小,但它却有不容忽视的存在价值。在干旱区域、特殊区域(如风景旅游区)尤为重要。

4. 水系的附属物

水系的附属物包括两类:一类是自然形成的,如瀑布、跌水等;另一类是附属建筑物,如渡口、徒涉场、跳墩、水闸、船闸、滚水坝、拦水坝、加固岸、码头、停泊场、防波堤、制水坝等。

这些物体在地形图上,有的能用半依比例尺的符号来表示,有的则完全是不依比例尺的符号。

自然形成的附属物,图上一般都用蓝色符号;人工建筑的水系附属物,如与水涯线联系密切的(停泊场等)一般用蓝色符号;其他用黑色符号。

在小比例尺地图上,水系的附属物则多数不表示。

三、地貌的表示

地貌是普通地图上最主要的要素之一,是在空间上的呈体状连续分布的自然要素。在地图各要素中,地貌影响和制约着其他要素的特点和分布。例如,地貌的结构在很大程度上决定着水系的特点和发育,地貌的高度可以影响气候的变化和植物的分布。居民地的建筑和分布明显地受到地表形态的制约,通常在平坦地区的居民地大而稠密,山区的居民地则小而分散;平坦地区居民地多均匀密布,山区居民地则多沿谷地及分水岭分布。平坦地区高等级道路多而平直,山区高等级道路少而多弯曲。

地貌在地图上的正确表示,对于国灵经济建设有着十分重要的意义。例如:铁路、公路、水库、运河等的勘测设计和施工;地质部门根据图上所显示的地貌来填绘地质构造、岩层性质,用于寻找和开挖矿藏,水利部门利用图上表示的地貌制定水利规划和进行水利施工，等等。凡此种种，无一不与地貌发生密切的联系。

地貌在图上的表示，对军事也有极重要的意义。它是研究敌我双方战略部署和战斗行动的重要条件之一，部队运动、阵地选择、工事构筑、火器配置、隐蔽伪装、前沿观察等都受到地形的影响。就是在信息化战争的条件下，地貌对军事行动也同样具有重要的意义。

地图上显示地貌的重要性，促使人们不断地去寻求和改进地貌在地图上的表示方法。从最早的写景符号概略地表示山地分布，到现在仍被公认为精确而便于量算的等高线法表示地貌，其间经历了几个世纪的探索和实践。

在二维平面上，只能用相应的线状和面状符号加以表示。到了数字地图时代，有了虚拟现实技术，使地貌表示真正实现了真三维并具有可交互性。

地图上地貌的表示方法主要有：写景法、晕渝法、晕渲法、等高线法、分层设色法和地景仿真法。

1. 写景法

以（绘画）写景的形式概括地表示地貌起伏和分布位置的地貌表示法，称为写景法，又称透视法。写景法的特点是近大远小、近清晰、远模糊，适合于描绘任意区域。它是一种古老而质朴的地貌表示法。

在18世纪以前，写景法为中外各国所广泛采用，虽然形式不同、风格各异，但都属于示意性的表示法，而且成为当时地图上表示地貌的唯一方法。

马王堆三号汉墓出土的我国两千多年前的地图上，就有了这种写景法的最初的简单形式，以后逐步变为立体写景画法，许多地图都大同小异地运用了这种形式表现地貌。

15~18世纪，西欧的许多地图上，所采用的地貌显示法则是比较完善的透视写景法。用此法描绘的地貌，具有近大远小的透视效果（图5-11）。

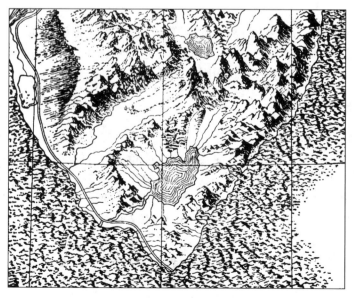

图5-11　西欧地图上的地貌写景法

古老的、示意性的地貌表示法，远不能适应现代用图的需要，所以等高线法问世之后，写景法就很少使用了。但是随着科学技术的进步，建立在等高线图形基础上的现代地貌写景法又有了很大的改进和发展。它已经脱离了过去的山景写意，而具备了一定的科学基础，有的甚至还有严格的透视法则，表示的地貌形态、位置、大小、高程甚至坡度等都比较准确。但是，此法表示的地貌仍无法进行精确的量度，只不过是示意的准确度提高而已。

2. 晕滃法

晕滃法是以光线投射在地面上的强弱为依据，沿地面斜坡方向布置粗细、长短不同的晕线(点)以反映地貌起伏和分布范围的一种地貌表示法。17世纪已在欧洲的地图上开始使用，18世纪的德国地图上，已发展为用晕线之长度表示高地的高度、粗细代表斜坡的倾斜度。晕滃法是19世纪最通用的地貌表示方法，一直沿用到20世纪中叶。尽管如此，仍没有严格的数学基础，不可避免地会渗入绘图者的主观见解。

根据光源与地面的位置关系可以把晕滃法分成直照和斜照两种。

直照晕滃法(图5-12)是假定光源在地面的正上方，地面受光量的大小随地面坡度而变化，坡度越大，受光量越少。用不同粗细的线划组成的暗影来表示地面受光量的多少，可以在图面上显示出地面坡度的相对大小，且具有一定的立体感。所以，直照晕滃有时也叫坡度晕滃。

图5-12 直照晕滃法表示的地貌

与直照晕滃法不同的斜照晕滃法，是假定光线由地平线上一定高度的固定光源射出，光线与地平面斜交，根据斜照条件按阳坡和阴坡的实际情况，用晕线的粗细和疏密表达出光辉暗影分布的地貌显示法。因为主要由背光部分暗影的大小、浓淡等来衬托地貌，所以又称暗影晕滃。

19世纪国外的地形图几乎都是用坡度晕滃法来描绘地貌的，而暗影晕滃法则多用于小比例尺地图和地图集中。

地貌晕滃法比写景法更能反映山地的范围，用直照晕滃法还能反映斜坡的坡度，但是绘制工作量相当大，要求技术水平高，制图人员主观因素的影响大，而且密集的晕线不仅难以描绘，还掩盖了地图其他内容。尽管19世纪中叶多色印刷已出现，地貌晕滃常采用棕色、棕红色和淡灰色印刷，密集的晕线仍然影响图面的清晰。

3. 晕渲法

晕渲法是根据假定光源对地面照射所产生的明暗程度，用浓淡不同的墨色或彩色沿斜坡渲绘其阴影，造成明暗对比，以显示地貌的分布、起伏和形态特征。图 5-13 即是用晕渲法所显示的地貌示例，给人很强的立体感。

晕渲法和晕滃法的原理完全相同，只不过是将晕线的粗细疏密改成墨色（或其他颜色）的浓淡而已。将极其精细的晕线描绘改成大片墨色的渲染，大大缩短了地图制作周期、降低了成本，所以它很快代替了晕滃法，在 18 世纪下半叶就广泛地普及。

图 5-13　晕渲法表示的地貌

晕渲据其光源位置不同，可以分为直照晕渲、斜照晕渲和综合光照晕渲三种。根据着色方法和数量的不同，可将晕渲分为单色晕渲、双色晕渲和自然色晕渲等。自然色晕渲的图形同高空卫星摄影的地面彩色照片相似，但由于使用了概括的手段，所以地貌图形的结构更加突出，表达效果更好。

大区域的分幅参考图在等高线或分层设色表示地貌的基础上，加绘地貌晕渲，可以起到加强立体感的作用。

随着计算机技术、图形图像技术和空间可视化技术的发展，目前主要采用基于 DEM 数据自动进行地貌晕渲的方法。其基本原理是将地面立体模型的连续表面分解成许多小平面单元（如正方格网最大不超过 0.25mm 边长），当光线从某一方向投射过来时，测出每个小平面单元的光照强度，计算阴影浓淡变化的黑度值，并把它垂直投影到平面上。由于是用小平面单元构成一种镶嵌式的图形，所以选定的平面单元越小，自动晕渲图像就越连续自然。

在我国，以往由于地形图数量大，增加晕渲版会延长地图作业和制印时间、提高成本。所以，国家地形图还没有规定加地貌晕渲。现在随着数字地图制图技术发展，可以四色印刷地形图，不需要增加晕渲版，基于 DEM 地貌晕渲制作也不费时，我国地形图应该可以考虑浅淡色的晕渲配合等高线表示地貌。

4. 等高线法

等高线法几乎与晕渲法同时出现，它们都是以测量技术为基础而产生的。17世纪末，等高线开始出现于城市平面图上的河床中，即现在所称的等深线。18世纪末和19世纪初等高线才开始应用于地形测图上，等高线首先应用于法国的地图上。

作为独立的，而且具有科学和实用价值的地貌等高线表示法，直到19世纪后半叶由于迅速而精密的高程测量仪器的发展和等高线在工程、军事等方面实用价值的不断扩大，在表示地貌中的地位才得以确立，并在地形图上迅速推广应用，直到如今仍被公认为是一种比较理想的地貌表示法。

等高线是地面上高程相等点的连线在水平面上的投影。等高线法的实质是用一组有一定间隔的等高线的组合来反映地面的起伏形态和切割程度。等高线之间的间隔在地图制图中称为等高距。等高距就是相邻两条等高线高程截面之间的垂直距离，即相邻两条等高线之间的高程差，可以是固定等高距(等距)，也可以是不固定等高距(变距)。由于小比例尺地图制图区域范围大，如果采用固定等高距，难以反映出各种地貌起伏变化情况，所以小比例尺地图上的等高线通常不固定等高距，随着高程的增加等高距逐渐增大；而大比例尺地图上的等高线通常采用固定等高距。

等高线的基本特点是：

(1) 位于同一条等高线上的各点高程相等；

(2) 等高线是封闭连续的曲线；

(3) 等高线图形与实地保持几何相似关系；

(4) 在等高距相同的情况下，坡度愈陡，等高线愈密；坡度愈缓，等高线愈稀。

用等高线表示地貌，是用一组有一定间隔(高差)的等高线的组合来反映地面的起伏形态。从构成等高线的原理来看，这是一种很科学的方法。它可以反映地面高程、山体、谷地、坡形、坡度、山脉走向等地貌基本形态及其变化，为工程上的规划施工、地学方面的分析研究、经济方面的自然环境调查、军事上战场地形保障等提供了可靠的地形基础。

地形图上的等高线分为首曲线、计曲线、间曲线和助曲线四种(图5-14)。

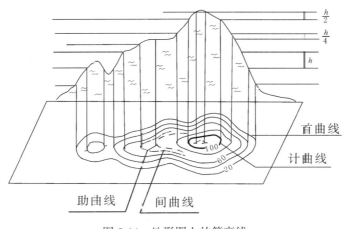

图 5-14 地形图上的等高线

首曲线又叫基本等高线，是按基本等高距由零点起算而测绘的等高线，通常用0.1mm的细线来描绘。

计曲线又称加粗等高线，是为了计算高程的方便加粗描绘的等高线，通常是每隔四条基本等高线描绘一条计曲线，它在地形图上以0.2mm的加粗线条描绘。

间曲线又称半距等高线，是相邻两条基本等高线之间补充测绘的等高线，用以表示基本等高线不能反映而又重要的局部形态，地形图上以0.1mm粗的长虚线描绘。

助曲线又称辅助等高线，是在任意的高度上测绘的等高线，为的是表示那些别的等高线都不能表示的重要的微小形态，因为它是任意高度的，故也叫任意等高线，但实际上助曲线多绘在基本等高距1/4的位置上。地形图上助曲线是用0.1mm粗的短虚线描绘的。

我们也常把间曲线和助曲线统称为补充等高线。

小比例尺地图上也分基本等高线和补充等高线，但它们的符号相同，只有在地貌高度表上才能辨认出来。

地图上的等高线附以示坡线表示其坡向。一个封闭的等高线图形，示坡线在外的是山顶，示坡线在内的则表示凹地。表示山顶的等高线与总倾斜的上方等高线同高，而凹地等高线则与下方等高线同高。

等高线的实质是对起伏连续的地表作"分级"表示，这就使人产生阶梯感，而影响着连续地表在图上的显示效果。因此，等高线表示地貌的不足之处，主要有两个方面：其一，立体效果不佳；其二，等高线是不连续的地面截线，两个截面之间的地面碎部无法表示，因而需用地貌符号等方法予配合和补充。

为了增强等高线表示法的立体效果，人们作了大量的探讨和研究，归纳起来有两种方法。一种是采用其他辅助方法与之配合，以弥补等高线表示法立体效果较差的缺陷，例如，使用高程注记、地貌符号、晕渲等是最常用的补助方法；另一种是在等高线本身上下工夫，如采用粗细等高线和明暗等高线的手段来增强其立体效果。

所谓粗细等高线，即指将处于背光部分的等高线加粗，形成暗影，从而增强等高线立体效果的一种措施。另一种是19世纪末提出的明暗等高线法。它是使每一条等高线根据其受光位置的不同而绘成黑色或白色，从明显的对比中获得地貌立体效果。具体的做法是将处于受光部位的等高线用白色描绘，处于背光部位的等高线用黑色描绘，从白到黑中间可以采用线条变细、变虚的方法过渡。

为了增强等高线表示法的立体效果，一般是采用其他辅助方法与之配合，以弥补等高线表示法立体效果较差的缺陷，例如，使用晕渲、高程注记、地貌符号是最常用的辅助方法。地图上有一些特殊地貌现象或两等高线间的微地形，如陡崖、冰川、沙地、火山、石灰岩等，必须借助地貌符号和注记来配合和补充表示。

5. 分层设色法

地貌分层设色法是以等高线为基础，根据地面高度划分的高程层(带)，逐层设置不同的色，表示地貌起伏变化。其相应图例称为色层表，用以判明各个色层的高度范围。

分层设色法可以补充等高线的某些缺陷。它使高程带表示得十分明显，增强了高程分布的直观性，如果设色时能够利用色彩有规律变化的立体特性，会增强地貌表示的立体效果。

分层设色的立体效果，主要靠有规律的组配色层来实现。例如，依据色彩的视觉规律，采用"越高越亮"的原则设色；依据光照规律，用"越高越暗"的原则设色等。通常，"越高越暗"的设色原则运用得比较广泛，因为随高程(及坡度)的增大，所用的颜色也越暗，使地图上地貌产生起伏的视觉，同时，这种做法与"越高越亮"的设色原则相反，从而有利于平原、丘陵地区其他要素的表示(图5-15)。

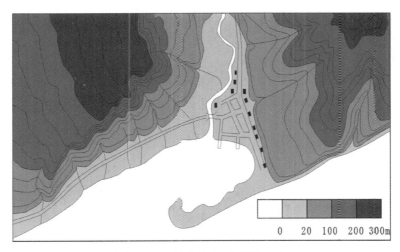

图 5-15 "越高越暗"分层设色法

分层设色地图大致有两种形式：

(1) 全图分层设色。即在全图区内，从深海到高山，区分不同的色层表示地貌，而不使图面上存有"空白"。大多数分层设色图是采用这一形式的。这样，图面完整，地貌起伏清楚。具有代表性的是地势图，区域性的形势图也常采用，不过因为形势图的重点不在地貌，所以分层设色的色调以浅淡为好，以免影响其他要素的表示。

(2) 局部分层设色。常见的有 a. 陆地部分使用分层设色，海洋部分不用；b. 海洋用分层设色，而陆地不用；c. 在陆地或海洋的高(深)度表中，局部地套印若干色层；d. 以区域(政区、自然区)为界，区内分层设色，区外用平色，其目的是突出地图的主区；e. 编图资料可靠地区用分层设色，缺乏资料或精度不可靠的地区不用分层设色。总之，局部使用分层设色的方法都有明确的目的性，全图视觉上的完整统一置于次要地位，而把某项内容或在某一地区用分层设色来加强。

分层设色法的关键是合理地选择高程带和色层表。

6. 三维地景仿真法

随着计算机技术的发展，写景符号法的描述精度和表现效果得到了极大的改进，现已发展成为可以逼真模拟实际地理景观并具有实用价值的三维地景仿真法。

在虚拟现实技术和三维图形技术支撑下的三维地景仿真法，所表示的地貌具有生理立体视觉感。三维地景仿真法是利用计算机技术和可视化技术，将数字化的地貌信息用计算机图形方式再现，加以双眼立体观察设备(头盔、数据手套、三维鼠标、数据衣等)，使地貌具有真三维立体感。三维地景仿真法有如下特点：

1) 基于数字信息的表示方法

地貌信息以数字信息的方式记录在计算机的存储介质中，如磁盘、光盘等，是快速量算和自动分析的基础，可直接参与各种数学模型和分析模型的计算。

2) 真三维空间特征表示

建立在三维模型基础上的真三维空间表示，在显示效果上更加符合人眼观察地貌的规律，借助于一定的设备，更能让人产生"身临其境"的感觉，从而实现大多数读图者在读图时想"进入地图"的愿望，从而使人们对地貌信息的接受更加自然。

3) 实时动态性

数字地貌虚拟表示则可放大、缩小、漫游、旋转，甚至"飞翔"。借助虚拟现实的技术和设备，更能产生逼真感，满足实时显示的要求。

4) 可交互性

一般的数字地貌表示的交互是有限的，数字地貌虚拟表示在虚拟环境中可借助专门的设备(头盔、数据手套、操纵杆等)进行交互式操作，获取新的信息。

5) 多比例尺(多分辨率)

三维数字地貌表示可以根据需求任意改变比例尺(图 5-16)，并可在数学模型和分析模型的基础上，对地貌进行精确的量算和分析。

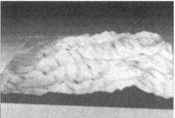

图 5-16　不同分辨率的三维地貌

地景仿真具有可进入、可交互的特点，与这种环境(也是一种地图)打交道，用户能够产生身临其境的感觉，大大提高环境认知的效果。虚拟现实用于地形环境仿真并最终形成地景表示方法，是人类对环境认知的深化与科技进步的必然结果。图 5-17 是根据数字高程模型数据，用遥感影像作为纹理建立的三维地貌图；图 5-18 是根据数字高程模型，用航空影像作为纹理生成的三维地貌图，大大扩展了地图的空间表现力。

7. 地貌符号与地貌注记

地貌符号与地貌注记作为等高线显示地貌的辅助方法而被广泛地应用于普通地图上。

1) 地貌符号

地表是一个连续而完整的表面。等高线法是一种不连续的分级法，用等高线表示地貌时，尽管有时还可以加绘补充等高线使分级的间距减小，仍有许多小地貌无法表示，需用地貌符号予以补充表示。这些微小地貌形态可归纳为独立微地貌、激变地貌和区域微地貌等。图 5-19 是普通地图上常用的地貌符号示例。

第一节　普通地图自然地理要素的表示

图 5-17　遥感影像作为纹理生成的三维地貌

图 5-18　航空影像作为纹理生成的三维地貌

符号类别		大比例尺地形图	其他地形图	小比例尺地形图
一般的地貌	低地 山洞 陡石山 陡崖 冲沟 崩崖 滑坡		同　左	
岩溶地貌	岩峰 溶斗			
火山地貌	火山 火山口 岩墙(脉) 熔岩流			
沙地地貌	平沙地 多小丘沙地 波状沙地 多垄沙地 窝状沙地 沙砾地 戈壁滩			
冰雪地貌 (蓝色)	粒雪原 冰裂缝 冰陡崖 冰川 冰碛 冰塔			

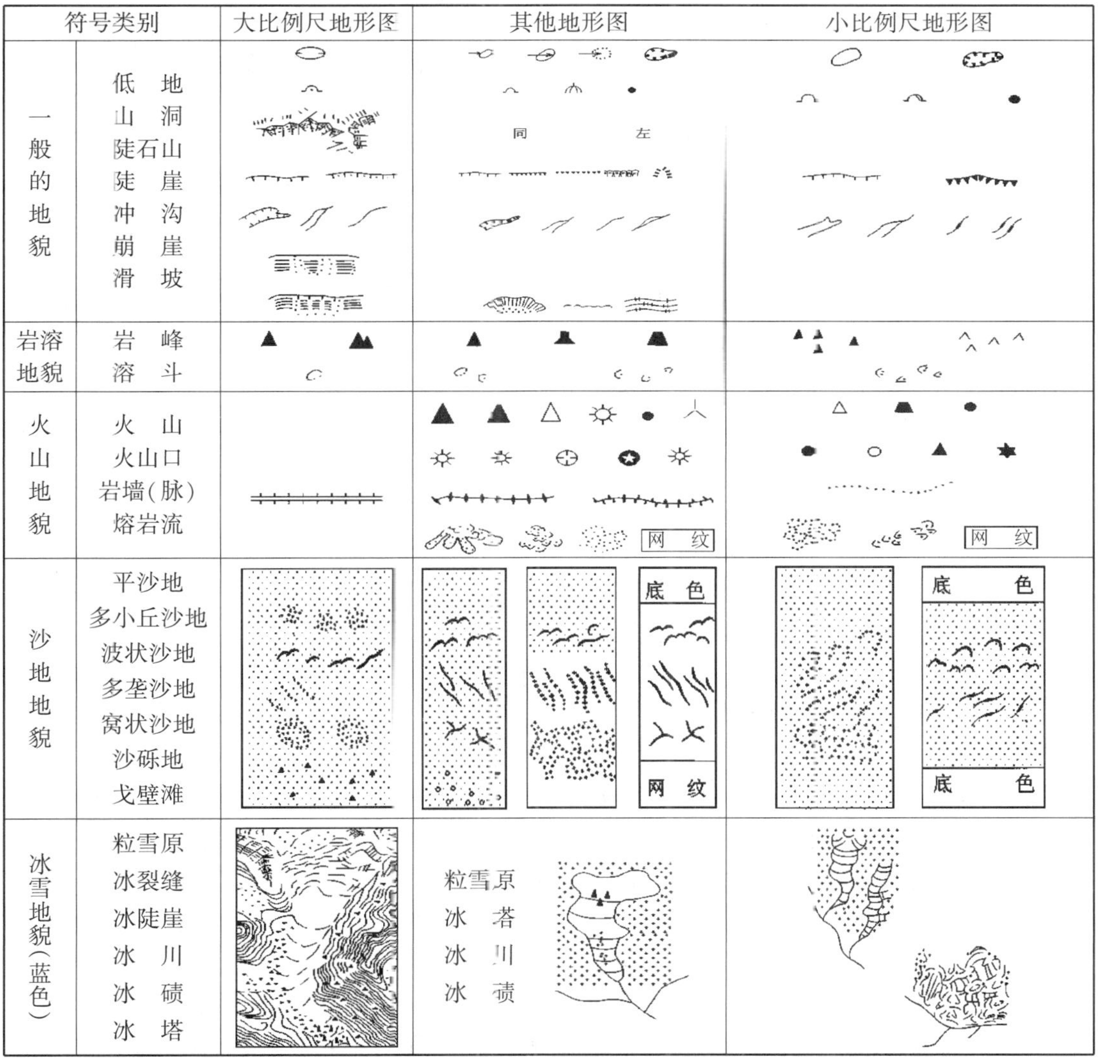

图 5-19　普通地图上常用地貌符号示例

171

独立微地貌是指微小且独立分布的地貌形态，如坑穴、土堆、溶斗、独立峰、隘口、火山口、山洞等。由于它们形态微小且独立分布，图上大部分是采用不依比例尺符号来表示，符号中心要与实地上位置一致，有的还要注出比高或其他的说明性注记。有些形态（如溶斗）还要显示其分布范围与分布特征。

激变地貌是指较小范围内产生急剧变化的地貌形态，如冲沟、陡崖、冰陡崖、陡石山、崩崖、滑坡等。它们大多能依比例尺表示其分布范围、长度和上下边缘线的位置，当其不能依比例尺表示时，要力求表示上边缘线的正确位置，还要求显示表面的性质（石质或土质）、陡缓程度和高度等。

区域微地貌是指实地上高差较小但成片分布的地貌形态，如小草丘、残丘等，或仅表明地面性质和状况的地貌形态，例如，沙地、石块地、龟裂地等。前者高度虽小，但总是起伏不平的。后者往往起伏甚微，只是表明土质的类型一样，故许多地方又将其划入"土质"之内。这两种现象都成区域分布，符号不是按实地位置配置的，而是在其分布范围内示意性地配置相应符号，资料若许可时还可用符号的分散与集中反映实地上的相对密度。

随着用图要求的提高，地面实测资料更详细、精确，很多重要的地形碎部有可能在地图上确定其位置和性质，这就给各部门使用地图提供了极大的方便。这些碎部又大多数是不能用等高线表达出来的，所以中外地图上都有加强地貌符号的趋势。

加强地貌符号的重点是增加数量和定位、定性。由于需要用符号表达的地貌要素的数量增加，有限度地增加地貌符号的数量是必需的。我国早期的地形图对于冰雪地形表示得很简略，待到冰川考察进一步深入之后，发现许多冰川微地形（冰裂隙、冰陡崖、冰碛、冰塔、冰塔丛等）极其生动多样，形成特殊的地理景观，在后来的地形图上增加了冰雪微地形的表示。

同时，国内外的小比例尺地图上地貌符号的使用也日益增多，在一定程度上弥补了等高线法由于等高距的增大而无法详细表示的不足。

2）地貌注记

地貌注记分为高程注记、说明注记和地貌名称注记。

高程注记包括高程点注记和等高线高程注记。高程点注记可以作为等高线的一种辅助手段，用来表示等高线不能显示的山头、凹地等，以加强等高线的量读性能。可以设想，没有高程注记，等高线图形也就失去其大部分意义。地形图上高程点注记选注密度视地区情况而定。高程点注记多选在山顶点、最低点、鞍部点、倾斜变换点等部位。等高线高程注记则是为了迅速判明等高线高程而加注的，其数量以迅速判明等高线的高程为准。等高线注记应以斜坡的上方为正方向，选择在平直斜坡，以便于阅读的方位注出，因此尽可能不要注在向北的斜坡上，以免字体倒置。国外许多地图上无此规定，任意注出。

说明注记是为了说明符号所代表物体的比高、宽度、性质等，与符号配合使用。

地貌名称注记包括山峰、山脉注记等。图幅内一切重要的山顶和独立山峰的名称都应尽量选注在地图上。并根据其意义和绝对、相对高度选择不同的字大。山峰注记用无间隔水平字列注出，山峰名称多和高程注记配合注出。山脉名称是指绵延数百里或数十里的大、中、小山脉和支脉的地理名称。地图上山脉名称沿山脊中心线采用有间隔的屈曲字列注出，两相邻字间不应超过字大的 4~8 倍。过长的山脉应重复注出其名称。

四、土质、植被的表示

土质是泛指地表覆盖层的表面性质（它不同于地理学中的土壤），植被则是地表植物覆盖的简称。它们是两个迥然不同的概念，但因其同是地表的覆盖层，在地图上的表示方法和综合特点上又有很多相似的地方，所以，在地图制图中通常把它们放在一起介绍。

土质、植被是自然景观中的基本要素之一。地图上表示土质、植被有着很大的实际意义。

地图上表示土质、植被的分布状况以及它们的质量和数量指标，可以为制定开发自然资源的规划以及为经营管理、了解地面的通行和通视程度、确定各种工程施工的难易和地基的坚固程度等提供详细的资料；在军事上，为部队的通行、通视、定位、掩蔽、宿营、战斗等提供丰富的参考资料；此外，地图上表示土质、植被，还为农业、林业科学研究提供土壤、地貌、水系和气候等相互制约关系的资料。

1. 土质的主要类型

根据地表覆盖层表面特性，结合植被的情况和通行程度等，土质可以区分为以下几类：

(1) 沼泽、湿地：

沼泽、湿地是地面过于潮湿，其上覆盖着一层湿泥层，并生长着喜水植物的地段。由于沼泽的水可能覆盖着地表，也可能只含于泥土中，可能是"死水"，也可能是"活水"，所以现行的地形图图式(2006年版)把沼泽、湿地从土质中单独区分出来，另成一类，放到水系要素类。

根据沼泽通行程度，在地形图上可区分为能通行的沼泽和不能通行的沼泽两类。

(2) 沙地：

沙地属于土质还是属于地貌，至今尚有争议。从地表覆盖层的性质上看，沙地属于土质类较为合理；但从沙地的起伏及形态在现代地形图上显示意义的增强，又可将它列入地貌之中。在我国地形图上，都是把各种沙地列入"地貌"之中。

(3) 沙砾地、戈壁滩：

沙和砾石混合分布的地表称沙砾地；地表面几乎全为砾石覆盖的称为戈壁滩。

(4) 石块地：

岩石受风化作用而形成的碎石块分布的地段。

(5) 盐碱地：

指地面盐碱聚积，呈灰白色，草木极少的地段。

(6) 小草丘地：

指在沼泽地、草原和荒漠地区，长有草类或灌木的小丘成群分布的地段。

(7) 残丘地：

是由风蚀或其他原因形成的成群的石质和土质小丘地段。

(8) 龟裂地：

指荒漠地区或淤泥质海岸的后滨，地表土质为黏土或淤泥的低洼地段，雨后一片泥泞，干燥季节则干裂成坚硬的龟壳形块状的地段。

2. 植被的主要类型

植被可分为天然的和人工的两大类。

(1) 天然植被：

主要包括成林、幼林、疏林、灌木林、竹林、草本植物等。

(2) 人工植被：

地图上通常区分为经济林和经济作物地。

3. 土质和植被的表示法

土质、植被是一种面状分布的物体。在地图上通常用地类界、说明符号、底色、说明注记或相互配合来表示(图 5-20)。

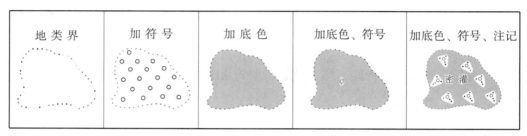

图 5-20　土质和植被的表示

地类界：指不同类别的地面覆盖物体的界限。在地形图上，对一些经济、军事等方面意义较大，实地轮廓又比较明确的物体(如森林、竹林、灌木林等)采用点线绘出其分布范围，即地类界符号。地类界颜色与所表示的地物颜色一致。

地类界与地面上有实物的线状地物(如河流、道路等)为界时，以该地物的线状符号为地类界，不再另绘地类界符号。当与地面无形的线状符号(如境界、架空管线、地下管道、电力线、通信线等)重合时，线状符号不能代替地类界，这时应将地类界移位 0.2mm 绘出。与等高线重合时，可压等高线。

底色：植被中较重要的森林、矮林、幼林、苗圃、竹林、密灌林和经济作物等，都用绿色(网点、网线或平色)。国外一些地形图上，沙地等符号也有用网点印出的。

符号：多用侧视象形符号说明植被的种类和性质，可以表示小面积、狭长和大面积分布。大面积分布的植被说明符号有整列式和散列式两类，土质中(除依比例的外)多采用散列式的符号。

注记：在大面积土质、植被分布范围中，往往还加注一些质量和数量方面的指标，例如树种，树的平均高度、平均粗度，竹林和密灌林的平均高度的说明注记。在地理名称比较稀少的地区，有时还加注大面积植被、土质的区域名称注记。

随着地图比例尺的缩小，地图上表示的土质、植被种类迅速减少。例如，在小比例尺地图上一般只能表示出成林(用绿色)、沙漠(用棕色沙点)等大的类别。其表示方法没有发生实质性的变化，只不过更简化而已。

第二节 普通地图社会经济要素的表示

这里的普通地图内容的社会经济要素主要是指居民地、交通网、境界等地理要素。

一、居民地的表示

居民地是人类由于社会生产和生活的需要而形成的居住和活动的中心场所。因此，一切社会人文现象无一不与居民点发生联系。社会的向前发展，使居民地的形式、结构、规模和分布等产生巨大的变化。

居民地在地图上的显示，具有多方面的重要意义。地图上显示居民地的类型、行政意义、交通状况以及居民地内部建筑物的性质，则可以明显地反映出居民地所处的政治经济地位和交通运输价值；在军事上，居民地是部队行军、隐蔽、宿营、作战的主要依据之一，还可作为空中判定方位、射击、投弹的良好目标，地图上显示居民地的类型、形状、交通状况、人数和建筑物性质等，为军事上的应用提供了详细的资料；从历史文化等方面来说，居民地在地图上的显示，可供科学研究、建设规划及一般参考之用。

居民地是普通地图上的一项重要内容，在普通地图上应表示出居民地的类型、形状、质量、位置、行政意义和人口数等。

1. 居民地的类型

我国地图上居民地可分为城镇式和农村式两大类。

城镇式居民地：包括城市、集镇、工矿小区、经济开发区、学校和别墅式居住区等。

农村式居民地：包括村庄、农场、林场、窑洞、牧区定居点及帐篷等居住地。

居民地的类型在地图上多用名称注记的字体来区分。例如，城镇式居民地用中、粗等线体(黑体)，农村式居民地用宋体或细等线体。

2. 居民地的形状

居民地的形状是由内部结构和外部形状表现出来的。

居民地的内部结构，主要依靠街道网图形、街区形状、水域、种植地、绿化地、空旷地等配合来显示的。随着地图比例尺的缩小，图形大小、详细程度以及表示方法等都会发生变化。

街道的表示法多种多样(图 5-21)，归纳起来大致有下列几种情况：

(1)街道与道路间断相接。此法多用来表示街区绘成晕线和涂实的情况，这时街道空白或主要通道的路面色连贯通过居民地；

(2)主要街道用公路符号连续不断地绘出，次要街道绘成单线；

(3)主、次街道皆用单线表示，其中包括有的与公路相通的街道直接用公路路面色表示。街道与其相连的道路连贯绘出，街道使用相应道路路面色，明显清晰，对于表达道路的连续性和居民地的通行状况十分有利，街道和道路连贯绘出及街道使用单线描绘，能加快制图的速度并保证制图质量。

图 5-22 是我国 1∶5 万~1∶50 万比例尺地形图上表示居民地的示例。可以看出，表示的内容是较详细的。

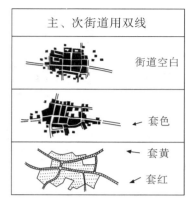 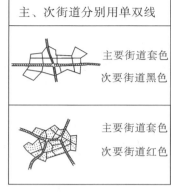 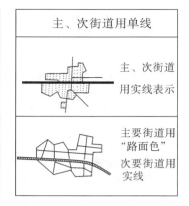

图 5-21 地形图上街道的表示法

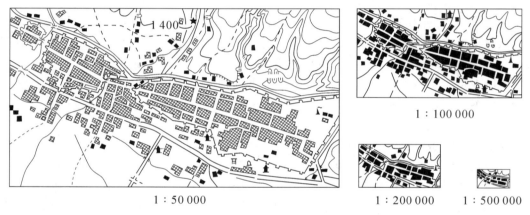

图 5-22 我国 1∶5 万～1∶50 万地形图上居民地的表示示例

居民地的外部形状，也取决于街道网、街区和其他各种建筑物的分布范围。随着地图比例尺的缩小，有些较大的居民地(特别是城市式居民地)往往还可用很概括的外围轮廓来表示其形状，而许多中小居民地就只能用圈形符号来表示了(图 5-23)。

3. 居民地建筑物的质量

街区的质量特征是居民地(主要指城镇居民地)质量特征的重要标志之一。

街区，即指由街道或河流、铁路、围墙等所限的区域范围。在街区中，主要由建筑区和非建筑区所组成。

在城镇式居民地和具有较大街区的农村居民地内部，街区四周往往为街道(或河流、铁路、围墙等)所限；在居民地的外围部分的街区，则可能三面或两面为街道所限；较小的街区或农村居民地，还有为一条街道或道路所限的(图 5-23)。农村式居民地中甚至还有一些没有街道相连的依比例尺表示在地图上的图形，它们只能广义地称为街区，确切地说应当称为居住区。

我国地形图上曾用绘黑色晕线表示居民地街区中的建筑区，现在改为套色(普染面色 C5K20)表示。在大比例尺地形图上，可以详细区分各种建筑物的质量特征。例如，可以

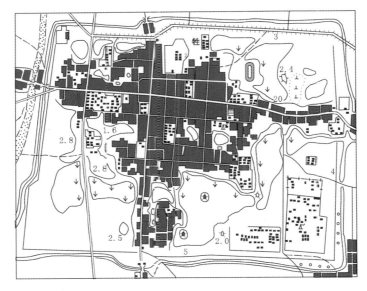

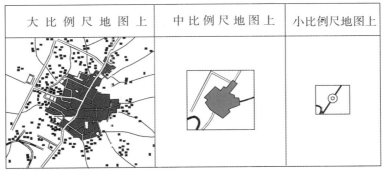

图 5-23 居民地内部结构和外部形状的表示

区分表示出 10 层楼以上高层房屋区(b. C10K30)、突出房屋(a. C10K30)、街区(主要指建筑物 C5K20)、普通房屋(过去称为"独立房屋")、棚房、破坏房屋等。随着比例尺的变小,表示建筑物质量特征的可能性随之减少。在中小比例尺地图上,居民地用套色(M40Y40)或套网线等方法表示居民地的轮廓图形或用圈形符号表示居民地,当然更无法区分居民地建筑物的质量特征。

街区中的非建筑区,都是填绘相应的符号来表示,例如,各种种植地、绿化地等符号,表示地面覆盖性质,空旷地则留空。随着地图比例尺的缩小,许多非建筑区在图上面积缩小至不能填绘相应的符号时,往往转成以空旷地来表示。

多数国家在 1∶5 万比例尺以上的地形图上才详细区分街区内建筑物的质量特征,1∶10 万比例尺以下的地图上,不再区分街区内部建筑物的特征,而以涂实或套色来表示。

4. 居民地的位置

在大比例尺地形图上,居民地的位置是用平面图形表示的。在中小比例尺地形图,除大型城镇居民地有可能用简单的水平轮廓图形表示外,其余大多数居民点均概括地用图形符号表示具体位置,此时,图形符号的中心即是居民地的位置。

5. 居民地的行政等级

行政等级也是说明居民地质量特征的一个重要方面,它在一定程度上反映了居民地的政治、经济、文化等方面的意义。

我国居民地行政等级是国家规定的"法定"标志,表示居民地驻有某一级行政机构。

我国居民地的行政等级分为:

(1) 首都所在地;
(2) 省、自治区、直辖市人民政府驻地;
(3) 地级市、省辖市、自治州、盟人民政府驻地;
(4) 县(市、区)、自治县、旗人民政府驻地;
(5) 镇、乡人民政府驻地;
(6) 村民委员会驻地。

我国编制地图时,对于外国领土范围,通常只区分出首都和一级行政中心。

地图上表示行政等级的方法很多。例如,用地名注记的字体、字大来表示,用居民地圈形符号的图形和尺寸的变化来区分,用地名注记下方加绘"辅助线"的方法来表示等。

用注记的字体区分行政等级是一种较好的方法,一般用地名注记的字体、字大来表示。例如,从高级到低级,采用粗等线(粗黑体)、中等线(黑体)、宋体(仿宋体)、细等线(细圆体),利用注记的大小及黑度变化来加以区分,使等级更加分明。这时,字大的上限是根据地图的用途、地图容量和视觉效果确定;下限是根据视觉阅读感受可能性来决定,一般不小于 1.75mm。

圈形符号的形状和尺寸的变化也常用来表示居民地的行政等级,这种方法特别适用于不需要表示人口数的地图上。当居民地的行政等级和人口数需要同时表示时,往往将第一重要的用注记来区分,第二重要的用圈形符号来表示。当地图比例尺较大,有些居民地还可用平面轮廓图形来表示时,仍可用圈形符号表示其相应的行政等级。居民地轮廓图形很大时,可将圈形符号绘于行政机关所在位置,居民地轮廓范围较小时,可把圈形符号描绘在轮廓图形的中心位置或轮廓图形主要部分的中心位置上。

当两个行政中心位于同一居民地(如湖北孝感是地级市、县级驻地)的时候,一般是用不同字体注出两个等级的名称。若三个行政中心位于一个居民地(如过去湖北的襄阳,地区、地级市、县三级同在一个地方),这时除了采用注记字体(及字大)区分外,还要采用加辅助线的方法,即在图上除注出"襄阳市"和"襄阳"两个注记外,还需在"襄阳市"下面加辅助线表示它同时还是地区行署的所在地。辅助线有两种形式:一种是利用粗、细,实、虚的变化区分行政等级,另一种方法是在地名下加绘同级境界符号。图 5-24 是我国地图上表示行政等级的几种常用方法举例。

6. 居民地的人口数量

地图上表示居民地的人口数量,能够反映居民地的规模大小及经济发展状况。在小比例尺地图上居民地的人口数量通常是通过圈形符号形状和尺寸的变化表示,在大比例尺地图上居民地的人口数量一般用字体和字大表示。图 5-25 是表示居民地人口数的几种常用方法举例。

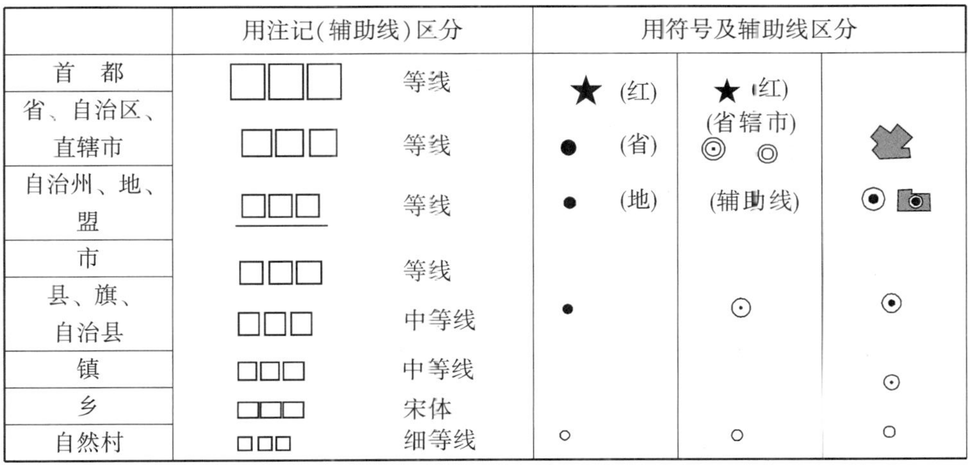

图 5-24 表示行政等级的几种常用方法

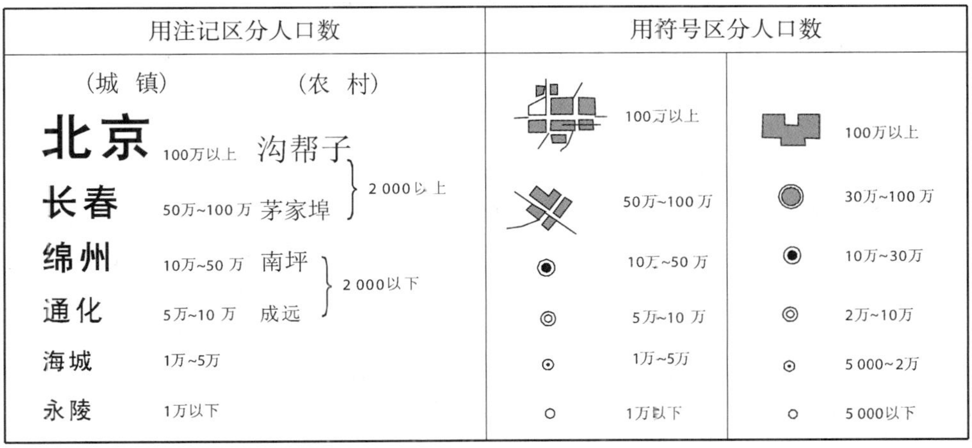

图 5-25 居民地人口数的几种常用表示法

为了制图上的需要，将实际上是"连续分布"的居民地人口数，人为地划分成若干个等级。如果分级不合理，常常使居民地大小的概念产生很大的歪曲，人口数相近的居民地很可能被划分在不同的等级之中，人口数相差很多的两个居民地有时却被划分在同一级当中。为了尽可能减小这种歪曲，就要认真研究居民地按人口数量分级的基本原则，其目的是使各方面条件相近的居民地能分配到同一个等级之中。

二、交通网的表示

交通，是往来通达的各种运输事业的总称。交通网是国民经济建设的脉络，连接居民地的纽带，在国民经济建设中具有十分重大的意义。它把国家的原料、生产和消费联系起来，把工业、商业和农业，城市与农村紧密地联系起来，把人类的各种活动联系起来，成为社会经济、文化生活中所不可缺少的重要因素。交通网在军事上的意义也十分重要。部队的集结、展开、大兵团的调动、诸兵种的联合作战，后勤运输，快速部队的行进，战役性的突击等，都对交通网的运输能力提出了具体的要求。

因此，在地图上要求正确地显示交通网的类型和等级、位置和形状，通行程度和运输能力以及与其他要素的关系等。

地图上表示的交通网，包括陆地交通、水路交通、空中交通和管线运输等几类。

1. 陆地交通

陆地交通即通常所称的道路。它是交通网中的主要内容，对我国现阶段来说更是如此。陆地交通包括铁路、公路及其他道路。

1）铁路

在大中比例尺地图上，铁路常常按线路数量、轨距、机车牵引方式、建筑状况等标志细分：

根据线路数量可分为单线和复线铁路；

根据轨距可分为普通铁路和窄轨铁路；

根据机车牵引方式可分为电气化铁路和普通牵引（蒸汽机车、柴油机车）铁路等；

根据建筑状况可分为已成的、建筑中的和废弃的铁路等。

在中小比例尺地图上，多采用主要铁路和次要铁路的分法。在中小比例尺地图上，有时也还表示铁路的轨数、机车牵引方式和建筑状况等。

铁路，大体上只有在1∶1万及更大比例尺地图上才能按实际宽度表示，大多数情况下铁路符号都是"半依比例尺"符号。

我国大中比例尺地形图上，铁路用传统的黑白相间的花线符号来表示。其他的一些技术指标，如单、双轨用加辅助线来区分，标准轨和窄轨以符号的尺寸（宽度）来区分，已建成和未建成的用不同符号来区分等。在城市中，还表示地铁、轻轨和磁浮铁轨。在大比例尺地形图上详细表示火车站及附属设施，如主要火车站的站台位置、会让站、机车转盘、信号灯（柱）、车挡、铁路岔线等。在小比例尺地图上，铁路用黑色实线表示。随着我国高速铁路的快速发展，今后高速铁路应作为特殊铁路单独列出表示。图5-26是我国地图上使用的铁路符号示例。

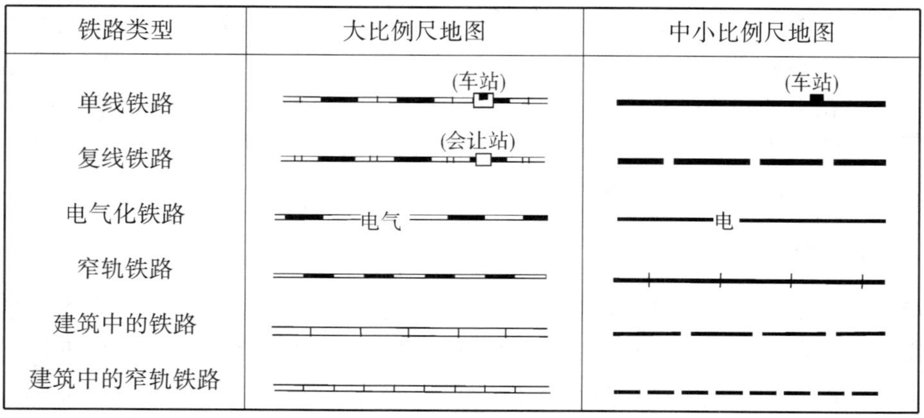

铁路类型	大比例尺地图	中小比例尺地图
单线铁路	(车站)	(车站)
复线铁路	(会让站)	
电气化铁路	电气	电
窄轨铁路		
建筑中的铁路		
建筑中的窄轨铁路		

图5-26 我国地图上的铁路符号

2) 公路

公路用双线符号，配合符号宽窄、线划的粗细、色彩的变化表示，用说明注记表示公路等级、路面性质和宽度等(见图 5-27)。

公路类型	面　色	说　　明	符　　号
高速公路	M50Y80		
高速公路(在建)	M50Y80		
国道	Y80	⑥技术等级代码	
国道(在建)	Y80	G331 国道代码及编号	
省道	M30Y35	⑨技术等级代码	
省道(在建)	M30Y35	S331 省道代码及编号	
专用公路	C50Y50	⑨技术等级代码	
专用公路(在建)	C50Y50	Z331 专用公路代码及编号	
县道、乡道		⑨技术等级代码	
县道、乡道(在建)		X331 省道代码及编号	
快速路			
高架路			
高架路(不依比例尺)			

图 5-27　我国新 1∶2.5 万、1∶5 万、1∶10 万地形图上公路的表示

我国地形图上，公路等级按行政等级区分符号，并加注公路技术等级代码和行政等级代码及编号；高速公路作为特殊公路单独列出表示，公路按行政等级分为：国道，省道，专用公路，县道、乡道及其他道路四个等级表示。在城市中，还表示快速路和高架路。在我国大比例尺地形图上，还详细表示了立交桥、车行桥、加油(气)站、停车场、收费站、涵洞、路堤、路堑、隧道等多种道路的附属设施。

在小比例尺地图上，公路等级相应减少，符号也随之简化，除高速公路用双线符号外，一般多以实线描绘，用线的粗细、颜色区分不同等级的公路。

3) 其他道路

其他道路是指公路以下的低级道路。其他道路用实线、虚线、点线并配合线划的粗细表示。在小比例尺地图上，公路以下的其他道路，通常表示得更为概略，只分为大路和小路(见图 5-28)。

2. 水路交通

水路交通主要区分为内河航线和海洋航线两种。地图上常用短线(有的带箭头)表示河流通航的起始点，有的地图上还用数字注记注出通航船只的吨位。在小比例尺地图上，有时还标明定期和不定期通航河段以及适合通航但尚未开拓的河段等，以区分河流航线的性质。

低级道路类型	大比例尺地图	中比例尺地图	小比例尺地图
大 车 路	——————	——————	大　　路
乡 村 路	– – – – – ·	– – – – – –	
小　　路	– – – – – –	- - - - - - -	小　　路
时令路无定路	… … … … …		

图 5-28　我国地图上低级道路的表示

　　一般在小于 1∶50 万比例尺的地图上才表示海洋航线。海洋航线常由港口和航线两种标志组成。港口只用符号表示其所在地，有时还根据货物的吞吐量区分其等级。航线多用蓝色虚线表示，分为近海航线和远洋航线（图 5-29）。

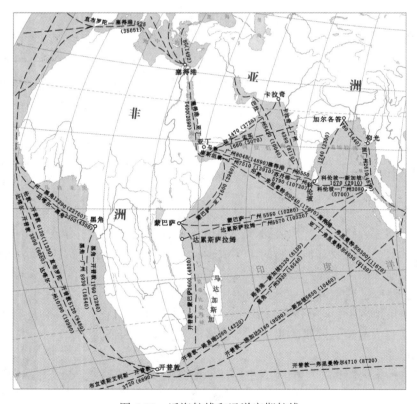

图 5-29　近海航线和远洋定期航线

　　近海航线沿大陆边缘用弧线绘出，远洋航线常按两港口间的大圆航线方向绘出，但注意绕过岛礁等危险区。相邻图幅的同一航线方向要一致，要注出航线起讫点的名称和距离，并尽可能在各航线的终点上注出一个航程所需的时间等。当几条航线相距很近时，可合并绘出，但需加注不同起讫点的名称。

3. 空中交通

在普通地图上，空中交通（网）是由图上表示的航空站体现出来的，一般不表示航空线。

我国目前规定在大比例尺地形图上用符号表示民用和军用飞机场（航空站），民用机场用真实名称注记，军用机场不注真名，而用附近较大的城镇名称作为机场名称。表示通往飞机场的道路、显示机场范围的铁丝网、围墙等，机场跑道、塔台、机库和指示灯等反映机场性质的设施都不表示。在中小比例尺地形图上仅表示民用机场。

国外许多地图，甚至在1∶10万地形图上都表示出城市的飞机场（有的还详细表示机场的跑道），并用不同的符号区分机场与降落场，军用的与民用的，有坚固跑道的和其他跑道的，全年通航的和一年中部分时间通航的，水上基地和水上停泊处等（图5-30）。有的还表示出机场的导航标志，如导航台的位置、呼号和频率等。

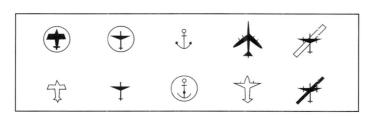

图 5-30　国外地形图上的航空标志举例

4. 管线运输

作为输送物质用的管线，主要包括运输管道、高压输电线和供通信的陆地电缆、光缆。它们是交通运输的另一种方式，而且可以说是一种比较高级的运输形式。随着我国经济建设的快速发展，这种运输形式必定会以更快的速度发展，因此，管线运输在地图上的表示应该引起重视。

管道运输是现代工业发展的显著标志之一。它是一种安全、快速、节约的运输方式。这种运输方式在许多发达的国家都有极其重要的地位，有的国家竟占全国货运量的一半以上。我国近年来也有很大的发展，如我国正在迅速发展的石油、天然气管道运输线即是。

管道运输有地面上、地下、甚至水下的。一般是用线状符号加简明的说明注记来表示的。我国地形图上目前主要表示地面上的运输管道，地下的运输管道只表示出入口。

现代地图上的管道不但要区分运送的货物（石油、天然气、水或其他），还应该表示管道的线数、管道直径、泵位和气体加压站等。

高压输电线是作为专门的电力运输标志表示在地图上的。现代地图上要求区分高压输电线的强度（等级），能源的类型，即热（火）电站、水电站、核电站、潮汐电站、地热电站、太阳能电站等。

目前，我国地形图上只用线状符号加简明注记表示出高压输电线的线数和电压等。在小比例尺地图上，一般都不表示了。

通信线也可以看做是交通网的一个组成部分。它在地图上的显示，对于人烟稀少及通信网不发达的地区是有价值的，一般只表示地面上的，地面下的不表示。

我国大比例尺地形图上，通信线是用线状符号来表示的，并同时表示出有方位意义的通信线杆。因为沿铁路线一定会有电话线，所以无须再表示。

有的国家表示得详细，除表示电话线外，还在地形图上标出邮电企业、电话局、无线电台等标志；有的国家的地形图上就根本不表示通信线。

在小于1：25万的地形图上，只表示地面上管道和敷设于海底光电通信的电缆线。

三、境界的表示

境界，是一种区域范围与另一种区域范围的分界线。它也是普通地图上的重要因素之一。

1. 境界的分类

普通地图上，境界可以分两大类，即政区境界与其他境界。

政区是政治行政区划的简称。它包括政治区划和行政区划两种。

政治区划主要是指国家领土的划分，其界线即为国界。有些国家之间由于存在着争议地段，图上则有国界（指已确定的国界）与未定国界之分。特殊地区界也是一种政治区划界线，例如，巴勒斯坦地区界、克什米尔地区的印巴军事停火线、朝鲜半岛的南北军事分界线。

行政区划是指国内行政区域的划分，其界线统称为行政区划界。由于国家的社会制度和行政组织不尽相同，各国都有自己的行政等级与名称。如我国有省级行政区界、特别行政区界（香港、澳门）、地级行政区界、县级行政区界、乡级行政区界、火线、禁区界、旅游和园林界等。

其他境界包括开发区界、保税区界、自然文化保护区和禁区界等一些专门的境界。

2. 境界的表示

地图上所有境界都是用不同结构、不同粗细及不同颜色的点线符号来表示的（图5-31）。

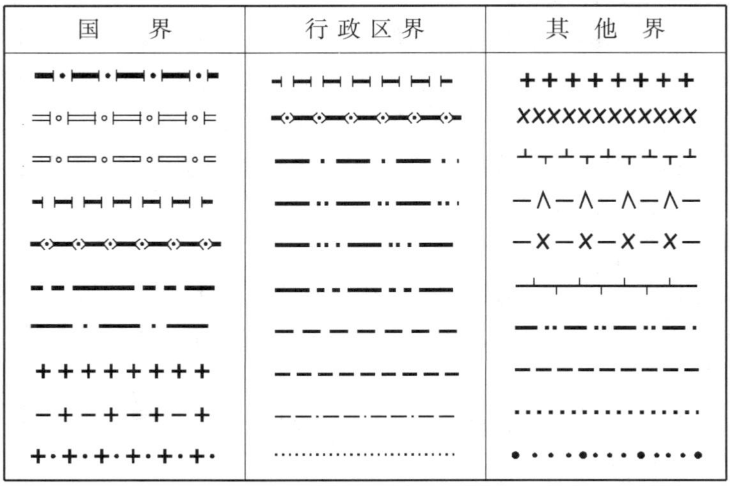

图 5-31　表示境界的符号示例

境界线大多数采用对称性的线状符号来表示，只有一些独立区或界（如保护区界、河流流域界等）才使用不对称的方向性符号。因为一般政治行政区之间彼此是同等级的，不宜使用单向符号。

地图上，政治区划界线（主要指国界）、行政区划界线，都要配合行政中心和注记才能反映政治和行政区划。在大比例尺地图上，因为每幅图包括的区域小，图上主要是穿幅境界，看不出政治、行政区划的整体范围；小比例尺地图上，包括的区域范围广大，境界和行政中心、注记（或表面注记）配合，政治、行政区划概念就明显突出。

为了增强区域范围的明显性，在中小比例尺地图上，往往将重要的境界符号配合色带（晕边）来表示。在陆地范围内，不管境界符号是否跳绘，色带均按实际中心线连续绘出。在海部范围，色带则配合境界符号绘出。

色带有绘于区域外部、区域内部和跨境界（骑境界）符号三种形式（图5-32）。以单独的政治、行政区域为主题的单幅（或拼幅）地图，其色带多绘于主区界线的外部，以求主区范围突出、内部清楚。表示同等级区域的色带则用跨界符号。

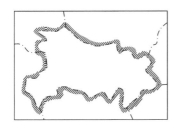
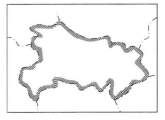
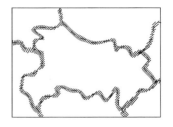

图 5-32　色带的配置方法

在地图上应十分重视境界表示的正确，以免引起各种领属的纠纷。尤其是国界线的制作，更应慎重、精确，要按有关规定并经过有关部门的审批，才能出版发行。境界线转折，应用点或实线段来表示；境界交会时的画法应有明确的点位（图5-33）。

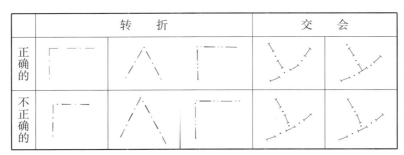

图 5-33　境界线的转折与交会表示

两级以上的境界重合时，只表示出高一级的境界。飞地的界线用其所属行政单位的境界符号表示，并在其范围内加隶属注记。

四、独立地物的表示

在实地形体较小，无法按比例表示的地物，称为独立地物。地图上表示的独立地物主要包括控制点、地形、历史文化、工业、农业等方面的标志。在我国现行地形图图式中，将独立地物分为测量控制点、居民地附属设施和地形方面的标志(地貌)。

独立地物一般高出于其他建筑物，具有比较明显的方位意义，对于地图定向、判定方位等意义较大。在大比例尺地形图上独立地物表示得较为详细(表5-5)。随地图比例尺缩小，表示的内容逐渐减少，在小比例尺地图上，主要以表示历史文化方面的独立地物为主。

表5-5　　　　　　　　　大比例尺地形图上表示的独立地物举例

测量控制点	三角点、埋石点、水准点、卫星定位连续运行站点、卫星定位等级点、独立天文点
地形方面的标志	独立石、土堆、矿渣堆、坑穴
历史文化标志	世界文化遗产、世界自然遗产、烽火台、纪念碑、纪念塔、陵园、经塔、敖包、牌坊、钟楼、古关寨、庙宇、清真寺、教堂、气象台、地震台、天文台、水文站、文物碑石、亭、塑像、雕像、环保监测站、卫星地面站、科学试验站、高尔夫球场、游乐场、公园、植物园、动物园、露天体育场、游泳池
工业标志	电视发射塔、移动通信塔、烟囱、石油井、天然气井、油库、放空火炬、发电厂、水厂、海上平台、变电所、矿井、露天矿、采掘场、窑、水塔、
农业标志	扬水站、水车、风车、水闸、饲养场、打谷场、药浴池、粮仓(库)
其他标志	塔形建筑物、旧地堡、旧碉堡、公墓、坟地、殡葬场所、垃圾场

独立地物由于实地形体较小，无法以真形表示，所以大多是用侧视的象形符号来表示(见图5-34)。

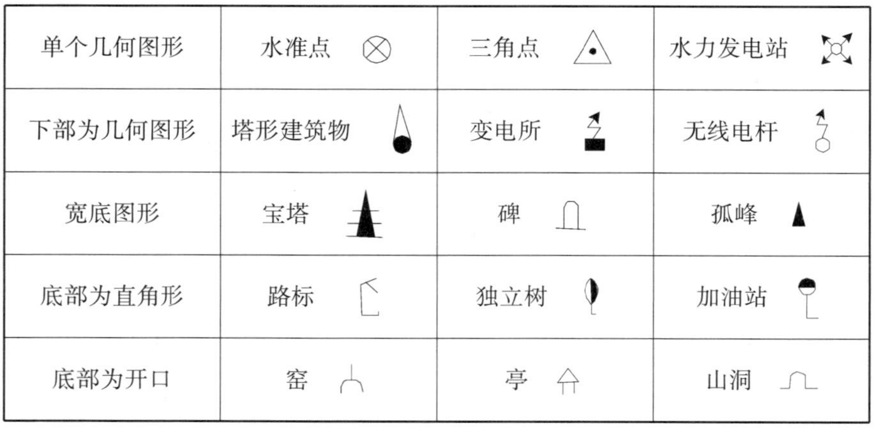

单个几何图形	水准点 ⊗	三角点 △	水力发电站
下部为几何图形	塔形建筑物	变电所	无线电杆
宽底图形	宝塔	碑	孤峰
底部为直角形	路标	独立树	加油站
底部为开口	窑	亭	山洞

图5-34　独立地物符号

在地图上，独立地物必须精确地表示其实地位置。独立地物定位的一般原则为：
(1)单个几何图形的符号或中部为几何图形的符号，其几何中心为定位点。
(2)下部为几何图形的符号，以下部图形的几何中心点为定位点。
(3)宽底图形符号，以底边中心为定位点。
(4)底部为直角形的符号，以直角形顶点为定位点。
(5)底部为开口的符号，以其下方两端点连线的中心为定位点。如果这个符号的中心位置上标有一点，则此点为定位点。

独立地物符号与其他符号抢位时，一般保持独立地物符号位置准确，其他物体符号移位配置。

第三节　专题地图的基本表示方法

普通地图比较全面而客观地反映了地表所有能见到的或客观存在的物体。与之相比，专题地图反映的内容则更为广泛多样，除了如普通地图那样能客观而全面反映地表所见物体外，从空间而言，它还能反映空间的气候现象，地下的岩石分布及矿藏分布，人口的集中程度，民族的、语言的分布，资本的集中等；从时间而言，它能反映现象的过去、现在及其发展，反映现象随时间的变化。它不仅涉及自然界和人类社会的各个方面，而且反映其时空的特征，反映其数量和质量的特征及各现象间的联系。因此，专题地图内容的表示方法并不像普通地图那样以内容要素为转移，而是以反映对象的空间分布特征和时间分布特征为转移。一般来说，专题地图内容通常有十种基本的表示方法。表示方法的选择取决于现象和物体的空间分布特征，表示信息的精度及其使用的性质。

一、定点符号法

定点符号法是采用不同形状、颜色和大小的符号，表示呈点状分布物体的数量与质量特征的方法。符号应尽可能配置在这些物体实地位置的相应点上，当符号有叠合时，要保持其定位中心，用相互交叠来表示。符号的形状、色彩和尺寸等视觉变量可以表示专题要素的分布、内部结构、数量与质量特征。定点符号法是用途较广的表示法之一，如居民点、企业、学校、观测台、气象站等多用此法表示。这种表示法能简明而准确地显示出专题要素的地理分布和变化状态。

1. 定性数据的符号表达

呈点状分布的要素，其定性数据的表达主要是通过形状和颜色来实现的。

1)符号的形状

符号按形状可分为三种，即几何符号、文字(或字母)符号和艺术符号，艺术符号又分为象形符号和透视符号两类，如图5-35所示。

几何符号由于具有图形简单、绘制方便、所占面积小、定位准确、区别明显等优点，因此使用较广。文字符号能"望文生义"，不用经常查找图例就能识别和阅读。象形符号简单、明确，容易记忆和理解。透视符号比象形符号更为细致，更能表达其外形特征，这种符号形象生动、通俗易懂，经常在交通旅游图上使用。采用符号法表示专题地图，可以同时运用多种不同种类的符号，以表示要素的类别。

图 5-35　符号的形状

2）符号的颜色

用不同形状的符号可以表示不同物体的性质差别，但是，地图上符号的面积较小，符号的颜色差别比形状的差别更明显，特别是在电子地图设计中色彩尤为重要。在设计时最好用不同的颜色来表示专题地图要素最主要、最本质的差别，而用符号形状来表示次要的差别。

2. 定量数据的符号表达

呈点状分布的要素，其定量数据的表达主要是通过符号的大小来实现的。

1）符号的比率与非比率

在专题地图上，一般以符号的大小来表示物体的数量指标。如果符号的大小与所表示的专题要素的数量指标有一定的比率关系，这种符号称为比率符号。例如，在人口分布图上，表示城镇的圈形符号的大小与其人口数有一定的比率关系。如果符号的大小与专题要素之间无任何比率关系，这种符号称为非比率符号。在政区图上，居民点主要是通过符号的不同结构特征表示行政意义，这是非比率符号的例子。

2）绝对比率和条件比率

比率关系又可分为绝对比率和条件比率两种。但无论是绝对比率还是条件比率，都可以是连续的和分级的，如图 5-36 所示。但在实际运用中分级比率符号往往不一定成严格的数学关系，较多的是考虑符号大小的视觉感受效果，以致仅保持符号大小及结构的变化与物体数量指标成一定的对应关系。

绝对比率是指符号的大小与所代表的专题要素的数量指标成绝对正比关系。在采用绝对比率符号表示专题要素时，由于要精确计算表明每个数量指标的符号面积，所以必须规定符号的准线和比率基数。符号的准线是指能确定符号面积的基准线，如圆的直径、三角形及其他几何图形的高或底边等。由于符号准线长度的平方与符号面积成正比，所以专题要素的数量指标必须与准线长度的平方成正比。在确定符号的大小时，必须首先确定其比

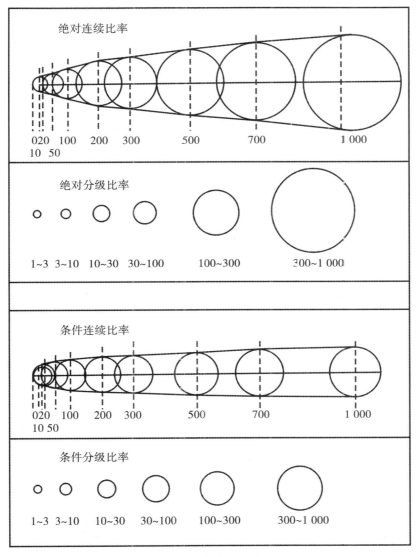

图 5-36 符号的比率

率基数,比率基数的大小影响地图负载量。绝对比率符号的优点是,符号大小与所反映的专题要素的数量指标一致。可是,当专题要素的两个极端数量指标相差极为悬殊时,最大符号与最小符号的差别也极其悬殊。要使最小符号保持一定大小、清晰可辨,则最大符号必然过大,以致影响到其他要素;如果要缩小最大符号,最小符号也必须相应地缩小,这就会产生最小符号不易阅读。另一种情况是,当专题要素的各数量指标差别不大时,若采用绝对比率,则各符号之间的差别不明显,难以区分。上述两种弊病通过采用条件比率的方法来解决。

条件比率符号仍保持符号的面积大小与专题要素的数量指标之间的比率关系。但两者之比不等于符号面积的绝对正比,而是在绝对比率上加以某种函数关系的条件。在采用条件比率符号的地图上,为便于读者按符号准线长度算其所表示的数量指标,往往要列出符号的比率图表。在确定条件比率符号的准线长度时,必须注意最小符号能清晰易读,最大符号又不过分突出,符号之间又容易区分。

3) 连续比率与分级比率

连续比率是指只要有一个数量指标,就必然有一个一定大小的符号代表,符号大小与它所代表的数量指标都是连续的。如果每个符号的面积与它所代表的数量指标成绝对正比,则称为绝对连续比率。在绝对连续比率上加上某种条件,则称为条件连续比率。采用连续比率关系来确定符号大小,可以得到相应于各物体大小的符号,但有一定的缺点:首先,要花很多时间计算代表每一个数量指标的符号准线长度;其次,在绘制符号的技术上也有一定困难;再次,虽然符号比率比较精确,但一览性较差,对一般参考用图并不适用。

因此,除了采用连续比率之外,还可采用分级比率,即对专题要素的数量指标进行分级,使符号的大小在一定间隔范围内保持不变。绝对分级比率符号的面积与数量指标的分级平均值成绝对正比关系,如图 5-36 所示。在实际编图工作中,较多地采用条件分级比率。

分级比率的优点是:由于对要素的数量指标进行了分级,故确定相应符号大小的工作量就大为减轻;简化了相应图例,方便了读者;并在一定时期内仍能保持地图的现势性。因此,分级比率在编图工作中广为应用。分级比率的缺点是不能表示出同一级别内专题要素在数量指标上的差别。因此,采用分级比率时,级别的正确划分很重要。

3. 组合结构符号

符号按其构成的繁简程度,可分为单一符号和组合结构符号两种。组合结构符号(图 5-37)是把符号划分为几个部分,以反映专题现象的结构。例如,表示某一通信中心的符号,可以根据通信中心所属各通信企业的组成,划分为各个部分。

图 5-37　组合结构符号

符号除了表示物体在某特定时刻的状况外,也能反映物体的发展动态。如常用外接圆或同心圆及其他同心符号,并配以不同的颜色,表示各个不同时期的数量指标。这种符号称为扩张符号(图 5-38)。

4. 符号的定位

在专题地图中采用定点符号法时,应该注意符号的定位。第一,必须准确地表示出重要的底图要素(河流、道路、居民点等),这样有利于专题要素的定位和反映专题要素的

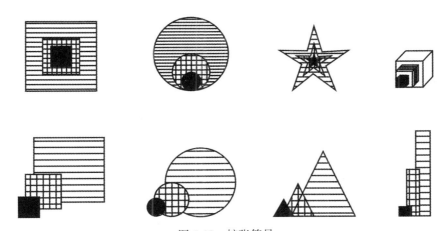

图 5-38 扩张符号

地理分布特征;第二,运用几何符号可以把所示物体的位置准确地定位于图上,当地图上某一地区的符号过于密集时,由于各符号的中心不在同一点上,即使符号互相重叠,也不会发生疑义,但较大符号的颜色应具有较高的透明度,以显示较小的符号;第三,当几种性质不同的现象同定位于一点,产生不易定位及符号重叠时,可保持定位点的位置,将各个符号组织成一个组合结构符号,尽管它们同定位于一点,但仍然相互独立,如图 5-36 所示;第四,当一些现象由于指标不一而难于合并时,可将各现象的符号置于相应定位点周围。

二、线状符号法

线状符号法是用来表示呈线状或带状延伸的专题要素的一种方法。

线状符号在普通地图上的应用是常见的,如用线状符号表示水系、交通网、境界线等。在专题地图上,线状符号除了表示上述要素外,还表示地质构造线(图 5-39)、地性线、地震分布线、气象上的峰、海岸和社会经济现象间的联系等,可以表示用线划描述的运动物体的轨迹,如航空线、航海线等。这些线划都有其自身的地理意义、定位要求和形状特征。

线状符号可以用色彩和形状表示专题要素的质量特征,也可以反映不同时间的变化。但一般不表示专题要素的数量特征。如区分海岸类型,区分不同的地质构造线,表示某河段在不同时期内河床的变迁位置。

线状符号有多种多样的图形。一般来说,线划的粗细可区分要素的顺序,如山脊线的主次。对于稳定性强的重要地物或现象一般用实线,稳定性差的或次要的地物或现象用虚线。

专题地图上的线状符号常有一定的宽度,在描绘时与普通地图不完全一样。在普通地图上,线状符号往往描绘于被表示物体的中心线上。而在专题地图上,有的描绘于被表示物体的中心线(如地质构造线、变迁的河床),有的描绘于线状物体的某一边,形成一定

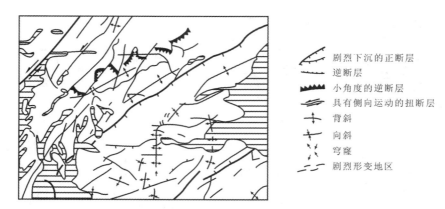

图 5-39　用线状符号法表示地质构造线

宽度的颜色带或晕线带，如海岸类型、海岸潮汐性质。

三、质底法

质底法是把全制图区域按照专题现象的某种指标划分区域或各种类型的分布范围，在各界线范围内涂以颜色或填绘晕线、花纹（乃至注以注记），以显示连续而布满全制图区域的现象的属性差别（或区域间的差别），如图 5-40 所示。由于常用底色或其他相应整饰方法来表示各分区间质的差别，所以称为质底法。因为这种方法重于表示质的差别，一般不直接表示数量的特征，故也称质别法。质底法常用于地质图、地貌图、土壤图、植被图、土地利用图、行政区划图、自然区划图、经济区划图等。

图 5-40　土地利用图

采用质底法时，首先按专题内容性质决定要素的分类、分区；其次勾绘出分区界线；

最后根据拟定的图例，用特定的颜色、晕线、字母等表示各种类型(或各种区划)的分布。类型或区域的划分既可以根据专题要素的某一属性(如普通地质图对地表的基岩露头按不同的年代(代、纪)或岩性(对岩浆岩而言)如地质图中按年代或岩相)，也可根据组合指标(如农业区划图根据产量、农业机械水平、湿度、温度、降雨量等多种指标)。区划图是比类型图更高级的概括性图，分区时要按多项组合指标来划分，可以采用分类处理的数学方法进行划分。

在质底法图上，图例说明要尽可能详细地反映出分类的指标、类型的等级及其标志，并注意分类标志的次序和完整性。选用颜色时，力求使在质量方面类型相近的制图现象采用相近的颜色。质底法具有鲜明、美观、清晰的优点。但在不同现象之间，显示其渐进性和渗透性较为困难。当用质底法显示两种性质的现象时，通常用颜色表示现象的主要系统，而用晕线或花纹表示现象的补充系统。如在地貌图上，用颜色表示各种地貌类型的分布，用晕线表示地貌的切割程度。

四、等值线法

等值线是某种现象的数值相等的连线，例如，等高线、等深线、等温线、等压线、等降雨量线、等磁偏线、等气压线、等震线、等重力异常线等。等值线法就是利用一组等值线表示制图现象分布特征的方法。

等值线可以显示地面和空间连续分布且均匀渐变的现象，并能说明这种现象在地图上任一点的数值和强度。如自然现象中的地形、气候、地壳变动等现象。

等值线法的特点是：

(1)等值线法用来表示连续分布于整个制图区域的各种变化渐移的现象，此时等值线间的任何点可以用插值法求得其数值。

(2)对于离散分布而逐渐变化的现象，通过统计处理，也可用等值线法表示。这种根据点代表的面积指标绘出的等值线称为伪等值线。

(3)等值线直接加数量注记可以显示数量指标，无需另作图例。这是等值线法优于其他表示法之处(图5-41)。

图5-41 用等值线法表示气温和地表径流

(4)采用等值线法时，每个点所具有的数量指标必须完全是同一性质的。如根据各地同一时间的记录，以代表当时区域内的气候情况(某年某月某日的气温)，或者取较长时间记录的平均数(如多年观测的某月全月气温，取平均数而得该月的平均气温)来代表。

又如，等高线必须根据同精度测量和化为同高程起算基准的成果，才能正确反映客观实际情况。

（5）等值线的间隔最好保持一定的常数，这样有利于根据等值线的疏密程度判断现象的变化程度。但这也不是绝对的，例如，在小比例尺地图上，用等高线表示地貌时，由于所包括区域范围大，地貌形态复杂，多数是采用随高度和坡度而变化的等高距。在选择等高线的间隔时，现象本身的特点、观测点的多少、地图的比例尺、用途等都影响等值线的选择。一般来说，观测点多，等值线间隔就可以小，反之就大；比例尺小，间隔就大。

（6）单独一条等值线只表示数值相等各点之间的连线，不能表示某种现象的变化情况，只有组成一个系统后，才能表示现象的分布特征。地图上描绘的等值线，通常是根据观测点的数值内插而得的。但对于观测资料不足的地区，则是在已知等值线外，根据具体情况，向外推断而得，此法称为外推法，这种等值线的精度不高。

（7）地图上等值线法不但反映了现象的强度（即数量指标），而且还可反映：

①随着时间而变化的现象，如用多组等磁差线反映磁差年变化。

②现象的移动，如用多组等值线反映气团季节性变化、海底的升降等。

③反映现象的重复及或然率，如一年中哪些时间的气温是相同的，一年中各月份的大风和暴雨的次数。如果用两三种等值线系统，则可以显示几种现象的相互联系，如同时表示等温线和等降水量线。但这种图的易读性会相应降低，因此常用分层设色法辅助表示其中一种等值线系统。

五、范围法

范围法是用面状符号在地图上表示某专题要素在制图区域内间断而成片的分布范围和状况，如煤田的分布，森林的分布，棉花、苹果等经济作物的分布等。此种要素必须分布在较大的面积上，方能按地图比例尺充分地显示出来。范围法在地图上标明的不是个别地点，而是一定区域或面积，因此又称区域法或面积法。

范围法实质上是进行面状符号的设计，其轮廓线以及面的颜色、图案、符号、注记是主要的视觉变量。范围法也只是表示现象的质量特征，不表示其数量特征，即表示不同现象的种类及其分布的区域范围，不表示现象本身的数量。

区域范围的确定一般是根据实际分布范围而定，其界线有精确的，也有概略的。精确区域范围是尽可能准确地勾绘出要素分布的轮廓线。概略范围是仅仅大致地表示出要素的分布范围，没有精确的轮廓线，这种范围经常不绘出轮廓线，而用散列的符号或仅用文字、单个字符表示现象的分布范围，如图5-42所示。

当用散列的符号图形表示要素分布的概略范围时，该类符号完全没有定位意义，仅仅是概略地指明要素的分布范围。不过这种范围一般较小，比较分散，是一种"面积"的概念，故称之为"区域符号"。符号法的符号是说明"点"上的分布对象，因此不应该把这种区域符号与符号法混为一谈。

图上究竟用精确的还是概略的区域范围，取决于编图的目的、用途、地图比例尺、资料的完备和详细程度，尤其是要素的分布特征。如各种动物的分布，其界线往往是难以画精确的，所以有时不画其范围界线。这样，在表示动物分布范围时，各要素可能产生重

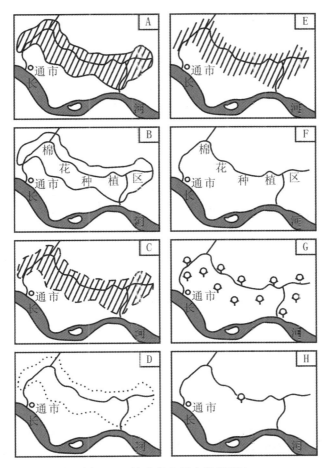

图 5-42 精确的和概略的范围法

叠。对此，可借助于不同色相的范围线或晕线的不同方向来解决。

六、定位图表法

用图表的形式反映定位于制图区域某些点上周期性现象的数量特征和变化的方法，称为定位图表法。常见的定位图表有风向频率图表、风速玫瑰图表、温度和降水量的年变化图表等（图 5-43）。

定位图表反映的虽然只是在某点上观测的数据，因为它反映的是一定空间的自然现象，所取的"点"上的现象是周围一定区域范围内面上现象的代表性反映，因此，分布在制图区域中各处的若干定位图表，可以反映该区域面状分布现象的空间变化。

定位图表的统计数据可以以月、季、年为单位，在风向频率或风速图表中用某方位上的线长代表该方位上的频率值或数值，并可以反映该点上某现象的多项指标。如图 5-43(b)中反映的是某点上的风向和风速的玫瑰形图表，表明该点（台站）上无风日占 9%，标注于中心，其余的 91% 是有风的，分配于其他的 12 个方位中；每个方位的风发生的频率用线长表示，每毫米代表1%；构成线柱的四种形式——细实线、空白柱、实心柱、加宽柱分别代表微风、中风、强风和飓风。

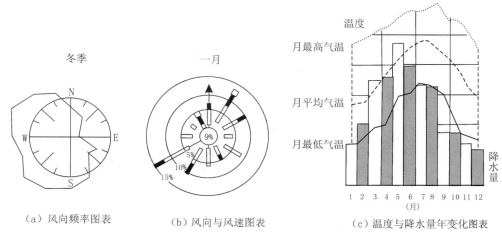

图 5-43 常见的定位图表

七、点数法

用一定大小的、形状相同的点子，表示现象分布范围、数量特征和分布密度的方法叫做点数法。点数法亦称点值法或点法，它被广泛应用于表示人口、农业、畜牧业、动物分布和植物分布等专题图上。点子的大小和所代表的数值由地图的内容确定。

点子的大小及其所代表的数值是固定的；点子的多少可以反映现象的数量规模；点子的配置可以反映现象集中或分散的分布特征；由点子的疏密即可看出现象集中或分散的程度。点值法主要是传输空间密度差异的信息，通常用来表示大面积离散现象的空间分布。

点数法是范围法的进一步发展。范围法只反映专题现象的分布区域范围及其质量特征，而难以反映其数量差异。如果我们在范围内均匀地分布点子，借助于点子的分布可表示区域的范围；当这种点子具有点值时，用点子的数目可表示现象的数量特征。如果点子分布与实际情况一致，这样就由范围法过渡到了点值法(图 5-44)。

用点数法作图时，点子的布点有两种方法：一是均匀布点法；二是定位布点法，如图 5-45 所示。

均匀布点法就是在相应的统计区域内将点均匀分配，统计区域内没有密度差别。定位布点法就是按照现象的实际分布情况布点，定位布点与实际情况的吻合程度，主要取决于地图比例尺。在大比例尺地图上，只要有详细的资料，就可较精确地反映现象的分布。在小比例尺地图上，为了便于利用现成的统计资料，又想尽量用点子反映要素的实地分布，可以把区域分得小一点，在小区划单元内虽然是均匀布点，但区划单元越小，点子的位置误差相对地也就越小，最后除去界限，在整幅图上就不是均匀布点，而是呈有差异的分布了。如在表示一个省的人口密度图上，按照统计资料在乡镇范围内布点，就可达到上述

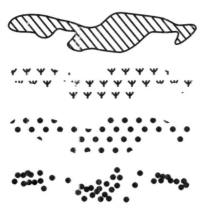

图 5-44　由范围法过渡到点值法

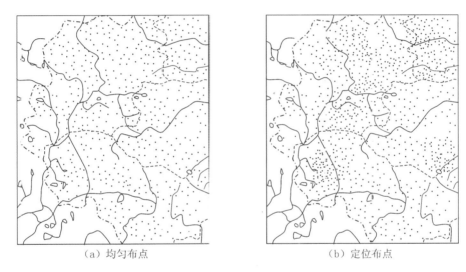

(a) 均匀布点　　　　　　　　　　(b) 定位布点

图 5-45　点子的布点方法

目的。

点值法中的一个重要问题是确定每个点所代表的数值。点值的确定与地图比例尺以及点子的大小有关。若点子大小一定，地图比例尺越大，相应的图面范围也越大，点子相应就多，点值就小。点值过大，图上点子过少，不能反映要素的实际分布情况；点子过小，在现象分布的稠密地区，点子匡发生重叠，现象分布的集中程度得不到真实地反映。因此，确定点值的方法是，以某现象分布密度最大的小范围为标准，求出一个点所代表的数值，且使点子之间相互紧靠而不重叠。点子大小依地图比例尺、用途等条件而有所不同，一般直径不大于 0.3mm。

在用点值法表示的地图中，有时用不同颜色的点子分别表示几种要素的分布情况。对于几种在地理分布上都有明显的区域性或地带性的要素，由于互相干扰少，用各种颜色的点子分别表示各种要素的分布，可以获得很好的效果。对于地理分布错综复杂的要素，布点比较困难，用这种方法则会使图上的各色点子互相混杂，难以辨认，从而影响各要素分布的清晰和易读性。

另外，用各种颜色的点子还可以表示现象的发展动态。如用蓝色点子表示原有的稻田分布，用红色点子表示新增的稻田，从而可看出水稻种植面积的扩大情况。

点值法的优点是简单明了，比较生动，适当运用多色点子，也可显示要素的多种质量特征，这是它获得广泛运用的原因。

八、运动线法

运动线法是用运动符号(箭头)和不同宽窄的"带"，在地图上表示现象的移动方向、路线及其数量、质量特征。如自然现象中的洋流、风向，社会经济现象中的货物运输、资金流动、进出口贸易、居民迁移、军队的行进和探险路线等。运动线法又称动线法。

动线法表示各种分布特征的运动。它可以反映点状物体的运动路线(如船舶航行)、线状物体或现象的移动(如战线的移动)、集群和分散分布现象的移动(如动物迁徙、民族人群的迁移)、整片分布现象的运动(如大气的变化)等，如图 5-46 所示。

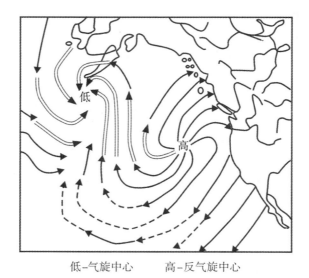

低–气旋中心　　高–反气旋中心

图 5-46　气象图

虽然动线的表达手段是多种多样的，但不外乎是用不同的颜色、宽度和形状表示现象的数量、质量特征。

以运动符号(或称向量符号)表示运动的方向，如洋流或货运的方向；运动符号的宽度和长度可表示两种指标，如洋流的强度、速度或者运输量；运动符号的颜色和形状表示现象的性质；运动符号的位置表示运动的轨迹(图 5-47)。

运动符号表示运动路线时，有准确和概略之分，前者显示现象移动的轨迹，即实际移动的途径；后者则是起讫点的任意连线，看不出现象移动的具体路线(图 5-48)。运动路线描绘的精确性，依据地图的比例尺、用途、现象表示的性质和资料详细程度而有所不

第三节 专题地图的基本表示方法

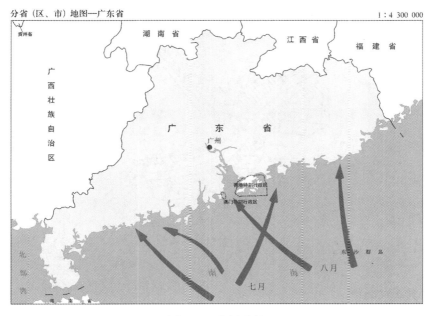

图 5-47　台风路径

同。例如，由于运动路线的某种粗略性或为了简化、概括图形，或者由于现象的实质（多样或难以确定路线，如进出口贸易），而只能概略地表示。

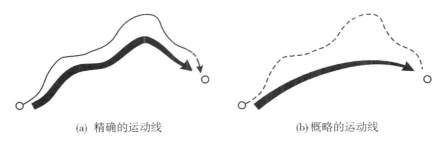

(a) 精确的运动线　　　　　　(b) 概略的运动线

图 5-48　准确和概略的运动线法

另一种表示运动现象分布的图解手段是条带，"带"的颜色或花纹表示现象的质量特征，"带"的宽度表示其数量特征。"带"的宽度一般是有比率的，其比率有绝对比率和条件比率，其中也可再分连续比率和分级比率。如表示河流的流量，可用绝对连续比率方法；表示货流强度、输送旅客量，可用绝对的或条件的分级比率方法。

用动线表示现象的结构是比较复杂的。最引人注目的一种方法是货物按相应货物的颜色或图案划分成与货物数量成比率的组合带，往返各置于道路的一侧。欲使货流结构和各货物的数量指标能清楚地表示，只有带的宽度较大时才有可能（图 5-49）。由于货流带较宽，所以这种表示方法对运输路线只能是概略的，并且载负量较大，使得图面拥挤而影响易读性。

199

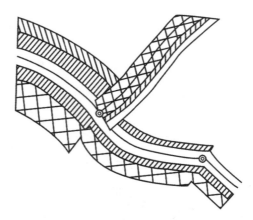

图 5-49　货流数量及结构的表示

九、分级统计图法

分级统计图法是在整个制图区域的若干个小的区划单位内(行政区划或其他区划单位)，根据各分区资料的数量指标进行分级，并用相应色级或不同疏密的晕线，反映各区现象的集中程度或发展水平的分布差别。该方法可反映布满整个区域的现象(如地貌切割密度)、呈点状分布的现象(如居民点的密度)或线状分布的现象(如道路网密度)，但较多的是反映呈面状但属分散分布的现象，如反映人口密度(图 5-50)、某农作物播种面积的比、人均收入等。分级统计图法又称等值区域法，此法因常用色级表示，故亦称色级统计图法。

分级统计图法实质上就是用面状符号表示要素的分级特征。具体地说就是用面状符号的色彩或图案(晕线)表示分级的各等值区域，通过色彩的同色或相近色的亮度变化以及晕线的疏密变化，反映现象的强度变化，而且要有等级感受效果。现象指标增长的用暖色，指标越大，色越浓(晕线越密)；现象指标减少的用冷色，指标越小，色越淡(晕线越稀)。

分级统计图法只能显示各个区划单位间的差别，而不能表示同一区划单位内部的差别。所以，分级统计图的区划单位愈大，区内情况愈复杂，反映现象分布的程度也就愈概略；反之，区划单位愈小，反映的现象也愈接近于实际情况。

分级统计图法一般用于表示现象的相对指标，以反映现象的集中程度(如人口密度)或发展水平(如生产水平)。如果采用绝对指标，可能造成某现象在各区域的比较会被歪曲。但对某些非全局性、量很小的现象，也有用绝对指标分级的，如茶园、果园、烟叶等非全局性作物的种植面积，表示相对指标反不及直接显示其绝对指标(种植面积)明确。

分级时应注意使各级所包括的区划单位个数大致相等，并能突出指标特别高和特别低的区划单位。级别多少应适当，分级过多会产生错综复杂的色级，使现象的程度差别显示不清，视觉效果差；分级过少，则容易掩盖某些地区的具体差别。

分级统计图法属于统计地图制图的范畴。该表示法由于对资料要求不高，易于保密，

第三节 专题地图的基本表示方法

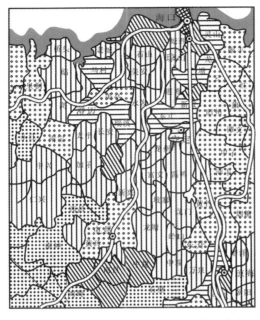

图 5-50 人口密度

故应用广泛。但由于这种方法反映的是区域内现象的均值,所以给人以区域内的现象均匀散布的印象,因而不能反映区域内部的差异。

十、分区统计图表法

分区统计图表法是一种以一定区划为单位(通常是以行政区为区划单位),在各个区划单位内,按其相应的统计数据,绘制不同形式的统计图表,以表示并比较各个区划单位内现象的总和、构成及动态。统计图表通常描绘在地图上各相应的分区内(图5-51)。

分区统计图表法只表示每个区划内现象的总和,而无法反映现象的地理分布,因此,它是一种非精确的制图表示法,属统计地图制图的一种。在制图时,区划单位愈大,各区划内情况愈复杂,则对现象的反映愈概略。可是分区也不能太小,否则会因为分区面积较小而难以描绘统计图表并表示其内部结构。

分区统计图表法显示的是现象的绝对数量指标,而不是相对数量指标,可以用由小到大的渐变图形或图表反映不同时期内现象的发展动态。

地图上采用的统计图表有很多形式,常见的如线状统计图形——柱状或带状等,面积统计图形——正方形、正三角形、正多边形、圆等,立体统计图形——立方体、圆球、圆块等。这些统计图形也可以是结构图形,即按其内部的分类表示其组成(图5-51)。表示结构的统计图形还可以有很多其他图形,如多方向辐射图形(表示多种现象),星状统计图形(表示三种现象),平面与平面、平面与立方柱(表示两种现象及其关系)等。

统计图表设计中的一个重要问题是使读者能迅速判断数量关系,这可借助于附加的标尺来实现。在各类统计图表中,线状统计图表的长度与数量成正比,故最易判断,但这种

201

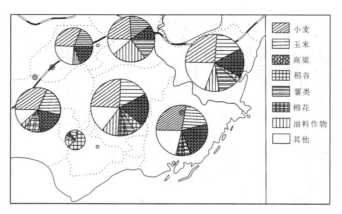

图 5-51　分区统计图表法示例

图形的尺寸常常会超出区域界线。面积统计图形和体积统计图形占的面积较小，但图形大小的差别不显著。为了便于获得数量概念，有的统计图表用一组等值图形（圆、正方形、矩形、象形符号均可）表示，其中每一个图形代表一定的数量，易于阅读，这称为"维也纳法"；有的统计图表采用几组不同数值的图形，通过累加获得数量值（图 5-52），称为"零钱"法。

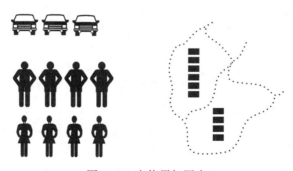

图 5-52　定值累加图表

因为分区统计图表法的图形是按区划单位配置的，所以区划境界线是图形上最重要的要素之一，必须很清楚地描绘出来。尽量删减河流、道路、居民点等要素，地貌可以不表示。

第四节　专题地图的其他表示方法

专题地图除上述的十种基本表示方法用以表达不同空间分布、时间序列的物体和现象外，还有一些较复杂的表达手段和表示方法。

第四节 专题地图的其他表示方法

一、金字塔图表法

由表示不同现象或同一现象的不同级别数值的水平柱叠加组成的图表，常用于表示不同年龄段的人口数，其形状一般呈下大上小，形似金字塔，故称为金字塔图表。金字塔图表可以反映现象的结构、数量和质量特征。如工业中按各个大的行业系统分成若干个类，每一类的产值（或占有的工人数）可按相应数量画出不同的水平柱。在人口地图中，用它可表示受教育的程度、婚姻、收入状况……这时一般以人的年龄（或收入）为分级依据，在同一梯级中还可以用不同颜色表示男女的差别。这种图表对剖析社会经济现象的结构、数量和质量的对比都比一般的结构图形要深入得多，所以在专题地图中被广泛采用。图5-53是几种金字塔图表（梯级图表）的举例。

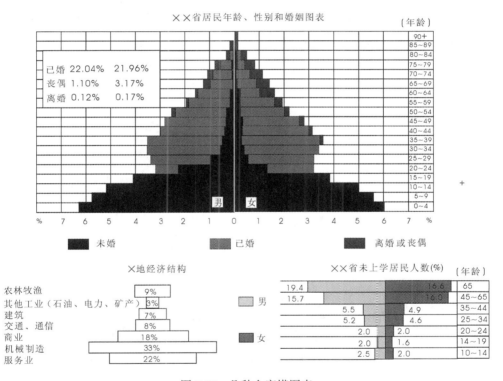

图 5-53　几种金字塔图表

统计图表可以表示整个区域的指标，置于地图幅面的适当位置，也可以作为分区统计图表放在各区划单位内，是专题地图中使用较多的一类统计图表。

二、三角形图表法

三角形图表法是一种比较特殊的表示方法。它是根据各个区划单元（一般是行政区划单元）某现象内部构成的不同比值，通过图例区分出不同的类别，然后用类似质底法的形式表示出来。由于它表示内部构成的指标只允许归成三项(或三类),因此能用三角形图表来表示它们。

1. 三角形图表的结构原理

在一个等边三角形中,任意点至三条边的垂距总和相等。如果我们把这个总长作为1(100%),则任意点至各边的垂距长就是三个亚类各占的比例值。为了量度方便,将正三角形各边均匀地划分为10等份,连接成网(图5-54),这就可以比较容易地读出三条垂线的长度(百分比)。百分比值可以按一定规则(顺时针或逆时针方向)分划。这种方法较为直观,对社会经济现象的结构和发展剖析较为深刻。

2. 三角形图表法地图的设计过程

为便于读者理解这种方法的内容实质,这里以"日本居民职业构成图"为例进行说明,如图5-54所示。在三角形图表中,Ⅰ代表农、林、牧、渔、狩猎业等第一产业,Ⅱ代表矿业、制造业、加工业等第二产业,Ⅲ代表交通、通信、公益事业、服务业、行政管理和其他第三产业等。三类产业就业人数总和为100%。设计过程如下:

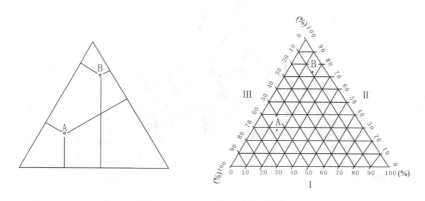

图5-54 三角形图表的制作

(1)根据统计资料确定各单元在图表中的位置。各行政单元(市、镇、村)按其统计的三项指标值(各类就业人数的不同比例),用点表示于图表内。在图表内,每一个点代表一个行政单元。本例制图区域为日本全国,所以日本全国各行政单元都以相应的点的形式点入了三角形图表中,如图5-55所示。

(2)根据点群分布情况对图表进行分区并设以颜色。由于图表内点的分布不是均匀的,这样可按点的分布情况对三角形图表进行分区(实质上是分类型)。一般来说,对图表中点分布稠密的区域,分区可分得细一点(即分区小一点),点分布稀疏的区域,分区可粗一点(即分区大一点),目的是尽可能将点群(各行政单元)的特征差异显示得细致些。这种分区方法类似于分级统计地图的分级,性质相近的点(代表相应的政区单元)划分为同一区(产业类),每个区内都包含有一定数目的点(政区单元)。图5-56是根据图5-55点群的分布状况进行分区的,共分10个区域,各区域特征为:

第四节 专题地图的其他表示方法

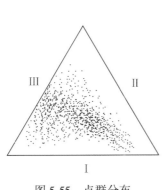

图 5-55　点群分布

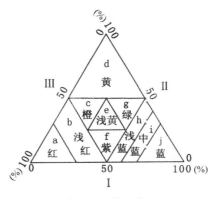

图 5-56　类型分区

a：Ⅲ≥70　（Ⅲ产业绝对多数型）

b：70>Ⅲ≥50　（Ⅲ产业多数型）

c：Ⅰ<25，Ⅱ、Ⅲ<50　（Ⅱ、Ⅲ产业同数，Ⅰ产业少数型）

d：Ⅱ≥50　（Ⅱ产业多数型）

e：50>Ⅰ、Ⅱ、Ⅲ≥25　（Ⅰ、Ⅱ、Ⅲ产业同数型）

f：Ⅰ、Ⅲ<50，Ⅱ<25　（Ⅰ、Ⅲ产业同数，Ⅱ产业少数型）

g：Ⅰ、Ⅱ<50，Ⅲ<25　（Ⅰ、Ⅱ产业同数，Ⅲ产业少数型）

h：60>Ⅰ≥50　（Ⅰ产业多数，Ⅱ、Ⅲ产业少数型）

i：70>Ⅰ≥60　（Ⅰ产业多数型）

j：Ⅰ≥70　（Ⅰ产业绝对多数型）

以上述（图 5-54）的 A，B 点为例，则 A 点位于 b 区（Ⅲ—55%，属Ⅲ产业多数型），B 点位于 d 区（Ⅱ—72%，属Ⅱ产业多数型）。

分区以后，就要着手对各分区进行设色。一般来说，三角形的三个角顶区可以分别设以红、黄、蓝三原色，中间各区则视其与某角顶的关系，按颜色合成规律设色。

（3）按各点（行政单元）在图表中的位置，以其所在分区的颜色（即（2）中设计的图例的颜色）填绘于该点所代表的行政区划范围中去，如上述（图 5-54）A 点所在区为浅红色，B 点所在区为黄色。实际作业时是将各点的三项指标值与图表中各分区的三项指标值域相对照，从而确定某点（行政单元）应在什么分区、用什么颜色，因为在点群分布的三角形图表中，不可能对各点注出其名称来。

三角形图表法对社会经济现象的结构和发展剖析较为深刻。这里仍以"日本居民职业构成图"为例：三角形图表（图例）中深红、浅红的区域表示居民中从事服务性和公益性职业的人数较多。表现在地图中，这类区域多，说明社会结构中由于工业高度自动化，就业者由产业工人逐步转向公益方面。三角形图表（图例）中深蓝、浅蓝的区域表示居民中从事农、林、牧、渔等初级产业的人数较多，地图中这类区域（行政单元）多，说明社会构成中工业很不发达，公益企业职工人数少，而农牧业等人口占大多数。

在三角形图表中，如果将任一行政单元按其不同时期的三项指标值，用不同的点位标注其中，从点位的移动就可看出社会发展的趋向（图 5-57），可以编制成分区统计图表法地图。如果三角形图表表示各城市的指标，就成为符号法地图，与其他方法相比，这种方法较为直观。

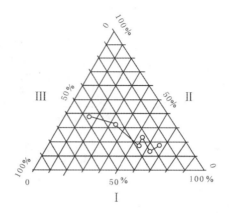

（图中各点自左向右分别表示某市1920年、1930年、1940年、1950年、1960年、1970年职业构成状况）

图 5-57　某市社会发展趋向

三、其他统计图表法

1. 玫瑰花图表

"玫瑰花"图表是具有方向频率与速度大小分布状况的图表，它表示点上的周期变化数据，有方向概念，广泛应用于说明现象的或然率。例如，表示各方向风的频率与风速、无风率与平均风速、洋流的速度与频率等。这类图表常见的图形如图5-58所示。图中各方向长短不同的线段表示相应各方向风向频率（或速度）的不同大小。图中心的注记一般

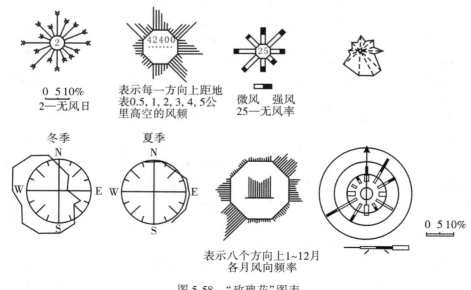

图 5-58　"玫瑰花"图表

表示无风率或无风日的数目(或平均风速)。

2. 圆形(扇形)图表

圆形(扇形)图表是由圆形(或扇形)及其部分分割组成的图形。圆的大小表示指标总的规模，内部分割表示各部分指标的比例。可以分为简单圆形图表、结构圆形图表和扇形图表。简单圆形图表只有一个尺寸变量，即圆的大小表示指标的总量，其实是分级圆。结构圆图表除了尺寸表示总规模外，圆的分割可以反映现象内部的构成比例。扇形图表可以用来表示具有共性的不同品种各部分的数量特征，而不要求表示各品种的总和，如图5-59所示。

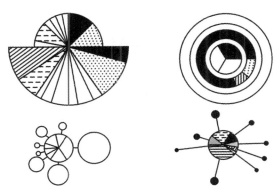

图 5-59　圆形(扇形)图表

第五节　专题地图表示方法的分析比较

一、表示方法分类及选择

专题地图的十种表示方法是针对不同的时间、空间特征及数量、质量特征要求而产生的，表示方法间有着严格的区别，但在形式上某些表示方法间也有着十分相似的地方。只有认识它们的实质，根据不同的标准进行分类，才能在专题制图时准确而恰当地选择和使用它们。

1. 表示方法分类

(1)按对现象时间变化的表示分类：

某一特定时刻——除动线法外都可采用；

现象的移动——动线法；

周期性变化——定位图表法；

某一时间段内的变化——定点符号法、线状符号法的组合，等值线法、点值法、范围法的组合，分区统计图表法，等值区域法。

(2)按对现象数量和质量特征表示的可能性分类：

以表示质量特征为主——线状符号法、质底法、范围法；

以表示数量特征为主——等值线法、点值法、定位图表法、等值区域法；
表示数量和质量特征的——定点符号法、分区统计图表法、动线法。

2. 表示方法选择

专题要素表示方法，是以各种类型的地图符号为基础的。然而，符号作为专题信息的载体，除了它们各自所含有的信息外，当它们以一定的集合形式表现在专题地图上时还包含着超过符号总量的潜在信息量，这在很大程度上取决于是否选用了最合适的表示方法。

专题地图表示方法的选择是由多种因素决定的，这些因素主要有：表示现象的分布性质、专题要素表示的量化程度和数量特征、专题要素类型及其组合形式、地图用途、制图区域特点和地图比例尺等。对表示方法的选择主要取决于制图现象的分布特征（表5-6）。

表5-6　表示方法的选择与制图现象的分布特征的关系

现象的空间分布		定点符号法	线状符号法	范围法	质底法	等值线法	定位图表法	点数法	运动线法	分级统计图法	分区统计图表法
点状分布		✓							✓	✓	✓
线状分布			✓				✓		✓	✓	✓
面状分布	呈间断分布			✓						✓	✓
	布满全制图区域				✓	✓	✓			✓	✓
	分散分布							✓	✓	✓	✓

但是由于制图现象的表示等级、指标的多少等，以及地图比例尺和用途的不同，可能有一种或几种表示方法可供选择。虽然表示方法可以互换，但在许多情况下，如果制图人员不能正确理解表示方法的实质，也会做出错误的选择。

综上所述，专题现象表示方法的选择，主要取决于地图的用途、比例尺、现象的性质及分布的特征和编图资料的质量等因素；同时，还应根据对地图内容完备和清晰易读的要求，尽可能全面地显示数量和质量指标。

二、表示方法的分析比较和配合运用

在各种表示方法中，有的在形式上颇有相似之处，但实际上却有本质的区别；有的可从不同角度去反映同一类现象，各具优缺点。必须认真比较才能予以区分。为了针对不同的专题现象正确选择相应的表示方法，尽可能准确地、全面地反映现象的特征，需要对有关表示方法的特点进行分析比较。

1. 定点符号法与分区统计图表法

分区统计图表的形状与定点符号法的形状、符号比率的计算可完全一样，但这两种图形在意义上却有本质的区别：符号法中的每个符号在地图上的位置代表具体物体的实地位

置，它的大小表示该现象在该点的数量指标，因此制图时需要知道符号相应的准确位置和统计资料的数量指标，有多少个点就有多少个符号，符号多时会相互重叠；分区统计图表中的每个图形并不代表某一具体物体，而是代表某个区划单位内某全部现象的总和，一个区域单元内只可能有一个这样的图表，它可配置在区域内的任一适当位置，制图时只需要各区划单位的统计资料，如图5-60所示。因此，分区统计图表法不宜与符号法或其他精确定位的表示方法配合使用。

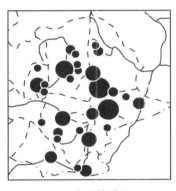

(a) 定点符号法　　　　(b) 分区统计图表法

图 5-60　定点符号法与分区统计图表法

2. 线状符号法与动线法

线状符号法与动线法均可用线状的符号表示定位于线(或两点间)的专题现象，有些图上这两种方法形式上也颇为相似，但它们之间有本质的区别：①线状符号法是表示实地呈线状分布的现象，反映静态的现象；运动线法则反映各种分布特征的现象的运动(或发展)状况，反映动态的现象。②线状符号法一般是反映现象的质量特征，如海岸类型、道路种类等；运动线法则常用复杂的"带"表示现象的数量与质量特征。③线状符号法的结构一般比较简单，定位比较精确；运动线法的结构有时很复杂，定位也不够精确，有时仅表示两点的联系或概略的移动路线，在表示面状现象时，符号只表示运动的趋向，并无定位意义。

3. 范围法与质底法

范围法与质底法都是反映面状分布现象的方法，这两种方法都是在图斑范围内用颜色、网纹、符号等手段显示其质量特征。它们的差别是：

(1) 质底法表示的是布满全区的面状分布现象，图面不可能有空白，图斑也不可能有交叉和重叠；范围法表示的是各自独立的间断成片分布现象，无这些现象的地方出现空白，现象有重叠分布的，图斑也就会产生重叠和交叉。因比，范围法能表示现象的渐进性和渗透性，而质底法一般不能表示现象的渐进性。图5-61(a)表示某两种作物分布的渗透，而图5-61(b)一般不能表示现象的渐进性。

(2) 范围法往往是根据各具体现象的各自分布状况描绘它们的范围轮廓；而质底法中的各区域则是在统一的原则和要求下，经过科学的概括而划分的。所以，范围法中各区域

 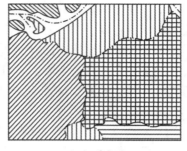

(a) 范围法　　　　　　　　　(b) 质底法

图 5-61　范围法与质底法

范围是各自独立、互不依存的，不同现象的范围轮廓的概括程度也不一定是同等的。质底法中的分区单位间却有密切的联系，它们彼此毗连，有着同等的概括程度，如果这一分区范围扩大，必然是另一区域缩小，不同的概括程度则会改变原来对分区指标的正确反映。

(3)用范围法表示的图上，同一种颜色或晕线(花纹)只代表一种具体的现象范围，如红色表示小麦，蓝色表示水稻；质底法中同一颜色有时固定代表某一类现象(如地质图、土壤图、植被图等类型图)，有时则不一定固定代表某种现象，而仅仅用于表示区域单元的差别，如政区图中的各行政区。

4. 分区统计图表法与等值区域法

分区统计图表法与等值区域法均是以统计资料为基础的表示方法，都属于统计地图制图范畴。它们都能反映各区划单位之间的数量差别，但不能反映每个区划单位内部的具体差异。

这两种方法主要的不同在于区域划分的概念方面。分区统计图表法的分区比较固定，如以某一级行政区域为划分依据；等值区域法则不然，它是以相对数量指标的分级为划分依据的(各级所包括的分区数目不一定同等且不固定)，当分级改变后，各等级的范围也随之改变。

从这两种表示方法的优缺点比较来看，首先，当各个区划单元的统计数值很接近时，从分区统计图表上很难看出它们的差别；而在等值区域法上，只要适当地选择分级，就可清楚地表现出其微小的差别。其次，在同一幅分区统计图表上，可以明显地反映出现象几种指标的结构；而在等值区域法上则很难反映。但表示单个指标时，色级要比统计图表明显得多。再次，等值区域法可以与其他精确制图方法配合使用；而分区统计图表法较难与其他方法配合，特别与定点符号法不宜一起出现。

等值区域法一般用于表示现象的相对指标，以反映现象的集中程度或发展水平。分区统计图表法表示的是现象的绝对数量指标，表示每个区划内现象的总和。在制图上，经常把分区统计图表法与等值区域法配合使用，用分级统计图作为背景，在图上每一分区内描绘统计图表，使它们的缺点得以弥补，如图 5-62 所示。

5. 点值法与等值区域法

这两种方法都可以用来表示分散分布现象的集中程度和发展水平，如人口分布图或农

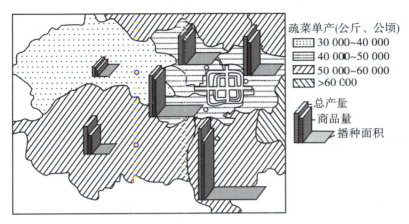

图 5-62　分区统计图表法与等值区域法配合使用

作物产量地图中专题现象的表示等。同时，用这两种方法编制专题地图时，统计的数量指标资料必须与所统计的单元区划相一致。当统计单元区划发生改变后，这一数量指标就不能采用了。但这两种方法各有优缺点，应针对不同的具体情况分别选择使用。

等值区域法能简单而鲜明地反映地区间的差别，尤其是反映各区域经济现象的不同发展水平，能得到各地区简单的相对数量指标的概念。同时，能与符号法、分区统计图表法等配合使用。但是，这种方法不能反映各区域内部现象的真实分布现象。

点值法能较好地表示分散分布现象的地理分布特征，能反映现象的绝对指标。但是，它仅能进行区域间数量指标的相互比较，很难根据点数来进行计算。因此，对于分布较均匀而疏密程度近似的现象，用点值法表示就不如用等值区域法那样分区明确，易于获得数量指标的概念。当现象分布的疏密程度差别太大时，点值法亦不适用，因为难于选择统一而合适的点值，而用等值区域法则只要适当划分分级级别就可以实现，如图 5-63 所示。

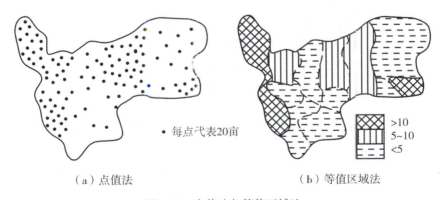

（a）点值法　　　　　　　　　　（b）等值区域法

图 5-63　点值法与等值区域法

在专题地图编制中，由于各种表示方法具有一定的局限性，使现象的分布、数量与质量特征的表达受到一定限制，同时，各种表达方法又各具优缺点，因此，同一现象根据不同的条件，亦可用不同的表示方法以取得不同的效果。如反映现象的空间分布用点数法和分级统计图法各具效果。由此可见：

(1) 为了使现象多方面特征表现得更完善，常常需要几种表示方法相配合，以相互弥补。

(2) 根据不同的条件和需要，同类现象的表示方法可以互相转换并可进行相互对比。

为了反映某专题要素多方面的特征，往往在一幅地图上同时采用几种表示方法来反映它们。如在一幅用分级统计图法（或点数法）编制的人口分布图上，可配合用符号法表示城镇人口；在土壤图上采用不同的质底系统和补充的区域符号表示土壤的发生类型和土壤的质地（机械组成）与成土母质。

但应注意，在几种方法配合运用时，必须以一种或两种表示方法为主，其他几种表示方法为辅。为了更好地运用表示方法的配合，通常应遵循下列原则：

(1) 应采用恰当的表示方法和整饰方法，明显突出反映地图的主题内容。

(2) 表示方法的选择应与地图内容相适应。例如，在气温图上，表示的是气温现象分布的数量指标，这时表示方法应采用等值线法；当内容是各种气候现象的组合指标的区划图时，就要用质底法。

(3) 应充分利用点状、面状和线状表示方法相配合（图5-64）。一般来说，在一幅地图上不宜多于四种表示方法。例如，在经济总图上用符号法表示工业点的分布，用质底法表示土地利用现状，用动线符号表示货物的运输。

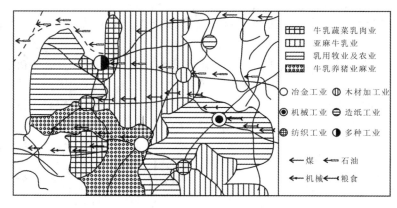

图5-64　多种表示方法配合

(4) 当两种近似的表示方法配合时（如质底法和范围法），应注意突出主要内容。如质底法用底色（主要内容），范围法用区域符号或晕线。

(5) 当两种以上的表示方法或整饰方法配合时，应特别注意色彩的选择，以保证地图清晰易读。

各种方法的配合运用，可充分发挥各种表示方法的优点，以达到更好地揭示制图现象特征的目的。但是，不是任意两种或几种表示方法都能很好联合应用的。例如，质底法与分级统计图法配合就不好，而两种统计制图法却能很好地配合运用；分级统计图法与符号法，符号法与范围法及运动线法都能很好地配合。

第六章　地图制图综合

第一节　制图综合的基本概念

地图的基本任务是以缩小的图形来表示客观世界。任何地图都不可能将地面上全部制图物体毫无遗漏地表示出来，只能根据地图的用途、比例尺和制图区域的特点，选取较重要的物体表示在地图上，以概括、抽象的形式反映出制图对象的带有规律性的类型特征，而将那些次要的、非本质的物体舍掉。这个过程叫制图综合，它是通过选取和概括的手段来实现的。

"选取"指选择那些对制图目的有用的信息，从大量的制图物体中选出较大的或较重要的物体表示在地图上，而舍去次要的物体，所以又称为取舍。例如，选出较大的或重要的，而舍去较小的河流、居民地、道路等。有时根据需要也可以把某一类物体全部舍掉，如全部的土质都不表示；全部删去道路中的小路等。

"概括"指的是对制图物体的形状、数量和质量特征方面的化简，也就是说，对于那些选取了的信息，在比例尺缩小的条件下，能够以需要的形式传输给读者。一般是在完成了选择后对选取了的信息进行概括处理。

地图制图学发展的趋势必然是制图综合过程的规格化和标准化。特别是数字地图制图方法的发展，更要求用定量分析的方法来认识和描述客观世界，这就要求在制图综合中大量地引用数学方法。

在数字地图条件下，对于单纯的地图数据的综合，制图综合就是要用有效的算法、最大的数据压缩量、最小的存储空间来降低内容的复杂性，保持数据的空间精度、属性精度、逻辑一致性和规则适用的连贯性。

制图综合并不是对图形的简单、机械地缩绘，而是一个创造性的过程，这主要表现在：

（1）地图上的图形并不是都能按比例尺机械缩小的。有的物体形体很小，按比例缩小无法表示，但根据其本身的意义及用图者的需要，有时必须夸张地表示出来，如地图上的测量控制点、方位物等。

（2）制图综合是一个科学抽象的过程。实地上的事物是很复杂的，表面上看起来不容易看出它们的规律性。但是经过制图工作者对它们的分类、分级以及选取和化简，即科学的抽象，就可以把地理事物的规律性用制图语言比较直观地反映在地图上。

（3）解决地图上缩小表象事物所产生的各种矛盾。例如，地图内容的详细性与地图的易读性总是相互矛盾的，为了解决这一矛盾，就必须缩小一部分地图符号，或改变地图的表示方法，或适当地应用色彩效果，或通过综合减少地图的内容等。另外，我们所要求的详细性，是在比例尺允许的条件下，尽可能多地表示一些内容；而所要求的清晰性，则是在满足用途要求的前提下，做到层次分明、清晰易读。科学地利用制图综合，使地图具有相当丰富的内容又有必要的清晰易读性。

此外，还可以举出许多例子说明制图综合是一种创造性的活动。例如，编制地图中使用不同的方法组合多种资料、数据，改变地图投影，变更平面或高程坐标系统，改变地图的表示方法，根据实际情况确定制图物体的选取指标等，都是制图工作者的创造性劳动。

制图综合的目的是突出制图对象的类型特征，抽象出其基本规律，更好地运用地图语言向读者传递信息。制图综合是一个十分复杂的智能化过程。

制图综合是地图制图的一种科学方法。制图综合的科学性，在于制图综合具有科学的认识论和方法论特点，它要求制图人员对制图对象的认识和在地图上再现它们的方法必须是正确的。只有这样，地图才能起到揭示区域地理环境各要素的地理分布及其相互联系与制约的规律性的作用。制图综合过程的创造性，在于编制任何一幅地图都并非各种制图资料数据的堆积，它需要制图人员的智慧、经验和判断能力，运用制图综合有关科学知识进行抽象思维活动。制图作品的优劣，在很大程度上取决于制图综合质量。

综合上述，制图综合是在地图用途、比例尺和制图区域地理特点等条件下，采用科学的概括、选取和关系协调等方法，在地图上正确地反映出制图区域地理事物的类型特征、分布规律和典型特点。

随着地理信息系统环境下制图综合应用领域的拓展，制图综合不再仅仅局限于为适应比例尺缩小后的图形表达的概念，而且还包括基于地图数据库的数据集成、数据表达、数据分析和数据库派生的数据综合（如属性数据和几何数据的抽象概括和表达），更侧重 GIS 环境下空间数据的多尺度表达和显示问题。

第二节　影响制图综合的基本因素

制图综合的程度受到各方面因素的影响，其中最主要的有：地图用途、地图比例尺和制图区域的地理特点、图解限制、数据质量和地图表示方法等因素。

一、地图用途

地图用途直接决定着地图内容和表示方法的选择，对制图综合的方向和程度有决定性的影响，是地图编绘过程中运用制图综合方法首先要考虑的因素。

一定内容和形式的地图总是服务于一定的用图目的。编制任何一幅地图，从确定地图的主题、重点内容及其表示方法到编图时选取、概括地图内容及处理相互关系的倾向和程度，都受到地图用途的影响与制约。

任何一幅地图所能表示的内容都是有限的，它只能满足一个或几个方面的要求。一般来说，任何地图都有与其用途相适应的主题，地图内容的选取、概括和关系处理，都是从其用途要求出发的。

图 6-1 是地图出版社出版的 1∶400 万教学挂图《中国地形》中的一部分，图 6-2 则是

中国科学院地理研究所编的 1∶400 万《中国地势图》上的相应部分，它们的比例尺和地区条件都相同，但由于用途和使用对象不同，地图内容表示的详细程度就有着很大的差别。教学地图的符号、注记都要求比较粗大、清晰易读，反映山脉的大致走势，所以内容表示的就比较概略。参考性挂图，符号和注记都小一些，用不同的等高线形态和结构表达同成因相关的类型特征，地图内容也就表示得详细一些。

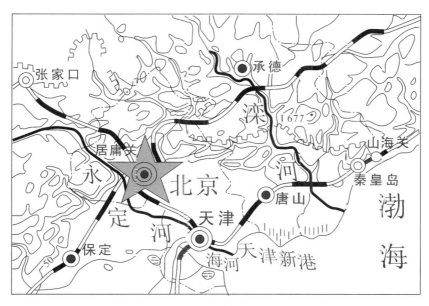

图 6-1　1∶400 万教学挂图《中国地形图》的局部

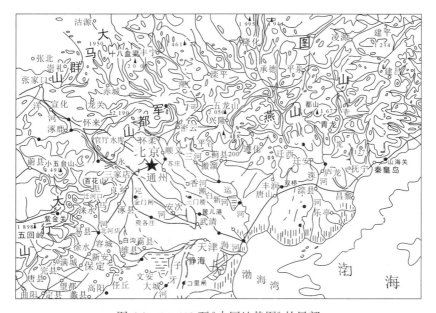

图 6-2　1∶400 万《中国地势图》的局部

不知道地图的用途要求，制图综合是肯定做不好的。所以，地图制图人员要由只关心制图技术和艺术转向更多的关心地图用户即地图的用途要求，这是自觉进行制图综合的前提。

二、地图比例尺

地图比例尺决定着实地面积反映到地图上面积的大小，它对制图综合的制约反映在综合程度、综合方向、表示方法和要素关系处理的复杂程度诸方面。

1. 影响地图制图综合程度

随着地图比例尺的缩小，制图区域表现在地图上的面积成等比级数倍缩小。地图比例尺越小，能表示在地图上的内容就越少，而且对所选取的内容要进行较大程度的概括。

2. 影响地图制图综合的方向

大比例尺地图上地图内容表达得较详细，制图综合的重点是对物体内部结构的研究和概括。小比例尺地图上，实地上即使是形体相当大的目标也只能用点状或线状符号表示，这时就无法去细分其内部结构，转而把注意力放在物体的外部形态的概括和同其他物体的联系上。例如，城市居民地在大比例尺地图上用平面图形表示，制图综合时需要考虑建筑物的类型、街区内建筑物的密度及各部分的密度对比，主次街道的结构和密度；到了小比例尺地图上，逐步改用概略的外部轮廓甚至圈形符号，制图综合时注意力不放在内部，而是强调其外部的总体轮廓或它同周围其他要素的联系。

3. 影响制图对象的表示方法

比例尺不同的地图上表示的内容也不同，选用的表示方法差别很大。随着地图比例尺的缩小，依比例表示的物体迅速减少，由位置数据(坐标点)或线状数据(坐标串)表示的物体占主要地位，在设计符号系统时必须注意到这一点。

4. 影响制图要素关系处理的复杂程度

地图比例尺决定着地图的几何精度，影响着各要素相互关系处理的复杂程度。

比例尺越小，地图的几何精确性同地图内容的地理适应性要求之间的矛盾越尖锐。地图的几何精确性，要求地图上所表示的每个物体位置准确。地图内容的地理适应性，要求表达制图区域的主要的特征，保持制图物体空间关系的正确。为了实现这一要求，在制图综合过程中，一些按地图比例尺不能表示但又具有重要意义的小地物或线状地物宽度，在地图上必须表示出来。这样，就要采用不依或半依比例尺符号，致使图上表示的各个物体的图形之间相互靠近甚至相互压盖。在制图综合过程中，要正确处理各要素相互关系。比例尺越小，处理各要素相互关系的问题越复杂。

图 6-3 是某火车站的图形。在 1:1 万地图上，依比例尺表示出车站的主体建筑，正确地表示出站线的范围和结构，详细表示车站范围内的天桥、地道、机车转盘、水塔、燃料库、信号灯柱、机车库等独立建筑物。在 1:2.5 万、1:5 万、1:10 万地图上，按规定应在主要站台的位置上绘出车站符号，对于车站符号不能压盖的车站建筑物，改用普通房屋符号表示，有关的各独立物体分别按不同情况处理，例如，同站线有关的天桥、地道、机车转盘等，当站线不能表示时就被删除，信号灯柱作为方位物被表达，其他建筑物则作为普通建筑物根据地图的容量进行选取。

三、制图区域地理特点

制图区域的地理特点对制图综合的影响也主要表现在对制图物体重要性的评价上,是决定制图综合的客观依据。它不仅影响到制图物体本身的选取,还会影响图形概括基本原则的变化等。

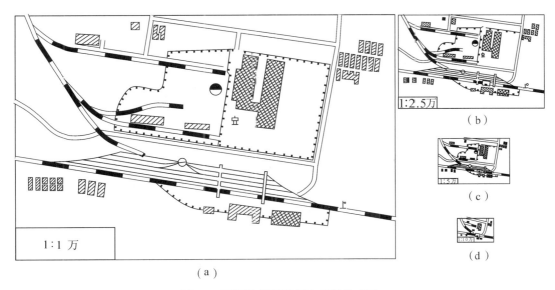

图 6-3 不同比例尺地图上车站的表示

同样的制图物体在不同的制图区域具有不同的价值。例如,小居民地在人烟稠密地区和荒漠地区的不同评价,水井在水网区和沙漠中的不同评价,数米或数十米的高程变化在平原和山区中的重要性的不同评价等,就决定了在地图上对它们选取和表示的尺度。

地区地理特点有时还会引起制图综合原则的变化,例如,流水地貌、喀斯特地貌、砂岩地貌、风成地貌和冰川地貌地区的等高线形状概括会使用不同的手法甚至不同的综合原则。根据地貌形成的特点,分别使用正向地貌或负向地貌综合原则。

四、图解限制

制图综合的目的就是为了图形显示的需要。在阅读地图时,人眼观察和分辨符号图形的能力受人视觉能力的限制,存在一个恰可察觉差(人眼辨别两种符号差别的最小值)。因此,在对物体化简、概括和图形关系处理时,为了突出某些特征点或特殊部位,就必须使其保持有最小的符号尺寸,便于地图的阅读。

为了表达客观世界的各种事物,地图需使用各种基本图形要素或它们的组合。这种运用基本图形要素的能力就要受到物理因素、生理因素和心理因素三个方面的影响。

物理因素指的是制图时使用的设备、材料和制图者的技能。例如,纸张和印刷机的性能方便描绘的线划宽度、注记的大小等,这些因素都会起到限制作用。生理因素和心理因素往往是共同起作用的，这主要指读者对图形要素的感受和对它们的调节能力，它反映在人们辨别符号、图形、色彩的能力方面。

三种因素共同作用的结果，决定了地图上常常采用的图形尺寸、规格、色彩的亮度差以及地图的适宜容量，这对制图者准确地掌握制图综合的数量和程度是极其重要的。

五、数据质量

数据质量指的是制图资料(数据)对制图综合的影响。制图资料(数据)的完备性、准确性和精确性，直接影响到地图内容的分类分级准确程度。高质量的资料数据本身具有较大的详细程度和较多的细部，给制图综合提供了可靠的基础和综合余地。如果资料数据本身的质量不高，仅仅运用制图技巧使其看起来像是一幅高质量的地图，会对读者产生误导。认真分析比例尺信息和资料数据真实程度的信息，以便正确地掌握地图综合程度。

六、地图表示方法

受到地图载负量的影响，地图在可视时，不同的表示方法直接影响制图综合时对地图内容表示的详细程度。例如，多色图上各要素可以相互交错而不影响地图的易读性，单色地图上就要受到限制。因此，对于同一幅地图，多色表示时可以表示得详细些，单色表示时就要概略些才能保证一定的易读性。

上述几个方面是相互联系的，在实施制图综合时，不能孤立地考察某一个条件，而应当顾及地图用途、比例尺和制图区域地理特点等各种因素的综合影响。

第三节 制图综合的基本方法

一、制图物体的选取

制图物体选取的目的是通过"取"或"舍"在地图上保存主要物体，去掉次要物体。

选取可以是对地图某项内容而言，如选择对地图的主题来说是重要的内容，而舍掉某类或某级与地图主题无关的内容。也可以体现为对单个制图物体的选取，例如，在大量的河流中选取一部分较大的河流，在大量的居民地中选取一部分较重要的居民地等。

为了做到正确的选取，必须要研究选取的顺序和选取的方法。

1. 制图物体选取的顺序

选取一般按以下的顺序进行：

1) 从主要到次要

地图上表示的事物总有主次之分，在实施选取时要遵照从主要到次要的顺序。以大比例尺地图上居民地的综合为例，必须按主要街道、次要街道、街区等顺序来处理选取问题。只有这样才能正确处理好地图内容的主次及各要素之间的联系和制约关系。

2) 从等级高的到等级低的，从大的到小的

对于每一种要素，要遵循从等级高到等级低、从大到小的顺序进行选取。例如，道路网则应当按铁路、高速公路、国道、省道、县道、乡道、机耕路、乡村路、小路的顺序进

行选取。这样做可以保证主次分明，关系合理。

3）从整体到局部

进行制图物体的选取时，要从全局着眼、局部入手，使物体的整体和局部都能得到正确表示。例如，编绘河系时，要首先看到河系的结构和类型，而具体选取时则从一条条河流做起，最后使各部分选取小河的数量适当，河系的类型又得到了正确的反映。

2. 选取的方法

为了使一幅或数幅地图上同样内容的表达程度得到统一，使地图具有适当的载负量，必须拟订出选取的统一标准。选取数量是在地图用途和制图区域一定的条件下，由地图比例尺限定的地图负载量决定的。为了实现选取数量的合理，就要引入数学方法研究制图物体的选取规律，建立数学模型，并据此计算选取指标。选取标准通常用资格法和定额法来保证实现。

1）资格法

资格法是按照一定的数量或质量指标作为选取的标准（资格）而进行选取的方法。例如，把6mm长度作为河流的选取标准，长度大于6mm的河流均应选取，6mm以下的河流舍弃。

制图物体的质量指标和数量指标都可以作为确定选取资格的标志。制图物体的质量指标通常包括：控制点的等级、居民地的等级、道路的等级、森林的种类、境界等级等。数量指标通常包括：河流的长度，陡岸的长度，湖泊（岛屿）的面积，植被的面积，水库的库容量，居民地的人口数，梯田的比高，地貌要素的高程、高差和谷间距，轮廓面积的尺寸、产量和产值等。它们都可以作为确定选取的资格。

资格法标准明确，简单易行，所以在编图生产中得到了广泛的应用。它的缺点在于：①它只有一个标志作为衡量选取的条件，有时不能全面衡量出物体的重要程度。例如，一个只有数十人的居民地在人口稠密的地区是无关紧要的，而在荒漠地区就可能成为一个非常重要的目标。②"资格"体现不出选取后地图的容量，很难控制各地区之间图面载负量的差别。

为了弥补资格法的不足，常常在不同的地理区域确定不同的选取资格，或对选取标准规定一个活动的范围（临界标准）。例如，A地区河流的选取标准为8mm，B地区为12mm，为了照顾地区的局部特点，还可以把A地区规定为6~10mm，B地区规定为10~14mm，即用不同的资格或临界标准的活动范围来调整不同环境中物体重要性的差别。但它的第二个缺点单靠其本身是很难克服的，因此需要用定额法作为补充或配合使用。

2）定额法

定额法是规定出单位面积内应选取的制图物体的数量。例如，地图上100cm^{2}内选取96个居民地，记为96个/100cm^2。这种方法可以保证地图具有相当丰富的内容，而又不致使地图上内容过多而失去易读性。

制图物体的选取定额受到物体的意义、区域面积、分布特点、符号和注记大小等条件的影响，在规定各要素的选取定额时，必须全面考虑这些因素。同时还要以物体本身的特征为基础，如地图上单位面积内表示居民地的数量要以该区域内居民地的密度分布为基础。

定额法也有明显的缺点。实际使用地图时常常是以质量指标画线的，而定额不能保证同需要的质量指标相吻合。例如，编制省一级的行政区划图时，要求乡镇级以上的居民地均应表示在地图上，但是由于乡镇的范围有大有小，数量有多有少，按定额选取，可能会出现有的地方乡镇选完以后还要选上大量的村级小居民地，而另外的地区乡镇级的居民地都无法全部选取。这就会造成各地区质量标准的不统一。

为了弥补这个缺点，实践中使用定额法时常常也有两个临界指标，即规定一个高指标和一个低指标，例如，$100cm^2$内选取 70～90 个居民地，在这个范围内调整，用以不同区域内选取物体的质量标准以及与相邻区域在选取后保持分布密度的逐渐过渡，常常还要以资格法作为补充。为了使确定的选取资格或定额具有足够的准确性，已采用各种数学方法建立地图要素选取指标的数学模型，主要有回归分析模型、方根规律模型、图解计算法、等比数列法和分形分维方法等。

如上所述，单纯用资格法或定额法都很难达到满意的结果。近几十年来，有的学者在研究制图物体的选取时，把资格和定额同时作为条件，按"定额"选取，解决选取多少制图物体的问题；按"资格"选取，解决选取哪些制图物体的问题。二者结合起来，提出一种不但能确定选取的数量，而且能同时定出某种质量标志的目标是否应该选取的方法。

二、制图物体的形状概括

制图物体的形状可以看成是实地物体的平面结构缩小在地图上的图形。形状概括，就是化简制图物体的平面图形，即化简其内部结构和外部轮廓。形状概括就是通过删除、夸大、合并、分割等方法来实现图形的化简。随地图比例尺的缩小，概括程度愈来愈大。

1. 删除

制图物体中的碎部图形，在比例尺缩小后无法清晰表示时应予以删除。如河流、等高线上的小弯曲，居民地、湖泊、森林轮廓上的小弯曲等(图 6-4)。

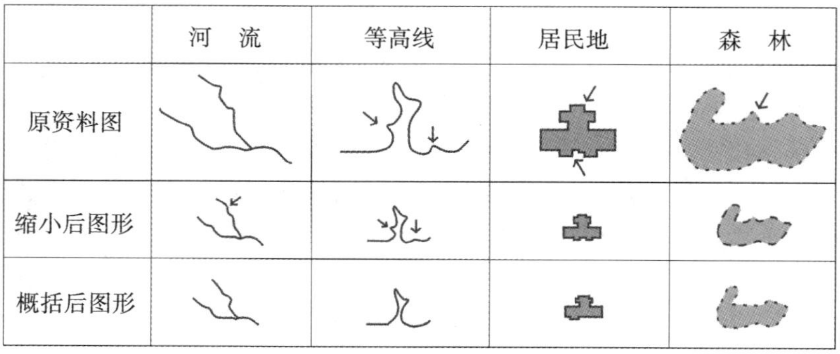

	河流	等高线	居民地	森 林
原资料图				
缩小后图形				
概括后图形				

图 6-4　图形碎部的删除

2. 夸大

形状概括时不能机械地去掉小弯曲，有时为了强调制图物体形状的某些特征，需要夸大一些本来按资格应删除的碎部。例如，一条多微弯曲的河流，如果机械地按指标进行概括，微小弯曲则可能要全部被舍掉，河流将变成平直的线段，失去了原来的弯曲特征。这时，为了反映该河流多弯曲的特征，适当地夸大其中某些有特征的弯曲。图 6-5 是居民地、海岸、公路、等高线等物体上的一些特殊弯曲，它们虽然小于删除的标准，也应该夸大显示出来。

要 素	居 民 地	公 路	海 岸	地 貌
资料图形	▬	 ⌒	 海域 ～ 陆地	 ⬭
概括图形	 ▪	 ⌒	 ～	 ⬬

图 6-5　形状概括时的夸大

3. 合并

随着比例尺的缩小，制图物体的图形及其间隔随之缩小到不能够详细区分时，可以采用合并物体细部的方法，来反映制图物体的主要特征。例如：概括居民地平面图形时，舍去次要街巷，合并街区；两片森林在图上的间隔很小时，合并成一个大的轮廓范围等（图 6-6）。

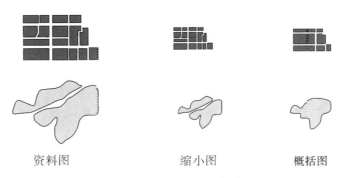

资料图　　　　　缩小图　　　　　概括图

图 6-6　形状概括中的合并

4. 分割

单用合并的办法，有时会歪曲制图物体的特征，例如，把列状分布的散列式居民地建筑物合并成长条的形状，排列整齐的街区图形由于删除街道、合并街区造成对街区的方向、排列方式或大小对比方面的歪曲。所以，在概括城镇式居民地的平面图形时，合并街区是主要的方法，但常常又需要辅之以分割的方法，以保持街区的原来方向及不同方向上街道的数量对比（图 6-7）。概括列状分布的散列式农村居民地时，各独立房屋之间间隔虽然很小，但是为了反映其散列特点，要以分割的方法来表示。

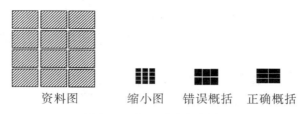

图 6-7 街区图形的分割

三、制图物体数量和质量特征的概括

物体的质量可以通过性质上的差别来表达，也可以通过数量来表达。因此，制图物体的数量和质量标志之间是有密切联系的。但是，数量的变化又不一定会引起质量的改变，只有达到了一定的程度，量变才会引起质变。因而，制图物体的数量和质量特征要作为两个问题来说明的。

1. 制图物体数量特征的概括

制图物体的数量特征指的是物体的长度、面积、高度、深度、坡度、密度等具有数量标志的特征。

制图物体的选取和形状概括都可能引起数量标志的变化。例如：舍去小的河流或概括掉河流上小的弯曲引起河流总长的变化，并从而引起河网密度的变化；等高线形状概括引起地貌坡度的变化；概括轮廓形状引起其面积变化等。

数量特征概括的结果，一般地表现为数量标志的改变，并且常常是变得比较概略。

2. 制图物体质量特征的概括

制图物体的质量特征指的是存在于物体内部的、决定物体性质的特征。

随着地图比例尺的缩小，图面上能够表达出来的制图物体的数量越来越少，这就要相应地减少它们的类别和等级。制图综合中通常用合并或删除的办法来减少分类、分级。

质量特征的概括，常常表现为制图物体间质量差别的减少，以概括的分类代替详细的分类，以综合的质量概念代替各个物体的具体的质量概念，以总体概念代替局部概念。

等级合并是通过合并制图物体的数量、质量等级，实现数量、质量特征合并。例如：把能通行的和不能通行的两类沼泽归并为为沼泽。

四、地图各要素空间关系的处理

地图的几何精确性，是指地图上要素的点位坐标的准确程度，随着地图比例尺的缩小，由于制图综合方法的运用等原因，地图的几何精确性相对降低。地理适应性，指地图上用图形符号所反映的地面要素（现象）空间分布及其相互关系与实地的相似程度，即地图模型与实地之间的相似程度。在大比例尺地图上，地图要素位置的高精度，准确地保持了地理适应性；随着比例尺的缩小，图形符号之间的间隔越来越小，甚至互相压盖，要素间的相互关系不清楚，这时就须采用制图综合特别是其中的移位方法，来保持要素间相互关系的正确性，即地理适应性。

道路旁的建筑物，在缩小比例尺编图时由于道路符号的非比例扩大，导致道旁建筑物的移位就是这样的例证。为了照顾物体之间实际分布的相互关系，就必然导致一部分物体在图上的"移位"，这就是顾及物体间的地理适应性而部分地牺牲地图几何精确性的做法。在小比例尺地图上，强调的是地理适应性，保持主要地物的几何精确性而移动次要地物的位置，才能保持地理适应性。

移位的基本要求是：

(1) 一般原则是保证重要物体位置准确，移动次要物体。

海、湖、大河流等大的水系物体与岸边地物发生矛盾时，海、湖等不位移。海、湖、河岸线与岸边道路发生矛盾时，保持岸线位置不动，平移道路，或保持岸线、道路走向不变，断开岸线。海、湖、河岸线与岸边人工堤发生矛盾，堤为主时，堤坝基线不动，堤坝基线代替岸线；岸线为主时，岸线不动，向内陆方向平移堤坝。

城市中河流、铁路与居民地街区矛盾时，河流、铁路位置不动，移动或缩小居民地街区，或河流不动，移动铁路和街区。高级道路（铁路、高速公路和高等级公路等）与居民地发生矛盾时，保持相离、相切、相接的关系，移动小居民地。

(2) 特殊情况下，要考虑地区特点、各要素制约关系、图形特征、移位难易等条件。峡谷中各要素关系处理，保持谷底河流位置正确，依次移动铁路、公路。位于等高线稀疏开阔地区的单线河与高级道路，应保持高级道路位置不动，而移动单线河。

沿海、湖狭长陆地延伸的高级道路与岸线的关系，应移动岸线，保持高级道路的完整而准确地绘出。狭长海湾与道路、居民地毗邻时，应保持道路位置和走向及居民地位置不变，而平移河流，扩大海湾的弯曲。

海、湖、河岸线与独立地物的关系，应保持独立地物的点位准确，中断或移动岸线。

(3) 相同要素不同等级地物间关系的处理。

同一平面上相交时，等级相同的高级道路，应断开高级道路叉口内交叉边线；等级不同的高级道路，应保持高一级道路符号的完整连续，其他等级道路在交叉点处衔接；低级道路均以实线相交，并保持交点位置准确。

同一平面上平行时，高级道路及桥梁采用共边线的方法，或保持高一级道路不动，移动低一级的道路；相同等级的道路则视情况，移动一条，或者两条同时向两侧移动。

不同平面上相交时，位于上面的道路，不论等级高低，一律压盖下面的道路；对于立体交叉的道路可作适当化简。

不同平面上平行时，保持高一级道路不动，移动低一级的道路，或共边处理。

第四节 制图综合的基本规律

制图综合包含大量智力因素，制图者的认识水平会对制图综合结果产生极大的影响。制图者的知识水平在制图综合中仍然起着决定性的作用。地图经过漫长的演变和发展，对它的规格和标准已经形成了一些约定的规则。

一、图形最小尺寸

制图综合的结果，最终也要用图形表达出来，综合的尺度肯定要受到图形最小尺寸的影响。所以，在研究制图综合时一定要研究图形可能达到的最小尺寸。

地图上的图形分为线划、几何图形、轮廓图形和弯曲等几类，称为基本图形。

1. 线划

人的视力一般可以辨认 0.02~0.03mm 粗的独立线划，但从打印和印刷的技术能力以及实际效果来看，最理想的情况是 0.08~0.1mm。因此，在制图生产中，通常规定单线划的粗度为 0.08~0.1mm。两条实线之间的间隔，根据视力、打印和印刷等条件综合考虑，通常定为 0.15~0.2mm。

2. 几何图形

几何图形的最小尺寸也首先取决于视力能否分辨清楚，而且还同图形的结构及复杂性有关，例如，实心和空心图形的情况各不相同。实心矩形的边长为 0.3~0.4mm 时可以保持轮廓图形的清晰性；复杂轮廓的突出部分，能清楚分辨其形状的最小尺寸为 0.3mm（图6-8）。

空心图形中空心部分的形状也应该能够正确辨别。小圆能够被清晰打印和印刷的最小尺寸是 0.3~0.4mm。如果一个空心矩形的内部只保持这个空间，由于视错觉，可能被误认为一个圆或椭圆，只有超过这个尺寸，如其空白达到 0.4~0.5mm 时，方可清晰地看出其真实形状（图6-9）。

视力对相邻实心图形之间间隔的辨别力与对两条粗线间的间隔要求基本相同，最小间隔为 0.2mm（图 6-10）。

图 6-8　轮廓图形突出部的最小尺寸(放大五倍)　　图 6-9　空心矩形的最小尺寸(放大三倍)　　图 6-10　图形间隔的最小尺寸(放大五倍)

3. 轮廓符号

地图上表示的轮廓符号的最小尺寸受到组成轮廓符号的形式和颜色、物体所处的地理环境和地图使用方式等一系列因素的影响。

实地上轮廓固定性较好的、较重要的物体，如湖泊、岛屿等的轮廓，地图上多用实线表示。相反，实地上轮廓界限不很明显或相对不重要的物体，如时令湖、森林、沼泽等，通常用虚线或点线表示其轮廓。显然，实线轮廓符号比虚线或点线的轮廓符号较为明显，因此可以用较小的尺寸。例如，实线轮廓的面积可以小到 0.5~0.8mm²（半径为 0.4~0.5mm 的浑圆），而点线表示的小轮廓符号（假定点距为 0.8mm），面积最小为 2.5~3.2mm² 才能清楚表达其形状。

轮廓底色对其尺寸也有一定的影响。例如，涂以浅蓝底色的小湖泊，为了辨明其颜色，常常不得不把最小面积扩大到 1mm²。

物体所处的地理环境对符号的明显性有重要影响。例如，以浅淡色为背景底色的海洋中的岛屿符号就比处在等高线表示的山地中的小湖泊明显得多，因比，海洋中的小岛，尤其是成群分布的小岛，甚至可以用小到 0.5mm² 的点子来表示。

使用地图的方式显然对轮廓地物的最小尺寸有影响，例如，挂图和野外用图上表示的地物轮廓肯定要比参考性地图上的轮廓要粗大些。

4. 弯曲图形的最小尺寸

弯曲图形指的是图上线状物体的弯曲。制图生产实践经验证明，弯曲内径要达到 0.4mm、宽度达到 0.6~0.7mm 时，才能辨认清楚。

上述尺寸是指视力、打印和印刷技术能力所能达到的图上表达的最小尺寸，它们是确定概括和选取尺度的参考数据。如果地图带有底色，或图形所处的背景很复杂，都会影响读图者的视觉感受能力，应适当放大图形最小尺寸。

随着数字地图制图技术的发展，制印技术的提高，图形的最小尺寸还可以适当减小。这对进一步提高地图内容的精细和详细程度创造了有利的条件。但是由于应急地图都是利用打印机输出，图形的最小尺寸不宜减小得太多。

二、地图载负量

衡量地图上内容的多少，目前使用最普遍的标志是地图载负量。

1. 地图载负量的概念

地图载负量也称为地图的容量。一般理解为地图图廓内符号和注记的数量。显然，载负量制约着地图内容的多少，当地图符号和注记大小确定以后，载负量愈大，地图的内容也就愈多。地图载负量有面积载负量和数值载负量两种表达形式。

面积载负量：指地图上所有符号和注记的面积与图幅总面积之比。规定用单位面积里符号和注记所占的面积来表达面积载负量的值，例如 26，是指在 1cm² 面积内符号和注记所占的面积平均 26mm²。

数值载负量：面积载负量是衡量地图容量的基础，但在作业中一般把它转化为便于应用的另一种数字形式，即单位面积里的个数。对于居民地，数值载负量常常指 1cm² 或 1dm² 范围内居民地的个数，例如 89 个/dm²；对于水系、道路等线状物体，数值载负量指的是 1cm² 面积内的长度(cm)，如 2.8cm/cm²，称为密度系数，表示为 $K=2.8$；对于地区的林化程度、沼化程度等则用不带单位的百分比来表示，例如 0.55，即 56%。

在讨论载负量时，必须分析和了解地图上最多能够表达多大的容量，每一个具体地区应该选择多大的容量，即确定地图的极限载负量和适宜载负量。

极限载负量指的是可能表达的最大容量。超过极限载负量后读图就会产生困难。它的数值同制图、印刷水平及表示方法有很大的关系。例如，单色图，各种线划相互混杂，读图效果较差，所以不可能表达更多的内容；如果是多色图，各要素的图形即使互相交织也很容易分辨，这时，地图的内容就可以表示得多一些。随着数字地图制图、数字印刷等技术的发展，地图上表达的内容会逐渐增多，但是由于人的视觉感受能力的限制，极限载负量的数值可以有限度地提高一些。

虽然极限载负量通常是以面积载负量为基础的，但由于各种比例尺地图的基本线划粗细、符号和注记的大小等都趋于稳定，地形图图式在短期内不会有很大的变化，所以用面积表达的极限载负量可以近似地转化为以数值载负量的形式来表达。

由于地图的用途、表示法和地区条件等存在差别，因此不能在所有的地图上都取极限载负量。为了反映它们之间的差别，就要根据具体的用途、比例尺和地区特点确定各图幅的适宜载负量。例如，长江下游平原是我国居民地密度最大的地区之一，该区地图上居民地可取该比例尺的极限载负量，其他地区就不能采用同样的载负量标准，应当适当地降低其数值，确定各密度区的级别，从而定出图上适宜的载负量。因此，要根据地图用途、比例尺和地理要素分布特点等确定该制图区域的适宜载负量。

2. 地图上面积载负量的量算

地图的载负量主要是由居民地、水系、道路和境界等要素的符号和注记的面积组成的。不同要素的面积载负量的计算方法不一样。如居民地要分别计算符号和名称注记的面积，由于各级居民地符号和注记的大小不同，面积应分别按不同等级计算（在一个等级内平面图形的面积抽样取平均数）。道路以长度和线划粗细来计算面积。水系则只计单线河、渠以及附属建筑物的符号，水域面积只计水涯线，水系名称注记等的面积。境界线依总长和线粗来计算面积。地貌和有底色的植被面积作为地图上的背景看待，通常不计入地图的总载负量。若是单色地图，就应当全部计入。

在地形图上，一幅地图的总载负量中，居民地所占的比例最大，其次是道路和水系，境界所占的比例一般都很小。随着居民地密度的增大，它在总载负量中所占的比例会越来越大，有时可达到 70%～80%，因此研究地图载负量时，重点应该是研究居民地的载负量。

既然在不同的地区，地图载负量应该是不同的，那么它们之间的差别就应该能够用视觉读图的办法区分开来，这样才有意义。这就产生了一个如何分级的问题。

人的视觉辨别图上内容多少的能力是有限的。当载负量的数值很接近时，人眼在图面上就不易区分。编图时，为了详细地表达制图区域，希望把级分得多一些（级差小一些），但若到了视觉不能辨别的程度时也就失去了分级的意义。所以，研究载负量分级，应当是研究视觉能够分辨的最小差别。

通过心理物理学的很多实验，测定出各种能被人的视力辨别清楚的载负量数值是一个等比数列，即

$$Q_{i+1} = \frac{Q_i}{\rho} \tag{6-1}$$

式中，Q_i 是第 i 级密度区的面积载负量，对于密度最高的地区，可取极限载负量；Q_{i+1} 是第 $i+1$ 级密度区的适宜载负量；ρ 是视觉辨认系数。

根据俄罗斯制图学者研究的结果，认为视力辨认系数应该为 1.5 左右。

我国制图学者的研究结果证明，当基数不大时，1.5 的辨认系数是必要的，随着载负量基数的增大，不需要这样大的差别就可以被视力分辨出来。如果把分辨系数缩小，分级还可以多一些，有利于把地图内容反映得详细些，使制图物体的分布更接近于实地的情况。根据表 6-1 查出应取的辨认系数值，依次算出其他各级的适宜载负量。

表 6-1   辨认系数的取值

上一级载负量	>20	15~20	10~15	<10
辨认系数 ρ	1.2	1.3	1.4	1.5

3. 地图极限载负量的确定

准确地确定新编图上的极限载负量是当前地图制图学理论研究的重要课题之一，目前还没有确切的计算方法，多数是根据试验和统计相结合的方法来确定，因此还是很不严密的。

地图上极限载负量的数值主要取决于地图比例尺，当然，与地图用途、表示方法和地理区域特点也有关系，数字地图技术和地图制印技术的进步对图上可能表达的极限载负量也会有一定的影响。

根据我国制图工作者的试验和统计分析，可用图 6-11 反映极限载负量与地图比例尺之间的关系。

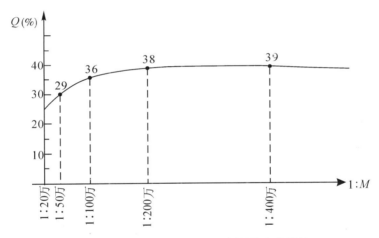

图 6-11　极限载负量随地图比例尺的变化规律

从图 6-11 可以看出：

(1) 随着地图比例尺的缩小，极限载负量逐渐增加。

(2) 载负量的增加有一定的限度。当比例尺小于 1∶100 万时，极限载负量的增加已缓慢下来，在 1∶200 万~1∶400 万时趋于常数。

(3) 极限面积载负量趋于常数后，通过改进符号设计，采用数字地图制图技术和地图数字印刷技术，还可以有限度地提高载负量。

三、制图物体选取基本规律

在进行制图综合时，我们可以通过许多方法来确定选取指标并对制图物体实施选取。由于制图者的认识水平和所采用的数学模型的局限性，其选取结果可能是有差异的。那

么,如何判断选取结果是否正确就成为一个必须要研究的问题,这就是选取基本规律问题。正确的选取结果应符合如下基本规律:

(1)制图物体的密度越大,其选取标准定得越低,选取的百分比越低,舍弃目标的数量越大,但选取目标的绝对数量也要越大。

(2)选取遵守从主要到次要、从大到小的顺序,在任何情况下舍去的都应是较小的、次要的目标,而把较大的、重要的目标保留在地图上,使地图能保持地区的基本面貌。

(3)物体密度系数损失的绝对值和相对量都应从高密度区向低密度区逐渐减少(见图6-12)。

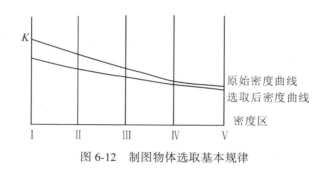

图 6-12 制图物体选取基本规律

(4)在保持各密度区之间具有最小的辨认系数的前提下保持各地区间的密度对比关系。

四、制图物体形状概括的基本规律

制图综合中概括基本规律实际上主要是研究形状概括规律。形状概括基本规律表现为:

(1)舍去小于规定尺寸的弯曲,夸大特征弯曲,保持图形的基本特征。

根据地图的用途等制约因素,地图设计文件给出保留在地图上的弯曲的最小尺度。一般来说,制图综合时应概括掉小于规定尺寸的弯曲,但由于其位置或其他因素的影响,某些小弯曲是不能去掉的,这就要把它夸大到最小弯曲规定的尺寸,不允许对大于规定尺寸的弯曲任意夸大。化简和夸大的结果应能反映该图形的基本(轮廓)特征。

(2)保持各线段上的曲折系数和单位长度上的弯曲个数的对比。

曲折系数和单位长度上的弯曲个数是标志曲线弯曲特征的重要指标,概括结果应能反映不同线段上弯曲特征的对比关系。

(3)保持弯曲图形的类型特征。

每种不同类型的曲线都有自己特定的弯曲形状,例如,河流根据其发育阶段有不同类型的弯曲,不同类型的海岸线其弯曲形状不同,各种不同地貌类型的地貌等高线图形更有不同的弯曲类型。形状概括应能突出反映各自的类型特征。

(4)保持制图对象的结构对比。

把制图对象作为群体来研究,不管是面状、线状,还是点状物体的分布都有个结构问题，这其中包括结构类型和结构密度两个方面，综合后要保持不同地段间物体的结构对比关系。

（5）保持面状物体的面积平衡。

对面状轮廓的化简会造成局部的面积损失或面积扩大，总体上应保持损失的和扩大的面积基本平衡，以保持面状物体的面积基本不变。

五、制图综合对地图精度的影响

地图上的图形是有误差的，根据大量的量测结果，地图上有明确点位的地物点中误差大约为±0.5mm。这些误差来自以下几个方面：资料图（数据）的误差；转绘地图内容的误差；制图综合产生的误差；地图复制造成的误差。

其中，制图资料（数据）的误差视所使用资料的具体情况而定，若是国家基本地形图，或用正规编绘的地图，其一般点位的误差可控制在±0.5mm以内。转绘地图内容产生的误差视使用的制图技术和方法而定，在数字地图制图中这两项误差反映到地图数字化和投影变换中，数字地图可以准确地再现，很少产生误差；采用地图数字出版技术，也会减少地图复制造成的误差，复制地图主要由印刷材料、套印及纸张变形等带来误差。这里主要研究由制图综合产生的误差，这项误差在数字环境下也是不可避免的。

制图综合引起的误差包括移位误差和由形状概括产生的误差。

1. 移位误差

在制图综合过程中，有些情况促使制图员有意识地对图形进行移位，从而影响地图的精度。有两种情况需要移位处理：一是为保持要素间的地理适应性，二是为强调某种特征。

1）保持要素间的地理适应性的移位

随着地图比例尺的缩小，河流、道路符号的宽度和独立符号的范围等逐渐变得不能依比例尺表示，即超过了实际占地范围。为了保持要素间的相互适应关系，相对次要的要素就要移位。这时，移位的大小同符号的尺寸有关。例如，位于公路旁边的居民地，当道路和居民地的符号都超过实地范围时，居民地就要向路旁移位。假定编图比例尺为1：100万，公路宽度为0.4mm，居民地符号直径为1.2mm，公路旁的小居民地的移位就可能达到1.0mm。

类似的情况在其他要素的综合中，例如：居民地同境界线、河流间的关系处理；沿海岸、河流延伸的道路，当符号发生争位矛盾时，也都要进行这样的移位。

2）为了强调某种特征而产生的移位

为了强调某种特征，有时要有意识地进行移位。例如，为了强调斜坡的特征要移动等高线，为了强调居民地内部的结构特征而移动街道，为了强调与等高线的适应关系而移动沼泽的范围线，为了强调海湾、海角、沙嘴的特征而移动海岸线的位置等。

位移误差的大小，与地图比例尺及符号的尺寸有直接关系。比例尺缩小倍率大，位移误差大；反之，则位移误差小。在编图比例尺缩小一半的情况下，假若两种比例尺地图的符号尺寸是一致的，那么为保持要素间的地理适应性而进行的最大位移是符号中心间距的一倍。用公式表示如下：

$$d = a\left(\frac{M_F}{M_A} - 1\right) \tag{6-2}$$

式中，d 为最大位移(mm)；a 为资料地图上符号中心间距(mm)；M_F 为新编图比例尺分母；M_A 为资料图比例尺分母。

由于移位方法主要用于解决保持要素间的地理适应性和强调某些特征，而这些问题又随着地图比例尺的缩小而变得越来越突出；所以，地图比例尺越小，位移误差越大。

2. 形状概括产生的误差

形状概括所产生的误差的大小，实际上就是化简地物碎部的程度。例如，河流、道路等线状地物的主要转折点，应满足一般地物点的精度要求，而微小碎部的弯曲则由于进行了化简而大大偏离了实地位置。一般情况下，编图时线状符号的弯曲小于规定的最小尺寸时，即可删除，弯曲特征点在图上已经消失，而且移动了很大距离。制图物体的形状概括，意味着不断改变图形的结构，这种改变涉及长度、方向和轮廓图形这三个指标。

1) 长度的改变

由于概括线状符号上的弯曲，使线状物体的长度缩短，河流、道路、岸线等都会受到由概括引起长度缩短的影响。

2) 方向的改变

要求保持概括前后的图形相似，是形状概括的主要要求。但是，在图形化简的部位，由于简化了图形，常常会引起方向的改变。例如，河流、海岸、道路、境界、森林范围线的次要弯曲被化简，必然导致化简部位上局部方向的改变。

3) 轮廓图形的改变

地图比例尺的缩小和制图综合的实施，会促使图上带有弯曲的复杂图形，朝着尽可能简单的轮廓转变，直到最后变成非常简略的图形，有时甚至只能用非比例尺的点状符号来表示。

长度、方向和轮廓图形的改变，都必然会影响地图的精度。

地图上的等高线，经过综合产生了高程误差和平面位置误差。制图综合对等高线精度的影响，与地图比例尺分母有密切关系，且符合比例尺分母的开方根规律。根据误差传播定律，在比例尺缩小一半，制图综合引起的等高线的高程中误差接近于新编图等高距的四分之一。

第五节　普通地图自然地理要素的制图综合

本节分别介绍海洋、陆地水系、地貌、土质和植被等普通地图自然地理要素的制图综合原则和方法。

一、海洋要素的制图综合

1. 海岸的制图综合

1) 海岸线的图形概括

由于海岸在经济和军事等方面意义重大，地图上要以最详细的程度表示海岸线。当地图比例尺缩小时，仍需对其图形进行综合。

(1)海岸线图形概括的方法和步骤：

在进行海岸线图形概括前，必须掌握海岸的类型及其特征。只有这样，才能有的放矢地进行图形化简。

概括海岸线图形时，首先找出岸线弯曲的主要转折点，确定它们的准确位置，即可构成海岸图形的骨架(图6-13(b))，然后加密弯曲的转折点(图6-13(c))；最后，采取化简为主、夸张为辅的方法，顺曲线弯曲方向连线，即完成了图形概括(图6-13(d))。

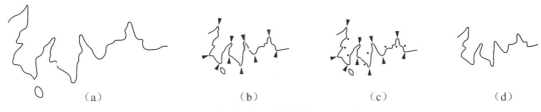

图6-13 海岸线图形概括的方法和步骤

(2)海岸线图形概括的基本原则：

①保持海岸线平面图形的类型特征。

随着地图比例尺的缩小，表达海岸线图形细部的可能性越来越小，这时，对不同类型海岸具有的固有特点应加以充分的表示。

地图上把海岸分为以侵蚀作用为主的海岸，以堆积作用为主的海岸及生物海岸三类，它们各自有着自己的类型特征。

以侵蚀为主的海岸多为岩质海岸，具有高起的有滩或无滩后滨，概括这类海岸线的轮廓时要注意海岸多港汊、岛屿及岸线多弯曲的特征，应当使用带有棱角弯曲的线划来表示(图6-14)，地图比例尺越小，这种"手法"的痕迹就越明显。不当的综合主要表现为对海角的拉直或圆滑。

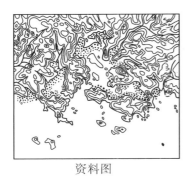

资料图　　　　　　正确的综合　　不正确的综合

图6-14 侵蚀海岸线的图形概括

以堆积为主的海岸多具有低平的后滨，岸坡平缓，岸线平直，在河口常形成三角洲，常有淤泥质或粉沙质海滩、沙嘴、沙坝或潟湖等。概括这类海岸线的图形要保持岸线平滑的特征，一般不应出现棱角弯曲。沙嘴、沙堤都应保持外部平直、内部弯曲的特点（图 6-15）。

以堆积为主的海岸河口三角洲突向海中，河道多分支，沙洲密布，前滨有宽阔的干出滩，它们又常被河道、潮水沟分割。在正确表示其图形特征的同时，还要注意其土质状况，并配以相应的沙丘、沙嘴、贝壳堤、沼泽、盐碱地的符号。

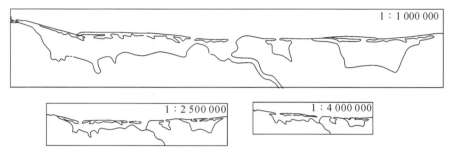

图 6-15　以堆积为主的海岸线图形概括

生物海岸包括珊瑚礁海岸和红树林海岸，都配以专门符号表示。

②保持各段海岸线间的曲折对比。

海岸的类型特征中很重要的一个方面是海岸的弯曲类型，它们的弯曲有大有小，弯曲个数有多有少。经过图形概括，其曲折程度肯定会逐渐减少，曲折对比有逐渐拉平的趋势，重要的是要保持各段海岸线间的曲折对比关系。为了达到这个目的，制图中会采用一系列的海岸弯曲选取的数学模型来进行选取。

③保持海陆面积的对比。

在概括岸线弯曲时，将产生删除海部弯曲或删除陆地弯曲的问题。实际作业中，在海角上常常是以删去小海湾、扩大陆部为主，在海湾中则采用去掉小海角、扩大海部为主的方法。但要尽量使删去小海湾和去掉小海角的面积大体相当，以保持海陆面积的对比（图 6-16）。

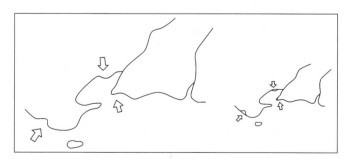

图 6-16　保持海陆面积对比的岸线弯曲概括

2. 岛屿的综合

岛屿是海洋要素的组成部分，岛屿综合包括岛屿的形状概括和岛屿的选取。

1）岛屿的形状概括

岛屿用海岸线表示。大的岛屿岸线概括同海岸线概括的方法一致；小岛则主要应突出其形态特征。海洋中的岛屿图形只能选取或舍去，任何时候都不能把几个小岛合并成一个大的岛屿。

2）岛屿的选取

选取岛屿应遵照下列各项原则：

（1）根据选取标准进行选取：通常规定岛屿直径大于 0.3mm 或面积为 0.5mm² 的用真形表示。小于此标准而又不宜舍弃的岛屿（如孤立的、著名的、远离大陆的、位于国界两侧的、位于领海基线附近的小岛）改用点子或夸大表示。

（2）根据重要意义进行选取：有的岛屿很小，但所处的位置很重要，如位于重要航道上的、标志国家领土主权范围的岛屿，不论在何种小比例尺的地图上都必须选取。

（3）根据分布范围和密度进行选取：对于成群分布的岛屿，要把它们当成一个整体来看待。实施选取时要先研究岛群的分布范围，岛屿的排列规律，内部各处的分布密度等。首先选取面积在规定的选取标准以上的岛屿，然后选取外围反映群岛分布范围的小岛，最后选取反映各地段密度对比和排列结构规律的小岛（图 6-17）。

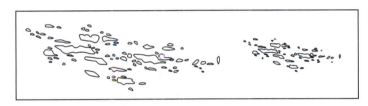

图 6-17　岛屿的选取

此外，对海中的明、暗礁，浅滩等，由于它们是航行的重要障碍，也要按选取岛屿的原则和方法进行选取。

3. 海底地貌的综合

海底地貌是用水深注记和等深线表示的。

1）水深注记的选取

编图时对于资料图上大量的水深注记，首先要选取浅滩上或航道上最浅的水深注记，然后选取标志航道特征的那些水深注记，再选取反映海底坡度变化的水深注记，最后补充水深注记到必要的密度。一般海区，水深注记自近岸向外海呈现逐渐由密到稀的变化。

浅海区、海底复杂的海区、近海区、有固定航线的航道区都应多选取一些水深注记，其他地区可相对少选一些。

2）等深线的勾绘

如果资料图上是用水深注记表示的,新编图上需要用等深线表示海底地貌,就要根据水深注记勾绘等深线。如果能找到具有水下地形的卫星影像数据作为参考则更好。

勾绘等深线和勾绘等高线有许多地方是一致的,都应先判断地形的基本结构和走向,然后用内插法实施。勾绘等深线的特殊点是要遵守"判浅不判深"的原则,即在无法判定某区域的确切深度时,宁愿把它往浅的方向判(图6-18),其结果必然是扩大了浅海的区域。

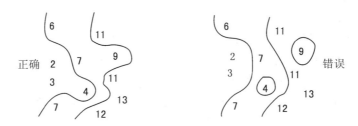

图6-18　等深线的勾绘

3) 等深线的综合

(1) 等深线的选择:等深线的选择是根据深度表进行的。深度表上往往将浅海区等深距定得小一些,表示得详细些,深海区则表示得比较概略。另外,对表示海底分界线的如对海洋航行安全很重要的-20m,表达大陆架界限的-200m等深线往往是必须选取的。

对于封闭的等深线,位于浅海区小的海底洼地可以舍去,但位于深水区的小的浅部,特别是其深度小于20m时,一般应当保留。

(2) 等深线的图形概括:反映浅水区的同名等深线相邻近时可以合并(舍去海沟),但反映深水区的相邻同名等值线是不可以合并的,即不可以舍去反映两深水区之间突起的"门槛"。在概括等深线的图形弯曲时,也要遵从"舍深扩浅"的原则,只允许舍去深水区突向浅水区的小弯曲。图形概括时保持相邻等深线套合自然、过渡协调。

二、陆地水系的制图综合

1. 河流的制图综合

1) 河流的选取

在编绘地图时,河流的选取通常是按事先确定的河流选取标准(通常是一个长度指标,有时也用平均间隔作辅助指标)进行。

河流的选取标准是在用数理统计方法研究全国各地区的河网密度之后确定的。实地上河网密度系数的分布是连续的,新编图上河流的选取范围是有限的,例如,通常的选取标准在0.5~1.5cm之间。为此,制图实践中常常是将实地河网按密度进行分级,然后在不同密度区中确定选取标准。

表6-2是我国地图上河流选取标准的参考数值。有规范的地图应以规范的规定为准。

表6-2　　　　　　　　　　　　　河流选取标准和临界标准

河流密度系数 K (km/km²)	<0.1	0.1~0.3	0.3~0.5	0.5~0.7	0.7~1.0	1.0~2.0	>2.0
河流选取标准 l_A (cm)	全选	1.4	1.2	1.0	0.8	0.6	0.5
临界标准(cm)	全选	1.3~1.5	1.0~1.4	0.8~1.2	0.7~1.0	0.5~0.7	0.5

在地图的设计文件中，规定的河流选取标准通常不是一个固定值，而是一个临界值，即一个范围值。这是为了适应不同的河系类型或不同密度区域间的平稳过渡而采取的措施。

在不同类型的河系中，小河流出现的频率不一致，例如，对于同样密度级的区域，羽毛状河系、格网状河系可采用低标准，平行状河系、辐射状河系可取高标准。

为了不使各不同密度区之间形成明显的阶梯，通常在交错地段高密度区采用高标准，低密度区采用低标准。

在选取河流时，应先选取主流及各小河系的主要河源，然后以每个小河系为单位从较大的支流逐渐向较短的支流，根据确定的选取标准对其逐渐加密、平衡，最终实现合理的选取。

河流选取的规律，主要表现为以下几个方面：

(1)河网密度大的地区小河流多，即使是规定用较低的选取标准，其舍去的条数仍然较多；河网密度小的地区，舍去的条数比较少。

(2)保持各不同密度区间的密度对比关系。

(3)随着地图比例尺的缩小，河流舍弃越来越多，实地密度不断减小，图上密度却不断增大。为此，选取标准的上限应逐渐增大。例如，1∶10万地图上选取的上限可定为1.0cm或1.2cm，1∶100万或更小比例尺地图上，其上限可定为1.5cm或更高。这是由于随着地图比例尺的缩小，河流长度按倍数缩小，地图面积却以长度的平方比缩小，所以，尽管舍去较长的河流，视觉上看到图面上的河网密度还在不断增大。

有一些河流虽然小于所规定的选取标准，也应把它选取到地图上，如表示河源的小河，表明湖泊进、排水的唯一的小河，连通湖泊的小河，直接入海的小河，干旱地区的常年河，区分冰斗湖与冰蚀湖的小河，联系井、泉、喀斯特伏流河段的小河，国界、省界的小河，大河上较长河段上唯一的小河等。

另外一些河流，在河网密集地区，尽管其长度大于选取标准，但由于河流之间的间隔较小，如平均间隔小于3mm，通常也会把它们舍掉。

2)河流的图形概括

概括河流的图形，目的在于舍弃小的弯曲，突出弯曲的类型特征，保持各河段的曲折对比关系。

(1)河流弯曲的形状：

河流的形状受到地貌结构、坡度大小、岩石性质、水源供给等自然条件的影响，在不同的河段上具有特定的弯曲形状。河流的弯曲可分为简单弯曲和复杂弯曲。

简单弯曲包括微弯曲、钝角形弯曲、近于半圆形弯曲、套形弯曲和菌形弯曲等（图6-19）。

微弯曲是一种浅弧状的弯曲。山地河流多具此种弯曲（图6-19(a)）。

钝角形弯曲是指河流弯曲成钝角形，转折较明显，河流弯曲与谷地弯曲一致的河流常有此种特征的弯曲（图6-19(b)）。

近于半圆形的弯曲是指河流弯曲成半圆形的弧状。过渡型河段和平原河流多具有此种弯曲特征（图6-19(c)）。

套形弯曲是一种河曲开始明显起来的弯曲。从过渡型河段到平原河流，在没有大量发育汊流、辫流的情况下，常常出现这样的河流弯曲（图6-19(d)）。

菌形弯曲是河流侧蚀作用加剧，曲流继续发育，形成菌形的曲流（图6-19(e)）。

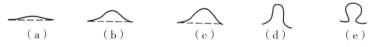

图6-19　河流的简单弯曲

河流的复杂弯曲是在一级的套形或菌形弯曲上发育成的复合弯曲。河流的一级曲流，进一步发育成二级、三级……弯曲，就形成了河流的复杂弯曲。根据复杂弯曲的形状可以分为复合套形、复合菌形、组合弯曲等（图6-20）。这些河流弯曲基本上都发育在平原河流上。

图6-20　河流的复杂弯曲

在制图综合中，要通过保持河流弯曲的基本形状来显示河流发育各阶段的不同特征。

各种不同的弯曲形状具有不同的弯曲系数。微弯曲的河流曲折系数接近于1（<1.2），具有钝角形弯曲的河段称为弯曲不大的河段，其曲折系数为1.2~1.4；具有半圆形弯曲的河段，其曲折系数为1.5左右；大多数具有套形、菌形和复杂弯曲的河段曲折系数大大超过1.5。在概括河流图形时，首先要研究河流的弯曲形状和曲折系数。

(2) 概括河流弯曲的方法：

保持河流弯曲的特征转折点：概括河流图形时，先要找出河流的主要转折点，这些点起着图形的骨架作用，图形概括时应保留这些点。主要特征点的弯曲可以合并、夸大，但不能删除（图6-21）。

依据最小弯曲尺寸进行概括：河流是十分重要的基础地理信息，要尽量详细而精确地表示。地形图上的单线河一般应保留内径大于0.5mm左右的弯曲，不同形状弯曲的最小

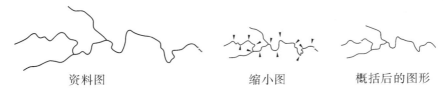

图 6-21　保持河流弯曲的特征转折点

尺寸(指空白部分)不得小于图 6-22 规定的标准。小于此标准的弯曲一般都可以删除，即将相邻的弯曲作适当合并(图 6-23)。

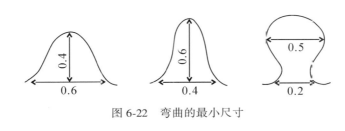

图 6-22　弯曲的最小尺寸

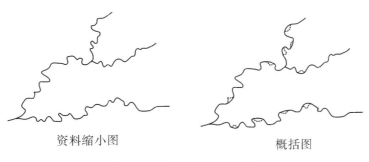

图 6-23　河流小弯曲的化简

制图综合时，河流一般不允许移动，弯曲的删除和夸大都有一定条件和限度，否则就起不到地形"骨架"制约作用。

高原沼泽地区，一些流量不大的河流，由于河床两侧土壤湿度过大，限制了其旁向摆动的幅度，形成大量犹如锯齿状的小弯曲。缩小比例尺时，大多数小弯曲都可能小于弯曲选取指标的最小尺寸，这时就不能机械地按标准删除，要采取合并弯曲和夸大弯曲相结合的方法来化简，以保持河流小弯曲多的典型特征。

(3)概括河流弯曲的基本原则：

①保持弯曲的基本形状：弯曲形状同河流发育阶段密切相关，概括河流图形时保持各河段弯曲形状的基本特征是非常重要的。

②保持不同河段弯曲程度的对比：曲折系数是同弯曲形状相联系的，概括河流图形时并不需要逐段量测其曲折系数，只要正确地反映了各河段的弯曲类型特征，就能正确保持

各河段弯曲程度的对比。

③保持河流长度不过分缩短：经过图形概括，河流长度的缩短是肯定的。例如，在1∶100万地图上，大约只能保留一般地区河流长度的40%，其中因图形概括损失掉的长度占河流总长的13.4%。使用地图时总希望河流能尽可能地接近实地的长度。为此，只允许概括掉那些临界尺度以下的小弯曲，概括后的图形应尽量按照弯曲的外缘部位进行，使图形概括损失的河流长度尽可能地少(图6-24)。

3) 真形河流的图形概括

真形河流是指能依比例尺表示其真实宽度的大河，它的形状概括要注意以下几点：

①表示主流和汊流的相对宽度以及河床拓宽和收缩的情况。当主流的明显性不够时，可以适当地夸大，使其从众多汊流中突出起来(图6-25)。

图6-24 沿夸大弯曲部位概括河流

②河心岛单独存在时，只能取舍，不能合并；当它们外部总轮廓一致时，可以适当合并(图6-26)。

图6-25 主流和汊流的概括　　图6-26 河心岛的综合

③保持河流中岛屿的固有特征：河心岛多数是沉积物堆积的结果，它们朝上游的一端宽而浑圆，朝下游的一端则较尖而拖长。这些特征可以间接地指示水流方向。小比例尺地图上，更加需要强调这一特征。

④保持辫状河流中主汊流构成的网状结构及汊流的密度对比关系(图6-27)。

4) 确定河流选取标准的数学模型

河网密度大的地区，小河多，因此舍去也多；河网密度小的地区，小河少，因此舍去也少。为保持各区域河网密度系数的对比，应在不同的密度区规定不同的选取标准。因此，河网密度是确定河流选取标准的基本依据。河网密度系数为：

$$K = \frac{L}{P} \tag{6-3}$$

式中，L是河流的总长度，P是河流的流域面积。

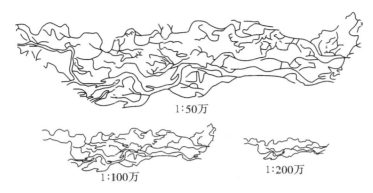

图 6-27 反映主、汊流的网状结构及汊流的密度对比

根据自然界的规律，河网越密该区域小河流就越多，即河网密度系数 K 和单位面积内的河流条数 n_0 有相关关系，且

$$n_0 = \frac{n}{p} \tag{6-4}$$

式中，n 是河流条数。

依据河网密度系数 K 和单位面积内的河流条数 n_0 的相关关系，可建立河网密度系数 K 的数学模型。

用实际量测的方法在某区域范围内的 1：5 万地形图上量测 40 个小河系（表 6-3），n 是河流的条数，p 是流域面积，L 是河流的长度。

表 6-3　　　　　　　　　**图上量测 40 个小河系的相关数据**

编号	1	2	3	4	5	6	7	8	9	10	11	12	13	14
n	8	3	4	3	5	18	6	10	14	12	16	9	29	6
p/cm^2	360	100	100	60	110	300	100	160	222	177	210	90	270	47
L/cm	70.4	26.1	30.0	15.9	29.4	124.2	33.6	52.0	63.0	76.8	88.0	41.4	103.1	23.4
编号	15	16	17	18	19	20	21	22	23	24	25	26	27	28
n	5	4	3	9	4	7	11	15	28	40	9	10	15	29
p/cm^2	35	28	19	41	16	28	30	38	57	70	11	11	14	25
L/cm	15.5	15.2	9.3	27.0	12.8	20.3	33.0	45.0	67.2	96.0	16.2	19.0	17.0	40.6
编号	29	30	31	32	33	34	35	36	37	38	39	40		
n	24	21	14	12	13	7	12	71	35	17	17	27		
p/cm^2	19	16	9	7	8	4	6	33	15	7	7	10		
L/cm	36.0	33.6	15.4	9.6	15.6	6.3	12.0	85.2	31.5	13.6	13.6	21.6		

根据表 6-3，可得 K 和 n_0（表 6-4）。

表 6-4　　　　　　　　　　图上量测 40 个小河系相关数据的处理

编 号	K (cm/cm²)	n_0 (条/cm²)	编 号	K (cm/cm²)	n_0 (条/cm²)
1	0.195 6	0.022 2	21	1.100 0	0.366 7
2	0.261 0	0.030 0	22	1.184 2	0.394 7
3	0.300 0	0.040 0	23	1.178 9	0.491 2
4	0.265 0	0.050 0	24	1.371 4	0.571 4
5	0.267 3	0.054 5	25	1.472 7	0.818 2
6	0.414 0	0.060 0	26	1.727 3	0.909 1
7	0.336 0	0.060 0	27	1.214 3	1.071 4
8	0.325 0	0.062 5	28	1.624 0	1.160 0
9	0.283 8	0.063 1	29	1.894 7	1.263 2
10	0.433 9	0.067 8	30	2.100 0	1.312 5
11	0.419 0	0.076 2	31	1.711 1	1.555 6
12	0.460 0	0.100 0	32	1.371 4	1.714 3
13	0.381 9	0.107 4	33	1.950 0	1.625 0
14	0.497 9	0.127 7	34	1.575 0	1.750 0
15	0.442 9	0.142 9	35	2.000 0	2.000 0
16	0.542 9	0.142 9	36	2.581 8	2.151 5
17	0.489 5	0.157 9	37	2.100 0	2.333 3
18	0.658 5	0.219 5	38	1.942 9	2.428 6
19	0.925 0	0.250 0	39	1.942 9	2.428 6
20	0.725 0	0.250 0	40	2.160 0	2.700 0

根据表 6-4，以河网密度系数 K 为纵坐标，单位面积内的河流条数 n_0 为横坐标，点绘出 40 组数据相应点的位置（图 6-28）。依据点的分布规律，可用幂函数建立河网密度的数学模型。

$$K = a n_0^{\,b} \tag{6-5}$$

式中，a，b 是待定参数。

根据一元非线性回归数学方法可得

$$a = 1.47, \quad b = 0.52, \quad 相关指数\ R = 0.972$$

取 $\alpha = 0.01$，查相关强度系数表得

$$R_\alpha = 0.561\ 4$$

显然，

$$R > R_\alpha$$

相关显著，回归方程有意义。

因此，得确定河网密度系数模型为：

$$K = 1.47 n_0^{0.52} = 1.47 \left(\frac{n}{p}\right)^{0.52} \tag{6-6}$$

根据(6-11)模型，只要知道该河系的流域面积 p 和河流条数 n，即可得到河网密度系

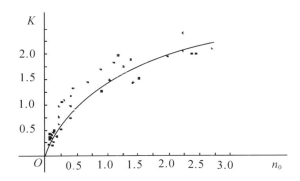

图 6-28　河网密度系数 K 和单位面积内的河流条数 n_0 的相关关系

数 K。

我国多年来的编图实践,使得各不同密度的地区河流选取形成一套惯用的标准(表6-5)。

表 6-5　　　　　　　　　　不同密度区的河流选取标准

河流密度系数 K（km/km²）	<0.1	0.1~0.3	0.3~0.5	0.5~0.7	0.7~1.0	1.0~2.0	>2.0
河流选取标准 l_A(cm)	全选	1.4	1.2	1.0	0.8	0.6	0.5

例如,四个不同河网密度的地区,其河流条数 n 和流域面积 p 的量测结果见表6-6。表中的河网密度系数 K 是根据式(6-4)计算得来的。

表 6-6　　　　　　　四个河网密度区的河网密度系数

地　区	1	2	3	4
n	567	178	29	11
p(km²)	480	595	310	824
K(km/km²)	1.60	0.78	0.43	0.16

根据表6-6,可以得到各区的河流选取标准(表6-7)。

表 6-7　　　　　　　四个河网密度区的河网选取标准

地　区	1	2	3	4
河流选取标准 l_A(cm)	0.6	0.8	1.2	1.4

四个河网密度的地区只有分别采用表6-7的选取标准对各区的河流进行选取,才能保

持各密度区河网密度系数的对比。河流的选取规律是随着地图比例尺的缩小，河流舍弃越来越多，实地河网密度不断减小，而图上河网密度却不断增大。如果采用同一选取标准，河网密度大的地区河流舍去得多，河网密度小的地区舍去得太少；可能会产生河网密度小的地区图上河网密度增大过快，出现密度倒置现象，即河网密度小的地区反而变成河网密度大的，这是绝对不容许。

2. 湖泊、水库的制图综合

湖泊是陆地上的积水洼地，具有调节水量、航运、养殖、调节气候的功能。

水库又称人工湖，它是在河流上筑坝蓄水而成的，具有和湖泊一样的功能和利用价值。

湖泊和水库的综合有许多共同点，也有其各自的固有特征。

1）湖泊的综合

（1）湖泊的岸线概括：化简湖泊岸线同化简海岸线有许多相同之处，都需要确定主要转折点，采用化简与夸张相结合的方法。然而，化简湖岸线还有其自身的特点。

保持湖泊与陆地的面积对比：概括掉湖汊会缩小湖泊面积，概括掉弯入湖泊的陆地又会增大湖泊面积，实施湖泊图形概括时要注意其面积的动态平衡。在山区，由于湖泊图形同等高线密切相关，等高线综合一般是舍去谷地，这时湖泊也只能舍去小湖汊，其面积损失要从扩大主要弯曲中得到补偿。

保持湖泊的固有形状及其同周围环境的联系：湖泊的形状往往反映湖泊的成因及其同周围地理环境的联系，因此，湖泊的形状特征是非常重要的。

为了制图上的方便，我们把湖泊形状分为浑圆形、三角形、长条形、弧形、桨叶形、多支汊形等（图6-29）。概括时，应强调其形状特征。

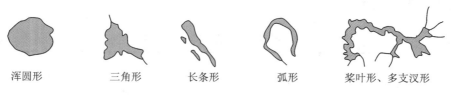

浑圆形　　　三角形　　　长条形　　　弧形　　　桨叶形、多支汊形

图6-29　湖泊的形状

（2）湖泊的选取：湖泊一般只能取舍，不能合并。

地图上湖泊的选取标准一般定为 $0.5\sim1\text{mm}^2$，小比例尺地图上选取尺度定得较低。在小湖成群分布的地区，甚至还可以规定更低的标准，当其不能依比例尺表示时，改用蓝点表示。

湖泊的选取同海洋中的岛屿选取有许多相似之处。独立的湖泊按选取标准进行选取；成群分布的湖泊选取时，要注意其分布范围、形状及各局部地段的密度对比关系。有特殊意义的小湖，如位于国界附近的小湖，有经济价值的小湖（矿泉湖），缺水区的淡水湖，作为河源的小湖，风景区的喀斯特湖，孤立分布的小湖等降低选取标准选取，并夸大表示。湖泊相邻水涯线图上间隔小于 0.2mm 时可以共线表示。

2) 水库的综合

地图上的水库有真形和记号性两种。真形水库的综合有形状概括的问题,也有取舍的问题;记号性水库的综合则只有取舍的问题。

概括水库图形时要注意和等高线概括相协调。由于水系概括先于等高线综合,所以在概括水库图形时要同时顾及后续的等高线的概括。

水库的取舍主要取决于它的大小。水库的大小是按统一标准划分的:库容超过1亿立方米的为大型水库;1千万~1亿立方米的为中型水库,小于1千万立方米的为小型水库。因此,制图综合时获取有关水库等级的详细信息数据是十分有用的。

3. 井、泉的制图综合

井、泉在实地上占地面积很小,所以都是用独立符号进行表示。它们的综合只有取舍的问题,没有形状概括的问题。

(1) 居民地内部的井、泉,水网地区的井、泉,除在大于1:2.5万的地图上部分表示外,其他地图上一般都不表示。但在人烟稀少的荒漠地区,井、泉要尽可能详细表示。

(2) 选取能饮用和作为水源的、水量大的,有特殊性质的(如温泉、矿泉),处于重要位置上(如路口或路边)的井、泉。

(3) 反映井、泉的分布特征。

(4) 反映各地区间井、泉的密度对比关系。

4. 渠网的制图综合

渠道是排灌的水道,常由干渠、支渠、毛渠构成渠网。干渠从水源把水引到所灌溉的大片农田,或从低洼处把水排到江河湖海中去,支渠和毛渠都是配水系统,直接插入排灌范围和田块。

由于渠道形状平直,很少有图形概括的问题,其制图综合主要表现为渠道的取舍。

选取渠道要从主要到次要。由主要渠道构成渠网的骨架,再选取连续性较好的支渠。选取渠道时,要注意渠间距(一般规定不小于3mm)和保持不同区或渠网形状特征和密度对比关系(图6-30)。

(a) 资料缩小图　　　　　　　　　(b) 综合图

图 6-30　渠网的选取

三、地貌的制图综合

等高线是普通地图，特别是地形图上表示地貌最常用的方法，它不仅能表达地貌景观的基本形态和典型特点，而且还科学地解决了二维平面空间表示三维立体空间的难题，提高了地图的可量测性，为用图者提供丰富的地理信息。地貌的制图综合主要就是研究等高线图形综合原则和方法。

1. 地形图上等高距的确定

等高距的大小在很大程度上决定着地貌表示的详细程度。一般来说，等高距小，地貌可以表示得较详细；等高距大，地貌只能表示得较概略。因此，制图综合时正确地选择等高距是十分重要的。

等高距的确定，主要取决于地图的用途、比例尺、地貌类型以及地图上等高线之间的最小间隔等。

假定地面坡度为 α，则等高距 $h(\mathrm{m})$ 可以用式(6-7)确定。

$$h = \frac{dM}{1\,000}\tan\alpha \tag{6-7}$$

式中：$d(\mathrm{mm})$ 是图上等高线间隔，M 是地图比例尺分母。

为了详细地表示地貌，力图使图上等高线间隔 d 值尽量小。根据视力读图、打印和印刷等因素，再考虑到等高线的宽度，其间隔应为 0.3mm。式(6-7)中的 d 是一个定值，在地图比例尺一定的条件下，等高距的大小应由地面坡度来确定。

我国幅员广大，地形复杂，地面坡度的变化也非常大。如果以高山地区的地面坡度为准计算等高距，平原、丘陵地区在地图上就可能显得等高线过稀，不能充分发挥等高线表示地貌的功能；相反，如果以平缓地区的地面倾斜角为准，计算的等高距就可能过小，会造成山区等高线密度太大，地图数据输出产生困难，也无法读图。

为保证地形图的统一，不可能对每个地区或图幅采用不同的等高距，但又需对不同的地面条件加以区别。在确定等高距时是以两个有代表性的坡度(约 33°30′ 和 53°)为依据，定出两个不同的等高距，它们之间保持倍数关系(表 6-8)。

表 6-8　　　　　　　　　　　1：1万~1：50 万地形图等高距

比例尺	1：1万	1：2.5万	1：5万	1：10万	1：25万	1：50万
等高距(m)	2	5	10	20	50	100
扩大等高距(m)	—	10	20	40	100	200

通常在平原、丘陵、低山地区(地面坡度小于 6°，高差小于 300m)采用较小的等高距，高山和极高山地区(地面坡度大于 6°，高差大于 300m)采用扩大的等高距，中山和高原地区则根据具体情况来选定。

对于地形图来说，不允许一幅图采用两种等高距，而且为了用图方便，同一地区的同种比例尺地图上要求尽可能采用相同的等高距。

由于 1∶100 万地图包括的区域范围大，包含的地貌类型多，使用单一的等高距不利于反映地面的特征，所以它采用变距的高度表(表 6-9)。

表 6-9　　　　　　　　　　　1∶100 万地形图变距高度表

高程(m)	<200	200~3 000	>3 000
等高距(m)	只取 0 和 50	200	250

为了反映局部的地貌特征，在不同的图幅上可以选用-50m、-100m、-150m、20m、500m、1 500m……等高线作为补充等高线。

在不同的比例尺地图上，选用等高线的原则和表示方法是有区别的。上面讲的在变距高度表的 1∶100 万地图上，补充等高线的符号同基本等高线一致，且在一幅地图上一旦采用，必须整幅图都需将此等高线绘出来。在大中比例尺地形图上情况就不同了，补充等高线和辅助等高线同基本等高线不但符号不同，而且只需在基本等高线不能反映其基本特征的局部地段选用，通常用在不对称的山脊、斜坡、鞍部、阶地、微起伏的地区或微型地貌形态地区特征的区域。

2. 地貌等高线图形的化简

等高线图形的概括在于科学地处理等高线图形。这是由以下两个方面的原因所决定的：一是随着地图比例尺的缩小，等高线图形亦缩小，使许多等高线的碎部弯曲打印、印刷和阅读产生困难，因此要处理等高线图形。二是制图综合时，随着地图比例尺的缩小，等高距增大，部分等高线被删去，致使相邻等高线产生不协调。为此，必须对地貌等高线图形进行处理。进行等高线图形概括，必须遵守以下几项基本原则。

1) 以正向为主的地貌，扩大正向形态，减少负向形态

正向为主的地貌，是指谷间突起部分较之沟谷部分宽大的地区。地貌中大多数可以归入正向地貌为主的地貌形态。正向为主的地貌在等高线的形状化简时，要删除谷地、合并山脊，使山脊形态逐渐完整起来。删除谷地时，等高线沿着山脊的外缘越过谷地，使谷地"合并"到山脊之中(图 6-31)。

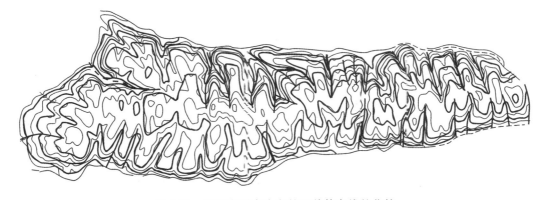

图 6-31　以正向形态为主的地貌等高线的化简

2) 以负向形态为主的地貌，扩大负向形态，减少正向形态

负向地貌为主的地貌形态，指那些以宽谷、凹地占主导地位的地区，如喀斯特地区、砂岩被严重侵蚀的地区、冰川作用形成的冰川谷和冰斗、岩熔台地、黄土塬梁、沙山等，它们都具有宽阔的谷地和狭窄的山脊。概括等高线图形时，采取删除小山脊、合并相邻谷地，达到扩大谷地、凹地，突出负向形态的目的。删除小山脊时，等高线沿着谷地的源头把山脊切掉（图 6-32）。

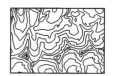

图 6-32　以负向形态为主的地貌等高线的化简

3) 等高线的协调

地表是连续的整体，在概括地貌等高线图形时必须同时对一组等高线进行概括。删除一条谷地或合并两个小山脊，应从整个斜坡面来考虑，不宜上面删除了弯曲，下面又保留了弯曲，应将表示谷地的一组等高线图形全部删除，使同一斜坡上等高线保持相互协调的特征（图 6-33）。概括成组的等高线，就要注意到同一斜坡范围内等高线的协调一致和反向斜坡等高线不协调的特点。

因此，在进行等高线图形概括时，如果是删除细小沟谷，则应将表达沟谷的一组等高线弯曲全部除去，使同一斜坡范围内等高线保持相互协调的特征。

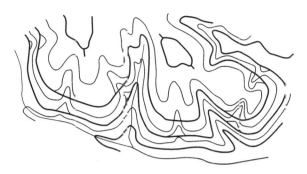

图 6-33 同一斜坡的等高线相互协调

当然，实地上也存在一些比较复杂或激变的地貌形态，如断崖、崖崩、阶地、岩溶地区的斜坡等，其等高线图形不十分协调是显而易见的。在宽谷浅丘的丘陵地区，常常因为切割破碎、等高线间隔较远，等高线之间也出现不协调的现象。干燥剥蚀地区，谷地和山脊都很破碎，棱角突露，形态多变，图形多棱角，等高线之间协调性差。因此，在概括这些地区的等高线图形时，不能刻意去追求等高线的协调，不应人为地去追求曲线间的套合，使原来较破碎多棱角的地貌特点遭到歪曲。

应该说明，地面的细微起伏不一定是连续渐变的。随着全数字测图技术的发展，使地貌等高线更逼真地反映地面细微起伏已成为可能。因此，在大比例尺地形图上用等高线精确表现的细部很多情况下，可能是不十分紧密套合的。

4）应强调显示地貌基本形态特征

制图综合时，常常因为等高距的扩大，舍去了部分等高线，地貌形态变得不够明显或等高线之间的有机联系遭到破坏，致使等高线产生不协调的现象。这时，除删除等高线弯曲外，还需用移位和夸大的方法加以处理，使地貌的基本形态特征更加明显突出。

（1）移位：

等高线的移位，是为了强调地貌形态特征所采取的局部移动高等线位置的措施，它使地貌形态特征更加明显协调。强调谷地等高线协调，过谷底等高线向上延伸；强调主谷和支谷关系，主谷的等高线向上源移位；强调局部的陡坡、阶地，如强调谷地纵剖面成阶梯状的等高线（相对）移位；强调山脊走向明显、主支脊分明的等高线移位；强调鞍部明显，谷地等高线向上移位；强调坡形特征的等高线移位；协调等高线同其他要素的关系，如等高线与河流的间隔必须大于 0.2mm，特别是等高线同国界线的关系所采用的移位。

比例尺越小，等高线允许移位值相对地说可以稍大。这是因为，随着地图比例尺缩小，等高距扩大，位置的准确性和地貌形态特征的真实性越来越难以同时满足，这时，等高线逐渐向显示地貌形态规律的方向转化。必须强调，除非不得已，综合时是不能移动等高线位置的，即便是要移动，也要把移动的量控制在最小的范围之内。

（2）夸大：

常常遇到某些等高线的图形很小，但从其所处的环境来看又不容许舍掉它，综合图形时往往是将它们作适当夸大。为保持地貌图形达到规定的最小尺寸，如（标志山体最高的)山顶的最小直径为 0.5mm，山脊的最小宽度、最窄的鞍部都不应小于 0.3mm，谷地最窄不应小于 0.3mm。这样既保持了固有的地形特征，又使图形清晰易读。这种夸大，实际上是等高线移位在特殊情况下的运用，夸大以后的图形要基本上保持与原来图形的相似性。小山头夸大显示时，还要使其形状与山体的形状(圆形、长形等)一致，并与山脊的走向一致，使山脊的走向更加明显。

在小比例尺普通地图上，移位和夸大应用较为广泛，使等高线图形概括具有一种地貌塑型的意义。

5)反映地貌类型特征

不同的地貌类型具有不同的形态特征，反映在等高线图形上也有较明显的区别。这种区别，是在地貌综合时利用"笔调"，即综合地貌时为强调图形的特点而运用的运笔风格，来反映。这种风格表现为等高线生硬有力、呈折线或角状弯曲的"硬笔调"，表现为等高线圆滑柔和的"软笔调"以及介于二者之间的"中间笔调"。各种不同的笔调用于反映不同类型的地貌形态特征。

在冰川地貌中，由于冰冻风化作用使没有冰雪覆盖的地段上崎岖不平、险峻陡峭，对这种地段的地貌综合用"硬笔调"，等高线图形平直、转折明显。在冰雪覆盖部分，地形起伏被冰雪填铺，地貌综合用"软笔调"，等高线图形就显得很圆滑。

高山地貌特征为山顶尖锐、山脊狭窄和斜坡凹形，最典型的形态是刃脊与角峰。化简这种冰川侵蚀作用的地貌时用"硬笔调"，应以角状转折、边线呈凹弧状的多角形表示角峰，以尖锐转折的狭长等高线表示刃脊，以狭长鞍部连接各山头，等高线图形较平直，转折明显呈角状。中山、低山的谷地深切、斜坡陡峻，丘陵地貌浑圆、宽谷浅丘、斜坡平缓。化简中山地貌用"中间笔调"，丘陵地貌用"软笔调"。

黄土地貌中沟谷地形特别发育。整个地区，黄土沟谷纵横，地形支离破碎，谷地深切，谷壁陡峭。化简黄土地貌用"中间笔调"，在图上，等高线弯曲多呈角状转折，过谷底呈明显的"V"字形。

岩溶地貌的特点是正向地形、负向地形都很发育，到了中期、后期岩溶地貌特征更为典型时形成浑圆形的山包和宽广的谷、盆。化简岩溶地貌用"软笔调"，反映山坡的等高线平缓圆滑，谷、盆呈 U 形，等高线也很圆滑，没有折角，底部等高线稀疏，谷坡等高线密集协调。

干燥剥蚀山地，岩沟密布，尖棱突露，形成石质残山，呈现锯齿状特征。概括干燥区地貌用"硬笔调"，等高线图形破碎、尖硬、呈折线状，过谷地和山脊处多呈棱角状弯曲。

风积地貌是指沙漠地貌。化简风积地貌用"软笔调"，因堆积作用强烈，不论其沙地类别，等高线图形的共同特征是呈平滑的圆弧形弯曲。

3. 谷地的选取

谷地的选取由数量和质量两个方面确立：数量指标指选取谷地的数量，用于反映地貌的切割密度；质量指标指谷地在表达地貌中的作用和重要性，用于控制谷地选取的对象。

1)谷地选取的数量指标

(1)谷间距：

谷间距指相邻两条谷地的谷底线之间的距离。谷间距为 2~5mm，它适用于不同切割密度的区域，2mm 是保证地貌清晰性最小谷间距，5mm 是保证地貌详细性最大谷间距。

不同切割密度是根据在资料图上 1cm 长的斜坡上包含的谷地条数来衡量的。表 6-10 是在比例尺缩小一半的条件下新编图上应选取的谷地条数和谷间距指标。

表 6-10　　　　　　　　　　　谷地选取条数与谷间距

切割密度	资料图上 1cm 长的斜坡上的谷地条数	新编图上 1cm 长的斜坡上选取的谷地条数	谷间距
密	≥5	5	2
中	3~4	3~4	3~4
稀	≤2	2	5

（2）谷地选取比例：

谷地选取比例是建立在不同比例尺地图之间谷地数量对比基础上的一种方法。考虑不同比例尺地图的不同要求和不同切割程度的影响，按选入的谷地总数分别进行统计，整理，可以得到地貌不同切割地区的谷地选取比例（表 6-11）。

表 6-11　　　　资料图与新编图比例尺分母是 1：2 比例关系的谷地选取比例

切割密度	谷地选取比例
密	1/3
中	1/2
稀	2/3

地貌综合时，采用规定谷地选取比例的方法比较方便，易于掌握。具体实施时，要按地貌切割程度分区，而后按上表的比例选取谷地。

考虑到读图的需要，不管资料图上谷地有多少条，新编图上 1cm 范围内选取的数量一般都不应超过 5 条。

（3）用方根模型确定谷地选取数量：

根据基本选取规律，为了保持地图的详细性和不同地区的密度对比，对各种不同的切割密度区采用不同的比例。可用(6-8)方根模型确定谷地选取数量。

$$n_F = n_A \sqrt{\left(\frac{M_A}{M_F}\right)^x} \tag{6-8}$$

式中，n_F 为新编图上选取谷地的条数；n_A 为资料图上的谷地条数；M_A 为资料图的比例尺分子；M_F 为新编图的比例尺分母；x 为选取级，它由不同的切割密度条件确定，x 分别取 0，1，2，3，相应于地貌切割地区的极稀区、稀疏区、中密度区和稠密区。

2）谷地选取的基本原则

根据谷地在表达地貌中的作用和重要性，确定哪些谷地应该选取。

（1）根据谷地的大小选取：

谷地大小可以由等高线弯曲的宽度和长（深）度来进行判断，表示谷地等高线的数量也是判断谷地大小的一个重要标志。由多条等高线所形成的谷地一般较一、两条等高线所形成的谷地要长(深),因而也就重要。

(2)根据谷地的位置选取:

首先选取组成明显鞍部的等高线弯曲,优先选取分隔两相邻斜坡的谷地。作为主要河流河源的谷地,有河流的谷地,构成汇水地形的谷地,反映山脊形状和走向的重要谷地都应该优先选取(图6-34)。

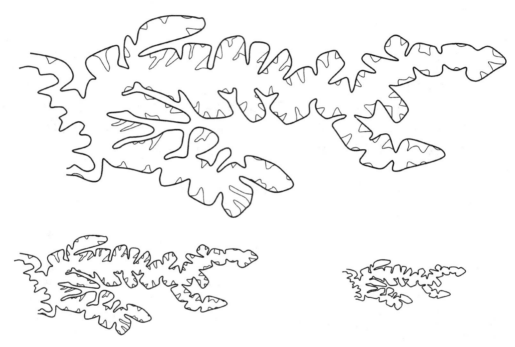

图 6-34 谷地的选取

(3)保持谷地密度对比关系:

选取谷地时,须按切割程度进行地貌分区,以便对不同切割程度的区域采取不同的选取指标,保证切割强烈的地区在单位长度内选取谷地的绝对数量多,切割微弱的地区选取谷地的数量少一些,以保持谷地密度对比关系。

4. 山顶的选取和合并

山顶指在局部区域内高程最高的一条等高线,它多是自我封闭的。在中、小比例尺地图上,由于表达山头的独立等高线可能变得很小,就需要进行选取或合并处理。

1)选取

(1)标志山体最高的山顶必须选取,当它的面积很小时,要夸大到必要的程度,如达到 $0.5mm^2$。

(2)优先选取山体结构方向上的山顶。

(3)反映山顶的分布密度。

2) 合并

对于小山头群,当其图形很小时(小于最小尺寸),一般不允许合并。对连续分布于山脊上的小山头,有时为了强调地形的构造方向性,可采用合并的处理手法:沿山脊线分布的间隔小于 0.5mm 的山顶;连续分布的方向一致的条形山顶、沙垄、风蚀残丘等。

5. 地貌符号和高程注记的选取

1) 地貌符号的选取

地形图上不能用等高线表示的微地形和激变地形用地貌符号表示。

(1) 点状地貌符号的选取:

点状地貌符号又称独立微地形符号,属于定位的地貌符号,但是并不能反映它们的真实大小,如溶斗、土堆、岩峰、坑穴、隘口、火山口、山洞等。根据其目标性、障碍作用,指示作用进行选取,并反映其分别密度。

(2) 线状地貌符号的选取:

用线作为基准的符号,用来表示条形的激变地形,如冲沟、干河床、崩崖、陡石山、岸垄、岩墙、冰裂隙等,它们也是定位符号。这些激变地形符号虽然不能用等高线表示,但可表示其分布范围、长度、宽度、高度等。制图综合时根据其大小和间隔进行选取。

(3) 面状地貌符号的选取:

它们常没有确定的位置,属于说明符号只能反映区域的性质和分布范围,也可以有示意性的密度差别,如砂砾地、戈壁滩、石块地、盐碱地、小草丘地、龟裂地、多小丘沙地、冰碛等。制图综合时根据其大小进行选取。

2) 高程注记的选取

高程注记分为高程点的高程注记、等高线的高程注记和地貌符号的比高注记。

对高程点的高程注记进行选取时,首先应选取区域的最高点和最低点,如著名的山峰,主要包括山顶、鞍部、隘口、盆地、洼地的高程;测量控制点、水位点、图幅内最高点的高程;各种重要地物点的高程,道路、桥梁、机场的高程;水库、港口、湖泊、河流交汇处的高程;迅速阅读等高线图形所必需的高程等。地形简单而完整的地区少选些,地形复杂而破碎的地区多选些。地物和方位物较少的地区,等高线不能充分表示地貌形态的平原、丘陵地区应多选一些。高程注记需要取整时,通常不采用四舍五入的算法,而是只舍不进,即任何时候都不得提高地面的高度。

等高线上的高程注记是为迅速判明等高线的高程而设置的。优先选取在山麓地带斜坡的底部、较大谷地的谷坡上、高原边缘、阶地和台地的等高线高程注记。高程注记字头朝上坡方向,所以一般应尽量避免选取北坡上等高线高程注记。删去谷地、山脊等高线急拐弯处的等高线高程注记。尽量选取较平缓的斜坡地段的等高线高程注记。

地貌符号的比高注记是符号的组成部分,根据比高值的大小和重要性进行选取。

6. 地貌等高线图形概括的实施方法

图形化简前,先要做好分析地貌形态特征和勾绘地貌结构线两项准备工作。

1) 分析地貌形态特征

分析地貌特征时,以研究地貌形态特征为主。分析地形地貌的高度、比高、山脊走向、山顶特征、斜坡类型、切割状况等,谷地和山顶基本形态特征,必要时还要分析地貌成因，为的是正确反映其地貌类型形态特征。

2）勾绘地貌结构线

地貌形态是由山顶、鞍部、斜坡、谷地等基本要素构成。这些基本要素可以分解成点、线、面几种最基本的要素。其中面与面的交线在很大程度上成为地貌的骨架线，称为地貌结构线，也可称为地性线，主要包括山脊线、谷底线、倾斜变换线和山棱线等。

在进行等高线图形概括前，首先要勾绘出各种需要的地貌结构线，其中谷底线最重要（图6-35(a)）。凡欲选取的谷地都要勾绘出谷底线的正确位置。其目的在于保证新编图上谷地位置正确，使等高线易于套合，谷地明显；同时，勾绘的谷底线可控制谷地的取舍程度。

(a) 在资料图上勾绘地性线

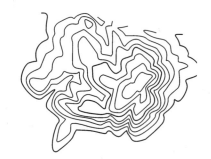
(b) 1:10万编绘图

(c) 1:25万编绘图

(d) 1:25万地图的放大图

图6-35　等高线图形化简

地貌综合时，山脊线一般不需要勾绘。只有在山脊线不明显时或者山脊线处等高线呈明显转折时（如刃脊），为保证山脊线的位置准确，才需要事先勾绘出山脊线。

关于其他的地貌结构线，如山棱线、倾斜变换线等，则根据实际需要勾绘。

3）等高线图形化简

一般先选取计曲线，再选取控制山脊与谷底位置的等高线，然后选取一般首曲线，最后根据实际需要选取补充等高线。

根据等高线的位置，先选取特殊位置的等高线，再选取其他的等高线。例如，一般先选取谷地里最低一条等高线、倾斜变换线处的等高线、山顶的等高线以及分散丘陵的基底等高线等。

从等高线稀疏向等高线密集方向进行选取。如果是狭窄的谷底，等高线与河流发生争位性矛盾时，则要先从矛盾最突出的部位选取。

图 6-35 是等高线综合的一个实例：（a）图是根据 1:5 万地形图缩小为 1:10 万地图上的资料等高线图形，并在此图上勾绘地性线；（b）图是 1:10 万的编绘图；（c）图是由 1:10 万编绘成 1:25 万的编绘图；（d）图则是 1:25 万比例尺地图的放大图，为的是使读者看清图形概括的情况。

7. 地理名称注记的选取

地图上需选注一定数量的地理名称注记。地理名称注记分为山峰、山脉、山岭、山隘和名称，根据山系规模可分为若干个等级。依据等级大小选取较大的地理名称注记注出。

选取的山脉、山岭名称均应沿山脊线用曲屈字列注出，字的间隔不应超过字大的 5 倍。山体很长时可以分段重复注记。

山峰名称视具体情况选取，优先选取主峰、著名山峰、具有制高点意义的山峰等。通常山峰名称被选取，该山峰的高程注记也应同时选取。选取的山峰名称通常采用水平字列，排列在高程点或山峰符号的右侧或左侧，与山峰高程注记配合表示。重要山隘、独立山头等名称应选取注出。

四、土质、植被的制图综合

土质是泛指地表覆盖层的表面性质，植被则是地表植物覆盖的简称。它们因其同是地表的覆盖层，在地图综合特点上又有很多相似的地方，所以，通常把它们放在一起讨论。

土质、植被是一种面状分布的物体。在地图上通常用地类界、说明符号、底色、说明注记或相互配合来表示它们的分布范围、性质和数量特征。

1. 土质、植被的选取

土质、植被的选取，主要取决于地图的用途、比例尺和图上面积的最小尺寸。

根据地图用途和比例尺的不同，对土质、植被的表示有很大的差异。在 1:2.5 万~1:10 万比例尺地形图上，不仅要表示土质、植被的类型、分布、面积、形状，而且还要详细区分其质量和数量特征，并正确地反映它与其他要素的相互联系；在小于等于 1:25 万比例尺地形图上，则要求显示土质、植被的分布、面积、类型和大的轮廓形状特征等；到了更小比例尺地图上，土质、植被表示得更概略了，有时甚至不表示。

在 1:2.5 万~1:10 万比例尺地形图上，森林是用符号来表示的，森林表示在图上的最小面积约为 10mm^2。在地形图上，是用绿色来显示森林分布范围的，不可能使图上森林的面积再小，所以通常采用 10mm^2 这一指标来取舍森林。面积小于 25mm^2 的林中空地，可并入林地。对其他类别的土质、植被选取指标还可以放大，例如，森林的最小面积和林间空地的最小面积应为 10mm^2，草地的最小面积可以定为 50mm^2 或更大。

取舍土质、植被时还要考虑：保持土质、植被在制图区域中所占的面积百分比，保持土质、植被的分布特征以及反映与其他要素的相互关系。

选取时，保持土质、植被的分布特征也很重要。例如：森林沼泽多分布于低地、河谷和斜坡上；藓苔沼泽则多分布于平坦的分水岭地带；森林按高度的垂直分带性特别明显。

土质、植被的取舍与其他要素的关系也很密切，例如，删去了谷地，谷地中的沼泽也要舍去。

2. 土质、植被的轮廓形状化简

化简土质、植被森林轮廓形状，采用与化简湖泊岸线基本相同的方法。不同的是土质、植被的轮廓界线在实地上不像湖泊那样明显、固定，往往多种类型彼此相互交错、穿插、渗透，有的有明显的过渡带，其精度受到很大的限制，所以其概括程度可以相对大一些，允许作较大的化简。碎部图形小于 1.5×1.5mm 时，可予删除。为了保持各段轮廓弯曲程度的对比，根据地形特征在小弯曲多的地段可适当多保留一些。

在丘陵地区，有数量众多的小面积（小于 $10mm^2$）森林。综合时，应视区域分布特点采用适宜的综合方法。小面积森林相互邻近的，可以合并；呈窄条带状分布的，可适当夸大表示；反映分布特征的，可改为小面积森林符号；过于分散的，可以取舍。总之，要正确反映林地的分布特征和相对面积对比，过多地合并或改为小面积森林符号均欠妥（图 6-36）。图 6-36(b)，其中有些小面积森林被舍去或转换成不依比例尺的小面积森林符号表示。(c)图是错误概括，一是合并过大、合并不当；二是使用小面积森林符号太多，以致零乱、失真。

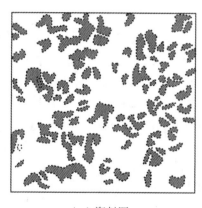
（a）资料图

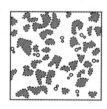
（b）正确的概括

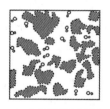
（c）错误的概括

图 6-36 森林轮廓形状化简

森林防火线是经过规划设计的，多呈规则的矩形，也有随地形而弯曲的。概括时，应保持防火线的结构、数量对比以及与资料图上基本相似。在中小比例尺地形图上，综合防火线时，相邻两道防火线可保持 3mm 左右，保持防火线网格与资料图上基本相似，保持网格方向、防火线密度对比的正确。这样做，对空中判定方位来说有较大的实际意义。

对于防护林带，图上长 5mm、宽 1.5mm 以上的用狭长林带符号表示。林带并列的地区，图上相互间隔小于 2mm 时，在反映分布规律的条件下，综合时，可减少林带的条数。

对园地的轮廓形状概括时，应适当保留一些碎部，必要时可予以夸大表示。草地的轮廓形状概括可以概略些。

一般地，轮廓形状概括是以删除小弯曲，扩大土质、植被的区域范围为主，对林间空地往往是以夸张为主，即尽可能地删去林地的微小凸出部分，适当地夸大林中空地的面积,增强其明显性,以利于空中判定方位,保持林地和空地面积对比关系。

土质、植被的形状概括,还要求与其他要素相协调。例如,沼泽一般发育在低洼的地方,与等高线、河流、湖岸等有一定的联系,沼泽的分布范围要与它们相适应。又如,稻田在平原地区常以河、渠、路、堤为界。在丘陵和山区,像飘带蜿蜒于河谷两侧,或层层梯田分布于斜坡与谷底,综合时,要理顺灌溉系统(包括渠、井、泉、灌溉网)与稻田分布的依存关系,同时了解其他线状要素与稻田分布的关系。

3. 土质、植被质量特征的概括

土质、植被的质量特征,是指其类别和品种特征,例如,森林的品种、状态,沙地的类别等。质量特征的概括,主要体现在随地图比例尺的缩小,减少土质植被的分类,用概括的分类来代替详细的分类。例如,在1:2.5万~1:10万地形图上成林分为:针叶林、阔叶林、针阔混交林,分别用符号来区分的,在1:25万~1:100万地形图上则概括成一类(成林)了。

土质、植被的品种合并也是质量概括的一种表现。当不同类型的植被交错分布时,可以将小面积的某类型的植被并入邻近面积较大的另一类型的植被中。例如,在一个区域内多种植物混杂,虽无地类界明显区分,но有大体上的区域范围,这时可将一些细小、零星分布的植物除去,突出显示区域内1~2种主要植物,相当于减少植物的品种方面差别。

混杂生长的植被通过选择其说明符号和注记进行质量特征概括。混杂生长的多种植被,根据其内部注记与符号的数字及多少,决定图上哪种植被为主,减少次要植被的注记和符号,取舍植被注记时,应选注有代表性的一至两种注记。

树高、树粗说明注记的取舍,在数字集中的情况下,取频数大的注记为代表;在数字分散的情况下,选取接近算术平均值的数字作为代表性说明注记。

第六节 普通地图社会经济要素的制图综合

普通地图上表示的社会经济要素主要包括居民地、交通运输网、境界和独立地物。本节将论述这些要素的制图综合原则和方法。

一、居民地的制图综合

1. 确定居民地选取指标的方法

确定选取居民地选取指标的方法主要有资格法、定额法等。

资格法是一种定性的方法。它是根据地图的用途、比例尺以及居民地本身的重要性意义等因素,确定选取居民地的最低资格。这种资格可能是以居民地的行政意义为标志,也可能是以人口为标志。

定额法是一种定量的方法。例如,规定地图上每平方厘米选取居民地个数。为适应不同居民地密度的区域差异,也可规定不同的选取指标。不同的密度按不同的百分比进行选取,居民地稠密地区选取的百分比要低一些,居民地稀疏地区选取的百分比要高一些,这样,不但保持居民地的密度对比关系,而且使居民地稀疏地区能保留较多的居民地。

实际使用时,常常把这两种方法结合起来,相互补充。

选取资格主要是根据地图用途、地图比例尺和地理环境来确定。选取定额要根据居民地密度、居民地大小、地图用途、地图比例尺、地图符号和注记面积来确定，主要有回归分析方法、图解计算法和方根规律模型。

2. 确定选取指标的数学模型

1）一元回归数学模型

根据地图制图综合原理，资料图上居民地密度越大，新编地图上居民地选取程度（选取百分比）越低。居民地选取程度与居民地密度之间存在着相关关系，依据这种相关关系可建立二者之间的回归模型。

为了研究某制图区域居民地选取规律，在该区域范围的四幅1：20万地形图上量测了20块样品，量测数据见表6-12。表中，x 为1：10万地形图上居民地密度，n 是1：20万地形图上的居民地选取个数，y 为居民地选取程度。

表6-12　　　1：10万编1：20万居民地选取程度和居民地密度量测数据

编号	1	2	3	4	5	6	7	8	9	10
x	20	29	41	41	48	48	53	54	56	57
n	20	27	28	33	28	29	31	26	29	26
y	1.0	0.93	0.68	0.81	0.58	0.60	0.59	0.48	0.52	0.46
编号	11	12	13	14	15	16	17	18	19	20
x	60	63	67	71	75	80	83	88	100	101
n	25	38	24	39	30	37	40	33	41	37
y	0.42	0.60	0.36	0.55	0.40	0.46	0.48	0.38	0.41	0.37

根据表6-12的数据绘成散点图（图6-37），发现这种相关关系可用幂函数来表示

$$y = ax^b \tag{6-9}$$

式中，a，b 是待定参数。

根据非线性回归数学方法可得

$$a = 7.48, \quad b = -0.65, \quad R = 0.9158$$

取 $\alpha = 0.01$，查相关强度系数表得

$$R_\alpha = 0.5614$$

显然

$$R > R_\alpha$$

相关显著，回归方程有意义。

因此，得确定1：20万地形图居民地选取指标数学模型为：

$$y = 7.47x^{-0.65} \tag{6-10}$$

有了居民地选取程度模型，只要知道资料图居民地密度，就可计算出新编1：20万地图居民地的选取程度（或选取数量）。

按同样的方法，对全国范围内的已成1：10万地形图作了大量的实际观测，建立了确定居民地选取指标模型：

第六节 普通地图社会经济要素的制图综合

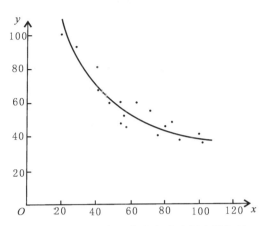

图 6-37 居民地实地密度和选取程度的相关

$$y = 2.6277x^{-0.2640} \tag{6-11}$$

式中，y 是居民地选取程度，x 是居民地实地密度（个/100km²）。

同理，对全国范围内已成的各种比例尺地形图作了大量的实际观测，建立了下列居民地选取指标模型（表 6-13）。

表 6-13　　　　　　　　　　　部分居民地选取指标模型

中小型居民地			大中型居民地		
比例尺	a	b	比例尺	a	b
1∶25 万	2.3328	−0.6181	1∶25 万	2.3965	−0.6150
1∶50 万	0.9419	−0.6487	1∶50 万	0.9461	−0.6373
1∶100 万	0.3397	−0.6688	1∶100 万	0.3546	−0.6659

表 6-13 中考虑到人口密度对居民地选取指标的影响，为了提高模型的精度，在小于等于 1∶25 万地形图中分大中型和中小型两种居民地类型来建立模型。

在实际地图制图数据处理中，常常是以与之比例尺相差不远的地形图作为资料图。考虑到实际需要，通过统计数据分析处理，可得到相应的数学模型（表 6-14）。

表 6-14　　　　　　　　　　　部分实用居民地选取指标模型

中小型居民地			大中型居民地		
模型类型	a	b	模型类型	a	b
1∶10 万编 1∶25 万	1.4261	−0.4831	1∶10 万编 1∶25 万	1.4658	−0.4808
1∶25 万编 1∶50 万	0.4324	−0.0804	1∶25 万编 1∶50 万	0.4156	−0.0582
1∶50 万编 1∶100 万	0.3579	−0.1329	1∶50 万编 1∶100 万	0.3733	−0.0791

以上模型居民地密度 x 的单位为：个/100cm²，即资料图每 100cm² 居民地个数。这样，在实施地图制图综合时，可根据具体情况，使用相应的数学模型。

2）多元回归数学模型

在地图制图综合中，影响居民地选取指标的因素很多，诸如居民地密度、人口密度、地形、水系、交通等，分析上述一些因素可知，地形、水系及其他因素对居民地选取指标的影响，或多或少地都可以在居民地密度和人口密度这两个标志上得到反映。因此，确定居民地选取指标的多元回归模型采用居民地密度、人口密度和居民地选取程度三个变量之间的相关，进行多元回归分析，建立选取模型。

(1) 确定居民地选取指标的多元回归模型：

据上分析，确定居民地选取指标的多元回归模型为

$$y = b_0 x_1^{b_1} x_2^{b_2} \tag{6-12}$$

式中，y 为居民地选取程度，x_1 为居民地密度（实地密度单位是：个/100km²，资料图上密度单位是：个/100cm²），x_2 为人口密度（人/km²），b_0、b_1、b_2 为待定参数。

设 y_1 为单位面积内居民地选取个数，则有

$$y = \frac{y_1}{x_1} \tag{6-13}$$

把式(6-10)代入式(6-9)有

$$y_1 = b_0 x_1^{1+b_1} x_2^{b_2} \tag{6-14}$$

(2) 各种比例尺地形图上选取指标数学模型：

为了提高模型的精度，研究的范围限制在我国东南部中小型居民地分布的区域，统计分析对象是该地区 1:5 万、1:10 万、1:20 万、1:100 万、1:150 万和 1:250 万地图。因为 1:25 万地形图当时还未制作出来，而 1:50 万地形图质量太差，所以这两种地形图没有被列入统计分析。为了研究方便，将这些比例尺地图划分为基本比例尺地形图和小比例尺普通地理图两段。对于基本比例尺地形图，单个样品的范围是 $\Delta\lambda 15'$、$\Delta\varphi 10'$，即 1:5 万地形图一幅。对于小比例尺普通地理图，单个样品的范围为 $\Delta 1°\times\Delta 1°$。前者共布置样品 805 块，后者为 68 块。以 1:5 万地形图上得到的数值作为居民地的实地密度。

人口密度统计是按行政区域进行的，为了得到样品范围的人口密度，采用以各不同行政区域的面积为权的加权平均值的方法获得。

对各种比例尺的量测数据进行整理，利用非线性多元回归分析数学方法对实地居民地密度 x_1（个/100km²），人口密度 x_2（人/km²）和相应比例尺的居民地选取程度 y 进行处理，可得各种比例尺居民地选取模型

1:10 万地形图： $y = 2.933\,6 x_1^{-0.379\,2} x_2^{0.046\,8}$

1:20 万地形图： $y = 2.787\,0 x_1^{-0.686\,5} x_2^{0.069\,7}$

1:100 万地形图： $y = 0.358\,8 x_1^{-0.896\,2} x_2^{0.171\,9}$

1:150 万地图： $y = 0.236\,3 x_1^{-0.965\,7} x_2^{0.184\,3}$

1:200 万地图： $y = 0.075\,3 x_1^{-1.003\,8} x_2^{0.218\,7}$

1:250万地图：$\quad y = 0.0478 x_1^{-1.0275} x_2^{0.2216}$

经相关检验，这些回归方程都在 0.01 的水平上相关显著。

在实际地图制图数据处理中，确定居民地选取指标并不都以实地居民地密度为依据，制图资料也并不都是 1:5 万地形图。例如，编制 1:20 万地形图时，常使用的基本资料是 1:10 万地形图。此时，x_1 为 1:10 万地形图上的居民地密度，y 为 1:10 万到 1:20 万的居民地选取程度，利用非线性多元回归分析数学方法得 1:10 万编 1:20 万的居民地选取模型：

$$y = 2.1543 x_1^{-0.5985} x_2^{0.0790}$$

同理可得，

1:20 万编 1:100 万：$\quad y = 1.0625 x_1^{-0.8510} x_2^{0.2062}$

1:10 万编 1:100 万：$\quad y = 0.3372 x_1^{-0.8959} x_2^{0.2006}$

1:100 万编 1:150 万：$\quad y = 10.1602 x_1^{-0.7601} x_2^{0.1473}$

1:100 万编 1:200 万：$\quad y = 14.1337 x_1^{-1.1684} x_2^{0.2572}$

1:100 万编 1:250 万：$\quad y = 3.4760 x_1^{-0.9209} x_2^{0.1840}$

经相关检验，这些回归方程都在 0.01 的水平上相关显著。

当然，这些模型只适用中小型居民地分布的地区，对于其他类型，需要另行计算参数。

(3) 通用居民地选取模型：

由于 1:50 万地形图没有高质量的已成图来模拟选取规律，1:25 万地形图当时还没有制作出来，但这些比例尺选取模型可利用通用居民地选取模型获得。

从以实地居民地密度建立的系列比例尺的居民地选取程度模型中，可以看出 b_0、b_1、b_2 随比例尺变化而变化，它们同地图比例尺分母 M 有相关关系。虽然这种相关的确切关系不知道，但可以用一个多项式来逼近它，即

$$b = a_0 + a_1 M + a_2 M^2 + a_3 M^3$$

这是由于多项式可以在一个比较小的邻域内任意逼近任何函数。为了得到最佳模型，又选用其他 9 个函数进行回归分析，把回归分析的结果与多项式进行比较，最后得到 b_0、b_1、b_2 最佳数学模型为：

$$\left. \begin{aligned} b_0 &= 3.5976 - 0.0552 M + 0.0003 M^2 - 0.00001 M^3 \\ b_1 &= -1.0144 + \frac{6.4187}{M} \\ b_2 &= 0.02442 + 0.00247 M - 0.000012 M^2 + 0.00000002 M^3 \end{aligned} \right\} \quad (6\text{-}15)$$

式(6-12)称为通用居民地选取模型，利用它可求得任意比例尺的居民地选取模型。如果要求出 1:25 万地形图的居民地选取模型，据式(6-12)有

$b_0 = 3.5976 - 0.0552 \times 25 + 0.0003 \times 25^2 - 0.00001 \times 25^3 = 2.39$

$b_1 = -1.0144 + 6.4187/25 = -0.76$

$b_2 = 0.02442 + 0.00247 \times 25 - 0.000012 \times 25^2 + 0.00000002 \times 25^3 = 0.079$

从而得到 1∶25 万地形图上居民地选取模型为：
$$y = 2.39 x_1^{-0.76} x_2^{0.079}$$
同理，可获得 1∶50 万等其他任意比例尺居民地选取模型。

3) 图解计算法确定选取指标

图解计算法就是利用物体的数量、地图符号的大小和地图载负量来计算出地图物体的选取数量。由于地图上的载负量主要由居民地的图形和注记构成，图解计算法主要用于确定居民地选取指标。

(1) 地图居民地载负量：

居民地的极限载负量是通过统计量测而获得。通过研究表明，1∶10 万地形图的居民地极限载负量为 24(mm^2/cm^2)，1∶100 万为 28~30，1∶400 万为 30~35 等。

只有在居民地最稠密地区才用极限载负量，其他密度区的载负量可根据地图视觉感受原理计算得到地图适宜载负量。有了居民地极限载负量，根据地图视觉感受原理，可按式(6-1)计算其余各级居民地密度区的适宜载负量。

(2) 确定居民地选取指标的数学模型：

居民地的选取指标的数学模型为：
$$N = \frac{1}{k^2} \sum_{i=1}^{m} P_i + \frac{\Delta Q}{r_{m+1}} \qquad (6\text{-}16)$$

式中，N 为图上每 cm^2 选取居民地个数；$\frac{1}{k^2}$ 为比例尺转换系数，$k = 10^6 \frac{1}{M}$，M 为地图比例尺分母，由于 $10^6 cm = 10 km$，所以 $\frac{1}{k^2}$ 表示图上 $1 cm^2$ 实地上 $100 km^2$ 的倍数；P_i 为 i 级居民地频数；r_{m+1} 为 $m+1$ 级居民地的符号和注记的平均面积；ΔQ 为选取 m 级以上的居民地以后，剩余的居民地面积载负量。

$$\Delta Q = Q - \frac{1}{k^2} \sum_{i=1}^{m} P_i r_i \qquad (6\text{-}17)$$

式中，Q 是居民地的载负量；r_i 是 i 级居民地的符号和注记的平均面积。

模型(6-13)是由两部分组成：第一部分是全取线上的 m 级居民地数量，第二部分是 $m+1$ 级居民地应选取的数量。

(3) 计算居民地选取指标举例：

例如，要编某地区 1∶200 万普通地理图，用图解计算法确定居民地选取指标。

①量测各密度区居民地频数 P_i。

根据该地区 1∶5 万地形图观察，可将制图区域分为 4 个密度区。量测时，省会以上的居民地不统计，由于它们数量极少；市、县两级居民地，用实有数目除以所在密度区的总面积得到频数(个/$100 km^2$)。然后，用典型抽样量测法量得各区的其他等级居民地频数(表6-15)。布置样品时，面积大，样品数量多一些；密度差异大，样品数量也应多一些。实际量测 30 个样品，1 至 4 区样品数量分别是 6、7、9、8。

表 6-15　　　　　　　　　　　　各区的居民地密度

区号	市	县	乡(镇)	村	总　计
1	0.03	0.11	3.67	263.67	267.48
2	0.01	0.09	2.86	182.57	185.53
3		0.08	1.33	79.33	80.74
4		0.03	0.75	47.13	47.91

②确定各密度区的居民地载负量。

经统计分析，研究认为 1∶200 万普通地理图上居民地极限载负量为 25(mm^2/cm^2)。本制图区域 1 区的密度是 267.48(个/100km^2)，可以采用极限载负量

$$Q_1 = 25$$

有了 1 区载负量 Q_1，根据式(6-1)和表 6-15 可得其他密度区居民地适宜载负量。

$$Q_2 = \frac{Q_1}{\rho_1} = \frac{25}{1.2} = 20.8$$

$$Q_3 = \frac{Q_2}{\rho_2} = \frac{20.8}{1.2} = 17.3$$

$$Q_4 = \frac{Q_3}{\rho_3} = \frac{17.3}{1.3} = 13.3$$

③新编图上符号和注记的面积。

经地图设计和统计分析，得新编 1∶200 万普通地理图上居民地的符号、注记尺寸和注记平均字数(表 6-16)。

表 6-16　　　　　1∶200 万图上居民地的符号、注记尺寸和注记平均字数

居民地等级	符号尺寸(mm)	注记尺寸(mm)	注记平均字数
市	2.0	4.0×4.0	3.0
县	1.5	3.0×2.0	2.0
乡(镇)	1.2	2.5×2.5	2.1
村	1.0	1.75×1.75	2.4

④确定居民地选取指标。

根据式(6-13)和式(6-14)，可以得到 1 密度区的居民地选取指标(表 6-17)。

表 6-17　　　　　　　　　　　确定 1 区居民地选取指标

项　目	居民地等级				总计
	市	县	乡(镇)	村庄	
居民地频数 P_i	0.03	0.11	3.67	263.67	267.48
符号和注记的平均面积 r_i(mm^2)	51.14	19.77	14.26	8.14	0.0
比例尺转换系数 $1/k^2$	4.0	4.0	4.0	4.0	0.0
面积载负量分配 $Q(\Delta Q)$(mm^2)	6.14	8.67	10.19	0.0	25.0
居民地选取数量 N_i(个/cm^2)	0.12	0.44	0.71	0.0	1.27

第六章 地图制图综合

计算说明：表6-17中第一行数值由表6-16中查得。表6-17中第二行数值由表6-16中数据计算得到：

$$r_1 = r_市 = 3.14 \times 1.0^2 + 4.0^2 \times 3 = 51.14 \text{mm}^2$$
$$r_2 = r_县 = 3.14 \times 0.75^2 + 3.0^2 \times 2 = 19.77 \text{mm}^2$$
$$r_3 = r_乡 = 3.14 \times 0.6^2 + 2.5^2 \times 2.1 = 14.26 \text{mm}^2$$
$$r_4 = r_村 = 3.14 \times 0.5^2 + 1.75^2 \times 2.4 = 8.14 \text{mm}^2$$

表6-17中第三行数值，比例尺转换系数计算过程如下：
因为
$$M = 2\,000\,000$$
所以
$$\frac{1}{k^2} = \frac{1}{\left(\frac{10^6}{2 \times 10^6}\right)^2} = 4.0$$

即图上1cm^{2}等于实地400km^2。

表6-17中第四行数值是载负量分配情况。该区总载负量
$$Q_1 = 25$$
市级居民地全选取需要载负量为：
$$Q_市 = \frac{1}{k^2} P_市 r_市 = 4.0 \times 0.03 \times 51.14 = 6.14 (\text{mm}^2/\text{cm}^2)$$
县级居民地全选取需要载负量为：
$$Q_县 = \frac{1}{k^2} P_县 r_县 = 4.0 \times 0.11 \times 19.77 = 8.67 (\text{mm}^2/\text{cm}^2)$$
全部选取县一级居民地后，剩余的载负量为：
$$\Delta Q = Q_1 - Q_市 - Q_县 = 25 - 6.14 - 8.67 = 10.19 (\text{mm}^2/\text{cm}^2)$$
这个数值同$r_乡$比较可知，已不够每cm^{2}选一个乡级居民地。

表6-17中第五行数值是居民地选取指标。市级、县级全部选取，数量为
$$N_市 = \frac{1}{k^2} P_市 = 4.0 \times 0.03 = 0.12 (\text{个}/\text{cm}^2)$$
$$N_县 = \frac{1}{k^2} P_县 = 4.0 \times 0.11 = 0.44 (\text{个}/\text{cm}^2)$$
图上表示一个乡(镇)居民地需要面积14.26mm^2，因此
$$N_乡 = \frac{\Delta Q}{r_3} = \frac{10.19}{14.26} = 0.71 (\text{个}/\text{cm}^2)$$

这说明在图上1cm^{2}只能选取0.71个乡(镇)居民地。这样，1区居民地选取指标为
$$N = N_市 + N_县 + N_乡 = \frac{1}{k^2} \sum_{i=1}^{2} P_i + \frac{\Delta Q}{r_3} = 0.12 + 0.44 + 0.71 = 1.27 (\text{个}/\text{cm}^2)$$

式中，$P_1 = P_市$，$P_2 = P_县$。

考虑实际地图制图综合的需要，还要把选取指标换成127(个/dm^2)。

用同样的方法，可以求出 2、3、4 区的居民地选取指标（表 6-18、表 6-19、表 6-20）。

表 6-18　　　　　　　　　　　　确定 2 区居民地选取指标

项　目	居民地等级				总计
	市	县	乡（镇）	村庄	
居民地频数 P_i	0.01	0.09	2.86	182.57	185.53
符号和注记的平均面积 r_i(mm²)	51.14	19.77	14.26	8.14	0.0
比例尺转换系数 $1/k^2$	4.0	4.0	4.0	4.0	0.0
面积载负量分配 $Q(\Delta Q)$(mm²)	2.05	7.12	11.63	0.0	20.8
居民地选取数量 N_i(个/cm²)	0.04	0.36	0.82	0.0	1.22

表 6-19　　　　　　　　　　　　确定 3 区居民地选取指标

项　目	居民地等级				总计
	市	县	乡（镇）	村庄	
居民地频数 P_i	0.00	0.08	1.33	79.33	80.74
符号和注记的平均面积 r_i(mm²)	51.14	19.77	14.26	8.14	0.0
比例尺转换系数 $1/k^2$	4.0	4.0	4.0	4.0	4.0
面积载负量分配 $Q(\Delta Q)$(mm²)	0.00	6.33	10.97	0.0	17.3
居民地选取数量 N_i(个/cm²)	0.00	0.32	0.77	0.0	1.09

表 6-20　　　　　　　　　　　　确定 4 区居民地选取指标

项　目	居民地等级				总计
	市	县	乡（镇）	村庄	
居民地频数 P_i	0.00	0.03	0.75	47.13	47.91
符号和注记的平均面积 r_i(mm²)	51.14	19.77	14.26	8.14	0.0
比例尺转换系数 $1/k^2$	4.0	4.0	4.0	4.0	4.0
面积载负量分配 $Q(\Delta Q)$(mm²)	0.00	2.37	10.93	0.0	13.3
居民地选取数量 N_i(个/cm²)	0.00	0.12	0.77	0.0	0.89

这样，新编 1:200 万普通地理图各密度区居民地选取指标为：

1 区 127 个/dm²；2 区 122 个/dm²；3 区 109 个/dm²；4 区 89 个/dm²。

(4) 确定选取指标的方根模型：

由于实地居民地的数量相差较大，地图上选取居民地不可能按一个固定的选取系数进行。当居民地密度很稀疏时，必须全部选取，即

$$\text{选取系数 } K' = 1, \text{选取级 } x = 0$$

当居民地密度非常密集时，此时资料图的密度和新编图的密度应保持相等，即

$$x = 4$$

$$K' = \sqrt{\left(\frac{M_A}{M_F}\right)^4}$$

因此，居民地选取系数应在

$$1 \sim \sqrt{\left(\frac{M_A}{M_F}\right)^4}$$

之间。

按照地图制图综合的一般规律，综合后的地图既要保持各区域的密度差别，又要使密度稀疏区尽可能多表示一些；即分级时，前面(稀疏区)的级差大一些，后面(密集区)的级差小一些。对选取系数 K 取对数分级就可以满足上述要求。

例如，用 1 : 50 万地图作为资料编制 1 : 100 万地图，居民地密度分为 6 级，求各密度区的选取模型。

解：

$$K' = \sqrt{\left(\frac{50}{100}\right)^4} = 0.25$$

得选取系数 K' 取值范围在 1~0.25 之间，对 K' 取对数($\log_{10}K'$)有

$$0 \sim -0.6$$

分为 6 级，即

$$0 \sim -0.12 \sim -0.24 \sim -0.36 \sim -0.48 \sim -0.6$$

求反对数，得

$$1 \sim 0.76 \sim 0.58 \sim 0.44 \sim 0.33 \sim 0.25$$

所以，各级密度区的选取系数 K 为

$$1 \sim 0.76, \ 0.76 \sim 0.58, \ 0.58 \sim 0.44, \ 0.44 \sim 0.33, \ 0.33 \sim 0.25, \ \leq 0.25$$

根据选取系数，就可以求出各级密度区居民地的选取数量。

3. 居民地的选取方法

居民地的选取指标只能解决"选取多少"的问题，不能解决选取哪些居民地的问题。具体选取时，应按照选取指标从主要到次要、从大到小地选取居民地。

一般地形图上，规定了城市、县城、集镇在图上都必须表示。因此，居民地的舍弃仅在集镇以下的大量农村居民地当中进行。

随着地图比例尺缩小，低级居民地的概念也在不断地变化。在小比例尺地图上，不仅乡镇、县级居民地可能成为低级居民地，有的地图上市级居民地也可能成为低级居民地。

1) 选取居民地的一般原则

(1) 按居民地的重要性进行选取：

居民地的重要性是根据其数量和质量标志来衡量的。这些标志通常是行政等级、人口数、政治、军事、经济、历史、文化意义和交通状况等。

从居民地的行政等级和人口数来区分其主次，是居民地选取的主要原则。

从政治意义来说，诸如韶山、古田、杨家岭、西柏坡等居民地，虽然不大，但有特殊的政治、历史意义，优先选取。

从军事意义来说，位于道路交叉点、道路与河流的交叉点、河流特征拐弯点、河流汇合处以及渡口、桥边、隘口、水源、制高点、国境线附近、林间空地等处的居民地，因具

有明显的方位意义或攻防意义，应优先选取。

从经济、交通意义来说，沿主要道路分布的、位于交通起讫点、重要矿产资源地、矿产开采地和有电厂、电站、水厂、工厂、排灌站其他重要设施的居民地，须优先选取。

选取居民地时，还要考虑居民地的其他质量标志，如历史、文化意义和名胜古迹等。

(2) 反映居民地的分布特征：

居民地的分布与自然地理条件及交通状况有着紧密的联系。一般地势平坦、水系发达、自然条件较好的地区，居民地的分布就密集。高山地区、荒漠地区、农业耕作条件较差的地区，居民地则稀少。在平原地区，居民地多沿交通干线、河流两岸分布稠密。在山区居民地则多沿谷地分布。在黄土地区，居民地多分布于塬、梁面上。在沙漠地区，居民地多分布在水源(井、泉)的附近。

(3) 反映居民地分布密度的对比：

选取居民地时，一定要反映出居民地分布的规律性，同时表达不同地区居民地密度对比关系。通常，先选取资格以上的大居民地，选取政治、经济、军事、交通、文化、历史等方面有特殊意义的居民地，然后再按选取指标，补足居民地。

2) 选取居民地的方法

选取居民地的具体做法是从大到小、从主要到次要进行。例如，从首都、省会、市、县、乡镇，再到其他次要居民地。

在大、中比例尺地图上，居民地的"取"是主要的，"舍"是第二位的，方法比较简单。通常乡镇以上的居民地可以全部选取，这可以算作第一次选取；然后，根据取舍的程度大小，考虑到居民地分布特征和密度对比，一次或两次补足。

在小比例尺地图上，由于居民地的"舍"逐渐地占了主导地位，问题就比较复杂。在选取居民地前，要做大量的分析比较工作，将有可能选上的居民地按多种质量或数量标志进行排队，然后依选取指标确定居民地取舍。

4. 城镇式居民地的形状概括

居民地形状的概括，主要是采用化简和夸张，合并和分割等方法对缩小到图面上的居民地形状进行处理。即在建筑物密集地带舍去一些次要街道，合并成街区，删去或夸大轮廓图形的细小弯曲，使居民地图形更为简略。但经过处理后的居民地图形，应保持与实地或资料图的基本相似，必须正确地反映居民地内部的通行情况，街道网平面图形的特征，居民地的建筑面积与非建筑面积的对比，以及居民地的外部轮廓形状等。

1) 正确地反映居民地内部的通行情况

居民地内部的通行情况，主要由街道、快速路、高架路、立交桥、地铁、轻轨及铁路、水上交通所决定。

(1) 快速路的选取：

一般情况下快速路全部选取，由于地图比例尺的缩小，在道路密集区也会舍去一些支叉。在中、小比例尺图上，选取为主干道表示。

(2) 高架路的选取：

综合时，选取较长的表示，长度小于选取标准的舍去。在中、小比例尺图上不表示。

(3) 地铁、轻轨的选取：

一般情况下地铁、轻轨全部选取，在道路密集区也会舍去一些支叉。在中、小比例尺图上不表示。

(4) 主要街道的选取：

主要街道可以根据资料图上街道符号的宽度以及街道与外界的交通联系进行判断。

制图综合时，往往由于地图比例尺的缩小，主要街道有时过于密集而不能全部表示，这时应选取下列主要街道：

①选取连贯性强，对城镇平面图形结构有较大影响的；

②选取与高速公路、公路，特别是街道两端与公路相接的；

③选取与火车站、飞机场、码头、广场、公园、工厂、机关等相联系的。

保持主要街道中心线及拐弯处的形状和位置准确，只有与铁路、河流等位置发生矛盾时，才允许移位主要街道。

(5) 次要街道的选取：

从反映居民地的通行情况的角度来讲，一般应将落选的主要街道作为次要街道来表示，然后参照选取主要街道的条件选取次要街道。

2) 正确地反映街区平面图形的特征

街道是城市的骨架，街道相互结合构成不同的平面特征，按平面图形的结构特征，城镇式居民地可分为矩形的、辐射状的、不规则和混合型的等几类。①矩形的是由垂直相交的两组街道所组成，构成矩形或方形街区，我国的北京市、西安市等都是典型的矩形结构。②辐射状的是由收敛于一点的街道和环状（或多边形）的另一组街道交织而成，街区呈梯形。③不规则的往往由曲折多变的街道和无规则的街区所组成。④混合型的是上述几种类型的居民地混杂而成的，较大的城市往往多属此类型。

从上述分类情况可以看出，城镇居民地平面形概括的关键主要在于街道的选取。取舍街道、合并街区时应遵守的基本原则是：

(1) 反映居民地平面图形的类型特征：

选取街道时，对于构成矩形街区的街道网，应注意选取相互垂直的两组街道，影响街区成矩形的街道一般可考虑舍去；对于辐射状的街道网，则首先应注意选取收敛于一点的和呈圆形或多边形的两组街道；对于不规则的街道网，则不能随意"拉直"街道；对于混合型的街道网，则应根据组合的街道网图形按保持各自特征的原则进行街道的选取。图6-38 是这几种城镇居民地平面图形概括的示例。

(2) 反映不同方向的两组街道的数量对比及街区的方向：

概括较大的、规整的居民地时，要特别注意不同方向的两组街道的数量对比和街区的方向。概括矩形状街区时，当沿两方向计算街区均为偶数时，常以舍去街道合并街区的方法进行概括，若一方向为偶数、另一方向为奇数，用合并与分割相结合的方法进行概括。合并与分割相结合和分割的方法，在小比例尺地图的综合中使用较多。

(3) 反映不同地段上街道密度及街区大小的对比：

在街道密集的地段，街道选取的比例较小，但街道选取和舍弃的绝对量都比较大；相反在街道稀疏的地段，街道选取的比例较大，但其选取数量和舍弃数量都比密集地段小。这样就能符合选取的基本规律，既保持街道的密度对比，又能保持街区的大小对比（图6-39）。

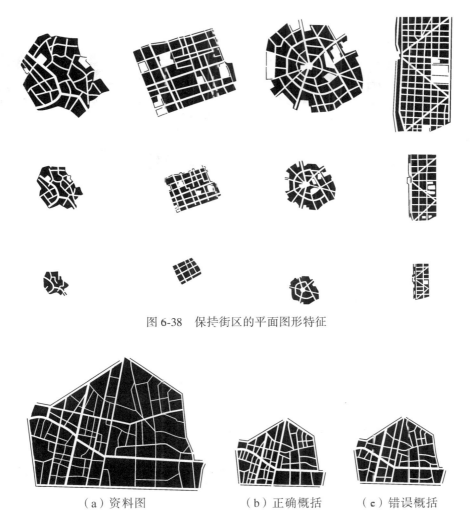

图 6-38 保持街区的平面图形特征

（a）资料图　　（b）正确概括　　（c）错误概括

图 6-39 保持不同地段街道密度和街区大小的对比

3）正确反映居民地建筑与非建筑面积的对比

建筑与非建筑面积的对比，主要表现在建筑面积与空地面积、与街道面积对比两个方面。

（1）建筑面积与空地面积的对比：

街区按其内部建筑物的密度大小，可区分为密集街区与稀疏街区。为了保证建筑地段与非建筑地段面积的对比，必须根据不同的街区类别实施不同的概括方法。

对于密集街区，应采取合并为主、删除为辅的方法对图形进行概括。将图上相距很近（如图上间距小于 0.3mm）的建筑地段合并，并除去建筑地段图形上的一些细小弯曲。这时，应使并入建筑地段（包括街道在内）的"空白"部分与删去的建筑地段的面积大体相当，保持居民地视觉"建筑物"的正确对比。图 6-40 是这种概括的举例，右上角的放大图说明图形概括的方法和部位。

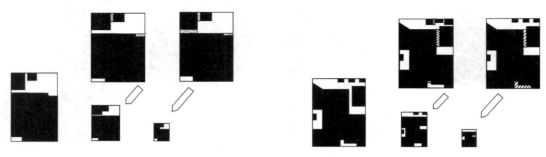

图 6-40 密集街区的概括

概括由实地上相距较远的独立建筑物所构成的稀疏街区时，一般不能把建筑物合并为大的范围，只能用选取独立建筑物的方法进行综合（图 6-41）。

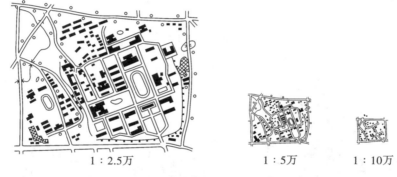

图 6-41 由独立建筑物构成的稀疏街区的综合

有的街区内部空地较大，可属稀疏街区，但其中局部地段却由密集的建筑物构成，对这样的地段，其综合方法与密集街区相同，只是注意不要合并过大（图 6-42）。在错误的综合图上，有许多稀疏街区被合并成密集街区，歪曲了实地情况。

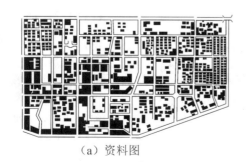

图 6-42 有密集建筑地段的稀疏街区的综合

(2) 建筑面积与街道面积的对比：

地图比例尺缩小时，街道、铁路等符号相应夸大，必然占街区的范围，致使建筑面积百分比减小。图形概括时，这种建筑面积的减少，可以通过舍去次要街道而得到补偿。

4) 正确地反映居民地的外部轮廓形状

概括居民地的外部轮廓图形时，应保持外围轮廓的明显拐角、弧形或折线状，保持其外部轮廓图形与河流、道路、地形等要素的相互联系。概括居民地图形时，街道、铁路等符号相应放大所引起的街区移位，必须均匀地配赋在各街区中，不能因此而扩大或改变居民地的外部轮廓形状。城镇居民地的周围，通常由房屋稀疏的街区、工厂、商业集聚点及独立建筑物构成，并夹杂有种植地和农村地带，它们都影响着城市居民地外部轮廓。

图 6-43 是城镇居民地外部轮廓形状概括的举例，其中，(a) 是资料图，(b) 是正确的概括，(c) 是不正确的概括，它有几处明显的变形。

　(a) 资料缩小图　　　　　(b) 正确的概括　　　　　(c) 不正确的概括

图 6-43　城镇居民地外部轮廓形状的概括

随着地图比例尺的缩小，居民地图形的面积也随之缩小，这时，居民地内部除几条主要街道外，内部结构已不能详细表示，而一些小城镇，甚至无法表示任何街道，只能用一个轮廓图形或圈形符号。

在确定居民地的外部轮廓时，应先找出外部轮廓的明显转折点，连接成折线，对形状进行较大的概括 (图 6-44)。河流和铁路不间断地通过居民地，公路至轮廓边线。

5. 城镇式居民地图形概括的一般程序

为了正确地概括居民地，保证主要物体精度以及描绘的方便，遵守一定的概括程序是十分必要的。在地形图的编绘中，对于用平面图形表示的居民地，通常可按图 6-45 所示的程序进行概括。

1) 选取居民地内部的方位物

先选方位物，是为了保证其位置精确，并便于处理同街区图形发生矛盾时的避让关系。方位物过于密集，应根据其重要程度进行取舍，以免方位物过多，会破坏街区与街道的完整。

2) 选取铁路、车站及主要街道

铁路和主要街道占据了超出实际位置的图上空间，为了不使铁路或主要街道两旁的街区过分缩小，以致引起居民地图形产生显著变形，应使由铁路或主要街道加宽所引起的街区移动量均匀地配赋到较大范围的街区中。

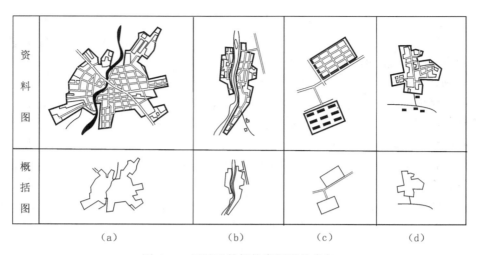

图 6-44　居民地外部轮廓图形的确定

图 6-45　居民地图形概括的一般程序

3）选取次要街道

选取通行状况较好、连贯性强，反映街道网图形特征和街区方向的次要街道。

4）概括街区内部的结构

概括建筑地段的图形，绘出建筑地段的相应质量特征，例如在大比例尺地形图上区分突出房屋、高层房屋区等，绘出街区内不依比例表示的普通房屋。

5）概括居民地的外部轮廓形状

确定居民地的范围及其轮廓的特征点，处理好其与其他要素之间的关系。

6) 填绘其他说明符号

填绘的其他说明符号是指植被、土质等说明符号，如公园、果园、菜地、沼泽等符号。

6. 农村居民地的图形概括

我国的农村居民地分为街区式、散列式、分散式和特殊式四大类。

1) 街区式农村居民地的概括

街区式农村居民地又可分为密集街区式、稀疏街区式和混合型街区式三种。

(1) 密集街区式居民地的概括：

对于密集街区式，由于街区图形较大，街道整齐，多为矩形结构，概括时应舍去次要街道，合并街区，区分主、次街道。合并后的街区面积不应过大(图6-46)。

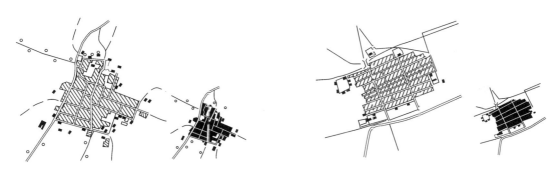

图6-46 密集街区农村居民地的概括

(2) 稀疏街区式居民地的概括：

对于稀疏街区式，由于其街区由独立房屋组成，空地面积较大．概括时除舍去次要街道、合并各街区外，主要是对独立房屋进行取舍，以保持稀疏街区的特点(图6-47)。

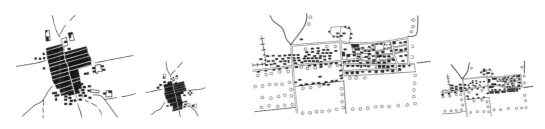

图6-47 稀疏街区式农村居民地的概括

(3) 混合型街区式居民地的概括：

混合型街区式是集街区与稀疏街区混合而成的街区式农村居民地。主要分布在东北，内蒙古、新疆等地区也有少量分布。

混合型街区式农村居民地应根据各部分的固有特征采用相应的办法进行化简(图6-48)。

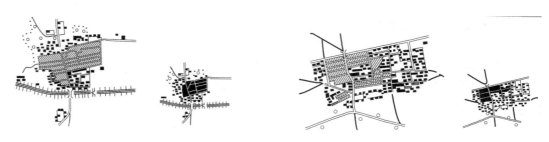

图 6-48　混合型街区式农村居民地的概括

2) 散列式农村居民地的概括

散列式农村居民地主要由不依比例尺的独立房屋构成，有时其核心也有少量依比例尺的建筑物或街区建筑，但通常没有明显的街道，房屋稀疏且方向各异，分布为团状或列状。

对散列式农村居民地，其概括主要体现在对独立房屋的选取。选取方法如下：

(1) 选取位于重要位置的独立房屋：

优先选取指处于中心部位、道路边或交叉口、河流汇合处等有明显标志部位的独立房屋。如果有依比例尺的房屋，也要优先选取(图 6-49)。对于独立房屋只能取舍，不能合并，但要保持它们的方向正确，重要的独立房屋其位置也应准确。

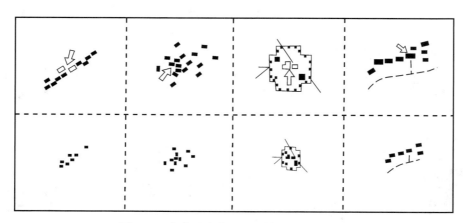

图 6-49　优先选取位于重要位置的独立房屋

(2) 选取反映居民地范围和形状特征的独立房屋：

散列式农村居民地不管是团状或列状，都有其分布范围，形成某种平面轮廓。选取分布在外围的独立房屋，目的在于不要缩小居民地的范围或改变其轮廓形状。对于沿道路、河流呈带状分布的居民地，优先选取两端的房屋，中间依密度适当选取。

(3) 选取反映居民地内部分布密度对比的独立房屋：

选取散列式居民地内部的房屋应注意不同地段的密度对比和房屋符号的排列方向。为了保持其方向和相互间的拓扑关系，所选取的房屋应进行适当的移位(图 6-50)。

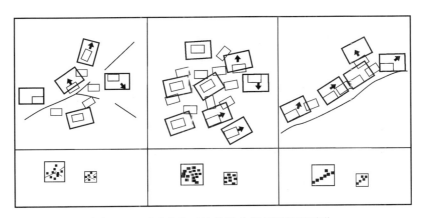

图 6-50　反映密度对比的独立房屋选取和移位

3) 分散式农村居民地的概括

分散式农村居民地房屋更加分散,各建筑物都依势而建,散乱分布,没有规划,看上去往往村与村之间的界限不清。但实际上分散式农村居民地是散而有界、小而有名的。每一个小居民地都有自己的名称,甚至附近的几个小居民地还有一个总的名称。

在实施概括时,主要采取选取的方法,表示它们散而有界和小而有名的特点。房屋的舍弃和相应的名称舍弃同步进行,分清它们彼此的界限。

4) 特殊形式的农村居民地的概括

我国西北地区的窑洞、帐篷(蒙古包)是两种主要形式的特殊居民地。

对它们的概括应按照散列式和分散式农村居民地的概括方法。对于成排分布的窑洞居民地,应先选取两端位置的窑洞符号,中间内插,同时注意区分其间连续、间断排列等不同情况。对于多层分布的窑洞,应首先选取上下两层窑洞,中间层数适当减少。还要注意窑洞符号的方向要朝向斜坡的下方,并与等高线协调一致,保持其固有特点(图 6-51)。

帐篷(蒙古包)是不固定的居民地,有的是常年居住的,有的只是季节性的。一般在大中比例尺地形图上选取表示。不过因为游牧地区地图内容不多,所以帐篷(蒙古包)可以适当多选取一些。

7. 用圈形符号表示居民地

随着地图比例尺的缩小,居民地的平面图形愈来愈小,以致不再能清楚地表示其平面图形。例如,1∶25 万比例尺地形图上,就有一部分居民地改用圈形符号,在 1∶100 万比例尺的地形图上,只有少数城市仍用轮廓图形表示。

1) 圈形符号的定位

居民地由平面图形过渡到用圈形符号表示时,首先遇到的是圈形符号定位于何处的问题。圈形符号定位分为下面几种情况:

①平面图形结构成面状均匀分布时,圈形符号定位于图形的中心(图 6-52(a));

②居民地由街区和外围的独立房屋组成时,圈形符号配置在街区图形上(图 6-52(b));

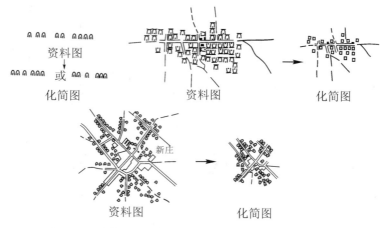

图 6-51 窑洞式农村居民地的概括

③居民地图形由有街道结构和部分无街道结构的图形组成时,圈形符号配置在有街道结构的部位(图 6-52(c));

④散列式居民地圈形符号配置在房屋较集中的部位(图 6-52(d));

⑤对于分散式居民地,首先应判明其范围,圈形符号配置在注记所指的主体位置。

定位部位	图形及圈形符号的定位
(a)以平面图中心定位	
(b)以街区部位定位	
(c)以有街道部位定位	
(d)以较密集部位定位	

图 6-52 居民地圈形符号的定位

2)圈形符号和其他要素的关系处理

居民地的圈形符号和其他要素的关系表现为:同线状要素具有相接、相切、相离三种关系;同面状要素具有重叠、相切、相离三种关系;同离散的点状符号只有相切、相离的关系。其中同线状要素的关系最具代表性。

(1)圈形符号和线状要素相接关系:

当线状要素通过居民地时，圈形符号的中心配置在线状符号的中心线上（图 6-53(a)）；由于比例尺缩小，当居民地圈形符号位于两条河流的交叉口放置不下，河流的等级又相差很大时，居民地圈形符号可与大河相切，与小河相割；两条河流的大小相当时，全都改为相割。

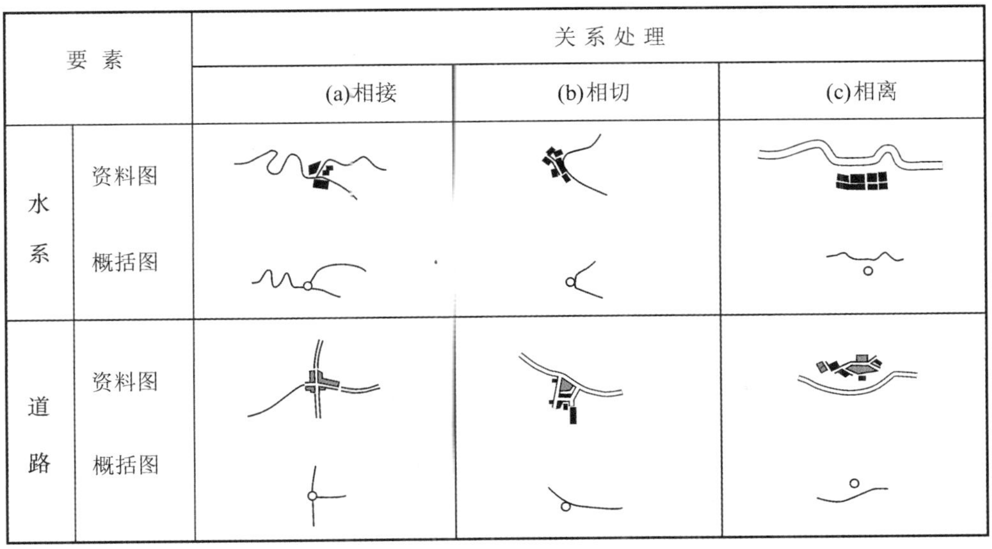

要 素		关 系 处 理		
		(a)相接	(b)相切	(c)相离
水系	资料图			
	概括图			
道路	资料图			
	概括图			

图 6-53　圈形符号与其他要素的关系

(2) 圈形符号和线状要素相切关系：

当居民地紧靠在线状要素的一侧时，表示为相切关系，圈形符号切于线状符号的一侧（图 6-53(b)）；居民地位于河流、道路和海岸近旁时，要保持居民地圈形符号与其相切。

3) 圈形符号和线状要素相离关系

居民地实际图形同线状物体离开一段距离，在地图上两种符号要离开 0.2mm 以上（图 6-53(c)），表示为相离关系。

8. 居民地的名称选取

地图上表示的居民地都应注出名称。居民地名称注记的数量能反映居民地密度对比。

只有在 1∶10 万～1∶50 万比例尺地图上，允许少量小居民地只表示其平面图形而不注出名称。属此种情况的有：

①在城市郊区和城市连在一体的农村居民地。当地图比例尺缩小以后，城郊居民地的名称过多而无法配置时，可以选注部分居民地名称。

②当居民地成群分布，有分名也有总名时，可以选注。例如，有总名的各居民地平面图形毗连成片虽未连成一片但图上相距很近，一般保留总名，选注分名，但当总名指示范围不清时，一般可将总名作为地理名称注出，选注分名。

③当一些居民地连续分布，虽无总名，但各地名称的基本部分相同，只是前面冠以"东、南、西、北"，"前、后、左、右"，"上、中、下"等字义时，可视具体情况选注，

密集时应选取其中较大村庄名称注记，也可将名称的共同部分作为总名注于这些居民地适当位置。

④大居民地有正名和副名时，副名可按规定选注。

当居民地具有两级以上政府驻地时，选取高一级名称注记。

二、交通网的制图综合

交通网是各种运输通道的总称，它包括陆地上的各种道路、管线，空中、水上航线及各类同交通有关的附属物体和标志。地图上，总是把道路作为连接居民地的网络看待的，所以通常称为道路网。制图综合时，也将其作为网络看待。

1. 道路选取的一般原则

1）优先选取重要道路

道路选取的主要依据，就是道路在通行和运输方面的意义。所谓重要的道路，一是道路的等级高，二是指道路具有某方面的特殊意义。

道路的"等级高"包含两层意思：其一是指道路的修筑质量好，通行和运输能力强，如铁路和高速公路等；其二是指在一定的地区范围内相对重要的道路，例如，在交通不发达地区，乡村路，甚至连贯性较强的小路都可能成为那里的重要道路。

属于有某种特殊意义的道路，需要优先考虑选取的有：

(1) 作为行政区分界的道路；

(2) 通向国境或沿国境线的等级最高的或唯一的道路；

(3) 通向沙漠区水源的唯一道路；

(4) 穿越沙漠、沼泽、草地或湖区的唯一道路；

(5) 便于部队隐蔽、集结和机动的道路，如森林铁路、林间小路等；

(6) 通向高等级道路、车站、机场、港口、码头、渡口、矿山、山隘、制高点、边防哨卡等处的道路；

(7) 贯通山区、林区、连接乡、镇、大村庄的道路。

在同级道路中应优先选取连贯性较好的道路。

2）道路的选取要与居民地选取相适应

居民地的密度大体上决定着道路网的密度，居民地的等级大体上决定道路的等级，居民地的分布特征则决定着道路网的结构。一般地说，每个居民地都应有一条以上的道路相连接，只有在个别情况下才允许居民地无道路相连。例如，在较大比例尺地形图上，个别独立、分散的小居民地，在小比例尺地图上允许一些小居民地圈形符号没有道路相连等。

当有两条以上道路与居民地相连接而又必须舍去其中一条时，应保留等级高的一条。如果道路等级相同，应保留通向较大居民地的道路，或与其他居民地间距离最短的道路。

通向小居民地的唯一道路，应与小居民地的取舍相一致。

选取道路时，要优先选取通向行政中心的道路，反映居民地的行政辖属关系。

3）保持道路网平面图形的特征

不同的地区，构成道路网的平面图形是各不一样的。道路的网状结构，其形状多取决于居民地、水系、地貌等的分布特征。平原地区道路较平直，呈方形或多边形网状结构，优先选取能反映分布特征的道路(图 6-54)。在山区，由于地形条件的限制，道路会构成不同的网状。在道路选取时，应注意这些道路网的平面图形特征。

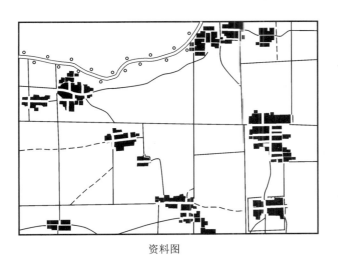

资料图　　　　　　　　　　　　　　　　概括图

图 6-54　呈矩形网状结构道路的综合

4) 保持不同地区道路的密度对比

在道路综合中，对道路稠密区，舍去得多；道路稀疏区，舍去得较少。因此，在道路综合时，要按各种不同的密度区采用不同的选取指标，这样可以始终保持密度对比关系。

2. 道路选取的方法

1) 铁路的选取

我国铁路网密度极小，1∶400 万的小比例尺的普通地理图，都可以完整地选取全部的营运铁路网，要舍去的只是一些通往厂矿的专用线、短小的支叉线和窄轨铁路等。

2) 公路的选取

公路的密度比铁路要大很多倍，因而选取的问题要复杂一些。当前，在我国的大中比例尺地形图上，大部分的公路都可以表示出来，舍弃多在城市近郊、工矿区一些专用线、短小支线、等外级公路、村级公路中进行。在比例尺为 1∶100 万以下的地图上，公路舍弃较多，特别是农村的村村通公路建设，公路网密度迅速增大，地图上公路的舍弃亦逐渐增多。

综合公路时，首先要选取高速公路、国道、省道、高等级公路等，选取连接省与省之间、重要城市之间的公路，然后再以各级行政中心为结点选取比较重要的公路，最后，为保持不同结点上公路条数的对比关系再作补充选取。

选取公路时还要顾及已选铁路的情况。铁路较多的地区，公路就可适当少取。

3) 其他道路的选取

其他道路的选取，主要是根据道路的网眼大小或网眼数等数量指标进行。这类道路的"选取"是逐渐地补充道路网的密度，使道路网眼达到数量指标规定的大小，反映不同地段上道路的密度对比和道路网的平面图形特征。

在小于 1∶100 万比例尺的小比例尺地图上，只剩下其中意义较大、连贯性较强的少数其他道路。

3. 概括道路形状的方法

道路上的弯曲按比例尺不能正确表达时，就要进行概括。地图上应在保持道路位置尽可能精确的条件下，正确显示道路的基本形状。

大比例尺地图上，道路的实际弯曲可以正确表示出来。当符号宽度大大超过实地宽度时，例如，1∶10 万地图上要超过近 10 倍，1∶100 万地图上超过约 80 倍，道路的弯曲特征会自然消失掉，为了保持各地段道路基本形状特征，须对道路的特征形状进行综合化简。

道路形状概括的基本方法是删除、夸大、共线和局部改变符号等。

1) 删除

道路上的小弯曲可以根据尺度标准给予删除从而减少道路上的弯曲个数，但是要注意保持各路段的弯曲对比(图 6-55)。

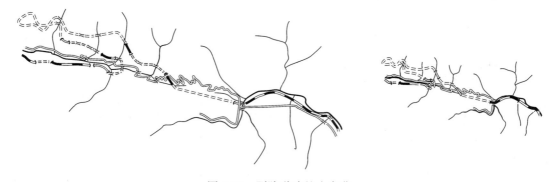

图 6-55　删除道路的小弯曲

2) 夸大具有特征的弯曲

对于具有特征意义的小弯曲，特别是具有方位意义的特征弯曲，即使其尺寸在选取最小尺度以下，也应当夸大表示。例如，平直路上的突然弯曲，形状特殊的小弯曲等(图 6-56)。

图 6-56　夸大道路的特征弯曲

3) 共线

山区公路的"之"字形弯曲，为了保持其形状特征又不过多地使道路移位，可采用共线的方法作特殊处理(图6-57)。高等级道路立体交叉和高速公路的互通也常常采用共线的方法。

4) 局部改变符号

为了解决道路符号"压盖"两旁地物的问题，可以采用局部地段改变符号的做法。一种方法是缩小符号宽度的尺寸，另一种是改变符号的图形。例如，对铁路岔道密集区，将铁路符号改为0.1~0.2mm的细线。

图6-57 压符号共边线概括道路

4. 道路附属物的选取

道路的附属物主要包括火车站、桥梁、渡口、隧道、涵洞、里程碑、路堤和路堑等。道路附属物的综合主要表现在选取方面。

1) 火车站及其附属建筑物的选取

火车站及其附属建筑物主要包括车站、会让站、机车转盘、车挡、信号灯、信号柱、站线等。在大比例尺地形图上，一般可用平面图形表示。车站内的站线不能全部选取时，应先选取外侧站线准确配置，再选取部分中间站线均匀配置。随着地图比例尺的缩小，改用记号性车站符号表示，此时车站符号放置在主要站台位置上。当车站符号也不能全部表示时，一般是选取主要的、等级高的车站，舍去次要车站。

对机车转盘、车挡和有方位意义的信号灯、柱，在大比例尺地形图上，可择要选取。

2) 桥梁的选取

桥梁与道路、河流是紧密地联系在一起的。因此，桥梁的选取应与道路的选取相一致，有桥梁就应有道路相连接。

在大比例尺地形图上，铁路和公路上的桥梁一般应全部表示，地物稠密地区可只选取跨越主要河流的桥梁；中小比例尺地形图上，双线河流上的车行桥一般选取；在更小比例尺地图上，除个别重要的桥梁(如长江大桥、黄河大桥等)要表示外，一般都不表示，道路直接通过河流符号。

优先选取保持连接铁路、公路的桥梁，在交通不发达的地区先选取主要通道上跨越较大障碍的桥梁。

3) 道路附属建筑物的选取

道路附属建筑物主要指隧道、明峒、涵洞、路堤和路堑。

平原地区隧道、明峒很少，应尽量选取；山区，隧道、明峒密集时一般只选取，不合并。不能依比例尺表示的连续隧道群，在其两端分别选取不依比例尺的隧道符号，中间酌情选取配置符号。特别大或非常重要的隧道、明峒，有时在小比例尺地图上也需要选取。

铁路、公路上的涵洞符号，只在大比例尺地形图上择要选取。

铁路、公路上的路堤、路堑，图上长 5mm，比高 2m 以上的应选取。

渡口，在大比例尺地形图上一般应全部选取火车轮渡、汽车轮渡的渡口；通行困难地区的人行渡口也需选取。在小比例尺地图上，当河流仍用双线表示时，如有车渡（特别是火车车渡），应考虑选取渡口。

路标是设置在道路边上指示道路通过情况的标志。在大比例尺地形图上，具有方位作用的才选取。中国及各省、市级公路零公里标志应选取；公路上的里程碑一般不选取。

5. 运输管线的制图综合

运输管线是陆地交通的组成部分，包括输送油、汽、气、水等液体和气态的管道，输送电能的高压输电线路，输送信号的通信线等。运输管线的制图综合主要表现在选取方面。

1）高压输电线的选取

大比例尺地形图上，在地物密集以及电力线较多的经济比较发达地区，高压输电线可以全部舍去；在其他地区根据地物的密集程度适当选取图上长 5mm 且电压 35kV 以上的高压输电线。1∶25 万地形图上，在地物比较稀少地区可选取部分 35kV 以上的高压输电线；在更小比例尺地形图上，高压输电线全部舍去。

街区中的高压输电线要全部删去，舍去图上距铁路、公路符号 3mm 以内的高压输电线。

2）管道的选取

管线运输是现代化工业发达的标志。地下管道和街区内的管道不选取。图上长 1.5m 以上的管道应选取，选取的石油、天然气等管道应分别加注"油"、"气"等输送物名称。

3）通信线的选取

大比例尺地形图上，在地物密集以及通信线较多的经济比较发达地区，通信线可以全部舍去；在地物稀少地区选取较固定的或有方位意义的通信线，多行并行的择要选取。1∶25 万及更小比例尺地形图上，陆地通信线全部删去，只选取海底光缆、电缆线，并分别加注"光"、"电"注记。舍去图上距铁路、公路符号 3mm 以内的通信线。

6. 水上交通线的制图综合

水上交通包括内河航线和海上航线。

内河航线地形图上一般只选取通航河段起讫点，区分出定期通航和不定期通航的河段，选取相应的码头设施，可以通行的水利工程设施及它们允许通过的吨位。

在双线河、湖泊及沿海港口中，图上长度大于 1mm 的码头应选取。

沿海和远洋航行的海轮停泊港口和对外开放的内河港全部选取，其他内河港择要选取。

海上航线由航海线和港口标志组成。选取近海航线沿大陆边缘用弧线绘出，但应避开岛屿和礁群。选取远洋航线常按两点间的大圆航线方向描绘，表示的航线要绕过岛、礁和危险区。根据灯光射程选取灯塔、灯桩,在1:50万地形图上灯光射程小于10海里,灯塔、灯桩择要选取,10海里以上全部选取。

7. 空中交通的制图综合

空中交通是指航空线路,用机场来表示的。在大比例尺地形图上,选取民用、军用、军民合用机场,符号配置在机场的适中位置上。同时选取通往机场道路,机场的铁丝网、围墙等栏栅表示机场范围。机场内的跑道、油库、塔台等反映机场性质的设施全部舍去,如果有房屋的选取,用房屋符号表示。选取民用机场名称,军用、军民合用机场场名称全部舍去,用附近较大的城镇名称作为机场名称。在中小比例尺地形图上,只选取民用机场。

三、境界的制图综合

境界的综合主要体现在选取和形状概括两个方面。

1. 境界的选取

境界的选取取决于用图者是否需要详尽地显示各种境界以及图上表示的可能性。

在世界地图上除了国界以外,其他各级行政区划界并不一定要求表示为同等的详细程度,同一图上不同国家的行政界线也可以有不同程度的取舍。例如,面积大的国家可以表示详细些,选取一、二级行政区划境界,面积小的国家可以表示得概略些,仅选取一级行政区划境界,更小的国家可以全部舍去国内的行政区划界。

境界的取舍有时还受区域面积大小的影响,例如,某一县在另一县中的"飞地",当其小到图上难于表示时,也可以删除。当然,如果是一个国家的领土,即使地图比例尺很小,通常也采用夸大、放大图或加注记的方法来全部选取显示。

当几种境界相重合时,一般选取最高级境界。

2. 境界的形状概括

境界要求形状概括的程度尽量小,即要求在图上以最小的弯曲精确地绘出,在能表示清楚的情况下一般不应有较大的综合或移位。化简国界形状时,要保持国界的形状特征,应尽量保留细小弯曲和转折点。若弯曲小于图解的可能性,一般应删除。

绘制国界时,形状概括要尽量的小,一般应强调国界图形的显示,并注意其他要素的图形与其协调。其次,要特别注意有争议地区的国界画法。编绘国界应以我国政府公布或承认的正式签订的边界条约、协议、议定书及其附图为准。编绘外国国界,应以中国地图出版社发行的最新地图为准。争议的岛屿、地区,一般加注说明注记而不设底色等。正确表示国界和其他要素的相关位置,国界两侧的各种地物及其相应注记,应配置在各自所属的区域内,以准确表示各种地物的归属。位于国界线上和紧靠国界线的居民地、道路、山峰、山隘、河流、岛屿和沙洲等应选取,并明确其领属关系。

以共有河为界的,无论河流符号宽窄,国界符号不绘在河中,而在河流两侧每隔3~4cm交替绘出一段(每段3~4节),岛屿归属用附注标明。

国界线上的独立地物(如独立石、独立树、水井等),在实地有一定方位意义,又是两目的分界标志之一时,一般应选取表示。

位于国界线上及其附近的地形、地物的名称,如居民地、道路、山隘、山峰、河流、岛屿和沙洲等的名称，应详细选取表示，并明确其领属关系。特别是国界条约协定中指出的作为划界依据的山名、河名、村名等，应尽量选取表示，其名称应与条约附图一致。

四、独立地物的制图综合

独立地物包括测量控制点、居民地设施(部分)和地貌符号(部分)。独立地物的制图综合主要表现在选取上，同时要顾及与其他要素的关系。

1. 独立地物的选取

独立地物的选取，是根据其重要性来决定的。重要性主要是由独立地物建筑质量的高低及方位意义的大小来衡量的。例如：处于山头上的气象台站、亭塔等，往往比平坦地带人口稠密地区的其他独立地物显得重要；荒僻的戈壁、草原、沙漠地区人口稀少，独立地物显得重要；高耸的塔和烟囱比低矮的亭、庙等显得重要，等等。

在城市居民地内，一般只选取高大明显、有一定方位作用的突出地物，有一定历史、文化意义的文物古迹，以及能反映现代科学技术和经济发展水平的地物，如钟(鼓、城)楼、宝塔、电视发射塔、体育场、体育馆、科学测站等。

在城市外围及居民地密集地区，还应选取有方位作用和有重要意义的地物，如水塔、烟囱、塔形建筑物、纪念碑、发电厂(站)、气象台(站)、水厂、污水处理厂及科学测站等。无方位作用和经济意义的地物符号，可大量舍去，例如，窑、打谷场、饲养场、坟地等。

在居民地及地物稀少地区，矮小不突出的地物应酌情选取，如窑、独立石、土堆等。

选取独立地物时，需反映独立地物分布的范围与分布密度对比等。独立地物密度较大，选取百分比小，但是选取的绝对数量要多一些，这样才能正确反映独立地物分布密度对比。

2. 独立地物与其他要素关系的处理

独立地物之间发生争位性矛盾时，保持重要独立地物而移动次要独立地物的位置，沿着两独立地物符号主点连线方向向外移动。

独立地物与线状地物(如单线河流、道路、街道等)发生争位性矛盾时，通常是移动独立地物符号，使其保持与线状地物的相交、相切和相离的关系。有定位点的独立地物应保持位置的正确，强调独立地物的位置精确，可间断街区、水系、道路边线。

独立地物与次要地物(如普通房屋等)发生争位矛盾时，一般保持独立地物的位置而移动其他地物。

与同色要素发生争位性矛盾时，一般间断其他要素绘出独立地物符号；若与不同颜色的要素(如河流、等高线等)发生争位性矛盾时，间断其他要素绘出独立地物。

海、湖、河岸线与独立地物的发生占位矛盾时，中断或移动岸线。

第七节 专题制图数据的制图综合

专题制图数据指任何可以作为专题内容表示在专题地图上的数据。它的面非常宽，可以说是无穷无尽的。专题制图数据可以区分为位置、线性、面积和体积数据这样四种类型。它们包含各种量表系统,可以用不同的图形要素来表达,专题制图中改变量表和数据类型都可以看成是制图综合问题,其中,专题制图数据的分类分级是制图综合的关键和难点。

一、数据处理的分级模型

在地图制图中,对要素空间分布的统计数据进行分析后建立分级模型,采用等值线法或分级统计图法编制成地图,用于反映要素在空间分布的规律性和一定的定性质量差异。如何用这种地图概括的方式来正确地反映现象分布规律,满足所研究任务的需要,这是要素(现象)数据分级的一个十分重要的问题。要素数据的分级主要包括两个方面,即分级数的确定和分级界限的确定。从统计学的角度讲分级数越多,对数据的综合程度就越小。从心理物理学的角度讲,人们在地图上能辨别的等级差别是非常有限的。对地图制图人员来说,一方面为了尽可能保持数据原貌,必须增加分级数,以满足对统计精度的要求;另一方面为了增强地图的易读性,又必须限制分级数,以满足对地图阅读的要求,常用的分级数的适宜范围是5~7级。分级界限的确定是一个比较复杂的问题,在分级数一定的情况下,分级数据的统计精度完全取决于分级界线的确定,一般认为,应以保持数据分布特征为主,其次还要考虑到图解效果。

1. 等差分级模型

等差分级有两种:一种是相邻分级界限之间相差一个常数 K,称为界限等差分级模型;另一种是相邻分级间隔之间递增一个常数 D,称为间隔递增等差分级模型。

设有一组数据为

$$x_1, x_2, \cdots, x_n$$

现要根据数据分布特征将 n 个单元分为 M 级。

1)界限等差分级模型

$$A_i = L + iK = L + i\frac{H - L}{M} \tag{6-18}$$

式中,$L \leqslant \min(x_1, x_2, \cdots, x_n)$ 为一适当整数,作为分级总区间左端点 A_0;$H \geqslant \max(x_1, x_2, \cdots, x_n)$,作为分级总区间右端点 A_M;M 为分级数。分级结果为 $A_0, A_1, \cdots, A_M$。

例如,$L = 0$,$H = 600$,$M = 6$,按式(6-18),可得分级结果为:

0~100, 100~200, 200~300, 300~400, 400~500, 500~600

2)间隔递增等差分级模型

$$A_i = L + \frac{i}{M}(H - L) + \frac{i(i - M)}{2}D \tag{6-19}$$

式中,L,H,M,A_i 的含义与式(6-18)一致,D 为公差。

由于

$$A_1 = L + \frac{H - L}{M} + \frac{1 - M}{2}D > L$$

所以

$$D < \frac{2(H - L)}{M(M - 1)} \tag{6-20}$$

例如，$L = 0$，$H = 600$，$M = 6$，根据式(6-17)有，
$$D < \frac{2(H-L)}{M(M-1)} < \frac{2(600-0)}{6(6-1)} = 40$$
取 $D = 30$，按式(6-19)，可得分级结果为：
$$0 \sim 25, \ 25 \sim 80, \ 80 \sim 165, \ 165 \sim 280, \ 280 \sim 425, \ 425 \sim 600$$

2. 等比分级模型

等比分级模型也分两种，即界限等比分级模型和间隔等比分级模型。

1) 界限等比分级模型

$$A_i = L\left(\frac{H}{L}\right)^{\frac{i}{M}} \tag{6-21}$$

式中，A_i，L，H，M 的意义与式(6-18)一致，但 L 的值不能为零。

L 的取值有两种解决方案：

(1) 分级不从零开始。此时数列公比为：
$$q = \left(\frac{H}{L}\right)^{\frac{1}{M}}$$

如用前述数据，假设
$$L = 100$$
即
$$A_0 = 100$$
公比为
$$q = \left(\frac{H}{L}\right)^{\frac{1}{M}} = \left(\frac{600}{100}\right)^{\frac{1}{6}} = 1.348$$

根据式(6-21)求得分级结果为：
$$100 \sim 135, \ 135 \sim 182, \ 182 \sim 245, \ 245 \sim 331, \ 331 \sim 446, \ 446 \sim 600$$

(2) 令
$$A_0 = 0, \ A_1 = L$$
此时数列公比为
$$q = \left(\frac{H}{L}\right)^{\frac{1}{M-1}}$$

如用前述数据，假设
$$A_0 = 0, \ A_1 = L = 100$$
公比为
$$q = \left(\frac{H}{L}\right)^{\frac{1}{M-1}} = \left(\frac{600}{100}\right)^{\frac{1}{6-1}} = 1.431$$

根据式(6-21)求得分级结果为：
$$0 \sim 100, \ 100 \sim 143, \ 143 \sim 205, \ 205 \sim 293, \ 293 \sim 419, \ 419 \sim 600$$

2) 间隔等比分级模型

$$A_i = L + \frac{1 - q^i}{1 - q^M}(H - L) \qquad (6-22)$$

式中，A_i，L，H，M 的意义与式(6-18)一致，q 为相邻两级间隔之比，需事先给定。

(1)当 $q = 0$ 时，

$$A_1 = L + H - L = H$$

无意义，故

$$q \neq 0$$

(2)如果 $0 < q < 1$ 时，则会出现 $A_0 \sim A_1$ 间隔较大，向高值愈接近，出现间隔值愈小的情况。

(3)当 $q = 1$ 时，则有

$$A_i = L + \frac{1 - q^i}{1 - q^M}(H - L) = L + \frac{(1 - q)(1 + q + q^2 + L + q^{i-1})}{(1 - q)(1 + q + q^2 + L + q^{M-1})}(H - L)$$

$$= L + \frac{1 + q + q^2 + L + q^{i-1}}{1 + q + q^2 + L + q^{M-1}}(H - L) = L + \frac{i}{M}(H - L)$$

即为式(6-18)，因此界限等差分级又可以看成间隔等比分级的特例。

(4)当 $q > 1$ 时，向高值愈接近，间隔值愈大。同时，q 的取值愈大，间隔之间的差异愈大，一般宜取小些。

如前述数据，取

$$q = 2$$

根据式(6-22)，分级结果为

$$0 \sim 10,\ 10 \sim 29,\ 29 \sim 67,\ 67 \sim 143,\ 143 \sim 295,\ 295 \sim 600$$

等差分级和等比分级模型的分级结果，要根据实际地图制图的需要进行适当调整凑整。

3. 统计分级模型

由于分级界限的确定是以一些统计量为基础，所以这类分级模型能较好地反映数据的分布特征。通常，各级面积之间的对比关系可以归纳为三种情况：①各级面积均匀相等；②最大和最小数据值的级别所占面积较小，而向中间级别增大，基本上具有正态分布函数特征；③各级面积的对比具有其他分布函数特征。其中，第一种情况比较简单，只要按各区域所对应的数据指标依大小排列后，根据分级数把各区域面积相加后近似分成几个级别，适当地把分级界限凑整，调整后即得分级成果；后两种情况，则需根据某种概率分布函数来拟合各级面积的方法，设计地图要素的分级。

1) 面积相等分级模型

该模型的特点是各个等级在图上有相等的面积。首先作面积对统计值的累加频率曲线，对代表面积百分数的纵轴等分，横轴上的相应点即为分级界线。此法适用于指标与分布的统计单元全部面积有关的情况，它的前提是各统计单元的面积必须已知。

2) 正态分布分级模型

在地图上表示与区域面积分布有关的现象要素分级时，往往要求图面上最大和最小数据值的级别所占面积较小，而向中间级别增大，基本上具有正态分布函数特征。现结合一个具体例子来叙述分级方法。

设某制图地区共有 92 个区域，统计出各区域耕地面积占全部土地面积比重的数据，要求分为 7 级，共布有 748 个面积单位。92 个区域按数据大小排列后，先用界限等差分级模型分为 7 级，各级所占面积的单位为：26.5（0～5%），200.7（5%～10%），157.1（10%～15%），196.3（15%～20%），112.4（20%～25%），25.8（25%～30%），29.2（>30%）；$n=748$。在分布的直方图（图 6-58）上明显反映出现测值和理论值的差异（图上虚线表示理论值，实线表示观测值），并且根据这种分级结果编制成图（图 6-59）。上述分级结果表明，各级所占图面积很不合理，如 5%～10% 这一级，所占的比重太大，不能反映要素空间分布特征，需要重新进行设计分级。

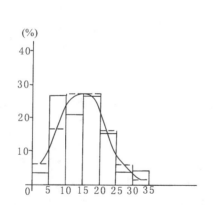

图 6-58　面积比直方图（等间隔分级）

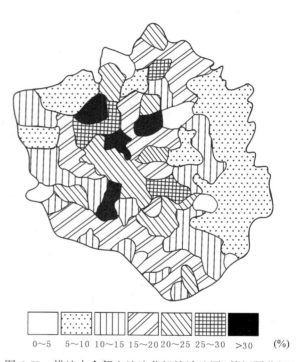

图 6-59　耕地占全部土地比分级统计地图（等间隔分级）

根据本例实际情况，把耕地比重最高与最低的两级作为已知分级，其中 0～5% 这一级共有 4 个区域，占常态面积的比重

$$w_1 = 0.035\,4$$

>30% 这一级共有 5 个区域，占常态面积的比重

$$w_p = 0.039\,0$$

为了计算方便，假设纵轴 $\phi(u)$ 位于正态分布曲线的中央，其左右常态面积为 0.5，两边去除 w_1 和 w_p 后，常态面积分别为 $-0.464\,6$ 和 $+0.461\,0$，查表得

$$u_1 = -1.806\,8, \quad u_p = 1.762\,4$$

假定设计为 7 级，除已定两级外，中间尚需分 5 级，每级间隔为

$$\Delta u = \frac{u_p - u_1}{5} = 0.71384$$

从而，可求得各级间隔的 u_k 值和相应的 w_k 值。然后计算

$$f' = w_k \times n \quad (n = 748)$$

即得各间隔面积单位的理论值。根据理论值，按92个区域原始数据排队，逐步划分级别，得到新的设计分级方案（表6-21）。分级间隔的实际情况和假设情况的直方图（图6-60）与根据分级结果编制的地图（图6-61），反映出各级图面面积呈现正态分布结果。

表6-21　　　　　　　　　　设计分级方案的计算

u_i	$-\infty$	1.8068	-1.0930	-0.3791	0.3347	1.0486	1.7624	$+\infty$
常态面积（查表）	-0.5000	-0.4646	-0.3628	-0.1477	0.1311	0.3528	0.4610	0.5000
w_1	0.0354	0.1018	0.2151	0.2788	0.2217	0.1082	0.0390	1.0000
理论值 f'	26.5	76.1	160.9	208.5	165.8	80.9	29.2	747.9
设计值 f	26.5	86.4	164.9	203.1	158.2	79.7	29.2	748.0
分级结果（％）	0~5	5~8	8~12.5	12.5~18	18~23	23~30	>30	

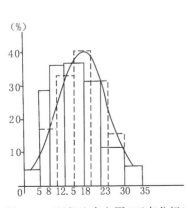

图6-60　面积比直方图（正态分级）

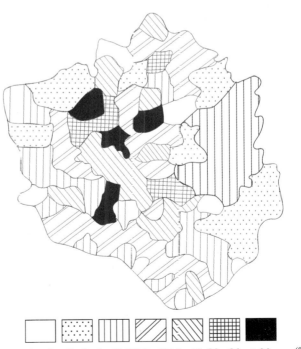

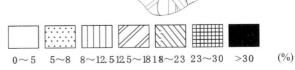

图6-61　耕地占全部土地比分级统计地图（正态分级）

二、专题制图数据分类模型

在地图制图中，经常遇到多维变量的分类问题，一般采用聚类分析方法。聚类分析又称群分析，是研究样本或变量指标分类问题的一种多元统计分析方法。首先认为所研究的样本或指标（变量）之间存在着不同程度的相似性，根据各样本的多个观测指标具体找出一些能够度量样本或指标之间相似程度的统计量，作为划分类型的依据，将相似程度较大的样本（或指标）聚合为类。对呈地域分布的地理现象，能相应地编制出类型图或区划图。

为了对样本或变量进行分类，需要研究样本或变量之间的关系，样本或变量间的关系的定量描述可以用距离和相似系数等统计量。

设有 n 个样品，每个样品测得 m 个变量：把每个样品看成 n 维空间中的向量；变量数据矩阵为

$$X = \begin{pmatrix} x_{11} & x_{12} & \cdots & x_{1n} \\ x_{21} & x_{22} & \cdots & x_{2n} \\ \vdots & \vdots & & \vdots \\ x_{m1} & x_{m1} & \cdots & x_{mn} \end{pmatrix}$$

根据分类对象的不同有 Q 型聚类分析（对样品分类）和 R 型聚类分析（对变量分类）两种类型。

1. Q 型聚类分析常用的统计量

1）距离系数

对样本进行分类时，样本之间的相似性程度往往用"距离"来度量。样本距离近的点归为一类，距离远的点归于不同的类。

在规格化变量互不相关的情况下，采用欧氏距离：

$$d_{ij} = \sqrt{\sum_{k=1}^{m}(x_{ik} - x_{jk})^2} \tag{6-23}$$

把任何两两样品的距离都算出后，得距离系数矩阵

$$D = \begin{pmatrix} d_{11} & d_{12} & \cdots & d_{1n} \\ d_{21} & d_{22} & \cdots & d_{2n} \\ \vdots & \vdots & & \vdots \\ d_{n1} & d_{n2} & \cdots & d_{nn} \end{pmatrix}$$

其中，

$$d_{11} = d_{22} = \cdots = d_{nn} = 0$$

这是一个实对称矩阵，所以只需计算出上三角形或下三角形部分即可，根据 D 可以对 n 个点进行分类，距离近的点归为一类，距离远的点属于不同的类。

当变量彼此相关时，可采用马哈劳林比斯距离（马氏距离）：

$$d_{ij} = (X_i - X_j)'S^{-1}(X_i - X_j) \tag{6-24}$$

式中，S^{-1} 为 X_i，X_j 两个向量的协方差矩阵的逆矩阵。

2）相似系数（夹角余弦）

为了对样本进行分类，可以用某些数值的相似性变量来表示样本之间的密切关系。相

似系数越大(越接近于1)表示样本之间越密切;相似系数越小(越接近于0)表示样本之间的相似性程度越低。

相似系数(夹角余弦)为:

$$\cos\theta_{ij} = \frac{\sum_{k=1}^{m} x_{ik} x_{jk}}{\sqrt{\sum_{k=1}^{m} x_{ik}^2 \sum_{k=1}^{m} x_{jk}^2}} \tag{6-25}$$

所有两两样品的相似系数组成一个相似系数矩阵:

$$\cos\theta = \begin{pmatrix} \cos\theta_{11} & \cos\theta_{12} & \cdots & \cos\theta_{1n} \\ \cos\theta_{21} & \cos\theta_{22} & \cdots & \cos\theta_{2n} \\ \vdots & \vdots & & \vdots \\ \cos\theta_{n1} & \cos\theta_{n2} & \cdots & \cos\theta_{nn} \end{pmatrix}$$

式中,

$$\cos\theta_{11} = \cos\theta_{22} = \cdots = \cos\theta_{nn} = 1$$

这也是个实对称矩阵,根据相似系数矩阵可对 n 个样品进行分类,把比较相似的样品归为一类,不相似的样品归为不同的类。

3) 相关系数

相关系数实际上是数据规格化后的夹角余弦。相关系数为

$$r_{ij} = \frac{\sum_{k=1}^{m} (x_{ik} - \bar{x}_i)(x_{jk} - \bar{x}_j)}{\sqrt{\sum_{k=1}^{m} (x_{ik} - \bar{x}_i)^2 \sum_{k=1}^{m} (x_{jk} - \bar{x}_j)^2}} \tag{6-26}$$

式中,

$$\bar{x}_i = \frac{1}{m} \sum_{k=1}^{m} x_{ik}, \quad \bar{x}_j = \frac{1}{m} \sum_{k=1}^{m} x_{jk}$$

把两两样品的相关系数都算出后,组成样品相关系数矩阵:

$$\boldsymbol{R} = \begin{pmatrix} r_{11} & r_{12} & \cdots & r_{1n} \\ r_{21} & r_{22} & \cdots & r_{2n} \\ \vdots & \vdots & & \vdots \\ r_{n1} & r_{n2} & \cdots & r_{nn} \end{pmatrix}$$

式中,

$$r_{11} = r_{22} = \cdots = r_{nn} = 1$$

这也是个实对称矩阵,根据相关系数矩阵可对 n 个样品进行分类,相关系数越大(越接近于1)表示样本之间关系越密切;相关系数越小(越接近于0)表示样本之间的相关程度越低。把相关较密切的样品归为一类,不相关的样品归为不同的类。

2. R 型聚类分析常用的统计量

1) 距离系数

$$d_{ij} = \sqrt{\sum_{k=1}^{n} (x_{ik} - x_{jk})^2} \tag{6-27}$$

把两两变量的距离都算出后,得距离系数矩阵

$$\boldsymbol{D} = \begin{pmatrix} d_{11} & d_{12} & \cdots & d_{1m} \\ d_{21} & d_{22} & \cdots & d_{2m} \\ \vdots & \vdots & & \vdots \\ d_{m1} & d_{m2} & \cdots & d_{mm} \end{pmatrix}$$

其中,

$$d_{11} = d_{22} = \cdots = d_{mm} = 0$$

这是一个实对称矩阵,所以只需计算出上三角形或下三角形部分即可,根据 $\boldsymbol{D}$ 可以对 m 个变量进行分类,距离近的变量为一类,距离远的变量属于不同的类。

2)相似系数(夹角余弦)

为了对变量进行分类,可以用某些数值的相似性来表示变量之间的密切关系。相似系数越大(越接近于1)表示变量之间越密切;相似系数越小(越接近于0)表示变量之间的相似性程度越低。

相似系数(夹角余弦)为:

$$\cos\theta_{ij} = \frac{\sum_{k=1}^{n} x_{ik} x_{jk}}{\sqrt{\sum_{k=1}^{n} x_{ik}^{2} \sum_{k=1}^{m} x_{jk}^{2}}} \tag{6-28}$$

所有两两变量的相似系数组成一个相似系数矩阵:

$$\cos\boldsymbol{\theta} = \begin{pmatrix} \cos\theta_{11} & \cos\theta_{12} & \cdots & \cos\theta_{1m} \\ \cos\theta_{21} & \cos\theta_{22} & \cdots & \cos\theta_{2m} \\ \vdots & \vdots & & \vdots \\ \cos\theta_{m1} & \cos\theta_{m2} & \cdots & \cos\theta_{mm} \end{pmatrix}$$

式中,

$$\cos\theta_{11} = \cos\theta_{22} = \cdots = \cos\theta_{mm} = 1$$

这也是个实对称矩阵,根据相似系数矩阵可对 m 个变量进行分类,把比较相似的变量归为一类,不相似的变量归为不同的类。

3)相关系数

相关系数实际上是数据规格化后的夹角余弦。相关系数为:

$$r_{ij} = \frac{\sum_{k=1}^{n} (x_{ik} - \bar{x}_i)(x_{jk} - \bar{x}_j)}{\sqrt{\sum_{k=1}^{n} (x_{ik} - \bar{x}_i)^2 \sum_{k=1}^{n} (x_{jk} - \bar{x}_j)^2}} \tag{6-29}$$

式中,

$$\bar{x}_i = \frac{1}{n}\sum_{k=1}^{n} x_{ik}, \qquad \bar{x}_j = \frac{1}{n}\sum_{k=1}^{n} x_{jk}$$

把两两变量的相关系数都算出后,组成变量相关系数矩阵:

$$\boldsymbol{R} = \begin{pmatrix} r_{11} & r_{12} & \cdots & r_{1m} \\ r_{21} & r_{22} & \cdots & r_{2m} \\ \vdots & \vdots & & \vdots \\ r_{m1} & r_{m2} & \cdots & r_{mm} \end{pmatrix}$$

式中，
$$r_{11} = r_{22} = \cdots = r_{mm} = 1$$

这也是个实对称矩阵，根据相关系数矩阵可对 m 个变量进行分类，相关系数越大（越接近于 1）表示变量之间关系越密切；相关系数越小（越接近于 0）表示变量之间的相关程度越低。把相关较密切的变量归为一类，不相关的变量归为不同的类。

3. 地图分类的系统聚类模型

系统聚类方法的基本思想是：先将几个样本（或变量）各自为一类，计算它们之间的距离，选择距离小的两个样本归为一新类，计算新类和其他样本的距离，选择距离最小的两个样本归为另一个新类，每次合并减少一个类，直到所有样本划为所需分类的数目为止。

类与类之间的距离可以有许多定义，不同的定义就产生了不同的聚类方法。

1）最短距离法

最短距离法是最常用的聚类方法。

用 d_j 表示样本之间的距离，用 g_1, g_2, $\cdots$, g_l 表示类（群）。定义两类间最近样本的距离表示两类之间的距离，类 g_p 和类 g_c 的距离为：

$$d_{pq} = \min_{i \in g_p, j \in g_q} d_{ij} \tag{6-30}$$

用最短距离法分类的步骤如下：

(1) 计算样本之间的距离。根据式(6-24)计算各样本间两两相互距离的矩阵，记作 $\boldsymbol{D}(0)$。

(2) 选择 $\boldsymbol{D}(0)$ 的最小元素，假设为 d_{pq}，则将 g_p 和 g_q 合并为一新类，记为 g_r，
$$g_r = \{g_p, g_q\}$$

(3) 计算新类与其他类的距离。例如，计算新类 g_r 与类 g_k 的距离：

$$d_{rk} = \min_{i \in g_r, j \in g_k} d_{ij} = \min\{\min_{i \in g_p, j \in g_k} d_{ij}, \min_{i \in g_q, j \in g_k} d_{ij}\} = \min\{d_{pk}, d_{qk}\} \tag{6-31}$$

由于 g_p 和 g_q 已合并为一类，故将 $\boldsymbol{D}(0)$ 中 p, q 行和 p, q 列删去，加上第 r 行和 r 列，得新矩阵记作 $\boldsymbol{D}(1)$。

(4) 对 $\boldsymbol{D}(0)$ 重复 $\boldsymbol{D}(1)$ 的步骤得 $\boldsymbol{D}(2)$，依次类推，计算 $\boldsymbol{D}(3)$ 直至所有的区域分成所需几类为止。

在实际分类中，每次可以限定一个合并的定值 t，每一步合并中可以对两个以上样本同时进行合并。

2）最长距离法

如果类与类之间的距离用最长距离来表示，则

$$d_{pq} = \max_{i \in g_p, j \in g_q} d_{ij} \tag{6-32}$$

合并类的原则和最短距离法一样，取最小距离 d_{pq}，将 g_p 和 g_q 两类合并为一新类 g_r，g_r 与各类距离由最长距离确定。

3) 重心法

从物理角度来看，新类和其他类的距离应以重心代表比较合理。如果 g_p 和 g_q 两类距离最近，合并为一新类 g_r，g_r 与 g_k 的距离为：

$$d_{rk}^2 = \frac{n_p}{n_r}d_{kp}^2 + \frac{n_q}{n_r}d_{kq}^2 - \frac{n_p}{n_r} \times \frac{n_q}{n_r}d_{pq}^2 \tag{6-33}$$

式中，n_p，n_q 分别为 p，q 类的样本数，$n_r = n_p + n_g$。

4) 离差平方和法

该方法是将方差分析用到聚类中来，要求同类样品的离差平方和最小，类与类之间的离差平方和最大。

离差平方和法的新类和其他类的距离计算公式为：

$$d_{rk}^2 = \frac{n_k + n_p}{n_r + n_k}d_{pk}^2 + \frac{n_k + n_q}{n_r + n_k}d_{qk}^2 - \frac{n_k}{n_r + n_k}d_{pq}^2 \tag{6-34}$$

5) 系统聚类应用举例

以最短距离法为例来说明具体的系统聚类方法步骤。

(1) 原始数据矩阵：

见表 6-22，$n = 17$，$m = 7$。

表 6-22　　　　　　　　　　　原　始　数　据

单元	x_1	x_2	x_3	x_4	x_5	x_6	x_7
1	230.9	323.5	500.0	479.5	1 997.0	1 629.0	1 563.0
2	232.0	300.7	445.8	423.1	1 006.0	1 650.0	1 587.0
3	237.0	309.0	464.5	471.0	1 015.0	1 650.0	1 608.0
4	235.0	324.0	476.0	466.0	990.0	1 650.0	1 590.0
5	230.0	328.0	456.0	456.0	1 001.0	1 638.0	1 566.0
6	236.3	295.6	429.8	452.6	1 026.0	1 647.0	1 614.0
7	234.3	302.9	457.1	471.6	1 013.0	1 641.0	1 596.0
8	239.0	300.3	461.6	436.2	1 007.0	1 638.0	1 599.0
9	236.2	300.4	433.7	452.7	1 007.0	1 623.0	1 608.0
10	231.0	343.5	494.4	473.1	990.0	1 623.0	1 545.0
11	231.8	318.8	462.0	453.4	995.0	1 638.0	1 569.0
12	230.0	302.2	465.7	448.9	974.0	1 626.0	1 527.0
13	235.2	279.0	442.0	418.7	1 017.0	1 644.0	1 581.0
14	235.0	326.5	473.1	470.1	1 015.0	1 650.0	1 599.0
15	234.0	293.1	460.3	462.1	1 009.0	1 653.0	1 587.0
16	234.0	277.2	425.0	398.9	1 021.0	1 653.0	1 578.0
17	237.0	286.0	437.2	430.2	1 021.0	1 623.0	1 572.0

(2) 数据规格化：

计算各变量的平均值和标准差后，对数据进行规格化处理，列于表 6-23。

第七节 专题制图数据的制图综合

表 6-23 规格化数据

原始指标	x_1	x_2	x_3	x_4	x_5	x_6	x_7
$\bar{x}$	234.06	306.56	457.91	450.83	1 006.12	1 639.59	1 581.71
S	2.587	17.865	20.418	21.782	13.186	10.650	22.439
单元 \ 指标	x'_1	x'_2	x'_3	x'_4	x'_5	x'_6	x'_7
1	-1.221	0.948	2.062	1.316	-0.691	-0.994	-0.834
2	-0.796	-0.328	-0.593	-1.273	-0.009	0.978	0.236
3	1.137	0.137	0.323	0.926	0.674	0.978	1.172
4	0.364	0.976	0.886	0.696	-1.222	0.978	0.370
5	-1.569	1.200	-0.093	0.237	-0.388	-0.149	-0.700
6	0.866	-0.613	-1.377	0.081	1.508	0.696	1.439
7	0.093	-0.205	-0.039	0.954	0.522	0.133	0.637
8	1.910	-0.350	0.181	-0.672	0.067	-0.149	0.771
9	0.828	-0.345	-1.186	0.086	0.067	-1.558	1.172
10	-1.183	2.068	1.787	1.022	-1.222	-1.558	-1.636
11	-0.873	0.685	0.201	0.118	-0.843	-0.149	-0.566
12	-1.453	-0.244	0.382	-0.089	-2.436	-1.276	-2.438
13	0.441	-1.543	-0.769	-1.475	0.825	0.414	-0.031
14	0.364	1.116	0.774	0.885	0.674	0.978	0.771
15	-0.023	-0.753	0.117	0.517	0.219	0.978	0.236
16	-0.023	-1.643	-1.612	-2.384	1.129	1.259	-0.165
17	1.137	-1.106	-1.014	-0.947	-1.129	-1.558	0.433

(3)距离系数矩阵:

根据规格化数据,按式(6-20)计算各样本间两两相互距离,建立距离系数矩阵(表6-24)。

表 6-24 距离系数矩阵 $D(0)$

i \ j	1	2	3	4	5	6	7	8	9	10	11	12	13	14	15	16	17
1	0.00	4.59	4.38	3.15	2.61	5.74	3.54	4.78	4.78	1.63	2.43	3.46	5.45	3.58	3.82	6.65	5.31
2	4.59	0.00	3.31	3.26	2.78	3.02	2.69	3.14	3.48	5.31	2.49	4.57	2.04	3.26	2.13	2.48	3.58
3	4.38	3.31	0.00	2.43	3.87	2.25	1.54	2.28	3.18	5.40	3.41	5.97	3.47	1.38	1.85	4.61	4.01
4	3.15	3.26	2.43	0.00	2.84	4.12	2.49	3.10	3.92	3.87	2.17	4.48	4.30	1.96	2.42	5.35	4.88
5	2.61	2.78	3.87	2.84	0.00	4.45	2.82	4.22	3.88	2.93	1.04	3.30	4.15	3.07	2.97	4.92	4.39
6	5.74	3.02	2.25	4.12	4.45	0.00	2.29	2.72	2.71	6.65	4.18	6.57	2.56	3.10	2.53	3.32	3.20
7	3.54	2.69	1.54	2.49	2.82	2.29	0.00	2.51	2.44	4.60	2.42	4.88	2.99	1.79	1.22	4.24	3.29
8	4.78	3.14	2.28	3.10	4.22	2.72	2.51	0.00	2.40	5.50	3.47	5.43	2.58	2.99	2.63	3.94	2.69
9	4.78	3.48	3.18	3.92	3.88	2.71	2.44	2.40	0.00	5.40	3.42	5.20	3.18	3.70	3.18	4.42	2.34
10	1.63	5.31	5.40	3.87	2.93	6.65	4.60	5.50	5.40	0.00	2.94	3.29	6.25	4.50	4.94	7.34	5.84
11	2.43	2.49	3.41	2.17	1.04	4.18	2.42	3.47	3.42	2.94	0.00	2.93	3.68	2.82	2.45	4.66	3.97
12	3.46	4.57	5.97	4.48	3.30	6.37	4.88	5.43	5.20	3.29	2.93	0.00	5.27	5.59	4.69	6.13	5.19
13	5.45	2.04	3.47	4.30	4.15	2.56	2.99	2.58	3.18	6.25	3.68	5.27	0.00	3.99	2.52	1.61	2.27
14	3.58	3.26	1.38	1.96	3.07	3.10	1.79	2.99	3.70	4.50	2.82	5.59	3.99	0.00	2.16	5.02	4.48
15	3.82	2.13	1.85	2.42	2.97	2.53	1.22	2.63	3.18	4.94	2.45	4.69	2.52	2.16	0.00	3.64	3.55
16	6.65	2.48	4.61	5.35	4.92	3.32	4.24	3.94	4.42	7.34	4.66	6.13	1.61	5.02	3.64	0.00	3.47
17	5.31	3.58	4.01	4.88	4.39	3.20	3.29	2.69	2.34	5.84	3.97	5.19	2.27	4.48	3.55	3.47	0.00

(4) 最短距离法分类：

假设需要把 17 个单元分为四类。方法是：

首先选择最短距离。取值 $t_1 = 2.00$，其对应的距离 $d_{pq} \leq t_1$ 的单元距离有：

$$d_{1 \cdot 10}, d_{3 \cdot 7}, d_{3 \cdot 14}, d_{3 \cdot 15}, d_{4 \cdot 14}, d_{5 \cdot 11}, d_{7 \cdot 14}, d_{7 \cdot 15}, d_{13 \cdot 16}$$

将 g_1 和 g_{10} 合并成新类 g_{18}；g_3，g_4，g_7，g_{14}，g_{15} 合并成新类 g_{19}；g_5 和 g_{11} 合并成新类 g_{20}；g_{13} 和 g_{16} 合并成新类 g_{21}。

根据式(6-27)计算新类与其他类的距离。例如：

$$d_{18 \cdot 20} = \min\{d_{1 \cdot 5}, d_{1 \cdot 11}, d_{10 \cdot 5}, d_{10 \cdot 11}\} = \min\{2.61, 2.43, 2.93, 2.94\} = 2.43$$

同理，可求得其余的距离，结果 $D(1)$ 列于表 6-25。

表 6-25　　　　　　　　　　　距离系数 $D(1)$

$D(1)$	g_2	g_6	g_8	g_9	g_{12}	g_{17}	g_{18}	g_{19}	g_{20}	g_{21}
g_2	0									
g_6	3.02	0								
g_8	3.14	2.72	0							
g_9	3.48	2.71	2.40	0						
g_{12}	4.57	6.57	5.43	5.20	0					
g_{17}	3.58	3.20	2.69	2.34	5.19	0				
g_{18}	4.59	5.74	4.78	4.78	3.29	5.31	0			
g_{19}	2.13	2.25	2.28	2.44	4.48	3.29	3.15	0		
g_{20}	4.49	4.45	3.47	3.42	3.97	3.97	2.43	2.17	0	
g_{21}	2.04	2.56	2.58	3.18	2.27	2.27	5.45	2.52	3.68	0

再在 $D(1)$ 中第二次选择最短距离。取 $t_2 = 2.3$ 的单元，其对应的距离 $d_{pq} \leq t_2$ 的单元距离有：

$$d_{2 \cdot 19}, d_{2 \cdot 21}, d_{6 \cdot 19}, d_{8 \cdot 19}, d_{17 \cdot 21}, d_{19 \cdot 20}$$

即把 g_2，g_6，g_8，g_{17}，g_{19}，g_{20}，g_{21} 合并成新类 g_{22}。

这样，已分出 g_9，g_{12}，g_{18}，g_{22} 四类。其分类结果为：

Ⅰ——1，10；

Ⅱ——2，3，4，5，6，7，8，11，13，14，15，16，17；

Ⅲ——9；

Ⅳ——12。

根据距离系数矩阵制作聚类图，如图 6-62 所示。

根据分类结果可制作区域类型分布图（图 6-63）。从分类图上看，这四个类型的地区分布是比较明显的，足以证明分类结果是符合客观现实的。

4. 树状图表分类模型

树状图表分类模型是依据距离系数矩阵的数据，建立各样本单元相互联系的树状图表，在此图表上按选定的距离作为分类标准，把各单元划分为几个类。

建立分类的树状图表，其基本原理是依据图论的方法。现以前面引用的实例来叙述树

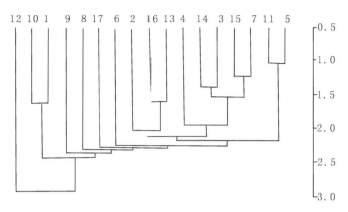

图 6-62 聚类图(最短距离法)

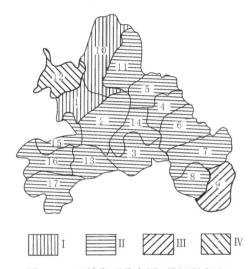

图 6-63 区域类型分布图(最短距离法)

状图表建立的方法和聚类过程。

根据距离系数表(表 6-24),先在第一行中取最小距离($d=0$ 除外)$d_{1 \cdot 10}=1.63$,按规定的图表比例关系表示在略图上得 1、10 两点,同时删去与此对称的距离 $d_{10 \cdot 1}$(以后均应删去对称的距离 d_{ji},下面不再重复);在第二行中取最小距离 $d_{2 \cdot 13}=2.04$,同样用另一分支表示在图表另一位置;第三行中取 $d_{3 \cdot 14}=1.38$,表示出第三分支;在第四行中取 $d_{4 \cdot 14}=1.96$,在 3—14 的延长线上(可任一方向)按比例表示得 4 点,即连接了 3、14 和 4 三点;在第五行中取 $d_{5 \cdot 11}=1.04$,建立第四分支,在第六行中取 $d_{3 \cdot 6}=2.25$,由 3 点按比例延长至 6 点,在第七行中取 $d_{7 \cdot 15}=1.22$,建立第五分支;在第八行中取 $d_{8 \cdot 3}=2.28$,由 3 点从另一方向按比例延长至 8 点;在第九行中取 $d_{9 \cdot 17}=2.34$,建立第六分支;在第十行中取 $d_{10 \cdot 5}=2.93$,连结了第一、第四分支;在第十一行中取 $d_{11 \cdot 4}=2.17$,连结了 4 点和 11 点,在第十二行中取 $d_{12 \cdot 11}=2.93$,由 11 点的另一方向延长至 12 点;在第十三行中取 $d_{13 \cdot 16}=1.61$,由 13 点延长至 16 点;在第十四行中取 $d_{14 \cdot 7}=1.79$,连结 7 点和

14 点；在第十五行中，$d_{15 \cdot 7}$ 已删去（已用过），$d_{15 \cdot 3} = 1.85$ 的 3 点已在本系统内表示，如果取 $d_{15 \cdot 3}$，图表将在本系统内产生闭合，所以应顺次取 $d_{15 \cdot 2} = 2.13$，连结 15 点和 2 点；此时全部点已表示在图表上，仅需选取一个距离将两大分支连接。在最后两列中选取最短距离 $d_{17 \cdot 13} = 2.27$，将整个图表连接在一起，至此，树状图表已完整建立起来（图 6-64）。

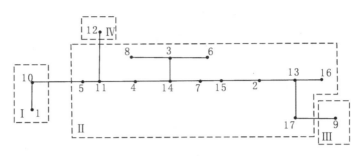

图 6-64 树状图表

从图 6-64 中可知，两点之间的逼近，表示其分类较为相似。对整个图表用相对较长的距离（如取 $t = 2.3$），可把各单元分成几类（如本例分成四类）。本例分成四类的结果与最短距离法的结果一致。

5. 贝利分类模型

该方法的分类特点是，在每合并一次类后，需要根据合类样品各指标的平均值重新计算新的距离系数，再在新的距离系数矩阵中进行分类；如此逐步计算合并，直至达到所需要的分类数目为止。

设有样品单元为 A，B，C，$\cdots$，各单元的指标为 X_1，X_2，$\cdots$，X_m，变量为 x_{ij}（$i = A$，B，$\cdots$；$j = 1, 2, \cdots, m$）。经数据规格化并计算距离系数后，得

$$D_n(0) = [d_{ij}] \quad (i, j = A, B, \cdots)$$

假如在 $D_n(0)$ 中 d_{AB} 最小，则 A、B 合并为一类；合并后把 A 和 B 样品的各指标相应计算其平均值，得

$$x_{AB \cdot j} = \frac{x_{Aj} + x_{Bj}}{2} \quad (i = 1, 2, \cdots, m)$$

其余依次类推。据此计算新的距离系数矩阵 $D_{n-1}(1)$ 再进行分类合并。如果第二次是 d_{CD} 为最小，则合并 C，D，那么，计算新的指标为

$$x_{CD \cdot j} = \frac{x_{Cj} + x_{Dj}}{2} \quad (i = 1, 2, \cdots, m)$$

再计算距离系数矩阵；如果第二次是 $d_{AB \cdot C}$ 为最小，则 A, B, C 应合并为一类，新的指标应为

$$x_{ABC \cdot j} = \frac{x_{Aj} + x_{Bj} + x_{Cj}}{3} = \frac{2x_{AB \cdot j} + x_{Cj}}{3} \quad (i = 1, 2, \cdots, m)$$

据此计算距离系数矩阵 $D_{n-2}(2)$ 进行分类合并，直至所需分类数目为止。

同样，也可根据逐步替代法作聚类图，其作图法与前一致，只是每合类一次后，需要根据新的距离系数矩阵选取最小距离值，并画去相应矩阵中的该行和列。

应用上述实例，按逐步替代法计算的分类结果为：

Ⅰ——1，5，10，11；

Ⅱ——2，13，16；

Ⅲ——3，4，6，7，8，9，14，15，17；

Ⅳ——12。

其相应的聚类图和类型分类图如图6-65和图6-66所示。

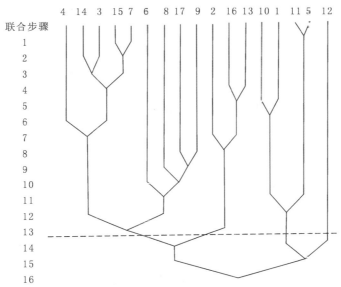

数字表示单元编号，虚线表示分为四个类型的标准水平

图6-65 聚类图（贝利方法）

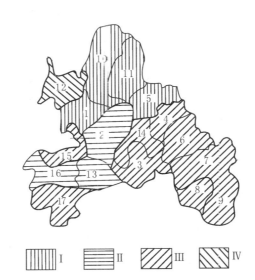

图6-66 类型分类图（贝利方法）

这个分类结果是在最短距离方法的基础上进一步深化的结果。

6. 典型样品单元分类模型

典型样品单元模型的分类方法是按距离系数矩阵确定典型样品单元，一般来说分类数目与典型样本单元个数相等。与这些典型单元接近的单元组成同种区域(样本)单元类型。

首先，计算各单元规格化指标组成的指标综合体，即

$$V_i = \sum_{j=1}^{m} |x'_{ij}| \quad (i = 1, 2, \cdots, n) \tag{6-35}$$

如果 $V_i \approx 0$，表示该单元在 m 维空间中近似位于坐标原点附近，处于各单元的中央位置。因此，取 V_i 值最小的单元为假设起始单元，作为计算分类典型的"起算点"，用 g_m 表示。然后从矩阵 D 中选择与假设起始单元相应的距离系数列，在其中找出与 g_m 相距最大的距离系数(g_{c1})作为第一个典型单元。第二个典型单元应与全地区平均值(g_m)和第一个典型单元(g_{c1})的指标值均有最大的差别，这就需要在累加假设起始单元与各单元的距离值和第一典型单元与各单元相应的距离值之和中，选择距离累加值最大值的单元作为第二个典型单元(g_{c2})。接着是三个距离值累加取最大值确定第三个典型单元(g_{c3})。依次类推，直至所求的典型单元数目为所需分类数目为止。其他未选入典型样品的单元，均与各典型样品单元比较，按分类距离系数的最短性分别归入各典型单元之中。

根据表 6-24 数据，按典型样品单元模型分类计算，计算结果见表 6-26。

表 6-26　　　　　　　　　　典型样品单元计算表

单元	V_i	d_{i7}	d_{i12}	$\sum_1$	d_{i16}	$\sum_2$	d_{i10}	$\sum_3$	d_{i6}
1	8.066	3.54	3.46	7.00	6.65	13.65	1.63	15.28	5.71
2	4.213	2.69	4.57	7.26	2.48	9.72	5.31	15.05	3.02
3	5.347	1.54	5.97	7.51	4.61	12.12	5.40	17.52	2.25
4	5.492	2.49	4.48	6.97	5.35	12.32	3.87	16.19	4.12
5	4.336	2.82	3.30	6.12	4.92	11.04	2.93	13.97	4.45
6	6.580	2.29	6.57	8.86	3.32	12.18	6.65	18.84g_{c4}	0
7	2.583g_m	0							
8	4.100	2.51	5.43	7.94	3.94	11.88	5.50	17.38	2.29
9	5.242	2.44	5.20	7.64	3.42	12.06	5.40	17.46	2.72
10	10.476	4.60	3.29	7.89	7.34	15.23g_{c3}	0		
11	3.435	2.42	2.93	5.35	4.66	10.01	2.94	12.95	4.18
12	8.318	4.88g_{c1}	0						
13	5.498	2.99	5.27	8.26	1.61	9.87	6.25	16.12	2.56
14	5.532	1.79	5.59	7.38	5.02	12.40	4.50	16.90	3.10
15	2.843	1.22	4.69	5.91	3.64	9.55	4.94	14.49	2.53
16	8.215	4.24	6.13	10.37g_{c2}	0				
17	7.324	3.29	5.19	8.48	3.47	11.95	5.84	17.79	3.20

其分类结果为：

Ⅰ——1,4,5,10(10);
Ⅱ——2,13,16(16);
Ⅲ——3,6,7,8,9,14,15,17(6);
Ⅳ——11,12(12)。

单元10,16,6,12分别是第Ⅰ,Ⅱ,Ⅲ,Ⅳ类的典型单元。典型单元模型能比较直观地反映出各类的典型样品,有利于显示专业化分类(分区)的典型区域。

第八节　地图自动综合

在数字地图制图时代,如何将制图综合原则和方法在数字环境下自动实现是地图制图学中最具挑战性的研究领域。要实现地图综合自动化,必须将地图制图综合处理过程模型化、算法化和程序化。

一、地图自动综合现状分析

1. 制图综合过程的模型化

数字地图环境下的自动制图综合赖以实施的基础是模型、算法和知识。因为只有易于程序化(计算机程序和人工智能程序),计算机才能执行制图综合的各项操作,而模型、算法和知识是易于编程的。

数字化环境下的地图综合的数据模型是对模拟地图上所表达的地理实体及其相互关系的抽象、概括与数据组织。基于地理实体的数据模型按照实体分布的维度可以分为点、线、面三大类,而对于较为复杂的面模型往往对其建立拓扑关系,以便制图综合中对对象之间的相互关系进行查询,这些拓扑关系包括多边形-弧段、弧段-点、弧段-左右多边形、节点-弧段等。栅格模型、TIN模型、Voronoi图模型往往作为地理实体的索引,在地图综合过程中结合具体的综合算法,起到快速查询、设定约束的作用。栅格模型是对平面在两个正交方向上的均匀剖分,结构简单但欠缺灵活性;TIN模型是由三角网对整个平面的连续铺盖,可根据地理实体的具体分布情况调整密度,实际多使用带约束的Delaunay三角网来作为地图综合的辅助数据模型;Voronoi图是Delaunay三角网的对偶图,Voronoi多边形可以看做是每个地图实体的势力范围,这对于地图要素占位矛盾判断、关系处理中的移位尺度计算有着积极作用。

地图综合的模型分单独要素(即要素层次)、要素类(即要素类层次)及整幅地图(即地图层次)三个层次。在单独要素层次,地图综合的模型便是地图综合的几何变换操作。通常是删除、合并、移位、化简、夸大和符号化等操作。但是这些综合算子对计算机处理过于概括。Master和Shea(1992)将这些操作进行了细化,提出了聚合、融合、分类、收缩、移位、增强、夸大、兼并、精化、化简、光滑和典型化等12个操作。后来有学者认为这12个操作还是过于笼统,在此基础上再细分出了40个操作,增加了删除、分割等操作。

2. 制图综合过程的算法化

制图自动综合算法分为两大类:一类为基础算法,另一类为高级算法。基础算法指的是对综合操作的几何变换的简单实现,而高级算法可能是由几条基础算法组成的复合算法或智能算法。

在地图自动综合发展的初期,出现了很多减少点的数据量的相关算法,也叫点压缩算法。这些算法的基本思想是:从心理学角度看,线上的某些点与其他点相比,具有更为丰富的信息,信息丰富的点在地理信息科学领域里被称为特征点。最经典的是 Douglas-Peucker(Douglas and Peucker,1973)算法。由于该算法在对线划要素进行化简的过程中存在自相交问题,有学者提出了基于客观综合的自然规律的线划要素综合算法。这一算法的参数仅为新编图和资料图的比例尺,称为比例尺驱动的客观综合算法。慢慢地,人们也开发了线光滑、线局部修正、线典型化、线的取舍等许多算法,同时,小波理论、弹性力学模型等数学工具也被广泛应用。

从20世纪80年代初开始,许多学者对面要素综合产生了兴趣。Monmonier(1983)为取舍及合并提出了一些好方法,Li 和 Su(1995)开发了一套基于数学形态学的算法。

遗传算法、智能体技术和弹性力学在自动制图综合中的应用是近年来取得成果较多的新研究领域。

遗传算法主要在点群目标的选取、线要素化简、道路网综合、河流选取和人工水网的自动综合、点注记和线注记的自动配置等方面应用比较广泛。

智能体(Agent)技术是一种新的计算和问题求解的思路,TIN 技术的几何处理功能非常强大,但面对智能化的挑战,仍满足不了自动制图综合的需求。Agent 与 TIN 相结合,可构建 ABTM(Agent Based TIN Model)算法,主要用于居民地建筑物合并、点群要素选取和线要素化简。

弹性力学是研究弹性体受力作用产生变形的原理,如果仅仅是弹性体部分受力,则形变时物体整体形状基本保持不变,只是局部变形。这个特点正是地图制图综合中所希望出现的效果,即保持目标空间关系总体的不变性。地图要素关系处理是自动综合的一个难点,图形符号位移操作是关系处理的一种主要方法,而位移操作的一个主要的约束条件就是要正确表达要素目标间的空间关系。导致位移操作复杂性的一个主要因素是位移具有传播的特性,只有解决和控制了位移的传播,才能避免位移操作后产生新的冲突并能保持正确的空间关系。而基于弹性力学原理的位移操作就是迄今为止最为有效的方法。有的学者深入研究了目标冲突的探测方法,并对目标受力进行了分析,在此基础上根据目标自身的特点分为平移和变形两类位移操作方法。平移即目标进行整体移动,这种操作不改变目标自身的形状特征;变形即目标通过改变局部的形状来解决冲突。

此外,基于人工神经元网络和"圆"的自动制图综合算法方面的研究也取得了许多成果。

3. 制图综合过程的智能化

一般来说,制图综合知识的获取有三种途径。第一种是从专家那里获取,即让专家告诉大家他是怎样做的。但人们很快发现专家的许多所作所为只可意会而不可言传。第二种途径是从现有的规范中找。但人们也很快发现规范太粗,不能告诉你怎样去做。第三种途径是从现有的地图中找。但人们也很快发现地区的差异性很大,从一个地区得到的知识对另一地区不一定适用。地图制图综合的难度和复杂性集中体现在它对人类思维活动的高度依赖。而人类在实施制图综合时的思维活动又具有主观性、灵活性和判断标准的模糊性等特征。这也是多年来地图学与地理信息科学领域的专家们在地图自动综合领域没有实质性的突破,特别是在理论与方法上缺少系统性,在实现技术上没有找到强有力工具的主要原因。

要使人类在地图综合过程中的主观判断变成计算机可以接受的、可形式化的规则,关键就是建立地图综合的指标体系和知识法则,因为它既是建立制图综合数学模型的理论基础和关键性控制技术环节,也是建立地图综合专家知识库的指导原则和原始素材。把专家系统引入地图综合,其基本思想是:将制图人员手工执行地图综合任务时所用的各种知识(包括地图规范、制图经验等)收集起来,分类整理成地图综合的规则库和知识库,进而依据它们构造出地图综合的推理机和解释器,一起组成地图综合专家系统,实现地图综合的自动化。

空间关系是数字地图自动综合的基础之一,在地图综合的概念模式设计、算法设计、过程控制及地图综合结果评价等方面具有直接的应用。制图员在地图综合过程中,运用自己的大脑思维灵活有效地处理了地图目标的空间关系,解决了地图目标的表达问题。在数字环境下,地图综合的实质问题并没有变化,自动化的综合转化为对人类手工综合的模拟。因此,地图综合各环节的算法设计与实现,仍然需要处理地图信息的描述与表达问题,也就是数字地图目标之间的空间关系问题。在数字地图综合过程中,由于比例尺的缩小、图形的合并、删除、化简和移位、目标语义的转换以及某些空间目标维数的变化等,要素间的关系会发生改变。但这种变化必须遵循一定的规律,才能保证同一空间场景在不同尺度数据库之间的一致性,满足空间数据质量的要求。要表达目标综合前后的这些变化,就有赖于空间关系理论。已有学者开展了地图综合对空间关系的依赖性较强的点群、线网、面群目标的制图综合算法。

但制图综合本质上是一个高度智能化的系统,智能离不开知识,有知识才能谈得上智能,制图综合就是知识重新表达与知识抽象相结合的过程。正是基于这样的认识,有学者对制图综合知识的分类、获取和知识库构建、制图综合知识的结构化描述、制图综合知识的属性、制图综合知识的管理与组织及其在自动制图综合过程控制与推理中的应用等问题进行了研究,并取得了较好的效果。

4. 制图综合过程实现的协同化

在数字地图制图环境下,人们的认识存在着两种倾向:一种倾向认为制图综合完全是凭制图经验的劳动过程,由计算机完成人都尚未弄清楚的制图综合是不可能的,实际的地图生产中只是将传统的用绘图工具对模拟地图进行综合"搬到"计算机屏幕上用鼠标进行制图综合,本质上仍是手工方式;另一种倾向是夸大了计算机的作用,认为只要编写出程序,就能利用计算机在很短时间内完成手工制图时需要花费许多人力和很长时间才能完成的制图综合,盲目追求制图综合的全自动化。这两种倾向都是不科学的,都是因为对人和计算机处理信息的能力和特点以及人和计算机在制图综合过程中的相互关系缺乏深入分析研究。

针对上述数字地图制图综合中人机协同存在的问题,王家耀院士研究了人在制图综合过程中的思维方法和计算机模拟人在制图综合中的思维的能力,并提出了自动综合中人机的最佳协同理论。关于人在制图综合过程中的思维方式,研究了制图综合的抽象思维方式

(基于联系的归纳推理思维、基于过程的形象推理思维、基于规则的演绎推理思维)、视觉思维方式(视觉选择性思维、视觉注视性思维、视觉结构联想性思维)和灵感思维方式等。研究表明,目前的计算机模拟抽象思维比较容易,特别是制图综合专家系统技术的研究,能比较有效地模拟基于规则的演绎推理思维,而对于制图综合过程中的视觉思维特别是灵感思维,计算机模拟起来就困难了;同时,利用计算机模拟制图综合中人的思维方式求解制图综合问题必须具备问题形式化、可计算性、合理的复杂度等前提条件。另外,要求数据库中的数据能客观、正确地反映人脑思维系统,目前还不现实,这就影响了计算机对制图综合过程中人的思维的有效模拟。由于计算机目前还不能有效模拟制图综合过程中人的全部思维方式,这就决定了人在制图综合中不可替代的作用,也决定了自动编图系统只能是人机协同系统。关于自动制图中的人机协同问题,应根据人和计算机处理地图信息的工作特点,实现最佳人机协同,即充分发挥人的创造能力,充分利用计算机处理地图信息的能力,充分发挥人在自动制图综合过程中的主导作用和计算机的辅助作用。

5. 制图综合过程的系统化

尽管像 20 世纪 90 年代 Intergraph 公司推出的 DynaGEN、德国汉诺威大学的 CHANGE、法国国家地理研究所(IGN)的 STRATEGE 和基于 Agent 的 Carto 2001、苏黎世大学的基于 Agent 的居民地综合系统 PolyGon、Laser-Scan 公司的基于 Agent 的 Clarity 等纷纷面世,但离问题的解决还很远,很难让人们看到其整体应用和全面解决的前景。其主要原因是:没有把自动综合作为一个整体(全要素、全过程、可控制)来研究;自动综合系统中缺乏知识和智能的支持;众多的综合算法只能处理特定环境下的特定问题且相互之间缺乏整体配合;缺乏能支持自动综合操作的空间数据模型与数据结构。

自动综合质量评估与控制的主要目的,是通过制图综合约束集和综合结果评价策略的建立,构建自动综合的算法评价模型和质量监控机制,对各种自动综合算法从属性精度、几何精度、空间关系、特征保持和误差传播等方面进行评估,进而对综合结果的总体质量做出评价,同时对自动综合的执行过程进行全程的实时质量监测与控制。

要实现把自动综合作为一个整体来研究,必须解决过程控制和保质设计两个问题。近年来,有学者在分析制图综合特点的基础上,借鉴人工智能领域的研究成果,提出了一种制图综合知识的分类、获取和表达方式,以及对知识的组织和管理方法,以支持模型、算法、过程控制和质量评估;借鉴人工智能领域的 Agent 思想和技术,提出了一种制图综合 Agent 新的分类方法,详细研究了该 Agent 实体的生存和交流模式及其结构化描述方法,以支持自动综合系统框架设计和开发;开发了具有较强的图形操作、探测能力与智能性强和运算速度快的基于 ABTM 的制图综合算法和基于圆特性的制图综合算法;借鉴工业领域的工作流思想和技术,提出了一种把模型、算法、知识及评估联接在一起的自动制图综合链和基于综合链的制图综合过程控制模型,以支持对整个制图综合过程的控制。在此基础上,构建了一个能实际运行的自动综合系统软件。

对于普遍关注的自动制图综合质量问题,有学者认为制约自动制图综合质量的原因,除了计算机处理抽象思维快捷迅速而处理制图综合中大量存在的形象思维和灵感思维十分困难的一面外,还取决于综合过程模型、综合算法和知识(特别是规则)的合理性、完备性、智能化程度以及自动综合结果评价模型。据此,提出了基于保质设计的制图综合模型框架、质量管理机制和数学描述。在分析制图综合约束条件的基础上，深入研究了基于数据库的保质设计制图综合知识表达；在进行面向综合质量控制数据模型需求分析的基础上，提出了面向综合质量控制的数据模型和基于该模型的综合质量控制过程；针对目前制图综合中的拓扑一致性检查与评价方面研究薄弱的情况，研究了制图综合中的拓扑一致性评价与保持的理论与方法；根据基于保质设计的制图综合模型需要多维约束空间的支持，提出了基于多维约束空间的自动制图综合结果质量评估模型，并以等高线化简为例对线要素化简算法评价模型进行了验证和统计分析；最后，构建了制图综合生产系统。

二、地图自动综合软件

随着计算机图形学、人工智能、网络技术等技术的发展，以及地图综合本身算法、过程决策、评价分析技术的突破，数字技术环境下，采用计算机软件实施地图自动综合成为可能。

1. 地图综合软件研制的模式

地图综合软件的研制可以采用两种模式：一种是在通用的 GIS 平台基础上二次开发集成针对地图综合的功能，完成空间数据的尺度变换；另一种则是在操作系统平台上从底层专门开发，不依托其他空间数据管理加工平台。

前一种模式由通用 GIS 平台开发商提供地图综合的算子功能模块，用户将这些地图综合模块与其他的图形编辑功能集成。这种模式将综合操作与一般的图形编辑（如样条光滑、线段求交、多边形旋转等）放到同一层次，缺乏针对地图综合实施的操作环境专门设计，这种软件运行时将综合过程决策、结果评价分析任务交给操作员交互式完成。Intergraph 系统中提供了专门的地图综合模块 Map Generalization，ArcInfo 从 6.0 版本开始就提供了 Douglas-Peucker。算法化简曲线的指令 GENERALIZE，在新版 ArcGIS 中增加了多个地图综合算子指令，包括：Buildingsimplify——针对建筑物多边形的形状化简；Centerline——提取双线道路、双线河流的中心线，将双边界线表达转化为单线表达；Findconflicts——根据视觉辨析间距阈值，探测邻近目标的空间冲突；Merging——合并两个同维的目标（点、线、面），结果为原目标的并集；Simplification——化简曲线、边界，包括 Douglas-Peucker 算法和弯曲弃除两种候选方案；Amalgamation——合并指定属性项的值相同的邻近多边形、线或者区，用于土地利用图斑语义层次的归并。

后一种从底层开发的模式针对性强，软件系统的功能主要在于提供地图综合算子，而其他非尺度变换功能（如空间分析、符号化等）不是系统的主要内容，同时对于地图综合的规则建立、多比例尺可视化环境、综合决策分析、综合结果评价等都有专门的设计。目前基于这种模式研制开发的软件系统有：法国 IGN 地图院 COGIT 实验室研制的 Stratege，苏黎世大学的 PolyGen，德国地图研究院的针对 DLM 模型综合的 ATKIS 软件，英国 G1amorgan 大学研制的针对空间邻近关系识别及冲突处理的 MAGE。LascerScan 公司研制针对数字地图 DLM 综合及 GML 数据输出的 ATKIS-GEN 软件。我国有武汉大学研制的针对国家基本比例尺地图系列综合缩编的 DoMap 软件等。

地图综合软件本质上与空间数据采集、图形编辑一样都是针对地图数据变换的，但与一般的地图图形编辑软件相比，地图综合软件对图形变换要复杂得多。这种复杂性表现在图形变换的算法复杂、源数据形式多样、可视化操作环境要求特殊。从软件界面上所表现出来的操作功能有较大的差别，一般的图形编辑软件主要是针对点、线、面进行几何操作，而地图综合软件是算法复杂的综合算子。

2. 地图综合软件的分类

地图综合软件的分类可以基于多种标准，根据自动化程度可分为交互式综合与自动综合，根据是否在网络环境运行可分为在线式综合与离线式综合，根据待综合数据模型可分为面向 DLM 数据的综合与面向 DCM 数据的综合，根据综合结果数据的形式可分为面向状态的综合与面向过程的综合。

1) 交互式综合与自动综合

地图综合行为包括智能性决策分析和劳动性操作实施，软件胜任哪一层次的任务决定了其自动化水准和地图综合的效率。

自动化综合是指软件不仅能够执行底层综合算子实施，还可执行上层过程决策，包括软件自动识别空间结构、自动调用匹配的综合算子、自动设定参量系数，在用户启动执行指令后，系统自动完成整个综合过程，输出结果地图，并对综合结果进行质量评价，该自动化过程甚至可以省去图形可视化显示，用户极少干预整个综合任务。对于这种软件的设计，主要工作在于引入人工智能技术，通过智能推理研制地图综合的决策分析模块，能调用组合底层的综合算子模块。自动化的地图综合软件在某种意义上可看作面向空间数据尺度变换的专家系统。由于综合决策上智能推理研究的难度，目前全自动的地图综合软件还难于实现，但针对部分结构单一的要素，在一定地形化简算法支持下可批量化完成，另外，对于特定领域的比例尺变化范围较小的综合过程，如基于属性条件的数据过滤等也可实施批量化自动综合。

交互式综合是人机协同作业机制下通过作业员交互式参与完成综合过程。首先是在软件平台上"人"、"机"的综合任务分工问题，作业员完成上层的决策分析，而由计算机软件完成具体的算法执行。综合过程决策的智能行为高，有地图生产经验知识的作业员的判断可在一闪间完成，底层的几何图形操作在综合算法支持下，计算机也可快速完成，因此这一人机协同工作模式是不同角色的优化配置。

交互式综合与自动综合是一个逐步转化的过程，随着自动化决策功能的成熟，软件可逐步涉入智能推理领域。据目前地图综合研究水平，交互式综合软件是主要的产品形式，该类软件的设计要界定人机任务分工、研制提供一批高效率的地图综合算子功能，同时为作业员的交互式参与综合的判断决策提供良好的辅助环境，使得人眼很快识别何处有空间冲突。

2) 在线式综合与离线式综合

在网络时代，地图的生产、浏览、发布等均与网络环境相关，为此产生了地图综合软件的两种运行模式：在线式综合与离线式综合。两种软件的设计有很大差别。

在线式地图综合是在服务器/终端机制下，基于终端用户的服务申请，通过"中间件"技术建立网络环境下的地图综合服务体系，在服务器端和用户终端实施不同层次的地图数据综合，输出不同尺度、不同分辨率下的地图综合结果。

在线式地图综合软件的开发实质为网络服务体系的建立及相关组件的接口与集成，根据网上地图综合数据处理过程：数据访问预处理、综合算子调用控制、图形综合化简操作、空间关系一致性处理，分别构建一批独立功能的组件。基于中间件技术在 Web Service 的工作机制下集成为网络服务体系，将地物选取、图形化简、合并、移位等地图综合服务的描述和服务的人口发布并在 Web 上注册，终端用户通过 Registry 查找所需的服务，服务清求者与找到的服务进行绑定，与其进行交互，完成在线地图综合服务。

在线式地图综合服务体系中，地图综合支持服务为综合算子提供基础几何分析算法，主要包括 Delaunay 三角网构建与空间邻近分析、Voronoi 图分析、多边形布尔运算、数学形态学算子、最小支撑树 MST 及网络分析等，为地图综合算子提供几何算法基础；综合算子服务提供化简、光滑、聚合、融合、降维、夸大、移位等综合算子功能服务，按照数据对象的几何维数、语义特征进行分类。该服务是交互式网络地图综合的基础；综合过程服务提供制图综合的过程控制、综合算子的组合调用、综合参量的传输，以及综合过程的结果评价分析，本服务直接面向终端用户。

在线式地图综合软件的开发面临两个关键问题：一是需要将专业化的综合服务模块与通用性的数据管理服务模块集成，将地图综合中间件深层次地嵌入网络服务体系中，这是系统集成中的关键问题；二是综合算子算法必须是实时响应的，适宜在线操作。

在网络环境下实施地图综合将是地图生产的发展趋势，比较好的方法是将在线式综合与离线式综合结合，共同完成从服务器到终端用户的不同比例尺数据的综合与传输。该结合表现为离线式综合生成地图数据的"半成品"，以多版本结构预存在服务器中，同时通过中间件或其他形式提供实时在线式地图综合服务，操作时用户申请该服务完成符合特定分辨率、比例尺、精度要求的最终综合结果。

3）面向 DLM 的综合与面向 DCM 的综合

地图综合软件处理的数据对象可分为两种模型，即数字景观模型（digital landscape model，DLM）和数字制图模型（digital cartographic model，DCM）。模型不一样导致综合软件的功能、操作环境、评价条件也有较大差别。

DLM 是地图数据库的用户视图，是在计算机中实现了对客观世界的高度抽象，有如下基本特征：①用属性、坐标与关系来描述存储对象，是面向地理景观特征的；②没有规定用什么符号系统来具体表示，独立于表示法的；③以数字形式存储的抽象地图可满足多种用户的共同需求。

在数据库世界从新的视点导出低分辨率下的地图数据库 DLM1 到 DLM2，即为模型综合。通过模型的抽象与化简，DLM2 对实体世界的描述更加概括、更加抽象，舍掉次要的地物目标，选取的重要目标对其主要空间、属性、时态特征也以简洁的方式予以表达，此阶段的表达不考虑图形可视化，不考虑采用什么符号，不涉及地图的艺术性、美术特征。在软件设计功能方面主要表现为：按资格选取（分辨率确定在数据库中表达的内容）、合并（导出新的更高层次的地理实体概念）、聚合等。

基于 DLM 模型采用特定的符号系统可视化生成符合视觉认知要求的图形形式，便是数字制图模型 DCM，是面向图式符号的或面向制图表示的。从可视化角度，将数字景观模型用图形模型表达出来 DLM 到 DCM，处理其中的空间冲突，即为图形综合。由于目标的图形可视化并不是简单符号化过程，其间会产生视觉空间冲突、符号间距太小不易于视觉分辨等问题，需要图形综合。图形综合充分展示地图的艺术美学特征，顾及地图用户视觉心理，对运用符号参量可视化时产生的问题通过综合得到克服，增强地图的可读性。面向 DCM 模型的综合主要表现为移位、夸大、空间冲突关系处理。

在测绘地理信息生产单位，DLM 与 DCM 的生产通俗地称作"建库"与"出图"，所采用的平台软件也不一样，在综合化简功能方面也是同样的情形。面向 DLM 的综合主要考虑分辨率、拓扑关系一致等要求，不考虑符号化后产生的空间冲突，而面向 DCM 的综合主要考虑图形符号间的关系处理。

3. 地图综合软件结构设计

从底层开发的地图综合软件系统，既要包含一般图形软件对地图数据存储管理的数据库管理平台，又要面向综合缩编任务提供专门的软件功能模块与用户界面，在内核的数据维护管理、检索、数据读写方面与其他软件没有差别，而综合功能是这类软件的独特性。

DoMap 采用基于面向对象技术，运用 VC++语言开发，通过动态链接库和组件技术建立系统框架。DoMap 在操作系统上运行，由内向外产生三层圈式结构：①内层数据库管理平台，实现空间数据的维护，包括数据的读写维护、空间索引的建立、地图要素的分层管理、多功能图形标识查询、逻辑条件查询、地图目标的可视化显示、地图层目标级和节点级基本几何编辑与属性编辑等；②中层综合算子、综合环境建立，建立点、线、面不同几何型目标选取、化简、合并、移位的综合算子算法，建立综合规则库框架，建立底图层、综合层数据混合显示框架环境；③外层缩编工程应用扩展，面向地图综合缩编工程应用提供系统界面制定综合规则，建立地图综合操作流程、建立地图综合评价指标及方法。

第二层综合算子和综合环境的建立是地图综合软件的核心，根据国内外在地图综合算子研究的最新进展，设计研制一批实用的通用型地图综合算子，主要有：基于 Delaunay 三角网邻近分析的多边形化简与合并，基于矩形几何的建筑物差分组合及化简，基于约束 Delaunay 三角网模型的道路中轴线提取及网络模型建立，基于局部凸壳识别和凸壳层次结构的曲线化简，基于布尔运算的多边形叠置分析，基于 Voronoi 图的点群选取化简，基于栅格形态变换的多边形合并，等等。第三层地图缩编工程应用，通过多种综合算子的组合完成面向现有数据库的地图综合过程开发，将第二层的算子组件、动态链接库集成开发，得到专门定制的综合应用软件。

由于地图综合任务的广泛与应用领域的多样性，对综合算子的功能需求、综合规则和作业流程差别较大，难以形成统一的地图综合应用软件。如适宜 1：1 万综合缩编 1：5 万任务的算子功能与 1：10 万综合缩编 1：25 万的算子会有较大差别，而适宜地形图综合缩编的作业流程与土地利用专题地图的综合缩编也有较大差别。因此采用组件技术，在共性的地图综合算子基础上面向特定任务需求定制专门的应用系统。

基于面向对象技术进行软件的程序模块设计，关键是类结构的组织及调用、继承关系的建立。图 6-67 是地图综合软件程序的类结构，右侧部分为地图综合算子类，它将地理要素类和几何操作类连接起来，这是因为适用的综合算子不仅要根据几何特征确定还要考虑语义特征。例如，同样是多边形化简，对于建筑物多边形和湖泊多边形则要采用不同的算法，前者要顾及建筑物多边形的直角垂直化几何特征，后者则是不规则多边形的化简。根据目前研究在地图综合算法设计中普遍采用计算几何模型 Delaunay 三角网、Voronoi 图、多边形布尔运算等，在程序模块设计中要专门开发一批该类模块，基于这些几何构造模型提供多边形合并、多边形中轴化、多边形毗邻等操作。

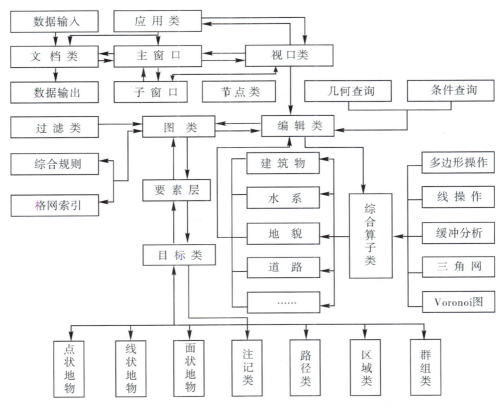

图 6-67　基于面向对象技术的地图综合软件程序的类结构

系统程序处理的数据对象从上到下因此划分为图、要素层、目标。目标往下再划分包括了两种不同的目标，一种是简单目标，即在一般 GIS 软件确立的点、线、面和注记，另一种是复合目标路径、区域和群组。路径定义为弧段的顺序集成，区域定义为邻近多边形的集合（如岛屿群）。在软件设计中增加复合目标，是因为地图综合的数据对象是复杂的，许多算法表现为多目运算，即参与运算的多目标集具有完整的地理意义，因此在系统中定义专门的复合目标为综合算法的数据对象提供对象框架。

4. 待综合源数据的集成与预处理

地图综合软件加工处理的数据对象往往是多种形式、多种来源、多种格式的数据集成。在正式实施综合缩编之前，对待综合源数据进行集成与预处理是非常关键的步骤，尽管该工作与综合化简没有直接联系，但在整个综合缩编任务执行中，占有重要地位。例如，国家 1∶5 万地图综合更新任务中，基于基础资料源数据就包括 1∶1 万 DLG 数据、1∶5 万 DLG 数据、1∶5 万 DRG 扫描图像、DOM 高分辨率遥感影像、GPS 县乡道数据、地名数据库以及其他资料等多种形式。因此，在地图综合软件提供高效率的源数据集成与预处理功能很有必要。

1) 待综合源数据集成

地图综合的数据源往往是多种平台软件采集建库、多种比例尺、多种编码方案，使得综合前的数据集成面临地图要素分层不明确、地图表达规则不一致、图幅接边错误、拓扑关系错误和属性赋值错误等一系列问题。

(1) 源数据组织的要素层重新归类：

不同要素层的共享边的处理不当(例如，植被的边界往往是从水系、道路拷取部分边界生成的多边形)，许多不同类型的要素混为一层(如将绿化植被、水系、道路、境界及某些线状设施一起放在同一层)，虽然对于制图输出没有多大影响，但这些要素在综合时应选择不同的算子规则和不同的综合操作过程。有的数据将注记单独列为一层，混淆了与不同层要素描述的归属关系，显然在综合时，对地名注记、说明性注记应采取不同的操作处理。利用预处理功能对源数据组织的要素层重新归类。

(2) 统一数据表达形式：

不同时期不同单位测绘的基础地图在属性层次上划分标准不一，例如，部分图对植被类型区分为果园、水稻田、林地、草地等，而另一部分图则区分为针叶林和阔叶林，部分图高程点密度不一致。由于地形条件和制图区域特征的差异，部分 1:1 万地图的地形按 25m 高程间隔设置 1 根计曲线，而部分 1:1 万地图按 20m 高程差设置计曲线。有的图幅范围为 50cm×50cm，而有的图幅范围为 40cm×60cm。软件需要提供语义层次重新划分，统一数据表达形式的基本功能。

(3) 图幅之间接边改正：

如果是同一个制图任务完成的分幅图生产，相邻图幅关系处理与接边应当没有问题，而不同时期不同部门面向不同目标生产的相邻图幅，拼接是会产生较大问题，部分图拼接后在接边处出现明显的等齐式多边形裁接线，尤其是大面积的林地、湖泊多边形拼接。

(4) 拓扑关系和属性赋值改正：

尽管源数据生产时有严格的制图规范，但对大规模工程数据库建设错误是不可避免的。某些错误在源数据应用中没有显露出来，或者对非综合的应用没有多大影响，但面向地图综合任务时，这些错误将是致命的。例如，等高线高层值赋错，对于等高线图形输出没有影响，但在综合时依据高层差选取，就会发现错漏一批等高线，产生严重错误。

以上部分问题，综合前可通过错误检查功能和交互式编辑加以改正，有些则因缺乏真实信息或修改工作量太大只好维持现状。这些问题不同程度地影响综合效率，如要素分类分级很严格，综合选取时根据属性条件批量选取即可完成综合，如果没有严格区分，属性混为一团，则需投入大量的交互式人工操作才能完成。

2) 数据预处理

面向综合任务的数据预处理主要是为后继综合做准备，达到可以实施快速选取、高效率综合的目的，在地图综合软件设计中需要考虑的预处理功能有：

(1) 属性编码、数据字典统一匹配映射：

综合前后的地图数据往往采用两套编码方案，语义描述的数据字典也有差别，为此在地图综合软件中通过预处理将数据表达统一，有利于后继综合变换。由于综合前大比例尺地图表达详细、要素类型划分细、语义字段丰富，而综合后的结果数据往往表达概略，在预处理时可以将源数据中对综合化简没有影响的字段去掉，对数据的语义信息"瘦身"。在分类要素对应转换中存在三种映射关系：①一对一，综合前的某一编码转换为综合后的某种编码，编码值可以不一样；②多对一，综合前的多种编码归并为同一种新的编码，如果园、茶园等转换为园地；③一对零，源数据表达中的某些要素在综合后的表达中不需要保留，直接把它删除，例如，大比例尺地图1∶1 000上的路灯，在1∶5 000结果图上无条件删除。这种预处理，已经开始涉及简单的选取综合操作，只不过不需要复杂的尺度变换分析，只是在语义属性层次上的批量化处理。

(2) 图幅拼接：

如果综合前后比例尺相差 n 倍，综合输出同样幅面的地图，则需要 n^2 幅图拼接后作为综合的工作底图。图幅拼接需要对图形、语义信息作一致性匹配处理，包括目标的合并，其中图幅边界分幅线的处理是一个重要内容。分幅边界辅助线要弃除，原图幅的分幅边界线部分地参与了多边形地物的封闭，在弃除内边界线时，要考虑跨图幅多边形的接边吻合性。有些弧段接边不严格，拼接后产生裂缝，边界的弧段不被两边多边形共享，此时如果强行删除这种弧段，则会破坏多边形的封闭性，因此不能简单地将图幅边界线删除，要通过多边形融合(Dissolve)删除共享边界。

(3) 坐标系投影转换：

综合前后不同比例尺数学基础的表达，产生坐标系的变换与投影转化，在地图综合软件中需要提供相应的预处理功能，包括：地图投影变换、经纬度大地坐标到大地平面坐标的变换、投影带的转化，例如，国家基本比例尺地形图系列中1∶1万采用3度分带，而1∶5万地图采用6度分带。

(4) 基于几何特征的数据过滤：

由于源图数据的曲线作了光滑处理，对于缩小比例尺后的综合结果表达，矢量点在高密度阈值下显得过于密集，严重影响后继数据的处理速度。数据拼接后利用曲线化简法对曲线作保守的压缩处理，可大大降低数据量。该预处理引入了曲线化简综合操作，但只是几何上的化简(准确地说为数据压缩，不是综合处理)，不考虑曲线的地理特征，其目的在于提高数据的后继处理速度，减少数据存储量，定义保守的化简阈值不会改变曲线的拓扑结构及弯曲特征。另外，根据目标的长度、面积等阈值，批量删除过于细节化表达的目标，也可减少一部分数据量。

(5) 图像数据的预处理及与矢量地图的匹配：

影像数据由于现势性强，日益成为地图综合缩编中的重要数据资料，辅助决策变化信息的提取、作为更新数据的背景资料，因此在地图综合软件中要提供图像数据预处理功能，保证航摄像片、遥感影像、DRG扫描图能调入系统平台，作为数据更新的底图资料。功能包括：图像图形的坐标匹配，可视化环境下的简单图像变换(平移、旋转、比例缩放)，图像作为底图背景在放大、缩小后的快速显示。

5. 系统参量与综合规则

操作控制参量与综合规则是控制地图综合过程的关键，也是交互式工作中，人机联系的纽带。地图综合软件设计中关于综合规则的控制、界面与操作是一个重要内容。

面向综合过程控制的综合规则是决策算子、算法、参量选取的条件，综合中具体的规则形式多种多样、适于形式化管理，制图综合软件总结出表达综合规则的六元组通式：

    （<层代码>，<操作算子>，<属性码>，<指标项>，<下限>，<上限>）

其中，<层代码>确定本规则所适用的要素层；<操作算子>确定本规则是针对哪种综合操作（删除、合并还是化简）；<属性码>确定本规则适用要素层下的哪一类目标，如同样是建筑物层，对高层砖结构建筑物多边形化简与土结构平房化简规则不一样；<指标项>确定规则针对的特征项，是以长度大小还是以面积大小作为化简依据；<上限>、<下限>确定指标项的取值范围。该六元组的通用意义可表达为：

当<层代码>内的目标具有<属性码>，且其<指标项>小于<上限>而大于<下限>时，执行<操作算子>。

该表达式中 6 个参量的定义分别为：

<层代码>：Char，取值为建筑物、水系、道路、地貌等要素层的对应代码；

<操作算子>：String，字符串表示的综合操作，如 DELETE/SIMPLIFY/LINK 等；

<属性码>：Long，由数据库建库方案规定；

<指标项>：String，取值为 AREA/HEIGHT/DENSTTY/GAP—DISTANCE 等综合算子的控制指标；

<上限>：Float，为对应指标的上限取值，由综合后图的 mm/mm^2 单位表示；

<下限>：Float，为对应指标的下限取值，由综合后图的 mm/mm^2 单位表示。

规则库建立取决于地图综合任务要求，可根据综合前后比例尺地形图的图式规范、专题要素化简综合的特殊要求以及常规编图过程的经验决定，一般由系统管理员征询各方面用户要求后统一规定，并选择典型地理特征区域内的几幅图做实验，综合结果输出通过检查重新在系统中修订规则指标，综合程度过大的应减小综合指标阈值。

6. 建立可视化环境

地图综合操作对象为 DLM 模型下的地理特征目标或者 DCM 模型下的图形目标，综合操作由用户根据界面上显示的标准符号化图形间的邻近关系、密度对比、图形模式、空间冲突做出决策，高质量的符号可视化可帮助用户高效率地决策。针对地图综合大数据量、多比例尺、动态缩放环境等条件，软件的可视化要专门设计。交互式综合操作的快速响应，要求符号化为实时的，符号化算法要优化，要提供骨架化显示、部分符号化显示、完全符号化显示等多种模式。考虑到综合前后两种比例尺的变化，应区分四种显示状态：底图层要素在综合前坐标系下显示、底图层要素在综合后坐标系下显示、综合层要素在综合前图标系下显示、综合层要素在综合后坐标系下显示。在多种形式的组合中，图形显示能提供良好的视觉感。

1）几何要素的可视化

综合中对点、线、面、注记进行图形可视化要考虑以下因素：视觉意义的正确传输、层次结构的体系化表达、实时符号化的运行效率。基本比例尺地形图显示有严格的图式标准，是图形系统可视化的依据，同时还要考虑计算机环境下可视化的适应性。

数据库内目标层次体系化特征的体现由颜色、线宽、线型实现，即对每一层规定其可视化的符号参量。

点目标的可视化的符号参量主要是颜色,按照严格的图式符号进行,显示时按比例放大,在地图综合软件环境下建立各种比例尺的点符号库文件、分类码与码号库的对照表文件,实现点线目标的显示提供骨架式和符号式两种方式。

线目标的可视化的符号参量主要是颜色、线型、线宽,线符号化需要运用平行线、定比分割等几何算法,是一个耗时的过程。在数据库大范围显示或交互式编辑操作中,运用骨架式显示,即只设定线型、颜色、线宽,不进行真型符号显示,避免等待时间太长、影响操作效率。而当用户要查看、编辑综合结果的符号形式,特别是图形符号间的配置冲突关系时,应对线进行符号式显示。线目标的符号式显示也存在两个文件:符号对照表和线符号库文件。根据线状符号的组合语法规则,将其分解为基本单元,并设定描述参量得到线符号库文件,根据符号参量描述调用专门的符号生成函数完成其可视化。

面目标的可视化的符号参量主要是填充色、边界色、边界线型、线宽,面目标的显示运用 VC 的多边形填充函数 PolyPolygon( ) 完成,符号参量取决于层的设置。

注记型目标的可视化的符号参量主要是字体、字色,注记型目标的显示,运用 VC 的写注记函数 Text( )实现,数据库中已记录了注记的字体、字号、定位坐标显示参量,在层内规定了注记的显示颜色。

层之间设定显示顺序,在层管理器的界面上,处于底部的层先显示,处于顶部的层后显示,显示结果表现为上层压盖下层。一般地,用户可按注记、点、线、小面积面状目标、大面积面状目标的顺序调整层的排列。

2) 两种比例尺状态下的图形显示

综合过程中图形显示要逼真地将综合前后目标符号化图形相对大小和相对位置关系体现出来,用户通过视觉判断何处密度过大、何处符号间有压盖冲突,从而决定化简综合策略。数据库内存储的目标为大地坐标,无符号大小概念,也不随输图比例尺变化而变化,但在屏幕上两种比例尺下符号化显示时应作比例缩放处理。综合前与综合后按不同比例尺状态显示对线、面目标没有影响,但点符号和注记的显示有对应比例的变化。这是因为点符号、注记大小不随比例尺缩小而变小,而是保持固定的大小。在缩小后的表达空间里要包容原来大小的符号,必然产生空间冲突。如果符号按比例尺缩小,则视觉分辨不清。

在综合前较大比例尺底图参考系下显示图形时,直接符号化即可,按综合后较小比例尺显示图形时,要将数据库坐标缩小到 $1/n$(n 为前后比例尺倍率,如由1:50 000地形图综合缩编1:100 000地形图,则 $n=2$)。显示结果表现为缩到屏幕中央面积为 $1/n$,这样让用户获得综合产生图幅范围变化的感性认识。点符号、注记的大小应当保持不变,从而在缩小空间后产生了图形符号间的相互冲突。

地图综合软件的可视化环境中,存在两种地图坐标系:综合前大比例尺底图参考系、综合后小比例尺综合图参考系。图层有底图层和综合层。其间存在始终组合显示模式:

(1)底图参考系下显示底图层:正常显示。

(2)底图参考系下显示综合层:点符号放大 n 倍,注记按库内存储的字号显示。

(3)综合参考系下显示底图层:原图强行缩小,得到类似缩小复印的效果,地物间的相对位置关系不变,库内坐标缩小到 $1/n$ 后显示,注记字号缩小到 $1/n$ 显示,线宽缩为原

来的 $1/n$。

(4)综合参考系下显示综合层：库内坐标缩为 $1/n$ 后符号化显示，注记按库内规定的字号显示，点符号按正常大小显示。

点目标符号化根据其所处层的性质和设定显示参考系决定是否对原符号 n 倍比例变换。而注记总是以库内记录的字号作为显示依据，其相对大小的变化已显式记录在数据库中，即从底图层选取注记到综合层时，其字号放大到 n 倍，相反，缩小到 $1/n$，从而保证综合前后注记视觉大小不变。这种可视化效果表现为地图层上的地物选取到综合层后，符号大小会突然增大 n 倍，邻近地物相互压盖，从而发现空间表达冲突。

地图综合软件设计两种显示参考系供用户选择，上述四种显示方式都可能存在。如查看图幅的综合效果，则设定为综合参考系下显示综合层；如查看同一要素层综合前后的效果对比，则设定为综合参考系下同时显示综合层和对应的底图层；如查看不作任何取舍化简，底图要素缩小比例后的显示效果，则设定为综合参考系下显示底图层。

对于面状目标，多边形填充在底图层和综合层同时存在时，相互压盖，不能发现其间的差异。规定当多边形普染可以设置为透明状态，使多边形综合后与底图层地物关系一目了然。

7. 综合过程控制设计

在人机协同作业交互式地图综合机制下，人决策综合算子的选择、软件的过程控制模块，决定算法执行和参量设定，综合决策包括算子选择、算法确定到参量设定的三级控制过程。综合执行的过程表现为从现有资料图层上派生新的综合结果图层，包括直接从资料图层上选取部分重要目标拷贝到综合图层上，以及对选取的目标进一步作综合化简、合并等处理后在综合图层上产生新目标。

执行一个综合过程包含五个步骤：①建立综合操作环境，设定综合缩编的控制参量与地图综合规则；②确定综合图层、资料层，建立图形可视/隐藏、锁定/非锁定工作状态；③从资料图层选取目标到当前操作的综合层上，根据不同要素类型，在选取中系统自动对数据作预处理，对坐标压缩，过滤删除一批次要地物；④对选取的目标作综合化简、合并、几何类型转换等综合操作；⑤对综合结果上下文环境进行一致关系协调处理，包括要素体系内的关系处理和跨要素层的关系处理。

在地图综合软件中，定义综合前大比例尺地图要素为底图层，建立与每一底图层对应的综合层框架。由底图层向综合层有选择地拷贝目标，实现地图综合中的目标选取，在综合过程控制中遵循如下原则：

(1)只有位于综合层上的目标才能实施化简合并等综合操作。

(2)点状目标和注记由底图层拷贝到综合层时，其可视化状态要进行符号比例放大处理。

(3)综合操作只能对单一几何要素类(点/线/面/注记)目标进行。

(4)目标在底图层与综合层之间可多次选取删除。

(5)综合操作可反复进行，综合结果不满意时可删除，从底图层选取目标重新进行综合。

(6)综合层跨层间的冲突关系处理受操作的优先级约束。

(7)任一由算法实现的综合结果都可由人工进行调整、修改编辑。
(8)提供简单的综合评价辅助分析功能,但最终决策由人判断。
在软件过程控制设计中,执行一项菜单指令,要受以下五个条件控制:
(1)激活要素层(水系、居民地、植被、道路网、地貌等)。
(2)激活要素类型(点/线/面/注记/区域等)。
(3)比例尺(原图比例尺、综合后比例尺)。
(4)用户操作消息(两个选中多边形是分别化简,还是合二为一)。
(5)综合规则指标(选取高程点的密度比率阈值等)。

地理要素层决定算子选择的语义特征差别,如建筑物多边形与湖泊多边形的化简应采用不同的算法;对同一要素层下不同几何维数的目标,其综合化简的操作不一样,如水系层下的单线河与双线河(几何类型差异)都实施化简则有不同方法;操作消息的选定不一样显然会调用不同算子,如对房屋多边形是实施化简还是合并(操作差异);比例尺段的差异也决定操作的不同,如多边形房屋化简由 1:50 000→1:100 000 变成矩形形状,由 1:50 000→1:2 500 000 化简可能变成点表示;综合指标规则参量的差异直接导致综合化简的程度,产生结果不一致,如采用 Douglas-Peucker 法综合单根等高线,矢高不同,保留下的点不一样。

在综合软件中,以上五个条件表现为操作函数的接口参量,即调用一个综合过程,需要通过软件环境设置、消息激活确定这五个参量,然后才能执行该函数。

8. 分要素综合功能设计

地图综合软件与一般的图形编辑软件在功能设计上的不同之处在于:地图综合软件按地理要素分类设计功能,而一般图形编辑软件按几何要素分类设计功能。地理特征和几何特征结合决定综合算子的设计,同样是多边形数据,语义特征不同的建筑物、街区、湖泊及土质植被所采用的综合算子、综合策略与技术路线有较大差别。

1)操作层的划分

地图综合软件中按地理要素对操作对象划分层次,开发层管理器,并提供面向层操作的算子功能。划分操作层的依据有:地图的要素分类(自然要素分地貌、水系、土质植被,社会经济要素分居民地、道路网、管网设施、境界等)、几何特征(点、线、面、网等)及空间相关性等。面向综合的地图要素层具有如下特征:操作的有序性、结构的单一性、层次的可叠置性等。解决不同层要素间的空间冲突问题要考虑综合层的优先级,保持优先级高的地物固定,而删除、裁剪、移位优先级低的地物。结构单一性是由综合算子运算要求决定的,大部分算法要求数据对象具有单一的结构,如道路构建的图结构、面状湖泊水库构建的多边形群结构、所有的高程点形成的 Voronoi 图、建筑物群产生的 Delaunay 三角网结构。按单要素综合后,还需将这些层叠置在一起,调整其间的空间关系,解决冲突矛盾。

划分综合对象层次以后,便决定了对该层要素实施操作的综合算子的调用和有关控制参量的设定,是后继综合过程应用模块开发的基础。地图综合软件中常用的操作要素层及对应的综合功能见表 6-27。

表 6-27　　　　　　　　　　　　地图要素对应的制图综合功能

要素	主要属性、关系描述	主要操作
居民地	房屋多边形坐标、楼层、房屋结构、邻近房屋、形状、最小外接矩形	建筑群划分、邻近房屋识别、房屋平移、化简形状、删除、合并、评价
水系	多边形坐标、三角网特性、最小外接矩形、形状描述、多边形关系	小湖泊识别、过滤、删除、双线河转单线河、岛屿弃除、合并、化简、评价
道路网	道路坐标、长度、性质、局部凸壳描述、邻近关系、弯曲特征	删除、合并、连接、平移、中轴线提取、化简、弯曲特征概括、评价
地貌	等高线坐标、性质、高程、邻近关系、谷地、山脊、高程点	等高线过滤、内插、连接、删除、弯曲特征化简、光滑、评价
土质植被	多边形坐标、面积、周长、属性特征、邻近关系、边界弯曲特征、外形	删除、化简、合并、移动、边界化简、评价

2）居民地制图综合

对居民地形状概括、邻近多边形合并、群集居民地抽象化和典型化选取等是居民地综合的主要操作。

（1）城镇居民地综合：

地图综合中街区、街道的处理是相互联系的，选取的街道随着比例尺缩小 $1/n$ 后，原街道路间的距离变得难于识别，对街道进行拓宽成为一种主要操作。在街道空白区域提取骨架线，按预定的宽度作平行多边形，裁剪街区，拓宽后半依比例表达，宽度由符号化等级决定，从定性上抽象为主干道和次要道路。街道拓宽后，需要同时调整与之相邻街区多边形的位置关系，使之与拓宽后的街道仍然保持正确的空间邻接（图 6-68）。为保证生成的街区块间的街道宽度符合"主要街道""次要街道"的划分，还可作平行线裁切处理。

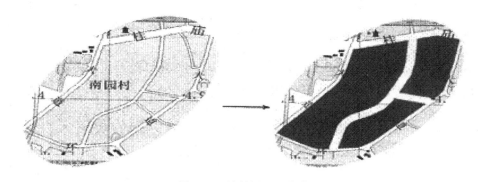

图 6-68　城镇居民地综合

（2）散列式居民地综合：

散列式居民地从几何特征上由二维转变为 0 维的点和 1 维的线组成，在综合算子上称作 Collapse，基于面积大小和延展方向上的长度决定该操作的实施，如图 6-69 所示。

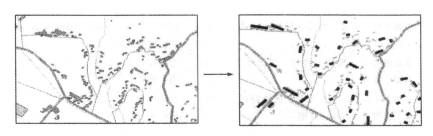

图 6-69　散列式居民地综合

(3) 居民地的移位：

由其他图形变换后产生空间拥挤，如道路符号变宽，需要移位，通过缓冲区探测待移位的建筑物，计算移位方向与移位距离，保证居民地与其他地物没有压盖，间隙达到视觉辨析距离（一般为 0.2mm），移位处理如图 6-70 所示。

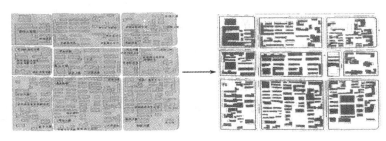

图 6-70　街道符号变宽后建筑物移位处理

3) 水系综合

针对水系要素综合主要包括：河流的选取、狭长多边形河流的中轴化（双线河转变为单线河）、小型水库、水塘、水井细化为点（Collapse）等操作。

(1) 双线河转换为单线河：

双线河变为单线河由狭长多边形的中轴线提取完成，如图 6-71 所示，灰色部分为综合前的双线河，当宽度小于可辨析距离(0.2mm)时，使用中轴线提取算子综合为单线河。应用中，很少有对整条河流提取中轴线的，一般是从中游某部位开始，由于实际河流宽度不是从上游到下游逐渐变宽的，往往是宽窄变化交错，因此难以由机器自动识别从何处提取中轴线，该判断由人工完成。另外，水系综合时单线河选取之后要对其进行简化，删除一定阈值以下的部分弯曲，同时要注意与等高线的正交关系，即河流流向总是与地貌等高线相垂直。

(2) 鱼塘群综合：

这是水系要素综合时的一种空间关系的调整，如图 6-72 所示。比例尺缩小后鱼塘群内各多边形间的距离关系不可辨析，综合后将其调整为拓扑邻近。在江南水域发达的农村地区，该操作较频繁。该操作的实现是在邻近鱼塘多边形间隙空白区域提取骨架线，沿着骨架线将多边形边界缝合，犹如穿衣服"拉上拉链"。

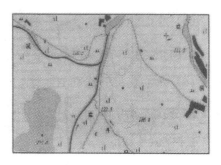

图 6-71 双线河变单线河

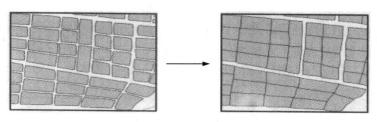

图 6-72 鱼塘群综合

(3) 水系岸线的化简:

在矢量点压缩的基础上,顾及边界弯曲特征,删除小弯曲,保持岸线的形态特征(图 6-73)。

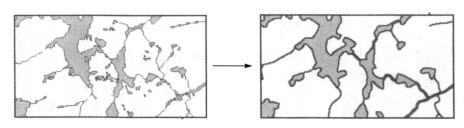

图 6-73 水系岸线的综合

4) 道路综合

道路综合主要有道路目标选取、形状化简、等级简化、宽度拓宽等功能。

(1) 道路拓宽:

与街道拓宽操作类似,按中心线向两边拓宽,同时调整与之相邻道路的建筑物、及其他附属设施,使之与拓宽后的道路仍然保持正确的空间邻接关系。在较大比例尺图上,道路边界线不是由中心线符号化生成的,其宽度有地理意义,在中小比例尺地形图上如 1:25 万图上则可由中心线符号化生成,道路表达可抽象为 1 维线,宽度已无地理意义。

(2) 道路形状化简:

主要是矢量点压缩和小弯曲的删除,道路形状化简算法应顾及其特点:相对于河流、湖泊边界的曲折性而言，道路基本表现为大绕度延展，平直段部分占主要，一般不需删除地理意义上的弯曲。

(3) 道路的选取：

在网络体系下，顾及联通性、网眼密度、道路分支长度、属性等级等特征，设计道路选取算法，如图 6-74 所示。

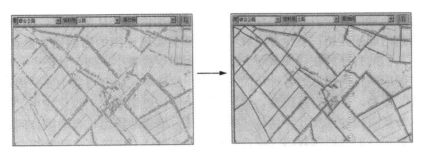

图 6-74　基于网络分析的道路选取

5) 地貌综合

(1) 等高线选取：

地貌综合时按照等高距的变化选取等高线，重新划分首计曲线的设定。通过属性项高程值的条件判断，即可实现等高线的抽选(图 6-75)。

(2) 等高线化简：

等高线化简要考虑相邻等高线弯曲组特征，计算弯曲组对应谷地线的重要性，删除次要谷地线所在的弯曲组，表现为截弯取直(图 6-76)。

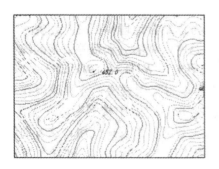

图 6-75　等高线选取

图 6-76　等高线化简

(3) 高程点选取：

基于高程点分布密度、地貌特征点位置、与相关地物关系等特征分析，优先选择位置较为关键的高程点，如山峰的最高点等，对一般的高程点，则按照一定的比例直接将底图层中的点选择抽稀，然后再放到综合层口。

第七章　地图设计

地图从内容构成上可分为普通地图和专题地图两大类，它们的制作过程都需要有地图设计文件作为指导。普通地图中的地形图制作有国家统一的编绘规范和图式作为指导性文件，各级机构进行地形图制作时，均应在统一的编绘规范指导下根据制图区域特点再进行详细设计。此外，一些专题地图如土地利用图、地质图等也有相应的行业设计规范。对于没有国家统一编绘规范作指导的图种，地图制作前需要进行必要的地图设计与规划，而地图编辑工作则是贯穿于整个地图制作过程的核心工作。

第一节　地图编辑工作概述

地图生产是一项复杂的任务。为了提高成图质量、降低成本、缩短成图周期，常常需要按生产的不同阶段和参加人员的不同能力进行专业分工，这样有利于发挥不同层次的专长。为了使所有的参加者按照统一的目标充分协调地工作，就产生了对地图生产的规划与组织问题，这些工作称为地图编辑。从事这项工作的专业工作者称为地图编辑。

地图编辑是地图的主要创作者，他们应当具有丰富的地图专业知识，对地图图理有深刻的理解，了解国家的相关政策及相关学科的知识。

一、编辑工作的意义和分类

地图设计与编辑是地图制图学各种活动的中心，贯穿于整个制图过程。根据编辑工作的阶段性，编辑工作可分为：编辑准备工作(地图设计)，编绘过程中的编辑工作，出版准备阶段的编辑工作，地图出版阶段和出版以后的编辑工作。

1. 编辑准备工作

在地图设计阶段，编辑是工作的主体。地图编辑需要亲自研究地图生产的任务，确立地图的用途，进行地图投影、内容、表示方法、综合原则和指标、整饰规格及制图工艺的设计，最后完成地图设计文件的编写。

2. 编绘过程中的编辑工作

在地图生产过程中，地图编辑需要指导作业员学习编辑文件，指导他们做各项准备工作，解答他们在制图生产中遇到的问题，并检查他们的工作质量。最后还要领导对地图成果数据的检查验收。

3. 出版准备阶段的编辑工作

当地图成果数据送到印刷厂以后，地图编辑要协助印刷厂的工艺员制定印刷工艺，并对印刷厂的打印样图进行检查和验收。

4. 地图出版阶段和出版以后的编辑工作

地图出版以后,地图编辑应收集读者对该图的意见,编写科学技术总结,从而达到积累经验、不断改进工作的目的,并为地图的再版做好准备。

总之,地图编辑工作是贯穿整个地图生产过程的核心工作。

二、编辑工作的组织

地图编辑工作采用集中和分工相结合的形式。

集中指的是国家测绘业务主管部门根据国家建设的需要和地图的保障情况,确立编制各类地图的总方针,提出改进工艺、提高地图质量的方向,引导各单位的地图编辑员发挥创造精神,以保证不断创造出高质量的地图作品。在编制国家基本比例尺地图时,只有实行高度集中领导,例如,制定统一的规范、图式,才能保证地图综合质量和整饰规格的统一。各单位的制图工作都必须在这个集中的领导下进行。

分工是按业务性质或成图地区划分任务,由不同的制图机构负责相应的地图编辑工作。在一个制图机构内部,由总编辑或总工程师负责总的技术领导工作,编辑室负责本单位地图生产中的设计和施工中的技术领导工作。在编制地图集或系列的大型地图作品时,可以单独成立编辑部,设主编、副主编、编辑等。为了有效地进行编辑领导,制图单位必须有长期的和年度的计划,总编根据年度计划给每个地图编辑分配年度、季度和逐月的工作任务。承担某项具体制图任务的地图编辑称为该地图的责任编辑。

三、编辑文件

根据制图任务的类型差别,编辑文件有所区别,概括起来为图 7-1 中所列举的情况。

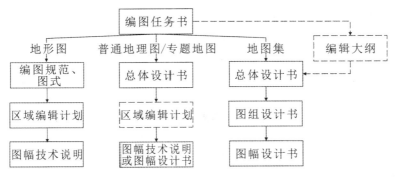

图 7-1 编辑文件的种类和相互关系

地形图是指国家基本比例尺地图。对于这一类地图,国家测绘地信主管部门以国家标准形式发布了各种比例尺地图的编图规范和图式等一系列标准化的编辑文件。每一个具体的制图单位在接到制图任务书后,根据规范、图式的规定并结合制图区域的地理情况,编写区域编辑计划。针对每一个具体图幅,则要在区域编辑计划的基础上,结合本图幅的具体情况编写图幅技术说明。

普通地理图及大部分专题地图(少数有行业标准的除外)由于没有统一的规范作指导,通常要编写总体设计书,再根据具体任务编写(当区域不大时不编写)区域编辑计划。对于每一个具体图幅,编写图幅技术说明或图幅设计书。

地图集的编制要复杂一些。如果编图任务书的内容很详细,可以直接根据任务书的要求设计和编写地图集总设计书,否则,要先编写一个编辑大纲提供给编委会讨论,认可后再编写总设计书。对于每个图组,由于其类型、内容都相差甚远,要编写图组设计书。每一幅图又有不同的类型,还要编写图幅设计书。详细论述见第八章。

编图任务书是由上级主管部门或委托单位提供的,其内容包括:地图名称、主题、区域范围、地图用途、地图比例尺,有时还指出所采用的地图投影、对地图的基本要求、制图资料的保障情况以及成图周期和投入的资金等项目。

地图编辑在接受制图任务后,经过一系列的设计,编写相应的编辑文件。

四、编辑准备工作的内容和程序

承担地图设计任务的地图编辑在接受制图任务以后,按下列程序开展工作:

(1)根据任务书,研究并规划编图所需要的人力、物力、财力、时间以及必要的组织措施。

(2)确定地图的用途和对地图的基本要求。从确立地图的使用方式、使用对象、使用范围入手,就地图的内容、表示方法、出版方式、价格等同委托单位充分交换意见。

(3)分析已成图,研究制图资料和制图区域的地理情况。

(4)设计地图的数学基础,如设计或选择一个适合于新编地图的地图投影,确定地图比例尺和地图的定向等。

(5)地图的分幅和图面设计。当地图需要分幅时进行分幅设计;图面设计则是对主区位置、图名、图廓、图例、附图等的设计。

(6)地图内容及表示方法设计。根据地图用途、制图资料及制图区域特点,选择地图内容,它们的分类、分级,应表达的指标体系及表示方法,设计地图符号并建立符号库。

(7)各要素制图综合指标的确定。制图综合指标决定表达在新编地图上的地物的数量及复杂程度,是地图创作的主要环节。

(8)数字地图制图工艺设计。在数字环境下,地图制图过程是相对稳定的,在制图硬件、软件及输入输出方法选定后,基本上不需要进行过程设计。

(9)样图实验。以上各项设计是否可行,结果是否可以达到预期目的,常常要选择个别典型的区域做样图试验。

(10)领导地图的编绘和出版准备。

(11)领导各阶段的成品检查,协助印刷厂的工艺员完成制印工艺设计。

(12)收集对地图作品的意见,编写科学技术总结,提出地图再版时的改进建议。

第二节 地图的总体设计

地图的总体设计指的是确定地图的基本面貌、规格、类型等方面的设计。它包括地图投影、坐标网、比例尺、分幅、图面配置和拼接方法的设计，图例设计以及地图的美术设计等。

一、地图投影的选择

地图投影的确定是地图设计与编制工作中的一个重要环节，它不仅直接影响地图的精度，而且对地图的使用有重大影响。地图投影的确定受多种因素的制约和影响，如制图区域的空间特征，地图的用途和使用方法，地图的内容，地图的出版方式，地图投影本身的特征以及地图对投影的某些特殊要求等。

首先需要明确的是，并不是所有的新设计地图都需要选择投影，例如，区域性分幅图中的地形图，各国都预先严格地确定了投影。因此，地图的投影选择问题，实际上是对区域性小比例尺地图而言的。

在选择地图投影时对投影的共同要求是，经纬网形状不复杂，在制图区域内变形较小而分布均匀，新投影应便于地图制作，等等。在上述这些要求中最主要的乃是对投影变形性质和变形值大小的要求。

在为区域范围很小（小于或等于600万平方公里，经纬差在12°以内）的地图选择投影时，无论采用何种单独设计的投影方案，所有投影的变形差别实际上可以忽略不计，选择什么样的投影都是可以的。又如，当为各种示意性质的地图，其中包括各种教学挂图等选择和设计投影时，对变形值范围的要求可以放宽很多。

当制图区域范围很大，如当地图上表示整个地球表面的5%~8%或2500万至4000万平方公里的区域时，投影所产生的变形值已被量测所明显察觉，这就需要认真地综合考虑各种要求，选择或者设计出比较满意的地图投影。在这种情况下，选择投影有两种方法：一种是采用等角性质或等面积性质的投影方案，另一种是采用角度、长度和面积变形都尽量小的投影方案。

对于大区域小比例尺挂图来说，由于不会在图上进行量测，精度的要求还可降低，即便是制图区域的经纬差达到23°左右，只要长度和面积变形不超过3%，角度变形不超过3°，是不会影响使用的。所以对不大的制图区域，没有必要过多地从投影变形大小去考虑，应多从制图区域的形状和地理位置、经纬线网的形状，以及使用资料情况等条件来考虑选择地图投影。

一般来说，对于不大的区域采用等角性质的投影为好，对于较大的区域，为使各种变形较为适中，选用等距离性质的投影或任意性质的投影为宜。

对于一项具体设计任务即进行地图投影的选择，其方法是：按照投影选择的一般原则，结合制图区域的空间特征和地图用途对投影的要求进行分析，考虑了几种投影方案后，再对这些方案分别进行变形值的估算，通过比较，哪种投影适应的因素多，重要性大，就选择为该地图投影。

有些投影需要选择标准纬线的位置，在编绘较小区域的地图时，标准纬线的位置差异对投影变形实际上并没有很大影响。例如，编制各省（区）的地图时，有的从理论上的最优化出发来选择标准纬线（如用边纬和中纬变形绝对值相等的条件），结果选定的标准纬线不是整数，不能在图面上表现出来，这对改善地图的变形并没有多少帮助，反而对用图

第七章 地图设计

有一定的影响。所以，标准纬线也宜选择一个较为完整的数字。

投影方案确定后，根据选择的投影确定公式的常数，运用它的公式依经纬线网间隔，计算投影的坐标值和变形值。

二、制图区域范围和地图比例尺的确定

制图区域范围的确定要综合考虑地图的用途和类型的需要。国家系列比例尺地图的制图区域范围已由编绘规范明确规定，无需另作考虑。对普通地理图和专题地图而言，先要从地图制作的基本资料上明确制图区域主区的地理分布范围。其次，根据地图分幅、地图尺寸、比例尺及与邻区重要地物的关系等情况综合确定制图区域范围。

地图比例尺指的是在地图上标明的、没有投影变形的部位上的比例尺，它代表地面上微分投影在地图上缩小的倍数。

1. 选择比例尺的条件

在编制地图时，比例尺的选择以制图区域范围的大小、图纸规格和地图需要的精度为约制条件。

比例只决定实地上的制图区域表象在图面上的大小，所以制图区域的范围和地图比例尺的确定是密切相关的。一定大小的区域范围，当图纸的规格为预先确定时（如地图集中的地图需符合一定的开本大小等），要根据图纸大小来确定地图的比例尺。显然，范围较大的区域要选择比较小的比例尺，而范围小的区域则可选用较大的比例尺。

除了制图区域的范围以外，比例尺的选择还同地图内容的密度和详细程度、地图量测时可能的精度等有密切关系。

比例尺应该能够保障制图区域以必要的详细程度描绘出来，例如居民地，全国地图上以反映县级居民地为目标可以用1∶400万或1∶600万的比例尺，各省、自治区地图上以反映乡镇级居民地和重要村镇为目标必须用1∶50万甚至更大的比例尺；县图以反映行政村和重要村庄为目标就要用1∶10万左右的比例尺。

地图需要的精度往往成为选择比例尺的先决条件。因为，要求一定的量测精度同地图上图解的可能性密切相联系，而只有较大的比例尺才能使图解性增强。与此相联系，比例尺选择还应考虑可能描绘在地图上的最小面积，地图上可能表示的地物密度，地图载负量以及明显阅读该区域最复杂地段表象的可能性。

制图资料的保障情况和使用的方便（尽可能采用完整的整数）有时也成为选择地图比例尺考虑的因素。

制图物体表象在地图上的密度要求同地图的使用方式有关，挂图上的密度就要比桌面用图小一些，因此以同样的详细程度表示制图区域时，桌面用图的比例尺可以小一些，挂图的比例尺就要大一些。

2. 选择比例尺的方法

1) 保障地图具有指定的精度

根据指定的精度来选择地图的比例尺可以根据下面的近似公式来计算：

$$M = \frac{m_d}{\Delta} \tag{7-1}$$

式中，M 为地图比例尺分母；m_d 为容许的中误差；Δ 为地图上的图解和量测误差。

其中，m_d 以 m 计，Δ 以 mm 计，转换系数为 1 000，根据经验，应把实际误差与图上误差的比值乘以 $\sqrt{2}/2$，以实现中误差和绝对误差的转换，故系数近似地定为 710。

例如，某项任务要求在地图上量测两点的中误差在实地上不超过 100m，此时 m_d = 100m。通常认为地图上的图解误差为 0.2mm，用精密分规量测的误差为 0.08mm，则根据误差传播定律有：

$$\Delta = \sqrt{(0.2\sqrt{2})^2 + 0.08^2} = 0.29 \text{ mm}$$

根据(7-1)式算出 M = 244 828，将比例尺凑成整数，M = 25 万，即选择 1∶25 万的比例尺就能满足指定的精度要求。

2) 根据区域范围和图纸大小确定比例尺

根据制图区域的范围和图纸规格直接计算确定地图比例尺。某省为了提升测绘地理信息服务保障水平，编制一幅挂图，以形象直观的地图语言反映该省的居民地、交通、行政区划、水系、地貌和植被等基础地理信息。挂图幅面为标准全开，内图廓尺寸 707mm×1 012mm。该省南北方向长约为 380km，东西方向宽约为 650km。问挂图的比例尺采用多大比较合适？

解：650km/1 012mm = 650 000 000/1 012 = 642 292

380km/707 mm = 380 000 000/707 = 537 482

因为 1∶642 292 < 1∶537 482，把比例尺分母凑成整数，所以比例尺为：1∶65 万。

根据长边求出一个比例尺后，还必须根据二者的短边再求一个比例尺，二者不一致时，取其中较小的比例尺一个作为最后确定的比例尺。

这种方法适用于各种挂图和单张地图的比例尺确定。

三、坐标网的选择

地图投影最后都要以坐标网的形式表现出来。为了确定制图物体的位置，必须有供确定坐标用的坐标网。设计地图时要特别注意选择适当的坐标网，因为它直接关系到地图的用途、使用方法等。地图上的坐标网有地理坐标网（经纬线网）和直角坐标网（方里网）。

各国的地形图上，坐标网大多选用双重网的形式。即大比例尺地形图，图面以直角坐标网为基本网，地理坐标网为辅助网，只是用图廓和分度带的形式来表现；中小比例尺地形图以地理坐标网为基本网，图面描绘出经纬线网，把直角坐标网以辅助网的形式绘于内外图廓之间。西方许多国家的地形图还被套印上统一的通用横轴墨卡托投影的坐标网，供军队联合作战时使用。供导航使用的地图又常被套上以导航台为焦点的双曲线网。

小比例尺地形图、普通地理图和专题地图通常只采用地理坐标网。

1. 地理坐标网的确定

地理坐标网由经线和纬线所构成的坐标网，经纬线网在制图上的意义，在于绘制地图时不仅起到控制作用，确定地球表面上各点和整个地形的实地位置，而且还是计算和分析投影变形所必需的，因而，也是确定比例尺，量测距离、角度和面积所不可缺少的。

地图大纲中应当定出图上的经纬线网的密度。过分稠密的网线会使图面显得杂乱，过稀又会使图上量测或目测确定目标的位置产生困难，并会降低地图的精度。所以必须根据地图的用途和使用特点来确定经纬线网的密度。为了直观地了解地表面和按方位定向，通常经纬网的密度见表 7-1。

表 7-1　　　　　　　　　各种比例尺地理图地理坐标网密度

地图比例尺	经纬网密度
1∶125 万	0.5°
1∶150 万，1∶200 万，1∶250 万	1°
1∶300 万，1∶400 万，1∶500 万，1∶600 万	2°
1∶750 万	4°
1∶1 000 万，1∶1 500 万	5°
1∶2 000 万，1∶3 000 万	10°

2. 直角坐标网的确定

直角坐标网是由平行于投影坐标轴的两组平行线所构成的方格网。因为是每隔整公里绘出坐标纵线和坐标横线，所以又称之为方里网。直角坐标网的密度与地形图比例尺成正比。

直角坐标系以中央经线投影后的直线为 X 轴，以赤道投影后的直线为 Y 轴，它们的交点为坐标原点。这样，坐标系中就出现了四个象限。纵坐标从赤道算起向北为正、向南为负，横坐标从中央经线算起，向东为正、向西为负。

我国位于北半球，全部 X 值都是正值。我国地形图一般采用分带投影，投影带为 6°，在每个投影带中则有一半的 Y 坐标值为负。为了避免 Y 坐标出现负值，规定纵坐标轴向西平移 500km（半个投影带的最大宽度不超过 500km）。这样，全部坐标值都表现为正值了。地图上注出的 Y 坐标值是加上 500km 后的所谓通用坐标值。

当处于相邻两带的相邻图幅拼接使用时，两图图面上绘出的直角坐标网就不能统一相接，而形成一个折角，这就给拼接使用地图带来不便。为了解决相邻带图幅拼接使用的困难，规定在一定的范围内把邻带的坐标延伸到本带的图幅上，这就使某些图幅上有两个坐标(方里)系统，一个是本带的，一个是邻带的。为了区别，图面上都以本带坐标(方里)网为主，邻带坐标(方里)网系统只在网廓线以外绘出一小段，需要使用时才连绘出来。

四、地图分幅设计

地图的总尺寸称为地图的开幅。考虑纸张、印刷机、方便使用等条件，地图的开幅应当是有限制的。确定地图开幅大小的过程就叫分幅设计，它讨论如何科学地划分图幅范围的问题。本节分别讨论制图区域范围、分幅地图、内分幅地图和不拼接的矩形分幅地图等不同类型地图的分幅设计问题。

1. 确定制图区域范围

确定一幅图中内图廓所包含的区域范围，也称"截幅"。主要受地图比例尺、制图区域地理特点、地图投影、主区与邻区的关系等因素的影响。

1) 制图主区有明确界线时区域范围的确定

新编地图一般都有一定的主区，如一个国家、一个省、一个县等。编图时除主区以外，还要反映主区同周围地区的联系，即还要包括一定的邻区，共同组成制图范围。制图主区有明确界线时区域范围的确定：

（1）截幅的基本要求是主区应完整，主区在图廓内基本对称。

对称是传统艺术形式的主要原则之一，运用到地图设计中，如图面设计、花边设计、图名的字体设计等都经常用到对称原则。主区在图廓内对称，指的是主区四边最突出的部位同图廓的距离基本一致，以达到视觉上的匀称为准。

（2）截幅时要考虑主区与周边地区的联系。

主区同周边地区有着自然和社会方面的多种联系，例如，自然、人文、政治、经济、军事和国际关系等。为了充分说明制图主区，就必须尽可能地把同主区有重要联系的物体反映到图面上来。例如，湖北省地图要尽量完整表示出南部的洞庭湖；四川省地图南部要把金沙江的大转弯部位包括进来，北面则应表示出宝鸡市甚至西安市和陇海铁路；福建省地图要完整地表示出台湾海峡等。这些对说明主区同外部的联系有重要意义。

对称和保持同周围联系这两者之间可能会有矛盾，在图廓受到限制的条件下，有时不得不局部放弃对称的要求，来照顾主区同周围的地理联系。

③没有特殊要求，截幅时不宜把主题区域以外的地区包含过大。

2) 制图主区无明显界线时图幅范围的确定

当制图主区无明显界线时，截幅主要以某个特定区域来确定，尽量保持特定范围的政区或地理区域的完整。这种图的图名，通常泛指这一地区的名称。

3) 图组范围的确定

在确定图组图幅范围时不但要保持每个行政单位、地理区域的完整，图幅之间还应有一定的重叠，特别是重要地点、名山、湖泊、岛屿、大城市、重要工业区、矿区或一个完整的自然单元等尽可能在相邻两幅图上并存，因为它们是使用邻图时最突出的连接点。

图组中的每一幅图都可以单独使用，每幅图的比例尺也可以不同。例如，一个国家的一组省图，一个区域的一组交通图等。

截幅时，还要考虑横放、竖放的问题。对于挂图，横放图幅便于阅读，是主要样式。但有些地区的地理特点导致其不宜横放，例如，山西省的地理形状为竖长形，所以山西省的挂图一般要竖放。

2. 确定地图的分幅（分幅、内分幅）

地图的分幅设计是由于印图纸张和印刷机的幅面限制，以及方便用图的要求，需要按一定规格的图廓分割制图区域所编制的地图，把制图区域分成若干图幅。地图分幅可按经纬线分幅，也可按矩形分幅。矩形分幅有两种，拼接与不拼接。拼接的叫内分幅，多为区域挂图，使用时，沿图廓拼接起来，形成一个完整的区域。不拼接的为单幅成图，矩形图廓，如大比例尺地形图、单幅挂图、地图集中的单幅图等。

1) 经纬线分幅

经纬线分幅是当前世界各国地形图和大区域的小比例尺分幅地图所采用的主要分幅形

式。大区域作图，特别是小比例尺分幅地图，要采用分带投影，所以，分幅只能以经纬线为准，规定每幅图的经纬差。

经纬线分幅的主要优点是：经纬度是全球性的统一系统，这样分幅使每个图幅都有明确的地理位置概念，便于检索，它可以使用分带或分块投影，控制投影误差。但是，它也有一系列的缺点，这主要表现为：①当经纬线被描述为曲线时，若用分带投影，图幅拼接时就会产生裂隙；②随着纬度的升高，相同经纬差所包含的面积不断缩小，因而实际图幅不断变小，不利于有效地利用纸张和印刷机的版面；③按一定的经差和纬差分幅时可能会破坏重要地理目标的完整。

由于经纬线分幅存在上述缺陷，采用经纬线分幅方案时，需要考虑如何弥补这些缺陷。常用的方法有：合幅、破图廓或增加补充图幅、设置重叠边带等。

(1) 合幅：

经纬线分幅的地图，为了解决各图幅的图廓尺寸相差过大的问题，在设计图幅范围(即确定图幅的经差和纬差)时，要以尺寸最大的图幅(通常是纬度最低的图幅)为基础进行计算，使最大的图幅能够在纸上配置适当，有足够的空边和布置整饰内容的位置。其他图幅的尺寸则会逐渐减小。为了不使图廓尺寸相差过大，当图幅尺寸过小时可以采用合幅的办法。例如，苏联和东欧一些国家地形图，每幅图的纬差都是12°，经差则随纬度的增高而加大。在纬度48°以下的地区每幅图经差18°，48°至60°之间每幅图经差24°，60°至72°之间为36°，而在72°至84°之间则为60°。国际1∶100万地图也采用类似的合幅方案。这样，可以在一定程度上减少图幅之间的不平衡。

(2) 破图廓或增加补充图幅：

经纬线分幅有时可能破坏重要物体(如一个大城市，一个岛屿，一个重要的工业区、矿区或一个完整的自然单元)的完整。为此，常常采用破图廓(图 7-2)的办法。有时涉及的范围较大，破图廓也不能很好解决，就要设计补充的图幅(图 7-3)，即把重要的目标区域单独编成一幅图，但该图不纳入整个分幅系统，它的图幅范围小于标准分幅范围。

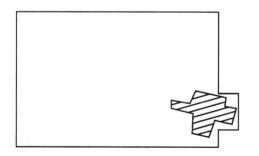

图 7-2　破图廓

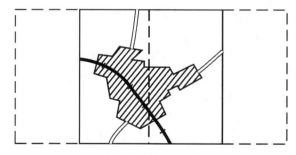

图 7-3　补充图幅

(3) 设置重叠边带：

为了克服经纬线分幅地图接图不方便的问题，往往采用一种带有重叠边带的经纬线分幅方案。其特点是：以经纬线分幅为基础，把图廓的一边或数边的地图内容向外扩充，造成一定的重叠边带。

图 7-4 是 1∶100 万航空图的分幅式样。该图为经纬线分幅，地图内容向三个方向扩展，构成重叠边带，东、南方扩充至图纸边，西边扩至一条与南图纸边垂直的纵线，只有北边的图廓保持原来的形状。这样，拼图时就可以不受纬线曲率的影响，也可以不用折叠，从而便于使用。

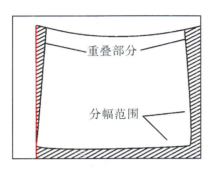

图 7-4 我国 1∶100 万航空图的分幅式样

有重叠边带的经纬线分幅设计实际上也是拼接设计的一种方式。

2) 矩形分幅

矩形分幅的优点是建立制图网较方便；图幅大小一致，便于拼接使用；可以使分幅线有意识地避开重要地物，以保持其图形在图面上的完整。缺点是失去了经纬线对图廓的地理定位，当分幅具有局部性时，为各幅图的共同使用带来了困难。

在实施地图分幅时，要顾及以下因素：

(1) 纸张规格

印图需要大量的纸张，最大限度地发挥纸张的作用是降低成本的重要因素。设计地图的图廓时要尽可能适应纸张的各种规格的大小。

通常，出版地图时分为：两全张 (1 068×1 496mm)，一全张 (770×1 068)，方对开 (534×770)，长对开 (385×1 068)，方四开 (381×534)……普通纸张的规格为 787～1 092mm，由于印刷机的大小和印刷成品要求的尺寸不同，常使用全开、对开、四开等尺寸的纸张印刷，其具体规格见表 7-2 (可能的最大尺寸)。

表 7-2　　　　　　　　　　　纸张的规格　　　　　　　　　　　　单位：mm

开　数	毛边白纸尺寸	光边白纸尺寸	开　数	毛边白纸尺寸	光边白纸尺寸
全　开	787×1 092	781×1 086	五　开	354×433	351×430
对　开	546×787	543×781	六　开	364×393	362×390
三开(直)	364×787	362×781	八　开	393×273	390×270
三开(T)		371×751	十六开	273×196	270×790
四　开	393×546	390×543			

如果有特殊需要，还可以考虑使用其他的纸张，例如，850×1 168，880×1 230，690×960，787×960mm 等。

但是，地图的成图尺寸还必须在光边除去印刷机咬口、丁字线，对于图册除掉切口。

从表 7-2 可以看出，纸张光边每边要去掉 3~5mm。全张印刷机咬口 10~18mm，对开印刷机咬口 9~12mm。

为了彩色图的各色套印，需要在地图数据胶片的(除咬口边外的)三方绘出丁字线。一般要求丁字线垂直于图边的方向长度不少于 4mm，成图后切边时又要去掉 3mm，即带丁字线的图边又要去掉 7mm。

在设计分幅地图时，必须顾及这些情况。

(2)印刷条件：

地图印刷一般采用胶印，胶印机的种类很多，按印刷纸张的尺寸可分为全张机、对开机、四开机。设计地图分幅时要顾及充分利用印刷机的版面。

(3)主区在图廓内基本对称，同时照顾到与周围地区的联系：

在两者之间有矛盾时往往会优先照顾主区同周围的地理联系。

(4)各图幅的印刷面积尽可能平衡：

印刷面积指的是图纸上带有印刷要素的有效面积，分幅时必须考虑各方面因素，以便有效而合理地利用纸张和印刷版面。

(5)照顾主区内重要物体的完整：

尽可能保持重要的制图物体出现在一个图幅范围内，即分幅线不要穿过这些制图物体。

(6)照顾图面配置的要求：

分幅设计时，还要考虑图名、图例、图边、附图等内容同分幅线的关系，尽可能使这些内容不被分幅线切割。

除此之外，在确定内分幅时，还应注意：分幅数不宜过多，分幅越多，印刷时的油墨色就越不容易一致。大幅挂图的内分幅，还可以兼顾图幅局部组合使用的方便。

3)地图分幅的方法和步骤

(1)在工作底图上量取区域范围的尺寸：

在进行分幅和图面设计时，一般总是在作为工作底图用的较小比例尺地图上进行。在工作底图上量取制图区域东西方向和南北方向的最大距离。为此，应先找出区域边界在东西南北方向上最突出点，并按平行或垂直于中央经线的方向量取其最大尺寸。

(2)换算成新编图上的长度：

将量得的长度换算成新编图上的长度。例如所用的工作底图比例尺为 1∶200 万，欲设计的地图为 1∶50 万，要把量取的尺寸放大 4 倍，这尺寸就成为设计图廓的基本依据。

根据主区的大小和纸张的有效面积，在充分顾及空白边、花边、重叠边、内外图廓间的间隔的条件下，设计图幅的数量及排法。

(3)确定分幅线的位置和每幅图的尺寸：

图廓总的尺寸确定以后，就可以根据印刷面积相对平衡的原则，将整幅图纸张的尺寸与印刷纸张的有效面积相比较，要充分利用最大印刷面积，合理利用纸张，确定分幅线的位置和每幅图的图廓尺寸，使地图的成图尺寸与标准纸张的开幅相符。

内分幅时，应适当考虑每幅图上政区、地理单元尽可能完整，大城市不要在分幅线上。

下面以湖北省1∶50万普通地理挂图进行的分幅设计为例子说明内分幅设计的方法（图7-5）。具体步骤如下：

①量取湖北省东西方向和南北方向的距离。

在1∶150万地图的湖北省范围上量取 $L_{WE}=497\text{mm}$，$L_{NS}=312\text{mm}$。

②放大为1∶50万同图纸和印刷机规格相比较。

放大为1∶50万，即 $L_{WE}=497\times3=1\,491\text{mm}$，$L_{NS}=312\times3=936\text{mm}$。根据地图整饰方面的要求，花边宽度约为图廓边长1%~1.5%，假定花边宽度为20mm，内外图廓间的距离为10mm，图名用扁体字，每个字的大小按图廓的6%左右计算，假定为70mm×100mm。这样，在不考虑主区突出点与内图廓间的距离（即四个方向突出点接触内图廓）的情况下，印刷面积至少应为1 551mm×996mm。如果图名放在北图廓外，还要加上字高（70mm）和图名与外图廓的间隔（20mm），印刷面积为1 551mm×1 086mm。这一尺寸用全张纸印刷是容纳不下的，假设在东西和南北方向上，图廓拼接时重叠10mm，如果再考虑纵、横方向各一次重叠（10mm），印刷面积需1 561mm×1 096mm，再考虑到四边的丁字线和咬口线（即把白边也算进去），全部印刷面积还要增加。

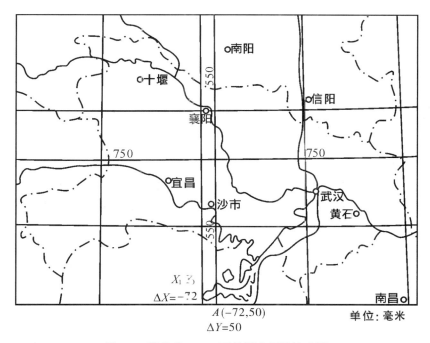

图7-5　湖北省1∶50万挂图分幅设计略图

显然，不管是否包括图名和重叠边，在不破图廓的情况下两张竖排的标准全张纸是容纳不下的，这样就排除了用标准纸的两全张或四对开设计的可能性。这里还有两种设计可供选择，其一是用两张880mm×1 230mm的全张纸印刷；其二是用四个大对开（如采用J2108A印刷机，印刷版面可达650mm×920mm）的版面。

假定使用第二个方案设计，在确保印刷质量的条件下，印刷面积至少可达1 200mm×1 760mm，假定东西方向内图廓定为1 500mm，还有足够的空间来配置重叠、花边和白边等。内图廓中，除包括主区1 491mm以外，也有一定的空余；南北方向，主区范围936mm，不论把图名放在图内或图外，都有足够的位置。为了充分利用图廓内的自由空间，减少印刷面积，把图名放在图廓内。考虑到配置附图、图例等的需要及主区同周围地区的联系，内图廓边长定为1 100mm，南方保留南昌市和洞庭湖，北方只有焦枝和京广铁路比较重要，图上已能明确表示。根据这种情况，内图廓中四边空余部分可以平分，以求视觉上的对称，同时也能保证地图有足够的空白边。

(3) 确定每个印张上的内图廓尺寸及分幅线的位置（即确定同经纬线的联系）：

根据以上分析，四个印张采用平分内图廓的方法来分割，即每个印张上的内图廓为550mm×750mm。

该图采用双标准纬线等角圆锥投影，坐标起始点在 Eλ 112°（中央经线）和 Nφ 29°的交点上。我们假定该点的坐标为 $X_0 = 0$，$Y_0 = 0$（如果该交点不是坐标原点，其值也可以不是0，计算图廓点坐标时，需要加上 X_0、$Y_0 =$ 的坐标值）。在 1∶150 万地图上量取起始点到 A 点的纵横坐标差，并乘以 3 化算为 1∶50 万地图上的距离为 $\Delta X = -72$mm，$\Delta Y = 50$mm，则 A 点的坐标值为 $X = -72$mm，$Y = 50$mm。据此可以算出各图廓点的坐标，并由此固定图廓同经纬网的相对位置。

五、地图的图面设计

地图图面配置设计，就是要充分利用地图幅面，针对图名、图廓、图例、附图、附表、图名、图例、比例尺及各种说明的位置、范围大小及其形式的设计；对于具有主区的地图，它还包括主区范围在图面上摆放位置的问题。

1. 图面配置的基本要求

1) 清晰易读

地图各组成部分在图面的配置要合理。所设计的地图符号必须精细，要有足够大小，而且便于阅读。选择色彩的色相和亮度易于辨别，符号的形状易区分，可以方便地找到所要阅读的各种目标。

2) 视觉对比度适中

地图设计时，可以通过调节图形符号的形状、尺寸和颜色来增加对比度。对比度太小或太大都会造成人眼阅读的疲劳，降低视觉感受效果，影响地图信息的传递。

3) 层次感强

为了使地图主题内容能快速、准确、高效地传递给用图者，应使主题和重点内容突出，整体图面具有明显的层次感。在地图设计时，主题和重点内容的符号尺寸应该比其他次要要素符号大而明显，颜色浓而亮，使其处于图面的第一层面。其他要素依据重要程度则处于第二或第三层面。

4) 视觉平衡

地图是由多种要素与形式组合而成的，如主图与附图，陆地与水域，主图与图名、图例、比例尺、文字及其他图表(照片、影像、统计图、统计表)，彩色与非彩色图形等。图面设计中的视觉平衡原则，就是按一定的方法处理和确定各种要素的地位，使各要素配置显得更合理。图面中的各要素不要过亮或过暗，偏大或偏小。

2. 图面配置设计

图面配置设计包括图面主区和图面辅助元素(地图的图名、图例、比例尺、统计图表、照片、影像、文字说明等)的配置，并指出图幅尺寸，图名、比例尺、图例、各种附图和说明的位置和范围，地图图廓、图边的形式等。

1)图面主区的配置

主区应占据地图幅面的主要空间，地图的主题区域应完整地表达出来；地图主区图形的重心或地图上的重要部分，应放在视觉中心的位置，保持图面上视觉平衡(图 7-6)。

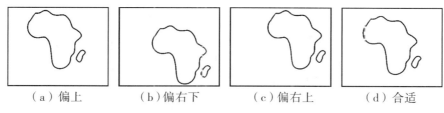

(a)偏上　　　(b)偏右下　　　(c)偏右上　　　(d)合适

图 7-6　图面主区的配置

2)图名的配置

图名应当简练、明确，含义要确切肯定，要具有概括性。通常图名中包含两个方面的内容，即制图区域和地图的主要内容。普通地理图或是常见的政区图，可以用其区域范围来命名，如《武汉市地图》。一般的专题地图以包含地图的主要内容来命名，如《湖北省防洪形势图》，使读者从图名中就能领会地图所表示的基本内容。地形图往往选择图内重要居民地的名称作为图名，该图幅如果没有居民地，则选择区域的自然名称、重要山峰名称等作为图名。大区域的分幅小比例尺普通地理图也使用地形图选择图名的原则。

大型地图的图名多安放于图廓外图幅上方中央，图名占图边长的三分之二为宜，离左右图廓角至少应大于一个字的距离，距外图廓的间隔约为三分之一字高，以求突出而清晰，但字体不可过大，排列不能与图幅同宽。若纸张有限制也可放于图内适当位置，一般安置在右上角或左上角，可以用横排的形式，也可以用竖排的形式。小幅图面的图名位置机动性较大，可放于图内的任何空位或大面积水域部分。

排在图廓内的图名，可以分为有框线的和无框线的。有框线时框线的间隔为字的三分之一左右，无框线指的是把图名嵌入地图内容的背景中，整个图名不再加框线。这种方式在挂图和满幅印刷(无图廓线)的地图上使用得比较多。

分幅地图上图名一般用较小的等线体。挂图的图名常用美术字，通常采用宋变体或黑变体，根据图廓的形状选用长体或扁体字，再对字的形式进行必要的装饰和艺术加工。字的大小与字的黑度相关联，黑度大的可以小一些，黑度小的则可以大一些，但最大通常不超过图廓边长的6%。

3）图例的配置

图例的位置，从布局上要考虑在预定的范围内，密度适中、安置方便、便于阅读。图例、图解比例尺和地图的高度表都应尽可能地集中在一起，在图内的主区内或图外的空边上系统编排。但是当符号的数量很多时（有的地图上多达数百种），也可以把图例分成几个部分分开安置，这时要注意读者读图的习惯，即从左向右有序编排。图 7-7 是图例分三处安排的示例。

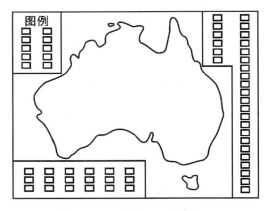

图 7-7　分块配置图例

4）比例尺的配置

目前地图上用得最多的形式，是将数字比例尺和直线比例尺组合一起表示在地图上。数字比例尺最好全用阿拉伯数字，电子地图宜用直线比例尺表示。比例尺放置的位置，在分幅地图上多放在南图廓外的中央，或者左下角的适当地方；在内分幅的挂图上，常放在图例的框形之内，也可将比例尺放在图内的图名或图例的下方。

5）附图的配置

附图，是指除主图之外在图廓内另外加绘的一些插图或图表。它的作用主要有两方面：一是当做主图的补充，二是作为读图的工具。附图通常有以下几类。

①工具图：

这类附图方便读者较快地掌握地图的内容，是作为读图的辅助工具而加绘的插图。如地形图上的"坡度尺""地势略图"等。

②嵌入图：

由于制图区域的形状、位置以及地图投影、比例尺和图纸规格等的影响，需要把制图区域的一部分用移图的办法配置（嵌入）在图廓内较空的位置，以达到节省版面的目的。在严格的意义上移图是主图的一部分，这里只从图面配置角度看把它作为附图。移图部分可以采用缩小的比例尺和另一种投影，例如，《中华人民共和国地图》上把南海诸岛作为嵌入图移到主图的图廓内，世界地图上嵌入两个以方位投影编制的南、北极地图等；另一种移图方法是不改变投影和比例尺，把相对的独立部分图形的位置搬动嵌入主区的图廓内（图 7-8）。

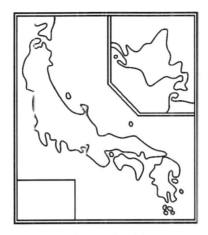

图 7-8 嵌入图

设计嵌入图时,地图要素的符号和色彩应当与主图完全一致。

③位置图:

单张地图的位置图用来指明制图区在更大范围内的位置。如《中华人民共和国全图》附有"亚洲图",《深圳市地图集》中有深圳市在全国的位置图。这种位置图的比例尺都小于主图,表示方法也较主图简单些,仅表示出行政区域轮廓间关系即可。

分幅地图的位置图就是接图表,如图 7-9 所示。

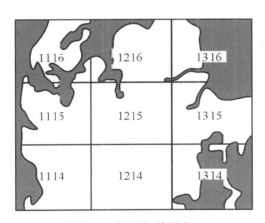

图 7-9 位置图(接图表)

④重点区域扩大图:

有时地图主区上的某些重要区域,需要用较大的比例尺详细表达,于是就把这一局部区域的比例尺放大,作为附图放在同一幅地图的适当位置上。如重要城市的街区,重要海峡、海湾和岛屿,某一重点区域(风景区、工矿区等)的扩大图等。

⑤行政区划略图:

在小比例尺地图上，由于包括的区域范围较大，行政区划的单位较多，而每个单位的图面范围比较小，不可能一一配置图面注记。这时，往往在图面上的某处配置一个行政区划略图，专门对其行政区划情况加以说明。

⑥主图的内容补充图：

由于主图表示方法的限制，有时需要从多层次多侧面对主图内容进行补充，这时，可以考虑将一部分内容作为附图表示。例如，在省级普通地理挂图上附以本省同国内、外航空联系的示意图；政区图上配置地势图作为插图，城市图上附市区交通图等。

附图的数量应尽可能少，充塞附图过多，反而使整个图面杂乱，破坏了图面的整体感。附图的大小，应视整个图幅的面积大小而定，幅面大的图幅，附图可设计大一些；幅面小的图幅应该小一些，以便能与主图相互协调。这些都是在设计附图时需要考虑的问题。

附图在图幅上的位置，一般来说并无统一的格式，但要注意保持图面的视觉平衡，避免影响阅读图面主区。通常置于图内较空的地方，并多数放在四角处，可以在上，也可以在下。

6) 图表和文字说明的配置

为了帮助读图，往往配置一些补充性的各种统计图表，对主题进行概括和补充，以使地图的主题更加突出。这些图表在专题图上较多。除了各种图表之外，图面上往往还要放置一些文字说明，这类说明的内容常涉及诸如编图使用的资料及其年限，地图投影，坐标系和高程系，编图过程及编绘、出版单位等。

地形图的图面配置有国家的统一规定，如图 7-10 所示。

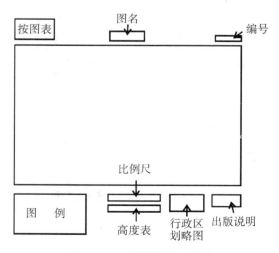

图 7-10 地形图的图面设计

内分幅地图通常是有主区的挂图，图面设计的问题比较复杂，不但各种图面因素的摆放位置比较灵活，其表现形式的装饰性也要求较高(图 7-11)。

7) 图廓的设计

第二节 地图的总体设计

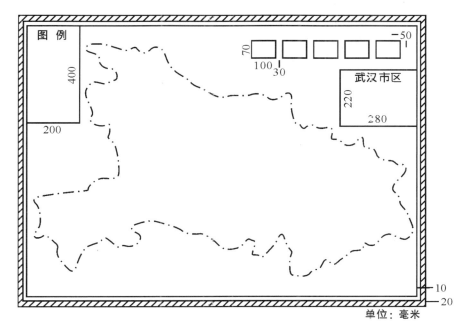

图 7-11 内分幅地图的图面设计

图廓分内图廓和外图廓。内图廓通常是一条细线并常附以分度带。外图廓的种类则比较多，地形图上只设计一条粗线，挂图则多带有各种花边和图案。花边的图案可以同地图表达的内容有某种联系，以便配合表达主题，也可以是纯粹的装饰性图案。花边的宽度视本身的黑度而定，一般取图廓边长的1%~1.5%，过宽过细都不美观。内外图廓间也要有一定的距离。当图面绘有经纬线网时，经纬度注记一般注于这个位置，所以要有充分的距离。若图面上没有坐标网，这个间距就可以小一些。内外图廓间的间距通常为图廓边长的0.2%~1.0%。

六、图幅的拼接设计

分幅地图在以完整的图面使用时都有一个拼接的问题。拼接有两种形式，图廓拼接和重叠拼接。

1. 图廓拼接设计

图廓拼接是沿图廓线进行拼接，这是地图拼接常用的一种方式。每幅图都完整地绘出自己的内图廓，使用时沿图廓线进行拼接。地形图都是用图廓拼接的，经纬线分幅的普通地理图也常使用图廓拼接。由于经纬线分幅地图常使用分块（或分带）投影，使得同一条经线或纬线在分别投影时产生不同的曲率，造成拼接时产生裂隙。为了克服这个缺点，不得不采用上面讲的设重叠边带的拼接形式作为补充。

2. 重叠拼接设计

重叠拼接是根据设计的重叠部分相吻合，达到拼接的目的。图幅拼接时不是仅仅依据图廓线,而是在相邻图幅之间设置一个重叠带,拼接时使重叠带内的图形相吻合。它既可以用于经纬线分幅地图,也可以用于矩形分幅地图。

挂图使用的矩形分幅地图的拼接形式设计如图 7-12 所示。重叠规则一般是上压下、左压右,这一方法是为了看图时在图面上运笔方便,上下拼接时也可避免在接缝处堆积灰尘。上面的图幅绘出裁切线,下面的一幅绘出拼接线。这两条线实际上就是相邻两幅地图的图廓线,它们应当严格一致。

拼接线和裁切线均应绘在成品尺寸之外,成品范围线两边各绘 5mm(有时也可作为图廓角线绘出)。重叠区不必太宽,一般为 8~10mm。重叠区内容只绘图形不贴注记,所有注记均应离开裁切线 2~3mm,以免被切断。

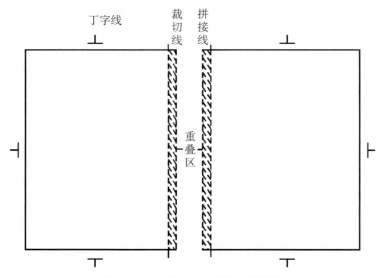

图 7-12 矩形分幅地图的重叠拼接

七、地图的图例设计

通常每幅图的图面上都需要放置图例,供读者读图时使用。地形图和分幅地图的图例常放在图廓外的某个位置,内分幅地图的图例则常放在图廓内主区外的某个空闲的位置上。

图例是带有含义说明的地图上所使用符号的一览表。它有双重的任务:在编图时作为图解表示地图内容的准绳,用图时作为必不可少的阅读指南。图例应当明确表达图中各要素的名称和它们的分类,通过科学的编排,体现出各类符号重要性的差别。图例设计是地图设计过程中的一个重要环节。

1. 图例设计的基本要求

(1)完备性。原则上图例中应该包括地图上所有图形和文字标记的类型,并且能够根据图例对地图上所有的图形符号进行解释。

(2)一致性。图例中符号的形状、色彩、尺寸等视觉变量和注记的字体、字号及字向等设计要素，必须严格与图面上相应内容一致。

（3）说明的准确性。图例中符号含义（或名称）要明确，不同的符号不能有相同的解释，所有的说明都应简洁，富有科学性。

（4）编排的逻辑性。整个图例应保持分类分级的合理性、内部结构的连续性及图案序列的逻辑性，并达到图面表示的层次性和协调性的效果。

（5）图例的框边设计讲求艺术形式，但又不能过于复杂，若框边范围有余地，也可以将数字比例尺、图解比例尺、地貌高度表、坡度尺等尽可能地放在一起。

2. 图例设计的内容

普通地图的图例内容相对简洁、规范，专题地图由于内容和表示方法各不相同，所以图例的内容、复杂性、容量和结构也各不相同。在图例设计中，一般需要做以下几方面的工作。

（1）按照既定类别为每一项内容设计相应的符号和色彩，设计各种文字和数字注记的规格和用色，并对其给予简要说明。

（2）图例符号的一致性设计。图例中的点状符号，其图形、大小、颜色均应严格与描绘地图内容时所使用的符号一致。对于线状和面状符号，由于有比例尺的因素在内，情况比较复杂。不依比例尺的线状符号，通常要求其形状、尺寸、颜色同图内一致。依比例的线状和面状符号（双线河、湖泊、地类或土壤性质等），根据图上表达的意向来设计图例，以表达形状为主时，图例中突出其边线，要求其尺寸和颜色同图内一致，由于它们是依比例的，不可能有完全一致的形状；以表达性质为主时，图例中所示的只是表达面状区域性质的颜色或网纹，完全不出现形状的概念，通常用一定大小的矩形斑块来限定它们。

（3）为每项地图内容要素确定较为理想的表示方法及相应的符号，符号应做到信息量大、构图简洁、生动、表现力强、便于记忆。

（4）图例设计，要通过样图经过反复试验、比较和分析，最后确定符号的形状、大小、颜色和构图。

（5）编排的逻辑性设计。符号的编排要有严密的分类、顺序，并体现各种符号的内在联系。图例中的符号可以根据其内容分为若干组，每组还可以冠以小标题，也可以连续排列。通常都是把重要的符号排在前面，例如，普通自然地理图把自然地理要素，而且首先是把对其他要素起制约作用的水文要素排在前面，行政区划图则是把行政中心和境界线排在前面。

八、地图的艺术设计

地图涉及社会、文化、经济、科技等诸多领域，渗透到人类生活的各个方面。作为描述、研究人类生存环境的一种信息载体，地图融科学、艺术于一体。随着人们生活水平的提高，人们对地图作品的要求也越来越高，不仅要求地图有现势性、准确性、实用性，而且对地图的艺术美也提出了更高的要求。

地图是以视觉图像为特征的科学产品，它除了实用价值外，还具有艺术价值。地图美学设计的目的就在于以适合于地图用途的美学形式来美化地图，以期达到提高地图信息含量、提高读者兴趣、提高信息传输效率和使地图具有时代美感的目的。地图的艺术美主要由地图的整体风格、构图、符号及色彩、整饰、材质等内容的美学设计共同体现，我们又称之为地图设计的形式美。要想设计出美好的地图作品，需要遵循形式美的主要法则，它们包括：主体与陪体、对称与均衡、抽象与简化、对比与调和、节奏与韵律、比例与尺度、空白与虚实、统一与变化等规律。

1. 主体与陪体

为了加强地图作品整体的统一性，各组成部分应该有主与从的区别，重点与一般的区别。如主图与附图、主标题与副标题、主色调与陪衬色调等都是主次关系的体现。在设计中，应按照一定的主从关系合理安排各组成部分。否则，若不分主次，同等对待，就会使图面流于松散、杂乱，破坏整体的统一性。

2. 对称与均衡

"均衡"与"对称"是形式美的基本要求。"均衡"是指形态各部分之间处于一种相对平衡的状态。尽管不同的造型形态之间不完全整齐一致，但只要形态的体量处于一种稳定平衡的状态，就能使形态匀称，并产生均衡的美感。均衡感能够体现形态前后、左右间的相对轻重关系，也有多种表现形式，如"同形等量"的调和均衡，"等量不同形"和"不等量又不同形"的对比均衡，各有不同的视觉感受效果。

"调和均衡"是指构成形态以某个点作为对称中心，把基本形沿点作环绕布局，成为辐射形状，称为"辐射对称形"；或以某条直线为对称轴，两侧布以同形等量的基本形，称为"左右对称形"。调和均衡状态给人以庄重、端正、静止、稳定的美感。

"对比均衡"是指在不同形和不等量的形态之间求得非对称形式的一种平衡，它是对称均衡的变体，是不以中轴来配置的另一种形式格局。它是由形状、色彩、位置与面积的巧妙组合，造成一种视觉上的均衡，给人以稳定安详又有变化、生动活泼的美感。

3. 抽象与简化

抽象，即从许多事物中舍弃个别的、非本质的属性，抽出共同的、本质的属性，使之表现事物的本质与特征更具有代表性。事物的发展过程总是从具象转化为抽象。"抽象"是现代形式美的重要创作手法之一。

简化，即把繁杂的变成简单的，也就是对需要表现的对象进行删繁就简的处理。"简化"是为了使物体的本质特征更突出、更典型、更完美。简化也是现代形式美的重要创作手法之一。

4. 对比与调和

1）对比

"对比"是利用形式要素（形状、大小、色彩、肌理等）把其中某一要素不同的部分组织在一起，使同一要素的不同部分之间产生对照，互相衬托，更加突出各自的特征，谓之对比。对比是表达对象的基本手段，是保持图面充满生机的关键。强烈的对比特别引人注目，从而增强图面的清晰感和明快感。

对比的类型包括：线型对比、形状对比、大小对比、方向对比、空间对比、虚实对比、色彩对比、肌理对比等。

2）调和

"调和"是近似性的强调，是使两种以上的要素相互具有共性，形成视觉上的统一效果。倘若只强调对比，图面会过于"刺激"。调和则使人感到融洽、协调，能在对比变化中保持一致性。调和也是图面产生美感的基础之一。

调和可以从图面的类似化组织求得：大小的类似性、形态的类似性、色彩的类似性、位置的类似性、方向的类似性、肌理的类似性等。

"对比"与"调和"是相对的，是对立统一的两种艺术手段，它们相辅相成。过分对比会使图面显得强烈、刺激；过分和谐又会显得平庸、单调。在设计中要注意对比与调和的适度，做到对比强烈而无刺激，调和而不平淡。

5. 节奏与韵律

"节奏"是一种具有条理性、重复性、连续性的艺术表现形式；"韵律"则是以节奏为前提的一种有规律的重复和有组织的变化，在艺术内容上，倾注节奏以情调，它是节奏的艺术深化。节奏美含有较多理性美的因素，而韵律美则更多地着重于情感美的表现。它们的共同之处表现在重复与连续的规律性上，在极度变化中仍由规律所支配。它们的相互关系是：节奏是韵律的前提，韵律是节奏的升华。

韵律美按形式特点可分为：连续韵律，渐变韵律、起伏韵律、交错韵律等。四种形式的韵律都体现出一种共性，即具有极其明显的条理性、重复性和连续性。借助于这一点，既可加强整体统一感，又可求得丰富多样的变化。

6. 比例与尺度

"尺度"是构成要素的尺寸与人们常见的某些特定标准之间的相对尺寸关系。合理的尺度使人感到符合情理，但在设计中有时为了造成特别的情趣，产生特殊的视觉效果，需要采用夸张的手法，利用不适当的尺度关系产生特殊的视觉效果与艺术表现力。

"比例"是构成要素各部分之间、部分和整体之间的相对尺寸关系。图面上各种形状、色块的大小与位置排列，在尺寸关系上要匀称合理，安排适当，才能达到视觉与心理上的尺寸协调关系，产生理性的美感。

正确的尺度与比例是完美造型的基础。例如，地图艺术符号的设计必须大体合乎人们所熟悉的比例关系，否则就会丧失形似，不能产生真实感和美感。但也并非绝对，有时为了突出表现事物的主要特征，采用变形手法，有意破坏事物的比例关系，达到艺术表现的目的。

7. 空白与虚实

"空白"在图面设计中起着视觉缓冲作用，避免图面过于"紧张"，同时有助于主从内容排列疏密有致，达到突出图面主题，布局均衡的目的。设计中把要强调、突出、给人强烈印象的构成要素的周围留下空白，就能极大地提高视觉争夺力，同时便于视线的移动，消除沉闷感，给人以"喘息"的机会。

"空白"在图面的虚实处理中有着特殊的作用。图面构成必须有实有虚，"虚"是为了突出"实"，不能搞平均主义的排列，图面安排得密密麻麻，让人透不过气来。要大胆运用虚实对比，巧妙地使图面实中有虚，虚中有实，以造成新颖的构图效果。

8. 统一与变化

"统一"是艺术形式的同一、合一、整齐、程式化的意思。统一是针对变化而言的，变化中求统一，就是在千差万别中寻找艺术形式的共性、同一性、一致性。例如，等长、等距是长度的统一，深绿、浅绿是色调的统一等。"变化"是针对统一而言的。变化即差别，排列的差别、部位的差别、方向的差别、层次的差别、色彩的差别等都属于变化。

若一幅地图作品缺乏变化和多样性，过分地统一，则显得单调，令人感觉枯燥乏味；反之，如果过分地追求变化多样，缺乏和谐与秩序，则势必显得杂乱。由此可见，变化与统一作为一个完整的艺术形式的两个对立面，它们互为依存，缺一不可。只有适当变化，而又整体的统一，才能创造出美的形式。统一与变化是一切美的艺术形式都反映出来的普遍规律，是美的形式法则的总法则，它贯穿于其他派生的形式规律之中。

形式美法则是人类在长期创造美的实践中积累的经验。在运用形式美法则设计地图时，应结合设计内容灵活掌握，选择最适当的形式，加强地图美和艺术的表现力。

第三节 地图数据的量表方法

自然界和人类社会中，空间地理数据无限多，几乎可以用符号表示在地图上。地图制图中处理地图数据时，必须要确定地图数据(地理变量)的位置，提供空间属性或地理序列是地图的基本功能。但这还不够，还应该将数据类别作进一步划分，才有意义。一幅地图，若将河流、道路、境界等都作为线性数据表示出来，就会因为不能详细区分而变得毫无意义。对地理实体和现象进行定量或定性的描述，需要借助心理物理学中常用的量表方法。量表方法是一种测量的尺度，是一切定量(性)可视化表达的基础。可视化的基本目的是通过视觉传输地理信息，因此也广泛地运用量表技术。对地图学来说，描述被观察到的特征并将其划入某一组变量的最有效方法，就是按地图数据的不同精确程度将它们分成有序排列的四种量表，称为量表系统。这四种量表为：定名量表、顺序量表、间隔量表和比率量表。

一、定名量表(nominal scaling)

定名量表是最低水平的一种量表尺度，有时几乎被认为是0~1分类法。在这个量表系统中，常常用数字、字母、名称或任何记号对不同现象加以定性地区分。在这一量表水平上，我们无法对两类之间进行任何数学处理，只能确定两类之间是同一的还是有区别的，如城市、松树、红壤土等。定名量表表达的点、线或者面状数据，仅能区分城镇或者采石场，一条道路或者一条河流，一块建设用地还是一块林地，而不能明确城镇的规模、道路的等级等信息。地图上表示物体的种类、性质、分布状态等都使用定名量表数据。

如图7-13所示，定名量表的一个点、线或面，仅仅说明它是一个城市或者一个测量点，一条道路或一片树林，不能确定城市的大小、等级，也不能确定道路或树林的等级、质量等信息，这就是定名量表的特点。它一般用于区划图或类型图上制图现象的分类表示，例如在我国行政区划图上，可以用定名量表的方法，分出湖北省、河南省、河北省等；在土地类型图上可以分出建设用地、草地、耕地、林地等。

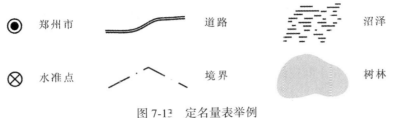

图 7-13　定名量表举例

二、顺序量表(ordinal scaling)

顺序量表是把制图对象按某种标志划分等级并按等级排序，但既无单位也无起始点，只是一个相对次序。它只区分事物的相对等级，不能产生数量概念，如大、中、小。用于排序的标志可以是定性的，也可以是定量的；可以是单因素的，也可以是多因素的。在这类量表水平上，只能区分出现象的大小、主次、前后等相对等级，既可定性也可定量地描述制图物体或现象，但并不确定这种排列中各等级之间的间距的大小，不能表明差别的具体量。

如图 7-14 所示，顺序量表的一个点、线或面，不仅说明它是一个城市或者一个测量控制点，一条道路或一片粮食作物区，同时还能看出城市的大小、等级，以及道路或粮食作物区的高低等级信息，这就是顺序量表的特点。它一般用于地图上制图现象的分类分级表示，例如在我国交通图上，可以用顺序量表的方法，分出主要公路、一般公路；在粮食产量图上可以分出高产区和低产区，等等。

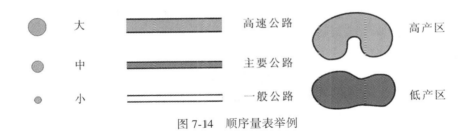

图 7-14　顺序量表举例

三、间距量表(interval scaling)

间距量表不仅把对象按某一标志的差别排出顺序，而且要知道差别的大小，即知道等级间的间距。间距量表度量数据，没有自然起点，但可以使用任何起点。为了使用间距量表，需要引入某种标准单位，然后利用这种单位表示不同的量。例如，可以引入摄氏度(或者华氏度)区分温度，引入人口数量单位区分城市规模，引入长度标准单位(米或者英尺)表示高程差。引入单位后，再结合范围信息(如 1~10，10~20，20~30)，就构成了间距量表。读者可以根据间距量表数据获得关于差别大小的概念，但不能确定系统中某一特定物体的具体值。也就是说，间距量表比定名量表和顺序量表对制图物体的描述更加精确，但是仍然不能获得某物体具体的量。最典型的例子是摄氏温度尺度，不能说 10 度比 20 度热两倍。间距量表没有绝对值，它们是相对的。

如图 7-15 所示，间距量表的一个点，不仅说明它是一个城市，而且还能表达出这个城市的大小、等级以及该城市与其他城市具体人口数的等级差别；间距量表的线不仅看出是一组等高线，而且通过等高距可以得到它们之间的高程差信息；这就是间距量表的特点。它一般用于地面和空间连续分布且均匀渐变的制图现象表示，例如地貌、海底地形、气温分布、气压分布、降水分布等。

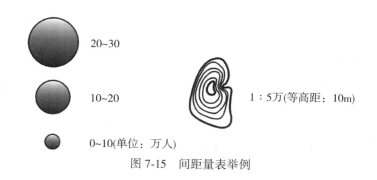

图 7-15　间距量表举例

四、比率量表（ratio scaling）

比率量表不仅把对象按某一标志的差别排出顺序，知道其差别的大小，而且有原始零起点。这是一种完整的定量化方法，可以描述客体的绝对量，可以是有单位的，也可以是百分比的值。比率量表是以制图数据的起始点为基础，按某种比率关系进行排序，且呈比率变化，实际上是间距量表的进一步发展。因此，在构成比率量表时，要知道两个现象之间的差别及其比率。例如，高程、气压、温度、降水强度、城市人口、货物流通量等，均可以采用比率量表表达。

如图 7-16 所示，比率量表的一个点、线或面，不仅说明它是一个城市，而且还能表达出这个城市的大小、等级，该城市与其他城市具体人口数的等级差别以及具体的人口数量是多少；不仅看出是一组等高线，而且通过高度表可以得到它们之间的高低情况、高程差以及高程的具体数量值信息，这就是比率量表的特点。它一般用于地图上制图现象的分类、分级和具体数量的表示。例如，在地形图上，可以用比率量表的方法，分出不同地区（陆地与海洋）的具体高程；在人口地图上，可分出某个城市具体的人口数是多少等。

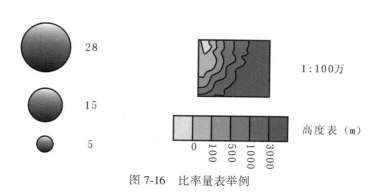

图 7-16　比率量表举例

上述四种不同的量表系统中，定名量表表现质量差异，顺序量表表现等级感，间距量表和比率量表才能显示数量差异。比率量表则是间距量表的精确化。按表达精度排序，依次为定名量表<顺序量表<间距量表<比率量表。在制图数据处理中，可以将比率量表表达的数据处理后形成间距量表、顺序量表，以及定名量表表达数据；而定名量表的数据却只能用定名量表来表达，不能改变成为任何其他形式的地图数据。

第四节　居民地圈形符号设计

随着地图比例尺的缩小，居民地的平面图形越来越小，以致不再能清楚地表示其平面图形。例如，1∶25万比例尺地形图上，就有一部分居民地改用圈形符号，在1∶100万比例尺的地形图上，只有少数大城市仍用轮廓图形表示。由于圈形符号明显易读，在有些地图上，即便是平面图形很大，也改用圈形符号表示。

在设计居民地的圈形符号时，应注意符号的明显性和尺寸两个方面。

符号的明显性和大小应同居民地的等级相适应，大居民地的圈形符号尺度大，明显性强，小居民地则相反。

符号的明显性取决于符号的面积（尺度）、结构、视觉黑度和颜色。随着居民地等级的降低，符号的面积、结构的复杂度、视觉黑度和颜色的明显性都应随之降低（图7-17），按对角线方向设计圈形符号，其差别最明显。

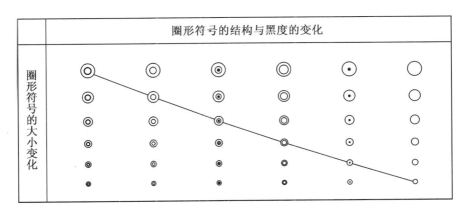

图7-17　圈形符号的设计

圈形符号的尺寸主要考虑最大尺寸、最小尺寸和适宜的级差三个方面。

符号的最小尺寸与地图的用途及使用方法有关。通常挂图上的圈形符号最小直径不应小于1.3~1.5mm，一般普通地理地图不能小于1.0~1.2mm，表示很详细的科学参考图不应小于0.7~0.9mm。当最小符号的尺寸确定以后，以上各级居民地的符号应保证具有视觉可以辨认的级差，从而按分级要求设定符号系列。符号级差一般不应小于0.2mm。如果符号有结构上的差异，小于该级差也可以分辨。

最大符号一般不应超出被表示的城市轮廓，太大会影响地图的详细性和艺术效果。一般从下而上能清晰分辨其级别即可。

第五节　地貌高度表的设计

小比例尺地图由于图幅所包括的范围广大，地形要素复杂，用等高线表示地貌时很难找到一种适当的固定等高距，只有采用从低到高逐步增大等高距的变距等高线才能有效地表示地貌形态。把地图上表示的等高线及其高程按顺序排列起来构成的图表，称地貌高度表（或变距高度表）。它是编图时选取等高线的依据，也是读图的工具。

一、地貌高度表的构成

高度表一般由基本等高线和补充等高线排列组成，并构成基本单元和高程带（图 7-18）。

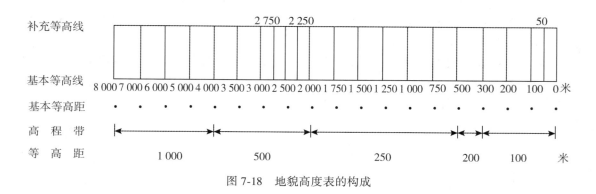

图 7-18　地貌高度表的构成

基本等高线是高度表的基础，是表达制图区域的基本形态所必需的，它们构成高度表上基本单元的界限，其等高距由小到大，表现出明显的系统性；补充等高线（也用实线表示）是为了表达制图区域的某些局部特征而设置的，对于分幅地图来说，可以只在有关的图幅上选用，在内分幅的挂图上，补充等高线一经选定，必须全部绘出，而且不能像地形图上那样把补充等高线绘至等齐坡处中断。另外，它通常只是根据实际需要在高度表的基本单元中插绘，不需要在每个单元中都加绘补充等高线。

基本单元指的是高度表上相邻两条基本等高线所组成的范围。高度表是由许多基本单元组成的。多数高度表上的基本单元是等间隔的；少数高度表上的基本单元是不等间隔的，基本单元的面积与其相应两等高线间的实地面积成比例。

小比例尺地图上的等高距虽然是变动的，但有一定的规律。许多高度表上可分出基本等高线的等高距相等的若干段，每一段称为一个高程带。随地势增高，各高程带的等高距也逐渐增大。

在地图上可以根据下列标志来判别高程带的界限：一个高程带内基本等高线的等高距相等；高程带的界限常与地貌类型的分界相吻合；在用分层设色表示地貌的地图上，高程带的交界往往是变更色相的界限。

在高度表中，一个高程带可能包括几个基本单元，也可能只有一个基本单元（过渡性高程带）。有些地图，由于比例尺较小或其他原因，常常只需要概略地表示地貌，不划分高程带，高度表仅由一系列的基本单元所构成（图7-19）。

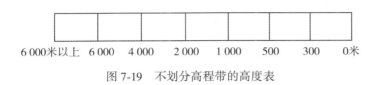

图7-19　不划分高程带的高度表

也有人认为，一个高程带内的等高距相等，应包括补充等高线在内。

二、设计地貌高度表的基本原则

1. 必须考虑影响制图综合的基本因素

设计高度表时首先要了解地图的用途及其对地貌表示的要求。要求详细表达地貌时等高距要小一些，并要认真研究高程带的划分；否则，等高距可大一些，也不一定要划分高程带。

地图比例尺直接影响地图上表示的高差大小，即一定的等高距在该比例尺地图上是可行的，对于较小比例尺的地图，等高线也许会变得过密而无法描绘。

制图区域地貌形态的特点对设计高度表的影响也是显而易见的。例如：制图区域地貌高差大、形态复杂，就要认真研究高程带的划分，采用几种等高距，还要考虑在有的地方使用补充等高线；若制图区域内高差小，地貌形态单调，等高距就不能太大，而且也无须划分高程带。

设计高度表时，还应考虑到制图资料的情况。所选择的等高线应当尽可能在基本资料上能直接找出来，也就是说，要尽量避免或减少内插等高线，以利于提高成图的速度和精度。否则，就应当改变等高距或改换制图资料。

2. 等高距的变化应与实地坡形变化相适应

据统计，在世界范围内，陆地总面积的68%不超过1 000m，高程在500m以下的占陆地面积的34%。由此可见，陆地表面高程较低部分的范围相当广，这些地区多半是开发程度较高的地区，编图时采用尽可能小的等高距，详细地表达地表形态是必要的。这个范围内的地面坡度比较小，采用较小的等高距也是可能的。

随着地面绝对高度的增加，地面坡度不断增大，迫使等高距逐渐增大。但这种等高距的增大应该是渐进的，不能出现突变和跳跃，以免在视觉上产生阶梯状的错误。

在设计较大区域的地貌高度表时，还可能遇到这样的情况：所拟订的等高距较小的高度表在大部分地区是适宜的，只对局部地区不适用。例如，坡度比较陡的地区等高线显得过密甚至重合。这时如果编的是分幅地图，可以采用灵活的处理方法，对局部地区的图幅，从高度表中减去一些补充等高线。和等距高度表比较，变距高度表在表达地貌时也有一些缺点。例如，习惯于阅读等距高度表显示的坡形变化规律之后，再来看变距高度表显示的地貌图形，容易对地面坡度产生错觉——使上部坡度变缓，即等齐坡被看成凸形坡，凹形坡的凹度变小甚至变成近于等齐形或凸形,而凸形坡会显得上边更缓。因此,在设计变距高度表时,应使等高距增大的速度略低于坡度增大的速度,尽可能减少这种视觉变形的影响。

图 7-20 是用等距高度表和变距高度表表示的同一地区的图形。显然,变距高度表反映了该地区地貌的基本结构,在表达实地上较平缓低处地貌的详细程度上优于等距的高度表。

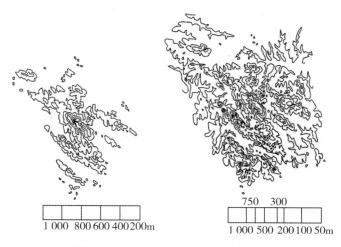

图 7-20　用等距高度表和变距高度表表示的同一地区的图形

3. 高程带的分界线尽可能与地貌类型的高程分界线吻合

为了顾及图区内各种不同类型地貌特征的显示,采取变动等高距方法。每一种等高距就意味着建立一个高程带,每个高程带应反映出地面按高度分布的某种地貌类型。由于高程带的变更不可避免地会造成对实地坡形的视觉歪曲,因此分带不宜过多。当然也不能太少,否则就不能顾及各类地貌高度和坡度的正确表达。

划分高程带时应尽量将其分界线选在地貌类型改变的高度线上,这样有利于反映不同地貌类型的特征。

我国地貌分类的高度分界线一般定为 200m、500m、1 000m、3 500m 和 5 000m,它们分别为平原、丘陵、低山、中山、高山和极高山的分界。在设计高程带时,一般都参照上述数字。如因地貌高程及其变化特点等原因,不能按上述高度分界,则可在邻近的部位选取高程带的界限。例如,有时可选某区域总轮廓的倾斜变换线或高原、台地的边缘线的高程作为高程带的界限。

三、设计高度表的方法

高度表设计的过程可简可繁,依对新编图要求的高低而定。通常的方法是先研究制图区域的地理情况,分析已成地图的高度表,再选择适当位置作一些地形剖面图进行分析,甚至还可以采用数理统计的方法对地面高程分布进行必要的分析,在此基础上构成新编图的高度表。如果新编图对地形表达的要求不高，则可以在分析已成图高度表和研究制图区域地理特征的基础上直接拟定高度表。

1. 分析地理资料和已成图的高度表

设计高度表时应当首先熟悉制图区域的地貌情况。在许多地理书刊中，对地貌的类型、分区、最高点、最低点、切割密度、切割深度、坡形、谷形等特点有着详细的论述。为了设计高度表，必须分析研究这些地理资料。

在地理情况比较熟悉的基础上，可以研究已成地图（包括地形图和各种地势图）。分析对制图区域的地理特点来说哪些等高线是最重要的，同时评价各种已出版的地势图上哪一部分表达得比较成功，还有什么缺陷。

在做好上述工作之后，设计者能初步确定对于新编图来说哪几条等高线是必需的。然后再参照已经出版的地图，根据新编图的用途、比例尺等条件，在不同的地貌类型中确定等高距和高程带（使必需的等高线加入基本等高线序列）。

为评价新设计的高度表，最好是按编图比例尺选几个典型地区制作地貌编绘样图。

2. 剖面图在设计高度表时的应用

利用剖面图作定性和定量分析，可以加深对制图区域地貌特征的认识，从而有助于确切地选择等高线。

通常使用的与山脊走向相垂直的横剖面图或与山脊方向无确定关系的自由剖面图来进行分析，而且剖面图的垂直比例尺通常都大于水平比例尺（地图的比例尺）。在山区垂直比例尽可放至 2~3 倍，在平坦地区有时要放大到 5~10 倍，使剖面图的视觉效果较好。

根据剖面图可以找出重要的等高线（等高线在图上出现次数多的），可以根据剖面图上单位长度内山峰出现的次数，算出山峰的选取系数，判断高度表的表现能力，甚至在剖面图上量算地面倾角，作为设计高度表的参考等。

3. 高程的数量分析

详细地分析制图区域的高程分布，对于改进高度表的设计是有实际意义的。

高程数量分析是建立在统计学原理上的分析方法，常见的有地面平均高程、地面高差和高程变幅、高程分布规律等。

在以上工作基础上，即可确定高度表上所需的等高线，并经过调整，确定高程带和各高程带的等高距，建立完整的地貌高度表。

四、地貌高度表的分层设色

如果将地貌高度表分层设置不同的颜色表示地貌，即称分层设色法。带有分层设色的高度表，常称"色层表"或"色层高度表"。显然，地貌分层设色后，色层能更明显突出地显示出各高程带的范围及不同高程带地貌单元的面积对比等特征，比仅用等高线及高程注记显示地貌又前进了一步，况且分层设色还能在一定程度上增强地貌的立体效果（如配合地貌晕渲立体效果会更好）。因此，分层设色地图广为流行。

用分层设色法绘制的分层设色地图，强调突出了地貌要素的表示，成为普通地理图的一个特例，即使是将其划入专题地图，也和普通地理图及其编制有着不可分割的联系。

分层设色地图全面表示地面上的主要要素，并能由色层突出地貌，给读者全区的基本状况以及地貌结构特征、高程分布及全区的地势起伏等信息,成为一般参考用图的常用方法。

在地貌高度表的基础上分层设色,使其成为(地貌)分层设色图。用分层设色的方法表现地貌,不仅具有突出地貌的作用,而且能以不同的颜色区分不同的地貌类型及其分布面积,并利用色彩的视觉立体特征加强地貌的立体效果。

1. 设色原则

设色原则是利用色彩的色相、明度和饱和度三属性的变化,形成色彩的立体感,塑造地貌的立体效果。

主要的方法是随地形的高低、色彩排列规律设色:越高越暗,越高越亮,越亮越饱和,与光谱色相应,综合设色等。

2. 色层表建立

色层表的建立主要要明确以下几个问题,才能有较好的结果:首先要明确设色对象,地貌类型及其特征,设色的基本原则,进行颜色组合试验,调整成适合于印刷用色等。

五、地貌深度表的设计

在分层设色地图上,除了陆地地貌外,还要表示海底地貌的特征。海岸线以下的大陆架是陆地地貌的延伸,为此,要求海部的深度表的设计与陆地高度表设计相适应:在浅海区等深距要小,随深度增加等深距逐渐加大,必要时加绘补充等深线等(图7-21)。

图7-21 带有深度的地貌高度表

通常,海洋深度表表示得比较概略,即采用较大的深度间隔。这样又符合了深度设色的要求。

在海洋部分通常采用蓝色的深浅区分海水的深浅。从浅海处的浅蓝色,到深海处的深蓝色(或暗蓝)色层的梯级变化可清楚地表现海底地貌的状况,又非常符合色彩的自然象征意义,因而成为国际通用的设色法。

如果在分层设色的基础上增加晕渲,陆地地貌和海底地貌的立体效果则更好。

第六节 地图的总体设计书

我国系列比例尺地形图的生产由测绘主管部门事先制定了编绘规范、图式等一系列的标准设计文件,不需要进行专门的地图设计。某些涉及广阔领域的比较规范化的专题地图,如地质图、地貌图、土壤图、土地利用图、地籍图、房产图等,往往也拟订专门的编绘规范来统一它们的规格和要求。地图设计书通常指普通地理图、大部分的专题地图和地图集的设计文件，主要包括总体设计书、总体设计书指导下的地图编辑计划、图组设计书和图幅设计书，目的是提出地图的总体设计规划，指导地图生产。

一、编写总体设计书的要求

地图总体设计书的要求具体如下：
(1) 内容要明确，文字要简练。对作业中容易混淆和忽视的问题，应重点叙述。
(2) 采用新技术、新方法和新工艺时，要说明可行性研究或试生产的结果，必要时可附试验报告。
(3) 名词、术语、公式、符号、代号和计量单位等应与有关法规和标准一致。
(4) 设计人员要深入地图生产的第一线检查了解方案的正确性，发现问题及时处理。

二、地图设计过程中的科学试验

地图设计的过程，常常也是一个创新的过程。为了使设计的地图更加符合地图用途的要求，检验设计思想的可行程度，及早发现设计中的缺点和漏洞，在设计过程中常常会进行一些模拟性的生产实践，这些工作又称为科学试验工作。地图设计的各个环节都可以成为试验的对象。选择哪些项目进行试验，要根据具体情况而定。对于比较有把握的项目可以不进行试验，而对把握不大的、有些新的想法和对地图质量有重要影响的项目则应组织进行科学试验。

制图科学试验工作也分为经常性的和专门性的。

经常性的试验，目的在于检验制图理论，获得各种数据，如极限载负量、符号尺度、图形概括的最小尺寸、视力读图的能力、选取指标、色彩设计等。制作各种样图，如典型地貌综合样图，居民地类型图，图幅困难等级和工天定额的标准样图，花边、图案等。经常性的科学试验工作由专门机关负责组织或委托给某方面的专家执行。

专门性的试验是为设计地图而进行的试验，它可能是编图工艺、图面整饰、图例设计、高度表设计、选取指标的确定、各种样图（制图综合样图、晕渲样图、彩色样图）等方面的试验。设计地图时遇有需要试验确定的项目，编辑即可委托有关机构或人员进行试验。

三、地图制图综合指标图

制图综合要求在数量和质量两个方面正确反映要素的类型特征和典型特点，还要能反映出不同区域间的协调和对比关系。为此，事先要进行大量的分析、量算和试验工作，把研究的结果用图解和注释的方法，在适当的底图上表示出来，成为一种直观的参考资料，这就是制图综合指标图。

根据指标图的内容，可以把它们分为质量指标图和数量指标图两类。

1) 质量指标图

质量指标图是在分区的基础上表达质量指标为主的指标图，例如：
(1) 山系图：

主要说明山系的走向和分级，山脉、主要山峰、山隘的名称和分布。

(2) 山岳形态略图：

山岳形态略图是表达地貌形态的一种略图，它的内容主要包括：山脊走向和类型特征，斜坡形状，陡坡方向（斜坡不对称性的特征），主峰、主要山隘的位置及高程，特殊地貌分布区等。图 7-22 是一张带有山系分级的山岳形态略图。

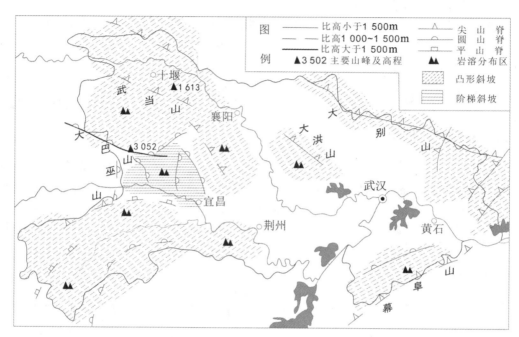

图 7-22　山岳形态略图

常见的其他类型的质量指标图有：海系类型图、海岸类型图、湖泊类型图、水系名称指标图、通航河道图、居民地类型和分级图、典型地貌分布图等。

2) 数量选取指标图

数量选取指标图是在分区的基础上标示作为选取标准的数量指标图。常见的有：

(1) 河流选取指标图：

按实地的密度系数分级划分区域范围，在不同的范围内表示出相应的选取指标（图 7-23）。

(2) 居民地选取指标图：

按实地密度系数划分区域，并在不同的范围内配置相应的选取指标。图 7-24 是居民地选取指标图的举例。

其他的数量选取指标图还可能有道路网选取指标图、地貌水平割切指标图等。

四、总体设计书的撰写内容

普通地理图和大部分的专题地图没有统一的设计规范和图式指导，制作时需要撰写专

第六节 地图的总体设计书

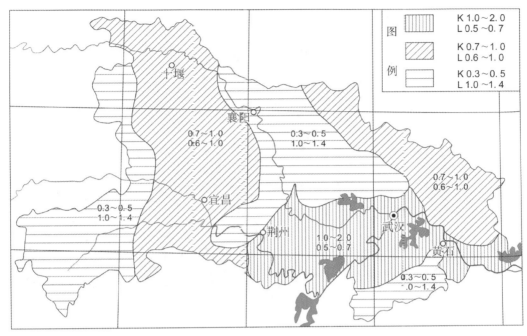

注：为了易读，河流类型不在该图上表示。

图 7-23 河流选取指标图

门的总体设计书。总体设计书根据地图的内容可分为普通地理图的总体设计书和专题地图的总体设计书两种。

1. 普通地理图的总体设计书

一份完整的普通地理图设计书应包含任务概述，技术指标，技术依据，制图区域地理说明，地图资料的分析与选择，数字地图制图环境，数字地图制图工艺，地图内容的选择、数据编辑和表达，出版、印刷、装帧及版面设计，数字制图产品的质量控制，数字制图工程的组织管理，上交成果，附件等内容。

1) 任务概述

(1) 简述任务：

主要指出地图的用途、对地图的基本要求以及满足这些要求的基本措施。地图的用途是编制地图的起点，它是确定地图类型的依据，从地图投影、内容和表示方法的选择到地图的整饰、装帧等各方面都要受到地图用途的影响。

(2) 成图概述：

包括地图名称、性质、类型；比例尺、开本；成果形式、版本；制图区域的地理范围；图幅数量；对地图成品的要求（精度等级、出版要求）等。

对地图集而言，则要说明地图集的开本、幅面大小、页数和出版形式，地图集内容的选题、图组划分、编排原则及目录，图面配置原则及格式。确定封面的样式、图名的字体、色彩、图案标志以及封面、封底、副封、扉页、环衬的色彩与形式；对图名页和背页

351

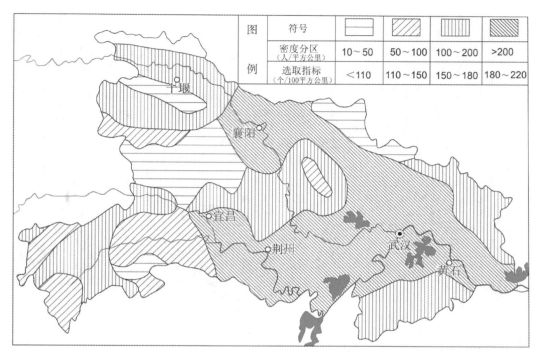

图 7-24 居民地选取指标图

的利用；地图的图面装饰、图边和图组标志；地图集的装订形式，并指明对装帧设计的总体要求。

2）技术指标

（1）数学基础：

包括选用地图投影的说明和建立数学基础的方法和规定。地图投影的种类、特点和基本性质，标准线的位置，投影区域范围变形的分布规律和最大变形值；经纬线网的密度；投影成果表及其说明；建立地图数学基础的方法和精度要求；经纬线网的表现形式和描绘方法等。

（2）分幅编号及拼接原则：

分幅编号设计包括地图的分幅方法、分幅及编号方案、拼接方式及拼接原则等内容。

（3）数据分层与编码：

包括数据分层规则、数据属性、数据内容及分类代码表等。

（4）数据格式：

包括原始数据的格式、最终成图数据的格式以及格式的转换要求等。

（5）数据精度：

包括数据的采集限差，图廓点及公里网点的定位控制点点位误差，图廓边长与理论边长的较差，对角线长度与理论值的较差；更新要素的相对精度等。

3）技术依据

技术依据包括引用技术标准及技术文件；参考技术标准及技术文件。

4）制图区域地理说明

制图区域地理说明是区域地理情况的高度概括，包括总的地理概况和重要的地理特征。目的在于使作业员对制图区域有一个总的了解。它必须简明扼要地阐明制图区域的地理位置，制图区域和范围，行政区划，该区在全国地理分区中所处的位置，并按该地区的自然或经济情况划分为若干区，分要素简要的综合性的说明。

5）地图资料的分析与选择

应说明共收集到哪些资料，写出资料分析评价的结果，确定基本资料、补充资料和参考资料。对于基本资料，应当先介绍它们的"身份"，然后，就其数学基础的精度，内容的完备性、与客观现实的相应性和现势性等方面加以说明，指出该资料的缺点，用什么资料补充和修正。还要明确指出该资料使用的方法和程度。

对于补充资料和参考资料，则不需要进行全面的说明，重点是指出使用该资料的哪个部分用于解决什么问题，如何去解决。

6）数字地图制图环境

数字地图制图环境指需要使用的各种硬件设备和软件条件，要说明使用这些硬件设备和软件主要用于制作或解决什么问题。软件还需要说明版本情况。

7）数字地图制图工艺

拟定制图生产工艺方案，包括：工艺流程，同工序的先后次序，各环节的技术措施和要求。目前，数字地图制图技术应用已相当广泛，不同类型和不同规模的数字地图制图系统也非常多，而且系统功能也比较完备。工艺流程要包括数字地图制图的基本过程，包括地图设计、数据输入、数据处理和数据输出这四个阶段。地图生产工艺方案可以用框图的形式加以说明。

8）地图内容的选择、数据编辑和表达

（1）地图内容的选择与表示方法：

明确地图的主题及体现主题的具体内容，包括它们的分类、分级程度，并根据内容的性质和特点设计内容的表示方法。

（2）各要素的制图综合：

各要素的制图综合是设计书的主要部分，其内容包括：要素的地理特点，选取指标和选取方法，概括的原则和概括程度，典型特征的描绘和特殊符号的使用，注记的定名与选取，要素之间的关系协调，数据的更新等。

（3）符号设计与符号库：

符号设计应说明符号设计的基本原则和方法，明确符号的颜色、形状和尺寸，符号的配置原则；注记的字体、字大、字色的设计，注记的配置原则等。完整的符号列表作为附件放在设计书的后面。

符号库的建立方法，符号库的管理及符号的使用规则等。

（4）样图设计：

样图设计与制作是为了给编制不同类型图提供直观、形象的参考依据。因此，需选择各图组或各类型图有代表性的图幅，进行具体的设计，并对类型图的制作提出原则性要求。

（5）接边的规定：

地图的拼接形式、接边的部位、宽度、方法等的具体规定。

9）出版、印刷、装帧及版面设计

内容包括出版要求、印刷要求、地图产品的装帧设计和版面设计等。

10）数字制图产品的质量控制

根据资料、技术力量、设备及使用的工艺等条件，提出可能达到的质量标准，从而确定检查验收的要求和基本程序。内容包括质量控制的内容、方法、程序以及相关技术指标和要求。

11）数字制图工程的组织管理

包括地图数据、技术、人力、财力、物力、进度等方面的管理方法和计划。

12）上交成果

明确成果的内容与形式、地图成果数据、元数据及图历簿、图件的数量等。

13）附件

设计书的附件内容和数量，根据所设计地图的情况而定。其中可能包括的内容有：色标，符号表，分幅和图面设计略图，资料配置略图，各要素的分区和制图综合指标图，典型地区的综合样图，不同类型样图，各种统计表格，图面及整饰略图等。

2. 专题地图的总体设计书

一份完整的专题地图设计书应包含任务概述，地图投影，技术依据，制图资料的分析与处理，数字制图环境，数字制图工艺，地理底图，专题内容及表示方法，出版、印刷、装帧及版面设计，检查验收，组织管理，上交成果，附件等内容。

1）任务概述

（1）简述任务：

主要指出地图的用途、对地图的基本要求以及满足这些要求的基本措施。

（2）成图概述：

包括地图名称、类型，主题，开本、比例尺，制图区域的地理范围，图幅数量，对地图成品的要求（精度等级、出版要求），成果形式、版本等。

2）地图投影

说明地图投影的种类、投影变形的分布规律、最大变形值、中央经线、标准纬线的位置，经纬线网的密度等。

3）技术依据

技术依据包括引用技术标准及技术文件、参考技术标准及技术文件。

4）制图资料数据的分析与处理

说明制图资料的分类、来源及可靠程度，资料的使用方法，制图资料、数据的预处理方法，数据的分析方法和要求等。

5）数字地图制图环境

说明需要使用的硬件设备和软件条件，使用这些硬件设备和软件主要用于制作或解决什么问题。软件还需要说明版本情况。

6) 数字地图制图工艺

拟定数字地图制图生产工艺方案，包括：工艺流程、同工序的先后次序、各环节的技术措施和要求等。地图生产工艺方案可以用框图的形式加以说明。

7) 地理底图

说明地理底图的投影、比例尺，内容选择和表示方法，表示的详细程度等。

8) 专题内容及表示方法

明确地图的内容，分类、分级原则，内容表示的精度，图型和表示方法，符号、色彩和图例设计等。

9) 出版、印刷、装帧及版面设计

说明出版要求、印刷要求、装帧设计和版面设计等。

10) 检查验收

说明检查验收的要求和基本程序，包括检查验收的内容、程序以及相关技术指标和要求等。

11) 组织管理

说明人力、财力、物力、进度及地图数据等方面的管理方法和计划。

12) 上交成果

说明地图成果数据的内容与形式、图件的数量、数据格式等。

13) 附件

设计书的附件内容和数量，根据所设计地图的情况而定。其中可能包括的内容有：色标、符号表、分幅和图面设计略图、各种统计表格、图面及整饰略图等。

五、地图编辑计划的撰写

地图编辑计划是在图式规范或总体设计书的原则指导下，结合任务的具体内容、具体的制图区域、特点和要求拟定的设计文件，主要包括作业方法和技术规定，用以指导地图编绘作业的实施。编辑计划不应当重复图式规范和总体设计书中阐述的一般原则。它的内容应当是这些原则针对某区域的具体化。地图编辑计划一般包括以下内容。

1. 任务说明

提出完成任务的要求，说明地图的用途，简述制图区域的位置，数学基础，图幅数量和对成图数量、质量及完成任务期限的要求。编图应遵循的图式规范或总体设计书等。

2. 区域地理概况

简要说明与地图内容有关的区域类型特征和典型特点，指出自然地理要素的基本特征，便于在作业中能正确反映。

3. 制图资料的评价和使用

确定基本资料、补充资料和参考资料的名称和内容。对各种资料作出简要评述，对使用部分应予以重点评价，并确定出各种资料的使用原则、方法和使用程度。

4. 地图制作方法

按照任务的基本要求，根据地图类型、精度和成图时限、制图资料和制图人员及设备的条件，确定地图制作方法和程序。

5. 地图内容的选择及地图符号和图例设计

根据地图的用途、制图资料的情况以及对制图区域研究的结果，确定地图上应该表示的内容、指标体系，它们的分类和分级等。

针对地图的内容和地图类型，设计表示方法和相应的符号，并把各类符号有系统地排列、组合和说明，成为地图的图例。

6. 地图各要素的编绘

按照作业程序，结合制图区域和资料的具体特点，把图式规范或总体设计书中有关的规定具体化，将各要素综合程度、选取原则、质量要求等，作出明确而具体的规定。

对于普通地图来说，主要包括：河流的选取指标，图形概括指标，湖泊的选取指标，岛屿和海岸的综合指标，居民地的选取指标，道路网的选取指标，等高线谷地的选取指标，土质、植被类的选取指标等。

对于专题地图，制图综合指标主要体现为点状物体的选取资格，线状和面状物体的选取资格和概括尺度，分类分级的简化或合并的尺度，统计资料按怎样的方向和类别加工，统计图表的图解精度等。

7. 接边的规定

明确接边的原则，具体说明接边关系和规定。确定不同资料接边的原则，处理重大的接边问题。

8. 样图试验

以上拟定的原则，如图面设计、资料使用、符号设计、内容选择、综合指标、彩色设计、工艺方案等是否可行，能否得到预期的效果，都要经过样图试验来实现。

9. 附表和附图

在地图制作技术指示中，应采用一些略图和附表来丰富和补充其内容，使文件直观实用，提高文件对作业的指导作用。通常附下列图表：图幅接合表、资料配置略图、水系和道路略图、地图符号对照表、整饰规格样图等。

第八章 地图集编制

地图集被誉为地理知识的"百科全书",内容丰富,综合性和系统性强,具有可比性和艺术性,设计和编制要求高。地图集的水平,在某种程度上代表一个国家或地区的地学研究及地图制图和地图印刷水平。

地图集是为了统一的用途和服务对象,经过对各种现象与要素的分析与综合,全面反映区域或部门一定数量、有机联系的,依据统一的编制原则而系统汇集的若干幅地图,编制成册(或活页汇集)。

由于地图集内容的广泛而多样,表示方法的生动以及它的一览性,它比用长篇的文字叙述更为直观和具体,因此在国民经济建设、教育科技、国防军事以及地理信息服务中有着重要的科学参考价值,同时也是地学研究和地图制图科学技术水平的标志性成果。

本章介绍地图集的特点、地图集的分类、地图集的设计和编绘、地图集编制中的统一协调等内容。

第一节 地图集的特点

单幅地图、系列地图和地图集,都是以地图形式反映全球、国家或地区的地理特点为宗旨的科学作品,但地图集同系列地图特别是单幅地图相比较,在设计、编绘与印刷等方面有许多特点。

地图集的特点主要有:

1. 科学成果的综合总结

国家或区域性地图集,是衡量该国家或地区经济、科技发展水平的综合性标志之一,专题地图集则是专题研究水平的综合性标志,是与其他最终研究成果(文字总结、论文集等)具有同等重要意义的独立成果。地图集也能反映编制者在地图学方面的综合水平。

2. 对所选主题具有系统、完备的内容

选题内容的系统、完备,并不意味着体系和内容"大而全",而应当紧扣主题,选取必需的、相关的内容,删除与图集主题无关的内容,合并对表现图集主题意义不太大或内容较少的内容。

3. 图幅数量较多,编制周期较长

大、中型地图集的地图一般都在 200 幅以上,有的大型地图集还分卷出版。由于地图编稿、编绘、地图数据制作和制印工作量较大,因此,地图集编制出版周期较长。

4. 地图种类较多,图型复杂多样

地图集中,一般包括各种专题地图和普通地图,有各种各样的分布图、类型图、等值线图、统计地图、区划图等,并以各种地图表示方法组合搭配。图集中图幅大小不一,并有各种拼版形式。除地图外,往往还有各种图表、照片和文字说明。

5. 内容广泛,涉及的学科部门较多

国家或区域综合地图集涉及自然、人口、经济、文化、历史各领域数十个专业和部门。专题地图集虽只局限于某一领域,但也涉及本领域各分支学科与具体部门。

6. 内容、形式等诸方面必须统一协调

统一协调首要的是内容,同时还包括地图投影、比例尺、表示方法、地图综合、色彩系统、注记、图面配置等各方面;图幅编排的先后次序,各类地图的比重,各图间的相互协调配合,都符合于逻辑性和系统性;但统一不是单一,高质量的地图集应当既是统一协调、又是丰富多样的。

7. 表示方法多样

地图集要有共同的、协调而完整的表示方法。各种不同类型的资料及专题内容,需要多种形式的表示方法支持。即使同一类型的资料或专题,也需要对相同表示方法采取形状、色彩、结构的变化,并运用多种图面配置加以配合,增强视觉感觉效果。应当尽量避免连续多幅地图,甚至整册图集在表示方法、色彩、图面配置上的雷同,如果这样,容易使读图者产生疲倦的感觉,降低读图效果。

8. 科学性与艺术性相结合的成果

各类地图在科学性上的要求是共同的,而在艺术处理上,地图集就有更多的空间体现编图人员的创意,如色彩及符号的风格、图面配置、封面及装帧等。现有的许多数字地图制图软件,更有助于地图的艺术创作。

9. 编图程序及制印工艺复杂

地图集编制工作所涉及图幅的内容、数量及参加编图的人员,都大大超过单幅地图。因此,组织好编图过程,协调好编图人员的工作,制定科学、合理的制印工艺,都是十分复杂的。整个图集参加编稿的人员可能多达数十人或数百人,并分布在不同部门和单位,需要进行大量的科学组织工作;对提交的图稿都要进行不同程度的编辑加工,而且各个环节、各个部分都需要很好的衔接配合。大型图集还建立有专门的编纂委员会或编辑委员会,负责对图集的学术领导,包括对图集总体设计的审查和最后的审稿定稿。图集主编单位还须建立地图集的编辑部,具体负责图集的总体设计、编稿组织和编辑、编绘工作、地图集数据制作等工作。

10. 集成化和系列化

地图集把不同的地域空间(如从世界—国家—地区—城市)与不同的要素(如自然、经济、人文、历史),从整体与局部、空间与时间、数量与质量等诸方面,为用图者有效地建立了多维、深入的空间认知环境,这是单幅地图无法提供的空间认知效果。

由此可见,地图集的编制,尤其是大型地图集的编制是一项大型的地图制图系统工程,地图集作品是众多科学家、地图学家、专家、专业人员和地图工作者以及地图制印技术人员和工人共同完成的大协作成果,是集体智慧的结晶。

第二节 地图集的分类

随着全球信息化进程的加快、地球空间信息技术的快速发展及全球经济一体化和社会文明进步需求的迅速增长，地图集的发展比以往任何时候都快，地图集的出版周期比以往任何时候都短，地图集的品种和形式比以往任何时候都多，因此有必要研究地图集的各种分类方法。

一、按内容主题分类

地图集按其内容主题，可以分为普通地图集、专题地图集和综合地图集等。

1. 普通地图集

普通地图集主要是由反映水系、地貌、居民地、交通网、境界和土质植被等基本地理要素的较小比例尺的普通地图组成。通常包括全区域一览性总图、大区域一览图、较详细的分区图和详细的城市地区或特殊重要地区的较大比例尺地图。在这类地图集中，通常有一定数量的一览性专题地图，最常见的是政区图、地势图、人口分布图和气候图，以供人们了解制图区域一般的地理概况。例如，《中华人民共和国国家普通地图集》(中国地图出版社，1995)等。例如，《中华人民共和国自然地图集》(中国地图出版社，1999)、《青藏高原地图集》(科学出版社，1990)等。

2. 专题地图集

专题地图集是反映自然和社会经济某个主题的地图集。其种类多种多样，可分为：

1) 自然地图集

自然地图集包括各种反映自然地理状况的地图集，如地质图集、气候图集、水文图集、森林图集、土壤图集、生物图集、海岸带图集、资源地图集等。还有以各种自然现象为内容的综合性自然图集，它们是以研究某一种现象分布规律或综合地揭示地理环境中各要素相互联系和相互制约为内容的。

2) 社会经济地图集

社会经济地图集包括各种反映政治、人文、经济状况的地图集，如政区图集、人口图集、历史图集、经济图集、农业图集和交通图集等。综合性的社会经济图集应包括行政区划、人口、工矿、农、林、牧、副、渔、商业、服务业、交通运输、邮电通信、文教卫生、综合经济等方面的内容。社会经济地图集不仅反映人文经济现象的分布，而且反映其数量和质量对比以及发展动态。例如，《中华人民共和国行政区划地图集》(星球地图出版社，1999)、《中国人口地图集》(中国统计出版社，1987)、《中华人民共和国国家经济地图集》(中国地图出版社，1993)、《中国人民革命战争地图选》(地图出版社，1981)、《重庆市历史地图集》(第一卷·古地图·中国地图出版社，2013)、《洞庭湖历史变迁地图集》(湖南地图出版社，2011)等。

3. 综合性地图集

综合地图集则全面反映制图区域自然环境、人口民族、社会经济、文化历史等多方面内容，图集中既有普通地图，又有自然地图、社会经济地图的综合性制图作品。这种地图集的特点是内容完备、图幅众多、图种复杂。其任务是把制图区域内自然和社会经济等各方面的现象完整而系统地显示出来，反映自然综合体或区域经济综合体各要素之间的相互联系和影响。一般普及性的综合地图集，是供了解制图范围内自然和社会经济概况的综合性地理读物；而科学性参考综合地图集，则可为全面而综合地研究区域自然条件和经济基础，制定经济、科学、教育和文化发展规划提供科学依据。例如，《浙江省地图集》(中国地图出版社，2008)、《吉林省地图集》(中国地图出版社，2009)、《安徽省地图集》(中国地图出版社，2011)、《湖北省地图集》(中国地图出版社，2014)等。

二、按制图区域范围分类

按制图区域范围，可以分为世界地图集、国家地图集、区域地图集和城市地图集等。

1. 世界地图集

指以整个世界及其构成作为制图对象的地图集，一般由序图、分洲图、分国图及重点地区图等组成。例如，英国巴塞罗缪公司和泰晤士图书集团公司联合编制出版的《泰晤士地图集》，自1895年出版以来，1967年版为《泰晤士世界综合地图集》第一版，至今已出版第十三版，其中第十版《泰晤士世界综合地图集》作为新世纪版。

2. 洲(洋)地图集

指以大洲(大洋)及其构成作为制图对象的地图集，一般由序图、大洲(大洋)总图、大洲(大洋)范围内的国家图或大洋范围内的海区、海湾图等组成。例如，《非洲地图集》(中国地图出版社，1985)等。

3. 国家地图集

指以国家及其构成作为制图对象的地图集，一般由序图、全国总图、国家范围内的一级行政区域(省)图、主要城市图等组成。例如，中华人民共和国国家普通地图集、自然地图集、经济地图集、农业地图集，等等。

4. 区域地图集

指以国家范围内的一、二、三级别行政区划(如省、市、县)及其构成作为制图对象的地图集，一般由序图、全省图、省所属市、县图等组成。例如，中国地图出版社出版的《江西省地图集》(2008)、《长江流域地图集》(1999)等。

5. 城市地图集

指以城市及其构成作为制图对象的地图集，一般由序图，城市总图，城市范围内的区、县、市图等构成，如《重庆市地图集》(西安地图出版社，2007)、《深圳市地图集》(深圳市规划国土局，1997)等。

三、按用途分类

按用途可以分为教学参考用地图集、科学研究参考用地图集、军事参考用地图集、经济建设参考用地图集、一般参考用地图集和其他参考用地图集等。

1. 教学参考用地图集

指按照国家教育主管部门制定的相应地理教学内容和教学大纲要求，设计和编制的高等学校、中学、小学用的地图集，如供高等学校教学参考用的《中国自然地理图集》(地图出版社，1984）。

2. 科学研究参考用地图集

指供科研院所、高等院校从事相关领域科学研究特别是地学研究参考用的地图集，其特点是地图集内容的科学性很强，具有一定的深度和广度，是相关科学领域长期研究成果的总结，如《中华人民共和国国家自然地图集》（中国地图出版社，1999）、《中华人民共和国国家历史地图集》（中国地图出版社，2012）、《中国自然保护地图集》（科学出版社，1989）、《青藏高原地图集》（科学出版社，1990）、《中国西部地区生态环境现状遥感调查图集》（科学出版社，2002）、《洞庭湖历史变迁地图集》（湖南地图出版社，2011）和《南北极地图集》（中国地图出版社，2009）等。

3. 经济建设参考用地图集

指供国家机关各部门研究发展状况及进行经济建设规划、部署和管理参考用的地图集，其特点是经济统计数据的表示比较准确、详细而完整，且系权威的统计部门提供，可信度高。这类地图集如《中华人民共和国国家经济地图集》（中国地图出版社，1993）、《中华人民共和国国家农业地图集》（中国地图出版社，1989）和《陕西省资源地图集》（西安地图出版社，1999）等。

4. 行政管理参考用地图集

指供国家和地方政府进行行政管理参考用的地图集，其特点是权威部门提供的行政区划资料和标准地名资料，具有权威性，例如，《世界标准地名地图集》（中国地图出版社，2014）、《中华人民共和国行政区划地图集》（星球地图出版社，1999）、《中华人民共和国政区标准地名图集》（星球地图出版社，1999）和《湖北省行政区划地图集》（中国地图出版社，2009）等。

5. 军事参考用地图集

指供军事机关、高等院校、科研院所和部队指挥人员研究全球和地区地缘政治关系、军事地理、军事形势、战争史和国防建设参考用的地图集，例如，《中国人民革命战争地图集》（星球地图出版社，1981）、《军官地图集》（解放军出版社，1992）等。

6. 其他参考用地图集

较常见的如旅游地图集。它着重表示旅游景点、地名、宾馆酒店、商场、车站、客运中心、交通道路、旅游线路、风景名胜区、旅游度假区、自然保护区等内容，表示方法直观、形象、生动，地貌常用晕渲或写景法表示，景区常用透视立体符号表示。此外，供商品贸易活动使用的商用地图集、供大型运动会使用的如《新北京新奥运地图集》（中国地图出版社，2008）等，也属此类。

四、按出版形式分类

按出版形式或传播方式，可以分为纸质地图集、电子地图集和网络地图集。

1. 纸质地图集

指以纸介质作为地图承载物的地图集，是最常见的地图集出版形式，其特点是更适合目视阅读，大开本的可以在办公室桌面使用，小开本的可以随身携带使用。例如：《深圳·香港地图集》（中国地图出版社，2011）。这类地图集出版时可以装帧成册，也可以不装帧，而是根据需要以活页形式或板块组装形式提供使用。例如：《长江经济带可持续发展地图集》(科学出版社，2001)采用"全流域系列—长江经济带—中心城市"三个模块活页使用，其中"长江经济带"的 6 幅地图可拼接成一幅统一的挂图；《中国西部人文地图集》(西安地图出版社，2012)，将"遥感图像、专题地图、系列地图"三个板块先后组装出版。采用这类方法出版，使用起来比较灵活、方便。

2. 电子地图集

电子地图集是随着 20 世纪 80 年代计算机地图制图技术的发展而出现的高新技术成果，它以地图数据库为支撑，并能在电子屏幕上实时可视化显示。

电子地图集是按照一定的目的、主题、结构将电子地图有机组织在一起的集合。早期的电子地图集基本上是静态的，不具备查询和分析功能，只能进行翻页、浏览、缩放和漫游等操作，实际上只是纸质地图集的电子版。随着计算机技术的发展和地理信息系统技术的引入与应用，电子地图集的内容、形式和功能越来越丰富，具有交互查询和分析功能的多媒体电子地图集应运而生。

在表现形式上，随着多媒体技术的发展和广泛应用，电子地图集融合了文字、图片、音频、视频等多媒体信息，极大地丰富了信息内涵，不仅保持了传统地图集设计的长处，同时也增加了生动性，并提高了应用普及性。与纸质地图集相比，电子地图集具有动态性、交互性、多尺度显示、地理信息多维化表示、超媒体集成、共享性和空间分析功能等特点。

用电子地图集可进行路径查询分析、量算分析和统计分析等空间分析，对分析结果进行汇总统计、输出统计图表。

从功能的角度考虑，电子地图集可以分为三种类型：只读型、交互式和分析型。

(1)只读型电子地图集。可以认为是传统地图集的电子版本，没有额外的功能，它们以磁盘、CD. ROM 或其他存储介质发行，如《中华人民共和国国家自然地图集》电子版。

(2)交互式电子地图集。以地图数据库为基础，所有数据以数字形式存储在地图数据库中，然后以电子地图的形式显示在计算机屏幕上，其最大优点在于用户可以实现图形和属性的交互查询，如《深圳市地图集》电子版。

(3)分析型电子地图集。不再仅仅局限于地图目标和相关属性的交互查询，更多的地理信息系统的功能可能被加入到地图集中，如最短路径分析、缓冲区分析、叠置分析等。

按电子地图集信息源进行分类，可分为：文本源电子地图集、数据库源电子地图集和遥感影像源电子地图集。

3. 网络地图集

随着互联网的迅速发展和普及，作为空间信息图形表达形式的地图越来越受到广大用户的欢迎。网络地图通过互联网同时表达空间与属性一体化信息，它充分利用了 WebGIS、Web 数据库、元数据库、网络动态数据模型等多项技术，用户可通过互联网查询检索、浏览阅读所需要的地图及其他信息。网络地图有广泛便捷、远程地图信息传输特点。

互联网地图集的生成与传输，首先是建立地图数据库，而数据标准化、规范化是信息共享的必备条件。因此，所有数据都必须按照统一的分类标准和编码系统进行数据分类和编码改造；而且所有的空间数据都必须同地理基础底图相匹配(包括地理坐标与水系、居民区、交通网等基本地理要素);同时,需要建立统一的数据转换标准,包括各类数据(矢量、栅格与属性数据)的统一标准格式和相互转换软件。

互联网地图集由服务器端和浏览器端两部分构成,中间由 Internet 连接。服务器端用于地图数据的存储、管理和发布;浏览器端用于数据共享、表达和应用。服务器端软件由元数据库查询、数据库查询、数据分析应用、地图生成等模块组成;浏览器端软件由查询分析界面、地图显示、专题图制作、辅助功能等模块组成。互联网地图集系统的运行机制与过程是:当从浏览器发出信息查询与浏览网络地图请求时,服务器端响应请求,向浏览器端发送所要求的信息。浏览器端接收到信息后,进行地图显示、普通地图与专题地图制作、地图图例生成、地图投影转换、地图符号选择等操作,完成网络地图集传输与信息共享。

第三节 地图集的设计

在地图集编纂的过程中,最重要的工作是地图集的一系列设计工作,包括开本设计、内容设计、分幅设计、图幅的比例尺设计、编排设计、图型和表示法设计、图面配置设计、地图投影设计、地理底图设计、图式图例设计和整饰设计等。

一、开本设计

地图集开本的设计主要取决于地图集的用途、使用方式、使用条件、内容的复杂程度、制图区域的大小和形状等。一般来说,国家地图集用 4 开本,省(区)地图集一般用 8 开本,大城市的地图集也可为 8 开本,而一般性的市、县地图集则可用 16 开本。旅行用的地图集要求携带方便,常设计为狭长的 24 开本。教学用的地图集开本不宜太大,应考虑到学生课桌的大小,方便翻阅。参考用的地图集往往要求开本稍大。在设计普通地图集时,可以估算一下大部分图幅的比例尺及地理区域的分幅大小问题,最后确定开本及图幅大小。如《深圳市地图集》,它是一本雅俗共赏的综合性地图集,不仅能为各级领导和管理部门进行宏观决策提供科学依据,而且可作为对外宣传和招商引资的信息工具,同时作为馈送嘉宾和外宾的精致礼品,再考虑到深圳市的平面图形的形状,采用 8 开本(255mm×360mm),展开页为 4 开本(510mm×360mm)。不适当地扩大开本,不仅成本大幅度增加,也给使用者带来不便。

二、内容设计

地图集内容的设计取决于地图集的类型与用途。

普通地图集可分为三大部分,即总图、分区图和地名索引。其中,一般性参考用图普通图集,总图部分包括的图幅较少,一般为政区图、地理位置图、地势图和人口等图;科学参考用图普通图集,总图部分应包括政区图、地理位置图、地势图、地貌图、气候图、水文图、土壤图、植被图、交通图、人口图等,分区图包括大区一览图、各分区图,可适当表示经济发达地区的扩大图。地名索引则视需要与可能进行编制,不一定属必备部分。

专题地图集,由于主要反映自然地理和社会经济方面的内容,其内容一般应包括序图、专题内容(要素、现象)图和各种统计资料(数据)等三部分。其中,序图部分除制图区域总图外及其同制图区域周边的相关关系图外,还应有与专题内容(要素、现象)相关的地图和基本知识。专题内容(要素、现象)地图部分是专题地图集内容的主体和核心,应按专题内容的类别确定其具体内容。如果是自然地图集,则按地质图集、气候图集、水文图集、森林图集等自然地理要素选定其内容选题;若是社会经济地图,则按政区图集、人口图集、历史图集、经济图集、农业图集等社会经济要素确定其内容选题,社会经济图集一般有序图组、自然资源图组、人文图组、经济图组、经济总图组或发展规划图组。各种统计资料(数据)部分,一般是以附录的形式出现。

综合性地图集,一般有序图组、区域详图组、自然资源图组、人文图组、经济图组、历史图组、发展规划图组等基本图组。如《深圳市地图集》的内容包括序图组、区域详图组、社会经济图组、自然环境图组和发展规划图组。我国目前出版的各省(自治区、直辖市)地图集基本上属于综合性地图集,如《安徽省地图集》(中国地图出版社,2011)的内容包括五个部分:安徽省概览;人口资源、环境;经济、社会;科学发展;市区县地图。其中,市区县地图组所占比例最大。

实际上,综合性是相对的。有自然地理内容和社会经济内容集成的综合性地图集,也有综合性自然地图集和综合性经济地图集。

可见,一本地图集包括了若干个图组,各个图组又包括了若干幅地图,根据内容、用途及区域特点的不同,所设计的基本图幅也不一样,在共性中必须突出区域的个性特点。

地图集内容的设计与确定主要取决于编纂该图集的目的、用途与内容,可参考同类已出版地图集,通过比较与筛选,最后确定。

三、分幅设计

地图分幅,是指确定每幅地图应包括的制图区域范围,同时还应确定各区域占有的幅面大小,如是展开幅面、单页幅面,还是 1/2 单页幅面乃至 1/4 单页幅面。地图分幅要使主题所在区域(行政区、经济区、自然区)保持完整。

对于普通地图而言,制图区域应是一个完整的自然区划、经济区域或一个行政单位(省、市、县等),应充分利用地图集开本给予的幅面大小,将所要表达的制图区域完整地安排于一个展开幅面内,也可以安排在一个单页幅面内。如国家的地图集先以自然区划(如中国东北部、东南部、西南部、西北部)或经济区划划分,然后按省区分幅。城市地图集有个分幅范围的确定问题,中国现代城市的概念是指包括一个中心城区在内的有若干个郊县(区、市)组成的联合体,"全市"指的是这个联合体,"市区"则指中心城区的全部或某集中区域。对同等级和同比例尺的区域范围,分幅时不要重叠过多而造成幅面的浪费。根据各制图区域的形状及相互关系,可适当安排两个或三个较小的制图区域合为一幅,以减少主邻区的重叠率。分幅时要为图面配置创造有利条件,使相邻区域的主要城市、交通线能完整地表示在图幅内,以说明制图区域与外界的关系。如《深圳市地图集》的区域详图组,为了详细地显示"市区"基础地理信息,设计编制了 20 幅 1∶1 万的城区详图,并在城区详图前放置一幅索引图,以便读图方便。表示"全市"的基础地理信息,考虑到制图区域的形状、面积大小以及行政地位,用展开幅面进行分幅设计,设计和编排顺序如下：福田区和南山区（合幅）、罗湖区、宝安区、龙岗区。宝安区、龙岗区的18个镇和两个街办的地图分别用大于区图比例尺2~3倍的地图表示。

专题图则不一样，应视表达主题而定。如果某主题可以将所有内容表示于一幅图中（如地质地层图、地貌类型图），则应与普通地图一样处理，尽可能将这幅图安排于一个展开幅面或至少是一个单页幅面内；如果某主题的内容需要用多幅地图分别予以表示，则视需要与可能，将其安排在一个或几个幅面内，这时各幅地图不可能固定地被要求占据多大的幅面，而应视图面布局设计而定。

四、比例尺设计

地图集中的地图比例尺应该有统一的系统，总图与各分区图，各分区图与某些扩大图以及各分区图间比例尺都应保持某种简单的倍数关系，便于分析比较。

地图集中各分幅图的比例尺是根据于本所规定的图幅幅面大小和制图区域的范围大小来确定的。经济和文化发达地区，地图内容较复杂，应选用较大的比例尺；经济和文化欠发达地区，地图内容相对简单，可选用较小的比例尺。地势、地质、地貌、土壤、植被图中的类型图，内容容量很大，需用较大比例尺表达；但区划图则内容容量较小，可选用较小的比例尺。凡要详细表达现象分布状况的，要选用较大比例尺；凡属统计地图等内容相对概略的，可选用较小比例尺。

综合性地图集中各分幅图的比例尺是根据开本所规定的图幅幅面大小（单页面或双页面）和制图区域范围的大小而求得的，先确定出比例尺的约数，在初步确定地图集的比例尺系统后，凑整而得。有时，由于地图配置的要求也可能会促使对地图比例尺作一些调整。地图的用途要求、比例尺决定着地图内容的详细程度和精确程度。因此，在选择比例尺时应使其表达能力能满足地图用途的要求。比例尺的选择要使图幅之间的重叠不要过多，也不要过少。综合性地图集中的地图比例尺应该有统一的系统，总图与各分区图，各分区图与某些扩大图以及各分区图间比例尺都应保持某些简单的倍率关系。如《深圳市地图集》的普通图组：城区详图为1:1万，镇图为1:4万~1:6万，区图为1:6万~1:12万，市图为1:20万；专题图组：城区图为1:4万~1:20万，全市图1:20万~1:80万，其中，地势、地质、地貌、土壤、植被和土地利用图中的类型图比例尺为1:20万，规划图比例尺为1:40万，统计地图比例尺为1:50万~1:80万。

五、编排设计

地图集中包含了众多的地图，这些地图的编排次序绝不是随意的，而应符合一定的逻辑次序。在编排时，先按图组排序，如同一部著作中的"篇"、"章"，然后再在每一个图组内按图幅的内容安排次序，如同一部著作中的"节"。在普通地图集中：总图安排在前，分区图安排在后。如果是世界地图集，分区图中应以本国所在的大洲开头，然后是本国及周边邻国按顺时针或逆时针方向编排，然后也同样按一定顺序表示其他大洲及其他国家。如果是国家地图集，则应以首都为中心，按某一方向（顺时针或逆时针），逐步地按序表现各个行政区，也可以按照该国家一贯的行政区划排序编排。在专题地图集中，则以序图组开始，总结性的图组放在最后，中间按该专题的学科特点有序地安排。如经济地图集，除序图组和发展规划图组外，按"发生学"原理的编排，多数把自然资源图组放在前，然后按第一产业、第二产业、第三产业的次序安排各自的地图。按分析方法：先单要素后综合，先现象、后分析、再结论。在自然资源图组中，通常是按内力到外力，无机到有机的顺序安排各类自然地图。经济图中按条件图到生产分布图的次序编排。在现代城市地图集中，常常把人们关注度高的社会经济图组放在前面，自然资源图组安排在后面。如《深圳市地图集》，把人们比较关心的区域详图、社会经济两个图组放在图集的前半部分，把反映自然资源状况及分布的自然环境图组放在图集的后半部分，使读图者先感受到自己最想了解的地图信息。一改过去按"发生学"原理的编排顺序，提高了图集的地图信息传输效率。

六、图型和表示法设计

图幅类型及图幅内容表示方法的设计是地图集设计中的重点之一，它的任务是设计什么样的图型和用什么样的表示方法去表达所规定的内容。普通地图的图型比较单一，表示方法比较固定。而专题地图则因表达内容的广泛和特殊，图型较多，有分布图、等值线图、类型图、区划图、动线图和统计图等多种，按其对内容表达的综合程度，又可分为解析型、合成型和复合型等三类，表示方法有十种之多，还可采用多种表示方法的组合来表达。一般来说，分布图型表示森林、沙漠、矿产、动物等单一现象分布。等值线图型主要表示如地势、气候、水文等内容的数量特征分布状况（属解析型）；类型图图型主要表示地质、地貌、土壤、植被等内容的以多个指标为分类依据的类型属性分布（属合成型）；区划图图型表示各个领域中根据多个相互联系的指标进一步组合、概括的结果，也有在表示现象分布时顾及其地理环境或与其他现象叠合表示的复合型图（如综合经济图）；在进行各区域经济比较时，一般不反映现象的分布，而多反映其实力对比，这时多用统计图图型。

地图集中各幅地图的图型设计正是根据用途要求、所反映现象的性质和分布形式，合理地确定图型，选择单一的或多种表示方法的配合以及整饰手段，对地图的表达形式进行全面设计的过程。专题图集中各幅地图表达的主题不同，要根据表达主题指标的多少，可以用一幅图表达，也可以用多幅图的组合从多个侧面去表达。

在《深圳市地图集》中大部分专题地图属于统计图图型，这些图的资料大多是统计资料；从图集的用途而言，着重提供市一级领导和管理部门了解各区域的经济实力，作对比分析用。这些图一般从相对和绝对两方面描述各区域的经济状况，凡是那些在空间呈复杂分布或不易获得具体分布状况的现象，如人口、工农业、商贸、金融、房地产、环境质量等一般用统计制图方法；统计图表的形式必须多样、多变，以增加图面的生动和活跃；分级统计图法最适合与分区统计图表法配合，分别表示现象的平均水平和总量指标。分布图反映以点状、线状和呈间断成片为特征的现象分布；凡是内容要素在图上呈点状分布的，均以符号法表示；用符号的形状或颜色反映其质量特征，用符号的大小表示其数量特征；凡是内容要素呈线状分布特征的，均以线状符号表示；用线状符号的颜色或图案反映质量特征，用线状符号的粗细反映重要性及等级差异；凡是内容要素呈间断成片的面状分布的，均以范围法表示。同一幅图可表示呈点状、线状和面状三种特征的现象；用符号法、线状符号法和范围法配合表示。动线图反映深圳市与国外、港澳台地区和国内其他地区的经济联系，以带矢状的线状符号表示。这种带矢状的动线符号除起止点必须定位于深圳市及联系的区域外，动线的轨迹不表示具体的路径；有些现象的移动，动线的轨迹表示移动路径，如对台风的表示；动线的颜色表示质量特征，宽度表示数量特征；等值线图型有地势图的等高线，气候图的等温线，反映降水状况的等降水量线，水资源图中反映陆地水的年径流深度等值线；不同内容可用不同颜色的等值线；在同一系统内等值线的颜色及色阶要按统一规定，以便在进行不同时期比较时，得出正确的概念。地质图、地貌图、土壤图、植被图和土地利用图等类型图，在制图综合中应力求图斑细致，图斑的取舍与归并应如实反映其分布规律。类型图的色彩鲜艳，能分辨出各种类型，但又要按照各种地图的已有规定或约定俗成的习惯。利用多层平面的成图原理，使底色、晕线、花纹和点状、线状符号配合，层次分明。像地质、土壤、土地利用等以全地域为对象或划分类型的以质底法表示。

七、图面配置设计

地图集图面配置的设计主要是指各幅地图的配置设计。地图集应以地图为主，文字为辅。各幅地图的配置就是在一定的技术原则下，充分利用地图的幅面，合理地布局地图的主体、附图、附表、照片、影像、图名、图例、比例尺、文字说明等。应进行各种配置方案的试验，获得最佳的视觉平衡。

地图集内因地图主体的不同而有不同的图面配置形式。对普通地图集，基本上是一个幅面安排一国、一省或一县的地图，应充分利用图幅幅面，使制图区域配置在图廓范围之内，若出现少量地图图形超出图廓的情况，可采用破图廓、斜放或移图的方法处理。如《深圳市地图集》的区域详图组，其中南山区的内伶仃岛采用移图表示，宝安区和龙岗区均采用破图廓表示；根据各镇的平面形状和面积大小设计为16个展开幅面，其中，松岗镇、公明镇、光明街办三镇合幅表示，斜方位定向；龙岗镇、坪地镇和坑梓镇合幅表示，斜方位定向，破图廓表示。

对社会经济地图集，常常在一个主题下有很多项指标，要用多幅地图来表示并被安排在一个幅面内，这时必须规定图幅内各种不同比例尺地图的图名、数字比例尺的位置和图例的最佳位置，地图与图例、图表、照片、文字要依内容的主次、关联等逻辑关系，均衡、对称地安排。专题图可运用岛状图形式，但应适当地用一些有矩形图廓的形式。配置时岛状图与矩形图廓图穿插安排，会使图面不显单调。在图幅空间内应注意各地图、图表、文字说明、照片等上下左右与图廓的协调整齐关系。如《深圳市地图集》的区域详图组图集的图面采用矩形地图与岛状地图混合配置。凡内容与邻区有联系或有较复杂的地图内容采用矩形截幅图，内容较单纯的专题图（尤其是统计图）或与邻区关系不大的地图主题采用岛状图形。图集采用地图、图表、照片和文字混合编排，以地图、图表为主，照片为辅，少量文字说明作补充。图集的图面配置做到既活跃、新颖、美观，又保持图面整齐、端庄。又如《中国改革开放30年地图集》图面配置力求庄重大方，又不失开放灵活，不拘一格；充分吸取现代平面艺术设计的理念，使符号设计、色彩运用、表现手法有所突破，地图表现形式新颖美观、通俗易懂。符号设计形象直观、富于联想，版面构图活泼、大方、均衡，图表图片选用恰当、精致清晰；利用丰富的内容资料，采用多单元混合编排的方式，即地图单元与统计图表、文字介绍、相关图片混合编排，使地图、图片的直观易读性与文字、图表的优势共存，相得益彰，表现内容更加深刻。

八、地图投影设计

地图集中的地图投影设计，除遵循一般地图投影设计的原则(如地图用途、类型、制图区域形状和所处位置等)以外，还应遵循以下原则：

(1)同类型的地图设计同一性质的投影。

(2)性质相同的分区地图采用性质相同但分带不同的投影，这样可最大限度地减少变形。如我国的分省地图，各省均可采用等角圆锥投影，但分带不同，这样能保证各省变形情况较为接近。

(3)个别情况可根据制图区域的大小和形状及其他特殊的要求，选用适当的投影。这些一般是指表示全世界的、大洲的、全国的和某些特殊地区或特殊要求的地图。

(4)选择投影时应尽可能考虑资料使用的方便。如大于1∶100万比例尺的地图尽量采用高斯投影。

如《深圳市地图集》的城区图采用高斯投影。由于深圳市地域东西长，南北短，全市图采用单标准纬线等角圆锥投影。

地图集的地图投影设计较之单幅地图的投影设计要复杂得多，主要应该考虑地图集的完整性、统一性与可比性。

九、地理底图设计

主要针对专题地图集和综合性地图集的地理底图设计。

在专题地图集设计中，地理底图设计与制作是先于所有专题图编绘的一项基础工作。由于各专题图的内容、性质和比例尺均不一样，它们对地理底图内容及各要素表示详细程度的要求也不一样。例如：自然地图，要求地理底图较详细地表示水系；交通图，要求较详细地表示居民地和交通网；社会经济图，要求地理底图以突出行政等级和区域范围为原则，淡化其他要素的表示；分布图，则视现象分布的地理背景决定地理底图各类要素的详略程度。表现形式为矩形图廓的图，主区内要素的表达要比主区外的详细。图集中不同比例尺专题地图的地理底图，内容详简也不一样，但需照顾到各地理底图间要素的协调关系。

综合性地图集中的专题地图的地理底图的设计，基本与专题地图设计相同，但要注意整个综合性地图集中各类专题地图地理底图的统一协调性。

在确定地图集各主题内容后，对地理底图进行设计，按照不同的要求分别进行制作，或是整体缩编，或是某些要素的取舍和简化，并编绘出适应各种情况的地理底图。

如《深圳市地图集》的地理底图设计，用来反映自然环境的地图如地质、土壤、土地利用等，地理底图则要较详细地表示河流、居民地、道路等内容。当地图的比例尺较大时，底图内容较详细；比例尺较小时，底图内容要简略些。地图表示方法不同，对底图内容要求也是有差异的；一般来说统计地图，底图内容应少一些。地理底图内容的选取，既要明确其空间分布位置，又要考虑到地图的易读性；底图内容太少时，不能充分表示专题要素和地理环境的关系，如果底图内容太多，则会干扰地图主题内容，影响地图的感受效果。根据上述设计原理，将图集的地理底图设计为城区底图、全市底图、规划底图、全国底图和世界底图的等五大类十八种。①城区底图：设计编制了1：4万、1：6.5万、1：10万、1：14万和1：20万共五种比例尺城区底图；根据专题要素内容的详细程度不同，选择不同的比例尺底图。②全市底图：设计编制了七种不同比例尺全市底图。1：20万、1：30万、1：40万作为表示全市专题要素分布的地理底图；1：50万、1：60万、1：70万、1：80万主要作为统计地图的地理底图。③规划底图：根据规划地图的特殊需要，设计编制了1：20万、1：40万和1：50万三种底图。④全国底图：严格按照中国地图出版社1989年出版的《中华人民共和国地形图》设计编制的。⑤世界底图：严格按照中国地图出版社1992年出版的《世界地图》设计编制的。由于该地图集采用数字制图技术，图集中的地理底图全部用四色，水系用蓝色，市政府符号用红色，重要居民点符号和注记用黑色，其他内容用灰色。一改过去图集的底图全部用灰色的设色模式，这样设计的地理底图层次感丰富，非常美观。

十、图例设计

图例是地图上使用符号的归纳和地图内容表达的说明，由于图例贯穿于地图集的始终，所以图例设计是影响地图集成败的关键之一。

图例设计最基本的原则是符号、色彩对地图内容表达的直观性、自明性、艺术性，以及正确反映现象间的相互区别和相互联系。

地图集的图例设计分三种情况：一是普通地图集或单一性专题地图集（如地质图集、土壤图集），要设计符合所表达的各不同比例尺地图的统一的图例，具有统一的格调；二是综合性的专题地图集中，对每幅不同三题内容的地图要设计相应的图例，但应符合总的符号设计原则，整部地图集应具有统一的格调；三是各种现象分类、分级的表达，在图例符号的颜色、晕纹、代号的设计上必须反映分类的系统性。

由于图例符号设计的复杂性、多样性和它在地图集设计中的重要性，在进行图例设计时，要多学习、参考一些著名地图集的设计思想、图形范例，并观察这些符号在不同区域不同比例尺图上表现的成功与不足；要将初步设计的图例符号在已编图上作一些科学实验，不断改进；特别是分类分级的颜色设计，应在不同区域的不同图幅中试验，才能取得最佳的结果。有些图集把图例设计成书签，以方便读者使用。

十一、地图集的整饰设计

地图集的整饰设计包括制定统一的线符粗细和颜色；统一确定各类注记的字体及大小；对不同图组设置不同的底色，统一用色原则并对各图幅的色彩设计进行协调。色彩在视觉图形传输中，不仅能增加地图的信息载负量，而且能提高地图作品的艺术感染力。如《深圳市地图集》的色彩设计除了遵循常用的规律外，更加注重把色彩作为重要的表现手段，紧紧围绕地图内容来选择主色调，增强色彩的对比度，运用色彩对视觉的冲击力，使色彩设计不仅贴切地反映地图内容，更加增加图形的清晰度；一改过去图集的"清淡素雅"的设色模式,给读图者耳目一新的感觉。

装帧设计是地图集最主要的整饰设计,包括封面设计、内封设计、封面封套用料的设计、装订方式的设计、图组页图案设计和封底设计等。例如,《上海市地图集》运用了现代装帧设计理念,力求突出体现中国文化、江南特色和上海元素这三大特点,融合了水墨画、丝绸、宣纸、石库门等多种表现形式,具有鲜明的地域特色和文化品位;石库门是上海百年建筑的缩影。作为海派文化的代表,石库门建筑具有独特鲜明的地域特征。封面运用压凹制版工艺突显出石库门建筑的特色,质感明显,将海派文化的积淀融入其中。

第四节 地图集的编绘

地图集的编绘涉及每一单幅地图的问题。地图集要求各地图内容保持相互联系和协调统一,因此科学的编绘次序(包括各图幅及其各要素的编绘程序)、合理的编绘方法和正确地利用资料具有重要的意义。

一、同一地区不同比例尺地图上的内容联系

在地图集内,往往同一地区的内容会在几幅不同比例尺的图上出现。例如,各分图内容要素在总图中重复出现,各区在相邻图幅上相互重复出现等。在地图编绘中,就产生了不同比例尺地图上内容详细程度统一协调,不同比例尺地图上各应表示哪些内容要素,较小比例尺图上需要表示较大比例尺地图上的哪些要素,较小比例尺图上是否表示较大比例尺图上没有的内容要素等问题。

地图集中通常有表达制图区域的一览性总图、大区域一览图、分区详细图(基本图)和重要地区扩大图。从地图比例尺来看,制图区域一览总图比例尺最小,其他地图比例尺依次变大。一般来说,重要地区扩大图比例尺为最大;从内容来看,一览性总图只是表示大而重要的内容,分区详图则可表示很多细部,重要地区扩大图则还对更小而重要的细部予以表示。为保证其统一协调,较小比例尺图上表示的内容应该是大比例尺图上"筛选"后的内容。但是,由于较小比例尺地图图形的要求,也可以表示一些较大比例尺图上没有的内容,例如,航空线、航海线等。

二、地图集内普通地图的编绘程序和方法

(1)编绘程序按比例尺系统编排。对制图区域相同而比例尺不同的图幅,打出彩样经审校修改认为符合要求后可复制存储地图数据,以作为较小一级比例尺图幅的编图基本资料数据,再按照较小比例尺地图的制图综合要求进行更大程度的概括。这样既能减轻工作量,又能保证内容的一致性。

(2)制图区域重叠部分一般不重复编稿。对比例尺相同的地区,只编稿一次,地图数据存盘复制,拼贴到邻幅地图数据的重叠部分中去。这既可保证综合程度的一致,又可减少工作量。

(3)对一些包括面积范围很大的相同比例尺地图,例如,国家地图集中相互毗邻的若干个同比例尺的省(区)地图,可采用大幅编绘原图数据的方法,经过审校后,或以开本

规定的套框大小为准，或计算确定出各幅地图的图廓点，以此套框分幅裁切地图数据。

三、地图集内专题地图的编绘

在编制综合性地图集时，除了编绘地理底图外，还要考虑各种专题地图的编绘和整个地图集的统一协调。

(1)综合性地图集的编稿工作很少可能由一个部门完成。由于由各单位的很多作者参加，因此完成的样图形式不一，其可靠性、精度、完稿程度也不一致。一般来说，对专业性很强的自然地理地图，将作者原图的内容转绘到编绘原图上时不应有改动，或仅稍加取舍。为了提高编稿工作质量，必须采用良好的、较为详细的地理底图以转绘专题要素。

(2)由各部门共同编制地图集时，编辑工作颇为复杂。在保证作者原图精度的同时，尽可能使这些资料协调一致，还要保证各作者的观点、图例制作的原则、表示方法的选择能互相配合。编绘工作总的要求是要保证各地图内容有逻辑联系和能进行相互比较。若遇到相关图幅(如地貌图、土壤图、植被图)在表达的详细程度或图斑大小方面有较大差异时，地图编辑应注意通过制图综合使它们得到协调。如果是按基本资料编图或编作者原图时没有很好的协调，那就一定要按照地图相互联系的图组制定编图顺序，如先地势图后地质图，先土壤图后植被图。

(3)专题内容的制图综合方法应根据制图现象的分布规律和分布特征以及每一现象与地形图上所表示的明显轮廓之间的联系来确定，并在综合时保留已发现的各种联系(通常植被类型的轮廓与土壤类型的轮廓有明显的联系)；还可以根据制图现象的范围在专题地图上与各要素之间的联系来确定制图综合的方法，从而使各种现象的协调有所依据。

(4)选择地图集中各专题地图上不同现象的表示方法和指标时，应考虑地区的特点和实际用途：表示方法应尽量具体，符号应尽可能简单、明了，易于显示其数量特征，使各地图易于阅读，并易于比较；还应尽量采用比较精确的表示方法，而对一般参考用的地图集，可用比较概略的表示方法。

(5)专题地图的地理底图的编绘应遵循以下原则：按同一比例尺且性质相近的专题地图的要求编制一幅统一的标准底图；较小比例尺的底图按较大比例尺同类底图缩编；几组地图对地理底图提出不同的内容容量要求时，应编制包含最多内容的地理底图，然后按各种不同要求删去某些图层而得到内容较为简单的地理底图。为了减少重复编制工作，通常先编较大比例尺的地理底图，根据专题内容的需要对该底图要素的内容进行综合，制作较小比例尺的底图。如《深圳市地图集》根据图集所表示的专题内容的需要，在底图内容的选取，比例尺系列等方面都作了周密的考虑。为了保证各比例尺地理底图之间内容、符号、线划和注记的统一协调，同类底图都由同一基础图派生，并随比例尺的缩小，内容依次删减，符号、注记及线划随之变小、变细。

第五节　地图集编制中的统一协调工作

地图集的统一协调性是地图集质量的体现，是保证图集科学性、实用性的关键。地图集的统一协调贯穿于地图集编制的全过程，地图制图综合是地图集统一协调的基本方法。

一、统一协调工作的目的

地图集编制中统一协调工作主要实现以下三个目的：

(1) 正确而明显地反映地理环境各要素之间的相互联系和相互制约的客观规律；

(2) 消除由于各幅地图作者观点不一致、地图资料的不平衡以及制图方法不同而产生的矛盾和分歧；

(3) 对地图的表示方法和整饰进行统一设计，使各图幅间便于分析、比较和使用。

二、统一协调工作的必要性

自然界中各地区的不同地理环境不是各要素的偶然组合，而是有着统一的发生发展基础，是相互联系、相互制约、共同组成的自然综合体。它们表现为：

(1) 处于同一物质循环和能量交换的统一过程中，包括相同的地质构造运动、热量与水分循环、地表物质迁移、地球化学反应、生物运动等；

(2) 体现一定的地带性规律和区域特点，它们包括水平地带性和垂直地带性规律以及大、中、小范围的区域分异。

这些共同的地理环境特征能够通过地质、地貌、气候、水文、土壤、植被各图幅，强烈地表现出它们的一致性、特征性和各图幅间的相互协调性。但由于各自然图的作者不同，如果地图集的编制者不注意，或在制图方法上不进行协调，很可能这些共同特征不但没有在各相关地图中得到体现，反而会出现许多矛盾之处，这对地图集的科学性和实用性是十分有害的。

三、统一协调工作的内容

地图集的统一协调工作主要包括以下几个方面：

1. 图集的总体设计要贯彻统一的整体观点

在确定地图集的若干图组后，在设计各图组包括的图幅数时，应照顾一般与特殊相结合的原则，使各图组包括的图幅数大致均衡，达到既全面又有某方面的侧重。图组的设置及所包括的图幅，应服从主题的需要，更应按照完整表达主题思想的总目标而定；以城市环境综合治理图集为例，有的城市环境问题以水为主要矛盾，所选图幅中水环境有关的专题图数应超过其他环境要素；而有的城市，环境问题以大气为主要矛盾，则应以大气环境为选择图幅内容的主导环境要素。按照幅面大小和各不同的制图区域，设计几种简单的、易于比较的比例尺系统；根据地图主题、用途和区域形状与位置，选择地图投影；保持图组、图幅编排的逻辑次序等。

2. 采用统一的原则设计地图内容

针对不同的内容，设计不同的图型，如自然地图以分布图、类型图、等值线图为主，社会经济图则以分布图、统计图的图型为主。图集中，相关图幅之间的内容都是相互联系或相互制约的，其地带性界线或专业类型界线也必然因相关而产生图形上的相似或相通。要统一确定分类、分级的单位，自然地图主要是确定相同级别的分类单位，社会经济图则主要是确定表达的行政级别单位。

3. 对同类现象采用共同的表示方法及统一规定的指标

地图集中的普通地图表示地形起伏所采用的分层设色高度表应基本统一；对相同类型的区域，用同一高度表；对不同类型的区域，用色虽然不相同，但高度表应是在统一高度表基础上派生的。在《深圳·香港地图集》编制中既考虑深港两地的统一性，又顾及其差异性；该图集三首次将深圳、香港两个地区作为一个制图区域表示的普通地图集，为了考虑两地的社会制度及文化背景的差异，兼容两地图表示编绘理念的不同，采用遵循内地地图制图理念的前提下将香港地图资料进行分析，符号和表示方法进行归并，并保留香港的特色；既考虑深港两地的统一性，又顾及其差异性。又如《军官地图集》为保证地名的统一协调，规定国外地图上的地名都以《世界地名录》为准，地名录上没有的地名按译名表翻译；国内地图上的地名都以国家大地图集为准，图集上没有的地名以国家基本比例尺地形图为准。

在表示各经济部门的地图上，对同一种能力（如总产值）选择统一的指标，这样不仅反映了各部门的不同特点和情况，也便于比较和协调内容。如采用职工人数为指标表示工业企业的规模时，各工业图可采用相同的分级指标，以便于比较。

同一专题中的不同区域或不同时相的一组地图，表示方法及指标体系应当一致，以便对比。例如，表示中华人民共和国成立以来六个不同典型年全国各地区的学校数，一方面全部采用同一种分级统计图法制图，另一方面，尽管这六个典型年在数量上的差别很大，如果根据数量特点，每年采取不同的分级指标，效果可能更好。但实际上，这六个典型年是一个整体，要说明一个总的规律，因此还是应当采取统一的分级指标，从而使各省、市和自治区的学校数量分布、差异及随时间变化的规律一目了然。

对相互联系的现象，如气候图中的气温和降雨量，选择相同的时间标志；降水量图和水文图中的径流图，选择相同的单位（如mm），这不但能揭示现象的相互联系，而且也能从中找出它们的规律性。

在比较各经济指标的历年变化时，应选用相同的年份，以便进行各行业的横向与纵向比较。

4. 采用统一和协调的制图综合原则

这主要反映在要素（现象）的分类（分级）的统一协调和内容取舍与概括（主要表现在轮廓界线上）的统一协调两个方面。

合理地选择和确定分类（分级）能更好地解释各要素和现象之间的相互联系。对相关图幅的分类、分级采用统一协调的做法，是为了更好地从发生、发展的规律找出其内在联系，更好地进行对比，从而得到比单幅地图的信息累加后更加丰富的信息量。地图集所获得的信息量增值，是由地图的潜在信息提供的。如有的专题地图集，对若干种与农作物生长有密切关系的微量元素进行统计分级时，并不简单地以各元素的含量作为分级的基础，而是统一地从它们对作物适宜程度出发，得出统一的评价标准后进行分级，这就能更有效地找到科学施用微量元素肥料、促进农业增产的途径。在统一协调分类、分级的基础上，就可制定图例。为便于图例比较，采用统一的图例结构与排列顺序。图例的结构应尽可能一致，排列顺序应合乎逻辑、相互对应，由高级到低级，先地带类型后非地带类型，纬度上从北至南，垂直带内自上而下，其用色也相应地进行变化。在时间序列上先年轻后古老，从发育不成熟类型到发育成熟类型。表示多种指标时，先主要后次要，先第一层平面后第二、第三层平面。自然地图中各类地图都有自己的、以学科分类为基础建立的多级制图分类系统，各类自然地图当其比例尺相同时，它所表达的分类详细性应是同等的，譬如同比例尺的地质图、地貌图、土壤图和植被图，表示其类别的等级应该是基本相同的。不允许某些图表示的是较高的类别，图斑普遍较大；而某些图因资料详细，表示的类别较低，图斑特别小而碎。如《深圳市地图集》中类型图之间的统一协调，主要建立在自然界的规律和自然现象之间的相互联系的基础上；深圳市地域东西长，南北短；因此，因纬度差异产生的水平地带性规律不明显，因高度差异、垂直起伏变化引起的垂直地带性规律表现明显；这些均以地质、地貌、土壤、植被和土地利用等图幅来体现。所以，这些图幅现象的分类都采用多级制，在相同比例尺（1∶20万）的地图上采用大致相当的分类等级；在制图综合中应力求图斑细致，最小图斑为2mm^2，图斑的取舍与合并程度基本一致，尽量如实反映其分布规律。

内容取舍与概括的统一协调主要反映在对轮廓界线的制图综合上，应使同类地物在不同的图幅上保持其相似性。对相互有联系的现象（如土壤与植被）的各种分类，在综合时规定统一的取舍标准。轮廓界线综合的统一协调要求如下：

（1）正确反映各要素和现象轮廓界线的共同天然图形。各地理要素和现象的分布具有一定的平面结构，呈现一定的天然图形，这些不同形状的图形都是由不同的内部因素与外部条件综合作用所形成的。在确定图形轮廓界线时，需要分析形成不同轮廓界线的原因，揭示天然图形的实质，以便正确反映其形状结构和分布规律。

（2）正确反映轮廓界线的过渡特征。在自然界，要素和现象空间分布的自然轮廓界线有明显与不明显之分。明显界线是指由一种类型急剧过渡到另一类型的轮廓界线，如断层线、山麓线、分水岭、盆地边缘、河谷、阶地、冰川边缘等。但大多数情况下是不明显的轮廓界线，实际的自然界线是一条带，而不是一条线，但在制图时只能用一条界线表示。因此，在概括轮廓界线时，以较平直界线表示明显急剧过渡界线，以两侧弯曲摆动和相邻类型的斑状图形表示不明显的逐渐过渡的界线。

（3）正确反映轮廓界线的交接关系。地理要素和现象在空间分布上往往不局限于一个平面，而是呈立体状分布于不同高度和深度；然而地图上所有轮廓界线都绘于一个平面上，致使出现各种轮廓界线的交接关系。若正确处理勾绘轮廓界线的先后顺序和交接形状，就能反映各类型空间分布的层次与从属关系，反映出时间上生长和发展的先后。如我国的秦岭—淮河，不仅是自然分界线，同时也是地带性界线中的重要标志，对所在地域土地类型、土地利用、土壤与植被分布及区划等，都会产生积极影响，在相关图幅中，这条界线的位置基本相同。

（4）正确反映轮廓界线之间的重合关系。自然界各要素和现象轮廓界线之间会发生重合现象，其重合程度可分为重合的轮廓界线、部分重合的轮廓界线和不重合的轮廓界线。在综合概括时，统一协调应该正确反映出自然界中各要素和现象轮廓界线的自然协调性，保持其原来面貌，不能人为地勉强使其重合。相关现象轮廓界线的重合关系，正是自然界共同的地带性规律与非地带性规律在地图上的体现。对不同地图上相重合的轮廓，应采用各种技术方法（如统一的详细的作业底图，严格的图幅编绘次序）使之相互协调。对不是重合的轮廓，则保留其图形的特点。因此，对每一幅地图来说，应该依次解决地带、地区或垂直地带、区域图谱、图斑的协调。对整个图组来说是依次解决图幅、图组的协调统一。

为了正确进行图形轮廓的综合，保持统一协调要求，往往要编制统一协调的参考图来控制统一的轮廓界线，例如，地貌要素协调参考图(沙漠、冻土、冰川、黄土等的轮廓界线)。

5. 采用统一协调的整饰方法

在地图集的整饰设计中，要注意制定统一的符号、线符粗细和颜色；统一确定各类注记的字体及大小；对不同图组设置不同的底色；统一用色原则并对各图幅的色彩设计进行协调。

统一协调的整饰手段有多种，如色彩设计用统一的原则，即使色相和色度的变化同所表示现象性质的实质变化(水分、热量变化)相联系，以从色相、色调的总变化上体现出地带性变化规律；色调和色度的逐渐变化体现制图现象质量特征的逐渐过渡和数量特征的逐渐变化；一个色相内用色调和色度的不同来表示一类型的各亚类、属、种等。图集每一个组成部分的用色都应细致考虑，相同类型的组成部分(如图边、图组分割、附录等)，应用协调一致的色彩表示。同一本图集的用色风格应当统一，避免使典雅与鲜艳，或者和谐与对比强烈的用色特点在同一本图集中共存。在《深圳市地图集》的色彩设计中，采用鲜艳和对比强烈的用色特点，增强地图色彩视觉的冲击力反映地图主题内容；运用图形制作软件，在数字环境下，合理利用色彩数据控制全图集色彩变化规律，不仅设色速度快，而且确保全图集色彩的统一协调。

地图集中各类符号(特别如象形符号)的设计风格应一致，表示图集中同类事物的符号形状及注记字体应当一致。图集应对符号注记的最大、最小尺寸有统一的标准，图面符号及注记不应随底图比例尺的缩小而缩小，使全图集有统一、协调的符号和注记系列。如在不同地图上，相同性质的现象采用形状、大小、颜色相一致和协调的符号或线划。

地图集中图面配置应注意主图与其他辅助要素(图名、图例、比例尺、附表、插图、文字等)在图面上的整体布局应表现出统一协调的效果，但这并不等于要求配置形式千篇一律、缺乏变化。如同区域的地图采用基本一致的图面配置原则等，使整个图集原则一致，风格协调。

地图集中文字说明应注意图集的什么层次应该配文字说明(如图组还是每一图幅)应有较统一的规定。文字说明的体例、内容应较统一，字数应与所表达的内容相适应，且同类别地图所附文字的字数不应相差太多。

通过统一协调的整饰方法达到整个地图集在用色风格、用色原则上的一致；达到线划、符号设计上的一致；同类现象在不同地图上出现时表达上的一致；图面配置风格上的一致；等等。

6. 统一协调的地理底图

地图集中由于各图幅制图区域的范围和表达的内容不同，对地理底图的投影、比例尺和需具备的基础地理内容有不同的要求。地图集中的地理底图既要保证其统一性，又要照顾其特殊性，所以应将地理底图分为若干个系统。

地理底图的统一协调包括三个方面：

1) 地理底图的数学基础

在数学基础方面，投影的类型可根据地域及专题内容的需要选择，宜少不宜多，整个图集或至少同类的地图，投影应该相同。统一投影、统一比例尺的各地图地理底图经纬网间隔应相互一致。整个地图集的地理底图比例尺有统一的系统，同等重要的、内容相同，或有紧密联系的图幅，采用同一种比例尺；不同重要等级的地图则用不同的比例尺，但比例尺应为整数且相互间为简单倍数关系。

2) 地理底图的内容

在地理底图的内容方面，同系统中用一种地理底图作为基本地理底图，其他地理底图由此而派生。随着比例尺的缩小，地理底图内容作不同程度的取舍和化简。不同系统的地理底图，要保证各相应内容的一致性和连贯性。不同比例尺底图的要素及内容的选取应当随比例尺或专题内容的变化作相应调整。

3) 地理底图的整饰

在地理底图的整饰方面，虽然地理底图的系统不同，但整个图集的地理底图的线划粗细、符号大小、注记字体和走向、颜色的浓淡、同类地图图框和图例框的配置应该一致。

7. 编图按一定的先后顺序

在编制各图幅时，应按照严密的逻辑次序。一般来说，表示现象的地图应在其主导因素的地图之后编制；资料准确性差的地图在资料较准确的地图之后编制。遵循这种严密的逻辑次序编图，能够使同类地物位置完全协调，相互有联系的现象又能保证其共同的规律性得到正确的反映。例如，编制自然地图集时，先编制有实测资料的地图（地势图、地质图、水文图、土地利用图），然后编制类型图（地貌图、土壤图、植被图），再编制结论图（大地构造图、水文地质图）和区划图。如果各地图因分散到各专业单位去编制而无条件按上述顺序编绘时，则必须为之提供统一的、内容详细而精度可靠的基础地理底图。

第九章 数字地图制图的技术与方法

  传统的地图是以纸张等可见承载物作为信息的载体，地图内容被印刷在纸质载体上。随着计算机技术、电子信息技术等科技的发展，出现了当前流行的数字地图形式。数字地图是存储在计算机的硬盘、软盘或磁带等介质上的，地图内容是通过数字来表示的，需要通过专用的计算机软件对这些数字进行显示、读取、检索、分析。数字地图上可以表示的信息量远大于普通地图。

  数字地图是一种以数字形式存储，通过属性、坐标与关系来描述对象的抽象地图。它把地形物体的信息存储与它们在图形介质上的符号表示分离开来，使得地物信息存储与表示方法相互独立，同时，也提高了数据检索与图形表示的灵活性，随时可以形成满足特殊需要的分层地图，可为不同部门导出其所需要的地理信息子集，并可根据该部门所选定地图内容和地图符号系统生成专用的地图。

  数字地图可以非常方便地对普通地图的内容进行任意形式的要素组合、拼接，形成新的地图，可以对数字地图进行任意比例尺、任意范围的绘图输出。它易于修改，可极大地缩短成图时间；可以很方便地与卫星影像、航空照片等其他空间地理信息源结合，生成新的地图品种；可以利用记录的数字地图信息，派生出新的地图数据。

第一节 数字地图制图概述

  随着计算机技术的发展，为了能在计算机环境下识别和使用地图，要求将地图上的内容以数字的形式来组织、存储和管理，这种形式的地图就是数字地图。数字地图是对现实世界地理信息的一种抽象表达，是空间地理数据的集合。数字地图在计算机中的表示和存储形式为一组数据，由坐标位置、属性和一定的数据结构组成，通过符号化，可在计算机屏幕上显示，还可以在输出设备上再现成符号化的地图，也可以打印输出或数字制版再印刷得到纸质地图。

一、数字地图制图的发展

  传统的地图制图在技术上存在生产难度大、生产周期长、生产成本高、制印技术复杂等缺点。为了提高生产效率、减轻劳动负担，从20世纪50年代开始，计算机技术就引入到了地图制图领域，开始了数字地图制图的时代。数字地图制图的发展可划分为四个阶段：

  1. 初期阶段

  20世纪50年代是数字地图制图技术萌芽阶段。数字地图制图的核心是计算机技术，因此，它的产生和发展都离不开计算机软件和硬件的支持。20 世纪 50 年代快速发展的计算机硬件，初步具备了存储、管理地图的能力，1950 年美国麻省理工学院研发了可以显示图形的显示器，1958 年美国 Gerber 公司和 Calcomp 公司成功研制了绘图机，构建了早期的自动绘图系统。硬件发展的同时，相应的软件技术也在不断进步。1963 年，美国麻省理工学院研制出了第一套人-机对话交互式计算机绘图系统。1964 年牛津大学首先建立了牛津自动制图系统，美国哈佛大学计算机图像与空间分析实验室成功研制了 SYMAP 系统，这是以行式打印机作为图形输出设备的一种制图系统。这一时期的软件主要是针对当时的主机和外设开发的，算法粗糙，图形功能有限，但是它们对于数字地图制图技术的发展还是作出了开创性的贡献。

2. 发展阶段

20 世纪 60 年代末到 70 年代，计算机硬件和软件技术飞速发展，为空间数据的录入、存储、检索和输出提供了强有力的手段。用户屏幕和图形、图像卡的发展增强了人机对话和高质量的图形显示功能，促使数字地图制图朝着使用方向迅速发展。这一时期数字地图制图的需求增加，地图数字化输入技术有了一定的进展，采用人机交互方式，易于编辑修改，提高了工作效率，并出现了扫描输入技术系统。随着数字地图制图理论不断的发展，数字地图的数据获取、数据处理方法、地图数据库、地图综合等技术的深入研究，制图工作者开始运用计算机辅助技术对以往通过手工或其他技术编制的地图产品进行再制作，推动地理信息系统的发展，建立各种类型的数字地图数据库。如 1982 年美国地质调查局建成了本国 1∶200 万地图数据库，用于生产 1∶200 万～1∶1 000 万比例尺的各种地图；1983 年开始建立 1∶10 万国家地图数据库。

3. 应用阶段

20 世纪 90 年代，数字地图制图技术代替了传统地图制图，从根本上改变了地图设计与生产的工艺流程，进入了全面应用阶段。随着计算机软件、硬件技术的发展和普及，数字地图制图技术也逐渐走向成熟。数字地图制图技术在栅格扫描输入的数据处理、数据存储和运算方面有了很大的突破。随着硬件技术的发展，数字地图制图处理的数据量和复杂程度大大提高，许多软件技术使得制图自动化、智能化程度大大提高。在数据管理方面，除了引入大型地图数据库外，还专门研制了适合数字地图空间关系表达和分析的空间数据库管理系统。在数据输出方面，与硬件技术相配合，数字地图制图可支持多种形式的地图输出。各种地图制图软件得到了进一步的完善，出现了制图专家系统，地图概括初步实现了智能化，形成了完整的桌面地图制图系统。多种计算机出版生产系统在地图设计与生产部门得到广泛应用，如美国的"Intergraph 地图出版生产系统"、比利时的"BARCO GRAPHICS 电子地图出版系统"都实现了地图设计、编辑和制版的一体化。我国也开发设计了数字地图制图系统，并完成了《深圳市地图集》《中国人口地图集》《中国国家地图集》《中国国家自然地图集》《深圳市电子地图集》和《京津地区生态环境电子地图集》等，电子地图集的研究、设计与制作得到了迅速的发展。

4. 推广阶段

进入 20 世纪 90 年代末期，随着地理信息产业的建立和数字化信息产品在全世界的普及，数字地图系统已经成为许多机构必备的工作系统，尤其是政府决策部门在一定程度上受其影响改变了现有机构的运行方式、设置与工作计划等。社会对数字地图的认识普遍提高，需求大幅度增加，从而导致数字地图应用的扩大与深化。随着网络地图制图系统、网络地理信息系统的出现，大型网络(Internet/Intranet)、开放式的软件开发工具、数据仓库图形解决方案、空间和属性数据的统一数据库管理等技术应用于地图制图，数字地图制图将朝着更广、更深、更快、更大众化、更方便的方向发展。

二、数字地图的分类

数字地图按数据的组织形式和特点分为矢量数字地图(Digital Line Graphic，DLG)、栅格数字地图(Digital Raster Graphic，DRG)、数字地面高程模型(Digital Elevation Model，DEM)和数字正射影像地图(Digital Orthophoto Map，DOM)四种。

1. 矢量数字地图

矢量数字地图是依据相应的规范和标准对地图上的各种内容进行编码和属性定义，确定地图要素的类别、等级和特征，地图上的内容用其编码、属性描述加上相应的坐标位置来表示。矢量数字地图的制作通过全数字摄影测量、对已有地图数字化、对已有数据进行更新或对已有数据进行缩编等方法实现。

2. 栅格数字地图

栅格数字地图是一种由像素所组成的图像数据，它的生产通过对纸质地图进行扫描而获得，也可以利用DLG以栅格数据格式直接输出得到。这种类型的数字地图制作方便，能保持原有纸质地图的风格和特点，通常作为地理背景使用，不能进行深入的分析和内容提取。

3. 数字地面高程模型

数字地面高程模型实际上是地表一定间隔格网点上的高程数据，用来表示地表面的高低起伏，这种数字地图通过人工采集、数字测图、全数字摄影测量或对地图上等高线扫描矢量化等方法生成和建立。

4. 数字正射影像地图

数字正射影像地图是对卫星遥感影像数据和航空摄影测量影像数据进行一系列加工处理后所得到的影像地图及数据。数字影像地图数据结构采用通用的图像文件数据结构，如TIFF、BMP、PCX等。它由文件头、色彩索引和图像数据体组成。

为了实际应用的方便，数字地图在大地坐标系统、图幅分幅、地图投影、高程基准、内容表示和符号系统等基本原则问题上，保持同现有纸质地图的一致性。

第二节　地图数据源

用于数字地图制图的数据源主要来自地图数据、测量数据、遥感数据和其他数据。

一、地图数据

数字地图制图需要获取两种不同的数据集，即形成地理基础文件的空间数据和用于专题覆盖层的属性数据。随着国家基础地理信息数据库的完成，大部分的空间数据可以通过地图数据库中提取，对于部分无法直接获取的数字地图数据，可以通过对现有的纸质地图进行矢量化的方式获取。

1. 矢量化地图

地图数字化是数字制图信息系统中早期获取空间数据的手段之一，借助数字化将纸质地图转换成数字图形。它的精度比野外测量差，但是，因为它简便，效率较高，目前仍然是模拟地图转换为数字地图的重要方法。

数字化分为手扶跟踪数字化和扫描数字化两种。

手扶跟踪数字化是利用手扶跟踪数字化仪将地图图形或图像的模拟量转换成离散的数字量的过程。利用手扶跟踪数字化仪可以输入点地物、线地物以及多边形边界的坐标，通常采用两种方式，即点方式和流方式，流方式又分距离流方式和时间流方式。

扫描数字化是利用扫描仪将地图图形或图像转换成栅格数据的方法。扫描数字化基本步骤：纸质地图，扫描转化，拼接子图块，几何校正，屏幕跟踪矢量化，矢量图合成接边，矢量图编辑，存入空间数据库。

扫描数字化又可分为两种方式：自动矢量化和交互式矢量化。对于单幅的等高线图、水系图、道路网等采用自动矢量化效率较高。对于城市的大比例尺图，主要采用交互式矢量化方法。

2. 栅格化地图

数字栅格地图（DRG）：是根据现有纸质、胶片等地形图经扫描和几何纠正及色彩校正后，形成在内容、几何精度和色彩上与地形图保持一致的栅格数据集。

数字栅格地图（DRG）的技术特征为：地图地理内容、外观视觉式样与同比例尺地形图一样，平面坐标系统以1980西安坐标系大地基准；地图投影采用高斯-克吕格投影；高程系统采用1985国家高程基准。图像分辨率为输入大于400dpi；输出大于250dpi。

DRG可作为背景用于数据参照或修测拟合其他地理相关信息，使用于数字线划图（DLG）的数据采集、评价和更新，还可与数字正射影像图（DOM）、数字高程模型（DEM）等数据信息集成使用。派生出新的可视信息，从而提取、更新地图数据，绘制纸质地图。

3. 地图数据库

"九五"和"十五"期间，利用新中国成立以来几十年测绘和编绘的地形图进行数字化，我国完成了1∶50 000基础地理信息（地图）数据库，同时对少数重要元素进行了更新。为了满足我国国民经济建设与社会发展对地图数据现势性及内容丰富性越来越高的迫切需求，在"十一五"期间，组织实施了1∶50 000地图数据更新工程。本次更新有效地丰富精化了我国基础地理信息的数据内容，大幅度地提高了其现势性，使得我国同类基础地理信息产品居于国际先进之列。1∶50 000地图数据库是数字地图制图的最重要的数据源。同时，我国还建成了1∶250 000地图数据库和1∶1 000 000地图数据库。另外，全国各省、市、自治区也建成了质量高、现势性好的1∶500（中心城区）、1∶1 000、1∶5 000和1∶10 000的地图数据库。这些数据库都是数字地图制图的重要数据源。

4. 网络地图

据不完全统计，当前我国从事互联网地图服务的网站约4万个，主要网络地图服务运营商有：天地图、百度地图、Google地图、腾讯地图、搜狗地图、高德地图、灵图、图吧、城市吧、E 都市等。

天地图是原国家测绘地理信息局主导建设国家地理信息公共服务平台，目的是提高测绘地理信息公共服务能力和水平，改进测绘地理信息成果服务方式。天地图运行于互联网、国家电子政务网、移动通信网等网络环境，它把分散在各地、各部门的地理信息资源整合为"一站式"地理信息在线服务系统，由地理信息数据系统、软件服务系统和支持海量数据在线服务的服务器系统组成国家、省、市三级节点，为国家信息化建设构建统一的空间基础平台，实现地理信息资源共享，提供权威高效的地理信息在线服务。

网络地图品种有二维电子地图、二维矢量地图、二点五维地图、三维地图、影像地图、街景地图、地形图等。这些地图数据、影像数据、地名数据不但质量好，有权威性，而且现势性强，对认识区域地理位置，各要素总的特征，了解制图区域交通状况，分析各要素的结构、形态、分布、定位、名称等的详细信息都非常有用。

二、测量数据

1. 数字测量

目前数字测量过程中，通常采用 GNSS-RTK（Real-Time Kinematical）技术与全站仪两种方式结合的方法，通过 GNSS-RTK 技术进行图根控制及大面积数据采集工作，对于少部分区域通过全站仪进行数据采集。这是因为这两种测量方式各有优缺点：①全站仪数据采集通过全站仪激光测距获取测量点坐标，数据光学测量，只有仪器能够看到的点位才能采集数据，虽然现在全站仪功能也快速提升，支持免棱镜观测，但是一站观测测点数量有限，对于观测不到的地区要进行设站再次观测；②GNSS-RTK 技术利用卫星对地进行观测，可通过基准站或 CORS 站发出的数据，通过移动站观测待测点三维坐标；但是在山区较低狭小区域以及城市密集建筑群，观测信号会受到很大影响。GNSS 具有定位精度高、作业效率快、不需点间通视等突出优点。实时动态定位技术 RTK 更使测定一个点的时间缩短为几秒钟，而定位精度可达厘米级，作业效率与全站仪采集数据相比可提高 1 倍以上。但是在建筑物密集地区，由于障碍物的遮挡，容易造成卫星失锁现象，使 RTK 作业模式失效，此时可采用全站仪作为补充。野外测量作业时，对于开阔地区以及便于 RTK 定位作业的地物（如道路、河流等）采用 RTK 技术进行数据采集，对于隐蔽地区及不便于 RTK 定位的地物（如电杆、楼房角等），则利用 RTK 快速建立图根点，用全站仪进行碎部点的数据采集，这样可以有效地控制误差的积累，提高全站仪测定碎部点的精度。最后将两种仪器采集的数据整合，按照固定格式导入软件当中，根据外业草图或者照片进行连图，形成完整的地形图数据。

2. 数字摄影测量

数字摄影测量以数字影像为基础，通过计算机分析和量测来获取被摄物体的三维空间信息，正在成为地图数据获取的重要手段。数字摄影测量就是利用一台计算机，加上专业的摄影测量软件，代替了过去传统的、所有的摄影测量的仪器；其中包括纠正仪、正射投影仪、立体坐标仪、转点仪、各种类型的模拟测量仪以及解析测量仪。相对于传统的模拟、解析摄影测量，其最大的特点是将计算机视觉、模式识别技术应用到摄影测量，实现了内定向、相对定向、空中三角测量自动化。数字摄影测量将传统摄影测量仪器各种功能全部计算机化，提高了地图数据采集功效。用数字摄影测量方式生产的地形图 DLG 不仅精度可达到分米级，而且减少了野外地面控制测量，像片扫描解析空中三角测量等作业过程中许多中间环节。数字摄影测量为地图数据的获取注入了活力，利用数字摄影测量可以高效率地获得现势性好的数字线划地图数据。

3. 激光测量

目前，传统意义上的测量数据已经不能满足信息化时代人们对地理信息数据的需求，信息化时代的测量数据不再只是传统意义上的位置坐标信息，而是包含了与时间、空间特征并且与人们日常生活息息相关的位置资源数据。激光雷达测量是顺应大数据时代的到来而出现的一种新型测量数据获取手段，激光雷达测量的核心为激光雷达扫描仪，通过将激光雷达扫描仪搭载在飞机、车、船等移动平台上，获取空间地理信息数据，记录存储，后期通过计算机硬件和软件对这些地理信息数据进行测量、处理、分析、管理、显示和应用。由于飞机的飞行速度快，测绘时覆盖的面积大，单位时间获取的数据量极大。普遍认为机载激光雷达测量手段的出现是测绘行业由传统测量时代进入数字化测量时代的象征。

三、无人机测绘数据

无人机测绘涉及各种技术，如 GNSS、相机和传感器。首先，无人机配备一台高分辨率相机，用于捕捉正在测量的区域的图像。然后，使用摄影测量软件处理这些图像，以创建 3D 模型和地图。无人机上的 GNSS 和传感器确保所收集的数据的准确性。除了相机和 GNSS 之外，无人机还可以配备其他传感器，如激光雷达。激光雷达传感器使用激光测量距离，创建高度精确的地形 3D 模型。这种技术在林业和环境监测等领域特别有用。

无人机测绘与传统的测绘方法相比，具有较多的优点。首先，无人机可以在短时间内覆盖大面积，这有助于节省时间和金钱，并确保所收集的数据是最新的。其次，无人机可以在人类难以到达的区域或危险的地方收集数据。例如，无人机可以轻松地绘制山区或森林地形。第三，无人机测绘提供高度精确的数据，这在建筑、采矿和农业等各行各业都是必不可少的。

无人机测绘的另一个优点是它可以提供高水平的细节。无人机上的相机可以捕捉高分辨率的图像，从而使地形的详细绘制成为可能。这种细节水平在建筑和工程等领域是必不可少的，需要精确的测量和准确的建模。

无人机测绘也是一种更环保的测绘方法。传统的测绘方法通常涉及使用会破坏环境的重型设备。无人机则是轻便的，它的飞行过程对环境的影响很小。

总之，无人机测绘是一种革命性的技术，它比传统的测绘方法有更多的优点。它是一种经济高效且精度高的数据采集方式。无人机测绘技术的发展使得我们可以采集到以前难以获取的数据。因此，无人机测绘在各个领域越来越受欢迎，并有望成为未来测绘和地图制作的首选方法。

四、遥感数据

遥感数据是数字地图的重要数据源。遥感是指不直接接触物体本身，从远处通过对传感器探测和接收来自目标物体的信息（电磁波谱），经过信息的传输及其处理分析，从而识别物体的属性及其分布等特征的科学和技术。遥感技术是建立在物体电磁波辐射理论基础上的。地球上的每种物体都会发出一定的电磁波谱。通过探测不同波段的电磁辐射来识别物体。基于遥感影像来量测地表特征已经成为地理信息数据更新和地图制图的重要手段。

遥感数据源的选择是整个制图工作中最基本和重要的工作。遥感数据源的选择一般包括遥感图像的空间分辨率、时相及波段的选择。另外在具体的工作中，数据源的选择还要综合其他非图像数据内容本身的因素来考虑，如成果图形的比例要求、精度要求、经费支持强度及遥感图像获取的难易程度等。

1. 遥感图像空间分辨率的选择

遥感影像空间分辨率是遥感数据源的一个重要指标，决定了遥感制图所获得的成果数据的精度和准确度。一般各主要成图比例尺对应遥感影像空间分辨率如下：

经过几十年的发展，遥感技术在社会各个领域得到广泛的应用与发展。目前遥感卫星可以提供从小于1米到千米级的影像空间分辨率，可以满足1:2 000/3 000的比例尺遥感制图精度要求，制图精度能够满足我国现行的制图精度要求。航空遥感影像可以提供厘米级的空间分辨率，可以满足大比例尺制图要求。例如：利用QuickBird/IKONOS进行违章用地监测、城市绿地与城市用地监测，利用TM/SPOT进行土地利用遥感制图，等等。

2. 遥感信息的时相选择

地表由一个非常复杂的系统组成，而且时刻处于动态的变化过程。如地表的温度、水分、天气状况、人类活动等影响使得不同时间地表信息反映在遥感影像上也有明显的差异。遥感时相的选择其目的就是依据用户的需求，能够获取高质量的遥感影像。

3. 遥感图像的波段选择

一般遥感影像的各个波段都有不同的适用范围，而不同波段的组合则可以充分利用图像的多波段信息。波段组合总的原则是要最大反映信息量，要能从中有效地识别各种专题信息。如利用陆地资源卫星Landsat-TM图像数据进行土地资源调查时，一般采用4、3、2三个波段进行假彩色合成；MODIS影像数据提供数十个波段数据，可以依据用户需求选择不同的波段组合方式。

五、其他数据

数字地图制图中还涉及很多统计数据、文献资料、多媒体数据等，这些数据大部分来自专业的部门，通过分析、整理、提取和加工，处理成数字地图中要素关联所需要的文件，同时也是制作专题地图的主要数据。

1. 地理考察资料

地理考察是实地研究地理事物的方法，往往有对制图目标详细、具体的描述。尤其在缺少实测地图的区域，地理考察报告及其附图甚至可能成为制图物体在地图上定位的主要依据。

2. 各种区划资料

许多专业部门都有自己的专业区划，如农业区划、林业区划、交通区划、地貌区划等。这些区划资料都是相应部门的科研成果，且往往附有许多地图，是编制相应类型地图的基本依据。

3. 政府文告、报刊消息

每年发布的我国行政区划简册，表明制图物体位置、等级、特征变化的如报刊发布的有关新建铁路、水利工程、行政区划变动的消息，我国同邻国签订的边界条约，中国政府对世界其他地区发生的重大事件的立场等都可能成为编图时的依据。

4. 各种地理学文献

它们是地理学家对自然和人文环境进行各种研究后获得的成果，是编图时了解制图区域地理情况的良好依据。

5. VGI 数据

志愿者地理信息 VGI（Volunteered Geographic Information），出现于 2007 年，已被公认为一种对来自政府部门和商业机构的权威数据的有效补充。大量步行者或驾车者的 GPS 轨迹使数字地图变得更具实用功能。目前网络地图用户可利用地图应用程序编程接口（application programming interface，API）提供的多种方法实现与地图的交互功能，满足用户一系列向地图添加内容的需求，这些添加内容是地图更新信息的重要来源。支持 API 的主流电子地图有 Google 地图、天地图、百度地图、腾讯地图、高德地图、虚拟地球、雅虎地图等。其中，Google 地图 API 在功能性、稳定性、地图展示速度、开发简易程度、开发成本等方面都是同行中的绝对领先者。志愿者地理信息提供地名是地图地名的重要参考信息。

第三节　数字地图制图的技术方法

数字地图制图是以地图制图原理为基础，在计算机软硬件的支持下，应用数学逻辑方法，研究地图空间信息的获取、变换、存储、处理、识别、分析和图形输出的理论方法和技术工艺流程。和传统的地图制图相比，其制图环境发生了根本性的变化。过去制图人员面对的始终是有形的纸质地图，编图工作是在一种现实的可视环境中进行的，而现在，制图者主要面对数据的编辑处理、管理维护和可视化再现的过程，数据是各个制图环节的连接点。因此，从一定意义上说，数字地图制图也可称为"计算机地图制图"。

一、数字地图制图基本原理

数字地图制图原理就是通过图形到数据的转换，基于计算机进行数据的输入、处理和最终的图形输出。数字地图制图的核心是电子计算机。为了使计算机能够识别、处理、存储和制作地图，关键是要把地图图形转换成计算机能够识别处理的数据，即把空间连续分布的地图模型转换成为离散的数字模型。数字地图制图涉及地图的设计、编绘与出版，还需要对数字地图数据进行变换、处理、分析和图形输出。数字地图制图的关键技术有：数据获取方法、地图数据库技术、地图综合方法、多媒体技术等。数字地图制图原理如图 9-1 所示。

1. 地图数字模型

地图的数字模型，就是把地图上所有要素都转换成点的坐标集合，实现地图内容数字化的过程。随着国家基础地理信息数据建设逐步完善,目前地图大多以地图数据库的形式存储、管理,地图数据库包含空间数据和属性数据。但是,对于特殊区域和特殊图种无法获取数字化的地图数据,通常可以采用三种方法获取:第一种是通过实地测绘、调查访谈等获得原始的第一手资料,这是最重要、最客观的地理信息来源。第二种是借助空间科学、计算机科学和遥感技术,快速获取地理空间的卫星影像和航空影像,并适时适地地识别、转换、存储、传输、显示并应用这些信息。第三种是通过各种媒介间接地获取人文经济要素信息,如各行业部门的综合信息、地图、图表、统计年鉴等。

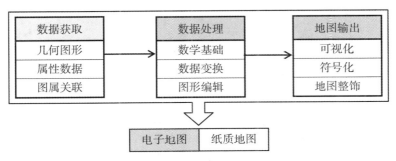

图 9-1　数字地图制图原理

1) DLG 数据采集

地形图扫描方法:定向、几何校正、人机交互矢量化、数据编辑;

全数字摄影测量方法:影像扫描、定向建模、立体测图、数据编辑;

解析摄影测量方法:像片定向建模、立体测图、数据编辑。

2) DLG 图形编辑

通过对现有的大比例尺地图数据进行编辑、处理,得到想要的地图数据。

3) 属性数据的采集

属性数据是地图要素的重要特征数据之一。地图要素是根据各自的位置和属性进行编码的,仅有描述空间位置的图形数据是不够的,还必须有描述它们的属性说明,而属性说明通常是以特征码形式来表现的,故属性数据的采集实际上主要就是特征码的获取。

特征码是用来描述地图要素类别、级别等分类特征和其他质量特征的数字编码,它是地图要素属性数据的主要部分。其作用是反映地图要素的分类分级系统,同时也便于按特定的内容提取、合并和更新。

特征码一般由若干位十进制数组成。以国土基础信息为例,其编码可分为 9 大类,并依次再分为小类、一级和二级等。分类码由 6 位数字组成,其结构如下:

×| 大类码×| 小类码××| 一级代码×| 二级代码×　识别码

其中,大类码、小类码、一级代码和二级代码分别用数字排列;为便于扩充,识别码一般先设为 0,以后可由用户自行定义。表 9-1 是地图要素分类编码举例。

地图要素的属性数据内容,有时直接记录在矢量或栅格数据文件中,有时则单独输入数据库存储为属性文件,通过标识码与图形数据相联系。

表 9-1　　　　　　　　　　　　　　地图要素分类编码

分类编码	要素名称
5	地形与土质
51000	等高线
51010	实测等高线
51020	草绘等高线
52000	高程
52010	高程点
52020	特殊高程点
52021	最大洪水位高程点
52022	最大潮位高程点
……	……

地图要素的属性数据除了特征码外还有统计数据(如人口普查数据、工业产值等)以及自然数据(如温度、降水量等)。在专题图的制作中，这些数据是必不可少的信息，通常可用表格形式来存储。

2. 地图数据库

地图数据库是用数据库的技术和方法来管理数字地图，有一整套的方法和技术完成数字地图内容的存储、修改、检索、拼接和应用，并保证数字地图数据的安全性、共享性以及快速更新。

1) 空间数据

数字地图的空间数据是地物图形的点集在二维平面上的投影。无论图形多复杂，都可以将其分解为点(如控制点)、线(如河流)、面(如湖泊)三种基本图形要素，其中点是基本的图形要素。点、线、面的抽象不仅表达了客观世界的图形，而且也表达了相互之间的关联信息。

在地图数据库中，存储和处理的正是能以图形表示的各种地理数据及其属性数据(即空间数据和属性数据)。空间数据用来表示物体的位置、形态、大小和分布特征等诸方面的信息，而属性数据则表示物体是什么或怎么样，描述的是数据的语义信息。空间数据和属性数据之间通过标识码进行联接。

数字地图的表达对象是客观地理现象，根据研究目的的不同，不可能对整个客观世界都进行研究，而是根据一定的规则将客观世界的图形进行分幅，将其本质特征与联系表达出来，选取研究对象所在的图幅进行研究。设单幅图形的集合为 Map，客观地理世界图形集合为 G，则 $G=\{Mapi \mid Mapi \in G, i=1, 2, \cdots, n\}$，记为：$Mapi \subseteq G$。进一步地，客观地理世界由点(point)集 P(元素为顶点，记为 p_j)、链(或弧段，line)集 L(元素为链或弧段，记为 l_j)和多边形(或面，area)集 A(元素为多边形，记为 a_i)构成，则

$$Mapi = \{\{P\}, \{L\}, \{A\} \mid P, L, A \in Mapi\}。$$

空间数据的一个重要特点是包含有拓扑关系，即网结构(境界线网、水系网、交通网等)中节点、弧段和面域之间的邻接、关联、包含等关系。拓扑关系数据从本质上或从总体上反映了地理实体之间的结构关系，而不重视距离和大小，其空间逻辑意义比几何意义更大。

2) 非空间数据

非空间数据主要包括专题属性数据、质量描述数据、时间因素等有关属性的语义信息。由于这部分数据中，专题属性数据占有相当的比例，所以，在很多情况下，非空间数据直接被称为地图属性数据。

非空间数据是对空间信息的语义描述，反映了空间实体的本质特征，是空间实体相互区别的重要标识。典型的非空间数据如空间实体的名称、类型和数量特征，社会经济数据，影像成像设备、像幅、分辨率、灰度级等。时间因素也是 GIS 中的时间序列。传统的地图制作由于地图制图周期长，再加上显示动态变化困难，所以时间因素往往被忽视。由于计算机技术的发展，地图实时动态显示的实现，使得时间因素在地图显示过程中的表示成为可能，且十分必要。

3) 图属关联

在地图数据库中，图形数据与专题属性数据一般采用分离组织存储的方法存储，以增强整个系统数据处理的灵活性。同时，地理数据处理要求对区域内的数据进行综合处理，包括图形数据和属性数据的综合性处理。因此，图形数据与专题属性数据的连接也是很重要的。图形数据与专题属性数据的连接基本上有四种方式。

(1) 专题属性数据作为图形数据的悬挂体：

属性数据是作为图形数据记录的"一"部分进行存储的。这种方案只有当属性数据量不大的个别情况下才是有用的。大量的属性数据加载于图形记录上会导致系统反应时间的普遍延长。当然，主要的缺点在于属性数据的存取必须经由图形记录才能进行。

(2) 用单向指针指向属性数据：

与上一方案相反，这种方法的优点在于属性数据多少不受限制，且对图形数据没有不利影响。缺点在于，仅有从图形到属性的单向指针，互相参照非常麻烦，且易出错。

(3) 属性数据与图形数据具有相同的结构：

这种方案具有双向指针参照，且由"一"个系统来控制，使灵活性和应用范围均大为提高。这一方案能满足许多部门对建立信息系统的要求。

(4) 图形数据与属性数据自成体系：

这个方案为图形数据和属性数据彼此独立地实现系统优化提供了充分的可能性，能更进一步适合于不同部门对数据处理的要求。但这里假设属性数据有其专用的数据库系统，且它能够建立属性到图形的反向参照。

3. 地图制图自动综合技术

地图制图自动综合是地图数据处理所面临的最富智慧与技术性挑战的问题之一，是一个世界公认的难题。目前国际上在建立国家或区域性地图数据库或 GIS 时仍然采用多比例尺地图建库方法就是一个有力的证明，如德国的 ATKIS 和我国国家测绘局建立的国家基础地理信息系统。数字环境下的制图综合不仅是数字地图制图生产的核心，而且也是 GIS

实现空间数据的多尺度表示和自适应可视化的核心问题，同时也是实施数字地球计划的关键技术之一。

在数字环境和新的技术条件下，地图综合的应用领域更加广泛，其动机不再仅仅是为适应比例尺缩小后的图形表达，而且还具有数据集成、数据表达、数据分析和数据库派生以及网络地图的自适应传输等其他功能。数字环境下的自动综合，根据其应用目的和限制条件的不同，可以将整个综合问题看做两个变换过程所构成的：一个过程是从现有的数据库中经过综合变换推导出新的具有不同详细程度的数据库；另一个过程是当用某一比例尺进行可视化输出时，数据库中数据容量过大不能进行清晰的图形表达时所进行的综合变换。在这两个方面中，前一过程是变换空间模型的复杂性水平，后一过程是数据库的图形表达，与传统的制图综合相同，但考虑了地图、数据库与可视化之间的差别。

1）地图内容的选取

地图内容的选取包括三个方面，这三个方面分别是要素的选取、物体的选取和新类（或新等级）物体的选取。

要素的选取：该选取算子从不同类型的物体中选择具有特定空间和属性特征的物体的子集，由用户根据其用途需要来总体控制。

物体的选取：与要素的选取不同，该选取算子是从具有相同空间和属性特征的物体中选取的子集。例如，从道路网中选取城市内部道路；从河网中选取流经首都的河流，等等。

新物体的选取：由于重新分类分级产生新的物体类型，其属性是新类型的属性。

2）属性的改变

属性的改变主要是分类标志的调整和分级界限的调整，这是语义数据模型的综合，可以用于属性的分类分级。

3）空间位置的改变

删除小物体：删除算子将小于一定尺寸的面和线段滤掉，这里要考虑物体的最小尺寸。

删除细小碎部：化简算子可以滤掉太过详细的内容。

合并相邻物体：合并算子将相邻的小的同类物体合为一个大的物体。

图形等级变换：图形等级变换算子将空间物体由面状改为线状甚至点状，或由线状变为点状。

4. 多媒体技术

多媒体技术是指通过计算机对文字、数据、图形、图像、动画、声音等多种媒体信息进行综合处理和管理，使用户可以通过多种感官与计算机进行实时信息交互的技术，又称为计算机多媒体技术。

通常的计算机应用系统可以处理文字、数据和图形等信息，而多媒体技术使得计算机除了处理以上的信息种类以外，还可以综合处理图像、声音、动画、视频等信息，开创了计算机应用的新途径。

多媒体技术把电视式的视听信息传播能力与计算机交互控制功能结合起来，创造出集文、图、声、像于一体的新型信息处理模型，使计算机具有数字化全动态、全视频的播放、编辑和创作多媒体信息功能，具有控制和传输多媒体电子邮件、电视会议等视频传输功能，将使计算机的标准化和实用化则是这场新技术革命的重大课题。数字声、像数据的使用与高速传输已成为一个国家技术水平和经济实力的象征。

多媒体是融合两种以上媒体的人-机交互式信息交流和传播媒体，具有以下特点：

（1）信息载体的多样性：相对于计算机而言的，即指信息媒体的多样性。

（2）多媒体的交互性是指用户可以与计算机的多种信息媒体进行交互操作从而为用户提供了更加有效地控制和使用信息的手段。

（3）集成性是指以计算机为中心综合处理多种信息媒体，它包括信息媒体的集成和处理这些媒体的设备的集成。

（4）数字化——媒体以数字形式存在。

（5）实时性——声音、动态图像（视频）随时间变化。

二、数字地图制图基本过程

与常规地图制图相比，数字地图制图在数学要素表达、制图要素编辑处理和地图制印等方面都发生了质的变化。其基本工作流程可以分为四个阶段。

1. 地图设计和编辑准备

根据编图要求，搜集、整理和分析编图资料，选择地图投影，确定地图的比例尺、地图内容、表示方法等，这一点与常规制图基本相似。但数字地图制图本身的特点，对编辑准备工作提出了一些特殊的要求，如为了数字化，应对原始资料作进一步处理，确定地图资料的数字化方法，进行数字化前的编辑处理；设计地图内容要素的数字编码系统，研究程序设计的内容和要求；完成数字地图制图的编图大纲等。

1）地图大纲

针对数字地图编制的要求，制订编制计划，并结合数字地图的具体情况编写数字地图大纲。地图大纲包括以下内容：

（1）图名、比例尺、地图目的、用途和编制原则与要求；

（2）地图投影与图面配置；

（3）编图资料的分析评价和利用处理方案；

（4）地图内容、指标，表示方法和图例设计；

（5）制图综合的原则要求和方法；

（6）地图编绘程序与工艺；

（7）图式符号设计与地图整饰要求；

（8）附件：一般包括图片配置设计，资料及其利用略图，地图概括样图，图式图例（包括符号、色标）设计等。

2）建立数学基础

通常地图是以投影坐标为其数学基础的，数字地图也不例外，有关投影的详细内容本书前面已有介绍，这里主要讨论在数字地图原图编绘过程中涉及的三种坐标系。

（1）用户坐标系：

用户坐标系包括地形图上的高斯-克吕格投影坐标、小比例尺地图中采用的各种特定的投影坐标以及某些没有经纬网控制的地区图幅的局部坐标等。用户坐标系一般由用户自己选定，通常为直角坐标系，与机器设备无关。图形输入时所依据的就是这种坐标系，图形输出时应当仍然用用户坐标系。用户坐标系空间一般为实数，理论上是连续的、无限的。

(2) 规格化坐标系：

地图数据拥有大量的图形坐标点，要占用相当可观的存储空间。用实型数存储与用整型数存储，消耗的存储空间是大不相同的，在数字地图中可用 2 个字节的整型数来表示图形坐标，这种整型数的值域是 $-32\,768 \sim +32\,767$，即在两个坐标轴方向上均有 65 536 个单位，当要求的数值精度为图上 0.1mm 时，这个值域可存储一幅 6.5m×6.5m 的地图内容。这就是说，用 2 个字节的整型数来存储图形具有足够的图解精度，而与实型数比较，所用存储空间节省一半，所以在数字地图中通常把 2 个字节整型数的值域作为规格化坐标。

(3) 设备坐标系：

设备坐标系即物理设备的 I/O 空间。各种图形设备的坐标系都不尽相同。如一般数字化仪和绘图机的坐标原点在其面板的左下角，而显示器的坐标原点在左上角。

上述三种坐标系可以相互变换，其间关系如图 9-2 所示。

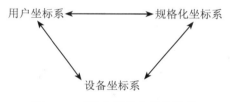

图 9-2 三种坐标系之间的关系

2. 数据获取和输入

实现从图形或图像到数字的转化过程称为地图数字化。地图图形数字化的目的是提供便于计算机存储、识别和处理的数据文件。数据获取的方法常用的有手扶跟踪数字化和扫描数字化两种。这两种数字化方法获取数据的记录结构是不同的。手扶跟踪数字化仪获得矢量数据，扫描数字化获得栅格数据。把地图资料转换成数字后，将数据写入存储介质，建立数据库，供计算机处理和调用。

如果是现有地图数据，如矢量地图数据、栅格地图数据、地图数据库数据、野外数字测量数据、数字摄影测量数据、遥感数据和社会经济统计数据等，就可以直接输入计算机的存储介质。

3. 数据处理和编辑

数据处理和编辑是指把图形(图像)经数字化后获取的数据编辑成绘图文件的整个加工过程。数据处理是数字地图制图过程中的一个重要环节，包括对制图数据的存储、选取、分析、加工、输出等操作，以完成地图制作过程中的几何改正，比例尺和投影变换，地图内容要素的制图综合，数据的符号化，地图符号、地图注记的配置，添加专题内容，制作图表；输入影像数据、照片和文字，进行色彩填充、图面配置、地图数据的编辑等，最后得到新编地图数据。这里讨论的数据处理是指从采集数据到绘图或显示之前的数据操作，按数据格式的不同通常可分为矢量数据处理和栅格数据处理两大类。

1) 矢量数据处理

矢量数据处理既能按人机交互方式进行，也能按批处理方式进行，有时还可以将这两种方式结合起来。

人机交互方式是在联机情况下，用户通过键盘或鼠标向计算机发出命令或询问，计算机通过屏幕向用户报告信息，从而完成各种处理的方式。该方式常用于数据的改错、对源数据进行更新等。人机交互方式能进行实时数字化编辑、图形编辑和显示或绘图。

批处理方式又叫程序处理方式，是利用程序进行数据处理的方式，它把输入的数据或编图作业中相同或类似的项目集中在一起，用同一个程序一次运行处理完毕。该处理方式常用于对全部原有数据为某种编图目的进行再加工，如坐标变换。它只需在程序运行前给定具体参数，之后无需对计算机做任何操作，因此可节省时间和减轻人员的劳动强度，提高数据处理的效率。

矢量数据处理过程通常可分为八种基本运算操作：存取、插入、删除、搜索、分类、复制、归并、分隔。其中，存取是指与读/写有关的操作；插入和删除主要是在编辑过程中用来修改和更新地图的内容；搜索用于寻找某地图要素数据，如某一级道路数据等；分类是重新组织数据，使之便于处理和标出对地图用户具有特定意义的某些分布的分级排列；复制使得数据能被传输；归并能把低层次的数据集合到地区或国家这些高层次的范畴上来；分隔则可以获得较小的数据集(如开窗)，以便对原有数据进行更详细的处理。

(1) 数据变换：

数据变换的内容较多，包括数据结构变换、数据格式变换、矢栅变换、投影变换及图形的几何变换等。这里仅介绍几何变换中二维图形的线性变换。

几何变换是数字地图制作中的基本技术之一，它可节省图形数据的准备时间，可利用一些简单的图形组合成相当复杂的图形，还可用一些平面图反映出立体形态，在交互处理过程中还可随时对用户所需处理的图形进行一系列的变换，以满足用户的要求。

二维图形的几何变换就是将原图形的每一个点(x, y)经过某些变换后产生新的点(x', y')，从而完成整个图形的变换。

图形中任意点的变换可以用变换矩阵算子来实现。每一个点相对于一个局部坐标系来说都是一个位置矢量，可用一个矩阵来表示。

二维线性变换一般形式的代数式为：

$$\begin{cases} x' = a_1 x + b_1 y + c_1 \\ y' = a_2 x + b_2 y + c_2 \end{cases} \tag{9-1}$$

为了便于矩阵运算，可将原来的二维矢量(x, y)变成一个第三维为常数1的三维矢量$(x, y, 1)$，其几何意义可以理解为是在第三维为常数的平面上的一个点。在三维直角坐标系中，矢量$(x, y, 0)$是位于$z=0$的平面上的点，而矢量$(x, y, 1)$则是位于$Z=1$的平面上的点。这对平面图形来说，没有什么实质性的影响，但却给后面使用矩阵算子进行二维图形变换带来很多方便。

这种用三维矢量表示二维矢量的方法称为齐次坐标表示法。由于引入了齐次坐标表示方法，可以把二维线性变换的一般形式以矩阵方式表示为：

$$(x', y', 1) = (x, y, 1) \begin{pmatrix} a_1 & a_2 & 0 \\ b_1 & b_2 & 0 \\ c_1 & c_2 & 1 \end{pmatrix} \tag{9-2}$$

式中，$\begin{pmatrix} a_1 & a_2 & 0 \\ b_1 & b_2 & 0 \\ c_1 & c_2 & 1 \end{pmatrix}$ 称为二维线性变换的矩阵算子。

设原始点矢量 $X(i)$ 和变换后点矢量 $X'(i)$ 分别以下式表示：

$$\begin{cases} X(i) = (x_i, y_i, 1) \\ Y(i) = (x'_i, y'_i, 1) \end{cases} \tag{9-3}$$

则二维图形变换的矩阵形式为：

$$X'(i) = X(i)T \tag{9-4}$$

式中，T 为二维线性变换矩阵算子。

数字地图中常用的几种二维图形变换矩阵算子介绍如下：

①平移变换：平移变换算子为：

$$T_t = \begin{pmatrix} 1 & 0 & 0 \\ 0 & 1 & 0 \\ x_p & y_p & 1 \end{pmatrix} \tag{9-5}$$

式中，常数 x_p 和 y_p 是点 (x, y) 沿 x 轴和 y 轴方向平移的两个分量。

②比例变换：比例变换算子为：

$$T_s = \begin{pmatrix} s_1 & 0 & 0 \\ 0 & s_2 & 0 \\ 0 & 0 & 1 \end{pmatrix} \tag{9-6}$$

式中，s_1 和 s_2 分别为 x 方向和 y 方向上的缩放因子。

③旋转变换：旋转变换算子为：

$$T_r = \begin{pmatrix} \cos\theta & \sin\theta & 0 \\ -\sin\theta & \cos\theta & 0 \\ 0 & 0 & 1 \end{pmatrix} \tag{9-7}$$

式中，θ 为旋转的角度，规定从 x 轴正向起算，逆时针方向旋转时，角度为正值，顺时针方向旋转时，角度为负值。

④错切变换：错切变换算子为：

$$T_m = \begin{pmatrix} 1 & m_1 & 0 \\ m_2 & 1 & 0 \\ 0 & 0 & 1 \end{pmatrix} \tag{9-8}$$

式中，错切因子 m_1，m_2 不同时为 0。

在数字地图中，若将组成矢量符号图形的坐标串用一个 $n \times 3$ 的矩阵表示，其中 n 是 n

个离散点坐标矩阵的行数，每行的第三个元素规定为 1，则该矩阵与变换算子乘积的结果也是一个 $n×3$ 的矩阵，其中每行第一列和第二列元素为变换后的新坐标。

此外，上述几种二维图形变换矩阵算子可彼此相乘，进而产生多种变换的矩阵变换算子，以实施连续的变换。但要特别注意的是，由于矩阵乘法不具备交换律，因此算子排列的先后顺序是至关重要的。

（2）数据压缩：

数据压缩的目的是删除冗余数据，减少数据的存储量，节省存储空间，加快后续处理速度。在数字地图的制图过程中，数据压缩的主要对象是线状要素的中轴线和面状要素的边界数据。数据压缩的方法有多种。

①间隔取点法：间隔取点法又可细分为两种：第一种是以曲线坐标串序列号为主，规定每隔 K 个点取一点；第二种则以规定距离为间隔的临界值，舍去那些离已选点比规定距离更近的点。间隔取点法可大量压缩数字化仪用连续方法获取的点串中的点，但不一定能恰当地保留方向上曲率显著变化的点。还需注意的是，在数据压缩的过程中，由于首末点在数字制图中有着重要的特殊意义，故一定要设法保留。

②垂距法：该方法是按垂距的限差选取符合或超过限差的点。在图 9-3 中，设 i 点为当前点，$i+1$，$i+2$ 点分别为顺序相邻的点，过 $i+1$ 点作点 i 与点 $i+2$ 连线的垂线得到相应的垂距。若该垂距小于规定的限差，则说明从 i 到 $i+2$ 点的连线可取代 i 到 $i+1$ 再到 $i+2$ 点的折线，因此点 $i+1$ 被舍去；反之，若该垂距大于所规定的限差，则点 $i+1$ 应保留。

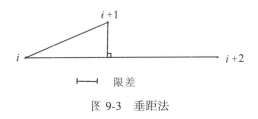

图 9-3 垂距法

③偏角法。该方法是以偏角的大小为选取条件，按偏角的限差选取符合或超过限差的点。如图 9-4 所示，i 点为当前点，分别作 i 与 $i+1$ 点连线和 i 与 $i+2$ 点的连线，求出相应的夹角 α。若该夹角大于或等于规定的限差，则点 $i+1$ 应保留；否则，点 $i+1$ 应舍去。

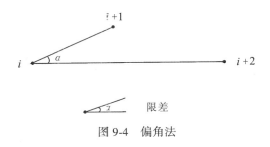

图 9-4 偏角法

④道格拉斯-普克法。该方法试图保持整条曲线的走向，并允许制图人员规定合理的

限差。其数据压缩的基本方法为：首先，在一条曲线的首末两点间连一条直线，求出曲线上其余各点到该直线的距离，选其最大者与规定的限差作比较，若大于或等于限差，则保留离直线距离最大的点，否则将直线两端间各点全部舍去。图9-5为该数据压缩方法的示意。显然，图中点号为4的点应该保留。然后，将已知点列分成两部分处理。计算点2、3到点1，4连线的距离，选距离大者与限差比较，结果点2，3均应舍去。再计算点5、点6到点4，7连线的距离，经比较，点6应保留。依次类推，最后保留下来的点在原数据中的编号为点1，4，6，7。当然也将压缩后的数据重新排序为点列1，2，3，4。

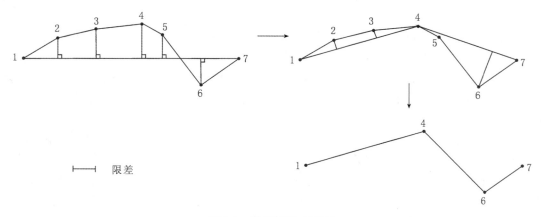

图9-5　道格拉斯-普克法

在上述的几种方法中，一般情况下，道格拉斯-普克法的压缩效果最好，其次是垂距法、间隔取点法和偏角法。但道格拉斯-普克法须对整条曲线同时进行处理，其计算工作量较大。

（3）数据匹配：

数据匹配是数据处理的一个重要方面，主要用于误差纠正。数据匹配涉及的内容较多，这里仅介绍有关节点匹配和数字接边的问题。

①节点匹配：在地图的数字化过程中，在数字化一些以多边形或网结构图形表示的要素时，同一点（如几个边相交的点）可能被数字化好几次，即使在数字化时仔细地将标示器的十字丝交点对准它，由于仪器本身的精度和操作上的问题，也不能保证几次数字化都获得同样的坐标值。因此，在数据处理时，应将它们的坐标重新配置，这就是所谓的节点匹配。

节点匹配的方法采用匹配程序对多边形文件进行处理，即让程序按规定搜索位于一定范围内的点，求其坐标的平均值，并以这个平均值取代原来点的坐标。经处理后，在多边形生成时，若还发现有少数顶点不匹配，也可辅以交互编辑的方法进行处理。

②数字接边：在对地图进行数字化时，一般是一幅一幅地进行。由于纸张的伸缩或操作误差，相邻图幅公共图廓线两侧本应相互连接的地图要素会发生错位。另外，受数字化仪幅面的限制，有时一幅图还需分块进行数字化，这样分块线两侧本应相互连接的地图要素也可能发生错位。因此，在合幅或拼幅时均须对这些分幅数字地图在公共边上进行相同

地图要素的匹配,这就是数字接边。

在数字地图更新时,数字接边也是非常重要的,尤其是在局部区域内的数据需全部更新时,新旧资料拼接线上的要素必须做接边处理。

(4)开窗显示:

在实际绘图工作中,经常碰到要处理图形的局部选择问题。在整个图形中选取需要处理的部分,称为图形的开窗。

数字地图包括的区域可能是很大的,有时用户只对其中的某一部分产生兴趣,这时需要选择一个特定区域来观察,这个区域称为窗口。当人们希望利用指定的有效空间或存储介质,对某个局部区域进行图形数据的显示或转存时,往往要使用开窗技术。例如,在图形终端显示器上对局部图形进行放大显示,或在绘图机上绘制局部图形时,都可用开窗的方式解决。

窗口通常是矩形的。其轮廓点坐标可由键盘输入,也可将全图显示在屏幕上用光标确定。一般只需输入或标定左下角和右上角的坐标即可(图9-6)。

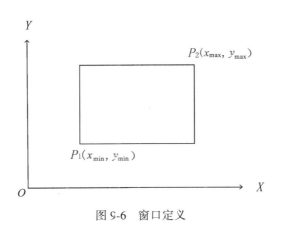

图9-6 窗口定义

2)栅格图像数据处理

栅格图像形式的数据在数字地图制图中的应用起着越来越重要的作用。栅格数据的处理方法多种多样,这里主要介绍其中的基本运算以及在数字地图制图中常用的宏运算。

①图像变换:采用各种图像变换的方法,如傅里叶变换、沃尔什变换、离散余弦变换等间接处理技术,将空间域的处理转换为变换域处理,不仅可减少计算量,而且可获得更有效的处理(如傅里叶变换可在频域中进行数字滤波处理)。

②图像编码压缩:图像编码压缩技术可减少描述图像的数据量(即比特数),以便节省图像传输、处理时间和减少所占用的存储器容量。压缩可以在不失真的前提下获得,也可以在允许的失真条件下进行。编码是压缩技术中最重要的方法,它在图像处理技术中是发展最早且比较成熟的技术。

③图像增强:图像增强的目的是提高图像的质量,如去除噪声,提高图像的清晰度等。图像增强不考虑图像降质的原因,突出图像中所感兴趣的部分。如强化图像高频分量,可使图像中物体轮廓清晰,细节明显;如强化低频分量可减少图像中噪声影响。

在对遥感图像进行增强处理时，通常可以通过彩色合成、直方图变换、密度分割和灰度颠倒方法增强图像。

④图像分割：图像分割是将图像中有意义的特征部分提取出来，其有意义的特征有图像中的边缘、区域等，这是进一步进行图像识别、分析和理解的基础。在日常遥感应用中，常常只对遥感影像中一个特定范围内的信息感兴趣，这就需要将遥感影像裁剪成研究范围的大小。

⑤图像镶嵌：也叫图像拼接，是将两幅或多幅数字图像（它们有可能是在不同的摄影条件下获取的）拼在一起，构成一幅整体图像的技术过程。通常是先对每幅图像进行几何校正，将它们规划到统一的坐标系中，然后对它们进行裁剪，去掉重叠的部分，再将裁剪后的多幅影像装配起来形成一幅大幅面的影像。

⑥影像匀色：将影像的色调进行统一协调。在实际应用中，我们用来进行图像镶嵌的遥感影像，经常来源于不同传感器、不同时相的遥感数据，在做图像镶嵌时经常会出现色调不一致的情况，这时就需要结合实际情况和整体协调性对参与镶嵌的影像进行匀色。

⑦图像分类（识别）：图像经过某些预处理（增强、复原、压缩）后，进行图像分割和特征提取，从而进行分类。图像分类常采用经典的模式识别方法，有统计模式分类和句法（结构）模式分类。在遥感影像中，可以依据遥感图像上的地物特征，识别地物类型、性质、空间位置、形状、大小等属性的过程即为遥感信息提取。

3）比例尺变换

为了充分利用地图数字化数据，使用同样的一些数字化资料编制不同比例尺的多种地图作品，往往要进行比例尺变换。

对于一般的图形而言，其比例大小的变换很简单，只需乘上适当的比例变换因子即可。但是地图的比例尺变换不仅是简单的图形尺寸缩放，而且还伴随着各个地图要素的细节及要素的数量的增减，以及各要素间相互关系的处理，这实际上是自动综合的问题。因此，地图比例尺变换是一项很困难的工作，是数字地图编制的难点，还有待于进一步研究。这里介绍一种使用变焦数据来进行比例尺变换的方法。虽然它还不是真正意义上的自动制图综合，却可在某些特定的比例尺之间进行变换。

变焦数据的核心问题是要建立数据的多层存储结构，以适应多种比例尺间的变换（图9-7）。基本方法是：

(1) 要素细节的分层存储：

可用图形曲线综合算法把线段分为树结构，下一层包含着为坐标所反映的更多细节，这些细节的坐标是树的更高层内容的中间点（图9-8）。为了在多种比例尺之间进行快速变换，需把地图数据分层存储，每层包含更高层的中间坐标点，如果一个数据库包含着按这种方式划分的曲线，则只需要按图形输出的比例尺来确定相应的存储级别。

(2) 地图数据的多级变焦：

为了给不同的比例尺提供所需的不同详细程度的地图数据，需配备必要的机制，即在存储最详细内容的基础上建立二维参考索引。

在二维参考索引中存放着各地图要素不同综合级别的数据库地址，即该矩阵的每一个节点都有一个空间数据库存在（图9-9）。该方法将线性数据以坐标树的形式进行存储，使

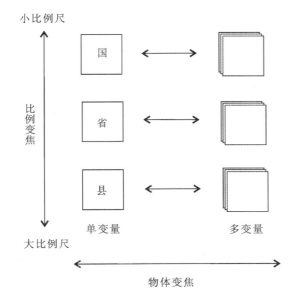

图 9-7　变焦方法示意图

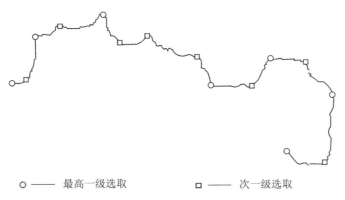

○ —— 最高一级选取　　　□ —— 次一级选取

图 9-8　曲线特征点的逐级筛选

得图形的详细程度或综合程度是可变的。树的各层以不同的记录分离存储，当按属性码检索时，只需要根据所选比例尺存储足以表示该要素的坐标点。

(3)数据的组织管理：

对地图数据的组织管理是通过数据库技术实现的。如图 9-10 所示地图数据库在数字地图制作的各个环节都起着重要作用。

①在数据获取过程中，地图数据库用于存储和管理地图信息；

②在数据处理过程中，地图数据库既是资料的提供者，也是处理结果的归宿；

③在图形的检索与输出中，地图数据库是形成绘图文件的数据源。

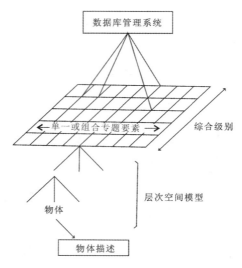

图 9-9 变焦数据系统结构

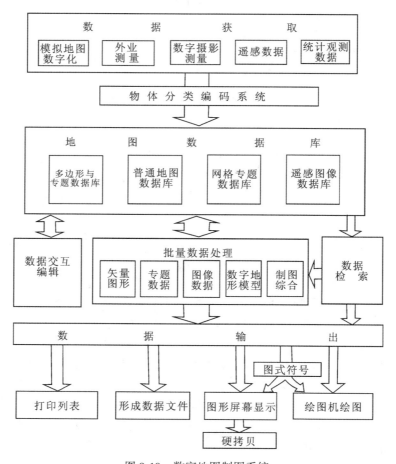

图 9-10 数字地图制图系统

4. 数据(图形)输出

数据(图形)输出是把计算机处理后的数据转换为图形形式,即通过各种输出设备输出地图数据的过程。

对于高级数字地图制图系统来说,计算机将地图数据传输给打印机,常采用彩色喷墨会触及喷绘出彩色地图,供编辑人员根据彩色样图进行校对,彩喷输出还可以满足用户少量用图,特别是应急地图的需要。因此,图形编辑与图形输出常常是交互进行的。

对于大多数的数字地图制图系统来说,由于实现了编辑与出版的一体化,因此,把地图数据传送到数字式直接制版机(Computer-to-Plate,CTP)制成直接上机印刷的印刷版,然后印刷地图,已成为主要的地图数据输出方式;甚至可以直接把地图数据传送到数字式直接印刷机印刷成彩色地图,又称数字印刷(Digital Printing)。此外,通过编辑制作并存储于光盘上的电子地图(集)、网络地图和导航地图,可以直接在屏幕上显示地图,这也是一种重要的输出形式。

图形输出的一般过程是:从地图数据库中检索出地图要素的特征码以及定位信息,再从数据库与符号库接口对照文件中查得相应符号信息块地址和子程序入口,然后在符号库中读取信息块,转至子程序入口调用相关的绘图子程序完成绘图。

地图数据库与符号库在建库时可分别进行设计。它们之间可通过一个对照文件形成接口。该接口文件的格式见表9-2。其中,特征码与符号信息块地址的对照关系是在建立符号信息块的同时确定并记入对照文件的。子程序入口是指该子程序的调用语句所在程序行的标号(或函数)。算法相同的各信息块调用同一绘图子程序。

表9-2　　　　　　　　　　　　　地图数据库与符号库的接口

数据库中要素的特征码	绘图子程序入口	符号信息块在符号库中的地址
HID1	SP1	SB1
HID2	SP2	SB2
⋮	⋮	⋮

三、制作1∶5万数字线划地图(DLG)的技术方法

数字线划地图是地形图或者专题图经扫描后,对一种或多种地图要素进行跟踪矢量化,再进行矢量纠正形成的一种矢量数据文件。其数据量小、便于分层,能快速生成其他需要的专题地图。1∶5万数字线划地图是国家基本比例尺地图之一,在国家基础地理信息(地图)数据库中具有重要意义。制作1∶5万数字线划地图的技术方法可分为四种(图9-11)。

1)采用全数字摄影测量法

对于地物复杂、更新内容多的区域应考虑利用航片和控制、调绘成果,在立体状态下测绘地物、地貌(或 DEM 反生成等高线),经属性编辑、检查后转换成 ARC/INFO E00 数据格式。如没有像片控制资料,可以从1∶1万 DRG 上选择明显且未变化的地物点,作为像片控制基础进行空中三角测量。目前,国产的数字摄影测量软件 VintuoZo 系统和 JX-4C

第九章 数字地图制图的技术与方法

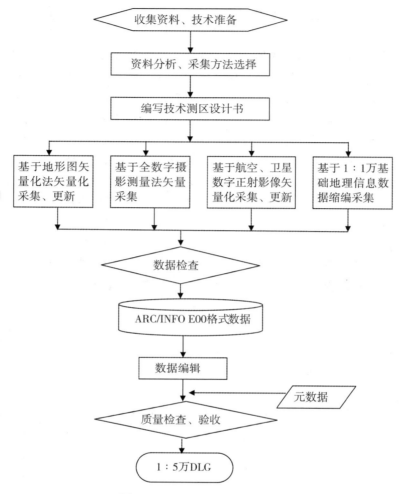

图 9-11 1∶5 万 DLG 生产流程

DPW 系统都具有相应的矢量图系统,而且它们的精度指标都较高。其中,VintuoZo 系统有工作站版和 NT 版两种,而 JX-4C DPW 系统只有 NT 版一种。

2) 地形图矢量化法

对现有的地形图扫描,人机交互将其要素矢量化。目前常用的国内外矢量化软件或 GIS 和 CAD 软件中利用矢量化功能将扫描影像进行矢量化后转入相应的系统中;并用最新行政区划及境界变更资料、现势地名资料、最新交通图册、车载 GNSS 采集国省道数据成果和其他相关现势资料及最新 DOM 进行要素更新。这种技术方法已逐渐被淘汰。

3) 航空、卫星数字正射影像矢量化采集和更新

在新制作的数字正射影像图或有不低于 5m 分辨率的卫星正射影像上,人工跟踪框架要素数字化。屏幕上跟踪,可以使用 CAD 或 GIS 及 VirtuoZo 软件将正射影像图按一定的比例插入工作区中,然后在图上进行相应要素采集。同时,可以将 1∶5 万地形图 DRG 数

据与数字正射影像数据透明叠加分析，对于需要更新的要素依照影像数据进行采集，采集的数据可以对现有的数字线划地图进行要素更新。与经数据转换后的等高线矢量数据和车载 GNSS 采集国省道数据成果叠加生成 DLG。

4）1∶1 万基础地理信息数据缩编采集

对于已有最新 1∶1 万地形要素矢量数据应采用综合取舍缩编的方法采集；对于已有最新 1∶1 万 DOM 数据应在进行影像处理和坐标变换后可直接矢量化。

图 9-11 是 1∶5 万数字线划地图的制作流程。

为满足用户对矢量要素的现势性需求，要素采集与更新同时进行。并注意要素之间关系协调，矢量要素数据库与地名数据库之间关系的协调、与影像数据库之间关系的协调。对已有最新勘界成果数据、车载 GNSS 采集的国省道数据、矢量地貌要素数据、地名数据库的成果经数据和代码转换后直接导入。

第四节　数字地图制作

对地图数据进行加工处理后，就要着手新编地图的数据制作。下面以普通地图为例进行论述。

一、数据源中要素提取

地图分层作为数字地图制图采用的基本技术之一，一方面可以将复杂的地图简单化，从而大大简化了数据的处理过程；另一方面，以单一的图层作为处理单位，为以后的数据提取和数据修改提供了方便。在提取矢量数据源时，首先要参考矢量数据的逻辑分层，从中选择所要提取的地图图层。

地图数据库中或现有数据文件中抽取数据，则要根据地图生产的要求利用一定的软件来提取。在这过程中，矢量地图数据预处理的部分工作就必须进行，如地图数据格式转换、点位坐标的变换和纠正及对地图数据的抽取和利用等。如果成图比例尺和地图数据库的比例尺相同，成图的内容又与地图数据库中的内容相近，地图要素制图综合的问题要小些，否则提取什么样的内容、怎样提取，取舍指标怎样控制、其他内容怎样补充都需要研究，并进行充分的试验。一般都是从大于成图比例尺的地图数据源中提取新编图所需要的要素数据信息。

例如，以 1∶1 万地形图为数据源制作 1∶5 万地形图数据。通过筛选 1∶1 万地形图要素数据，按照建立好的要素对应关系和转换原则，去除多余要素。建立要素转换模型，进行要素代码转换、数据整合和结构重组。在此基础上，对 1∶1 万数据进行数据格式转换、数学基础转换和数据拼接，形成满足 1∶5 万地形要素数据制作的基本资料数据。

再以 1∶100 万地形图数据为基本资料数据制作 1∶250 万矢量普通地图数据为例，来论述要素提取方法。

1∶100 万数字地图是根据地理要素的分类分层存储的，数据分为 12 类要素，每一类要素根据几何特征含有 1 或 2 个数据层，共有 15 个数据层。各层包括 1 至 4 类属性表，共有 29 类属性表，其中有 6 层有注记。

在矢量数据源的分层内容包括：政区、居民地、铁路、公路、机场、文化要素、水系、地貌要素、其他自然要素、海底地貌、其他海洋要素、地理格网等 12 大类。由于新编 1∶250 万普通地图受比例尺、图幅范围和载负量等的限制，纸质地图能反映的信息量有限，考虑到新编 1∶250 万普通地图的用途，在数据源中选取的要素有：

国界、未定国界、地区界、省界、停火线、省(自治区、直辖市)界、特别行政区界、地级市(地区、自治州、盟)界、铁路、建筑中铁路、高速公路、建筑中高速公路、国道、省道、一般公路、其他道路、长城、山隘、岩溶地貌、火山、港口、雪被、冰川、浅滩、岸滩、沙州、沙漠、砾漠、风蚀残丘、珊瑚礁、航海线、河流(包括真形河流)、水库、瀑布、伏流河、运河、水渠、时令河(湖)、井、泉、温泉、沼泽、盐碱地、蓄洪区、海岸线、经纬线、北回归线以及所选自然要素和人文要素的注记。

二、地图数据制作顺序

普通地图数据制作顺序与其本身的重要性以及各要素之间的联系特点密切相关。一般来说，要求精度高的、轮廓固定性好的、比较重要的、起控制作用的要素数据先制作。例如，控制点、水系等要素要求精度高、对其他要素起骨架作用，这些要素数据要先制作。道路的选取从属于居民地，所以要在居民地以后制作道路数据。境界线一般以河流或山脊为界，境界线从属于河流、地貌等高线等，境界线数据制作要在它们之后。只有当国界、省界有固定坐标时，才会先制作国界、省界数据，使其他要素与之相适应。

普通地图数据制作顺序按有利用要素关系协调原则和重要元素在先、次要元素在后的顺序进行。一般顺序为：内图廓线、控制点、高程点、独立地物、水系、铁路、主要居民地、公路及附属物、次要居民地、其他道路、管线、地貌、境界、土质与植被、注记、直角坐标网、图幅接边、图廓整饰。

普通地图制作顺序原则：

1) 点位优先顺序
(1) 有坐标信息的点，如控制点、界桩等；
(2) 有固定位置的点，如独立地物等；
(3) 有相对位置的点，如附属设施等。

2) 线状地物优先原则
(1) 有坐标信息的线，如国界、省界等；
(2) 有固定位置的线，如河流、岸线、道路等；
(3) 表达三维特征的线，如等高线。

地图资料数据、地图内容的复杂性也会对地图数据制作顺序有影响。当资料数据的可靠程度不一样时，要从最好的资料数据的部分开始制作地图数据，使精确的数据先定位，有利用其他地图内容的配置。从复杂的地图内容开始，可以比较容易掌握地图总体的容量，使地图载负量不会过大。

三、地图数据制作的屏幕比例尺

普通地图数据如果在屏幕上按成图比例尺制作，理论上制图员可以准确地掌握地图容量、符号之间的间隔，恰当地处理各要素之间的相互关系；但是实际制作难度非常大，几乎是不可能，常常放大到 3~5 倍，即屏幕显示用 300%~500%。太大会增加数据制作工作量，太小制作的数据达不到质量要求。符号之间间隔的把握可依靠固定的尺度符号，例如，用一个尺度符号 0.2mm 小方块放在符号的旁边，就可以判断符号之间的间隔是否达到 0.2mm。

四、地图数据的编辑

根据地图数据补充、参考资料进行地图要素的修改和补充。采用理论数据计算生成内图廓线及公里格网、北回归线等要素。按规定的符号、线型、色彩等要求对地形图要素进行符号化。

在地图数据编辑过程中，常会出现假节点、冗余节点、悬线、重复线等情况，这些数据错误往往量大，而且比较隐蔽，肉眼不容易识别出来，通过手工方法也不易去除，导致地图数据之间的拓扑关系和实际地物之间的拓扑关系不符合。进行拓扑处理时，通过一定的拓扑容限设置，可以较好地消除这些冗余和错误的数据：

(1) 去冗余顶点、悬线、重复线；
(2) 碎多边形的检查、显示和清除；
(3) 节点类型识别包括：普通节点、假节点和悬节点；
(4) 弧段交叉和自交；
(5) 长悬线延伸；
(6) 假节点合并。

五、地图数据的制图综合

按地形图要素的综合指标和设计书的要求进行要素的选取和图形的概括，要素综合时，为了更准确地把握取舍尺度，可将原比例尺相同的数字栅格地图放在基本数据下面作为背景参考对照。

对地图各要素符号化的关系处理和图形概括。

1. 地形图数据的制图综合

地图内容在符号化的过程中要将不同的要素存放在不同的层中，这样就可以对不同的要素进行有选择性的操作，要编辑某一层要素就单独打开那一层，以免相互之间的干扰。当要显示所有的要素时就打开全部的层。在符号化的过程中，符号的大小、色彩、粗细及相互之间的关系最好反映最后印刷出版所要求的成图情况，应按所要求的尺寸来显示和记录，这样制图人员才能准确地处理好地图上各要素相互之间的关系，解决诸如压盖、注记配置、移位、要素共边等问题，保证所制作出来的地图数据的质量。

对于地物符号化后出现的压盖、符号间应保留的空隙或小面积重要地物夸大表示等情况引起的地物要素的位移时，位移值一般不超过 0.5mm。

要素选取指标的确定必须符合规范规定，与地理信息数据的要素表示尺度、地图要素的密度分布和图面负载能力相统一。根据实际情况确定适合本图幅的指标要素，制图综合中在依据要素选取指标的同时，应灵活把握要素选取原则。选取更有方位意义，对道路要素构网更有意义，更能表现制图区域地貌特征和地形特点的要素。使经过综合后的要素疏密适度、分布合理。

要素制图综合尺度的确定必须按照规范要求，制图区域必须确定符合实地情况的制图综合尺度。在要素制图综合中必须在把握地形要素表示尺度的同时，注意制图区域所在地区的地形地貌特征，使经过综合后的要素表示合理，地域特征鲜明。

要素图形简化尺度的确定必须符合规范中对要素简化、最小弯曲、要素细部特征等的要求。首先确定各类要素是否允许进行图形简化，并严格把握图形简化尺度，使经过图形简化的要素图形细部表示合理，避免要素过于破碎和表示过于粗略。

正确处理好水系、道路、居民地、地貌等要素之间的关系，保持其各要素间的相离、相切、相割关系。地物要素避让关系的处理原则一般为：自然地理要素与人工建筑要素矛盾时，移动人工建筑要素；主要要素与次要要素矛盾时，移动次要要素；独立地物与其他要素矛盾时，移动其他要素；双线表示的线状地物其符号相距很近时，可采用共线表示。

地图地物密度过大时可根据地物重要性进行适当的再取舍或将符号略为缩小；连续排列和分布的同类点状要素(如窑洞)符号化后若相互压盖，优先选取两端或外围的地物以反映其分布特征，中间依其疏密情况适当取舍；而不同类点状要素(如电视塔与水塔)符号化若相互压盖，应优先选取高大、有定位等重要意义的地物。

地物要素图形概括后的形状应与其相邻的地物要素相协调，如概括后的道路形状应与地貌、水系相协调，水系岸线应与等高线图形相协调等。

要素关系协调处理是为了保证要素的逻辑一致性和拓扑关系正确性，保证要素关系的合理就必须做好三个层次的要素关系协调处理：

(1)必须做好多个数据层相关要素之间逻辑一致性的协调处理。如公路、河流、公路桥之间位置关系的协调处理，有名称的要素和地名层要素之间的属性关系协调处理等。

(2)必须做好多个数据层相关要素之间拓扑关系正确性的协调处理。如不同数据层毗邻面状要素之间公共边线的协调处理。

(3)必须做好同一要素表示连续性的协调处理。如河流的单、双线表示变化的协调处理。

2. 小比例尺普通地图数据的制图综合

1)道路要素数据综合与关系的处理

在地图上，应当把道路作为连接居民地的网线看待。

道路连接、相交时的关系处理。不同等级的道路相连接的地方，在实地上有时没有明显的分界线，但在地图上则用了两种符号配置其属性。为了使得它们之间的关系表示得合理、清楚，表示时相接的两条道路中心线一致。

一般情况下，道路压盖顺序(从高等级到低等级道路排列)为高速公路→建筑中高速公路弯曲程度的处理(图9-12)。例如，数据源为1：100万数字地形图，成图的比例尺为1：250万挂图。受到印刷机和人眼的辨别能力的限制，弯曲的内径为0.4mm时，宽度需达到0.6mm至0.7mm。在地图上应保持道路位置尽可能精确的条件下，正确显示道路的基本形状特征，在必要时对特征形状加以夸大表示。道路上的弯曲按比例尺不能表达时，要进行概括(图9-13)。

图 9-12 道路连接的关系处理

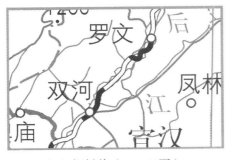
（a）概括前（1∶100万）

（b）概括后（1∶250万）

图 9-13 道路弯曲概括

道路相交时，主要是道路间的压盖问题，即道路图层顺序的设计。

一般情况下，道路压盖顺序(从高等级到低等级道路排列)为高速公路→建筑中高速公路→铁路→建筑中铁路→国道→省道→一般公路→其他道路。但也存在特殊情况，如铁路在高架桥上经过，而高速公路在桥下，在地图上就应做相应的调整修改。

道路要素间冲突时的关系处理。随着地图比例尺的缩小，地图上的符号会发生占位性矛盾(如道路的重叠问题)。比例尺越小，这种矛盾就越突出。通常采用舍弃、移位等手段来处理。

当道路要素发生冲突时，特别是当同等级道路在一起时，一般会采用舍弃的方式。即便是不同等级的，若构成的道路网格密度过大，也应选择舍弃。一般情况下优先选取该区域内等级相对较高的道路，选择舍弃低等级道路，以达到符合要求的道路网密度。但对于作为区域分界线的道路，通向国界线的道路，沙漠区通向水源的道路，穿越沙漠、沼泽的道路，通向如机场、车站、隘口、港口等重要目标的道路，这些具有特殊意义的道路需优先考虑。

当不同类别的符号发生冲突时,如果不采用舍弃其中一种的方法,就采用移位的方式。具体做法是:当二者重要性不同时,应采用单方移位,使符号间保留正确的拓扑关系。如保持高等级道路的现状,对低等级道路进行相应的移位;若当二者同等重要时,采用相对移位的方法,使二者之间保持必要的间隔。

进行移位后,关系处理后应达到:各要素容易区分,要素的移动不能产生新的冲突,局部空间关系和点群的图案特征必须保持,为了保证空间完整性与方位相对正确性,移动的距离应当最小。经过数据格式转换、比例尺的缩小,在地图中各级道路难免会重叠在一起,这就需要对道路进行移位。对道路格网密度过大的区域,采取舍弃的方法。如图9-14所示,图9-14(a)为道路关系处理前的情形,即直接从1:100万地图数据库中转换得到的矢量图,只对其进行了符号化、配置注记。可以看出道路的关系杂乱,互相压盖严重,很难辨别出道路之间的关系位置,而且道路显得很凌乱,低等级道路较多且存在断头路。因此,就必须对其进行关系处理。基本采取移位、舍弃等方法。图9-14(b)是关系处理后的结果,从图中很容易看出道路关系表达明确,能够很快地辨认出各级道路的方位、走向等。各区域道路格网密度适中,达到了很好的视觉效果,突出了地图的一览性。

(a)处理前(1:100万)

(b)处理后(1:250万)

图9-14 关系处理

2)水系与其他要素关系的处理

陆地水系主要包括河流、湖泊、水库、渠道、运河和井泉等方面。河流起到了骨架的作用,如果移动河流则引起与地貌冲突。因此要保持河流的精确位置。鉴于上述原因,地图上河流与交通网、境界等人文要素之间,在符号化、配置其属性后发生冲突时,解决此问题的原则是:要保证高层次线状要素的图形完整,低层次线状要素与高级别线状要素的重合部分应隐去。

河流与道路要素之间的关系处理。地图上如铁路、公路、河流等这些都有固定位置,它们以符号的中心线在地图上定位。当其符号发生矛盾时,根据其稳定性程度确定移位次序,例如:道路与河流并行时,需要首先保证河流的位置正确,移动道路的位置。有些区域的道路的走向是沿着河流的流向。当它们之间发生冲突时,移位后道路的走向应与河流流向一致。在小比例尺普通地图上,道路通过河流等水系要素时原则上不断开，即不绘制桥梁符号。但对于长江、黄河流域著名的桥梁（如武汉长江大桥）可以象征性地表示出来。

河流与境界要素之间的关系处理。在很多种情况下，境界是以河流为分界线，或以河流中心线，或沿河流的一侧为界。这就需要对境界进行跳绘。在小比例尺普通地图上，主要遵循：①以河流中心线为界时，应沿河流两侧分段交替绘出。但要注意：由于国界、省界和地级界是点线相间构成的，进行跳绘时，应保持点与线的连续性；②沿河流一侧分界时，境界符号沿一侧不间断绘出（见图9-15）。

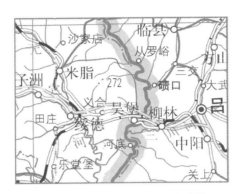

图9-15　境界在河流两边跳绘

3) 居民地和其他要素关系的处理

在小比例尺普通地图上，各级居民地一般是以不同大小的圈形符号表示的。它与其他要素的关系表现为：同线状要素具有相接、相切、相离三种关系；同面状要素具有重叠、相切、相离三种关系；同离散的点状符号只有相切、相离的关系。其中，与线状要素的关系最具有代表性。

(1) 相接：当线状要素通过居民地时，圈形符号的中心配置在线状符号的中心线上。

(2) 相切：当居民地紧靠在线状要素的一侧时，表示相切关系，圈形符号切于线状符号的一侧。

(3) 相离：居民地实际图形同线状物体离开一段距离，在地图上两种符号要离开 0.2mm 以上。

当居民地圈形符号与境界、经纬网、道路等要素一起发生冲突时，如图 9-16 所示，宁夏回族自治区吴忠市（地级市）的位置处理。图中的纬线是 38°N，其位置的实际情况为：吴忠市位于北纬 37°多；在高速公路的左边，与其相离；在该条地级市界转折处的上方；与国道相接。但由于在小比例尺地图上表示，则不能按其上述方位标注。解决的方法是只保证圈形符号的中心点与纬线、高速公路、地级市界相离；配置在国道的中心线上。

4) 境界与其他要素的关系处理

境界是区域的范围线，它象征性地表示了该区域的管辖的范围。就国界而言，国界的正确表示非常重要，它代表着国家的主权范围。对于国界两侧的地物符号及其注记都不要跨越境界线，应保持在各自的一方，以区分它们的权属关系。

第九章 数字地图制图的技术与方法

图 9-16 居民地和其他要素关系的处理

六、地图数据制作中生僻汉字的处理

我国幅员辽阔，地方语言种类多，难免会遇到一些生僻地名，尤其是我国南方省份生僻汉字出现的频率很高。地图上尤其是我国南方省份的大比例尺地图上存在着大量的生僻汉字，由于它们不在国标汉字集当中，这些汉字在字库中难以显示，即没有相应的编码与之对应。所以在制作地图数据时，这部分生僻汉字既没有相应的编码，也没有输入方法，要对它们进行存储、检索和使用无从谈起。

所以，生僻汉字的问题是数字制图生产过程中必须要解决的问题。对地图上这些生僻汉字的编码、输入方法、汉字造字、应用接口以及造字工具等进行全面研究，即生僻汉字的造字一般是取已有相同字体汉字的偏旁部首进行拼凑组合，它对造字软件的要求是要有丰富的编辑修改功能，能对汉字笔划进行拉伸、缩放、移动、删除、拷贝和定位等操作。在对所造的汉字经过多次绘图检查和反复修改，确认所造汉字结构合理、大小适中以后，形成所要的生僻汉字矢量字库。利用汉字造字工具的有关功能迅速把要造的汉字造好，经修改确认后，一方面以图形的方式添加到矢量字库中，另一方面形成 Windows 的资源汉字。

如果还没有建成生僻汉字矢量字库，可以采用如下解决方案：

（1）如果地图数据制作时采用的汉字矢量字库较小，可采用字体相近较大汉字矢量字库代替。例如地图数据制作时采用的是汉仪字体，经过试验比较，与之相近的为方正字体，而且方正字库较大；遇到汉仪字库不能识别的字体则改用方正字体代替，然后转换成曲线。

（2）采用拆字、拼字的方法对生僻汉字进行匹配，创造出新字。例如，地名中安徽省亳州市中的"亳"在汉仪字库中不能识别，可以先写出"毫"字，再在地图制图软件中打散、取已有相同字体汉字的偏旁部首进行拼凑组合，造型工具创建此字。

七、地图数据的接边

相邻图幅的地形图要素应进行接边处理，包括跨投影带相邻图幅的接边。小比例尺普通地图分幅挂图数据也需要接边。接边内容包括要素的几何图形、属性和名称注记等，原则上本图幅负责西、北图廓边与相邻图廓边的接边工作,但当相邻的东、南图幅已验收完成,后期生产的图幅也应负责与前期图幅的接边。

相邻图幅之间的接边要素不应重复、遗漏,在图上相差 0.3mm 以内的,可只移动一边要素直接接边;相差 0.6mm 以内的,应图幅两边要素平均移位进行接边;超过 0.6mm 的要素应检查和分析原因,由技术负责人根据实际情况决定是否进行接边,并需记录在元数据及图历簿中。

接边处因综合取舍而产生的差异应进行协调处理。经过接边处理后的要素应保持图形过渡自然、形状特征和相对位置正确、属性一致、线划光滑流畅、关系协调合理。

八、地图图廓整饰

按规定对地形图进行图廓整饰,并正确注出图廓间的名称注记。

1. 图廓间的道路通达注记

铁路、公路以及人烟稀少地区的主要道路出图廓处应注出通达地及里程。铁路应注出前方到达站名;公路或其他道路应注出通达邻图的乡、镇级以上居民地,如邻图内无乡、镇级以上居民地时,可选择较大居民地进行量注。当道路很多时可只注干线或主要道路的通达注记。

铁路或公路通过内外图廓间复又进入本图幅时,应在图廓间将道路图形连续表示出,不注通达注记。

2. 界端注记

境界出图廓时应加界端注记,但当境界穿过内外图廓间复又进入本图幅时,可在图廓间连续表示出境界符号,不注界端注记。

3. 图廓间的名称注记

居民地、湖泊、水库其平面图形跨两幅图时,面积较大的注在本图幅内,面积较小的应将名称注在该图幅的图廓间。县级以上居民地名称用比原字大小二级的细等线体注出,县级以下居民地名称用相应等级字大的细等线体注出。湖泊、水库名称选择用 2.0~2.5mm 左斜细等线体注出。

小比例尺普通地图的图廓整饰主要包括内外图廓线和图廓间的花边的数据制作。

九、元数据制作及图历簿的填写

元数据及图历簿包含了分幅数据的基本信息、更新变化情况、更新使用主要资料情况、更新生产情况、生产质量控制情况、图幅质量评价、数据分发信息等,是地形图数据成果之一。元数据及图历簿内容,主要包括数字地图生产单位、生产日期、数据所有权单位、图名、图号、图幅等高距、地图比例尺、图幅角点坐标、地球椭球参数、大地坐标系统、地图投影方式、坐标维数、高程基准、主要资料、接边情况、地图要素更新方法及更新日期等。由于不同比例尺的元数据及图历簿元数据及图历簿有些区别,下面以 1:25 万地形图为例来进行论述。

1:25 万地形图数据制作中,将全部图幅的分幅元数据图历簿导入 ARCGIS 的 FILE GeoDataBase 文件,生成数据库元数据。此外,根据设计需要,可派生出数据产品的元数据、更新数据生产图历簿、分发服务元数据等。填写元数据及图历簿应注意以下要求：

（1）分幅数据元数据按照《1∶25万地形数据库更新元数据结构及示例》中的有关要求，填写更新生产的相关内容，以 EXCEL 格式存储。

（2）数据库元数据由分幅数据生成，以每个分幅数据元数据为记录单位，采用空间数据方式记录，图形信息为1∶25万图幅范围，属性信息记录具体的元数据内容。

（3）元数据的填写应全面、严谨、规范，对作业过程中出现的特殊技术问题及处理情况、更新数据检查验收情况、资料的处理与使用等须有详细记录。

（4）图历簿为元数据中的部分内容，不再进行打印，相关生产和检验人员在"生产检查责任人签字表"中签名，并在更新成果汇交中一并汇交后归档。签字表以1∶25万图幅为单位，记录每幅图的生产人员、各级质量检查责任人的本人签字和时间。

小比例尺普通地图的元数据及图历簿包含了地图数据的基本信息、更新变化情况、更新使用主要资料情况、更新生产情况、生产质量控制情况、地图质量评价、数据分发信息等。

第五节 遥感制图方法

遥感，从字面上来看，可以简单地理解为遥远的感知，泛指一切无接触但是能探测目标的技术。20世纪60年代以来，由于航天遥感技术的发展和日臻成熟，航天遥感资料在地理制图方面得到了广泛应用，航空像片也成为编制地图的一种重要资料，使地图的资料来源、现势性、制图工艺等方面都发生了明显的变化。

一、遥感制图的特点

遥感技术仅经过几十年的时间，就逐渐发展成为地图制图和地理信息数据制作和更新的主要数据源，其根本原因在于遥感技术提供的信息大大扩大了人们视野范围和感知能力。

遥感制图具有以下特点：

1. 制图区域覆盖范围广

从航天或航空飞行器所获得的遥感图像，可真实、客观地观察到制图区域的地物分布特征、规律和相关关系。遥感影像范围可以覆盖全球每一个角落，对任何国家和地区都不存在以往由于自然或社会因素所造成的制图资料空白地区。

2. 遥感影像的现势性强

卫星遥感对地观测周期性重复探测，频度高，现势性强。例如，遥感卫星 Landsat 4 和 Landsat 5 周期为99分钟，摄取宽度为185km，每天绕地14圈，覆盖周期为16天。因此，遥感数据保证了制图区域的地物特征的现势性，缩短制图周期，降低制图成本，同时，也是动态分析制图的重要手段。

3. 遥感数据信息丰富

遥感数据提供了制图区域多时相、多波段、多比例尺、多种精度的制图信息，从可见光到微波的各个波段信息可以被解译成各种专题内容，多时相数据可以记录不同时段的区域地物特征，因此，遥感数据具有信息丰富、内容全面的特点，同时，多比例尺的遥感数据也改变了以往数字制图的地图缩编的模式，加快了多尺度地图更新的速度。

二、遥感影像的地图应用

遥感影像空间分辨率的提高，遥感影像获取手段的多样化，为各类地图的编制提供了快速、精确、丰富的地理信息源。由于遥感影像具有覆盖面积广、现势性强、综合性好等特点，极大地减少了数据获取时间，缩短成图周期，在地图中的应用广泛，利用遥感影像编制地图越来越成为一种重要的手段和方法。遥感影像数据在地图中的应用主要有以下几个方面：

1. 影像地图制作

影像地图是一种带有地面遥感影像的地图，是利用航空像片或卫星遥感影像，通过几何纠正、投影变换和比例尺归化，运用一定的地图符号、注记，直接反映制图对象地理特征及空间分布的地图。影像地图是具有影像内容、线划要素、数学基础、图廓整饰的地图。

影像地图按其内容可以分为普通影像地图和专题影像地图两类。影像是传输空间地理信息的主体，从影像上容易识别的地物不用符号表示，直接由影像显示；只有那些影像不能显示或识别有困难的内容，在必要的情况下以符号或注记的方式予以表示。和普通线划地图相比，影像地图具有鲜明的特点：一是图面内容主体由影像构成，以丰富的影像细节去表现区域的地理外貌，比单纯使用线划的地图信息量丰富，真实直观、生动形象，富于表现力。二是在影像上叠加了一定的矢量要素，表示影像无法显示或难以定量的要素，用简单的线划符号和注记表示影像无法显示或需要计算的地物，弥补了单纯用影像表现地物的不足，因而减少了制图工作量，缩短了地图的成图周期。一般在影像上叠加交通网、境界线、行政驻地名称、重要地名、水系名称、道路名称、山峰名称和旅游景点等。

2. 专题地图制作

遥感影像图像中蕴含着丰富的综合性空间信息，不同领域可以根据各自具体的要求对遥感影像进行分析和解译，提取出所需要的专题信息，编制出多种专题地图。

1）土地利用图

通过图像处理系统可以划分出 18~20 种以上的、小于 $0.02km^2$ 的土地类型，并提供一系列的影像镶嵌图，作为判断选择填绘的底图。2007 年，第二次全国土地调查，对于全面查清全国土地利用状况，掌握真实的土地基础数据，满足经济社会发展、土地宏观调查和国土资源的管理有着极其重要的意义。本次调查中，遥感技术为地理信息系统提供了可靠的数据源，GNSS 卫星定位系统在外业调查中获取更新数据，而地理信息系统则对 GNSS 获取的数据和遥感提供的数据源进行了详细的信息分析与应用。

2）地质图

通过对岩石类型划分和地质特征的识别，编制地质图和地质构造图，能清楚地反映某一区域的地质构造特点，而且也为找矿提供线索。

3）植被类型图

采用图像增强技术和数字图像处理方法自动编制植被图，准确而又详细地区分植被类型。

4) 应急保障地图

利用遥感影像数据和地理信息数据，综合制作应急保障地图。例如，在2015年的天津滨海新区爆炸事故中，资源卫星中心启动应急机制，先后安排高分二号和资源三号卫星对该区域进行应急观测，获取了重要的数据，并结合地理信息数据制作应急地图。对于事故的影响范围、影响程度和发展趋势，为环保部、国家海洋局等相关部委进行灾情评估和救援指挥提供了一手资料。

5) 生态环境制图

遥感技术作为目前一种先进的信息采集方式，具有信息量大、成本低和快速的特点，是生态环境监测中非常重要的技术手段。例如，对于采矿区域的生态环境进行监测和制图，可以利用不同时相的波段组合图、指数变化图和土地覆盖类型变化图来体现地表信息的变化，从而进行矿区生态环境动态监测，制作出相应的环境地图。

3. 地图更新

以往，地图更新受到动态信息获取手段和制图技术的限制，周期比较长。遥感技术的出现，特别是遥感影像的覆盖范围大，现势性强，分辨率越来越高，重复轨道周期可以缩短到 1~3 天之内，遥感影像成为用来及时修正地图内容的重要方式。根据遥感影像分辨率的高低来更新不同比例尺的地图数据。分辨率高的影像数据用来更新大比例尺地图，如城市地图中的道路、街区、居民地等内容；分辨率低的影像数据更新中小比例尺的地图，如普通地图中的水系要素、植被要素等。

利用遥感影像数据更新普通地图，已经取得很好的效果。例如，在南美沙漠和半沙漠地区，从遥感影像图发现了以往地图从未标识过的 320 个干盐湖和咸水湖，据此对原地图上已有的 86 个咸水湖及其边界做了较大的修改，并完全依据遥感影像绘制了 38 处湖泊和季节性洪水范围。又如，在遥感影像上也发现了我国地图上，在西藏申扎地区遗漏的 $80km^2$、$32km^2$ 和 $16km^2$ 的三大湖泊。我国在西部测图工程中，对于无人区或无法人工测量的地区采用高分辨率卫星影像数据进行 1:5 万比例尺地形图测绘和更新。

三、遥感影像地图的制作过程

影像地图制作，是指采用计算机图像处理技术对遥感影像数据进行处理，通过几何纠正、投影变换和比例尺归化，重点表现各种专题信息，叠加矢量线划要素，添加注记，整饰输出直接反映制图对象地理特征及空间分布的地图。影像地图中自然地理要素和易于识别的地物以影像直接表达，如水系、地貌、森林、植被、街区、居民地、道路网等；影像无法显示或不易识别的地物，则用符号或注记表示，如境界线、高程点、特征地物、地名以及各种地物名称注记等。

遥感影像制图的基本过程如图9-17所示。

1. 遥感图像信息的选择

根据影像地图的用途、精度等要求，尽可能选取制图区域时相最合适、波段最理想的数字遥感图像作为制图的基础资料。基础资料是航空像片或影像胶片时，还需要经过数字化处理。

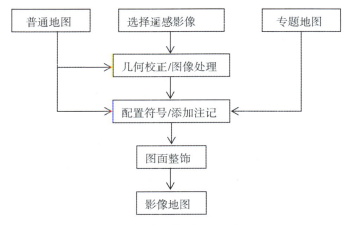

图 9-17 遥感影像制图的基本过程

(1) 波段的选择：地面不同物体在不同光谱段上有不同的吸收、反射特性。

同一类型的物体在不同波段的图像上，不仅影像灰度有较大差别，而且影像的形状也有差异。多光谱成像技术就是根据这个原理，使不同地物的反射光谱特性能够明显地表现在不同波段的图像上。因此，根据不同的解译对像，选择不同的波谱图像，是区分和识别地物的有效手段。除考虑遥感图像的单波段的分析运用外，在多数情况下是通过合成影像进行判读分析的。因此，如何确定不同波段的最佳组合方式，是获得理想判读结果的重要途径。比如，利用 MSS 图像编制土地利用图，通常采用 MSS4、5、7 波段的合成图像；若进一步区分林、灌、草，可选 MSS5、6、7 波段的组合图像。又如，利用 TM 图像编制辽河三角洲芦苇资源图时，则以 TM3、4、5 波段的合成图像的信息量最丰富，分辨率最高。

(2) 时相的选择：遥感图像的成像季节直接影响专题内容的解译质量。

若进行地质地貌专题内容的制图，应以选择秋末冬初或冬末春初的图像为最佳，因为这个时段的地面覆盖少，利于地质地貌内在规律和分布特征的显示。若进行土地利用和土地覆盖方面的制图，最好选择利于各种植被判读的最佳时相。例如，"三北" 防护林的遥感调查与制图，以选择林木已经枝繁叶茂，但农作物及草本植被尚未覆盖地面的五月末的时相为最理想；判读北方的小麦，以五月份的彩红外片表现最明显，因为此时的小麦长势最好；对海滨地区的芦苇判读并计算面积，则以五六月间的图像较好；编制盐碱土分布就需要掌握盐渍化地区的泛碱现象的季节规律性，如黄淮海地区以选择三四月卫片进行判读比较适宜。总之，遥感图像的时相选择，既要根据地物本身的属性特点，同时也要考虑同一种地物的不同区域间的差异。因为遥感图像的影像特征有非常明显的地方性，因此在选择时相时必须二者兼顾。

2. 遥感影像的几何纠正与图像处理

几何纠正与图像处理的方法可参阅遥感图像处理教程，在此就不进行讲述，这里需要注意的是，制作遥感影像地图时，更多的是以应用为目的，注重图像处理的视觉效果，而并不一定是解译效果。

1）图像预处理

人造卫星在运行过程中，由于侧滚、仰俯的飞行姿态和飞行轨道、飞行高度的变化以及传感器光学系统本身的误差等因素的影响，常常会引起卫星遥感图像的几何畸变。因此，在专题地图制图之前，必须对遥感图像进行预处理。预处理包括粗处理和精处理两种类型。粗处理是为了消除传感器本身及外部因素的综合影响所引起的各种系统误差而进行的处理。它是将地面站接收的原始图像数据，根据事先存入计算机的相应条件而进行纠正，并通过专用的坐标计算程序加绘了图像的地理坐标，制成表现为正射投影性质的粗制产品-图像软片和高密度磁带。精处理的目的在于进一步提高卫星遥感图像的几何精度。其做法是利用地面控制点精确校正经过粗处理后的图像面积和几何位置误差，将图像拟合或转换成一种正规的符合某种地图投影要求的精密软片和高密度磁带。目前，在精处理过程中，也常常在图像上加绘控制点、行政区划界限等对后续解译工作起控制作用的要素。

2）图像增强处理

为了扩大地物波谱的亮度差别，使地物轮廓分明、易于区分和识别，以充分挖掘遥感图像中所蕴含的信息，必须进行图像的增强处理。图像增强处理的方法主要有光学增强处理和数字图像增强处理两种。图像光学增强处理的目的在于人为地加大图像的密度差。常用的方法有假彩色合成、等密度分割和图像相关掩膜等。

数字图像增强处理是借助计算机来加大图像的密度差。主要方法有彩色增强、反差增强、滤波增强和比值增强等。数字图像增强处理具有快速准确、操作灵活、功能齐全等特点，是目前广泛使用的一种处理方法。

3）图像解译

解译的基本过程包括利用各种解译标志，根据相关理论和知识经验，在遥感图像上识别、分析地物或现象，揭示其性质、运动状态及成因联系，并编制有关图件等一系列的工作过程。从数据类型来看，数字遥感图像是标准的栅格数据结构，因此，遥感图像的解译实际上是把栅格形式的遥感数据转化成矢量数据的过程。图像解译的主要方法有目视解译和计算机解译两种。

（1）目视解译：

专业技术人员通过直接观察或借助一定的简单判读工具，通过观察和分析图像的影像特征和差异，在遥感图像上识别并获取信息的解译方法。目前，遥感制图已经全面实现了数字化操作，目视解译主要采用数字环境下的人机交互式图像解译，以数字遥感图像为信息源，以目视解译为主要方法并充分利用专业图像处理软件实现对图像的各种操作（如缩放、旋转、平移、反差增强等）。

（2）计算机解译：

以计算机系统为支撑环境，利用模式识别技术与人工智能技术，根据遥感图像中地物目标的各种影像特征，结合专家知识库中目标物的成像规律和解译经验，实现对图像的自动识别和分类，从而提取专题信息的方法，来进行分析、推理的解译方式。目前，主要通过 ERDAS、ER Mapper、PCI 等图像处理软件进行遥感图像解译。解译得到的栅格数据，可以转换成矢量数据，以备进一步的处理使用。

计算机解译能克服肉眼分辨率的局限性，提高解译速度，而且随着技术的日趋成熟，它还能从根本上提高解译的精度。面对海量遥感数据，深入研究图像的自动解译，对地理信息系统和数字地球的建设具有重要的意义。目前，各种类型的图像处理软件都不同程度地提供了计算机自动识别与分类的强大功能，一些部门和单位利用遥感图像处理软件试验或编制专题地图，建立专题数据库。然而，由于受遥感成像机理复杂性等多种因素的综合影响，计算机自动识别和分类方法在生产实践中，还不可能替代目视解译方法，目视解译仍然是图像解译的主流方法。

3. 遥感影像镶嵌

如果一景遥感影像不能覆盖全部制图区域，就需要多景遥感影像镶嵌。目前，大多数 GIS 软件和遥感影像处理软件都具有该功能。镶嵌时，要使影像的投影相同，比例尺一致，并且图像彼此间的时相要尽可能保持一致。

4. 符号注记层的生成

符号和注记是影像地图必不可少的内容。但在遥感影像上，以符号和注记的形式标绘地理要素与将地形图上的地理要素叠加在影像上是完全不同的两个概念。影像地图上的地图符号是在屏幕上参考地形图上的同名点进行的影像符号化，生成符号注记层，即在栅格图像上用鼠标输入的矢量图形。目前，大多数制图软件都具备这种功能。

5. 影像地图的图面配置

影像地图的图面配置与一般地图制图的图面配置方法相似。

6. 遥感影像地图的印刷

目前，遥感影像地图的印刷与地图数据的印刷方法相同，是将遥感地图数据文件直接送入电子地图出版系统，影像地图数字制版再印刷或直接数字印刷成遥感影像地图（图 9-18）。

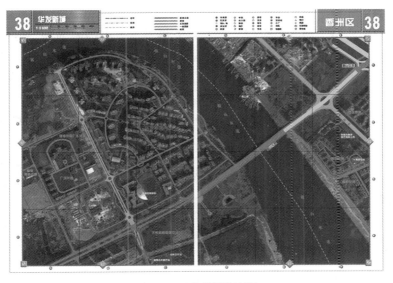

图 9-18　遥感影像地图

第六节 电子地图

电子地图是 20 世纪 80 年代以后利用数字地图制图技术而形成的地图新品种。电子地图是数字地图在计算机屏幕上符号化的地图，它是以数字地图为基础，并以多种媒体显示地图数据的可视化产品。电子地图可以存放在数字存储介质上，如硬盘、CD-ROM、DVD-ROM 等。电子地图可以显示在计算机屏幕上，内容是动态的，可交互式地操作，也可以随时打印输出到纸张上。电子地图均带有操作界面。电子地图一般与数据库连接，能做查询、统计分析和空间分析。电子地图涉及数字地图制图技术、地理信息系统、虚拟现实技术、计算机图形学、多媒体技术和计算机网络技术等现代高新技术。它的图形数据往往是矢量和栅格混合使用，表达多维地图信息。

随着信息科学和计算机技术的发展，尤其是 PC 机功能的大幅度提高，图形设备的快速发展和更新，电子地图得到了迅速的运用和普及。目前，国内外已有一定数量的电子地图（集）投放市场，如《世界数字地图集》《加拿大电子地图集》，中国科学院地理研究所制作的《京津唐生态环境地图集》，武汉大学制作的《深圳电子图集》等。

一、电子地图的特点

电子地图与纸质地图相比有许多新的特点，扩充了地图的表现领域和功能，主要表现在以下几个方面：

1. 动态性

纸质地图一旦印刷出来即固定成型，不再变化。电子地图则是使用者在不断与计算机的对话过程中动态生成出来的，使用者可以指定地图显示范围，自由组织地图上要素的种类和个数。因此，在使用上电子地图比纸质地图更灵活。

电子地图具有实时、动态地表现空间信息的能力。电子地图的动态性表现在两个方面：一是用时间维的动画地图来反映事物随时间变化的动态过程，并通过对动态过程的分析来反映事物发展变化的趋势，如城市区域范围的沿革和变化、植被范围的动态变化、水系的水域面积变化等；二是利用闪烁、渐变、动画等虚拟动态显示技术来表示没有时间维的静态现象以吸引读者，如通过符号的跳动闪烁突出反映感兴趣的地物空间定位。

2. 交互性

电子地图的数据存储与数据显示相分离，地图的存储是基于一定的数据结构以数字化的形式存在的。因此，当数字化数据进行可视化显示时，地图用户可以指定地图显示范围，对显示内容及显示方式进行干预，如选择地图符号和颜色，将制图过程和读图过程在交互中融为一体。不同的读者由于使用电子地图的目的不同，在同样的电子地图系统中会得到不同的结果。

3. 无级缩放

纸质地图都具有一定的比例尺，一张地图的比例尺是一成不变的。电子地图可以任意无级缩放和开窗显示，以满足应用的需求。

4. 无缝接拼

电子地图能容纳一个地区可能需要的所有地图图幅，不需要进行地图分幅，所以是无缝拼接的，利用漫游和平移可阅读整个地区的大地图。

5. 多尺度显示

由计算机按照预先设计好的模式，动态调整好地图载负量。比例尺越小，显示地图信息越概略；比例尺越大，显示地图信息越详细，使得屏幕上显示的地图保持适当的载负量，以保证地图的易读性。

6. 地理信息多维化表示

电子地图可以直接生成三维立体影像，并可对三维地图进行拉近、推远、三维慢游及绕 XYZ 三个轴方向的旋转，还能在地形三维影像上叠加遥感图像，能逼真地再现地面情况。此外，运用计算机动画技术，还可产生飞行地图和演进地图，飞行地图能按一定高度和路线观测三维图像，演进地图能够连续显示事物的演变过程。

7. 超媒体集成

电子地图以地图为主体结构，将图像、图表、文字、声音、视频、动画作为主体的补充融入电子地图中，通过各种媒体的互补，地图信息的缺陷可得到弥补。电子地图除了能用地图符号反映地物的属性，还能配合外挂数据库来使用和查询地物的属性。

8. 共享性

数字化使信息容易复制、传播和共享。电子地图能够大量无损失复制，并且通过计算机网络传播。

9. 空间分析功能

用电子地图可进行路径查询分析、量算分析和统计分析等空间分析，如最短路径分析、距离计算、面积量算和有关内容的统计分析。

二、电子地图的组成

从广义的角度而言，电子地图系统包括电子地图数据、人员、电子地图硬件系统、电子地图软件系统。

1. 电子地图数据

电子地图系统的操作对象是地理信息数据，它具体描述地理实体的空间特征、属性特征、时间特征和尺度特征。空间特征是指地理实体的位置及相互关系；属性特征是指实体的各方面性质；时间特征是指随着时间而发生的相关变化；尺度特征是指实体随着比例尺的变化，选择性表达要素的特点。根据地理实体的空间图形表示形式，可将空间数据抽象为点、线和面三类元素，它们的数据表达可以采用矢量或者栅格两种组织形式，分别称为矢量数据和栅格数据。

2. 人员

人员包括系统开发维护人员和操作电子地图的最终用户，他们的业务素质和专业知识是电子地图及其应用成败的关键。

3. 电子地图硬件系统

电子地图的硬件系统包括计算机、数据输入设备如扫描仪、GNSS 数据采集设备等，电子地图输出设备，如投影仪、打印机、绘图仪、光盘刻录机等。

4. 电子地图软件系统

计算机的系统软件包括操作系统软件、数据库管理系统软件和数据通信系统软件。

电子地图软件的组成及功能包括数据集成功能、检索查询功能、数据更新功能、输出功能。

三、电子地图的设计

电子地图的用途不同，所反映的地理信息也有差异；具备地图资料的差异和所使用工具的不同，这些都会影响电子地图的设计；但电子地图的设计仍然应遵循一些原则。电子地图设计的基本原则是内容的科学性，界面的直观性、地图的美观性和使用的方便性。电子地图的设计既要遵循一些共同的原则，又要充分考虑自身的特点。因此，电子地图应重点从界面设计、图层设计、符号设计、色彩设计和表示方法设计等方面来考虑。

1. 电子地图设计过程

1）确定电子地图的用途和要求

电子地图的用途是地图设计的起点，它是确定电子地图的总体结构设计的依据，从电子地图的数据模型及数据建库、数据结构与数据组织到符号设计、色彩设计、表示方法设计等各方面都要受到电子地图用途的影响。

2）电子地图的总体结构设计

根据电子地图的用途和要求，对电子地图的片头、封面、图组、主图、图幅、插图、片尾的总体结构进行设计，还要对电子地图数据的逻辑组织结构、电子地图的页面结构、界面和图层进行设计。

3）电子地图的工艺方案设计

电子地图工艺方案主要根据多媒体数据准备情况和软件环境等进行设计，主要包括多媒体数据准备、数据处理、系统集成、系统调试与发行等阶段。

4）电子地图的数据建库设计

电子地图的数据模型是针对地图所关注的主题要求，对客观地理世界的事物进行抽象和概况而建立的，其数据模型的设计要经过从现实世界到信息，再到数据的逐步设计过程。电子地图的数据库将根据这个数据模型构建。电子地图具有严密的数据组织和逻辑结构体系，以及丰富的信息资源，以保证电子地图的科学性与艺术性。需要对电子地图的数据结构与数据组织方式进行设计。

5）电子地图的表示方法设计

根据电子地图的用途和多媒体数据准备情况，针对电子地图的内容，设计表示方法和相应的符号，通常伴随电子地图的彩色设计、注记设计。

2. 总体设计

根据电子地图的用途和要求，对电子地图的片头、封面、图组、主图、图幅、插图、片尾的总体结构进行设计。通常根据地图内容划分图组，采用图组来组织数据，每个图组对应着一个专题内容。图组分别又是由许多不同专题的图幅构成，每个图幅可以根据同一专题的多个侧面来划分，图幅可以连接多幅插图来增强表现力和内容的丰富性，插图与图幅、插图与插图之间也可以进行循环链接，图幅和插图上都可以设置点、线、面不同几何属性的多个激活区域来连接多媒体数据库。电子地图的页面一般由图形、图像、文字、音频和视频组成，图形结构为：图幅、图层、复合目标和目标，图像结构为：全图、像元组和像元，文字结构为：篇章、段落、字符串和字符。总体设计还包括界面设计、图层设计。

1) 界面设计

界面是电子地图的外表，一个专业、友好、美观的界面对电子地图是非常重要的。界面友好主要体现在其容易使用、美观和个性化的设计上。界面设计（图9-19）应尽可能简单明了，如果用图者在操作地图界面时感到困难或难以掌握，他就对该图失去兴趣。可以增加操作提示以帮助用户尽快掌握地图的基本操作，也可以通过智能提示的方式将操作步骤简化。

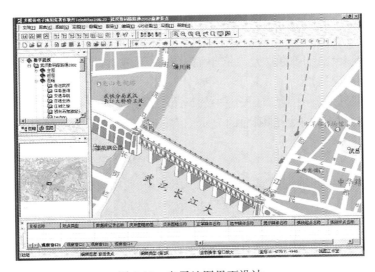

图9-19　电子地图界面设计

(1) 界面的形式设计：

用户界面主要有菜单式、命令式和表格式三种形式。菜单式界面将电子地图的功能按层次全部列于屏幕上，由用户用数字、键盘键、鼠标、光笔等选择其中某项功能执行。菜单式界面的优点是易于学习掌握，使用简单，层次清晰，不需大量的记忆，利于探索式学习使用。缺点是比较死板，只能层层深入，无法进行批处理作业。命令式界面是以几个有意义或无意义的字符调用功能模块的方式。其优点是灵活，可直接调用任何功能模块，可以组织成批处理文件，进行批处理作业。缺点是不易记，不易全面掌握，给用户带来使用困难。表格式界面是将用户的选择和需要回答的问题列于屏幕，由用户填表式回答。电子地图一般应采用菜单式界面。

(2) 界面的显示设计：

对于电子地图，应尽可能多地表示地图丰富的内容，因而，地图显示区应设计得大一些，通常整个屏幕都是地图，没有其他无关信息，其界面包括工具条、查询区、地图相关位置显示等。点击图上任意一位置，则通过与之对应的其他链接地图，来显示该位置的详细信息，以地图图形的方式向读者提供信息。

(3)界面的布局设计：

电子地图界面布局是指界面上各功能区的排列位置。一般情况下，为方便电子地图的操作，工具条宜设在地图显示区的上方或下方。图层控制栏和查询区可以设在显示区的两侧。为了让地图有较大的显示空间，可以设计隐藏工具栏，将不常用(或暂时不需要的)工具栏隐藏起来，常用(需要的)工具栏显示，这样，也可以方便读者阅读地图。

2)图层显示设计

由于电子地图的显示区域较小，如果不进行视野显示控制和内容分层显示，读者很难得到有用信息。所以在电子地图设计中，应针对不同用途的图层选择不同的视野显示范围，使有用信息得到突出显示。图层显示一般有图层控制、视野控制，以及两者结合等方式。图层控制是在界面设计时就有此功能，让读者自己决定需要显示的图层；一般来说，重要信息先显示，次要信息后显示。视野控制是通过程序控制，使某些图层在一定的视野范围内显示，即随着比例尺的放大与缩小而自动显示或关闭某些图层，以控制图面载负量，使地图图面清晰易读。

一般来说，基础地理要素如居民地中的街道、高速公路、铁路、水系、植被中的绿地等是通过视野控制的方法来控制图面的显示内容及详细程度；专题要素通过图层控制的方法让读者自己选择图层。

3. 符号设计

地图作为客观世界和地理信息的载体，主要是由地图符号(注记)来表达。地图符号(注记)设计的成功与否，对地图表示效果起着决定性的影响。计算机屏幕是发光体，人肉眼在电子地图上停留的时间相对较短，为提高地图的可读性，就必然要求地图符号醒目、简洁，可视性强。网络电子地图是在异地通过互联网传输数据(数据存储于服务器)，然后通过浏览器生成地图，供用户浏览阅读。由于中间有一个数据传输、数据整合与地图生成的过程，所以地图符号的构图应尽可能简洁，易于传输和显示。电子地图的地图显示区较小，符号(注记)设计时要充分考虑这一点。

(1)基础地理底图符号尽可能与纸质地图的符号保持一定的联系。

这种联系便于电子地图符号的设计，也有利于读者的联想。但这种联系并不否认符号设计的创造性，特别是原来就不便于数字表达和屏幕图形显示的符号，在设计时，就没有必要勉强保持这种联系。如河流用蓝色的线状符号表示，单线河用渐变线状符号表示。

(2)符号设计要遵循精确、综合、清晰和形象的原则。

精确指的是符号要能准确而真实地反映地面物体和现象的位置，即符号要有确切的定位点或定位线；综合指的是所设计的符号要能反映地面物体一定的共性；清晰指的是符号的尺寸大小及图形的细节要能在与屏幕要求的距离范围内能清晰地辨认出图形。形象指的是所设计的符号要尽可能与实地物体的外围轮廓相似，或在色彩上有一定的联系。例如，医院用"十"字符号表示；火力发电站用红色符号，水力发电站用蓝色符号表示。

(3)符号与注记的设计要体现逻辑性与协调性。

逻辑性体现在同类或相关物体的符号在形状和色彩上有一定的联系，如学校用同一形状符号表示，用不同的颜色区分大专院校与中小学校。协调性体现在注记与符号的设色尽可能一致或协调，尽量不用对比色，可用近似色，以利于将注记与符号看成一整体。

(4) 符号的尺寸要根据视距和屏幕分辨率来设计。

由于电子地图的显示区较小，符号尺寸不宜过大，否则会压盖其他要素，增加地图载负量；但如果尺寸过小，在一定的视距范围内看不清符号的细节或形状，符号的差别也就体现不出来。点状符号尺寸应保持固定，一般不随着地图比例尺的变化而改变大小。

(5) 合理利用敏感符号和敏感注记。

敏感（鼠标跟踪显示法）符号与敏感注记的使用，可以减少图面载负量，使图面更加清晰。敏感符号和敏感注记一般用于专题要素注记，但有些重要的点状符号不要使用敏感符号和敏感注记，这样才可以突出该要素。

(6) 用闪烁符号来强调重点要素。

闪烁的符号易于吸引注意力，特别重要的要素可以使用闪烁符号，但一幅图上闪烁符号不宜设计太多的闪烁符号，否则将适得其反。

另外，注记大小应保持固定，一般不随着地图比例尺的变化而改变大小。路名注记往往沿街道方向配置；如果表示了行政区，一般还要有行政区表面注记，通常用较浅的色彩表示，字体要大一些。

4. 色彩设计

地图给读者的第一感觉是色彩效果。电子地图的色彩设计主要是色彩的整体协调性。

1) 利用色彩属性来表示要素的数量和质量特征

不同类要素可采用不同的色相表示，但一幅电子地图所用的色相数一般不应该超过 5~6 种，用同一色相的饱和度和亮度来表示同类不同级别的要素，一般来说，等级数不应超过 6~8 级。

2) 符号的设色应尽量参照习惯用色

这些习惯色主要有：用蓝色表示水系，绿色表示植被、绿地，棕色表示山地，红色表示暖流，蓝色表示寒流。

3) 界面设色

电子地图的界面占据屏幕的相当一部分面积，其色彩设计要体现电子地图的整体风格。地图内容的设色以浅淡为主时，界面的设色则应以较暗的颜色，以突出地图显示区；反之，界面的设色以浅淡的颜色为主。界面中大面积设色不宜用饱和度高的色彩，小面积设色可以选用饱和度和亮度高一些的色彩，使整个界面生动起来。

4) 面状符号或背景色的设色

面状符号或背景色的设色是电子地图设色的关键，因为面状符号占据地图显示空间的大部分面积，面状符号色彩设计成功与否直接影响到整幅电子地图的总体效果。

电子地图面状符号主要包括绿地、面状水系、居民地、行政区、空地和地图背景色。绿地的用色一般都是绿色，但亮度和饱和度可不一样。面状水系用蓝色，有时还用蓝紫色。居民地和行政区的面积较大，色彩好坏对电子地图影响很大。用空地设色或加上地图背景的方法可使电子地图更加生动。

5) 点状符号和线状符号设色

点状符号和线状符号必须以较强烈的色彩表示，使它们与面状符号或背景色有清晰的对比。点状符号之间、线状符号之间的差别主要用色相的变化来表示。

6) 注记设色

注记色彩应与符号色彩有一定的联系，可以用同一色相或类似色，尽量避免对比色。敏感注记的设色可以整幅电子地图统一。在深色背景下注记的设色可浅亮些，而在浅色背景下注记的设色要深一些，以使注记与背景有足够的反差；若在深色背景下注记的设色用深色时，可以利用注记加上白边，以突出注记。

电子地图设色有两种不同的风格。一种是设色比较浅，轻淡素雅；另一种是设色浓艳，具有很强的冲击力。

5. 表示方法设计

电子地图是在计算机设计、制作并在屏幕上实时显示的，由此形成了一些特殊的表示方法。尽管电子地图显示介质的屏幕大小、屏幕分辨率、屏幕色彩、网络带宽、数据组织方式、显示技术等对电子地图表示方法有诸多限制，但是总的来说，与纸质地图相比，电子地图的表示内容更加丰富、表现形式更加多样。根据电子地图表示方法特点，可将电子地图的表示方法概括为二维图形表示方法、动态表示方法和多媒体表示方法三种。

1) 二维图形表示方法

二维图形表示方法，就是采用传统的地图二维表示方法，利用各种地图符号来表示地理信息，是电子地图基础的表示方法。电子地图的图形表示方法的特殊性：一方面电子地图的符号更加灵活多样，另一方面其设计也会受到更多的限制，如屏幕分辨率限制了地图符号的尺寸和精细程度，显示器的尺寸限制了有效的地图显示范围。因此，电子地图中的图形符号尺寸较大、形状简单，易于感知。电子地图表示内容的图形选择与搭配更加符合用户的生理和心理习惯，使用户能够迅速地理解地理信息。例如，可在电子地图中用符合人们常规阅读习惯的目录形式罗列出各个城市，便于快速查找；也可采用图形索引的方式，或者将二者结合。

电子地图的显示介质是各种屏幕，它的图形符号主要利用计算机技术实现，因此其图形表示方法受到的限制也比较多，如纸质地图中的有些特殊符号，在电子地图中绘制就比较难，如果在有限的范围内有较多的分布这种符号，表现效果比较差。电子地图中一般不要使用数字比例尺表示方法，尽量使用图解比例尺，因为图形是在动态变化，没有固定比例尺，而图解比例尺可以随着屏幕图形变化而变化。

2) 动态表示方法

二维地图的动态表示是增强电子地图吸引力的方式之一，通过闪烁、跳跃、动画产生具有连续移动的可视化效果，引起人们视觉上的注意，动态地表达事物的时态变化特征，以及物体的重要性程度、质量差异、数量分级等非时态特征。最简单的动态表示方法是闪烁符号，可采用亮度变量与时间变量的闪烁符号，也可以随鼠标动作或用户输入变化而改变符号的颜色、透明度甚至整个符号的图形，例如，随着用户鼠标的移动而改变符号的颜色。在电子地图上，动态符号一般都用于表示重点目标，或者具有特殊含义、指向其他链接和地理现象的动态变化。

三维地图的动态表示主要利用三维显示技术以及动态效果，它们都是以数据建模、动态场景生成为基础的，与动画有本质区别。三维地图的动态表示是基于计算机图形学、虚拟现实与空间数据建模技术，以虚拟现实技术为代表的三维环境建模仿真。三维地图的动态表示为用户提供了一种多角度、全方位的观察地理空间现象的方式。

动态表示还包括电子地图中各种动态效果的应用，主要体现在用户的交互操作中，主要包括页面和功能信息模块在切换时产生的动态效果，例如，通过变形、位移、加入图片等方式新奇、自然、有趣地过渡到下一页面，而且在交互中，鼠标滑过图表上方和点击产生的效果会有不同的动态效果，增加了交互过程中的趣味性和艺术性。

地图的动态表示也应包括地图内容的动态变化，主要有三个层次：一是比例尺的变化；二是针对用户的交互操作而发生的内容变化；三是同一比例尺内地图要素的改变。这三种变化不是独立、分开的，而往往是相互关联的。电子地图的多尺度表达就是典型的地图内容动态变化，即采用细节分层(1evel of detail，LOD)技术的方法，这种变化的地图内容适应于人类对空间地理环境的认知，适应于人的视觉感受，即随距离产生的分辨率变化。

3）多媒体表示方法

多媒体(图形、图像、文字、视频、音频等)技术和超媒体(媒体之间的超链接)技术在电子地图中的应用，为地图内容的表达提供了多样化的技术手段。多媒体数据目前已经能与空间数据和属性数据一体化存储，这样多媒体在电子地图中的应用更为方便。多媒体表示方法是利用音频、视频、图像、文字等多媒体信息综合表现地理空间信息，是人与计算机系统之间的交互表示方法。多媒体表示方法将地理信息与其他形式的信息(统计信息等)相结合，并且将它们以自然的形式来表达，整合了空间数据和非空间数据。多媒体表示方法扩展了用户的感知通道，使地理空间信息可视化更为直观、生动。

多媒体表示方法本质上是一种多维信息表示方法，在这种表示方法中，图形不是单独的构件，必须与文本、视频、音频或者动画相结合，是一种综合集成表示方法。

多媒体表示方法是人与计算机系统之间的交互表示方法，因此交互性是其重要特点。用户能够控制地图的一些元素，并在必要的时候进行交互，同时系统会按照用户的要求做出回应，即用户可以看到自己交互的结果，这一过程也可以看作是用户行为的可视化。这种交互探究有利于视觉思维，能够帮助用户深刻理解空间信息。

电子地图的制作和显示依托于计算机技术，因此，其表现形式更加多样化、生动化。电子地图不仅可以采用与传统纸质地图相同的表示方法，还可以采用三维、动态等更加灵活的表示方法。计算机的计算能力还可以和人的认知能力形成互补，帮助用户更快地找到目标，从而促进读者对地图信息的理解，提高地图的实用性。

许多电子地图都采用矢量和影像两种模式的多尺度显示，二维和三维、静态与动态相结合的显示方式，同时提供各种查询、标注等功能工具，利于人工交互，方便用户标示。这些表示方法的运用使电子地图更为生动形象，提高了地图的可读性，满足不同人们的需求。

四、电子地图的功能与应用

1. 地图构建功能

由于电子地图有很好的交互性,不仅允许用户根据自己的需要和设计方案选择或调整地图显示范围、比例尺、颜色、图里和图式等,而且提供了更新或再版地图内容的技术和方法,能自动生成所需的多媒体电子地图和专题地图。系统提供了强有力的地图数据输入、编辑和输出功能,确保及时地更新数据,保持电子地图的现势性,并为再版电子地图创造了十分便捷的制图环境。

2. 检索和查询功能

根据用户需求检索相关的图形、数据和属性信息,并以多媒体、图形、表格和文字报告的形式提供查询结果。

3. 显示和读图功能

显示和读图功能包括显示、闪烁、变色、开窗、对比等功能,能对地图内容进行放大、缩小和漫游。

4. 数据的统计、分析和处理功能

数据的统计、分析和处理功能包括对相关内容进行汇总统计,打印直方图,并可以进行距离计算、多边形面积量算,最短距离分析和缓冲区分析等功能。

5. 地图输出功能

地图输出功能是指将屏幕上的内容或计算机中的数据输出到纸张或直接制版印刷。

6. 辅助功能

必要时通过配置一些图例和附图来提高电子地图的可阅读性。

第七节 数字地图新类型

一、网络地图

网络地图是随着互联网的发展,利用计算机技术、网络通信技术,以数据库方式存储地理信息数据,基于互联网发布的电子地图,具有传统单机版电子地图的浏览、显示、检索等功能,并能通过链接的方式同文字、图片、视频、音频、动画等多种媒体信息相连,通过对网络电子地图数据库的访问,实现查询和空间分析功能。它不仅具有单机版电子地图的许多优点,而且具有获取不受地域限制、现势性强、信息量大的优势。

网络地图发展较早,基本实现了二维电子地图和影像图,绝大部分地图支持二次开发。在这些地图中,Google 地图发展较早,产品较成熟,还可以提供街景地图和室内地图;天地图产品种类非常齐全,综合了国内测绘地理信息部门的数据,为公众提供数据服务。百度地图、高德地图、搜狗地图应用也非常广泛。这得益于网络的广泛普及和网络地图服务软件体系的成熟。

1. 网络地图的特点

网络地图除了具有电子地图的特点外,还有以下优势:

1)超地域性

网络电子地图系统是基于互联网的电子地图,用户访问不受地域限制,可为全球国际互联网用户提供地图服务。

2)现势性强

传统的纸质地图更新周期长,费用高,在现势性方面不能很好地满足使用者的需要;光盘版电子地图一经发行,所有内容就固定不变了,其现势性必定会随着时间的推移不断降低。而网络电子地图可以通过实时更新地图数据库,保证地图网站发布的地图的现势性。

3)信息容量巨大

网络电子地图可以通过超链接技术,与互联网上的几乎无限的信息资源相连,查询到与地图内容相关的各种信息。一些门户网站建立的网络电子地图还将综合信息与地图结合起来,使用户在查找地图的同时获得各方面的信息。

4)使用简单

网络电子地图用户可以直接从网上下载地图阅读软件以获取所需要的各种地图,而不用关心地图的开发、维护、更新和管理。网络电子地图一般包括地图操作、专题查询、统计分析和超链接网页等功能。

2. 网络地图数据处理

网络地图数据处理包括地图分级、地图瓦片规格与命名和地图表达。

1)地图分级

为了保证地图内容详细程度(载负量)与显示比例尺相适应,按照显示比例尺或地面分辨率将地图分为许多级。以天地图为例,将地图数据分为20级(表9-3)。在分级过程中,每级要素内容选取应遵循以下原则:

(1)每级地图的地图载负量与对应显示比例尺相适应的前提下,尽可能完整保留数据源的信息。

(2)下一级别的要素内容不应少于上一级别,即随着显示比例尺的不断增大,要素内容不断增多,而且上一级有的要素内容下一级必须有。

(3)要素选取时应保证跨级数据调用的平滑过渡,即相邻两级的地图载负量变化相对比较平缓。

2)地图瓦片

为了加快网络地图显示速度,按照一定的规则对一整地图切割成不同级别的系列图片。地图瓦片分块的起始点从西经180°、北纬90°开始,向东向南行列递增。瓦片大小为256×256像素,采用PNG或JPG格式。地图瓦片文件数据按树状结构进行组织和命名。

表9-3　　　　　　　　　　　　　网络地图分级

级别	地面分辨率(m/像素)	显示比例尺	数据源比例尺
1	78 271.517 0	1∶295 829 355.45	1∶100万
2	39 135.758 5	1∶147 914 677.73	1∶100万

续表

级别	地面分辨率(m/像素)	显示比例尺	数据源比例尺
3	19 567.879 2	1：73 957 338.86	1：100 万
4	9 783.939 6	1：36 978 669.43	1：100 万
5	4 891.969 8	1：18 489 334.72	1：100 万
6	2 445.984 9	1：9 244 667.36	1：100 万
7	1 222.992 5	1：4 622 333.68	1：100 万
8	611.496 2	1：2 311 166.84	1：100 万
9	305.748 1	1：1 155 583.42	1：100 万
10	152.847 1	1：577 791.71	1：100 万
11	76.437 0	1：288 895.85	1：25 万
12	38.218 5	1：144 447.93	1：25 万
13	19.109 3	1：72 223.96	1：5 万
14	9.554 6	1：36 111.98	1：5 万
15	4.777 3	1：18 055.99	1：1 万
16	2.388 7	1：9 028.00	1：1 万
17	1.194 3	1：4 514.00	1：5 000 或 1：1 万
18	0.597 2	1：2 257.00	1：1 000 或 1：2 000
19	0.298 6	1：1 128.50	1：1 000 或 1：2 000
20	0.149 3	1：564.25	1：500 或 1：1 000

3）地图表达

不同显示比例下符号与注记的规格、颜色和样式，配图应按《电子地图规范》进行。地图数据生产中，如有《地理信息公共服务平台电子地图数据规范》未涵盖的要素，可扩展符号或注记，但样式风格应协调一致。

3. 网络地图制作

当前的网络地图大多以门户网站、服务接口两种方式向各类用户提供地理信息在线服务，开发的方式基本采用底层开发或者二次开发模式。门户网站是普通用户使用各类服务的入口，向用户提供地图浏览、地名查找、路径规划、地址定位、空间查询、地名标绘、在线制图、元数据查询、数据下载等服务，以及使用帮助信息，如各类服务的接口规范、应用程序编程接口（API）文本以及开发模板、代码片段和相关技术文档资料。服务接口是各类服务的开放式访问接口，面向各类应用开发人员，确保他们利用接口可以调用各类服务资源与基本功能，从而实现增值开发，满足多样化的应用需求。网络地图基本服务框架如图9-20所示。

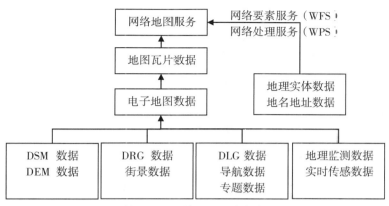

图 9-20　网络地图服务框架

4. 网络地图的功能与应用

网络地图具有以下功能：

1）地图搜索与空间分析

可实现地理信息数据的二维、三维浏览，地名搜索与定位，距离与面积量算，信息叠加，路径分析，区域分析，空间统计，POI 标注和屏幕截图打印等。能够通过名称、地址、门牌号等多种方式查找到街道、建筑物等所在的地理位置，并以醒目符号突出显示查询的地物。可以进行范围查询，如查询附近的饭店、银行、邮局、加油站等信息。

2）线路规划

提供驾车路线规划、公交路线查询等信息服务，可在任意两点间进行线路规划，列出公交、自驾、步行等多种交通方案，并将路线在地图上展现出来，是日常出行的最佳助手。

3）驾驶导航

规划出的自驾线路，借助于 GNSS 模块，可以用于汽车导航，不但能够实时显示线路的导引信息，而且可以通过语音播报的方式提醒驾驶人员。

4）生活资讯服务

地图是互联网上生活资讯服务的重要入口。2010 年 10 月 21 日，原国家测绘地理信息局宣布我国自主的互联网地图服务网站"天地图"正式开通，为公众提供权威、可信、统一的地理信息服务，导航、交通、旅游、餐饮、宾馆酒店等商业地图网站通过授权后，可自由调用相关地理信息服务资源，进行专题信息加载、增值服务功能开发，从而可大大节省地理信息采集更新维护所需的成本。从 2012 年开始，百度地图就策划从位置搜索转型生活搜索，并于 2013 年宣布地图永久向公众免费，以进一步提升用户数和产品黏性（图 9-21）。搜狗地图里的"商店"则包含团购、优惠打折、餐饮美食、汽车服务、购物逛街、金融银行、娱乐健身、生活便利以及房地产分类信息等多种生活资讯。

5）标记功能

标记功能即可以自由地将各种信息直接标注在地图上，并对这些标注进行管理和编辑。图层选择，专业的分类，各类设施能按用户的需求一一展现，并可以自己控制地图上

第九章　数字地图制图的技术与方法

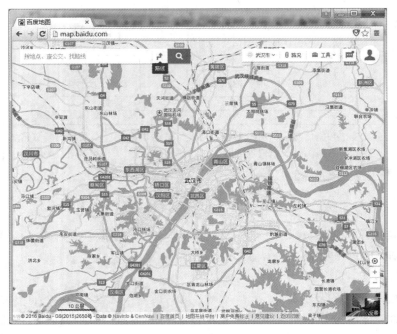

图 9-21　百度网络电子地图

显示的 POI(兴趣点)类别。

在网络电子地图上表示某新闻发生地点,同时以多媒体手段表达新闻内容,实现了空间信息与属性信息的关联与互查。尤其是网络电子地图融入超媒体技术后,通过链接可以很方便地实现地图目标与相关网页的信息查询,增加了地图目标的信息量。通过热点(兴趣点,它是空间位置、属性和多媒体特征的最佳结合点,是搭建空间数据库与属性数据库之间的桥梁),用户可以查询与热点相关的多媒体信息,包括图片、文字资料,甚至是当地的三维景观。地图,图中设立重要路段的热点,点击后会链接当时路段的照片,为用户提供实时信息。

6)分享与收藏

在地图浏览时可以进行分享和收藏。

二、导航电子地图

导航电子地图是一种用在导航系统中为各种运载体提供目标位置、方位、导航信息和其他辅助信息的电子地图。导航电子地图是导航系统的核心和灵魂,是针对位置服务、智能交通应用而建立的有统一技术标准的地理数据库,主要内容包括以道路网络为骨架的地理框架信息、叠加于其上的社会经济信息以及静、动态交通信息,也就是按照特定的数据模型将基础地理信息、道路交通信息、POI 信息、自动引导信息等多源信息有机集成在一起。导航电子地图是在电子地图的基础上增加了很多与车辆、行人相关的信息,如立交桥形状、交通限制、过街天桥、道路相关属性及出入口信息等,结合这些信息,通过特定的理论算法,能够用于计算起点与目的地间路径并提供实时引导的数字化地图。

导航电子地图可实现地图连续无极缩放,跨区域无缝漫游,保持行进方向的地图显示模式;提供多种查询方式帮助用户查找目的地或搜索周边范围内的停车场、加油站、ATM 机等兴趣点(POI);按距离优先、时间优先等规划出不同路线,智能调整路线。

导航电子地图具有严格的数据模型描述,普通的电子地图着重于存储现实世界中存在的地理特征,而导航电子地图不但需要存储这样的地理特征,还需要存储和该特征相关的交通属性,以及实体和实体间的交通关系。因此,导航电子地图不同于普通的电子地图,它具有数据更严格、处理更复杂、真实反映现实世界交通特征的特点,需要高效的、自动化的计算机系统支持。

1. 导航电子地图的特点

导航电子地图在使用和操作方面,类似于电子地图和网络电子地图,都具有交互性、动态性、信息容量大、操作简单等特点(图 9-22)。此外,导航电子地图主要是为导航定位服务,它在精度、内容完备性、现势性、信息显示、数据组织结构、检索查询方面有自身的特点。导航电子地图还应具有界面友好、操作便捷的特点。

1)面向导航

导航电子地图主要为人们出行导航服务,在功能上趋于专业化,显示上趋于简洁化。功能设计主要考虑的是如何方便用户输入目的地、规划路线、信息引导等,在内容显示上更多地侧重于和车辆、道路相关的信息,如加油站、收费站、道路的交通信息等。含有能够查询目的地信息,导航电子地图记录了大量的目的地信息和坐标,为用户提供目的地检索及路径计算依据。存有大量能够用于引导的交通信息,数据中必须记录实地的交通限制,这样才能计算出与实地相符的路径用于引导。导航电子地图数据,主要是在基础地理数据的基础上经过加工处理生成的面向导航应用的基础地理数据集,主要包括道路数据、POI 数据、背景数据、行政境界数据、图形文件、语音文件等。

图 9-22 导航电子地图

2)以道路网为骨架、有严格的数据模型要求

导航电子地图着重表达道路及其属性信息,以及智能交通系统和基于位置的服务应用所需的其他相关信息,如地址系统信息、地图显示背景信息、用户所关注的公共机构及服

务信息等。主要内容是以道路网为骨架的地理框架信息，其上叠加社会经济信息以及交通信息。导航数据库是一个综合的数据集，包括空间要素的几何信息、要素的基本属性、要素的增强属性、交通导航信息等。

导航数据库数据模型在信息内容、拓扑关系描述与要素表达方法方面与一般的地理信息数据库有着重要的区别。

信息内容方面，导航电子地图不但需要详细描述构成道路网本身的各类要素，如行车路线、道路交叉口、立交桥等，还需要以道路网为骨架集成地表达与交通行为相关的各类空间要素，如车站、交通信号灯、各类单位及商业服务点等。尤为重要的是，导航数据库不但要描述道路网及相关空间要素的地理位置及形状，还要表达它们的空间关系及其在交通网络中的交通关系。

拓扑关系描述方面，在导航电子地图中，人们最关心的是道路网络的连通关系，即弧段与节点之间的拓扑关系。在处理公园、水面等要素的多边形时，往往并不十分关心多边形的边界，而只需要了解多边形与某些道路之间的关系。大多数情况下这些道路往往并不是围绕多边形的边界。

要素表达方面，要求导航电子地图顾及空间要素在不同使用环境中、不同综合程度下、不同抽象程度下的集成表达模型。例如，一条道路，可以用一条单线来表示，也可能需要表示为双线或多边形。又如，一个道路网络可以将小路、胡同都表达出来，也可以比较粗略地仅表示主要道路。再如，一个道路交叉口，可以详细地描述车道与交通流，也可以将其抽象为简单网络，甚至可以将其进一步抽象为一个点。

3) 数据精度高、现势性强

数据信息丰富、信息内容准确、数据现势性高是高质量导航电子地图数据的三个关键因素。导航电子地图的准确性包括精度、现势性及动态性。

不同的应用对于数据定位精度的要求是不同的。例如，一个先进驾驶辅助系统中包含车道信息、道路转弯半径、路面坡度、高程等数据，几何精度须达到 1m。对于车辆导航系统来说，城市地区定位精度一般要求不低于 5m；乡村地区定位精度不低于 25m。无线 LBS 服务一般要求 50m(GNSS 定位)至 100m(无线蜂窝定位)的定位精度。

为了保证规划和导引的正确性，需要不断进行实地信息更新和扩大采集。由于交通信息和兴趣点(POI)的信息会随着发展不断变化，数据中记录的交通信息和 POI 信息就需要不断地进行实地的更新和扩大采集。所有的导航数据都要求现势性，即数据真实反映现实世界情况的程度。国外大的导航数据生产公司一般是以每年 4 次或更高的频率来更新导航数据产品，以保证数据的现势性。

现实世界中的交通情况随时都在变化，因而动态交通信息对于导航及交通管理也是非常重要的。目前有些先进国家已经建立通过无线系统发送动态交通信息的网络。

2. 导航电子地图表示方法设计

导航电子地图的表示方式要实时地适应用户不断变化的要求、情绪因素、认知容量和活动环境。

1) 特殊屏幕的表示方法设计

导航电子地图的屏幕比较小，在有限的屏幕内充分表现地理信息，可利用符号设计、减少地图载负量及其他技术手段来适应这种屏幕。

导航电子地图会采用简洁的地图符号，它们具有结构简单、色彩明快、数据量小的特点，地图符号的快速可读性比较强。导航地图使用的视觉环境不固定，地图符号的设计应当比一般地图的标准尺寸更大，能够让用户快速发现自己需要的信息。

导航电子地图采用高度综合的表示方法，内容选取得少，图形的综合程度较高，以解决小尺寸屏幕导致地图载负量降低的问题。导航电子地图的表示内容包括交通、居民地符号等。通常，一个简略化的背景加上几个兴趣点比一幅有最大允许视觉载负量的地图更适合导航用户的短期记忆容量。采用一些技术手段也能解决小屏幕的显示问题，如 LOD、自适应缩放技术和鱼眼技术等。

导航电子地图的屏幕方向可随时改变，不同的屏幕显示方向要求有相应的界面布局，改变屏幕显示方向时，图形要素和界面布局不能是简单地转换方向，一般保持在运动正前方。

2）认知习惯和个性化特点的表示方法设计

导航电子地图的移动内在特点常常需要个性化的地图表示方法设计。导航电子地图在设计阶段就对目标用户群进行了详细的分类，而不同的用户群具有不同的行为模式，需要采用灵活多样的表示方法，以满足用户的不同需求。例如，白天和夜晚显示模式，图动和车动模式。可在设备中预设好用户行为模式，这样既可以快速地得到与用户所处的环境、兴趣、知识和技术水平相当的空间信息，又易于将这些信息以用户习惯的认知方式表现出来，如语音提示法、影像法、放大局部表示方法等。

3）导航认知环境的表示方法设计

移动性带来了导航电子地图复杂的认知环境，用户需要同时应对多种信息，不仅包括媒介提供的各种信息，还要面对瞬息万变的实地环境。在移动环境中，用户的注意力很少集中在系统或系统的界面上，而更多地集中在与外界环境的交互。在导航地图中，应当充分发挥计算机环境和网络服务的作用，帮助用户分担一部分认知任务，并使用较少交互操作的自适应表示方法来降低用户的认知负担，尽量缩短用户获得空间信息的时间。可通过连接位置、周围环境、用户模型等信息来预测用户需求信息，及时调整地图显示内容，以降低系统对用户的注意力需求。设计的指南针将地图按照用户的方位实时旋转，帮助用户辨别东南西北。

3. 导航电子地图的功能与应用

通过触摸显示屏或者遥控器进行交互操作，导航电子地图能够实现实时定位、目的地检索、路线规划、画面和语音引导等功能，帮助驾驶者准确、快捷地到达目的地。导航电子地图的功能包括地图匹配、路径规划、路径导引、地图查询等功能。

地图匹配是把测量到的或从定位模块获取到的位置（轨迹）与地图数据库所提供的基于地图的位置（路径）进行匹配来确定车辆在地图上位置的一种方法。

路径规划是指规划到目的地的行驶路线的过程，这个过程是根据导航电子地图数据，如果可能的话再加上从无线通信网络收到的实时交通信息来实现的。一般可以分为距离最短规划、高等级道路优先规划等多种规划模式。

路径引导是引导驾驶员按照路径规划出的线路行驶的过程，导引信息可以存储在终端设备上，也可以依据行车路线由软件自动生成。

地图查询是指对地图上面的地物(POI 兴趣点)查询过程。查询方式一般分成按照分类查询、首字母查询和模糊查询等多种方式。

导航电子地图应用领域非常广泛，所有汽车及消费电子设备都可以成为导航地图应用的载体。汽车成为导航地图应用的载体；在消费电子领域，从专业的 PND 设备到 GPS 手机、数码相机、PSP 等都可以运用导航电子地图进行导航应用，通过消费电子导航设备能够为乘用车拥有者提供便捷的导航服务；通过基于移动通信技术的 LBS 服务，导航电子地图能够为手机用户提供在线导航及位置服务。全球互联网市场也为导航地图在互联网上的应用提供了广阔的发展空间。

三、实景三维地图

实景三维地图是通过虚拟空间技术，跨越时间与空间限制，以数字模型展现虚拟现实的一种技术，它以三维的形式呈现出地球表面的各种景象和特征(图 9-23)。实景三维地图从技术角度来看，是一种基于虚拟现实技术的应用，它通过将计算机模型与真实场景结合，再通过三维可视化技术呈现出来，使用户在不出门的情况下就可以亲身体验到真实的场景和环境。在三维虚拟地理环境中，模拟真实的自然地理环境(包括地下、地面、空中)进行实景分析和建模。用户通过电脑、手机等设备利用实景三维地图可轻松地探索世界各地的城市、建筑、地形等，人们能够更加直观地了解地球上的各种地貌和人文风景。

图 9-23 实景三维地图

1. 实景三维地图的特点

实景三维地图的主要特点：

1) 真实感强

相比于传统的二维地图，实景三维地图可以把地形、建筑、植被等元素以三维形式呈现在用户面前，更加真实地反映地球表面的各种景象和特征，用户可以通过旋转、放大、缩小等手段观察这些元素，进一步直观地了解地球上的各种地貌和人文风景。

2）沉浸感好

实景三维地图通过计算机生成，可以呈现出更加逼真的场景，让人们仿佛置身于现场。这种身临其境的感觉，可以让用户更好地了解所探索的场景和环境，从而更好地规划自己的行程和活动。

3）互动性好

实景三维地图可以与用户进行互动，用户通过手势、语音、触屏等方式对数字地图进行操作，从而获取更多的信息和功能。通过实景三维地图，用户更加清晰地了解自己所在位置以及周围的地理环境，从而更加准确地进行导航、定位和交互。

2. 实景三维地图的应用

实景三维地图的应用范围非常广泛，它被应用于自然资源管理、旅游和观光、城市规划和建设、教育和科研等多个领域。

1）自然资源调查监测中的应用

实景三维地图将三维地形、专题地图层和精细三维模型数据进行整合，可以构建全要素三维可视化场景，真实展示该区域的山、林、田、湖、草、沙等风貌，实现自然资源多源数据集成到全要素三维可视化管理。

2）旅游和观光中的应用

通过实景三维地图，用户可以事先了解旅游目的地的地理环境和景点分布，提前规划行程，享受更加便利和高效的旅游服务。

3）城市规划和建设中的应用

通过实景三维地图，城市规划者可以更加清晰地了解城市的地形和地理环境，从而更加准确地进行城市规划和建设。实景三维地图在城市规划和建设领域中的应用，可以为城市规划者提供更加准确和可靠的规划依据，有利于更好地实现城市的规划和建设目标。

4）教育和科研中的应用

通过实景三维地图，学生和研究人员可以更加直观地了解地球上的各种地貌和人文风景，从而更加深入地研究地球的地理现象和规律。实景三维地图在教育和科研领域中的应用，为学生和研究人员提供更加便利和高效的学习和研究条件，从而更好地推动教育和科研事业的发展。

总之，实景三维地图运用倾斜摄影、激光点云、移动测量系统等新技术手段，地图精度可达到厘米级，集"山水林田湖草"等自然资源要素于一体，精准、真实地反映自然景观及附属物的位置信息、生态地貌，是规划一张图、水利一张图、农业一张图等各种专题地图的公共底图，通过对各专题信息时空化、可视化，让各行业管理更高效、更智能。随着技术的不断发展，实景三维地图将会在未来得到更加广泛的应用和发展。未来，可以将实景三维地图与人工智能技术结合起来，实现更加智能化和人性化的地理信息展示方式。

四、室内地图

目前导航地图仅限室外导航定位，在室内导航定位方面则是刚刚开始。室内导航定位市场需求很大，研究表明，约80%的移动数据业务是在室内发生的，而传统卫星导航定位系统在室内空间无法使用，基站定位精度很难满足室内空间需求，因此，LBS最后1m

需要室内导航定位来完成，室内导航定位需要室内地图和室内定位技术作为支撑，导航地图产品将向室内空间发展。

1. 室内地图特点

图 9-24 是百度地图中的室内地图。室内地图与室外地图相比，室内地图有五个比较显著的特点。

1）尺度特点

室内地图尺度小、信息粒度小、信息密度大。室内地图通常是室外地图中某些 POI 点的具象，将大型室内场所划分为多个小空间，并对这些小空间的大小和形状内的设施进行详细描述，表示其空间结构和层次。

2）结构特点

室内地图在分割中具有显著性，通视和通行都会受到较强的约束，根据功能的实际需求，室内空间被墙体、楼层等划分为多个小空间，极大地阻碍了用户的通视和通行。从水平和垂直方向上看，有很多墙体、楼梯等，使得道路不具有明显的规律性，比较错综复杂。室内单元在分割后表现为设施占用部分道路，这一部分道路和室外道路存在一定的差异性，其不具备线性布局这一特征，以此影响到人们对道路空间的认知。

图 9-24　室内地图

3）形状特点

在通常情况下，室内地图主要是由以下三个部分组成的空间：一是屋顶，也就是天花板；二是墙体；三是地面，也就是楼板，相比之下，室内空间比较封闭，通常借助窗户和出入口与外界构建联系。

4）维度特点

室外地图的拓展普遍是在水平方向之上，而室内地图则会受到水平方向的限制，导致其大小以及形状等均具有局限性，但是在垂直方向上具有立体感和层次性。从水平方向上看，室内地图没有明显的规律性，反而呈现出错综复杂性，但是建筑物自身的设计特征以及固有特征，使得室内地图和室外地图在垂直方向上呈现出显著的相似性，如相似的空间格局等。

5) 要素构成特点

相较室外地图，室内地图的要素具有明显的差异性。室内地图的要素全部是人工操作的结构，不包括室外地图通常表示的自然要素和人文要素，如水系、植被、地貌、居民地、交通网等。同时，室内地图的要素组成、结构具有易变性，表现为商场店铺的频繁更新、展览馆格局的改变，这些都可能要求室内设施的位置变化、墙体的拆除等。

2. 室内地图设计

1) 明确地图用途和制图标准

设计地图的基础是明确地图用途，而在确定地图用途以及功能时，需要结合建筑物功能、特征以及地图使用者等来实现。因为地图资料和信息等获取来源和商业成本具有相关性，因此需要分析已经制成的地图以及资料，并研究地图中的空间范围，明确地图用途和制图标准，为地图设计提供基础保障。

2) 选取和分类地图中的要素

由于室内空间中的要素总量和类别较丰富，从地图载负量、制图简明性、层次性以及独特性原则来考虑，在选取地图要素时要结合地图用途、资料以及空间布局综合考虑。根据要素具有的空间特征、认知程度以及用户重视度等的影响，结合一定的原则对地图要素进行类型划分，明确其在地图要素中的重要性，一般是将要素划分为 3~5 种类型。

3) 系统化设计地图的符号

根据室内地图的设计原则以及一般地图的符号设计方式等，推动选择地图的要素符号化的实现。设计地图的要素表达具有直观性和明确性，尤其是地图符号有利于用户更快速、准确地接收到地图信息，进而形成准确的心像地图（图 9-25）。

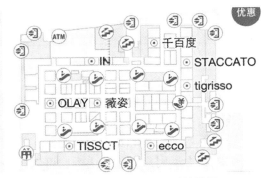

图 9-25 系统化设计地图的符号

4) 地图的综合表达方法设计

依据空间认知特征以及制图特征等，对相应的地图表达指标以及方式等进行设计，以此实现地图表达效果的提升。要对复杂空间进行合理性简化，降低地图符号的复杂性和难度，针对影响因素进行综合分析和简化，有利于实现地图图面简单、符号明确、要素清楚的效果。同时还要保证地图边界更加简明，功能具有易懂性。

3. 室内地图内容

室内地图要素在基于建筑结构以及认知特点等的基础上被划分为四大类要素，具体包括基础框架要素、建筑辅助要素、认知关键要素以及主体功能要素等（表9-4）。

1）基础框架要素

能够直观地反映室内整体以及局部空间特征要素，构成建筑物基本框架的被称为基础框架要素，其中包括由于内部结构形成的通道、建筑整体轮廓以及室内划分区域的内部结构。作为建筑基本要素来说，基础框架要素同样也是地图的底图要素，在地图背景图面的构成中占有十分重要的地位，同时对于人们室内的整体认知来说也具有十分重要的意义。

从整体到局部的规律同时也是人类认知所遵循的原则，结合相关经验可知"整体—区域—局部要素"同样也是地图认知常见的形式，因此基础框架要素就成为能够对室内空间整体和局部结构做出直观反映的重要要素。主要选取天井、建筑物轮廓、走廊、房间墙体、外墙体、中庭、柱子以及栏杆等基础框架要素。

面状符号主要用于表示建筑物轮廓，这样具有楼层面的象征性，地图底色即为符号的颜色；而诸如天井以及墙体等的要素则主要是通过线状符号体现出来的。

表9-4 室内地图要素的分类

类型	具 体 要 素
基础框架要素	建筑物轮廓、外墙体、楼层板、柱子、走廊、通道、栏杆、天井、中庭、房间墙体等
认知关键要素	通行要素（直梯、扶梯、楼梯、出入口等），服务要素（收银台、洗手间、问讯处、服务台、休息处、吸烟室、ATM等），明显的景观、摆件，方向提示信息、楼层联通关系以及消防设施等
主体功能要素	商铺：服饰、餐饮、百货（超市）、娱乐等
建筑辅助要素	配套设施：工具房、配电房、操作间、储藏间等

2）认知关键要素

除基础框架要素以外的重要元素被称为认知关键要素，具体包括用户关心的常用服务类要素以及室内通行要素等各种类型，并且对于人们对室内认知具有十分重要的意义。

常用服务要素以及通行要素等均为认知的要素，因为其在形状以及面积等各个方面均存在着显著的差异性，所以位置成为了用户关注的内容，可以用点状进行表示，这一做法一方面可以突出要素，使其更加醒目，另一方面也可以保持图面的简洁。

3）主体功能要素

可以有效反映出建筑物功能和用户目的的要素被称为主体功能要素，并且这类型要素十分受到用户的关注和重视。商铺可以被视为大型商场中的主要功能要素，可以将其分为四大类型，包括服饰、娱乐以及餐饮等。

这类要素一般指的是有较大面积的商铺，因为它的性质和轮廓等均是用户十分关注的内容，所以一般的表现形式为面状符号。

4）建筑辅助要素

建筑辅助要素具体指的是用户并不关心但是对于维持建筑功能正常运行具有重要意义的辅助性要素，具体包括储藏间以及工具房等室内配套设施，从一定意义上来说此类型要素一般占用的室内空间相对较小，如果没有在地图中直观地表示出来，则有可能加大地图的画面空缺感，并且对地图认知也会产生十分不利的影响。

此类型要素一般应用面状符号表示，主要原因在于此类符号并不受到用户的广泛关注但是又占有不小的面积。

4. 室内地图制作

室内地图制作一般通过 DSV 建模、3ds Max 建模、BIM 建模等方式，每种方式都有各自的优缺点，下面以某商场的室内地图通过地图编辑器建模的过程为例来说明。

1）底图数据的获取与处理

数据支撑是室内地图制作的重要前提，所以首先要对底图数据进行有效的收集之后再进行相关地图的制作。将建筑物的规划图和商场张贴的室内地图作为重要的数据来源进行地图设计，图中标明商铺位置的编号和各个数据所对应的具体商铺。之后还通过实地考察的方式更新所获取到的数据信息。

2）底图矢量化

首先在 Illustrator 中导入底图并置入文件菜单。矢量化的采集主要是基于钢笔工具的应用下对面状符号进行采集而实现的，采集某商场的各楼层底图矢量。线状符号在室内地图中出现频率相对较低，在符号库中向相应的位置移动已经完成制作的点状符号就可。具体的采集过程中不同楼层的采集方式和特点是不同的，每一层均基于点、线、面要素分不同图层采集，标注也要在单独的一个图层中进行。

3）符号制作

参阅室内地图的符号制作相关规范进行设计和制作。以矩形和多边形等工具作为 Illustrator 中点状符号的制作工具。编辑颜色符号就可以达到填色的目的，符号线条尺寸和颜色等的操作主要是基于描边的操作来完成的。已经完成制作的点状符号可以入符号库，只需要将选中的符号拖入符号库中并重新命名即可。需要注意的是，在符号入库的时候要明确定位点，符号图形几何中心是 Illustrator 中符号的定位点。如果符号的几何中心并不存在定位点，比如定位点位于符号的底边中心，此时可以通过增加一个无边框的矩形在该矩形中放置符号，以该矩形中心为符号的定位点，然后将它们整体入库，这样就达到了符号定位点的目的。同时因为这个矩形是不可见的，所以其并不会对视觉效果产生不利的影响。

以"钢笔"和"直线"等作为线状符号的主要制作工具，线的宽度通过描边粗细工具掌控，色板和虚线工具分别用来编辑颜色以及虚线的长度等。将设计好的线状符号拖入画笔并进行命名就完成了入库的操作。线状符号的采集以"钢笔"工具进行轮廓的采集为主，并且需要注意的是轮廓线的颜色和宽度编辑的操作和线状符号的操作基本一致。面状符号的颜色及纹理填充可基于色板的操作来完成，也可根据不同的需求制作图案同点并将其拖入色板。

4)确定表示内容、方法和符号

在对情境进行进一步明确之后采用相应的表示符号、内容以及方法。首先,明确现阶段楼层的锚固点,随后将锚固点表示在地图中;考虑到屏幕尺寸局限性的影响,在具体的设计过程中要适当地删除或者合并其他要素,只需要显示锚固点即可。

5)整体图面配置

在矢量化底图相应的位置放置点状符号,在颜色配置的过程中主要结合点、线、面的要素进行。室内外转换图依据实际需求将方向符号放置于图幅上方。将注记配置在相应要素旁,为达到整体协调的效果还需要根据实际的需求适当地调整注记的字体及大小。

5. 室内地图的功能与作用

1)室内地图空间表达

通过符号、颜色等地图语言来实现室内空间要素的位置和相互关系的表达,包括基础框架要素、建筑辅助要素、认知关键要素以及主体功能要素等分层表示,方便切换不同楼层的要素展示。

2)POI 查询

提供对室内地图内的 POI 要素的查询,并列出相关信息(包含团购、优惠打折、餐饮美食、汽车服务、购物逛街、金融银行、娱乐健身、生活便利以及房地产分类信息等多种生活资讯),方便用户查找特定的要素,如商铺、车位等。

3)线路规划与导航

借助定位模块,查找并规划室内地图的线路,不但能够实时显示线路的导引信息,还可以通过语音播报的方式提醒驾驶人员。

五、高精地图

智能交通系统(ITS)、高级驾驶辅助系统(ADAS)、智能车等应用的发展,对导航地图数据提出了更高精度、更精细化的要求。许多应用需要使用高精(度)电子地图,例如使用先验地图信息进行定位、高级驾驶辅助,以及车道级路径规划。高精地图精度需要达到分米级才能区分各个车道,随着全球定位系统的发展,高精度的定位已经成为可能。高精地图面向高度自动化的自动驾驶,其服务对象是更为广泛的智能体或者智能机器。高精地图相对精度为 10~20cm,含有非常丰富的地图信息。例如,增加了详细的与道路车道相关的数据(如车道、车道边界、车道中心线和车道限制信息等)、大量的目标数据(如道路边缘目标、防护栏、路边的地标等)以及更详细的行驶导引。除了提供基本的道路导航功能外,高精地图可以恢复实际的道路场景,并协助车辆实现车道级别的高精度定位功能,从而使车辆实现更安全的自动驾驶。

1. 高精地图特点

高精地图是指高精度、精细化定义的地图,精度高是指精确度达到分米级从而实现定位精度达到车道级;精细化定义则是指存储行车中需要考虑的交通因素(图 9-26)。

高精地图有如下 4 个特点:

1) 高精度

地图精度更高,定位精度更高,精度为分米级。高精度的内涵一方面是指高精度电子地图的绝对坐标精度更高。绝对坐标精度指的是地图上某个目标和真实的外部世界的事物之间的精度。另一方面是指高精地图所含的道路信息的现势性非常好,信息更新快。

2) 道路信息细化

信息量更大,道路信息细化。具体包含车道线、交通标志等详细交通信息。高精地图不仅有准确的道路形状,并且每个车道的坡度、曲率、航向、高程、侧倾的数据也都有,同时还有丰富的道路交通标志。

3) 详细的拓扑关系

车道与车道间、车道与路口间详细的拓扑关系;普通的导航电子地图会描绘出道路,而高精地图不仅会描绘道路,更会描绘出一条道路上有多少条车道,会真实地反映出车道和路口之间的拓扑关系。

4) 适用于车道级路径规划

高精地图具备辅助实现高精度的定位功能、道路级和车道级的规划功能,以及车道级的引导功能。

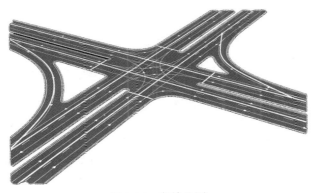

图 9-26　高精地图

2. 高精地图设计

高精地图的格式规范,即对采集到的地图如何进行一个完整的表述。目前比较有影响力的通用格式规范为 NDS(Navigation Data Standard)、OpenDRIVE 和 Liblanelet 等。

1) NDS

NDS 组织(NDS Association)由德国宝马等车企与导航数据、软件提供商于 2005 年联合成立,2010 年发布了第一个 NDS 版本(NDS Association,2016)。早期的 NDS 是一种基于嵌入式数据库的导航电子地图数据存储标准,主要是支持导航电子地图的增量更新。而近年来,随着自动驾驶的发展,NDS 不断升级版本,发布了越来越多的支持自动驾驶的数据内容,NDS 比较关注兼容性和互操作性,注重应用程序与数据分离,而且支持数据更新。

NDS 最新的版本将地图要素划分成车道信息、路标、障碍物、规划、基础地图显示

(BMD)、名称、POI 等 7 个层。NDS 车道模型具备很多高级的功能，如车道级的交通表达、车道级别的停车等，为自动驾驶提供简洁高效的地图。因保密性的原因，目前仅公开了其中的一部分内容，该内容就是开放车道模型（Open Lane Model，OLM），它所存储的车道拓扑结构和高精度几何形状的分辨率高达 1cm。除了能够提供高精度的车道属性信息，还显示了边界信息，比如墙壁或者彩色车道路标志。而且，复杂的交叉口是通过复杂的连接模型来描述的。

NDS 在嵌入式数据库中采用了分层分块的组织方式，它根据地图数据的内容，分为地图显示、路径规划、名称、POI、交通信息、语音表达等六个内容层，分别存储在嵌入式数据库的不同数据表中。对于某一内容层的数据，划分为多个比例尺的数据表达层；对于以某一内容层指定比例尺的数据，进行分块（Tile）表达和存储。对于某内容层指定比例尺的某块（Tile）的数据，在 NDS 中，表现为数据库表中的一条记录，即对应于数据表中的一行。数据间的关联，不再是通过传统的地址偏移来链接，而是通过数据库 ID 来互相引用的。NDS 数据模型充分结合了数据库的特性，当需要对地图数据进行更新时，NDS 数据进行逐块（Tile）更新，即替换数据表中块（Tile）对应的一行。这种更新方式，充分利用了 DBMS 的特性，简化了关系的维护。

2）OpenDRIVE

OpenDRIVE 是一种用于道路网络逻辑描述的开放文件格式。由德国 VIRES Simulationstechnologie GmbH 公司于 2006 年发布第一个版本，目前最新的版本是 2019 年 2 月发布的 OpenDRIVE 1.5。

OpenDRIVE 将道路内容划分为路段、交叉口、停车道、交通标志和道路的入口和出口，交通信号设置等内容。在这个基础上，最新版 OpenDRIVE 进一步细化了道路信息的描述，包括车道形状、高程和横向坡度、横向剖面、道路链接关系、表面、选择布局、铁路描述等内容。OpenDRIVE 是基于 XML 语言描述的。每条道路在类型、平面图、立面图、横断面等方面独立描述，并分别与同一网络中的其他道路链接信息。交叉口、信号灯也是分开单独的描述文件。

OpenDRIVE 按照道路车道数量变化、道路实线和虚线的变化、道路属性的变化的原则来对道路进行切分。一条道路可以切分为多个 Section。基准线（Reference Line）用于定义道路的几何形状，车道的编号 ID 以基准线为标准向左递增，向右递减。OpenDRIVE 在路口中引入虚拟路，虚拟路用来连接路口可通行方向。

3）Liblanelet

德国信息技术研究中心在 2014 年提出了一种用于自动驾驶的地图库 Liblanelet。该框架可以在网上进行公开下载，并且在奔驰智能车 MERCEDES BENZ S500 INTELLIGENT DRIVE 上进行测试和验证。Liblanelet 是为特定的、预先已知的路由而设计的。例如，Liblanelet 只有在预定义的地点才可能改变车道，也就是说 Liblanelet 不支持超车。此外，Liblanelet 不支持在定位和特殊侦察等领域的推广和扩展应用。学者针对这些缺点对其进行修改，在 Liblanelet 的基础上进行扩展和推广，提出了 Liblanelet2。

Liblanelet2 地图由五个元素组成：属于物理层点和线串（Linestrings）、Lanelets、属于关系层的区域和调整元素。所有元素由唯一的 ID 标识，并且分配相应的键值对形式的属性。除了固定属性以外,还包括额外的用来增强地图的其他属性。除了区域之外,所有的原始的内容都已经是 Liblanelet 的一部分。

点是 Liblanelet2 地图中最基本的要素,用度量坐标系中的三维位置来描述。并且,通常它们是线串的一部分。点是唯一具有位置信息的原始内容,所有其他原始内容都是直接或间接地由点组成。例如,杆的垂直结构可用单点表示。

线串(Linestrings)是由两个或多个点进行线性插值组成的有序数组,用于表达地图中元素的形状信息。例如路标、马路边线、外墙、围栏等都可以用线串表示。线串用来描述任何一维的实体,还可以表达虚拟实体,比如可以表达一条小巷的隐式边界。

Lanelets 表示地图中定向运动发生的静态区域部分,例如普通车道上的人行横道。静态(atomic)表示当前有效的交通规则在 Lanelet 内没有发生改变,此外与其他 Lanelet 拓扑关系也不会改变。Lanelet 由左边界线串和右边界线串表示、Lanelet 也可以重叠或相交,但是同一个线串可能有多个交通规则元素。在 Lanelet 中,可以允许向相反的方向移动,此时左右边界互换,反之亦然。

区域是地图上没有方向或没有运动的部分,由一个或多个线串定义,这些线串一起形成一个封闭的外部边界。单个或多个线串,可以一起定义几个内部边界,从而在区域内形成孔。与 Lanelets 类似,这些也可以具有规则元素,例如停车场、广场、绿地或建筑物。

4)中国的格式

中国卫星导航应用产业化进程逐渐加快,与快速增长的应用需求不匹配,在高精地图制图、地图表达和地图应用方面尚缺乏统一的、可参考的依据和标准。原国家测绘地理信息局、全国地理信息标准化技术委员会下达的 2017 年度测绘地理信息标准项目研究计划中包括高精度电子地图相关的标准《道路高精度电子导航地图数据规范》《道路高精度电子导航地图生产技术规范》,包括上海市测绘院、浙江省第一测绘院、百度、四维图新、易图通、公安部交通管理科学研究所、解放军信息工程大学、同济大学在内的国内主流的车载电子地图企业及高校科研机构等都参与了该高精度道路导航地图的标准制定工作。从逻辑结构上对车道级高精细地图进行分层定义,增加车道网络和车道线两层地图信息,其定义的高精度地图数据分为 4 层:第 1 层为道路层,包含道路网络信息;第 2 层为车道网络层;第 3 层为车道线层;第 4 层为交通标志层,包含红绿灯、路牌、路标等信息。目前国内各大厂商大多在现有电子地图的基础上扩展无人驾驶需要的道路及其设施信息,如在基础地理数据中增加路网的交通规则、红绿灯几何位置、交通标志标牌的语义信息、交通标线的转向含义、车道线数量及其对应行驶规则,基础设施(如人行横道、虚实线、隔离带类型等)的交通规则等,建立基于道路网的全要素交通信息和完整拓扑关系。

3. 高精地图内容及数据逻辑结构

高精地图是通过多层数据实现的。高精地图面向的应用是车道级导航、ADAS 系统以及智能车等,现实交通系统中的交通要素能够获取到的应该尽量包含在地图数据中。高精地图数据逻辑结构划分为以下 4 层。

1)道路网络信息层

道路网络信息层,定义与现有道路级地图一致,包括道路几何结构和车道数。对于道路网络,现有地图一般使用点线模型进行抽象。其中线的几何信息即为坐标有序集合,其特点是组成线的点数不同，其数据长度也不同。采用点、线和面的方式表达路网信息，包含道路网络信息。道路网络由路点和路段组成，路点包含准确位置坐标信息、是否为路口节点，连接各路段节点。路段由起始路点和终止路点组成。在数据库中存储方式一般采用二进制方式存储，可用 SHAPE 字段，其他道路信息包括路名、道路等级等信息，属性信息可以根据实际应用需求添加。

2) 车道网络信息层

将车道网络信息层模型细化至车道，并为每条车道添加属性。车道网络信息包括车道几何结构、车道宽度、车道开始和车道结束。车道几何特征包括坡度、横向坡度和车道曲率。车道属性信息包括车道类型、车道标识和车道限速。用车道描述以后，车道间连通关系采用路口的虚线连接线表征。每条车道的转向信息都通过路口导引线确定，以此获取不同路段上车道间的全部连接关系，同时道路级地图中转向限制也可直接通过导引线表征，路口导引线单独使用表格保存。通过车道定义，能够在确定所在道的车道排序，车道网络信息是进行车道级路径规划的关键信息层。

3) 车道线层

车道线图层增加了详细的车道级信息，高精地图概念图（图 9-27）中字母 A、B 表示交叉路口节点，路口 A 到 B 的路段可表示为实际地图中将包括更多的道路节。右侧包括 3 条车道，将每条车道抽象为曲线，曲线位于车道中心线。各车道对车辆行驶规定不同，"101" 车道为左转和直行道路，"102" 为直行车道，"103" 为右转车道。车道图层还包含当前车道 ID、车道宽度、左右车道等信息。

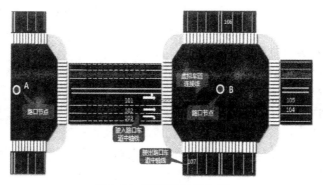

图 9-27　高精地图概念图

在涉及换道、转向、掉头等还需要根据车道线信息来规定。通过左右车道与车道之间建立关联，同一道路相邻之间的车道线信息可进行查询。

4) 交通设施和障碍物层

(1) 交通设施：

交通设施包括信号灯、限速标志、指示路牌、停车场、收费站、人行道、公交站等信息。例如要进行时间规划，则必须考虑从这一层数据中获取。对于智能车而言，先提供信号灯的大致位置信息，有利于大幅度提高检出率，降低误检率。

(2) 障碍物：

障碍物包括路牙、电话亭、电线杆、消防栓、邮筒等信息。先提供这些障碍物的位置信息，能够提高智能车的检出率。

4. 高精地图制作

高精地图采用多传感器融合采集地图数据，即 GNSS/INS 数据融合定位提供分米级定位精度，从而实现高精地图方案从数据采集生产的源头规划，通过激光点云技术立体感知现实世界的综合信息，经过后期的分析处理及三维重建，最终还原出接近真实道路环境的地图数据，并通过不断地更新维持数据的可靠性，为用户提供道路的综合数据，为智能交通的发展提供良好的基础和拓展体验空间。

高精地图采集的流程一般为：首先，利用 GNSS/INS 数据融合进行定位，获取地图采集车的高精度位置坐标以及高精度的航向信息，同时获取地图采集车行驶的轨迹点以及车载相机的位置坐标；其次，利用激光扫描/车载相机拍摄道路图像数据，通过视觉定位方法，获取道路要素数据，同时利用深度学习等相关算法对扫描数据进行分类，获取道路、车道线、道路标志等语义信息；最后，根据相机的高精度位置坐标和道路要素相对相机的空间位置关系，获取道路要素的绝对位置坐标，从而创建车道级高精地图。其流程如图 9-28 所示。

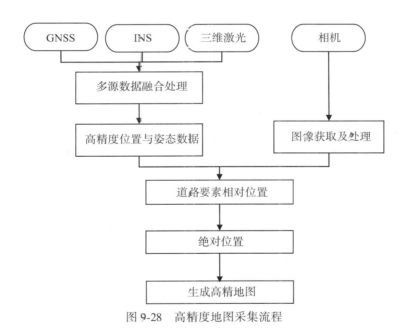

图 9-28 高精度地图采集流程

其中，涉及的关键技术有两项。

1) 激光点云扫描技术

激光三维扫描为全景式非接触式测量，可直接获取物体表面的点云采样数据，如果采样密度足够，理论上可以实现任意曲面的高精度重构。激光点云扫描技术可与卫星定位系统（GNSS）、惯性导航系统（INS）、CCD 相机等组合使用，在采集高精度基础道路信息的同时，还能获取车道级道路、立交桥等复杂的道路形态，提高测量效率，缩短地图更新周期。

激光扫描获取的道路点云数据密度大，边缘及曲度变化等特征明显，为道路信息的准确提取提供了良好的基础特征支持，主要方法可归纳为 3 种：

（1）利用高程和密度特征提取道路信息。根据扫描数据的高程信息和离散程度生成特征图像，可以较好地滤除树木、建筑物等非地面目标。

（2）利用反射强度提取道路信息。利用地面反射强度的不同，将车道标识线先从路面中分离出来，通过扫描角区分左右车道，再根据国家道路标识线的相关规定，区分单黄线、双黄线、分隔虚线及短标识线等信息，最后通过最小二乘算法进行拟合校正。

（3）利用边缘及曲度特征提取道路信息。将点云数据分割成一系列的二维条带并进行滤波，根据平坦路面和突起道路边缘的已知特征进行边缘分割，区分出路面和非路面区域，逐步向前推进，将分割线连通即可获取道路的边线位置。

激光点云扫描数据中的道路信息比较复杂，为了避免提取结果的错误或遗漏，需要综合多种道路特征进行处理，实现目标对象从整体到局部的分离与提取，为三维模型的建立准备精确的数据基础。

2）三维可视化

三维地理信息系统不是对二维系统的简单扩展，而是以空间模型为基础，通过分析决策形成立体数据库直至三维展示的综合研究过程。

激光点云数据的三维可视化过程主要包括数据预处理、模型重建和图像处理等。

（1）数据预处理：

测量获取的点云数据存在一定的噪声，需要进行数据滤波和平滑操作，以去掉噪声点和粗差数据。由于激光扫描对空间信息的采集具有盲目性，数据在三维空间的分布也呈现出随机的离散性。有些数据位于真实的地形表面，有些位于人工建筑物或自然植被上，如果直接利用这些数据进行建模，处理难度大且难以保证准确度。因此，需要在滤波去噪的基础上进行数据分类，将其划分成具有单一几何特征的拓扑区域。

点云数据经过滤波处理后，基本可分成两大类：地面点集和非地面点集，如果需要对非地面点集进行更详细的分类，如建筑物区域集合或植被区域集合等，需要基于目标特征进行具体分析，以便在原始点云数据中进行判断与分离。最后对目标数据进行相应的融合及缩减操作，提高模型数据的聚合度，降低模型建立的数据复杂度，为三维场景还原提供较优的目标对象信息。

（2）模型重建：

模型重建主要包括模型建立、模型平滑、残缺数据处理及模型简化等步骤。点云数据预处理后分为地面点集和非地面点集，对应的模型重建也是分开进行的。地面点集呈现不规则的离散分布，需要进行格网化处理即将离散点连续化，才能以模型的形式表达。目前主要采用三角网格的方式进行数据组织，将地形表面看作由连续的数据点三角形构成，采用 Delaunay 三角剖分法，通过插值实现对地形表面的逼近拟合。

非地面点集比较复杂，包括建筑物、植被、道路两旁设施等。从距离图像中直接进行目标分类和特征提取比较困难，目前主要采用构建 DSM/DEM 附加 CCD 影像融合的方案。

(3)图像处理：

图像处理主要涉及车道线识别和交通标志识别。

①车道线识别。车道线将路面划分为不同的功能区域，规定了车辆的行驶方向、范围和变道规则等。车道线具有规范的几何特征、颜色等属性，为自动识别提供了良好的基础，识别方案应满足如下要求：具有良好的旋转和尺度不变性。可检测图像范围内的多种车道线，包括白色实线、虚线、黄色单实线、双实线、虚线等。已知前后图像之间的相对位置，可以实现重合车道信息的融合及拼接。

②交通标志识别。道路交通标志包括路面标志和路旁标志，具有颜色醒目、形状规则、图像简洁等特点。目前交通标志检测与识别的方法主要分为：基于颜色的方法、基于形状的方法及两者相结合的方法。基于大量实际采集的交通标志图像，研发高精度的图像自动识别软件，能够实现多种常见交通标志的检测与识别。

5. 高精地图的功能与作用

1) 确定车辆位置

导航系统可以准确定位地形、物体和道路轮廓，从而引导车辆行驶。其中最重要的是对路网精确的三维表征(厘米级精度)，比如路面的几何结构、道路示示线的位置、周边道路环境的点云模型等。有了这些高精度的三维表征，自动驾驶系统可以通过对比车载 GNSS、IMU、LiDAR 或摄像头的数据来确认自己当前的位置。

2) 路径规划

提取路网信息、道路属性信息、道路几何信息以及标识物等抽象信息，通过路网信息完成点到点的精确路径规划，提前规划好最优路径。由于实时更新交通信息，最优路径可能也在随时发生变化。此时高精地图在云计算的辅助下，能有效地为无人车提供最新的路况，帮助无人车重新制定最优路径。

3) 扩展传感器视野

高精地图可以辅助环境感知。对传感器无法探测的部分进行补充，传感器有其局限所在，如易受恶劣天气的影响，此时可用高精地图来获取当前位置精准的交通状况。

高精地图与传感器(激光雷达或摄像头)相比，在检测静态物体方面，具有以下优势：所有方向都可以实现无限广的范围，不受环境、障碍或者干扰的影响，可"检测"所有的静态物体。

4) 提升感知算法效率

高精地图可提升自动驾驶车载传感器对周围信息的感知算法效率和准确率。

(1) 传感器通过感知传回加工处理的数据量较大，对芯片处理性能提出较高要求，在感知算法时，尽量减少冗余信息。

(2) 高精地图的存在，可以利用其去掉地图中固有的标志物信息，让有限的计算资源集中于道路上可能对自动驾驶带来影响的动态物体。

5) 静态对象识别

高精地图对静态物体的标识可以在一定程度上弥补传感器面对静态物体失灵的情况。高精地图能够弥补传感器检测范围受限和先验信息缺失的缺陷，并能够在一定程度上弥补传感器的感知缺陷，在标识静态对象的同时解放传感器，使其专注于动态对象。

第十章　地图数字出版

从 20 世纪 50 年代，国内外地图制图工作者对地图的编制如何摆脱繁重的手工方式，实现地图制图自动化进行了理论与方法的研究。经过 60 多年的发展，从最初提出的地图制图自动化，到后来提出的计算机辅助地图制图、计算机地图制图、数字地图制图，数字地图制图的技术问题（包括硬件与软件系统）基本解决，已全部实现各种类型地图的数字地图制图。

过去地图及地图集的生产以往都是靠手工作业方法来完成，从总体设计、编辑计划的制订、编稿图的完成、地图清绘，到地图印刷工厂的照相、翻版、分涂、制版和印刷，每一步都离不开制图人员的参与。仅就这一过程本身来讲，既费事、费时，又十分繁琐。对于这样一种生产过程和生产方式，无论是首次生产还是以后的更新再版，编辑修改都十分困难。随着计算机技术在地图制图领域的广泛应用，以及数字地图制图方法和技术的不断成熟和完善，现在完全可以在数字环境下来实现上述地图生产过程。在印刷出版界广泛使用数字制版和数码打样的今天，地图的生产和制作朝这一方向迈进是很自然的事情。特别是当地图数据库陆续建立以后，为了充分发挥地图数据库的作用，必须采用新的作业流程和方法来完成地图的生产和更新工作，使地图的生产走上数字化和现代化的发展道路。使地图数据库与数字地图制图系统相连接，采用新的手段、新的技术来完成地图的编制。这种软件系统和技术的应用，实现了地图生产方式的重大转变，使地图的生产跨上一个新的台阶。这种软件系统在相应的硬件设备支持下直接输出高质量的分色印刷版，缩短了地图的生产周期，提高了地图的制作质量。大量的数字地图产品生产出来以后，一方面满足国民经济建设的需要，加速国家的现代化建设，另一方面测绘地理信息行业本身也要利用这些数字地图产品去生产新的数字地图和纸质地图，并同时完成对地图数据库的更新和维护，实现本行业的技术进步和生产方式的转变。

第一节　地图数字出版技术特点

地图数字出版以地图（成果）数据为主要信息源，以电子出版系统为平台，使地图制图与地图印刷结合更加紧密；它将地图设计、地图编辑、地图编绘、地图清绘和印前准备（包括复照、翻版、分涂）融为一体，给地图生产带来了革命性变化。地图数字出版技术具有如下特点：

1. 地图印刷前各工序的界限变得模糊

常规的地图制图包括地图设计、地图编制与地图制版、印刷两大阶段。前者包括地图编辑、地图编稿、地图编绘、地图清绘；后者包括复照、翻版、分涂、修版、套版、制版、打样、印刷等多道工序。在过去地图制作过程中，许多工作需要受过专门训练的专业技术人员分别处理，例如，地图设计、地图编绘、地图清绘、复照、翻版、分涂、修版、套版，现在可由同一个人来完成，并且各种操作可以交叉进行。

2．缩短了成图周期

取消了传统地图制图和地图印刷工艺中的许多复杂的工艺步骤，大大缩短了成图周期。把地图编辑、地图编绘、地图清绘、复照、翻版、分涂等工艺合并在计算机上完成；对急需的少量地图(如抗震救灾地图、防洪救灾地图)，可用彩色喷绘或彩色激光打印方法获得。

3．降低了地图制作成本

(1)由于地图制作的印刷前各工艺步骤的操作全部在计算机上进行，减少了操作差错，降低了返工率。

(2)工艺步骤的简化，节省了材料、化学药品。

(3)地图设计、制作一体化，降低了地图制图人员的劳动强度，减少了人力。

(4)基本采用四色印刷，降低了印刷费用。

4．提高了地图制作质量

(1)地图手工编绘的地图数学基础展绘、地理要素的编绘都会产生一定的误差。

(2)地图手工清绘的线划发毛、不实在，线划粗细不均匀，同时也会产生一定的误差；注记剪贴不平行和垂直南北图廓；符号手工绘制不精致。

(3)过去的复照、翻版、分涂等每个工序都使地图的线划、注记、符号发肥，变形。

(4)数字地图制作可以通过系统硬件解决套准、定位问题。消除过去胶片拷贝过程导致的套准精度。

总之，数字地图制图精度比传统地图制图精度提高了1~2个数量级(由±(0.1~0.3)mm 提高到±(0.01~0.005)mm)。地图符号、注记精致，线划精细。

5．丰富了地图设计者的创作手法

1)地图色彩设计

过去制作地图彩色样张，由于靠手工制作，只能设计有限几个样张。现在可在计算机上制作地图彩色样张，不论多大数量，只要改变设计样张的颜色成分数据，很容易实现。地图集的设色可用色彩数据控制，确保颜色的统一协调性。

2)图面配置

过去将做好的地图、照片和文字在图版上来回摆动；现在可在计算机上直接排版。

3)三维制作和特殊效果

过去地图的立体符号很少，主要是手工制作很困难；现在计算机图形软件上有立体符号制作功能，制作立体符号非常方便，立体符号、立体地形逐渐多了起来。光影、毛边、渐变色等特殊艺术效果在地图(集)中经常出现。

6．网络化结构

(1)采用计算机网络技术可以实现地图信息的远程传输。

(2)实现了先分发，后印刷的设想。

传统的地图印刷是先印刷，后分发。数码印刷可以通过通信、网络技术先将地图数据直接传输到用户,然后再传输到印刷厂印刷。

7. 改变了传统地图出版的含义

地图电子出版系统的出现,扩大了地图出版领域,使出版物不仅局限于地图印刷品,多媒体出版、网络出版将是今后出版的重要方式。

8. 地图容易更新和再版

为了充分发挥地图在国民经济建设中的作用,需要经常更新地图内容,再版新地图,保持地图现势性。地图出版之后,只要保存原有数据,如果要更新和再版,对地图数据进行编辑、修改和更新是件轻而易举的事情,数字地图制图技术增加了地图的适应性和实用性。

第二节 地图数字出版系统的软件构成

地图数字出版系统的软件除了系统控制外主要用来进行彩色图形处理、彩色图像处理、文字处理、彩色版面组版、彩色图文输出等。

一、字处理软件

字处理软件能够实现文本的输入,简单的页面编辑,而且由字处理软件产生的文件很小,能在不同的平台间传输。这类软件有:Microsoft Word、WPS 等。

二、矢量图形处理软件

矢量图形处理软件具有图形绘制功能,能绘制直线、曲线、圆弧等;可喷涂、在封闭图形内按指定色均涂、半透明等;文稿编辑功能,文字作为图形进行自由加工;图表的设计制作、编辑功能;可在色彩层次和两个图形之间的自动生成连续色调;可自动矢量化跟踪;可对图形进行任意的放大、缩小、旋转、反向和变形。具有地图符号制作、图形编辑修改、图文混排、要素分层和地图图形输出等功能,最终生成 EPS 格式的数据文件送印前系统输出,可以在数字制版机以最高分辨率输出,如 CorelDraw、FreeHand、Illustrator、Microstation、AutoCAD 等。

根据能否输入地理属性信息并建立要素间拓扑关系又将这一类软件分为通用制图类软件和地图制图类软件两种。

通用制图类软件有 CorelDraw、FreeHand、Illustrator 等。目前,大量的高质量地图作品均由这类软件制作完成,它们也常常用来生产地图集和艺术性较高的专题地图作品。这些软件的重点在通用图形设计上,不是针对地图制图开发的,在制作地图之前必须进行一定的准备工作,如建立符号库,进行图层设定等。这些软件只能接受一些通用的图形或图像格式数据,不能形成地理信息数据。

地图制图类软件是指专门为地图制图开发的软件,这些软件一般都提供了数字化仪采集、扫描矢量化、多种地理数据格式转换、地图投影变换、坐标变换、几何纠正、地图编辑、地图整饰等功能。地图制图类软件在地形图数据生产中起着主导作用,替代了以前繁重的手工制图劳动,是地形图生产方式的一次革命,在国内市场上应用比较广泛的这类软件有 ArcGIS、MicroStation、MapGIS、AutoCAD，以及在此基础上二次开发的一些制图系统。这些制图系统只要开发得好，在地图图形符号采集和编辑的时候兼顾地理信息生产的需要，或在生产地理信息的同时兼顾地图图形输出的需要，那么就可以在同一个生产流程中既完成纸质地形图的生产，又完成数字地形图数据的生产。

三、图像处理软件

图像处理软件主要用于连续图像的编辑和处理，包括色彩校正、图像调整、蒙版处理以及图像的几何变化等。特种技能包括放置尺寸变化、清晰化和柔化、虚阴影生成、阶调变化等。美国的 Adobe 公司的 Photoshop 是最有影响的图像编辑、加工软件，用于版面制作、彩色图像校正、修版和分色等处理。

四、彩色排版软件

这类软件用于将字处理文件、图形、图像组合在一起，形成整页排版的页面，并能控制输出。如专业排版软件 PageMaker 有文字编辑、图形图像编辑、拼版等主要功能。

五、分色软件

这类软件主要用于处理彩色图像分色，一般有确定复制阶调范围、确定灰平衡、调整层次曲线、校正颜色、强调细微层次、限制高光、去除底色等功能，如 Aldus Preprint。

六、字库

注记是地图的重要内容之一，汉字注记，特别是地名，有一些不常用的字，因此，选择字库，除要考虑字体齐全、字形美观外，还要考虑字库的容量大小。一般有汉仪字库、方正字库、文鼎字库、汉鼎字库、创艺字库、华文字库等。

第三节　地图数字出版技术流程

随着计算机制图技术、激光技术以及精密机械技术的迅速发展，传统的以手工绘图方式制作出版原图、以光学照相制版技术为基础的模拟出版方式逐渐被以计算机为主的数字出版技术所代替。

随着更快的 CPU、总线技术、更好的图形显示、更高容量的内存 RAM 及磁盘存贮技术、高分辨率的扫描仪和显示器、数码照相机以及各种数码打样机等软硬件的发展，数字出版系统更加成熟并被引用到地图出版领域中来，实现了地图印前处理的数字化。

数字印前系统软件和硬件的开放性，使得地图出版原图的来源渠道增多，不仅可以来源于地图制图数据，还可以来源于航测数字成图数据，地图出版实现了航测、制图、印前处理的一体化生产技术流程，这是目前地图出版生产技术流程的主流。

在出版系统中，将地图成果数据经过数码打样检查修改无误；然后，用 RIP（Raster Image Processor 栅格图像处理器）矢量数据转换为栅格数据，通过直接制版机输出分色印刷版或通过数字印刷机制成印刷品。其主要技术流程如图 10-1 所示。

在流程中，地图出版完全实现了图形、图像、文字处理的数字化，地图数据蒙版制作、版面设计、拼版、颜色设计、文字处理等全部在计算机中通过软件完成，地图数据在计算机中能够得到准确的控制和利用。地图出版一体化技术的产生，是地图出版技术史上的一次革命性飞跃，它标志着地图出版技术进入了新时代。

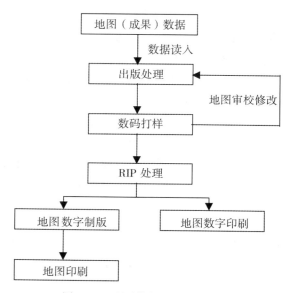

图 10-1 地图数字出版技术流程

地图数字出版技术流程是地图印刷品质量控制的第一步，地图数据通过特定软件读入数据，进入出版系统，这类数据的质量主要受屏幕编辑、颜色处理及分色效果等因素影响。地图影像数据经过图像处理，也进入出版系统，这类数据主要受分辨率的影响、描述亮度变化所采用的灰度级数的影响、不同设备颜色表色域的影响、阶调调整及分色效果的因素影响，这些影响因素直接关系到生成网点的大小和印刷后网点的变形情况。

地图数字出版技术流程的特点是生成的地图数据在计算机条件下可以准确读取，但是一旦数据要脱离计算机进行输出，影响地图印刷品质量的可变因素增多，在后续的各个地图生产环节中质量控制更为复杂。

第四节 地图数码打样

随着地图数字出版的不断推进，地图印刷阶段性结果均以数字化的方式存储和传输，如何快速、便捷地提供地图彩色样张，以预测地图印刷效果和供客户签印，成为地图印刷复制过程数字化必须解决的问题，这对地图数字制版工艺尤显突出和急切。数码打样采用色彩管理技术将数字化彩色页面直接输出彩色样张，是一个从计算机到样张(Computer-to-Proof)的过程，满足了全数字化工作流程的需要。地图数码打样具有强大的色彩管理功能，地图样张输出精度更高，色彩更准确，层次更丰富。随着图文合一处理和彩色打印技

第四节 地图数码打样

术的不断完善和发展，目前通过直接数字式彩色打样机得到的地图样张，在质量上和效果上已经与正式印刷品非常接近，达到客户认可的合同样张的水平。直接数字式彩色打样机既可放置在地图生产者一方，按习惯的方式为客户提供样张服务以得到确认；也可放置在客户一方，提供远程地图打样(Remote Proofing)服务，从而极大地缩短地图打样和客户签印时间。

一、地图数码打样的作用

地图数码打样是指在地图出版印刷生产过程中按照出版印刷生产标准与规范处理好页面图文信息，直接输出供地图印刷参照用的彩色样张的新型打样技术。地图数码打样是地图印刷生产流程中联系印前与印刷的关键环节，是地图印刷生产流程中进行质量控制和管理的一种重要手段，对控制地图印刷质量、减少印刷风险与成本极其重要。

地图数码打样既能作为印前的后工序来对印前制版的效果进行检验，又能作为地图印刷的前工序来模拟印刷进行试生产，为印刷寻求最佳匹配条件和提供墨色的标准。

因此，地图数码打样不仅可以检查地图设计，地图数据制作等过程中可能出现的错误，而且能为地图印刷提供生产依据，为用户提供在实际印刷生产中，在地图印刷前与客户达成印刷成品最终效果的验收标准，避免地图内容的印刷错误，减小了地图印刷的风险与成本，保证地图印刷质量意义重大。

地图数码打样的作用包括以下三个方面：

(1) 为客户提供标准的地图审批样张。

地图数码打样是模拟地图印刷效果，作为客户签样标准。地图样张是一个专业制版公司的成品，客户签样才标志着整个制版环节的完成。

(2) 为地图印刷提供基本的控制数据和标准的彩色样张。

只有客户签样后才可以上机印刷，是印刷行业确保地图印刷内容和质量的准确，区分双方责任的原则；也是印刷机长的印刷跟样标准，即根据样张需要对印刷环境进行调整的依据。

(3) 地图数据错误的检查。

通过地图数码样张能够全面检查印前从地图成果数据到印刷版各工艺环节的质量，发现已存在或可能在印刷中出现的错误，以便对出现的错误进行校正，降低地图生产的风险。因此地图数码打样具有为用户和承印单位：

① 发现地图数据印前作业中的错误；

② 为地图印刷提供各种不同类型的样张；

③ 作为地图印刷前同客户达成合约的依据等功能。

总之，地图数码打样的关键是模拟印刷效果，发现印前、印中地图成果数据的错误，为地图印刷提供相关的标准。

长期以来，原稿、显示、打样、印刷等各个环节之间的颜色不一致性，给客户造成了很大的困惑。客户在屏幕上看到电子版面颜色与地图印刷品颜色不一样，地图印刷品与签样样张颜色不一样，厂家和客户常常因为这些问题产生纠纷。直到色彩管理和数码打样技术的应用，才在整个印刷流程构建了一致性颜色标准的图文信息传输平台。

数码打样是指在出版印刷生产过程中按照出版印刷生产标准与规范处理好页面图文信息，直接输出供印刷参照用的彩色样张的新型打样技术。这种直接将数字化的图文信息版面输出到大幅面打印机上得到模拟印刷样张的方式替代了传统的出片、制版、机械打样工序。数码打样是出版印刷流程数字化的关键性工艺环节，直接制约着出版印刷的生产流程与产品的质量。数码打样以高质量的大幅面彩色喷墨打印机或者是大幅面彩色激光打印机为输出设备，从地图数字页面直接打印地图彩色样张，成为了地图数字制版(Computer-to-Plate，简称CTP)技术必不可少的辅助技术。

二、地图数码打样的特点

地图数码打样既不同于传统打样机平压圆的印刷方式，又不同于印刷机圆压圆的印刷方式。而是以印刷品颜色的呈色范围和与印刷内容相同的RIP数据为基础，采用数码打样大色域空间匹配印刷小色域空间的方式来再现印刷色彩，不需任何转换就能满足地图各种印刷方式的要求。能根据用户的实际印刷状况来制作样张，彻底解决了不能结合后续实际印刷工艺，给印刷带来困难等问题。

地图数码打样由于集成了出版印刷领域最新的理论与技术，因此与地图传统打样相比具有以下技术优势：

1) 工艺先进且适应性强

地图数码打样是现代地图数字出版系统的重要组成部分和关键工艺环节，它能模拟不同印刷方式、不同纸张和油墨印刷效果，模拟范围广；可以模拟与匹配目前平印、凹印、凸印、柔印、网印等各种地图印刷方式的加网与图文色彩、层次、清晰度的再现，克服了不同印刷方式在传统打样中必须先建立不同印刷方式间非线性传递过程转换的弊端，能够满足不同用户、不同要求与不同印刷条件地图打样的质量要求。模拟色域空间大于印刷打样的色域空间，色彩效果好；地图数码打样与印刷在整个色空间中的色差要小于传统打样与印刷之间的色差，因此数码打样的样张在实际使用中，印刷机操作人员普遍感到容易。因此地图数码打样具有广泛的工艺先进性与适应性。

2) 速度快且成本低

地图数码打样可以将印前地图数据处理制作好的版面，直接打样输出，减少了传统打样中出片、晒版、显影，打样准备等环节，能在很短的时间内获得样张，提高了地图生产效率，满足了用户对时间的要求。输出一张大对开(102cm×78cm)720dpi样张的时间，一般机型可在5分钟之内完成，输出速度远远快于传统打样的时间(一般单色打样机完成四色大幅面打样的时间需2小时左右)。而且数码打样的设备投入仅为传统打样的30%，占空间小，材料消耗低，设备维护简便，还能减少RIP与人工时间、胶片输出和印版消耗，还可以避免传统打样发现错误返工时造成的浪费，增加地图数据内容修改的措施，其综合成本大大低于传统打样。

3) 质量稳定且重复性好

地图数码质量稳定、重复精度高，打样可以采用一次RIP解释，多次输出，系统设备与软件全部采用数字控制，降低了对工艺、设备、环境及人员的技术要求，输出样张的质量稳定和重复性远远高于传统打样。传统打样有可能会出现套印不准而造成图像清晰度下降，而数码打样不存在套印不准的问题。

4）作业方便且可靠性高

地图数码打样采用了全数字的计算机控制，降低了作业工序和人为干预，能够实现数据化、规范化、标准化的地图生产作业，只要按照用户要求及规范打印，就能保证输出样张质量的一致，而避免了传统打样受出片、晒版、显影、水墨平衡等诸多因素影响，从而造成样张打样对人员技术的高度依赖。

地图数码打样采用的数字控制设备体积小、价值低廉，对打样人员知识及经验要求比传统打样工艺低，易于普及和推广。

三、数码打样前的地图数据检查

数字地图制图技术制作的地图数据，直观性较差，所见不一定即所得，数据比较抽象，有些属性，需要检查确定，否则，从屏幕或打印图上看见的结果，有时与数码打样图相差很远。数字地图制图技术，制图制印一体化，是将抽象的数据变成印刷版，因此，要对数据进行仔细的分析检查，以确保印刷版的正确性。

1. 制图过程数据检查修改

在数码打样之前或多或少都在做不停的改动。在时间允许的前提下，尽量修改小版数据，这样对一幅存在在书脊中间，展开后有中破缝的图幅数据，可以避免由于改动造成数据错误，因为在印刷版面上，成品地图左右两页的数据极有可能不是挨着的，存在着在两页上的共同需要修改的内容非常容易漏改，修改时，即使时间紧也一定要找出与之相对应的另半幅图数据，检查是否左右都进行了修改，不要有漏改现象发生。

整体检查时应考虑好印刷是否能够很好实现，比如小于 0.15mm 的线划，字大小于 2mm 注记要慎重使用复色，即几种颜色套印。套印在印刷时不容易套印准，黄色较浅，同其他色套印时，如果套合不好，不十分明显。但在其他三色红、蓝、黑大比例的混用几色套印时，就一定要考虑套印问题。小于 0.15mm 的线划，小于 2mm 的字尽量使用单色，避免套色不准的问题。

喷绘出彩色印刷版样图同折叠的小样书对照检查，如果组版出现错误，印刷图也就会出现页码错误等麻烦问题，所以此步检查不能忽视。

2. 做叠印检查

所有改动复查完毕后，不需再做大的改动时，要对地图数据进行叠印检查处理。对符号库中的符号叠印问题，一定在制作符号时做好叠印工作，不能放在最后处理，如果一个不应该做叠印的符号，在做符号库时做了叠印，例如：一个白色的"文"字放在一个蓝色的圆上，此文字不应做叠印，做了就相当于透明，在制版前发现，一本图集所有的这个符号都要一一改动，工作量大且容易出错，所以一定要在做地图符号库时预先做好。

如果某一个对象的颜色做了选择，在制版时，该对象的颜色将叠印到它所覆盖的颜色之上，这样地图印刷时，两种颜色相叠、相混。如果没做叠印选择，该对象的颜色将排斥掉覆盖在它下面的任何颜色。例如，不做叠印的对象一个小面积的颜色压在大面积颜色上，下层颜色会给小面积的颜色留空，会保证上层小面积颜色完全按照自己的色相、亮度、饱和度印刷。这样，在是否做叠印的问题上，遵循的基本原则是：浅色与深色相遇时，浅色不做叠印，否则浅色不会被显示出来。用细线表达的内容必须做叠印，如不做，底色镂空，在印刷时不容易套印准确，出现漏白边，从而影响美观。

在制作特殊效果时，视情况决定是否做叠印处理。一般是选择所有对象，将叠印选择去掉，再选择黑色等必须做压印的对象做叠印处理，其他不做叠印。注意：黑色与任何色混印，仍然是黑色，并且黑色漏白也非常明显，所以黑色要做叠印处理。

白色做叠印时，相当于透明，下面的颜色就会反上来，白色的内容等于没有，因此，白色内容对象决不能做叠印。

3. 地图数据信息检查

用来印刷的地图数据，颜色模式要全部使用CMYK印刷色，不能采用RGB光混合色，更不能混用CMYK和RGB。如果混用，容易出现系统错误，地图印刷颜色与地图设计颜色相差甚远，地图印刷质量大大下降。在信息里查看是否有除CMYK以外的颜色信息。

由于地图数字出版系统安装的字体不同，要检查是否有要替代的字体，如果字体不存在，就需要安装字体或用相近的字体来替代。通常在地图数据印刷前将地图注记全部曲线化。

由于图集含有照片较多，必须检查是否包含图像，图像是否连接。

检查地图数据的分辨率，在检查的过程中，一般彩色图像的分辨率至少为300dpi，灰度图像一般为600dpi，黑白线条则要求为1 200dpi。线条低于该分辨率，则地图印刷出的线划不光滑，一个圆形的线划印出的不是圆，而是多边形。

检查一下是否有白色被做叠印处理了，地图数据信息检查不可缺少，这是十分重要的一项工作。

四、地图数码打样的原理和方法

地图数码打样的工作原理与传统打样和印刷的工作原理不同。数码打样是以地图数字出版系统为基础，利用同一页面图文信息（IRP数据）由计算机及其相关设备与软件来再现彩色图文信息，并控制地图印刷生产过程的质量。

数码打样和CTP两者虽然输出数据源——地图数字页面相同，但是输出设备、输出结果不同，数码打样设备直接输出彩色样张，CTP设备输出的则是由带有分色网点的印版。两者的色域、形式、材料、成像原理均不同，而且CTP印版在印刷过程中印版图像信息的传递也存在变数，最终要让地图印刷品的效果能够与地图数码打样的彩色样张完全匹配，难度是非常大的。为了解决数码打样和印刷之间的颜色匹配，就需要借助色彩管理技术软件，在地图数码样和地图印刷品色域之间建立联系，即建立各个数码打样设备和印刷机的ICC profile（即彩色设备的色彩特性描述文件，表示这一特定设备的色彩描述方式与标准色彩空间的对应关系），以及CTP设备的网点补偿曲线，以期尽可能地实现两个色域的匹配。最终实现在数码打样、CTP设备和印刷机之间直接建立起数字化的联系，使地图数码打样能够更加贴合地图印刷的实际效果，使印刷设备能够追上数码打样的颜色。

地图数码打样系统由数码打样输出设备和数码打样控制软件两个部分构成。地图数码打样采用将传统色彩控制理论与现代ICC（International Color Consortium，国际色彩联盟）色彩匹配理论相融合的色彩管理与匹配控制技术，即高保真地将印刷色域同数码打样色域成色范围一致，在地图生产中实际匹配结果已达 98%。

地图数码打样的流程是：制作地图页面电子文件→IRP→数码打样。

作业程序是：系统设定→电子文件的验收→拼大版→选择打样材料→数码打样。

地图数码打样打一套对开四色版仅需 15 分钟。一套地图数码打样软件可以控制多台数码打样机。

地图数码打样的质量控制采用控制标版和密度计的数据测量方式，重点控制高达 980 个色彩区域的还原，远远优于传统打样重点控制的实地密度。避免在国内尤其是彩色胶印的印前和印刷中习惯于用放大镜观看网点的形态来判断或控制打样或印刷品的质量，对地图印刷人员素质与经验的要求以及控制数据的准确性。

由于地图数码打样的技术基础和应用目标与地图传统打样不完全相同，因此必须注意以下几个关键技术问题，才能准确理解地图数码打样。

1）网点结构

由于目前使用的地图数码打样系统主要采用彩色喷墨打印机作为打样输出设备，彩色喷墨打印机的输出分辨率最高只有 2 400×1 200dpi，而传统加网方式满足印刷条件的输出分辨率必须高于 2 450×2 450dpi，因此所有的数码打样系统都采用了类似日本网屏公司的"视必达"加网的加网结构，即在 1%～15% 采用特殊的调频加网，15%～80% 采用常规加网，80%～100% 采用特殊的调频加网。这种加网方法输出的图文既能够对图文准确再现，消除图文纹理产生的龟纹，又能够利用相对分辨率较低的设备。但是会给习惯于用放大镜观察网点来控制质量的用户带来不便，在某些区域尽管两种打样样张的色彩与层次完全一致，但用户无法通过放大镜观察网点来确定色彩或层次。

2）色彩控制技术方法

地图数码打样系统采用色彩匹配的色彩控制技术方法来建立印刷呈色色域与打印呈色色域的一致，能够分别对不同印刷方式、不同印刷材料、不同生产环境匹配，即建立 ICC Profile 文件。该色彩控制方法完全是根据用户印刷的真实条件来匹配，通过对实际印刷的标准样张信息的采集，能够真正实现样张与印刷品的一致，并具有极高的重复性，ICC Profile 文件还可以直接传入印刷机的控制系统来控制其印刷墨量。与通过实地密度和网点值的传统打样完全不同，对地图印刷经验和人员的专业要求降低。

3）全数字的作业方法

地图数码打样系统的地图数码打样作业采用全数字的作业方式，所有数据都来自于高精度分光光度计，各种印刷方式、印刷条件、印刷材料的印刷呈色色域与打印呈色色域的匹配全部由软件来实现，对地图制印人员的经验和网点判读能力没有太多要求，只需要按设计好的作业程序进行。因此，对于习惯于通过密度或放大镜，基于网点来进行打样或印刷的地图印刷专业人员来讲，则必须改变工作习惯，从经验型作业向数字型作业转变，适应当前印刷领域控制数据化、集成化的趋势。

地图数码打样的特点是采用数码打样设备的大色域匹配印刷工艺的小色域的方式来再现印刷色彩。地图数码打样适应性强主要体现在它不仅可以进行模拟胶印的打样，还可以用于模拟其他印刷方式的打样，如柔印、凹印、丝网印刷等。

五、地图数码打样误差分析

理论上来说，建立了数码打样环境，便可以实现打样输出设备 ICC 同印刷 ICC 的转换，也就可说实现地图数码打样色彩与地图印刷色彩的一致匹配效果。但实际上，数码打样色彩不能完全做到与印刷色彩一致，其误差原因主要有以下几个方面：

（1）印刷参考样张的标准性。如印刷样张的墨色均匀性等会影响到不同测量点位得到不同测量结果。

（2）打样输出设备的色彩稳定一致性。

（3）观察条件的影响。

（4）数码打样输出用墨水、纸张以及呈色方式与印刷用油墨、纸张及呈色方式不同，造成样张色彩的光谱特性不同。

（5）分光光度计是在某一标准光源下测量色块的，因光源的不同会引起数据的变化；另外测量仪器也存在一定的测量误差。

（6）观察者的主观意识会造成色彩感觉的不同。

（7）用于设备 ICC 生成的标准色块只代表了色空间的一部分，其他色块需要进行插值计算，会造成一定的误差。

影响数码打样质量的因素除了数码打样输出设备的线性化及 ICC 特性文件、印刷工艺条件 ICC 特性文件获取等以外，还有其他很多因素。有些综合反映在输出设备的基本线性化或输出设备 ICC 特性文件、印刷 ICC 特性文件内，有些是人为的因素造成的对数码打样环境建立质量的影响。

1) 数码打样设备对打样质量的影响

喷墨打印机打印头工作情况的好坏将直接影响数码打样的输出效果。打印头能够达到的打印精度决定数码打样的输出精度，低分辨率的打印机无法满足数码打样的需求。打印机的横向精度是由打印头分布状况决定的，纵向精度受步进电机影响，如果走纸不好，会对打印精度造成影响，打印时可能出现横纹，必要时需要校正打印头。生产过程中打印头出现堵塞时，样张上就会出现断线现象，此时清洗墨头便可消除该现象。

打印头要及时更换，不要等到打印头不能使用时再更换，通常建议更换墨盒时同时更换打印头。有些公司的墨盒与打印头是同时销售的，不单独销售墨盒，能有效地保证打印质量。实践证明，为了节约一些成本，一个打印头使用两盒墨水可以确保打印质量。

2) 数码打样墨水对打样质量的影响

打样墨水对打样色彩还原起到决定性作用。喷墨打印机的墨水有颜料型和染料型两种。颜料型墨水不易褪色，同印刷油墨特性更加接近，但光源环境对样张色彩影响更加明显。染料型墨水成本较低，对打样的纸张适用范围更广。

建议使用打印机原装墨水，以确保打印输出时有足够的色域来满足模拟不同印刷效果的数码打样要求。如果要使用非原装墨水，一定要对其进行严格的测试，看是否可以满足数码打样对墨水的起码要求。

3) 数码打样纸张对打样质量的影响

数码打样纸张一般为仿铜版打印纸。一方面，它同印刷用铜版纸具有相似的色彩表现力，更易达到同印刷色彩一致的效果；另一方面，涂层的好坏将影响样张在色彩和精度方面的表现。同时打样纸张的吸墨性和挺度也会影响打样质量。

在确定了打印墨水以后，什么样的纸张适合用来做数码打样呢？需要对纸张进行基本线性化的基础上测试纸张 ICC，如果纸张 ICC 大于印刷 ICC 色域，则基本可以用来做模拟该印刷工艺条件的数码打样。

综合数码打样输出设备、墨水和打印头，以及数码打样纸张，最终反映到数码打样输出设备的 ICC 上，也就是纸张 ICC 上。

六、地图数码样张的审校

地图数码样张是地图的最终形式的体现，检查时要注意：

1. 地图内容有无多余或错漏

一些地图冗余数据、往往打印都很难检查出来，在数码打样时有可能出现。这些数据有些是地图数据制作时不小心添加上的线划，或是地图注记配置时不能显示汉字，有些是不需要图层，这些冗余数据一般在屏幕上没有显示，地图打印时该图层处于关闭状态。特别是在通用地图制图软件中，会常常有这种情况发生。另外，也有个别地图注记、符号打样时没有输出数据，特别是生僻字，要特别注意这些地图内容的遗漏，因此，地图注记一般在印刷前最好进行曲线划处理。要检查地图数据极细线划的最小值，一般来说小于 0.1mm 的线划要改为 0.1mm。

在 RIP 解释过程中，出现线划丢失、增加、变形等问题。出现这种情况时，首先检查地图数据制作过程中使用符号的参数设定是否有问题，如果是这种情况，回到地图制图软件中对出现问题的对象进行各种参数的重新设定，再进行数据输出和数码打样；其次 EPS 数据中如果线划中两个端点距离太远也会引起上述问题，如果是这种情况，在相关软件中对出现问题的对象进行"分割"处理，比如把矩形框分割成四条直线，把圆形对象分割成四条弧段，重新进行数码打样。分版 EPS 数据在进行输出过程中，需要对数码样图和 RIP 解释后的数据进行严格、细致的检查，并根据具体情况对各个作业环节进行逐项排查，进行及时处理，才能正确完成地图数据输出任务。

2. 地图易读性

如果地图彩色样张阅读效果不是很好，可以移动地图注记的位置，微调地图的颜色设计以改善地图易读性。

3. 地图要素协调性

地图符号、线划、底色、半色调是否相互协调。

4. 地图底色检查

如果是分幅地图，还要检查各分幅间的底色的一致性。

5. 地图色彩检查

检查地图符号、线划、注记的色彩正确性，如果有问题，需要检查地图成果数据的颜色的数据是否正确。所有彩色图形应该都为 CMYK 模式。

6. 地图数据格式检查

应注意图像的数据格式，适用于数字制版和印刷的格式应该为 EPS 格式和 TIFF

格式。

7. 地图图廓尺寸和出血量检查

对地图图廓尺寸和出血量进行检查。出血量至少为3mm，图廓尺寸也必须在允许的纸张开本范围内。检查色标、套版线以及各种印刷和裁切用线是否设置齐全以及地图大版文件的尺寸是否正确。

第五节 地图数字制版

地图数字制版，即计算机直接制版，简称 CTP(Computer-To-Plate)，是一种经过计算机将地图成果数据的图文信息直接复制到版材上的技术，省去了胶片作为晒版的中间环节，其原理是通过计算机控制激光头在印版上直接制出印刷时所需的图文或空白部分。地图数字制版技术是融计算机技术、激光技术和材料科学于一体，不再需要激光照排机输出胶片、拼版、拷贝及晒版等工序。

地图数字制版系统包括各种直接制版设备和相应的直接制版数码印刷版材，如热敏CTP、银盐 CTP、紫激光 CTP、光聚合 CTP 等。随着直接制版技术的成熟，所需版材价格的逐步下降，直接制版技术会得到迅速发展。

一、地图数字制版特点

数字制版技术是将计算机系统中的地图数字页面直接转换为印版，用于地图印刷。其特点是：

(1)采用计算机控制的激光扫描成像技术，使地图、文字、图像转变成数字直接复制到版材再到印版，免去了胶片输出和晒版等传统印前工艺环节。不再需要激光照排机输出胶片、拼版、拷贝及晒版等工序。

(2)CTP 技术是通过光能成热能直接将图文呈现在印版上，印版上的网点是直接一次性成像的网点，因此避免了网点的损耗、变形、伸缩的弊病，减少了颜色和层次的损失，使印版上网点还原更真实，色版间的套合更精确、色彩饱和度及图次更加清晰、表现更加准确，大大提高了产品的印刷质量。同时，工序环节的减少，不仅节省了所需的设备和材料，降低了成本；而且由于 CTP 版材的水墨平衡性能也大大优于传统 PS 版，缩短了印刷过程中墨色调校与套准调整及水墨平衡时间，可大大提高地图印刷效率。

(3)基于 CTP 技术的地图制印生产，可使地图产品从数据输入、数据处理、编制成图、再直接转换成印版，全过程实现数字化工艺流程，这与传统出胶片工艺比较，更加科学、合理，可以缩短地图印刷周期，提高地图产品的精度和质量。

二、数字制版机

数字制版 CTP 机从曝光系统方面可分为内鼓式、外鼓式、平板式、曲线式四大类。从应用的技术方面可分为热敏激光扫描成像、紫激光扫描成像、UV 光源(包括常规光和激光)扫描成像以及喷墨成像四大类。从曝光系统方面看，使用最多的还是内鼓式和外鼓式。热敏 CTP 机多采用外鼓式曝光，紫激光 CTP 机多采用内鼓式曝光。UV 光源技术目前采用平板式较多，近年来也有采用滚筒式扫描曝光的。曲线式曝光目前使用得很少。外鼓式与内鼓式曝光共同呈主流趋势。

1. 外鼓式 CTP 机

外鼓式 CTP 直接制版机工作时，版材包紧在滚筒外表面上，当滚筒以每分钟几百转的速度沿圆周方向旋转时，版材会随着滚筒以相同的速度旋转。曝光时，声光调节器根据计算机图文信息的明暗特征，对激光器光源所产生的连续的激光束进行明暗变化的二进制调制，调制后的受控激光束照射在印版上，从而完成对印版的扫描成像。在成像过程中，激光器沿着与滚筒轴平行的丝杆步进移动。一般情况下，为提高生产效率，经常采用多个激光束进行扫描。

1）外鼓式 CTP 机优势

（1）外鼓式的优点是适用于大幅面印版的作业，多适用于热敏版材，采用多光束激光头。由于热敏印版所需要的热量大，光源必须有较大的功率，采用外鼓式制版机可以将光源的定位靠近印版。

（2）印版安装在滚筒外面，与印刷机上印版状态一样。能够模拟印刷机的弯版曲率，保证套准精度。

（3）激光到印版的距离短。

（4）光学系统不依赖于照排幅面。

2）外鼓式 CTP 机不足

（1）适用的版材规格少。

（2）滚筒不能高速旋转，上下版慢，在滚筒转动时要保证转动稳定，需要特定的配重平衡装置来维持印版的平衡稳定。

（3）激光束多，偏移量很大，影响网点成像质量，需要进行补偿。

3）外鼓式 CTP 机光源

外鼓式 CTP 机光源常常使用 830nm 或 1 064nm 波长的红外激光器。可以分解阳图热敏 CTP 版材上的涂层材料、使阴图型热敏 CTP 版材涂层材料交联聚合或者烧蚀热敏 CTP 版材上的涂层等。

外鼓式制版系统不需要任何偏转棱镜，同时允许成像激光头更加靠近成像鼓，这一点对热敏成像非常有利，因为距离越近，所提供的激光能量很高。热敏 CTP 技术成熟得比较早，普及率较高。因其成熟而完美的制版质量，高档彩色商业印刷还是多选用热敏 CTP 机。近年来，热敏 CTP 首先实现大幅面、超大幅面，所以在包装印刷领域也大受欢迎。热敏 CTP 的制版速度也明显得到提高，不少经济、实用型的热敏 CTP 机的推出，受到中小型印刷厂的欢迎。

热敏 CTP 机的发展，首先还是在制版质量方面，一些制造商相继采用 GLV 光栅阀技术和方形光点成像技术等先进的影像形成技术，使制版质量得到了有效的保证，其 1%～99% 的网点质量和超高的解像力、清晰度，使制出的印版精度更高，上机印刷彩色还原更逼真。其次，通用的热敏 CTP 对开机型更加成熟，并积极向大幅面、超大幅面发展，同时，还向经济实用、实惠型方向发展。有的热敏 CTP 机，不但能制对开版，还能制 200mm 规格以下的印版，更加方便。

热敏 CTP 机制版速度越来越快，柯达的热敏 CTP 的制版速度已达 60 张/小时，是目前制版速度最快的热敏 CTP 机。热敏 CTP 机多采用阳图型热敏 CTP 版制版，不需要预热，节省了占地面积，缩短了制版时间。

2. 内鼓式 CTP 机

内鼓式 CTP 机把滚筒内层作为承托印版的鼓，内鼓是向内凹陷的，印版装载到内鼓的内部后，卷曲地贴在成像鼓的内壁，通过抽真空设备将其固定在成像位置。曝光时，声光调节器根据计算机图文信息的明暗特征，对激光器光源所产生的连续的激光束进行明暗变化的二进制调制。调制后的激光束并不是直接照射在印刷版上，而是通过反射镜照射到一组旋转镜上。一方面，旋转镜垂直于滚筒轴做圆周运动，随着镜子的旋转，激光束就被垂直折射到滚筒上，因此转动镜子也就转动了激光束；另一方面，旋转镜沿滚筒轴进轴向步进移动，也就是说，激光束相对于滚筒做螺旋形运动。扫描印版时，大部分激光被印版吸收，调整激光束的直径可以得到不同程度的分辨率；调整镜子的转速，则可以调节曝光时间。

1) 内鼓式 CTP 机优点

(1) 扫描速度快，目前较先进的紫激光技术多采用这种激光方式。

(2) 印版不动，这样使整体结构变得简单，机械稳定性好。

(3) 采用单激光头，因此无激光束间的相互调节，价格相对便宜。

(4) 上下版方便，可支持多种打孔规格，打孔的设计简便。

2) 内鼓式 CTP 机不足

(1) 不适合大幅面的印版。

(2) 不适合热敏版，网点受激光强度及显影处理会有变化。

(3) 光学路径长，使激光到印版的距离变长，对抖动敏感。

3) 内鼓式 CTP 机光源

内鼓式 CTP 机光源常用 400nm、410nm 的紫激光，使激光器结构日趋简单，性能不断提高，价格明显下降。由于紫激光波长短，产生的激光点比较小，光学分辨率高，可以确保高光学分辨率输出；紫激光光源较小的体积也就意味着转速可以提高，如果配合上高感光度的银盐版，印版的输出效率较高；紫激光的发光波长处在传统光化学感光材料的感光波长范围内，因而缓解了版材开发的难度；紫激光只在对应的印版上感光成像，所以可以在黄色安全灯下操作，增加了使用的方便性；紫激光二极管光源稳定、光点结实，可以产生出高质量的印刷网点；紫激光激光器体积小，模块程度高，维修、更换方便。

紫激光 CTP 技术在近年来的发展是喜人的。今天的紫激光 CTP 机，选用的紫激光器寿命更长。制版速度普遍较快，克劳斯的 CTP 机的制版速度达 300 张/小时。

总之，内鼓式 CTP 机制版速度快，特别是紫激光技术的应用，更使内鼓式 CTP 机如虎添翼，但成像质量需进一步提高；该制版机常常使用银盐、光聚合等光敏 CTP 版材。外鼓式 CTP 机制版速度稍慢，但成像质量好，多用在商业印刷领域；该制版机常常使用热交联、热烧蚀、热分解等热敏 CTP 版材。地图数字制版应该首选外鼓式的热敏 CTP 机，热敏 CTP 机网点质量好和超高的解像力、清晰度，印版精度高，上机印刷彩色还原逼真，能满足地图数字印刷制版的所有需求。

三、地图数字制版技术

地图数字制版是由激光器产生的单束原始激光，经多路光学纤维或复杂的高速旋转光学裂束系统分裂成多束(通常是 200~500 束)极细的激光束，每束光分别经声光调制器按计算机中地图图像信息的亮暗等特征，对激光束的亮暗变化加以调制后，变成受控光束照射到印版表面进行成像工作，印版被固定在成像鼓的外侧，当滚筒以每分钟几百转的速度沿圆周方向旋转时，版材会随着滚筒以相同的速度旋转。与此同时，激光照射在印刷版上，完成对印刷版的扫描。在印版上形成地图图像的潜影；经显影等后工序(或免处理)，计算机屏幕上的地图图像信息就还原在印版上供印刷机直接印刷。

地图数字制版技术工艺流程中，由于印版的曝光方式是采用激光逐点扫描曝光，印刷网点面积由曝光的激光点组成的。网点大小能够准确控制，通过对设备进行线性化，以及准确控制制版过程中的显影液浓度、显影温度、曝光时间等条件，并配合使用印版网点检测仪对输出在印刷版上的网点进行量测，可以使印版上的网点得到准确而有效的控制。

网点质量的可控性，使过去不可避免的晒版引起的网点扩大问题也可以轻松解决，并且可以保证每次印版输出质量的稳定性。铝基印版的稳定性也远远高于软片，对印版图文位置的控制更加有保证，从而使套印更加准确，不会出现由于手工拼版而出现的套印不准问题。

设备调试到最佳状态后，地图数字制版能够达到以下质量指标：

(1) 加网参数可以实现与 RIP 解释时的设置一样。
(2) 网点变形检验，从星标上看不出明显的不平衡。
(3) 网点阶调范围，在加网线数为 200lpi 时可以达到 1%~99% 的网点可见。
(4) 阶调线性化误差，在 RIP 中作过线性化后，线性化误差可以达到 2% 以内。
(5) 最小线宽可以实现 20μm 的线条在主副扫描方向都可见并连续。
(6) 几何尺寸误差小于 0.05mm。
(7) 渐变过渡的输出基本平稳，无明阶变、跳动。
(8) 重复精度小于 0.01mm。

在地图数字制版技术中，由于地图图文信息直接以逐点扫描曝光的方式复制到版材上，能够准确地复制地图数据图像，在版材上网点可以做到准确再现。采用地图数字制版技术提高了地图印刷精度和质量。

第六节 地图印刷

一、地图印刷的主要方法

地图印刷采用的方法要根据地图下列特点和要求而定：

(1) 地图信息的表示有着很强的设计表示特征。地图设计是对地图信息的创新式加工，将没有生命的数据赋予生命力。地图素材通常不具备色彩信息，地图设计时需要将不同要素进行色彩化、符号化处理。

（2）图种多样性。地图信息多样化，根据内容与表达方式的不同而分为普通地图、地形图、影像地图、专用地图等。地图内容复杂，容易发生错漏，要求可以在版面上修改和填补。

（3）要求印刷精度高。地图上为了使不同级别的信息要同时在一定幅面上正确、清晰地表达，符号和注记要求精细；有些线划会非常细，要求印刷时有很好的印刷精度，确保地图要素套印准确、不断线，从而也保证了地图具有较准确的量算功能。

（4）为了在一张图上表达完整的地图信息，地图的幅面常常会超大。由于印刷机幅面限制，地图印刷甚至需要进行拼幅处理。

（5）地图印刷用色多。除了常规的四色印刷以外，还有大量的六色或以上的地图印刷任务，印刷难度高。

（6）要求地图制印方法简便，成图迅速，成本低。

采用凸版或凹版制印地图不能同时满足上述要求，例如，凸版或凹版上的错误难以修补，对大面积的普染色难以制印等。用平版胶印的方法制印地图，由于平版上应用物理化学方法建立印刷要素和空白要素，在一定程度上，无论图幅大小和内容种类多少，都容易制作，能保证一定的质量和精度，也能在版面上修改错误和填补遗漏。使用胶印机印刷，既能保证多色套印准确，又能在短时间内印出复杂、精细的大量彩色地图。与凸版或凹版印刷地图相比，平版印刷地图成本最低。

二、地图印刷的主要过程

1. 检查出版图数据

出版图数据的好坏，直接影响印刷图质量，所以在印刷之前，对数据必须进行检查。印刷多色地图时，要检查彩色数码样图。彩色数码样图是地图印刷的参考依据。

2. 印刷工艺设计

印刷地图一般是按照地图印刷工艺方案的规定进行的。印刷工艺方案是根据数字地图制图的任务和要求、制印设备、技术条件等制定的。

3. 地图数码打样与审校

将地图成果数据进行数码打样，打印出样图，用来检查有无错误和遗漏，用色是否准确。如错漏较多，需要修改地图数据，重新打样；如果是个别错误，可直接修改地图数据。最后，打印标准样张。从地图成果数据源到制成印刷版印刷难免产生这样或那样的缺点和错误，因此，在正式印刷前，通过数码打样方法获得样图，进行严格的审校，可以把图上缺点、错误消灭在正式印刷之前。同时，通过样图，可检查未来的地图成品是否符合设计要求。样图还可为印刷提供颜色标准。

4. 地图数字制版

将地图成果数据直接制成印刷版，以便上机印刷。

5. 地图印刷

以打印的样张为标准，将印刷版安置在胶印机上进行正式印刷，以获得大量印刷成品。印刷时要经常检查印刷图上的墨色和套印情况，保证地图印刷品质量。

6. 分级、包装与装订

检查印刷成图,按质量分为正品、副品,剔除废品,然后按规定数量分级包装。印刷地图集(册)时还要装订成册。

三、地图印刷

地图印刷普遍采用胶印机。胶印机有幅面大、印刷速度快、成本低等特点,能满足地图印刷要求。

1. 胶印机

胶印机主要由印刷部分(版辊筒、橡皮辊筒、压印辊筒)、输水部分、输墨部分、输纸部分、收纸部分和动力部分组成(见图10-3)。

1) 单色胶印机

单色胶印机(见图10-2)的印刷部分由印版辊筒、橡皮辊筒和压印辊筒组成。该机采用连续式自动输纸。

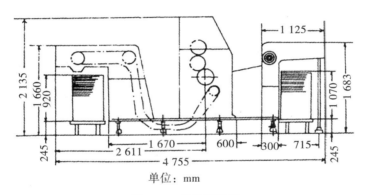

图 10-2 单色胶印机

2) 双色胶印机

双色胶印机(见图10-3)印刷部分通常由 5 个辊筒组成。它比单色胶印机多了一个版辊筒和橡皮辊筒。印刷时,纸张附在压印辊筒上,先与第一色的橡皮辊筒接触,然后与第二色的橡皮辊筒接触,附在压印辊筒上的纸张便依次印上了两种颜色。

3) 四色胶印机

四色胶印机(见图10-4)是将四部单色胶印机的印刷部分组合起来,共用一套输纸系统和收纸系统。印刷时,纸张附在压印辊筒上,先与第一色的橡皮辊筒接触,然后与第二色的橡皮辊筒接触,接着与第三色的橡皮辊筒接触,最后与第四色的橡皮辊筒接触,附在压印辊筒上的纸张便依次印上了四种颜色。

2. 地图胶印

地图胶印前,根据任务准备好纸张、油墨并调整好印刷机。根据印图任务和套色顺序,取出印刷版,检查印刷版的裁切线、规矩线和咬口位置是否齐全,印刷版上的线划、网点是否实在、光洁,空白部分有无污点。印刷版不符合要求的,应重新制版。

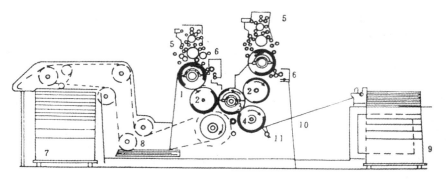

1. 版辊筒；2. 橡皮辊筒；3. 压印辊筒；4. 纸张传送辊筒；5. 油墨装置；6. 输水装置；
7. 收纸台；8. 单张收纸台；9. 输纸部分；10. 输纸台；11. 摆动臂

图 10-3　双色胶印机

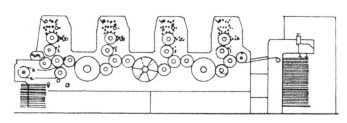

图 10-4　四色胶印机

1）胶印机的操作工序

(1) 上印刷版：将印刷版安装在印刷辊筒上。

(2) 上橡皮布：在橡皮辊筒上装置橡皮布，并用汽油擦洗干净。

(3) 装油墨和上水：在油墨槽中装入适量油墨，在水槽中注入适量药水，并调整均匀。

(4) 洗胶和换墨：先用湿海绵或湿布拭去印版上的胶层，再用汽油洗去印版上的油墨，然后开动印刷机，在印版上湿水和上新油墨。

(5) 放置纸张：将准备好的纸张，整齐地堆放在纸台上。

(6) 上机油：在胶印机的各部件上加机油。

(7) 开机印刷：印刷时先落下水辊，后放下墨辊，并及时输进纸张，通过印刷装置的压力，印版上的图文就转到橡皮布上，橡皮布上的图文随即转印到压印辊筒的纸上，从而获得印刷图。

2）彩色地图套印顺序

用单色机印彩色地图，先要确定各色印刷顺序。印刷多色地图，要求套印精确，图形清晰、颜色鲜艳、主次分明。排印的一般原则是，先印线划，后印底色；先印透明性差的油墨，后印透明性好的油墨。

现在地图一般都用黄(Y)、品红(M)、青(C)、黑(K)四色压印。如用双色机印，可先印黄(Y)、品红(M)，再印青(C)、黑(K)。如用四色机印，四种颜色一次即可印成。

3. 地图印刷质量控制

地图印刷时，一般要有专业的地图制图人员跟机。这样一方面可以严格控制颜色的一致性，另一方面可对地图内容中大的质量问题进行再次检查。

1) 地图接色

地图印刷中，几乎每版都有接色印刷。有的是版面内上下或左右接色，有的是这套版内容和下一版跨页接色。一般接色标准以地图数码打样的签样为准。地图制图工艺人员应按照签样标准随时进行严格检查。

2) 色条一致性

地图印刷过程中，对色条的控制很重要，必须保证地图集中几种色条的颜色一致性。印刷时地图制图工艺人员要用密度仪对色标进行量测，在制第一套版时，要跟机量测色标签样。

3) 地图套印质量

地图印刷对套印精度要求很高，地图上双色和三色的线条、注记较多，有的地图色条中还设计有反白字，面积色中有空白区域(为专色印刷留下的空白区域)，套印精度要求更高。如出现套印不准，立刻停止印刷，查找原因。通常是纸张变形，此刻必须换纸重印。为了保证地图印刷质量，避免纸张变形，应提前对纸张在晾纸房进行晾纸，使纸张温度和湿度达到要求后再进行印刷。另外，还要有控制精准而有针对性的机器调节，正确的印刷操作，才能印好高精度地图产品。

4) 控制水墨平衡

水墨平衡是指地图印刷版上空白区和图文区边缘界限的亲水、亲油的临界状态。只有做到印刷版水墨之间的平衡，才能使亲水区和亲油区交界区清晰，图文边界亲油饱满，空白区无任何油渍、污渍。

5) 保持印刷机运行状态良好

印刷机处于良好的运行状态，是印刷高质量地图的保证。如印刷机的日常保养；印刷机的印刷辊筒、橡皮辊筒、压印辊筒之间压力调整；水、墨辊与印版辊筒的接触压力；出水辊、出墨辊与水、墨辊间的调整；橡皮辊筒中橡皮布版夹是否平行；橡皮布及印刷版是否夹紧对网点的影响；橡皮布使用时间长失去弹性；印刷机自身各色之间的套合精度；输纸摆动牙与压印咬牙间的交接配合；压印咬牙压力大小及压力是否一致对套合的影响。

地图印刷过程中还可能出现影响地图印刷质量的其他问题，如在动态印刷中，水斗溶液的PH值、酒精浓度、温度；油墨的黏芝；印刷车间光照度、温湿度等都能对地图印刷质量造成影响。

四、地图印品的分级和包装

地图印品的分级、包装是地图印刷的最后工序，主要检查成图质量和数量，整理包装成品。

1. 地图印品分级的质量标准

(1) 图形完整，墨色均匀，线划、注记光洁实在，无双影、脏污。

(2)各色套印准确,线划色和普染色套合误差不超过 0.2mm。
(3)地图展开页对接准确,误差不超过 0.2mm。
(4)图面整洁,图纸无破口和褶皱。
(5)墨色符合色标,深浅与开印样一致。
(6)地图集装订符合要求。

2. 地图印品的分级

分级是根据地图印品的质量标准,挑出废品,把正品和副品分别存放。正品地图要求内容没有错漏,精度符合要求,套印误差在规定限度内,图面整洁,墨色符合色标,深浅与开印样一致。副品地图要求内容没有错漏,精度符合要求,套印误差略超过规定限度,图面没有明显脏污。没有达到上述要求的是废品。

分级完成后,交给裁切人员裁切。裁切时将印刷图整理整齐,按图幅天头、地脚和左右应留白纸尺寸进行裁切,裁去多余的白纸边。

地图集装订时,要对锁线、吃胶、裁切成品的质量进行检查,精装地图集还需要检查硬纸板厚度和凹槽宽度是否符合要求。

3. 地图印品的包装

检查合格并裁切好的地图经准确点数后,包装整齐,不得捆伤和弄脏地图。一般为 50 张 1 叠,每 4 叠为 1 捆。包装完毕,应检查包装,核对数量后上交。

第七节　地图数字印刷

数字印刷技术的快速发展使得其可应用的领域不断拓宽,从最初简单的商业印刷已经扩展至标签印刷、包装印刷、(地图)出版印刷等各个领域。

一、数字印刷和传统印刷的区别

数字印刷的印前图文是数字的,而传统印刷的印前图文是模拟的,也可以是数据,如果是数据可用数字制版技术制作印刷版,然后再印刷。

1. 油墨有别

传统印刷用油墨只有液体油墨一种。数字印刷用油墨有液体油墨和墨粉两种。墨粉需要加热熔化后再干燥固化。

2. 印版不同

传统印刷都有印版,其印版图文是恒定不变的。数字印刷除喷墨印刷外也有印版。数字印刷印版目前主要有:

(1)恒定图像印版:类似传统印版,但材质不同。
(2)无(非)恒定图像印版:可多次成像,成像后可擦去,但不能记录,每印刷一次必须重新成像(制版)。
(3)可重复成像印版:可多次成像,成像后可记录,根据需要也可擦去。

3. 印刷幅面

目前,静电成像数字印刷只适合小幅面以 A4、A3 为主,少量为 A2。最大幅面为 A1。

喷头固定的喷墨印刷幅宽不宜太大，喷头可移动的喷墨印刷幅宽可以很大，但速度不能很高。传统印刷适合各种幅面。

4. 图文可变性

除恒定图像数字印版印刷外，数字印刷很容易实现每张印刷品都不同的可变印刷，传统印刷则很困难。

5. 印刷质量

目前，传统印刷质量高，大多数数字印刷质量尚有差距，数字印刷可以满足一般质量需求。

6. 印刷速度不同

目前数字印刷机的印刷速度，远低于传统印刷机的印刷速度。目前最快单张纸喷墨打印机富士 Jet Press 720 每小时可打印幅面为 750mm×530mm 的纸 2 700 张。而最快的对开单张纸胶印机速度是每小时 18 000~20 000 张，两者相差 14 倍。又如，目前最快的卷筒纸喷墨打印机柯达 Prosper 5 000X L 每分钟可打印 200m，而卷筒纸胶印机最高速度是每分钟 960~1 080m,效率相差 5 倍。

7. 成本

印刷数量较大时，传统印刷的成本低。印刷数量较小时，数字印刷的成本低。目前的分界线是 200 张左右。总体看来，数字印刷成本高，有统计数据显示静电成像数字印刷机成本是单张纸胶印机成本的 5~10 倍。

8. 市场不同

传统印刷的最大优势是印刷质量和效率，因此，传统印刷适合印刷数量较大的印刷品印刷。数字印刷最大的优势是图文可变，快速，可以一张起印。因此，数字印刷适合数量较少的个性化按需印刷和可变图文（数据）印刷。

二、数字印刷技术发展趋势

数字印刷技术快速发展主要体现在以下三个方面：

1. 印刷幅面不断扩大

印刷幅面对数字印刷的产能非常重要，特别是地图数字印刷，而数字印刷要想实现工业化应用，产能的提升必不可少。目前，生产型数字印刷设备的印刷幅面以 A4、A3 和 B3 为主，但随着喷墨打印头的阵列化和静电数字印刷设备的感光鼓/感光带幅宽的提升，B2 幅面的数字印刷设备逐渐出现并走向应用。B2 幅面数字印刷设备的推出之所以重要，一方面在于印刷幅面的增大能有效提升生产效率、降低单位生产成本；另一方面在于，胶印的最大印刷幅面通常为 B1，数字印刷设备的幅面尺寸越接近 B1，对传统印企的吸引力就会越大。因此，B2 幅面数字印刷设备是数字印刷挑战胶印的先锋。目前，虽然主流的数字印刷厂商都推出了 B2 幅面的数字印刷设备，但真正投入市场的只有富士胶片 JetPress 720、网屏 Truepress JetSX 和 HP Indigo 10000 等。

2. 墨水及色粉性能持续改进

对于高速喷墨印刷设备来说，墨水对于提升印刷质量和印刷速度、拓展应用领域的重要性不言而喻，各大厂商也对墨水的研发给予了足够的重视，推出了各种类型的墨水，如

HP 的颜料型水性墨水、柯达的纳米级水性墨水、施乐的微粒树脂墨水、富士胶片的环保水性墨水、网屏的色颜料经聚合物包覆处理的喷墨墨水、奥西的 CrystalPoint 墨水等。可以说，高速喷墨印刷的质量和速度能媲美胶印，墨水技术的快速发展功不可没。当然，大多数喷墨墨水是根据不同的喷墨打印头特性研发的，因此通用性还存在一定问题，如何突破该问题将成为未来墨水技术的发展重点。

对于静电数字印刷设备来说，色粉同样是关键，其由着色剂、树脂、添加剂等构成，色粉颗粒的形状、一致性、呈色性和介质附着力是影响印刷质量的重要因素。研发纳米级、高饱和度呈色以及绿色环保的色粉成为许多厂商的主要攻关方向。

3. 在线涂布装置和 UV 墨水的应用

一些高速喷墨印刷设备，如 HP T 系列、柯达 Prosper 系列等都可以连接在线涂布装置对普通纸张进行在线涂布，进而扩大了高速喷墨印刷设备的纸张适用范围；部分针对包装及标签印刷领域的高速喷墨印刷设备则使用了 UV 喷墨墨水，如网屏 Truepress Jet L350UV 喷墨印刷系统、方正桀鹰 L1400 彩色 UV 喷墨标签数字印刷机等，同样也提高了承印材料适应性，也拓展了高速喷墨印刷的应用领域，使之由商业印刷领域向标签、包装、（地图）出版印刷领域发展。

三、数字印刷原理与方法

数字印刷分为喷墨数字印刷和静电成像数字印刷两大类，两大技术各有特点。

1. 喷墨数字印刷

喷墨数字印刷是由计算机根据印刷图文信息，控制喷嘴，将需要的墨水（粉）直接喷印（射）到承印物上，完成图文复制即完成印刷过程。喷墨数字印刷图文的复制由计算机直接到承印物，中间没有任何图文转移的载体，因此，喷墨数字印刷是没有印版的印刷。

喷墨数字印刷速度快，印刷成本低，稳定性好，比较环保；但纸张的适应性差，印刷质量也差些。

喷墨印刷的主要部件当然是喷墨头，无论是热喷墨、压电喷墨还是连续喷墨，喷墨头都要完成同样的工作——控制墨水通过喷嘴喷出。随着喷墨技术的日益成熟，鉴于喷墨印刷的速度和成本优势，喷墨数字印刷会有较大的发展空间。

2. 静电成像数字印刷

静电成像亦称电子成像。静电成像数字印刷的印刷过程与传统印刷的印刷过程基本相同。静电成像数字印刷是由计算机根据印刷图文信息，控制静电（电子）在中间图文载体上的重新分布而成像（潜像或可见图像）形成图文转移中间载体（即通常说的印版），油墨（墨粉）经过中间载体（印版）转移到承印物上，完成图文复制即完成印刷过程。因此静电成像数字印刷是有印版的印刷。静电成像数字印刷与传统印刷一样，在印刷前首先要制版（中间载体上成像），油墨通过中间载体——印版，把印刷的原图文复制到承印物上。两者所不同的是，静电成像数字印刷的印版与传统印刷印版的结构、形态及印版生成方法不同。

静电成像数字印刷及其印刷机对承印物无特殊要求，色域范围大于传统印刷，色彩更亮丽真实，印刷质量可以达到胶印水平，单个像素可达 8 位的阶调值；部分机型具有独立处理套印、字体边缘、人物肤色及独特的第五色功能。

静电成像数字印刷及其印刷机的缺点主要是：受激光成像技术的限制，单组成像系统高速旋转时，激光束会发生偏转，在印版滚筒中间和边缘之间出现距离差，从而造成图像层次不清，细节损失；电子油墨进行四色印刷时，有时采用各色油墨全部转移到胶皮滚筒橡皮布上叠加成像，可能会造成网点增大或混色，从而影响高光和暗调部分的色彩还原和丢失一些细节。

到目前为止，静电成像数字印刷技术，仍然是数字印刷的主流技术。静电成像数字印刷技术及其印刷机是数字印刷及设备中，种类最多，应用广泛，印刷质量好的数字印刷技术。地图数据应采用静电成像数字印刷技术。

四、地图数字印刷

目前，如果地图印刷数量不超过 200 张，幅面不大于 B2（500×706mm）可以采用数字印刷技术方法。对应急地图印刷是首选方案。

1. 地图数字印刷技术方法

以比较有代表性的静电成像数字印刷技术的 HP Indigo 静电数字印刷系统为例，来论述地图数字印刷技术方法和步骤：

1）印版充电

该过程是对安装在成像滚筒（即印版滚筒）上的光电成像印版 PIP（Photo Imaging Plate）充电，且让其达到一定的电位。

2）印版曝光

采用激光二极管扫描 PIP 印版，从而形成电子潜像。曝光控制机根据经调制处理过的地图图文信息控制激光束的开启和关闭，印版上与页面图文区域相对应的部分被曝光，使这些区域的静电荷中和，从而在印版表面生成肉眼看不见的静电潜像（阳图版面信息）。

3）地图图像显影

地图图像显影是利用回收滚筒和成像滚筒间的电位差和电子油墨特性，在成像印版上着墨形成实际的图像。由于显影辊筒和印版均带有不同的电压，于是在旋转着的印版滚筒与显影滚筒之间产生了强大的静电力。经过曝光处理后的印版图文区域带电较少（原电荷已经被部分中和），而非图文区域带电较多，由于油墨带电，借助于印版滚筒与显影辊筒间的静电力，油墨中的带电粒子被吸引到图文区域，非图文区域聚集很多电荷，因此排斥带电的油墨颗粒，使墨滴朝向显影辊筒迁移，由接收盘接收后送到泪墨容器重复使用。

4）清除处理

清除过程表示清除成像印版表面多余的液体和油墨，对印版图文区域和非图文区域进行清洁和压缩处理，借助于印版滚筒与其他相关滚筒之间的机械压力和静电力，把印版表面的非图文区域多余的、作为油墨颗粒载体使用的液体清除掉，图文部分多余的液体也一起被清除，从而使转移到印版表面的油墨颗粒紧密地黏结在一起。使得图文部分有清晰和协调的外观，非图文部分则清除干净，没有任何残留下来的油墨颗粒。从印版表面清除下来的油墨由接收盘回收，送到分离器过滤出油液以供重复使用。

5）第一次油墨转移

在静电力和机械压力的共同作用下,印版表面的带电油墨层转移到带电橡皮滚筒上。

6)清理工作

主要清除成像印版上所有遗留油墨和静电荷,并对其放电复位。到此为止,印版表面已经经历了一个完整的旋转周期,等待下一次充电,为下一个印刷周期作好了准备。

7)第二次油墨转移

让橡皮滚筒继续旋转并对其加热,在其表面的电子油墨也因此而被加热,导致油墨颗粒部分熔化并混合在一起,组成热而带黏性的液状胶体。当油墨与承印材料表面接触时,由于承印材料温度要明显低于油墨颗粒的熔化温度,油墨颗粒快速固化并粘附到承印物表面。

2. 地图数字印刷质量控制内容

1)地图印前数据的质量检测

对地图数据文件进行检查,发现问题和错误。

(1)地图版面内容的检查:

地图版面内容是由地图要素图形、注记和图像三者组成的。对于印刷的地图注记文字必须用矢量格式保存,而且还要注意字库匹配的问题。如果没有地图成果数据所提供的字体,应将所有注记曲线化处理。由于图形是矢量文件,所以对于地图图形,一般要注意的是色彩和文件格式问题。在检查的过程中,一般彩色图像的分辨率至少为300dpi,灰度图像一般为600dpi,黑白线条稿则要求为1 200dpi。同时还应注意图像的格式和色彩模式,适用于印刷的格式应该为 EPS 格式和 Tiff 格式。所有彩色图形、图像应该都为 CMYK 模式。另外,如果使用专色印刷,需要对专色进行必要的设置。

(2)地图版面设计的检查:

必须要综合纸张交接和印后加工等因素,对地图数据图形尺寸和出血量进行检查。出血量至少为3mm,图形尺寸必须在允许的纸张开本范围内。检查色标、套版线以及各种印刷和裁切用线是否设置齐全以及地图大版文件的尺寸是否正确。

2)原材料的检查

作为地图数字印刷所使用的原材料,纸张和油墨的变更会直接影响最终的印刷输出,改变印刷输出的色域空间。纸张的性能及印刷适性,数字印刷油墨性能,必须与相应的数字印刷技术相适应。因此对原材料的质量进行控制是保证印刷稳定输出的必要条件。只有保证了印刷材料的稳定性,才能保证印刷输出的稳定性。

3)地图印刷成品的质量检查

通过网点面积、网点增大值、实地密度、灰平衡、灰度等指标来分析地图数字印刷成品的质量。

3. 地图数字印刷质量控制方法

在地图数字印刷流程中,作业信息都以数据形式存在,所能看到的仅仅是输入的版面元素、显示设备所表现的地图版面信息。任何失误或者错误都会造成数据传输失败或者输出结果异常。因此,为了保证数据正确畅通的传递,必须有一套合理的控制方法。

1)网点的控制

地图数字印刷采用的是数字混合加网技术,因此对于网点的控制同样至关重要。数字混合加网技术是综合调幅、调频两种加网技术，并结合数字化控制的混合加网技术。它借鉴了调幅网点与调频网点两者的优点，具有稳定性和可操作性的优势，相对于传统的加网技术，数字混合加网技术的输出速度和分辨率都有很大提高。

2）图像颜色、层次、清晰度和一致性的控制

通过色彩管理、数据传输与管理，可以很好地对地图颜色、层次、清晰度和一致性进行控制。

(1) 色彩管理：

色彩管理，是指运用软、硬件相结合的方法，在地图生产系统中自动统一地管理和调整颜色，以保证在整个过程中颜色的一致性。地图数字印刷流程是个开放式的系统，对于输入、处理以及输出设备，可能分别来自不同的厂家，各设备对于颜色的描述及表达方式都有所不同。即便是同一设备，如果使用次数增加，也会发生损耗，对颜色的表现力也会相应的变化，使色彩复制难度增加。并且有的时候为了异地观看或复制，彩色图形文件还需要在不同设备或者媒体之间传递。因此，为了实现不同输入、输出设备间的色彩匹配，使色彩能够在不同设备与媒体间一致性的传递，即实现"所见即所得"，必须要对设备进行色彩管理。国际色彩联盟ICC为了实现色彩传递的一致性，开发了一种跨计算机平台的设备颜色特性文件格式，并基于此构建了一种包括与设备无关的色彩空间PCS(Profile Connection Space)、设备颜色特性文件(ICC Profile)和色彩管理模块的色彩管理框架CMM(Color Management Model)，称为ICC标准格式，目的就是建立一个以一种标准化的方式交流和处理图像的色彩管理模块，并允许色彩管理过程跨平台和操作系统进行，使各种设备和材料在色彩信息传递过程中不失真。

(2) 数据传输与管理：

在地图数字印刷流程中，数据量会随着数字化程度的加深而呈几何级数增加。虽然有快速的网络，但仍然需要对数据的传输与管理进行优化。因此，印前领域制定了两个相关的规范OPI(Open Prepress Interface)和DCS(Desktop Color Separation)。OPI规范允许在拼版时使用低分辨率的替代图像，分色输出时再由OPI服务器自动替换为相应的高分辨力图像，这样就可以减少网络中文件的传输量。DCS规范可以管理桌面出版系统的整个分色过程，缩短生产时间，降低对设备的要求。在地图数字印刷过程中，数据在各个环节中流动。因此，在地图数字印刷过程中保持不同平台对文件的解释一致，并保证地图数据文件在传输过程中不缺失是极其重要的，否则就得不到正确的输出结果。

第十一章 地图分析应用与评价

第一节 地图分析

地图作为一种实用技术产品,其应用伴随着其产生和发展一起,不断地得到发展。然而,由于古代的地图缺少精密的测绘方法,其精度和详细程度都有很大的局限性。科学的地图分析始于18世纪。实测地形图的出现为地图编绘提供了精确可靠的资料。地图在很大程度上促进了对现象的空间分布及其联系规律的发现。学者们最初的兴趣是根据地图研究大陆和海洋的位置,计算它们的高度和深度,研究它们的形状特征和海陆系统的分布规律。例如,俄国的测绘专家季洛于1887—1889年研究了全球地势,按纬度带计算了陆地的平均高度和海洋的平均深度,发现在南、北纬30°~40°的纬度带内,大陆的高度与海洋的深度有增加的趋势。到20世纪初期,对地图的研究促进了地理地带性的发现。起初发现了"地球的气候和植物的地带性",随后证明了"整个地理环境的地带性"。德国学者魏格纳从南美东海岸和非洲西海岸的轮廓拼合性,逐渐形成了大陆漂移学说并推动了地球板块学说的研究。

当代对地图的分析研究,从定性到定量,运用多种不断产生的应用数学方法和地理学知识,不断地深入揭示客观事物发生和发展的地理机理,认识它们的规律并且用数学模型来描述,用可视化的科学方法将发展过程表现出来,为各种科学决策提供支持。

地图记录着具体地物或现象的位置和空间关系,不仅能直观地提供各种现象分布的知识,还能从中找出分布的规律性。地图的品种和数量日益增加,如何让读者充分地理解地图传输的信息,发挥地图的潜能,推动地图应用的深入和领域的扩大,对地图学科的发展及地图产业化都有极大的意义。

一、地图分析的基本概念

地图分析就是把地图表象作为研究对象,对于我们感兴趣的客体,利用地图上所载负的客观实体的信息,用各种技术方法对地图表象进行分析解译,探索和揭示它们的分布、联系和演化规律,预测它们的发展前景。在有某种需要时,人们去使用地图,首先是阅读地图,接着是设法获得某些数量和质量指标,以期深入了解地图表象的结构、区域间的差异、各要素之间的联系规律、发展演化进程,对区域和环境质量作出评价或预测预报今后在特定时空中的结果,最后就是根据需要,对这些分析结果作出地理解释。从这个过程可以看出,使用地图的过程分为地图阅读、地图分析和地图解译三个阶段。对于非常简单的任务，通过对地图的阅读、查询、对照、估算等手段来实现其使用。对于较复杂的任务，要使用各种技术方法，对地图上所载负的信息进行分析，获得各种有用的数据，研究地理现象的结构和地区间的差异，探索现象间相互联系的规律，分析现象的演化过程并预测预报未来的或我们尚不知晓的状态等，为经济建设和科学研究服务。地图解译通常是各行业的专家们的工作，他们根据分析地图获得的结果，结合自己的专业，对其进行合理的地理解释。

人们将对客观现实的认识和理解通过地图的形式表现出来，读者通过对地图的阅读和理解，从地图上获得对客观现实的认识和知识，再反馈到客观现实中去验证和应用，这样构成了一个地理信息的大循环。在这个循环过程中，地图作为地理信息的载体和通道，将作者理解的地理信息传输给读者。因此，地图是制图的结果，又是地图应用的目标主体，联系着制图和应用两个部分，制图过程中使用的数学的或图解的塑型方法同样也适用于地图的分析应用。

地理学家将地图看作地理学的"第二语言"。地图是地理学研究的必备工具。社会生产力的发展及社会活动的增强，人类对环境的作用强度更加突出，为了人类的可持续发展，要求地理科学对自然资源、自然环境和地域系统的演变进行定量分析，应用数学方法和计算机技术，寻求地理现象发生性质变化时的数量依据和量度，从而对地理环境的发展、变化提出预测和进行最优控制。地图分析可以最大限度地提供上述支持。当代地理学研究包括三个方面的主题：第一，面对全球变化的空间和过程研究。全球变化包括我们面临的气候变化、环境生态变化和频繁发生的自然灾害。为了研究地理对象的空间分布、模式、成因及变化，需要使用地图及数学模型探索事物间的联系规律，为人类活动提供适当的指导。第二，面对人类可持续发展的生态环境研究。地理学不但要从宏观上研究地区间的空间差异，更重要的是要在单一而有界的地域内，进行各种地理现象间的关系研究，保护人类赖以生存的环境。第三，面对区域规划和开发的区域研究。综合研究具体区域对象的特色，同其他地域的差异和相似性，进行区域性的开发和国土整治。这三个方面的研究都离不开地图。

利用地图进行地学研究，可以解决以下各方面的问题：

1) 研究各种现象的分布规律

分布规律包含一种现象分布的一般规律和地域差异，也包含自然综合体和区域经济综合体各要素总的分布规律。例如，水系分布特点、居民地类型与地貌、交通网的联系，从土壤图和植被图上分析我国各种土壤和植被分布的地带性规律等。

2) 研究各种现象的相互联系

利用地图研究各种现象之间的联系是很有效的。例如，分析地震和地质构造图，发现强烈地震多发生在活动断裂带的曲折最突出部位、中断部位、汇而不交的部位。与大地构造体系密切相关，在一定的气候条件下形成稳定的植被和土壤类型，某种特殊的"指示植物"同某种矿藏有关等。

3) 研究各种现象的动态变化

研究地图上某种现象在不同时期的分布范围和界线、运动方向、运动途径等变量线，或者根据三维动态电子地图获得制图现象的发展变化情况。例如，通过不同时期的河道、岸线位置反映水体的变动方向、距离和速率；根据地图了解诸如台风路径、动物迁移、人口流动、疾病流行、货物流通、军队行动、沟谷发育等发展过程。

4) 利用地图进行预测预报

根据现象的发生和发展规律，拟订数学模型，可以预测现象在未来的发展趋势。世事万物都有其自身的发展规律，它们可能是递增的、递减的、周期性的或者是随机的，根据在地图上采集的数据和它的变化类型，人们可以预报在某时某地将要发生的事情，如地震、天气预报。

5) 利用地图进行综合评价

根据一定的目的，对影响主体的各种因素进行综合分析，得出被评价主体的优势等级称为综合评价。利用地图可以对自然条件、生态环境、土地资源、生产力水平等作为主体进行综合评价。

6) 利用地图进行区划和规划

区划是根据现象在地域内部的一致性和外部的差异性而进行的空间地域的划分。规划则是根据人们的需要对不同地域的未来发展提出的设想或部署。区划和规划都离不开地图。

7) 利用地图进行国土资源研究

国土是我们赖以生存的物质条件，摸清国土资源情况，可以因地制宜地进行国土整治、资源开发利用，发挥地区优势，合理进行生产布局。利用地图进行国土资源研究，可以减少大量的野外考察和统计工作，可以在大范围内对国土进行总体分析和综合研究。

二、地图分析的基本方法

地图分析的基础是地图，它既可能是单张地图，也可能是系列地图或综合性地图集。对于这些地图，可以选择不同的方法和技术手段、不同的等级和规模进行分析，以期满足预定目标的要求。

1. 目视分析法

目视分析是最基本的地图分析方法。因为，地图是空间信息的图形表达形式，是一种视觉语言。制图者通过形象直观的图形符号语言来传递信息，用图者则是通过读图和目视分析来认识制图对象。目视分析是用图者视觉感受与图形思维相结合的分析方法，它可以获得对制图对象空间结构特征和时间序列变化的认识。

目视分析不仅可以分析单幅地图，还可以对有联系的多幅地图或一部图集进行对比分析；而对一个区域或一个部门更应强调地图的系统分析，找出各要素和各现象之间的相互联系，找出同一现象在空间或时间中的动态变化，全面系统地认识制图区域自然综合体或区域经济综合体的结构和体系，或整个区域自然与社会的总特征。目视分析时，还可将地图进行叠置比较，分析轮廓界线重合程度，界线的差异或界线的变化。

为了获得各种地理要素和现象的数量和质量特征，主要通过阅读地图上的数字和文字注记来解决。例如：地图上河流一般用通航起讫点符号标明通航与不通航；渡口或徒涉场处一般注记河流中水的流速、河宽及河流底质；道路通过河流的桥梁一般注记桥长、桥宽、载重（吨数），有的还注明距河流水面高度；居民地可通过地图上名称注记字体、字大判别其行政等级，通过图形符号的结构和大小判定人口多少；地貌可通过地图上高程点高程注记、等高线高程注记判别地面的绝对高程和相对高程；根据图上等高线的疏密程度判别地面坡度陡缓；通过图上等高线的图形特征来判别地貌类型和地貌形态特征等。为了获得制图区域各种地理要素和现象分布特征的信息，首先是通道目视分析，在地图上对各种地理要素和现象，按其相对疏密程度进行概略分区，以反映其实地不同区域的密度差别，例如，居民地密度、河网密度、道路网密度等。接着利用目视分析方法并结合已掌握的地理学知识，通过地图上图形符号的分布获取地理要素和现象的分布规律，最具代表性的是分布的地带性规律和非地带性规律。非地带性规律包括垂直地带性规律和干湿度分带性规律。垂直地带性规律，例如，高山地区自上而下依次为现代冰川地貌、古冰川地貌、流水地貌和干燥剥蚀地貌。为了获得各种地理要素和现象相互联系和制约关系方面的信息，主要是利用目视分析方法把地图上两种或两种以上地理要素和现象放在一起来研究它们之间相互联系和制约的关系。例如，通过对地图上的河系或河网平面图形整体结构特征和与之相关的地质构造、地貌类型的关系的目视分析，可以得知中山、低山、丘陵、平原地区一般为树枝状河系，高山峡谷地区一般为羽毛状河系，火山地貌地区一般为放射状河系，地质构造断裂地区一般为网格状河系等。

在目视分析中，可把地图作为演绎法和归纳法的一种形式。地图演绎法，就是把制图对象分成多种单个因素和指标进行分析；地图归纳法，把制图对象多种因素和指标归纳一起进行分析。地图演绎法和地图归纳法比数学演绎法与归纳法更为直观，便于比较，特别对制图对象空间分布、内部结构、同外界联系，以及在空间和时间中的变化的分析更为有效。地图演绎法和地图归纳法实际上就是地图的分析与地图的综合，它们之间的关系，同地理学中分析与综合的关系一样，应该是分析基础上的综合和综合指导下的分析。地图分析最终为了地图综合，地图演绎也是最终为了地图归纳。

2. 图解分析法

这种方法通过作图改变原来的制图表象，使之成为适合研究目的的形式。对原来的地图进行加工和变换，使被分析的对象的图像得到增强或突出。地图图解分析包括如下几种方法：

1）剖面图法

此法是以直观图形显示制图对象的立体分布，根据等值线制作剖面图是自然地理学和地貌学中常用的图解分析方法。剖面图上可直观地显示出地面起伏的状态(斜坡形状、起伏频率、山顶和谷地分布等)；将不同主题的剖面图(地形、地质、土壤、植被等)叠加起来，读者将能直观地了解这些要素之间的关系(见图11-1)；从一个点上向四周作剖面，把它们组合起来将能获得该点向周围通视的情况。

2）块状图法

在二维平面上表达的三维图形(如等高线)不直观，用图解的方法可将其制成视觉三维的立体表象，称为块状图。根据其投影方法不同，将块状图分为以下两类：

(1) 轴侧投影块状图：

用平行光线从高空向地面投影，同样高度的物体的图像处处相等，但矩形是以平行四边形的形象出现的(见图11-2)。

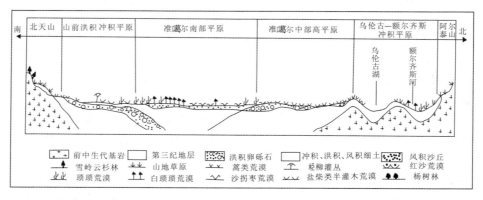

图 11-1　准噶尔盆地(沿 87°10′N 上)综合剖面(据《中国自然地理图集》)

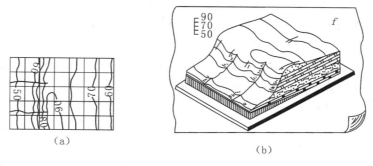

图 11-2　轴侧投影块状图

(2)透视投影块状图:

透视投影是有灭点的投影,又分为平行透视和成角透视两种。

平行透视是只有一个灭点的透视,组成矩形的两组平行线投影以后,一组向灭点收敛成为直线束,另一组仍然保持平行,物体的高度也只向灭点方向消失。

成角透视是有两个灭点的透视,组成矩形的两组平行线投影后都变成直线束。相同大小的物体的图像保持近大远小的规则(见图 11-3)。

3)图解加和图解减

图解加是用图解的方法将两个等值线表面叠加起来,将等值线的交点作为控制点,两个表面上的值加起来作为新的值,据此内插的等值线即为将两个面相加得到的图形。我们常可把分月的降雨量、地面积温的等值线图叠加起来成为季度的或全年的等值线图形。

图解减是用图解的方法从一个等值线的表面中减去另一个表面并获得其差值的图形,也可以用其等值线交点作为控制点,用其差值作为新值去内插等值线。

当等值线交点很少时,也可以使用在两张图上均匀布置的网点作为控制点,这时需要增加各点分别在两个面上的读数步骤,才能得到所需的结果。

用图解减的方法可以根据谷地侵蚀前后的图形相减获得被侵蚀(流失)的物质的图形,

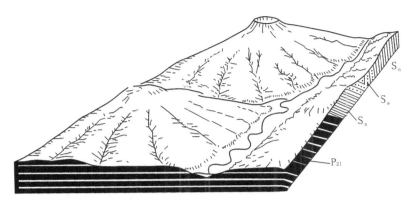

图 11-3　成角透视立体块状图

并据此计算其数量(见图 11-4)。同样，我们可以获得滑坡、泥石流发生后被移动的物质体积的图形，也可用于研究河口三角洲(如黄河三角洲)泥沙沉积的数量和速度。

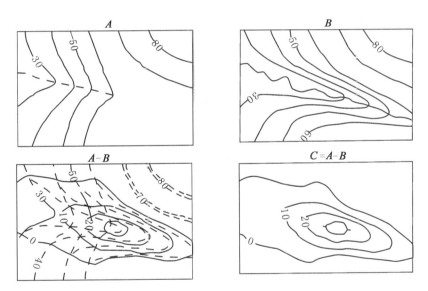

图 11-4　用图解减的方法研究谷地侵蚀的量

3. 图解解析法

图解解析法是综合运用图解(作图)和解析(计算)的方法获得分析结果的方法。主要方法有：

1) 地图量测和形态量测

地图量测指在地图上量测数据，这些数据都是可以直接根据图形得到的，如坐标、长度、面积；形态量测则是根据量测数据经计算派生出所需的数据，如比率、坡度等。

2) 用剖面图展平或网点平均分解表面

将一个用等值线表示的面分解为趋势面和剩余面,既可以用图解法,也可以使用图解解析法和解析法。

用剖面图展平分解表面的方法与步骤:

(1)先在研究区域内布置网点(见图11-5)。

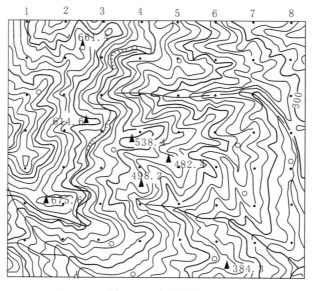

图 11-5 布置网点

(2)沿每一横排网点作剖面图并将其按下面的方法展平(见图11-6):作一组垂直于坐标横轴的等间距的平行线,它们同横轴的交点称为步距点,也就是分解表面的控制点。将这组平行线同剖面的交点编号,间隔点之间连线,即 0—2—4,…,1—3—5,…,它们和平行线组构成新的交点 a, b, c,…,再将这一组点顺势连接就构成了展平的表面。我们可以看到,在每个步距点上都可以读出两个高程,即原始面的高程 h_i,展平表面的高程 h_{bi},并由它们派生出高差 $\Delta h_i = h_i - h_{bi}$。

(3)根据 h_{bi} 这一组高程内插的等值线即为趋势面,根据 Δh_i 这一组数据内插的等值线就是剩余面。

用网点平均的方法分解表面的步骤如下:

(1)在自然表面上布置六角形网点,每个六角形都有包括中心点在内的7个点;

(2)根据等值线读出每一组7个点的高程并计算其平均值;

(3)将这个值赋给六角形的中心点,这一组值为 h_{bi},它们和 h_i 的差值(Δh_i)即为剩余;

(4)分别根据 h_{bi} 和 Δh_i 内插等值线即可得到趋势面和剩余面。

3)从离散值到连续化的变换

原来的制图表象是离散符号,如点数法中的点、定位统计图表等,将它们变为用等值线表示的趋势面,就叫做连续化。由离散到连续的步骤如下:

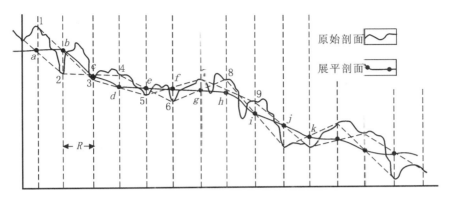

图 11-6　用光滑平均展平剖面

(1) 用基本算子将制图区域分割成若干小的区域，它们可以是规则排列的，也可以是根据需要不规则排列的，其形状可以是正方形、六边形或圆形等。

(2) 将每个算子(小区域)的中心点作为控制点，算子范围内离散值的总和赋值给中心点。

(3) 根据控制点内插等值线。

图 11-7 是由定位统计图表改变成等值线的情况。

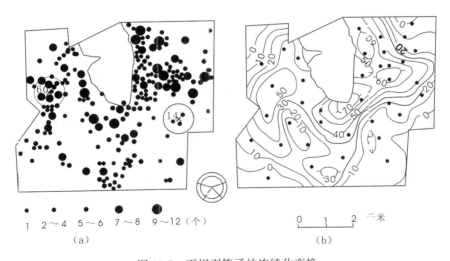

图 11-7　不规则算子的连续化变换

4) 图解分布图

为了专门的研究目的，对面状表示的对象进行空间变换，在不改变总面积的条件下将其重新组合，称为图解分布。图 11-8 是纬度带(纬差 10 度)重新组合的地球陆地面积。从图上可以明显看出，地球上北半球的陆地面积远远大于南半球的陆地面积，大部分在 $N_\varphi 20° \sim 70°$ 之间。根据古地理学研究，在 2 亿年前地球大陆的分布在南北部是基本均衡的,其变化趋势则是向北半球偏移(见图 11-8),造成质量差异,这也许就是地轴和北极点在地球自转时产生绕动的原因。

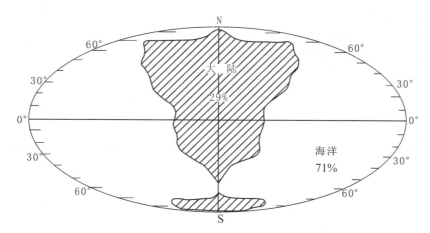

图 11-8 地球陆地面积图解分布

5)地面坡度图、地面切割深度图和地面切割密度图

地面坡度图是表达地面坡度的分级统计地图,它是根据等高距、等高线图上间隔和地面倾角的关系,在等高线圈上找出坡度分级的界线,从而将地面区分出属于不同坡度等级的范围。如果是基于数字地图的,也可以先将表面分成一定大小的栅格,计算每个栅格内的最大坡度,对其进行分级统计。

地面切割深度图是一种分区域(斜坡)用切割深度等值线表示的地图。切割深度是指斜坡上任意一点到沿最大倾斜方向到谷底的高差。切割深度相等的点的连线即为地面切割深度等值线。图 11-9 是切割深度图。在谷底线上,从等高线与谷底线的每个交点向上一条等高线作垂线,即获得同谷底为一个等高距高差的一组切割深度等值点,这些点连线即为切割深度等值线。用同样的方法获得其余各条等值线。

地面切割密度图是表达地面切割密度(单位面积内谷地的长度)的分级统计地图。首先是按自然界线或规则网格将地面划分成小的区域,计算每个区域的切割密度,然后进行分级统计,就可以制作出地面切割密度图。

4. 解析法

用数学方法分析地图时,根据在地图上提取的数据,对所研究的现象建立数学模型,从分布和联系中抽象出规律性,为地理解释提供参考依据。

分析地图的数学方法有很多种,几乎可以说任何一种应用数学方法都可以用来分析地图,这里列出若干常用的方法。

1)用计算信息量的方法分析地图

地图信息量是用不肯定程度(熵)表示的。计算信息量通常有两种方式:

$$I = -\sum_{i=1}^{n} P_i \log_2 P_i \tag{11-1}$$

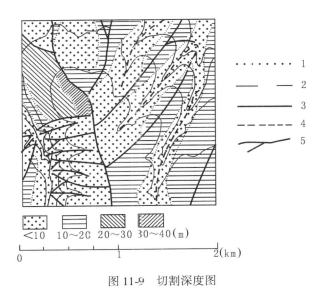

图 11-9 切割深度图

$$I = \log_2(m + 1) \tag{11-2}$$

在式(11-1)中，p_i是某类目标在目标总体中所占的频率。表 11-1 是某地区居民地分级产生的语义信息量的计算，其计算结果表明，表达人口分级时每个符号包含的平均信息量为0.829 99bit。

表 11-1　　　　　　　　　　某地区居民地分级语义信息量计算

人口数分级(万人)	频　数	频率(p_i)	$-p_i \log p_i$
>100	1	0.000 49	0.005 39
50~100	1	0.000 49	0.005 39
30~50	3	0.001 46	0.013 75
10~30	7	0.003 41	0.027 95
2~10	45	0.021 91	0.120 77
0.5~2	320	0.155 79	0.417 88
<0.5	1 677	0.816 46	0.238 86
∑	2 054	1.000 00	0.829 99

用同样的方法可以计算地图上独立地物符号、道路网及水系分类分级、文字和数字注记、色彩及空间位置(用坐标串表达)的信息量，也可以在选取高度表时计算不同等高线组合所表达的信息量。

在用式(11-1)的概率统计法计算信息量时，影响其结果的有两个因素：一个是分类或分级的个数，另一个是每组(类)出现的频率。在设计地图时调整分类分级的界限，通过信息量的计算就可以达到优化设计的目的。

式(11-2)是用差异法计算地图信息量,地图上每一个包含独立语义的符号或基本图形都可以算做差异。当地图上无法采集分组统计数据时用差异法计算,如河网密度、道路网密度、线状符号的复杂度等,都可以用差异法获得其信息量。

2)计算两类现象间的相关程度

认识地理要素各要素之间的联系,是了解自然、改造自然、制定规划的依据。在认识多种要素的联系时,首先是要认识两种要素之间联系的紧密程度。研究这种联系的解析方法有以下几种:

(1)线性相关系数法:

这种方法适用于研究地图上采集的比率量表数据(x_i, y_i)。当现象间的相关为线性时,用以下的数学模型去描述:

$$r = \frac{\sum_{i=1}^{n} x_i y_i - \frac{1}{n} \sum_{i=1}^{n} x_i \sum_{i=1}^{n} y_i}{\sqrt{\left[\sum_{i=1}^{n} x_i^2 - \frac{1}{n}\left(\sum_{i=1}^{n} x_i\right)^2\right]\left[\sum_{i=1}^{n} y_i^2 - \frac{1}{n}\left(\sum_{i=1}^{n} y_i\right)^2\right]}} \tag{11-3}$$

相关系数的取值范围为$-1 \leqslant r \leqslant +1$。当相关系数为正时,表示两种要素之间为正相关;反之为负相关。相关系数的绝对值$|r|$越大,表示两种要素之间的相关程度越密切,$r=1$为完全正相关,$r=-1$为完全负相关,$r=0$为无关。判断两种要素之间是否有实质性线性相关,要看$r > r_\alpha$是否成立,如果成立,相关显著。r_α值是根据样本数量n和给定的显著水平α,查相关系数检验表得出。

(2)等级相关系数法:

当地图上采集的数据是间隔量表数据时,使用等级相关系数描述现象间的联系。这种方法适用于分级统计地图及分区统计地图的分析研究。等级相关系数的模型为:

$$r_{ab} = 1 - \frac{6\sum_{i=1}^{n}(p_{ai} - p_{bi})^2}{n^3 - n} \tag{11-4}$$

式中,p_{ai}为地图 A 的等级号,p_{bi}为地图 B 的等级号,当几个单元等级相同时取顺序号的平均值,n为区域数目。

(3)四分相关系数法:

当评价用范围法表示的两种现象间的联系程度时,用四分相关系数法,即

$$R_a = \frac{\alpha}{\sqrt{(\alpha + \beta)(\alpha + \gamma)}} \tag{11-5}$$

式中:α为两种区域范围都存在;β为范围 A 存在而 B 不存在;γ为范围 A 不存在而 B 存在。

还有第四种成分是 A,B 都不存在的范围。根据上述范围量测面积,就可以用式(11-5)计算其相应的联系程度。R_a是一个介于 0 和 1 之间的值,越接近于 1,其联系紧密程度越大。

(4)多类目联系标志法:

当地图上用质底法表示两类区分不同类目的现象时,例如,各种不同类型的土壤和不

同类型的土地利用,用多类目联系标志计算其联系程度。多类目联系标志计算其联系程度公式为式(11-6)。

$$\left.\begin{array}{l}\rho = \sqrt{\dfrac{S - 1 - \dfrac{(k_A - 1)(m_B - 1)}{F}}{(k_A - 1)(m_B - 1)}} \\ S = \sum_{j=1}^{k_A}\left(\dfrac{1}{n_{A_j}}\sum_{i=1}^{m_B}\dfrac{f^2}{n_{B_i}}\right)\end{array}\right\} \tag{11-6}$$

式中:k_A 为构成 A 现象的类目数;m_B 为构成 B 现象的类目数;F 为网点总数;n_{A_j} 为 A 现象第 j 类目在 B 现象各类目中的频数之和;n_{B_i} 为 B 现象第 i 类目在 A 现象各类目中的频数之和;f 为落在某类目中的点数。

可以用规则的网点覆盖两个区域,用落在各类目中的网点数来代表相应的面积。ρ 值也是一个介于 0 与 1 之间的值。

3)用解析法进行面状分布现象的趋势分析

将一个地理系统区分出反映其趋势的基本结构和基于基本结构的特征两个部分,称为趋势分析。用图解解析法均对面状分布现象进行趋势分析简便而确切。

用数学模型去描述一个自然(或其他统计)表面时,描述的是它的基本趋势,而它和原始表面的差异则称为剩余。

原始表面的数学模型用 $Z = F(x, y)$ 来描述。由于原始表面往往非常复杂,其真实的模型我们并不知道,只能用一个近似的模型去逼近它,表述为 $\hat{Z} = f(x, y)$,它和真实表面的关系是:

$$Z = \hat{Z} + \varepsilon = f(x, y) + \varepsilon \tag{11-7}$$

该式表明,表面上任意一个点上的第三维坐标是平面直角坐标的函数。

当无法确切得知该函数的形式时,通常用高次多项式来代替,即

$$\hat{Z} = \sum_{r=0}^{n}\sum_{s=0}^{n} a_{rs} x^r y^s \tag{11-8}$$

上式有多种解法,其基本过程是:

(1)在原始表面上布置采样点;

(2)读取每个采样点的第三维坐标;

(3)根据确定的数学表达式计算每个点上的趋势面值 $\hat{Z}_i$ 和相应的误差值 Z_{r_i};

(4)根据上述两组值内插趋势面和剩余面;

(5)进行地理意义分析。

4)利用地图进行地理现象的预测预报

每种地图都表示空间现象在确定时间(t_i)的状态,表示为 Z_{t_i},将其同另外一个时间的同一现象 $Z_{t_{i+1}}$ 作比较,就可以研究该现象在这段时间的变化方向、变化的平均速度和最后结果,表示为:

$$Z_{Vt} = Z_{t_{i+j}} - Z_{t_i} \tag{11-9}$$

研究这种规律的目的主要是预测该现象在未来某个时间的变化结果。

将预测预报的类型分为在时间中预报和在空间中预报两种：

(1) 在时间中预报。这是一种不带具体空间位置的预报，如预测 2010 年中国的人口数、国民经济总量等。它是根据过去到现在已经发生的现象变化表现出的规律性（用数学模型描述）来推测未来某个时间上 (t_{n+m}) 上的状态：

$$Z_{t_{n+m}} = F(Z_{t_1}, Z_{t_2}, \cdots, Z_{t_n}) \tag{11-10}$$

(2) 在空间中预报。不是对时间，而是对空间中尚不了解的现象的预测，又可分为按水平系统和按垂直系统预报两种方式。

按水平系统预报：它是对缺乏深入研究地区的预报，如石油储量的预报。它的方法是研究内容类似的地图所实现的直接外推。依据表现在地图上的不同地区地图上某些关键因素及条件的相类似，按照已研究地区表现出来的规律，对未开发地区的同类现象的成因、结构和发展进行预报。用数学语言表达为：

如果 $(a, b, \cdots, n) \subset A$，$(\alpha, \beta, \cdots, m) \subset B (n = m)$，类目数相等

且存在 $\quad a \backsim \alpha, b \backsim \beta, \cdots, n \backsim m$

则 $\quad A \backsim B$

式中各类目因子可以是被比较地图的形态量测标志或关于现象的其他参数。

按垂直系统预报：这是一种依据在不同主题地图上描绘现象之间的联系进行的空间外推。

假定在不同主题的地图上出现同一地理位置上的 B，C，$\cdots$，N 诸因素，它们的值分别为如 Z_B，Z_C，$\cdots$，Z_N，并已知现象 A 受到上述诸因素的制约，其相应值 Z_A 与上述各因素的值可建立起近似的函数关系：

$$\hat{Z}_A = F(Z_B, Z_C, \cdots, Z_N)$$

根据该式可以对现象 A 在给定的时间内进行区域内任意一点上的预报，并编制出现象 A 的预报地图。

三、数字地图分析

数字地图不但为地图分析提供了许多方便，而且具备了更多的分析功能，速度更快，精度更高。

1. 数字地图的基本量算

数字地图的主要特征之一是用存储在地图数据库中的坐标数据和属性数据来描述空间地理事物。利用数字地图可以对地面点高程、两点间的距离、曲线长度、物体的面积和体积等进行量算。

1) 地面点的高程量算

地面点的高程量算主要有距离加权法和拟合面法。

(1) 距离加权法：

一般基于数字高程模型（DEM）数据求任意一点的高程值，首先要判断这个高程点在 DEM 格网中的位置（属于哪一行哪一列），然后用对距离的加权法求出这一点的高程。其

判别式为

$$L = (\text{int})[\text{LDP}.y - Y_{\min})/D\_Y + 0.5 \brace C = (\text{int})[\text{LDP}.x - X_{\min})/D\_X + 0.5 \quad (11\text{-}11)$$

式中，LDP 为所求点的坐标，D_X，D_Y 分别为格网的横纵间距，$X_{\min}$、$Y_{\min}$ 分别为格网的最小坐标值。计算高程值公式为

$$H = \frac{\sum_{L=1}^{4} P_L H_L}{\sum_{L=1}^{4} P_L} \quad (11\text{-}12)$$

式中，权 P_L 是距离 d_L 的函数，$P_L = 1/d_L^u$（$u \geq 0$，一般取 1 或 2），d_L 是所求点到格网点的距离。

(2) 拟合面法：

趋势面拟合法求任意点高程，一般控制在二次多项式以内。如图 11-10 所示，在邻域范围内，以 x 为横坐标，y 为纵坐标，z 为高程，按最小二乘法拟合平面，得

$$Z = AX + BY + C \quad (11\text{-}13)$$

一般选取离所求点 $A(X_0, Y_0)$ 最近的 3 个格网点拟合平面，通过已知格网点的坐标和高程解算出平面表达式系数 A、B、C，那么

$$Z_A = AX_0 + BY_0 + C \quad (11\text{-}14)$$

如图 11-11 所示，在邻域范围内选择距离所求点 $A(x_0, y_0)$ 最近的 6 个点拟合二次曲面

$$Z = aX^2 + bXY + cY^2 + dX + eY + f \quad (11\text{-}15)$$

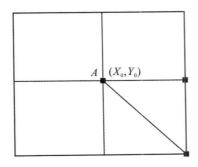
图 11-10 三点拟合面法

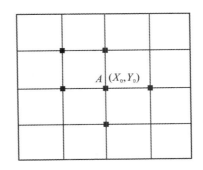
图 11-11 六点拟合面法

通过已知格网点的坐标和高程，解算出二次曲面表达式系数 a、b、c、d、e、f，那么

$$Z_A = aX_0^2 + bX_0Y_C + cY_0^2 + dX_0 + eY_0 + f \quad (11\text{-}16)$$

2) 区域的平均高程量算

这里指局部地区平均高程，是用 DEM 数据计算鼠标在屏幕电子地图上确定的闭合区域的平均高程。

计算时首先要判断所求区域所在的格网范围，即格网的行列范围 C_{Min}、C_{Max}、L_{Min} 和

L_{Max},然后在此格网范围内,用"点在区域内外的判别"算法逐点判断是否在区域内,最后用所有在区域内的格网点计算平均高程(见图11-12),即

$$EH = \frac{\sum H[i][j]}{Num} \tag{11-17}$$

式中,Num 为区域内的格网点数;$i \leqslant C_{Max}$, $i \geqslant C_{Min}$, $j \leqslant L_{Max}$, $j \geqslant L_{Min}$。

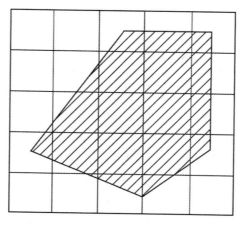

图 11-12 区域内平均高程量算

3)距离量算

距离是表示地理要素之间空间关系最基本的标志。有多种含义的距离,这里只讨论同空间点位相关的欧氏距离。

在 n 维空间中,欧氏距离定义为:

$$D_{ij} = \left[\sum_{i=1}^{n}(x_{k_i} - x_{k_j})^2\right]^{1/2} \tag{11-18}$$

在数字地图中,分析对象是二维地理空间中的实体,$n=2$,是三维地理空间中的实体,$n=3$。

当 $n=2$ 时,

$$D_{ij} = [(x_i - x_j)^2 + (y_i - y_j)^2]^{1/2} \tag{11-19}$$

这时,表达的是投影到二维平面上的距离。

当 $n=3$ 时,

$$D_{ij} = [(x_i - x_j)^2 + (y_i - y_j)^2 + (z_i - z_j)^2]^{1/2} \tag{11-20}$$

这时,获得的是两个空间点之间的实际距离。

4)曲线长度量算

在数字地图中,线状物体可以用矢量数据或栅格数据表达。

(1)矢量方式下曲线长度的量算:

矢量方式下线是用坐标串记录的,曲线长度实际上是由两点间连直线的折线长度逼近的。

在二维空间中曲线长度为：

$$L = \sum_{i=1}^{n} [(x_{i+1} - x_i)^2 + (y_{i+1} - y_i)^2]^{1/2} \tag{11-21}$$

在三维空间中曲线长度为：

$$L = \sum_{i=1}^{n} [(x_{i+1} - x_i)^2 + (y_{i+1} - y_i)^2 + (z_{i+1} - z_i)^2]^{1/2} \tag{11-22}$$

上两式中 n 为组成折线的线段数。

(2) 栅格方式下曲线长度的量算：

在栅格数据表达的数字地图中，线状地物存储的是图形的骨架线。以八方向连通的地物骨架线即为该地物的长度：

$$L = (1 + \sqrt{2}) \cdot N \cdot d \tag{11-23}$$

式中：N 为骨架线包含的栅格数；d 为栅格边长。

5) 面积量算

面积是描述面状物体的基本元素。在数字地图中，面状物体以其边线构成的多边形来表示。边线的存储方式同线状符号一致，只是其首尾相接，即一个多边形的起点和终点是同一个点。

多边形的面积为：

$$S = \frac{1}{2} \sum_{i=1}^{n} [(x_{i-1} + x_i) | y_{i+1} - y_i |] \tag{11-24}$$

该式不限定多边形采点的方向。

6) 体积量算

在大型土石方工程中，有"挖方"和"填方"两个概念。对某一块土地，需要平整成某一海拔高度，即在这一高度以上的土石方要被挖去，其挖去的体积叫"挖方"；而在这一高度以下的地要填平，其所要填充的空间叫"填方"。体积量算测量就是挖方和填方的量算。

数字地图中的数字高程模型(DEM)体积由四棱柱(无特征的格网)与三棱柱体积进行累加得到。四棱柱体上表面通常用抛物双曲面拟合。三棱柱体上表面通常用斜平面拟合，下表面均为水平面。

三棱柱体积为：

$$V_3 = \frac{Z_1 + Z_2 + Z_3}{3} \cdot S_3 \tag{11-25}$$

式中，S_3 是三棱柱的底面积(图 11-13)。

四棱柱体积为：

$$V_4 = \frac{Z_1 + Z_2 + Z_3 + Z_4}{4} \cdot S_4 \tag{11-26}$$

式中，S_4 是四棱柱的底面积(见图 11-14)。

2. 基于数字高程模型(DEM)的分析

基于数字地图的高程数据(DEM)可以做多方面的应用分析。

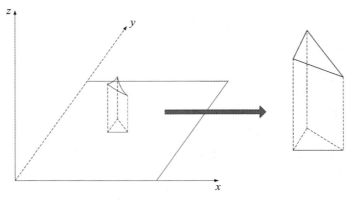

图 11-13　三棱柱体积的量算

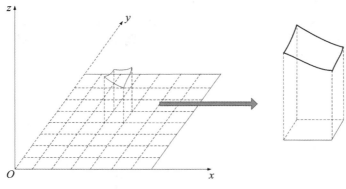

图 11-14　四棱柱体积的量算

1) DEM 简介

DEM(Digital Elevation Model)是地表起伏变化的三维空间数据 x，y，z 的有条件的集合，借以用离散平面上的点模拟连续分布的曲面。

DEM 有两种表示方法：

(1)规则格网的表示法：

规则格网常用正方形格网，基于规则格网的 DEM 实际上是格网交点处地面高程(z)值构成的集合。由于格网是规则的，其交点的平面直角坐标(x，y)隐含在 z 值的矩阵中，记为：

$$\text{DEM} = \{z_{i,j}\} \quad i = 1, 2, \cdots, m; j = 1, 2, \cdots, n \tag{11-27}$$

(2)不规则三角网(Triangulated Irregular Network，TIN)的表示法：

地面上的特征点(主要是谷底线或山脊线上的倾斜变换点)作为节点连接成不规则的三角网，将地表面划分为若干个小的地面单元，这个小的单元(三角形)被看成一个斜平面。基于不规则三角网的 DEM 记录节点坐标和高程。以节点作为数据组织的实体，通过节点指针描述节点间的拓扑关系。

2) 地面坡度计算

在正方形格网的 DEM 中（见图 11-15），设 Z_a，Z_b，Z_c，Z_d 为 DEM 的高程数据，d_s 为网格间距，其中心点 P 的地面坡度 S_p 可表达为：

$$S_p = \arctan(U^2 + V^2)^{1/2} \tag{11-28}$$

式中，$U = \sqrt{2}(Z_a - Z_b)/2d_s$；$V = \sqrt{2}(Z_c - Z_d)/2d_s$；$0 \leq S_p \leq \dfrac{\pi}{2}$，单位为弧度。

在获得每个网格的坡度数据后，进行分级并划分区域，即可获得分级统计的地面坡度图（见图 11-16）。

基于不规则三角形（TIN）的 DEM 坡度为：

$$\tan\alpha = h \cdot \left(\dfrac{\sum l_i}{p}\right) \tag{11-29}$$

式中，h 为地貌等高距；$\sum l_i$ 为地貌基本单元（TIN）内等高线长度之和；P 为基本单元的面积。

在得到每个单元的坡度数据后，即可通过坡度分级勾绘各区边界，获得地面坡度图。

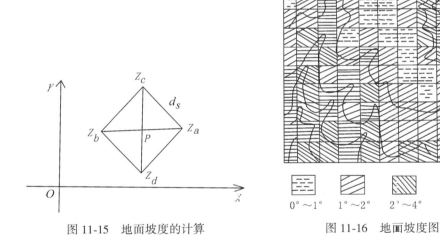

图 11-15 地面坡度的计算　　　图 11-16 地面坡度图

3) 地面坡向分析

坡向反映斜坡的倾斜方向，同光照、积温有密切联系。坡向指地面法线的方向，与地面坡度一同使用，因此只用方位角表示。

地面坡向分为 9 大类：东（E）、西（W）、南（S）、北（N）、东北（EN）、西北（WN）、东南（ES）、西南（WS）、平缓地。

根据式（11-28）的计算结果分析如下：

(1) 当 $U<0$ 时，有

若 $V=0$，坡向东；$V<0$，坡向东北；$V>0$，坡向东南。

(2)当 $U>O$ 时,有

若 $V=0$,坡向西;$V<0$,坡向西北;$V>0$,坡向西南。

(3)当 $U=0$ 时,有

若 $V=0$,为平缓地;$V<0$,坡向北,$V>0$,坡向南。

实际使用时,也常把上述 9 类归并为四类,即平缓地,阳坡(S、SE~SW),半阳坡(E、W、SE~E、SW~W、W~NW、E~NE),阴坡(N、NW~EN)。

4)地面起伏度分析

地面起伏度又称地面粗糙度,指的是网格单元内最高点和最低点的高度差。它是景观研究中很重要的地形条件。

用正方形网格(如网格面积为 $1km^2$、$10km^2$、$100km^2$,视地图比例尺而定)覆盖 DEM,可以方便地获得其最高点和最低点,计算其高差并赋值于其中心点,这样就可以知道每个网格的高差(起伏度)。

地面起伏度是通过地面起伏度地图表示的。为此,要对地面起伏度进行分级。其分级原则是在基本地貌类型的基础上,用信息测度公式通过计算熵值确定分级界线。随着地面的绝对高程增加,一般来说其坡度增大,其高差值也取得大一些。例如,中国地面起伏度地图的分级方案为:0~20m,20~75m,75~200m,200~600m,>600m。该方案不但能较好地反映我国东部的几个大平原、过渡的丘陵、岗地,也能清楚地反映中、西部的高平原、盆地等。

5)地貌类型划分

中国 1∶100 万地貌制图规范将地貌类型分为山地、丘陵、台地、平原四种,盆地和高原则作为基本类型的组合形态。其中,山地又分为极高山、高山、中山、低山,其分类方案见表 11-2。

表 11-2　　　　　　　　　　　山地地势等级

相对高度 h(m)	绝对高度 H(m)			
	$H<800$	$800 \leq H<3\ 500$	$3\ 500 \leq H<5\ 000$	$H \geq 5\ 000$
$h<200$	丘陵			
$200 \leq h<300$	低山			
$300 \leq h<500$	低山	中山		
$500 \leq h<1\ 000$	中山		高山	
$h \geq 1\ 000$	高山			极高山

山地的综合评价公式为:

$$\phi = 0.6[1+(3.8-\lg h)]^{-1} + 0.4[1+(3.95-\lg H)^2]^{-1} \tag{11-30}$$

式中,h 为相对高度;H 为绝对高度。

计算结果,$\phi \geq 0.99$ 为极高山,$0.99>\phi \geq 0.92$ 为高山,$0.92>\phi \geq 0.66$ 为中山,$\phi<0.66$ 为低山。

作为分类依据的绝对高程和相对高程,都可以在 DEM 中读取。在界定其相对高度时,应以基本地貌单元为界线。

平原和台地形态与山地、丘陵不同,其坡度和坡向组合是判断成因的主要依据。根据平原和台地的平均坡度、坡向组合特点,将平原和台地进一步划分为:

平坦的:向一个方向或向中心倾斜,一般坡度小于 2°;

倾斜的:向一个方向或向中心倾斜,一般坡度大于 2°;

起伏的:有相向或背向的坡,坡度一般大于 2°。

台地和平原的差别又在于台地高度反映构造运动和侵蚀基准变化的大小,它有一个陡峭的边坡。这些又都可以从坡度图和坡向图上获得。

6)地面切割密度和切割深度分析

这两种分析都和地貌结构线有关,所以要先研究利用 DEM 提取地貌结构线,再进行地面切割深度和切割密度的分析。

(1)地貌结构线的提取:

地貌结构线中,尤以山脊线和谷底线最为重要,它们是地貌结构的骨架。从几何上讲,山脊线是地形起伏局部高程最大值的连续轨迹,谷底线则是地形起伏局部高程极小值的连续轨迹。根据这一特点,可以方便地基于 DEM 提取山脊线和谷底线。

谷底线的提取:首先定义 6 个一维数组 X_{min},Y_{min},H_{min},X_{max},Y_{max},H_{max},分别存储谷底线、山脊线的平面直角坐标和高程值。给定某一尺度的正方形网格,按纵、横两个方向过格网高程点内插地表的纵、横剖面线,逐线计算出高程极大值点 $P_i(x_i, y_i, z_i)$,X_{max},Y_{max},H_{max},计算出高程极小值点 $P_j(x_j, y_j, z_j)$,记入 X_{min},Y_{min},Z_{min} 中,这些点是脊、谷线的候选点。

在提取谷底线时,首先从上述候补点组成的线段(数组 X_{min},Y_{min},Z_{min})中找出一个具有最大高程值而且未被跟踪过的点作为该条谷底线的起点(上游点),从此点开始连续寻找下一个后继的特征点,直到该谷地最后一个满足下述条件之一的点为止:连接另一条山谷线(谷地交汇);到达 DEM 的边缘;接湖泊、海洋、平原等谷地消失。此时说明该谷地已跟踪完毕,给已跟踪的特征点赋予相应的标志以免重复跟踪。按同样的方法再跟踪另一条谷地,直到数组 X_{min},Y_{min},Z_{min} 中所有的点均跟踪完。图 11-17 是谷地跟踪示例,图中(a)是等高线原图,(b)是提取的谷地特征点,(c)是二者的套合。

山脊线的提取:从数组 X_{max},Y_{max},H_{max} 中找出高程值最小的且尚未跟踪过的点作为山脊线的起始点(当前点 A)。由于山脊线上点的高度是有起伏的,不能限定仅寻找比当前点高(或低)的特征点。这时,由于当前点必位于网格的一个边上,分下述三种情况考察另外的三条边(图 11-18)以确定下一步的跟踪情况:另三条边上仅有一个边上有极值特征点(如图 11-18(a)中的 B 点),检查该点同 A 点的连线是否与已生成的谷底线相交,若不相交则确定该点是山脊线上 A 点的后续点;另三条边上有 2 个或 3 个极值特征点(如图 11-18(b)(c)),则说明当前山脊线已遇到山脊体系的节点,则可终止当前线段的跟踪而转向另一条山脊线;若另三条边上没有极值特征点,说明该山脊线结束。

山脊线提取完成后,还要区分哪一条是主山脊,哪一条是支脊,从而生成山脊体系。其算法如图 11-19 所示。图 11-19 中有 4 条山脊线 A,B,C,D,其中 A 的起始点 A_s 高程

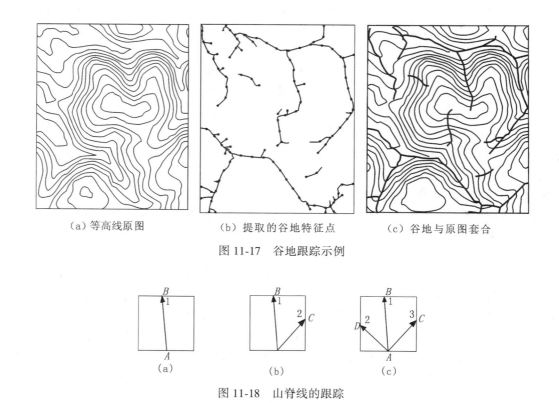

(a) 等高线原图　　(b) 提取的谷地特征点　　(c) 谷地与原图套合

图 11-17　谷地跟踪示例

图 11-18　山脊线的跟踪

最小(将高程值最小的一端作为一条山脊线的起始点),而 A 的另一端点 A_e 所在的网格上有三条尚未连接的线段 B,C,D,找出一条平均高程最大的作为主脊,例如 C,将 A 与 C 连接,进而将 C 的另一端 C_e 作为当前点继续搜索。当没有发现可连接的线段对则当前脊线生成完毕。

在剩下的 B 和 D 中,找出其最低的端点 B_s,它的另一端 B_e 成为当前连接点。下面讨论 B_e 究竟应当同另外三点中的哪一个连接。先看 B 与 D,若 B 与 D 连接,必然同 AC 交叉,故 B 与 D 不能连接,则 B 必与 A 或 C 连接,这时比较 B 与 A 或 C 的距离,较近者为连接点,故 B 与 C 连接,形成 C 的一个支脊。对 D 也采用同样的判断方式,这样就生成了山脊线体系。

(2) 地面切割密度分析:

地面切割密度是单位面积内谷底线的长度,表示为:

$$D = \frac{\sum\limits_{i=1}^{n} l_i}{P} \tag{11-31}$$

式中:l_i 为某条谷地的长度;P 为区域面积。

根据提取的谷底线各点的坐标(x_i, y_i),可以方便地计算各条谷地的长度并获得切割密度。通常以 $1km^2$ 为单位计算切割密度,将计算得到的数列 D_i 进行分级,制作以网格为

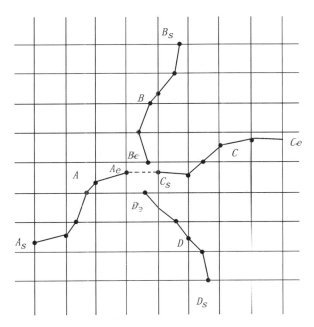

图 11-19 山脊线体系生成

单元的分级统计图即为地面切割密度图。

(3)地面切割深度分析:

依据 DEM 生成地面切割深度等值线的关键是在已得到谷底线和山脊线的条件下,找出谷底线与等高线的每一个交点,并从该点出发找出同上面一条等高线垂直方向的交点(最大倾斜方向),该垂距的高差为一个等高距,高差相等点连线即为切割深度等值线。

7) 地形剖面的制作

地形剖面在地学研究中有许多用途,如研究地形起伏频率,地面坡度特征,同地质、土壤、气候特征叠加综合分析地理景观特征等。下面介绍基于网格 DEM 的剖面绘制方法。

DEM 数据矩阵表示为式(11-27)的形式。假定 (i_s, j_s) 为剖面线的起点,(i_e, j_e) 为剖面线的终点,而且 $i_z \leq m$,$j_z \leq n$,这样就可以唯一地确定这条剖面线与 DEM 网格所有交点的平面位置及其高程。其具体方法如图 11-20 所示。

设 $d_x = j_2 - j_1$,$d_y = i_2 - i_1$,可能有 4 种情况:

(1)当 $d_x \neq 0$,且 $|d_y/d_x| - 1 \geq 0$ 时(AC 的倾斜度小于 $45°$),应当求剖面线与网格横线的交点,这些交点在 DEM 中的位置和高程分别为:

$$\left. \begin{array}{l} x_k = j_1 + |[(y_k - i)/(i_2 - i_1)] \times (j_2 - j_1)| \times S_1 \\ y_k = i_1 + (k - 1) \times S_2 \\ z_k = (x_k - i_a)(z_{i_k, i_b} - z_{i_k, i_c}) + z_{i_k, i_c} \end{array} \right\} \quad (11\text{-}32)$$

式中:$i_a = [x_k]$,"[ ]"表示取整;$k = 2, 3, \cdots, i_2 - i_1$;$i_k = [y_k]$;$i_b = (i_a + 1) \times S_1$;$i_c = i_b - S_1$。

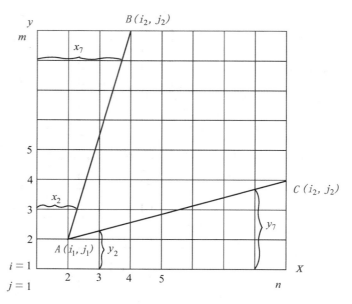

图 11-20 根据 DEM 绘制剖面线

S_1，S_2 为符号函数，由 d_x 和 d_y 的符号确定：$d_x>0$，$d_y>0$，则 $S_1=S_2=1$；$d_x<0$，$d_y<0$，则 $S_1=S_2=-1$；$d_x>0$，$d_y<0$，则 $S_1=1$，$S_2=-1$；$d_x<0$，$d_y>0$，则 $S_1=-1$，$S_2=1$。

(2) $d_x \neq 0$，且 $|d_y/d_x|-1<0$ 时，(AB 的倾斜度大于45°)，应求剖面线与 DEM 格网纵轴的交点，它们在 DEM 坐标系中的位置及高程分别为：

$$\left. \begin{array}{l} x_k = j_1 + (k-1) \times S_1 \\ y_k = i_1 + |[(x_k-j_1)/(j_2-j_1)] \times (i_2-i_1)| \times S_2 \\ z_k = (y_k - i_a)(z_{i_b, i_k} - z_{i_c, i_k}) + z_{i_c, i_k} \end{array} \right\} \tag{11-33}$$

式中：$i_a=[y_k]$，"[ ]"表示取整；$k=2, 3, \cdots, j_2-j_1$；$i_k=[x_k]$；$i_b=(i_a+1)\times S_2$；$i_c=i_b-S_1$。

(3) 当 $d_x=0$ 时，表示剖面线与 DEM 格网纵轴方向一致，剖面线与 DEM 格网交点的位置和高程分别为：

$$\left. \begin{array}{l} x_k = j_1 + (k-1) \\ y_k = i_1 \\ z_k = z_{i_b, i_c} \end{array} \right\} \tag{11-34}$$

式中：$i_b=i_1+(k-1)\times S_1$；$i_c=j_1$ 或 j_2；$k=2, 3, \cdots, |i_2-i_1|+1$。

(4) 当 $d_y=0$ 时，表示剖面线与 DEM 格网的横轴方向一致，剖面线与 DEM 格网交点的位置和高程分别为：

$$\left. \begin{array}{l} x_k = j_1 \\ y_k = i_1 + (k-1) \\ z_k = z_{j_b, j_c} \end{array} \right\} \tag{11-35}$$

式中：$i_b = i_1$ 或 $i = i_2$；$i_c = j_1 + (k-1) \times S_1$；$k = 2, 3, \cdots, |j_2 - j_1| + 1$。

有了剖面线及特征点的位置及高程，按选定的垂直比例尺可制作剖面图。

8) 通视分析

通视分析又称可视性分析，属于对地形分析进行最优化处理的范畴，如设置旅游景区观景台(亭)、雷达站、电视台的发射站、布设阵地(如炮兵阵地、电子对抗阵地)、设置观察哨所、铺架通信线路等。

通视分析的基本因子有两点之间的通视性和可视域等两个，即对于给定观察点所能观察到的区域，而这两个基本因子的算法原理都是基于点点之间的通视性判断。

判断两点间能否通视的方法很多，如计算判定法、直接判断法、图解判定法和断面图判定法等。在利用计算机进行通视判定时，一般采用计算判定的方法，其通视判定的原理如下：

如图 11-21 所示，设 G、M、Z 分别为观察点、目标点和不通视点，它们的高程分别为 H_G、H_M、H_Z，观察点与不通视点的距离为 D_1，目标点与不通视点的距离为 D_2。

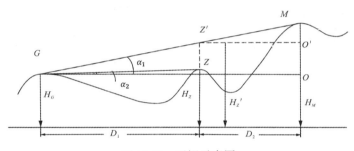

图 11-21 通视示意图

设不通视点 Z 沿铅垂线向上延长与展望线交于 Z' 点，并把这一点称为假想不通视点。如果求得其高程为 H_Z'，则当 $H_Z' > H_Z$ 时，必定通视；当 $H_Z' < H_Z$ 时，必不通视。

由图 11-21 有

$$H'_Z = H_M + \frac{D_2}{D_1 + D_2}(H - H_M) \qquad (11\text{-}36)$$

对第 i 个不通视点 Z_i 的通视判定公式为：

$$H'_i = H_M + \frac{\sum_{i+i+1}^{n} D_j}{\sum_{i=1}^{n} D_j}(H_G - H_M) \qquad (11\text{-}37)$$

该公式为利用计算机判定时的应用公式。

在实际的通视分析中，一般以 DEM 为分析依据，其具体实现步骤如下：

在图 11-22(a) 中：A 点为观察点(Watch)，B 点为目标点(Object)。

(1) 求出起始点 O 的坐标 (x_0, y_0)；

(2) 求从 A 点到 B 点与 DEM 网格的交点数；

(3)求与 X、Y 方向 DEM 网格交点。

因 X、Y 方向单独计算，故应根据距离对其排序，并删除求交时可能出现的重复点（如图 11-22(b)的情况下与 X、Y 方向的交点存在重复）。

通视概率的计算：依据通视原理，对每个点判断通视与否，若通视则赋值为 1，不通视则赋值为 0。若总点数为 S 个，而通视属性值为 1 的点的个数为 L，则观察点的通视概率为

$$P(G) = f(G) = \frac{L}{S} \times 100\%$$

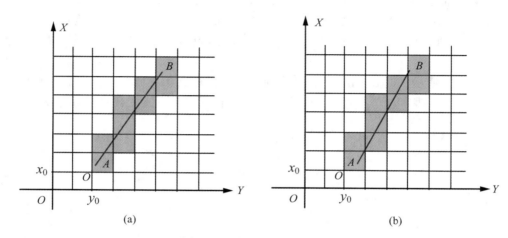

图 11-22 基于 DEM 通视分析

基于 DEM 模型进行通视分析计算时，分析的精度受 DEM 格网边长的影响较大。如果 DEM 格网边长较大，则步骤②中的网格交点数就少，不通视点也相应变少，分析计算的量就变少，相应的精度就会降低。

3. 地图要素空间分布特征的分析

数字地图要素的空间特征可归结为点、线、面及其拓扑关系。

1) 点状要素的空间分布特征分析

从数字地图的角度看，点状要素是地学信息表达的抽象概念。地理实体原本是有面积的，抽象成点以后就忽略了其面积，只表达它的平面位置 (x, y)。

(1) 分布类型：

点状要素的分布可区分为以下几种类型：

①均匀分布：点与点之间的距离大致相等；

②凝聚型：团状分布，某些点成群状以极小的距离凝聚成团，点群之间则有较大的距离；

③随机分布：点间距离受其他地理要素的影响或大或小。

(2) 描述分布特征的标志：

描述点状要素分布特征的标志有密度、距离、分布中心、离散程度等。

①密度：密度是单位面积内的点数。即

$$m = \frac{N}{A} \tag{11-38}$$

式中：N 为点的总数；A 为区域面积。

②邻近指数：数字地图分析中，用邻近指数描述点群的分布类型。

$$R = \frac{\overline{D}_s}{\overline{D}_r} \tag{11-39}$$

式中：R 为邻近指数；$\overline{D}_s$ 为各点最邻近点距离的平均值；$\overline{D}_r$ 为各点之间的平均距离，$\overline{D}_r = \frac{1}{2}(N/A)^{1/2}$。

用邻近指数描述分布类型时，取

$R \leq 0.5$：凝聚型分布；

$0.5 < R < 1.5$：随机分布；

$R \geq 1.5$：均匀分布。

③点状要素分布中心：点状要素分布中心同城乡规划、工矿企业、商业服务机构的选址都有密切关系。利用数字地图计算分布中心十分方便，只要分别计算点群的纵、横坐标的平均值即可。当每个点的点值(如产值)不一致时，也可以取加权的平均值。

④点群的离散程度：研究点群同中心点的关系是区域自然和经济分析中有效的手段。中心城市对周围小城镇群的影响同距离相关，但并不是欧氏距离，而是受自然条件、交通条件影响的时距，即从中心点到目标点所需要的时间，用等时线表运。其他相关的如研究污染物扩散、商业服务中心的效益预测等，都同离散程度有关。

2) 线状要素的空间分布特征分析

线状要素可归结为节点和边，节点是边的交会点。

(1) 线状要素的空间特征分析：

描述线状要素的标志有长度、平均长度、密度、曲折系数等。

长度：线的长度是坐标串中两点间直线距离的累加。

平均长度：指同类目标(如河流)的平均长度。

密度：指单位面积内的平均长度，是某区域线状要素的总长度除以面积所得的商数。

曲折系数：指特征点之间曲线距离同直线距离的比值，用于描述曲线的曲折程度。

(2) 网络分析：

由节点和边共同构成的复杂线状图形称为网络。网络路径分析在交通运输中有广泛的应用。

路径关联分析是网络分析中最重要的一种。它是利用网络节点的关联矩阵计算路径的连通指数和最大路径数来分析各顶点的通达性。

除此之外，还有其他几项指标，如：

路径密度：用单位面积(每平方公里)内的线路长度表达。

路径连接度：一定范围内具有某种性质的节点数，如城市交通网的站点密度。

最短路径：在一个网络中任意两个节点之间路径"长度"最小的通道。这里讲的长度可以是实际距离，也可以是运输时间或运输费用。

最短路径分析问题可归结为：

①从某一指定点(V_1)到另一个确定的点(V_2)。

解决这一类问题通常用迪克斯特拉(E. W. Dijkstra)算法，其要点是在网络中找出从指定点(V_1)到另一个确定点(V_2)之间可能的通道(如公共交通线路)。给起点 V_1 一个固定标记(P 标记)，通道上其他节点都给临时标记(T 标记)，判断各通道上下一个节点 V_j 中哪一个同 V_1 最近，将其 T 标记改成 P 标记，其他点改换新的 T 标记。再从这一点出发，用 V_j 到 V_{j+1} 点的距离 $L_{j,j+1}$ 加上 V_1 到具有 P 标记的 V_j 间的距离 $L_{1,j}$ 之和判断取其最小的一个作为下一个 P 标记点，依次类推，即可获得最短路径，其计算框图如图 11-23 所示。

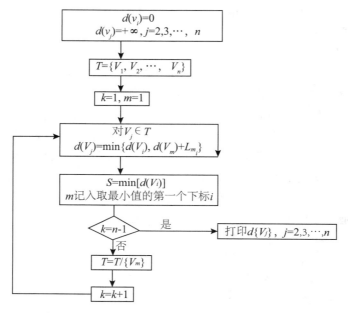

图 11-23　迪克斯特拉算法分析最短路径的程序框图

②网络图中任意两点间的最短距离。

这类问题用福罗德(R. W. Floyd)提出的邻接矩阵算法解决。该算法的基本思路是：在由节点集合 V 和边集合 E 组成的网络 $G=(V, E)$ 中，从 $\boldsymbol{D}^\circ = [L_{ij}]$ 出发，依次构造出 n 个矩阵 $\boldsymbol{D}^{(1)}, \boldsymbol{D}^{(2)}, \cdots, \boldsymbol{D}^{(n)}$ 矩阵的数据项根据顶点的连接关系来确定，即如果 V_1 与 V_2 有边连接，则取其边长作为矩阵数据项，没有边连接，数据项置 $+\infty$。假设 $\boldsymbol{D}^{(k-1)} = [d_{ij}^{(k-1)}]$，则第 k 个矩阵 $\boldsymbol{D}^{(k)}$ 的元素定义为：

$$d_{ij}^{(k)} = \min(d_{ij}^{(k-1)}, d_{kj}^{(k-1)}) \tag{11-40}$$

$d_{ij(k)}$ 表示从 V_i 到 V_j 而中间点仅属于 V_i 到 V_k 的 k 个点的所有通路中的最短路径长。

3)面状要素的空间分布特征分析

面状要素由多边形边界和面域属性表示。面状要素空间特征分析主要针对边界线和区域形态特征。

(1) 外接矩形：

多边形的外接矩形是衡量多边形紧凑度和延伸性的标志，其外接矩形越小，紧凑度越大，延伸性越小。

外接矩形是一个闭合区域四方边界数据中的最大、最小值。

(2) 栅格图像闭区域的距离变换图和骨架图：

对二值图像原图反复进行减细操作并将每次减细的结果与中间结果作算术叠加运算，直到"若再减细则成为全零栅格矩阵"为止，所得到的结果是距离变换图。在距离变换图上每个像元的灰度值等于它在栅格地图上到边界（相邻地物）的距离（栅格数）。

在栅格变换图上提取具有相对最大值的那些像元组成骨架图。

栅格变换图和骨架图在图像识别、自动制图综合及数据压缩运算中都有广泛的用途。

4）缓冲区分析

根据数字地图上给定的点、线、面实体，自动建立其周围一定范围的缓冲区并查询该范围内的相关地物称为缓冲区分析。它在空间分析中有广泛的用途。

给定一个目标物体（简单的或复合的），其邻域半径为 R 的相关邻域即为缓冲区。

给定目标物体 O_i，其邻域半径为 R 的缓冲区 B_i 定义为：

$$B_i = \{P_i | d(a_i, o_i) \leq R\}, P_i = \{(x_1, y_1), (x_2, y_2), \cdots, (x_n, y_n)\} \quad (11-41)$$

即对于目标物体 O_i，其邻域半径为 R 的缓冲区是所有与 O 的距离 d 小于或等于 R 的点的集合（见图 11-24）。

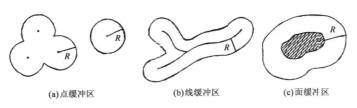

(a) 点缓冲区　　(b) 线缓冲区　　(c) 面缓冲区

图 11-24　缓冲区的基本类型

缓冲区计算中的一个基本问题是平行线的计算，对于由折线组成的线状目标，平行线是分段计算的，线段间通常采用圆弧连接。

一般说来，在矢量方式下计算缓冲区的计算量比较大，栅格方式下其计算就容易得多，如用栅格数据的距离变换法就很容易建立起任意复杂形态的空间物体的缓冲区。

5）叠置分析

叠置分析，指将同一制图区域的两组或两组以上的地图要素进行叠加，或者说是将两幅或多幅地图叠加在一起，产生的新图斑多边形并对其范围内的属性进行分析。地图要素的叠置分析的结果，不仅产生视觉效果，更主要的是生成新的目标，对地图空间数据的区域进行了重新划分，属性数据中包含了参加叠置的多种数据项。

叠置分析根据数据结构和叠置条件分为栅格叠置分析和矢量叠置分析，两者都是求解两层或两层以上数据的某种集合。所不同的是：栅格数据叠置结果，所得到的是新的栅格属性，分为条件叠置分析和无条件叠置分析；而矢量数据叠置实质上是实现拓扑叠置，叠置后得到包括新的空间特性和属性关系，包括点与多边形叠置、线与多边形叠置、多边形与多边形叠置。

叠置分析有着广泛的应用。对于条件叠置分析，其核心是确定叠置条件即关系表达式。关系表达式中的变量可以是空间要素的几何条件，也可以是属性条件；条件可以根据求解问题的目标确定，如已有某地区的降雨量分布图和土壤厚度图，现要获得降雨量1 900mm以上和土壤厚度50cm以上的地区，则求解问题的目标关系表达式为 M：（降雨量>1000）∩（土壤厚度>50）；条件也可以根据空间分析模型来确定，如已有某地区的积温图、降雨量图、坡度图和温度图，现要找出适合种水稻的地区，而根据农业专家的经验可知，适宜于种水稻的条件为积温>3 200℃、降雨量>800cm、坡度<3℃、无霜期>200 天，于是适宜于种水稻这一目标的关系表达式为 M=（积温>3 200）∩（降雨量>800）∩（坡度<3）∩（无霜期>200）。所以，条件栅格叠置分析实际上是根据已有数据对给出的条件进行逻辑交运算。

矢量数据叠置分析的应用也十分广泛。对于多边形与多边形的叠置分析，如某经济开发区，有该区域开发前1∶2 000数字地图，开发区建设完成后又对开发区1∶2 000数字地图进行全面更新，现在开发区工程管理部门想要统计获得每个村因建设所占用耕地范围和面积，只要将开发区范围开发前后（新旧）两种1∶2 000数字地图进行叠置分析就很容易获得每个村因建设所占用耕地范围和面积；又如土壤类型图与城市功能分区图叠置后，可得知城市各功能区内的土壤类型的种类并计算出某功能区内各种土壤类型的面积。对于点与多边形的叠置分析，如一幅图表示小学的位置，另一幅图表示城市行政区域划分，两幅图叠置后就可以得知城市的每个区内有多少所小学，每所小学位于城市的哪个区内。对于线与多边形的叠置分析，如道路图与行政区划图叠置后，可以得知每个行政单元内有何种等级的道路通过及各种等级道路的里程，等等。

6）拓扑空间分析

拓扑分析是数字地图和空间分析中最重要的分析功能之一，有着广泛的用途。

（1）空间物体的基本拓扑关系：

拓扑关系是一种不考虑度量和方向的物体间的空间关系。在地图数据库系统中可以将空间物体之间的拓扑关系概括为四种基本类型：相邻、相交、包含、相离（图 11-25）。

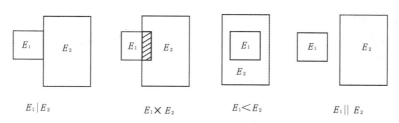

图 11-25　空间物体的四种基本拓扑关系

（2）拓扑空间分析：

拓扑空间分析指从地理数据库中提取与给定要素有邻接、关联、包含等拓扑关系的空间信息。在数字地图分析中，如找出某城市周围一定距离内的所有居民地、某县的所有邻县、某条路或河流经过的城市等一系列的问题，都要使用拓扑空间分析。

拓扑空间分析包括拓扑空间查询和拓扑关系计算，其中查询是最主要的，它包括以下几类：

①点-点相关查询：如查询以某点为中心，一定距离范围内的所有点状物体。
②点-线相关查询：如查询某条河流上所有的桥梁。
③点-面相关查询：如检索某城镇位于哪个行政区域范围内。
④线-线相关查询：如检索出同某条铁路相交的所有公路。
⑤线-面相关查询：如检索出某条河流流经哪些省、县。
⑥面-面相关查询：如查询某县范围内的湖泊。

拓扑关系计算可归纳为点、线、面之间的关系计算，如点-点关系、点-线关系、点-面关系、线-线关系、线-面关系、面-面关系等，其中又有相离、相交、重叠、包含、邻接等诸多关系，都可以通过其代数方程判断。

除此之外，根据数字地图还可以进行地理现象之间的关联分析、动态分析、趋势分析、聚类分析等。

第二节 地图应用

地图在经济建设、国防军事、科学研究、文化教育等领域都得到广泛的应用。

一、在国民经济建设中的应用

1. 利用地图进行区划

区划是根据区域内现象特征的一致性和区域间现象特征的差异性所进行的地域划分。包括自然区划和社会经济区划。自然区划中包括地貌区划、气候区划、水文区划、土壤区划、植物区划、动物地理区划等部门区划和综合自然区划；社会经济区划包括农业区划，工业区划、交通运输区划、行政区划、旅游区划等部门区划和综合经济区划。其中，农业区划还可以区分为粮食作物区划、经济作物区划、畜牧区划和综合农业区划。

区划工作自始至终离不开地图。一般先做部门区划，然后进行综合区划。区划和区划地图的编制是不可分割的，区划地图往往是利用地图进行区划工作结果的主要表现形式。

2. 利用地图进行规划

地图也是制定各种规划不可缺少的手段。例如，利用地图进行国土整治规划，进行全国性或区域性经济建设规划，并编制规划地图，能直观地展现今后发展远景。规划地图包括部门规划和综合规划，近期规划与远景规划。规划地图可以在表示现状的基础上重点表示今后的发展，以便对照比较。例如，在城市规划图集中，除表示城市现状外，可重点表示城市总体规划、近期建设规划、交通系统规划、给水排水规划、电力电讯规划、人防工程规划等。

3. 利用地图进行资源的勘察、设计和开发

自然资源地图是专题地图的一个重要领域。矿产资源图、森林资源图、水力资源图、

油气资源图和地热资源图等，都是记载资源分布、储存的重要资料，是进行矿产、森林、水力、油气、地热等资源勘察、设计和开发利用的重要依据。当然，这项工作的基础是地形图，尤其是大比例尺地形图。以地图在采矿中的应用为例，进行详细勘探和储量计算要使用1∶2.5万和1∶1万甚至更大比例尺地形图；采掘企业设计要确定企业的生产能力、运输和给排水线路、生活设施等，这些都离不开大比例尺地形图，矿产的开采要利用1∶5 000、1∶2 000甚至1∶1 000比例尺地形图确定开采方向，核定储量，确定施工地点，计算作业量等。

4. 利用地图进行各种工程建设的勘察、设计和施工

修建铁路、公路、水利工程、工厂企业等工程项目的选线、选址、勘察、设计和施工，要采用地形图尤其是大比例尺地形图。例如，在道路的设计中，要利用地形图上的等高线，结合所规划道路的要求（如纵向坡度大小），选择道路线路，确定填、挖土石方数量。在工厂企业的设计中，要根据地形图对厂址用地的地形进行分析，包括确定建筑地域的范围和面积，估计建筑前平整地面的困难程度，为了解决排水问题，确定汇水面积，为了合理利用土地，研究改善土地利用条件需要采取的措施等。在大型水利工程"三峡大坝"工程勘察、设计和施工中，更是要利用地形图上的等高线或数字高程模型，计算、选择和设计最佳坝址位置、船闸位置等。

5. 利用地图进行地籍管理、土地利用和土壤改良

地籍管理、土地利用和土壤改良在农业现代化建设中具有重要意义，而这些工作都需要利用大比例尺地形图和相应的专题地图。例如：农业地籍管理，首先要利用大比例尺地形图进行农业地籍制图，并以此进行农业地籍管理；利用大比例尺地形图进行土地利用调查规划；利用大比例尺地形图和土壤类型图，根据农业发展需求提出土壤改良规划。

另外，各级政府和管理部门将地图作为管理的工具。应用地图进行环境监测与预警。

二、在国防建设中的应用

地图在军事指挥作战方面的作用是很大的。古今中外，许多军事家都非常重视利用地图。现代战争条件下，地图更是不可缺少的工具。地图是"指挥员的眼睛"，各级指挥员在组织计划和指挥作战时，都要用地图研究敌我态势、地形条件、河流与交通状况、居民情况等，确定进攻、包围、追击的路线，选择阵地、构筑工事、部署兵力、配备火力等。炮兵和导弹火箭部队要利用精确地图量算方位、距离和高差，准备射击诸元；空军和海军也要利用地图计划航线、领航和寻找目标，巡航导弹还专门配有以数字地形模型为基础的数字地图，以便自动确定飞行方向、路线和打击目标。

1. 提供战区地形资料

各级指挥员所指挥的战区范围大小是不一样的，但都有一个掌握战区全局的问题。由于地图具有将整个战区展示于指挥员面前，起到解决实地视力所不及而又必须统观全局的矛盾的独特作用，而且使用地图不受时间、地点、天气等条件的限制，所以地图在提供战区地形的资料方面所起的作用是其他方法无法替代的。

2. 提供战区兵要资料和数据

要掌握战争的主动权，从地图上获得兵要资料和数据是十分重要的，而且这个要求随

着各军兵种武器装备的不断改进日趋迫切。例如，要计划军队的机动，就需要获取道路的类型、等级、路面质量和宽度、通行程度、坡度及弯曲程度等；要计划部队的徒涉和架桥，就需取得河流的流速、水深、底质、河宽等；要部署部队隐蔽和构筑工事用材，就必须知道森林的树种、树的粗度和高度等。所有这些资料和数据从现代地形图上都是可以获得的。

3. 提供现地勘察的工具

现地勘察地形是军事指挥员必须进行的战前准备之一。现地使用地形图主要包括确定站立点、按地图行进和研究地形等几个方面。现地用图一般都是大比例尺实测地形图，因为这些地图内容详细，精度高，能够与实地对照，并能在图上进行各种量测。

4. 为国防工程的规划、设计和施工提供地形基础

各种国防工程的规划、设计和施工离不开地形图，尤其是大比例尺地形图。使用方法和解决的问题同地图在民用工程勘察、设计和施工中的应用基本相同。

5. 提供合成军队作战指挥的共同地形基础

诸军兵种合成军队作战、训练需要统一的协同作战指挥，而地图特别是近些年来编制的协同作战用图能为这种统一的作战指挥提供共同的作战基础，提供统一的位置坐标和高程及统一的坐标网和参考系，保证在实施统一作战指挥时，实现时间、地点和战术协同。

6. 提供标图和图上作业的底图

标绘要图是指挥员组织、实施指挥的一种重要方法。将迅速变化着的敌我双方态势标绘在地图上，才能分析动态，制定对策；敌情侦察结果只有标绘在地图上，才能分析敌之兵力部署和火力配系；把首长的部署编绘成要图，较之冗长的文字更简明、清楚；标绘战斗进程状况的战斗经过要图，则是向上级汇报情况、进行战斗总结的依据，即使行军路线、宿营计划也常常是以要图形式下达。地形图能为标绘要图提供底图，这是因为地形图的比例尺系列和内容等能满足各种标图的需要。

实施图上作业是各军兵种使用地图的一种重要方式。例如，航空图可供航空兵部队在图上计划航线（标出起止机场位置，划出航线，量出方位角，确定沿途检查点，查对沿线最大高程及确定航高等）；大比例尺地形图（大于或等于 1∶5 万）可供炮兵在图上确定炮位，实施阵地联测及取得射击诸元（方位、距离、位置等），供工程兵部队规划作业和计算土方工程等。

7. 数字地图是现代化武器系统的重要组成部分

巡航导弹等现代化武器系统，在其发射、飞行、瞄准及命中目标的全过程中，都要用到数字地图或数字图像，这叫做地形匹配制导。其基本原理是：导弹到达预定地形匹配制导区后，弹载计算机根据雷达（或激光）测高仪的记录，计算弹导航迹的实时高程断面，并将该高程断面与存储在计算机内的数字高程模型——参考数字地图进行数字序列匹配，确定实际航迹与预定航迹间的偏差，指令自动驾驶仪调整导弹姿态，直至导弹命中目标。

8. 数字地图提供对己透明的数字化战场

数字地图是数字化战场的空间数据基础设施，其他一切与军事有关的信息都必须以数字地图作为定位的基础。以数字地图作为空间数据框架的数字化战场，对己的指挥自动化系统是透明的，对武器是透明的，对作战部队是透明的。

三、在科学研究方面的应用

地图在科学研究方面的应用十分广泛而深入，尤其是在地学中，地图分析已经成为重要的研究方法之一。

1. 利用地图研究各种现象的空间分布规律

通过地图分析可以认识和掌握各种制图现象的空间分布规律，这是因为地图直观地反映了各种自然和社会经济现象的分布范围、质量和数量特征、动态变化，以及各种现象之间的相互联系和制约关系。

利用地图研究制图现象的空间分布规律，可以是研究一种要素（如地貌）和现象（如温度、降水等）分布的一般规律和区域差异，也可以是一种要素的某种类型的分布规律和特点，还可以是自然综合体或区域经济综合体各种现象和要素总的分布规律和特点。

通过地图分析认识和掌握各种制图现象空间分布规律的例子有很多。分析地形图和小比例尺普通地图可以认识和掌握水系结构与水网密度的变化规律、地貌的起伏变化（走向、高程等）和结构（平原、丘陵、低山、中山、高山的组合）特点，居民地的类型、规模、集中与分散的形式及密度变化特点与分布规律等。分析各种专题地图（如地质图、植被图等）可以认识掌握各种专题现象的分布特点和分布规律（如地震分布及其与大地构造关系的规律，气温和植被的变化和分布规律等）。分析普通地图和专题地图，可以认识和掌握一些要素和现象的地带性规律，如地貌的地带性规律。地貌的地带性规律是指地貌类型、形态特征随气候的变化而表现出的地带性。气候的水平地带性规律与地貌的水平地带性规律有明显相应性，如岩溶地貌的发育与分布受气候条件的影响有明显的地带性规律。在我国植被和土壤类型地图上，也可以分析出植被和土壤类型的地带性规律。

利用地图分析制图现象的分布规律，首先要了解地图内容的分类分级和图例符号，以便弄清制图现象的内在联系和从属关系。然后，研究制图现象的分布范围、质量差异，以及动态变化的规律。在认识制图现象分布规律的基础上，进一步认识制图现象发生、发展及同其他现象的联系。

2. 利用地图研究制图现象的相互联系和制约关系

由于地图特别是系列专题地图和综合地图集具有可比性的特点，所以利用地图分析各种制图现象之间的相互联系和相互制约关系是特别有效的，一般采用对照比较各种地图的分析方法。

有些现象间的相互联系与制约关系是通过地形图的分析就可以看出的。例如，分析地形图可知：我国江浙水网地区，分散式居民地沿纵横交错的密集河流与沟渠分布排列，在总体上有明显的方向性；而在西北干旱地区，居民地循水源分布的规律性十分明显，水的存在及其利用在很大程度上制约着居民地的分布，居民地通常沿水源丰富的洪积扇边缘，沿河流、沟渠、湖泊、井、泉分布。地貌对居民地、道路分布的制约关系，只需详细研究地形图便可得知。

采用对照比较的方法同时研究各种不同内容的专题地图，可以认识各种专题制图现象的相互联系和制约关系。例如，对照环境污染地图与工业分布地图，可以发现空气和物体污染程度与周围各种类型工厂排放的工业废气、污水之间的直接关系。

如果把普通地图和某些专题地图加以对照比较，则可以使我们在更广阔的领域内研究各种现象间的相互关系。例如，对照分析比较植被图、土壤图、气候图、地质图与地形图（或地势图），就可以发现植被和土壤分布受气候、地形、地质的影响很大。同气候图对照，可以看出植被和土壤的水平地带性分布是由于气候的水平地带性变化造成的；同地形图对照，可以发现地形的高度、坡向、坡度对植被和土壤分布的具体影响；同地质图对照，可以得知地质岩性对植物群落和土质的影响；而对照土壤图与植被图，则更能了解到土壤与植被相互依存和相互影响的密切关系，即一定的植被下形成一定的土壤，一定的土壤上生长一定的植被。

用数字地图的叠置分析方法来分析各种制图现象间的相互联系和制约关系效果更好。也可以采用地图的图解分析法。为了揭示各种现象间相互联系的数量特征，还必须采用地图的数理统计分析法，如计算现象间相互联系密切程度的相关系数等。

3. 利用地图研究各种制图现象的动态变化

由于地图上经常要反映各种制图现象的运动变化，这就为利用地图来研究制图现象的动态变化提供了条件。

利用地图研究各种制图现象的动态变化，通常采用两种方法：一种方法是利用地图上已经表示的各个不同时期现象的分布范围和界线进行分析研究；另一种方法是利用不同时期编制出版的同一地区的地图进行分析比较。

第一种方法比较直观和简单。例如，根据水系变迁图上用不同颜色和形状的线状或面状符号表示的不同历史时期河流、湖泊和海岸线的位置、范围，可以直接了解河流改道、湖泊消长、海岸进退的变化，可以从图上量算出变化的幅度。再如，分析用运动符号法表示现象移动的地图，可以直观地看出台风路径、动物迁移、人口流动、货物流向、对外贸易、军事行动等各种现象的动态变化情况。

利用不同时期的地图，对同一现象的位置、形状、范围、面积进行对照比较，找出它们之间的差异和变化。其中，不同时期出版的地形图是据以进行对照比较的重要资料。例如，根据不同时期的地形图，可以研究居民地的变动和增加，道路的兴建和等级的提高，水系的变化（如三角洲位置的变化，水库、沟渠的增加），地貌的变化（如雏谷、冲沟的发展，冰川的伸展与退缩，雪线高程的变化等），森林、灌丛、草地、沼泽、沙漠、耕地等的范围、界线和面积的变化等。分析不同时期编制出版的专题地图，也可以获得一些现象动态变化的情况。例如，对比不同季节和月份或不同时期同一季节和月份的气温、降水量图，可以发现气温、降水量在一年内的变化或不同时期同一季节或月份的变化；对比不同时期环境污染图，可以弄清环境污染状况的动态变化。

研究不同时期的同一地区的地图，不仅可以弄清各种现象变化的趋势和规律，而且可以确定变化的强度和速度。

用电子地图和数字地图的叠置分析方法来研究各种制图现象的动态变化效果更好，还可采用数字地图的量算分析法。

4. 利用地图对自然条件、土地资源和环境质量进行综合评价

利用地图对自然条件、土地资源和环境质量进行综合评价，是根据地形图、各种专题地图和统计调查提供的资料和数据，对影响自然条件、土地资源和环境质量的各种因素及

其主要指标,按评价标准给出评价值,根据按多因素评价的数学模型算得的总评价值划分等级,做出综合评价图。

进行综合评价必须有明确的目的,因为不同的评价目的,其评价标准也不相同。例如,为农业目的进行自然条件综合评价,其目的在于阐明土地优劣等级,发展农业生产的有利与不利条件和农业生产潜力;土地资源评价的目的,是阐明土地的适应性与土地潜力,划分宜农地、宜林地、宜牧地,并划分若干等级;环境质量综合评价的目的,是揭示区域环境条件的优劣和环境质量的好坏。评价因素及其指标视评价目的而定。农业自然条件评价选择对农业起主导影响作用的自然条件及其主要指标,一般包括热量和水分、农业土壤和农业地貌条件(每种因素包含若干个指标)。土地资源评价主要选择影响土地质量和生产潜力的各种因素(如土壤质地、厚度、排水系数或对农、林、牧的适宜性)。环境质量综合评价主要选择地表水、底泥、水生物、地下水、土壤、作物等因素测定各种污染元素的含量。

5. 利用地图进行预测预报

利用地图进行预测预报已成为科学研究的一种重要方法。它的依据是现象间相互联系的规律和现象发生、发展的规律。利用地图预测预报分为空间预测预报、时间预测预报及空间-时间预测预报。

空间预测预报是根据已知地区的现象间的相互联系的规律,采用内插法和外推法对未知地区该种现象的空间分布进行预测,或者是根据某些现象间的相互依赖关系,由已知现象的分布规律推测未知现象的空间分布。对于前者,例如根据已查明的地段矿藏与地质构造方面的联系,分析未知地区地质图所表示的构造与岩层,了解富集矿藏或储油地层的可能性,就可做出矿藏与石油的远景预测;对于后者,如根据植物与岩层、土壤、地下水的密切联系,利用植物地图可以预测矿藏与地下水。

时间序列预测预报是指预测预报各种现象随着时间的推移而产生的变化。因为有些现象随时间推移而发生的变化具有一定周期性与规律性,所以可以根据不同时期的地图提供的数量指标进行预测预报。例如,利用各月多年平均气温图、降水量图,可预测气温、降水的变化趋势等。

空间-时间预测预报是指预测预报某些现象随着时间的推移在空间和状态上发生的变化。例如,利用天气图,结合卫星云图,根据大气过程在某一时刻的空间定位和对这些过程发展规律的认识,做出天气预报。

利用地图预测预报的准确程度,在很大程度上取决于地图原始资料的可靠性和完备性、预测预报现象本身的稳定性、对预测预报现象发展变化规律的认识程度、用来进行预测预报的间接与直接因素同预测预报现象间关系的密切程度、预测预报的期限长短(时间序列预测预报)和外推的远近(空间预测预报)等。

四、在其他方面的应用

地图是人们旅行不可缺少的工具,人们在出行前需要了解旅途上的交通条件和沿路经过的城镇、村庄,有哪些旅游景点?如何到达这些景点?旅游地图和交通地图能帮助人们解决这些问题。地图是国家疆域版图的主要依据,我国公开出版的《中华人民共和国政区图》在国界画法、政区划分等方面，完全反映了我国政府的主权和严正立场，所有国内出版的地图都必须以此为依据。地图在文化教育、政治宣传方面有重要作用，各种教学地图成为提高学生知识水平的直观教学工具；在报刊上经常配合时事报道刊载各种国际形势的地图。此外，利用地图可以进行航空、航海，宇宙导航，利用地图分析地方病与流行病，制订防治计划等。

第三节 地图评价

为了正确有效地使用地图，要对地图质量进行分析和鉴定，确定地图的适用程度，对所使用的地图进行分析评价。因此，地图分析评价是地图利用的先行步骤，同时，也是不断提高地图设计和编制水平的有效方法。

一、地图评价的内容

地图的评价标准包括四个方面：地图的科学性、地图的艺术性、地图的政治性和地图的实用性。对于地图集与系列地图，还需分析评价统一协调性。

1. 地图的科学性

分析评价地图的科学性，主要是分析评价地图的科学内容与科学水平。具体标准包括：指标的完整性、内容的可靠性、资料的现势性、地图的精确性和地图的统一协调性。

1）指标的完整性

作为一幅地图，不论是反映自然现象，还是社会经济事物，根据其目的和用途，分析是否包括反映制图对象质量特征或数量差异的各项基本内容与指标。如果是系列地图，是否包括反映一系列要素或现象的最基本图幅。如果是地图集，是否有反映整个制图区域各个部分或各方面最基本选题，以及一定数量补充内容和反映区域特点的地图。资料利用的合理性、充分性。

2）内容的可靠性

内容的可靠性是地图科学性中很重要的一条标准，也是地图所能利用程度的重要条件。分析评价地图的可靠性就是分析地图上所表示的内容是否准确可靠。具体分析制图基本资料的来源，是实测还是路线勘测调查获得。分析观测数据的台站密度和年限，航空与卫星影像利用的情况；要分析评价地图内容的分类和分级的科学性，分类指标和分级标准是否合适，分类和分级是否系统严密和合乎逻辑。最后，需要分析地图上所表示的内容，特别是轮廓界线的可靠性、准确性和详细程度，轮廓界线是否准确，所反映的形状、过渡特征以及交接关系是否合理，等值线的勾绘和图形是否合适等。另外，要分析地图上所表示内容的相互关系是否正确。最终，分析评价地图内容的可靠性就是要看地图上所表示的制图对象的地理真实性如何，是否真实地反映了制图对象的地理分布规律和区域特点。

3）表示方法和符号设计的正确性和直观性

表示方法选择的正确性，符号设计正确性，地图表示方法和符号设计应与地图内容联系起来分析，是否符合地图用途及制图对象的特点，是否较好地反映制图现象的分布规律；符号图形设计正确性，符号尺寸设计正确性，符号色彩设计正确性，符号之间在形状、色彩与尺寸大小上是否既有共性又有差异,既能区别符号间的从属性,又能区分表示地物的数量等级;符号、色彩与所表示的地图内容之间是否在质量上和数量上建立了一定的联系;符号和色彩是否能使读者易于理解,易于对比和易于记忆。各种注记字体,字大配置的合理性、易读性。

4)内容的现势性

内容的现势性就是分析地图上所表示的内容的最新程度。首先了解地图使用资料的截止日期,分析是否利用了最新的地形图与各种专题地图、航空与卫星影像、观测统计数据、考察调查报告等资料。尤其要分析是否充分利用了现势资料,地图上是否反映了水系、道路网、居民点、国界与政区划分以及地名等的最新变化,是否充分利用了有关学科和部门的最新调查研究成果。地图要素变化较快的有公路、铁路、水利工程,建筑物、街区、街道、城区范围等。

5)地图的精确性

地图的精确性就是分析地图的数学基础和地图内容的精度。具体分析地图比例尺选择是否适当,地图投影选择是否合理,了解误差分布情况,分析所选择的投影是否符合地图内容与用途的需要。要了解数字地图制作过程中,数学基础的自动生成精度,地图数据的投影变换精度,地图各要素的配置精度,地图制图综合精度,还要了解专题内容转绘的方法和精度,统计分级及符号的图解精度,从地图上分析专题内容与底图的衔接情况。最后,还要分析地图数据出分色片、地图制版和印刷的精度。地图的精确性分析,主要是为了进行地图量算并对量算的精度分析提供基本依据。

6)地图的统一协调性

这是针对多幅地图、系列地图和地图集而提出的评价标准。主要分析各部分地图之间和各相关地图之间在底图、地图概括、图例、轮廓界线、地图整饰方面是否存在较大矛盾和分歧,这些地图是否成为反映各要素和现象有机联系、互相补充的地图系统。评价内容主要包括:是否有总体设计的统一整体观点,是否采用统一的原则设计地图内容,是否对同类现象采用共同的表示方法和统一规定的指标,是否采用统一协调的制图综合原则,是否采用统一协调的地理基础底图,是否采用统一协调的地图整饰。

2. 地图的艺术性

分析评价地图的艺术性,就是分析地图的表现形式和地图的艺术设计水平。具体标准包括:地图内容的清晰易读性,图面配置的合理性,地图图型的表达力和视觉感受效果。

(1)地图内容的清晰易读性。地图的清晰易读性主要取决于地图层次和地图负载量。因此,首先要分析评价地图内容是否采取了多层平面表示。主要内容是否突出于第一层平面,各层平面是否清楚?其次要分析评价地图内容的负载量是否合适?也就是分析地图上线划、符号和注记所占面积的百分比,分析达到或超过适宜负载量或最佳易读性的程度。

(2)图面配置的合理性。图面配置包括主图、附图、图例、图名、比例尺等的安排。主图、图表、附图、图名及说明文字配置要结合地图比例尺、制图区域形状以及纸张尺寸,分析图面有效面积利用是否充分(节约图面和纸张),主图、附图、图例的配置是否均衡和适当?图名、比例尺及图廓内外说明安排是否适中?能否反映主图与周围地区的联系?

(3)地图图型的表达力和视觉感受效果。主要分析评价地图图型设计的总效果。是否使地图的科学内容和地图表示方法结合得很好,地图的科学性和艺术性结合得很好,地图图型设计是否达到很好地反映制图对象的空间结构特征,给用图者以强烈的视觉感受和造成深刻印象的目的,等等。

3. 地图的政治性

地图政治性主要分析地图所反映的基本政治立场和观点,分析在疆域国界、国名地名、政区划分等方面所反映的立场和倾向。

(1)要分析地图对自然和社会现象的反映是否符合辩证唯物主义和历史唯物主义观点,尤其对我国出版的各大洲或世界地图各国的国名、疆域的划法是否符合国际法,是否符合我国政府承认的正式的边界条约、议定书和附图。

(2)对我国出版的国内地图,要分析在国界、省县界、政区名称、地名等方面是否正确。

(3)在分析国外出版的地图时,要分析在图名、疆域,尤其对我国国界、领海划法等方面所持的政治立场和倾向。许多地名(包括国家名称、居民地名称和其他要素的名称),特别是国外译名,常常带有政治倾向。界河、界峰、山口、岛屿等的归属问题,它们的名称、高程的注法等都和政治性有关。

4. 地图的实用性

地图的实用性主要分析评价地图的实用价值、使用效益和经济效益。具体标准包括:

(1)地图的目的性与用途。目的与用途是否明确,地图内容能否满足用图者的需要。

(2)地图内容与指标的针对性。在科学和实际应用方面的价值如何?地图内容反映的地理要素现象分布和规律,以及要素间的相互关系能否满足用图者的需要。

(3)使用范围与使用效果。地图的出版与分发范围及印数是否合适?电子地图的使用方式效果如何?如有可能应尽量搜集各方面对该地图的评价反映,尤其是实际使用之后的反映和评价,已经在哪些方面发挥作用。

(4)地图的经济效益与社会效益。主要分析地图从设计到制印出版所用的成本,地图的多媒体出版和网络出版经济效益与社会效益。还要分析制图技术和工艺是否合理,是否运用了目前比较先进的数字地图制图技术与工艺方法,地图设计、计算机地图制作和制印工序是否简化,生产周期是否缩短,在分析评价地图的经济效益时,必须与使用效果结合起来进行分析评价;有些地图的使用效果和价值往往还不能单纯用一时的经济价值来衡量,还必须考虑其长期的使用价值和社会效益。

需要指出,上述各评价标准,对不同用途和应用目的的地图,要求的程度是不同的。例如,地图制图的精确性对作为地形图要求较高,而地图的艺术性对宣传和教学用的地图则更为重要。

上述地图评价的标准和内容,不仅对使用地图,确定地图的适用程度非常重要,而且也是地图设计和编制的重要标准。在地图设计和编制时,如果全面考虑和贯彻并力求达到这些标准,则就能编制出集科学性、艺术性和实用性于一体的高水平、高质量的地图作品。

二、地图评价的方法

地图评价的方法主要有：阅读评价法、模糊数学评价法和地图信息评价法。

1. 阅读评价法

地图阅读分析是地图评价的基本方法。把被评价的地图同大比例尺实测地形图进行阅读比较分析，可评价普通地图的各要素的位置精度，地图综合的合理性，各要素间的适应性。如果被评价的是专题地图，就要尽量找到该专题内容的实测或更大比例尺的地图，如综合地质图、森林覆盖图、土地利用图等，从而可以评价该图专题内容与实地的相应程度和几何精度。利用卫星影像和航片可评价地图的现势性和真实性，可以发现大河流改道，湖泊群的分布范围和形状的改变，沟渠、运河的开凿，水库的建设，道路的建设，沙丘的形态和分布变化，土地利用类型及特殊地貌的分布特征等方面的变化。阅读文字资料可评价地图是否反映了制图区域的地理特征。地图阅读评价的主要步骤如下：

1) 初读

对地图进行初步阅读评价。为不同目的服务的地图，其所表示的内容应具有明确的针对性和完备性，制图比例亦应适度。数学基础和内容的可靠性，可从两方面进行评价，即地图投影选择的适宜性和地理位置的精确性；资料的准确性和现势性。数学基础的检验是与航测大比例尺地形图作对比分析。资料现势性的分析评价主要是利用最新的相关资料检查，若是普通地理图，需与最新公布的行政区划变动手册进行对照；若属于自然方面的专题地图或专用地图，应利用航天或航空等遥感资料，结合大比例尺专题图或文字报告等方面资料，检查确定各类内容表示的真实性和科学性。至于图例分类指标的合理性，不同的专业则有不同的划分角度，关键在于反映区域特点与应用需要。优质地图不在于对制图现象的繁杂堆砌和罗列，应从地图总体上看，是否体现了目的的明确性，表现事物的典型性和突出性。

2) 精读

对地图进行详细阅读评价。如果要对地图是否反映该地区地理要素的类型规律和典型特点进行评价，就需要认真阅读地图上的河系图形是否同该河系的类型及发育阶段相适应，湖泊的类型、湖群的分布是否和其他水系要素及地貌要素相适应，海岸图形是否同其类型相适应，等高线图形、地貌符号的配置是否同地貌类型相适应，道路的平面图形是否同地区条件相适应。精读评价本地区所固有的典型特点在地图上是否得到了充分的反映。如果要分析评价地图内容的分类和分级的科学性，就需要认真阅读地图上河流、湖泊的分级同实际大小是否相适应，居民地分级同其建筑规模、行政等级、人口数量是否相适应，高程带设计是否同地貌类型相适应，植被的分类、分级是否同它的分布规律（特别是地貌高度）相适应等。如果要分析评价地图的政治性，就需要根据各国间正式的边界条约、议定书和附图为依据，认真阅读地图上国界和其他境界线的画法，国家名称、居民地名称的使用，涉及国家主权的界峰、界河、山口等的名称和高程的使用等。

3) 统计量算

利用数量分析方法可以对地图进行更深入的评价。通过统计量算可以评价地图上表示的各要素在不同地区密度对比关系是否正确；一般把较大比例尺地图（如 1∶5 万）量算的结果当成实地密度系数,如果评价的是 1:50 万地图,在相应的密度分区量算出密度系数,把实地密度系数与 1:50 万地图上量测到的密度系数相比得到选取系数,选取系数的变化规律是:密度系数越大的地区选取系数应该是越小,密度系数越小的地区选取系数应该是越大,在密度系数极小的地区选取系数应该是接近于 1。如果在河流密度系数不大的地区,选取系数特别小,说明该地区的河流舍弃太多了。这个方法同样也可用于评价居民地密度、道路网密度和地貌切割密度等其他要素的表达情况。线状要素,如水系物体的岸线和道路等,其综合质量可以对其弯曲的选取和概括来进行评价,其中曲折系数(单位长度上的弯曲个数指标)是一个重要标志。通过对不同比例尺地图上相应线段的统计量算,就可以评价其综合质量及各线段间的对比关系是否正确。

4)按评价内容逐项进行评价

按评价内容对地图的科学性、艺术性、政治性和实用性逐项进行评价。地图的科学性的评价,应该从地图的主题和用途出发,评价指标的完整性、内容的可靠性、资料的现势性、地图的精确性和地图的统一协调性。地图的艺术性是评价地图内容的符号、色彩、注记和图面配置的综合效应而显示出的一种表达力和精美的视觉感受的艺术效果。地图的政治性是评价地图所反映的基本政治立场和观点,主要体现在处理疆域界线、行政区划、经济与军事机密、地名等方面表现出的政治立场和政治倾向。地图的实用性主要分析评价地图在解决有关实际问题方面发挥的作用及其产生的社会与经济效益,评价地图的制图目的和用途是否明确,分析地图在国民经济建设、国防建设和科学研究等方面所起的作用,地图创收的利润数额等。

5)撰写评价报告

对上述的各评价步骤得的评价结果进行分析、汇总和总结,撰写评价报告,给出该地图的评价结论。有些内容的评价结果可以用文字论述,如地图指标的完整性,内容的可靠性,资料的现势性,地图的统一协调性,表示方法和符号设计的正确性和直观性,地图内容的清晰易读性,图面配置的合理性,地图图型的表达力和视觉感受效果等。有些内容的评价结果可以用数据来说明,如地图的精确性评价,就是确定地图的数学基础和地图内容的精度达到什么程度;如地图经济效益评价,要列出地图创收的利润金额数。

2. 模糊综合批判评价法

地图是科学与艺术完美结合的作品。过去在评价地图中常常用某些方面或有较严格界限(或较容易确定的)因素(如错误、遗漏以及线划质量)来定性评价,然而这些因素往往只是评价标准的一部分并不十分重要的因素,所以很难准确地、全面地评价一幅地图。因此,需要建立一个能全面地、正确地评价地图的数学模型。在影响地图的编绘质量的众多因素中,除了个别因素有严格的界限和数值标准外,大多数因素很难区分出较严格的数值界限,所以具有很大的模糊性。评价一幅地图就是对这些具有模糊性因素进行全面的综合评判,来确定它的质量。用模糊数学方法能把这一评价过程模型化。

评价地图的模糊综合评判数学模型:

1)因素集 U

影响地图质量的主要有:①地图的科学性;②地图的艺术性;③地图的政治性;④地图的实用性。即

$$U = (u_1, u_2, u_3, u_4)$$

2）评判集 V

我国地图制图管理和生产部门，一般将地图分为：优、良、可、差四个等级。所以，地图评判集 V 可表达成：

$$V = (v_1(优), v_2(良), v_3(可), v_4(差))$$

3）模糊综合评判矩阵

根据地图评价标准对每个因素进行评价，并有一个评判结果，构成单因素评判模糊集：

$$\widetilde{R}_i = (r_{i1}, r_{i2}, r_{i3}, r_{i4})$$

四个因素的评判构成模糊综合评判矩阵：

$$\widetilde{\boldsymbol{R}} = \begin{bmatrix} \widetilde{R}_1 \\ \widetilde{R}_2 \\ \widetilde{R}_3 \\ \widetilde{R}_4 \end{bmatrix} = \begin{bmatrix} r_{11}, r_{12}, r_{13}, r_{14} \\ r_{21}, r_{22}, r_{23}, r_{24} \\ r_{31}, r_{32}, r_{33}, r_{34} \\ r_{41}, r_{42}, r_{43}, r_{44} \end{bmatrix}$$

4）因素权重集

由于各个因素对地图质量的影响程度不一样，所以要对这些因素分配不同的权重。一般来说，地图的科学性在地图评价中起主要作用，它的权重要大一些。其他因素对地图评价起的作用相对而言要小一些，因此它们的权重也要小一些。权重可以由地图专家给定，也可以通过统计分析方法获得，比较科学的方法是用层次分析法确定。

$$\widetilde{A} = (a_1, a_2, a_3, a_4) = (0.35, 0.25, 0.15, 0.25)$$

5）模糊综合评判结果集

根据模糊综合评判矩阵 $\widetilde{R}$ 和因素权重集 $\widetilde{A}$，通过模糊变换可得评判结果：

$$\widetilde{B} = \widetilde{A} \circ \widetilde{R} = (b_1, b_2, b_3, b_4) \tag{11-42}$$

根据最大隶属原则，在 b_1, b_2, b_3, b_4 中，看谁的数值最大，评判结果就评定为相应的等级。如果 b_1 最大，这幅地图就是优质图。

为了防止在 b_1, b_2, b_3, b_4 中出现两个数值相等的情况，要采用清晰度大的模糊算子。

对地图进行评价，如果需要考虑的因素很多。那么在评价过程中作出任何一种结论都得对若干有关联的因素做综合考虑。因此，在评价过程中都对应着不同层次的若干因素的综合考虑，故宜采用模糊数学中的多层次综合评判法来建立评价的数学模型。这种数学模型就是先把因素划分为几类，接着对每一类作出简单的综合评判，然后再根据评判的结果进行类之间的更高层次的综合评判。

3. 地图信息的评价法

目前，对地图的分析评价多局限于定性描述，特别对地图内容的完备性的分析评价更是如此。地图是一种信息传输工具,它的基本功能是传输空间信息。用地图作为空间信息载体,计算这个载体的空间信息含量,从而达到对地图完备性进行定量分析,对地图的载负量进行定量分析,对地图进行定量评价。

1)地图信息评价的基本原理

地图图形符号、注记及颜色是一种信息,这种信息作用于人的生理器官——视觉机构,实际上是光转换成电,形成一种电刺激,是人们感知图形、符号、注记及颜色。当视感细胞接受了外界一定的光线刺激之后,会引起一系列的物理和化学变化,并且产生了一个电位变化。这个电位变化称为感受器电位。感受器电位经过双极细胞等的传递,可以使神经节细胞产生脉冲信号,通过视神经传递到大脑的视觉中枢,从而产生视觉感知图形和颜色。由这种成对传递视觉信息的论述,可以想到电子计算机的编码工作也是成对(二进制)地进行输送信息的。因此,地图上的信息量是完全可以度量的。

根据现代信息论的观点,把地图作为地图信息传输过程中的信息源,从信息源发出信息都当作具有相同语义、相同价值的对象传输;不考虑地图信息本身含义及逻辑上的真实性和精确性,不考虑地图信息与用图者过去的经验,现在的环境、思想状况以及其他个人的因素;仅仅考虑地图信息传输的场合下,可以用狭义信息论来度量地图信息的含量。

地图上有一种来自现有特征和图形的信息,我们称它为直接信息。直接信息应包括语义、注记、位置、颜色等四种信息。地图上还有一种不是来自符号本身,而要通过要素的分布与组合来反映,要通过分析间接来取得的信息,被称为间接信息,也称隐含信息。

熵 H 是代表地图上某体系的平均不肯定程度,I 是解除这个不肯定程度的信息量(即地图上某体系的信息量)。两者在数值上是相等的,含义上有所区别。本章在后面将要用熵表示信息量,这是因为,一般都假设地图信息能被人们全部接受,此时,地图要素不肯定程度减小的量就是地图要素的熵,从这个意义来讲,可以直接用熵表示信息量。

设在地图上表示出 A_1,A_2,$\cdots$,A_m 个体系,其中 A_1 体系(如居民地)的概率为 p_1,p_2,$\cdots$,p_m,则该体系的信息量为:

$$H_1 = -\sum_{i=1}^{m} P_i \log_2 P_i \tag{11-43}$$

式中,由于对数的底取 2,这时信息量的单位是 bit(比特)。同理,可求出 H_2,$\cdots$,H_m。

假设体系 A_1,A_2,$\cdots$,A_m 是相互独立的,则地图上的信息量为:

$$H(A_1,A_2,\cdots,A_m) = H_1 + H_2 + \cdots + H_m \tag{11-44}$$

2)地图信息评价的数学模型

地图信息由直接信息和间接信息组成,地图信息评价数学模型为:

$$I_{地图} = I_{直接} + I_{间接} \tag{11-45}$$

(1)直接信息评价:

直接信息是地图制图工作者最关心的地图信息。直接信息在用图时提供了明确的意义,在制图时提供了设计和制作的依据。由于语义、注记、位置和色彩是相互独立的四个系统,因此,直接信息可按下式计算:

$$I_{直接} = H_{语义} - H_{注记} + H_{位置} + H_{色彩} \tag{11-46}$$

(1)语义信息评价:地图上的每个信息都有相应的含义,富有内容特征。信息的语义用来评价信息的理解内容及它的重要性和实用性。根据地图符号的各种特征，按质量和数量标志进行地物分类分级。然后，求出各种特征范围的频率分布，有了频率分布就可以求出每种特征范围的熵。

符号语义信息量用下式求得

$$H_{1a}(A_j) = -n\sum_{i=1}^{m} p_i \log_2 p_i \tag{11-47}$$

式中，n 是某种特征范围地物（A_j）的个数；p_i 是地物第 i 级（按质量或数量分级）的频率，m 是分级数量。

假设 A_1，A_2，$\cdots$，A_k 是相互独立的，则有

$$H_{1a} = H_{1a}(A_1) + H_{1a}(A_2) + \cdots + H_{1a}(A_k) \tag{11-48}$$

（2）注记信息评价：地图上有各种各样的注记，但都可区分为文字注记（如居民地注记）和数字注记（如高程注记）两种。

地图注记信息量可按下式求得：

$$H_2(A_j) = -nL\sum_{i=1}^{m} p_i \log_2 p_i \tag{11-49}$$

式中，n 是某种地物（A_j）注记数量，L 是注记的平均字数，p_i 是文字（数字或字母）中第 i 个字（数字或字母）在所有注记中出现的频率，m 是注记中出现的不重复字（数字或字母）数量。

假设 A_1，A_2，$\cdots$，A_k 是相互独立的，则有

$$H_2 = H_2(A_1) + H_2(A_2) + \cdots + H_2(A_k) \tag{11-50}$$

（3）位置信息评价：地图上的每个地物均有一定的图形和几何位置。读图者是通过位置与图形来认识地物的。依比例尺表示的地物可以很快量出地物的尺寸和确定分布状况。通过量测坐标，可求出地物在地球表面上的位置或对于其他地物的相对位置。非比例尺符号可提供主点的坐标。该信息是地图上客观存在的，即使不解其含义，位置信息在地图上仍然存在。

地图上地物的位置信息量可按下式求得：

$$H_3(A_j) = -2nL\sum_{i=1}^{10} p_i \log_2 p_i \tag{11-51}$$

式中，n 是图上某种地物（A_j）的特征点数量，L 是注记的平均字数，p_1，p_2，$\cdots$，p_{10} 是数字 1，2，$\cdots$，9，0 在该图坐标系中所有坐标值中出现的频率，L 是坐标的平均字数。

假设 A_1，A_2，$\cdots$，A_k 是相互独立的，则有

$$H_3 = H_3(A_1) + H_3(A_2) + \cdots + H_3(A_k) \tag{11-52}$$

地图图形符号一般可分为点状、线状和面状三种基本形式。点状符号的特征点是主点（定位点）；线状符号的特征点包括折线为折点，曲线为拐点、极值点、最大曲率点等；面状符号是轮廓线的特征点。

（4）色彩信息评价：任一色彩均由三个量表示：色相、亮度和饱和度。单色图形也有色彩信息量，但单色图形的色彩信息量比多色图形少，这是因为它只有亮度特征，没有色相和饱和度。

色彩信息量可按下式求得：

$$H_4(B_1) = - \sum_{i=1}^{m} p_i \log_2 p_i \qquad (11\text{-}53)$$

式中，m 是以 B_1 色相（或亮度或饱和度）作为特征分布范围能分出的色相种数（或亮度或饱和度的级数），p_i 是第 i 种色相（第 i 级亮度或饱和度）的频率（面积比率）。

假设 B_1，B_2，B_3 是相互独立的，则有

$$H_4 = H_3(B_1) + H_3(B_2) + H_3(B_3) \qquad (11\text{-}54)$$

(2) 间接信息评价。

间接信息是了解各种要素所处的地理环境。例如，通过了解居民地周围土地种植和利用的情况，根据居民地离开铁路、公路的远近，以及在河谷中的位置等，可得到判断居民地的意义、作用、地位和重要性，判断居民地的形成和进一步发展的可能性等信息。

假设图上只有两种要素（如有两种以上的要素，可只考虑其中两种最密切的，其他暂不考虑），只要知道 X 和 Y 两个要素的相关关系 r，便可求出从 X 要素中得到关于 Y 要素的间接信息量为：

$$I_x(Y) = -\log_2 \sqrt{1 - r^2} \qquad (11\text{-}55)$$

主要参考文献

[1] 蔡孟裔,毛赞猷,田德森,等.新编地图学教程[M].北京:高等教育出版社,2000.

[2] 陈俊勇.中国现代大地基准——中国大地坐标系统2000(CGCS2000)及其框架[J].北京:测绘学报,2008,37(3):6-11.

[3] 高俊.地图制图基础[M].武汉:武汉大学出版社,2014.

[4] 何宗宜,蔡永香,高贤君,等.地图学实习教程[M].武汉:武汉大学出版社,2021.

[5] 何宗宜,朱海红,李连营.地图设计与编制[M].武汉:武汉大学出版社,2020.

[6] 何宗宜,宋鹰.普通地图编制[M].武汉:武汉大学出版社,2015.

[7] 何宗宜.地图数据处理模型的原理与方法[M].武汉:武汉大学出版社,2004.

[8] 胡毓钜,龚剑文,等.地图投影[M].北京:测绘出版社,1992.

[9] 黄仁涛,庞小平,马晨燕.专题地图编制[M].武汉:武汉大学出版社,2003.

[10] 廖克.现代地图学[M].北京:科学出版社,2003.

[11] 姜美鑫,徐庆荣,等.地形图绘制[M].北京:测绘出版社,1964.

[12] 宁津生,陈俊勇,李德仁,等.测绘学概论[M].3版.武汉:武汉大学出版社,2016.

[13] 万遇贤.地图编制学[M].上册.北京:中国工业出版社,1964.

[14] 王家耀,李志林,武芳,等.数字地图综合进展[M].北京:科学出版社,2011.

[15] 王家耀,孙群,王光霞,等.地图学原理与方法[M].北京:科学出版社,2006.

[16] 毋河海.地图综合基础理论与技术方法研究[M].北京:测绘出版社,2004.

[17] 尹贡白,王家耀,田德森,等.地图概论[M].北京:测绘出版社,1991.

[18] 俞连笙,王涛.地图整饰[M].北京:测绘出版社,1995.

[19] 祝国瑞.地图学[M].武汉:武汉大学出版社,2004.

[20] 祝国瑞,郭礼珍,尹贡白,等.地图设计与编绘[M].武汉:武汉大学出版社,2001.

[21] 张克权,黄仁涛,等.专题地图编制[M].北京:测绘出版社,1991.

[22] A H Robinson Etal. Elements of Cartography[M]. 6th ed. New York:John Wiley & Sons Inc,1995.

[23] A M MacEachren, D R F Taylor. Visualization in Modern Cartography[M]. Pergamon,1994.

[24] Judith A. Tyner. Principles of Map Design[M]. New York:TheGuilford Press,2010.

[25] Menno-Jan Kraak, Ferjan Ormeling. Cartography:Visualization of Spatial Data[M]. 3rd ed. London:Pearson Education Limited,2010.

[26] Zongyi He, Aihua Hu, Jing Miao, Yajing Yin. The Design and Mapmaking of "Shenzhen and Hong Kong Atlas"[C]. Proceedings of 26th ICA, Dresden, Germany,2013.